Geographie und Umwelt

48. Deutscher Geographentag Basel
23.–28. September 1991

Geographie und Umwelt

Erfassen – Nutzen – Wandeln – Schonen

Tagungsbericht
und wissenschaftliche Abhandlungen

Im Auftrag des Zentralverbandes der Deutschen Geographen
herausgegeben von

Dietrich Barsch und Heinz Karrasch

Franz Steiner Verlag Stuttgart
1993

Die Deutsche Bibliothek - CIP-Einheitsaufnahme
Geographie und Umwelt : Erfassen - Nutzen - Wandeln -
Schonen ; Tagungsbericht und wissenschaftliche Abhandlungen
/ [48. Deutscher Geographentag Basel, 23. - 28. September
1991]. Im Auftr. des Zentralverbandes der Deutschen
Geographen hrsg. von Dietrich Barsch und Heinz Karrasch. -
Stuttgart : Steiner, 1993
      (Verhandlungen des Deutschen Geographentages ; Bd 48)
      ISBN 3-515-06076-6
NE: Barsch, Dietrich [Hrsg.]; Deutscher Geographentag <48, 1991,
      Basel>; Deutscher Geographentag: Verhandlungen des Deutschen ...

Vorwort

Traditionsgemäß findet – mit kriegsbedingten Unterbrechungen – alle zwei Jahre der Deutsche Geographentag statt. Zum ersten Mal seit über 100 Jahren ist er in einer Schweizer Stadt durchgeführt worden; und zum ersten Mal seit Jahrzehnten konnten Teilnehmerinnen und Teilnehmer aus dem Gebiet der ehemaligen DDR – wie es Arno Semmel im Vorwort zum letzten Tagungsbericht sich gewünscht hat – ungehindert und unbedrängt an dieser zentralen Veranstaltung der deutschsprachigen Geographen teilnehmen. Diese Entwicklungen – die Wiedervereinigung Deutschlands in Frieden und Freiheit wie der Gang über die Grenzen Deutschlands – sind positive Impulse für Europa und für unser Fach.

Der vorliegende Band dokumentiert die Fachsitzungen und Diskussionen des 48. Deutschen Geographentages, der vom 23. bis 28. September 1991 in Basel stattgefunden hat. Im Gegensatz zu den vorangegangenen Tagungsberichten ist hier der Versuch gemacht worden, eine neue Form der Darstellung zu finden. Da Fachsitzungen über ein aktuelles geographisches Thema von verschiedenen Seiten orientieren, sind die Sitzungsleiter und die Vortragenden gebeten worden, in einem gemeinsamen Aufsatz im Hinblick auf das behandelte Problem unter Berücksichtigung des Mottos des Geographentages zu berichten. Dem Leser soll so die Möglichkeit eröffnet werden, sich leicht über den aktuellen Diskussionstand zu informieren. Das verlangt von allen Beteiligten ein höheres Maß an Disziplin, als es die Abgabe wenig aufeinander abgestimmter Kurzfassungen der einzelnen Vorträge erfordert. Wir danken daher den Autoren, die sich dieser Mühen unterzogen haben, auch wenn in manchen Fällen eine gewisse Heterogenität erhalten geblieben ist. Die Anordnung der Beiträge folgt der zeitlichen Reihung der Veranstaltungen.

Mit großer Genugtuung dokumentieren wir zwei Höhepunkte des 48. Deutschen Geographentages: Das ist zum einen die Eröffnungsveranstaltung. Durch die verkehrsbedingte Verspätung von Herrn Bundesminister Dr. Heinz Riesenhuber mußte der Festvortrag von Herrn Professor Messerli (Bern) vorgezogen werden. Herr Minister Riesenhuber hatte so die Chance, den größeren Teil des Festvortrages zu hören und in freier Gegenrede darauf zu antworten. So stehen Rede und Gegenrede in ihrer zeitlichen Abfolge hintereinander. Sie verkörpern die kritisch, vorsichtig abwägende Analyse des Wissenschaftlers gegenüber dem zum Handeln drängenden, pragmatischen Optimismus des Politikers. Zum anderen ist als Höhepunkt der „Tag der neuen Bundesländer" zu nennen. Am Donnerstag (26.09.1992) sind unter dem Generalthema „Vierzig Jahre geographisches Arbeiten zwischen Ostsee und Erzgebirge" Ergebnisse unserer Kollegen aus der ehemaligen DDR präsentiert worden. Gleichzeitig wurde damit die „Geographische Gesellschaft der DDR" aufgelöst. Wir stehen so auch in unserem Fach am Beginn einer gemeinsamen Entwicklung.

Wir danken allen, die zur Entstehung dieses Tagungsberichtes beigetragen haben. Wir wünschen dem Band eine gute Aufnahme.

Dietrich Barsch   Heinz Karrasch

Inhalt

V Sondersitzung
40 Jahre geographisches Arbeiten zwischen Ostsee und Erzgebirge
(G. Haase, H. Richter)

* Nicht dokumentiert, da keine Manuskripte eingegangen sind.

Deutscher Geographentag Basel 1991

Vorbereitung

Für die wissenschaftliche, organisatorische und technische Vorbereitung sowie die Durchführung des 48. Deutschen Geographentages in Basel waren der Vorstand des Zentralverbandes der Deutschen Geographen und der Ortsausschuß zuständig.

Vorstand des Zentralverbandes der Deutschen Geographen

Prof. Dr. D. Barsch (Heidelberg), 1. Vorsitzender
StD. Dr. D. Richter (Burgwedel), 2. Vorsitzender
Prof. Dr. H. Karrasch (Heidelberg), Schriftführer
Prof. Dr. H. Liedtke (Bochum), Kassenwart
A. Allgaier (Aachen), Studentenvertreter
Prof. Dr. D. Böhn (Würzburg), HGD
PD Dr. N. de Lange (Münster), VDH
G. Ferber (Würzburg), Studentenvertreterin
Prof. Dr. W.-D. Hütteroth (Erlangen), VDG
Dr. K. Kost (Essen), DVAG
Prof. Dr. G. Löffler (Trier), VDH
Dipl.-Geogr. M. Mergen (Karlsruhe), DVAG
StD Dr. E. Schallhorn (Bretten), VDSCH
Prof. Dr. H. Schrettenbrunner (Nürnberg), HGD
Prof. Dr. G. Voppel (Köln), DGG

Ortsausschuß des 48. Deutschen Geographentages

Prof. Dr. H. Leser, Vorsitzender

Verlauf der Tagung

Das Programm des 48. Deutschen Geographentages lief nach folgendem Plan ab.

Sonntag, 22. 9. 1991

Treffen der Verbände und sonstiger Gruppierungen

Montag, 23. 9. 1991

Vormittags:

H. Leser (Ortsausschuß Basel): Eröffnung des Geographentages

Begrüßungsansprachen des Rektors der Universität Basel, Prof. Dr. K. Pestalozzi, der Vertretung der beiden Kantone Basel-Stadt und Basel-Landschaft, von Herrn W. Baumhauer, Staatssekretär im Ministerium für Umwelt, Baden-Württemberg, Prof. Dr. H. Ursprung, Stabsgruppe Wissenschaft und Forschung, Bern.

D. Barsch (Heidelberg): Bericht des 1. Vorsitzenden des Zentralverbandes der Deutschen Geographen.

B. Messerli (Bern): Festvortrag: Geographie und Umwelt für eine Welt im Wandel.

Dr. H. Riesenhuber, Bundesminister für Forschung und Technologie der Bundesrepublik Deutschland: Umweltforschung heute.

Nachmittags: Fachsitzungen

01 Klima im Wandel
02 Bodenerosion und Bodenschutz
03 Umweltprobleme in Grenzregionen
04 Umwelterziehung im Geographieunterricht
05 Angewandte GMK 25 und GMK 25-Auswertung

Abends: Öffentliche Abendveranstaltung

Basel – Porträtskizze eines Lebensraumes. Gezeichnet von W. A. Gallusser unter Mitwirkung von H.-L. Kessler, V. Meier, H. Polivka, D. Šimko und J. Winkler.

Dienstag, 24. 9. 1991

Vormittags: Podiumsdiskussion: Das neue Europa

Fachsitzungen

06 Geographische Informationssysteme
07 Angewandte Landschaftsökologie
08 Polargeographie
09 Angewandte Biogeographie

Nachmittags: Fachsitzungen

10 Probleme und Aufgaben der Ökosystemmodellierung
11 Stadtplanung und Stadtökologie – Stand der Dinge und Handlungsperspektiven
12 Fernerkundung als landschaftsökologische Methodik
13 Naturgefahren: Prozesse, Kartographische Darstellung und Maßnahmen
14 Recycling als Raumproblem

Abends: Arbeitskreissitzungen
    01   Fernerkundung
    02   Mitteleuropa
    03   Australien

    Geo-Fest

Mittwoch, 25. 9. 1991

Vormittags: Fachsitzungen
    15   Aktuelle Geomorphodynamik im Hochgebirge
    16   Umweltkartographie und Schule
    17   Auswertung und Anwendung Geoökologischer Karten
    18   Stadtgeographie
    19   Fluviale Geomorphodynamik in Mitteleuropa

Nachmittags: Fachsitzungen
    20   Stofftransport in aquatischen Systemen
    21   Umweltverträglichkeitsprüfungen – Erfahrungen und Entwicklungen
    22   Landschaftsökologie und Schule
    23   Lokalklima und Raumplanung
    24   Regionalwirtschaftliche und wirtschaftsgeographische Aspekte des Natur- und
         Landschaftsschutzes

Abends: Schlußveranstaltung
    H. LESER (Basel): Schlußwort des Ortsausschußvorsitzenden
    D. BARSCH (Heidelberg): Schlußwort des 1. Vorsitzenden des Zentralverbandes der
    Deutschen Geographen
    Mitgliederversammlung des Zentralverbandes der Deutschen Geographen

Donnerstag, 26. 9. 1991

Vormittags/Nachmittags: Sondersitzung
    40 Jahre geographisches Arbeiten zwischen Ostsee und Erzgebirge

Vormittags: Arbeitskreissitzungen
    04   Bevölkerungsgeographie
    05   Raumgestaltung in Entwicklungsländern
    06   Theorie und Quantitative Methodik in der Geographie
    07   Physische Geographie im Unterricht
    08   Kontaktgruppe der deutschen und französischen Geographen
    09   Medizinische Geographie / Geomedizin
    10   Norden
    11   Bildungsgeographie
    12   USA
    13   Polargeographie
    14   Bundesfachschaftstagung Geographie
    15   GIS in der Geographie
    16   Geographie der Geisteshaltung

Nachmittags: Arbeitskreissitzungen
  17 Produktionsorientierte Dienstleistungen
  18 Geoökologie
  19 Politische Geographie und Gesellschaftstheorie
  20 Lehrpläne
  21 Religionsgeographie
  22 Computer im Erdkundeunterricht
  23 Dorfentwicklung
  24 Geschichte der Geographie
  25 China
  26 Feministische Geographie
  27 Geographiedidaktische Medienforschung

Exkursionen

Basel – von der Zunftstadt zum modernen Wirtschaftszentrum (vormittags und nachmittags, am Dienstag, 24. 9., und Mittwoch, 25. 9. 1991)

Donnerstag, 26. September 1991
1.1 Die Stadt Bern: Ihre Entwicklung unter wechselnden gesellschaftlichen Ansprüchen (Von der Wohn- und Arbeitsstadt zum Zentralen Ort). Leitung: E. Bäschlin Roques
1.2 Stadt Zürich: Stadtentwicklung und Stadtplanung. Leitung: H. Elsasser, R. Frösch
1.3 Chemische Industrie: Entwicklung und Auswirkungen im Raume Basel. Leitung: H. Polivka
1.4 REGIO BASILIENSIS – Perspektiven einer Grenzregion. Leitung: D. Opferkuch
1.5 Nordwestschweizer Jura. Leitung: W. Gallusser
1.6 Sundgau und Burgunder Pforte. Leitung: G. Bienz

Freitag, 27. September 1991
1.7 Basel, die Stadt am Dreiländereck. Leitung: H. Polivka
1.8 Förderung umweltfreundlicher Verkehrsmittel in Basel. Leitung: E. Otto
1.9 Geologie des Rheintalgrabens. Leitung: L. Hauber
1.10 Geoökologie Jura. Leitung: C. Kempel-Eggenberger, I. Reber
1.11 Stadtfunktionsraum Mülhausen. Leitung: G. Wackernagel
1.12 Genf: Stadtzentrum und Stadtsanierung. Leitung: Ch. Hussy

Samstag, 28. September 1991
1.13 Probleme der Bodennutzung in ausgewählten Agrarlandschaften der Basler Region. Leitung: V. Prasuhn, E. Unterseher
1.14 Freiburg im Breisgau. Leitung: F. Krüger

Donnerstag/Freitag, 26./27. September 1991
2.1 Appenzeller Land: Natur- und Kulturlandschaft. Leitung: G. Zollinger, A. Rempfler

Freitag/Samstag, 27./28. September 1991
2.2 Vorderrheintal und Nordtessin. Leitung: G. Jung

Samstag/Sonntag, 28./29. September 1991
2.3 Naturschutzzentrum Aletsch. Leitung: L. Albrecht

Donnerstag, 26. – Samstag, 28. September 1991
3.1 Querprofil Schweiz. Leitung: P. MESSERLI, H.-R. EGLI
3.2 Südtessin: Regionale Vielfalt und divergierende landschaftsökologische und kulturland-
     schaftliche Entwicklungen. Leitung: H. HAEFNER

Donnerstag, 26. – Montag, 30. September 1991
3.3 Gletschergeschichte und Kulturlandschaft des Wallis. Leitung: G. FURRER, P. BUMANN,
     H.-P. HOLZHAUSER, C. BURGA, W. BIRCHER, H. ZUMBÜHL.

I. ANSPRACHEN

Begrüßung

durch Hartmut Leser;
Vorsitzender des Ortsausschusses,
Geographisches Institut der Universität Basel.

Liebe Anwesende, verehrte Gäste,
mit einem Willkommensgruß an Sie alle wollen wir den 48. Deutschen Geographentag Basel 1991 eröffnen. Wir haben allen Grund zur Freude:

– Wir freuen uns darüber, daß eine rund zweijährige Kongreßvorbereitung zu Ende gegangen ist – ohne jegliche Unterstützung aus dem Kanton Basel Stadt. Ich danke unserer Institutssekretärin, Frau Ruth Niederhauser, und meinem Mitarbeiter, Herrn Kai Schrader, dafür, daß sie diesen Druck ausgehalten und mitgetragen haben. Ohne deren Hilfe könnte der Geographentag nicht das sein, was er ist. Sie stehen für andere Helfer, denen ebenfalls herzlich gedankt sei.

– Wir freuen uns über eine große Schar Ehrengäste, die ich – mit Ihrer Erlaubnis – in globo begrüßen darf und stellvertretend für alle besonders herzlich Herrn Alt-Regierungsrat und Alt-Vorsteher des Erziehungsdepartements von Kanton Basel-Stadt, Dr. h.c. Arnold Schneider, und den Präsidenten des Schweizerischen Schulrats, Herrn Professor Dr. Roland Crottaz, willkommen heißen möchte. Die Ehrengäste, die ja alle politische und administrative Funktionen erfüllen, haben sich Zeit für den Geographentag genommen. Dafür sind wir besonders dankbar.

– Wir freuen uns darüber, daß die offizielle Wiedervereinigung der deutschen Geographen auf dem traditionsreichen historischen Boden der ehemaligen Freien Reichsstadt Basel stattfinden kann, der von Internationalität und Regionaldenken zugleich geprägt ist. Die Verbundenheit mit den neuen deutschen Bundesländern findet am Geographentag ihren Ausdruck in der Ganztagsveranstaltung am Donnerstag „40 Jahre geographisches Arbeiten zwischen Ostsee und Erzgebirge".

Unter dem Motto „Geographie und Umwelt: Erfassen – Nutzen – Wandeln – Schonen" werden integrative Aspekte der Umwelterfassung und -planung dargestellt. Die Geographie ist ein Fachbereich, der über natur- und humanwissenschaftliche Ansätze verfügt, die nicht erst mühevoll über Zusatzstudiengänge oder Neubegründungen von Fachbereichen wie „Allgemeine Ökologie", „Humanökologie", „Mensch-Gesellschaft-Umwelt", „Natur-, Landschafts- und Umweltschutz", „Umweltnaturwissenschaften" etc. geschaffen werden müssen.

Nicht von ungefähr sei hier erwähnt, daß der große Leipziger bzw. Dresdner Geograph Ernst Neef (1908–1984) schon vor Jahrzehnten vom gesetzlichen Zusammenhang „Natur-Technik-Gesellschaft" sprach – lange bevor Umweltforschung und integratives Denken und Handeln als Schlagwörter gebraucht wurden. Die Landschaftsökologie innerhalb der Geographie, zu deren Gründervätern ja auch Ernst Neef gehörte, wahrt nicht nur die Tradition dieser Ansätze, sondern versteht sich auch als „Forschung für Anwendung und Praxis".

Die Themen des Geographentages nehmen auf all dies Bezug: Sie behandeln „Grundlagenforschung für Anwendung", denn die Forschung soll ja Grundlage für etwas sein. Die Einbindung der Geographie in anwendungsbezogene Fachbereiche innerhalb von Wissenschaften und Praxis drückt sich in der großen Zahl von „nichtgeographischen" Referentinnen und Referenten aus: Interdisziplinarität, Transdisziplinarität und wie die Schlagwörter alle noch heißen, brauchen in unserem Fachbereich nicht erst ab heute mit Inhalt gefüllt zu werden. Um nachbarfachliche Kontakte sind wir immer froh. Es bedarf daher auch keines Beschwörens unserer Kompetenz in Umweltsachen – unsere Partner, „Abnehmer" und Anwender in Wissenschaft und Praxis haben wir.

Wenn aber hier – dies zum Schluß meiner Begrüßung – trotzdem etwas beschworen werden soll, dann etwas, was mich ganz persönlich bei der Vorbereitung dieses Geographentages sehr irritiert hat: Es ist das innerfachliche Abgrenzen von human- und physiogeographischen Ansätzen. Das gehört nicht mehr in unsere Zeit. Ich bedaure jene Kolleginnen und Kollegen, die dies immer noch nicht verstanden haben.

Die Themen des Geographentages belegen, daß in diesen Tagen keine human- oder physiogeographischen Spezialitäten kultiviert werden, sondern daß man integrativ und holistisch an und in der Realität unserer komplexen Umwelt forscht und arbeitet.

Ich wünsche Ihnen, auch im Namen meiner Mitarbeiter, einen schönen Aufenthalt in Basel, einen ertragreichen Tagungsverlauf und intensive Gespräche, von denen nicht nur die Politik, sondern auch Wissenschaft und Praxis leben. Der 48. Deutsche Geographentag ist damit eröffnet.

Begrüßung

durch den Ersten Vorsitzenden des Zentralverbandes der Deutschen Geographen, Dietrich Barsch, Heidelberg

Hochansehnliche Festversammlung,
meine sehr verehrten Damen und Herren,

es ist mir persönlich eine große Freude, Sie hier in Basel im Namen des Zentralverbandes der Deutschen Geographen anläßlich der Eröffnung des 48. Deutschen Geographentages herzlich zu begrüßen und willkommen zu heißen.

Meine große Freude hat viele Gründe: Zum einen ist der Deutsche Geographentag seit mehr als einem Jahrhundert die zentrale Veranstaltung der deutschsprachigen Geographen in Europa, d.h. es ist die Veranstaltung, die uns über die Grenzen der Schweiz, Österreichs und Deutschlands hinaus mit Kollegen aus anderen Ländern zusammenführt, die über ihre Sprachkenntnisse mit uns in einen wissenschaftlichen Austausch treten. Traditionsgemäß – falls die Zeitläufe es gestatten – findet dieser Kongreß alle zwei Jahre im deutschsprachigen Mitteleuropa statt; wir sind allerdings heute mit diesem Kongreß zum ersten Mal in der Schweiz. Daß wir dabei gerade in Basel sind, zeigt die Brückenfunktion, die dieses kulturelle und wirtschaftliche Zentrum am Oberrhein nicht nur für die Verbindung der Schweiz nach Deutschland, sondern für ganz Europa hat. Diese Brückenfunktion ist nicht nur in der Weltoffenheit Basels begründet, sondern sie entspringt auch der Zugehörigkeit zum deutschen Sprachraum. In ihm ist die mundartliche Färbung der Hochsprache ein anerkanntes und liebenswertes Charakteristikum, das uns allerdings nicht der Aufgabe enthebt, unsere gemeinsame Hochsprache auch gemeinsam zu pflegen, denn als Geographen, die weltweit in den unterschiedlichsten Ländern arbeiten, wissen wir, wie wichtig eine leichte Verständigung ist. Unser Geographentag ist daher – um es noch einmal zu betonen – nicht so sehr ein deutscher, sondern vor allem ein deutschsprachiger Kongreß.

Wir Geographen sind dankbar, unseren 48. Geographentag hier im Basler Raum durchführen zu dürfen. Ich möchte deshalb an dieser Stelle der Universität Basel, den Kantonen Basel-Stadt und Basel-Land sowie der Eidgenossenschaft, aber auch den schweizerischen wissenschaftlichen Vereinigungen und den Kollegen in der Schweiz herzlich für die Gastfreundschaft danken. Lassen Sie mich gleichsam als Vertreter der Schweizer Bundesregierung Herrn Schulratspräsidenten Crottaz begrüßen, der durch seine Anwesenheit zeigt, daß in der Schweiz die Geographie als wichtiges Bildungsfach angesehen wird, das für die Bewältigung der Zukunftsprobleme Handreichungen nicht nur im Rahmen der schulischen Ausbildung für jedermann, sondern

Hilfen zum Beispiel in den Bereichen Umwelt- oder Landesplanung für Verwaltung und Wirtschaft bietet.

Ich begrüße die Vertreter der Kantonsregierungen von Basel-Stadt und Basel-Land, die als Träger der Universität durch die Steuergelder der Einwohner beider Basel auch unser Fach fördern.

Der Gedanke der Regio, d.h. der Gedanke, daß der Raum Nordwestschweiz, Oberelsaß und Südbaden eine Region bildet, dieser Gedanke ist zutiefst geographisch. Nicht umsonst hat der frühere Direktor des Geographischen Institutes der Universität Basel, Herr Professor Hans ANNAHEIM wesentlich an seiner Ausformulierung mitgearbeitet. Ich begrüße im Sinne der Regio Basiliensis die Vertreter Baden-Württembergs und aus dem Elsaß auf das Herzlichste. Es erfüllt mich als Nicht-Allemannen mit Bewunderung, daß sich im weitgehend allemannisch geprägten Raum über die Grenzen dreier Staaten hinweg der Regio-Gedanke so fruchtbar entwickelt hat. Daß Sie sich, Herr Staatssekretär Baumhauer, die Zeit genommen haben zu uns zu sprechen, das zeigt, daß sich die Landesregierung Baden-Württemberg nicht nur Südbadens, sondern auch der hier ablaufenden raumwirksamen Prozesse bewußt ist, kurz daß Ihre Regierung in kluger Weise geographisch denkt.

Ein weiterer großer Grund für meine Freude ist die Tatsache, daß der heutige Geographentag der erste seit 3 Jahrzehnten ist, an dem die Kolleginnen und Kollegen aus den Bereichen Deutschlands, die nach dem 2. Weltkrieg hinter den Eisernen Vorhang geraten sind, ungehindert, unbedrängt, unbeaufsichtigt, kurz als freie Frauen und Männer, wieder an dieser zentralen Veranstaltung teilnehmen können. Ich möchte deshalb an dieser Stelle alle Teilnehmer aus den fünf neuen Ländern und dem Ostteil der Stadt Berlin besonders herzlich willkommen heißen. Ich danke dabei zusätzlich der Deutschen Forschungsgemeinschaft dafür, daß sie in einer Blitzaktion den aktiv am Geographentag mitarbeitenden Teilnehmern eine Reisebeihilfe gewährt hat.

Wir erwarten uns viel von der jetzt möglichen Zusammenarbeit im zentralen Mitteleuropa. Wir hoffen, daß die Normalisierung der durch die kommunistische Gewaltherrschaft in den fünf neuen Ländern zu Grunde gerichteten Strukturen möglichst schnell erfolgt. Ich glaube, wir dürfen – nach meinen Einsichten – in diesem Punkt sehr hoffnungsfroh sein. Dies ist kein Zweckoptimismus, weil wir in vier Jahren den 50. Deutschen Geographentag in Leipzig im Freistaat Sachsen durchführen möchten, sondern weil sich gerade im Raum Leipzig/Halle nach den jetzigen Planungen ein herausragender Standort der Geographie in Mitteleuropa abzeichnet, mit dem wahrscheinlich nur die Konzentration der Geographischen Institute im Raum Berlin an der Freien Universität, an der Technischen Universität, an der Humboldt-Universität und an der Brandenburgischen Landeshochschule Potsdam konkurrieren kann. Das ist für alle Mitglieder dieser Institute eine großartige Herausforderung! Wir alle hoffen, daß die Berliner Kolleginnen und Kollegen im Jahre

2.000 die Geographen der Welt zum Internationalen Geographentag zu Gast haben werden, wie sie bereits 1995 die Quartärforscher aus allen Ländern der Erde an der Stelle betreuen dürfen, an der die Eiszeittheorie zwar nicht entwickelt, aber ihren internationalen Durchbruch erzielt hat. Ich wünsche unserem Kollegen Horst Hagedorn, der für die DEUQUA die Verantwortung für diesen Kongreß übernommen hat, sowie allen Kolleginnen und Kollegen, die aktiv an der Gestaltung dieser Tagung mitwirken werden, Glück und Erfolg. Ich stelle mir vor, daß auch aus der Schweiz und aus Österreich, d.h. aus dem alpinen Raum, aber auch aus dem Mittelland und dem weiteren Alpenvorland dem Organisationskomitee Exkursionsvorschläge und Ideen zugetragen werden, denn dies ist die Chance, die Ergebnisse intensiver wissenschaftlicher Arbeit den Kollegen aus aller Welt vorzutragen und mit ihnen zu diskutieren. Das ist eine große, sicher belastende, aber auch eine sehr schöne Aufgabe!

Wenn wir uns heute schon fast daran gewöhnt haben, daß die Mauer abgerissen ist, so sollen wir an dieser Stelle nicht verkennen, daß sie 30 Jahre Unfreiheit, Unterdrückung und Entwicklungshemmung für viele bedeutet hat. 30 Jahre sind fast 30 % der Existenz des Geographentages. Wenn ich es persönlich formulieren darf: ich war ein junger Mann, noch nicht einmal promoviert, als die Mauer am 13. August 1961 in Berlin errichtet worden ist. Wenn ich daran denke, was ich alles nicht hätte tun können, wenn ich vor 30 Jahren östlich der Mauer gewohnt hätte, dann wird mir jetzt noch ganz elend. Wir können niemand diese Zeit ersetzen, aber wir können versuchen zu helfen, damit der Übergang möglichst reibungslos vor sich geht. Wir sind, so glaube ich, mit der Neueinrichtung des Institutes für Länderkunde in Leipzig, mit der Errichtung eines Zentrums für Umweltforschung in Leipzig, mit der Wiedergründung von Geographischen Universitätsinstituten in Jena, Leipzig, Dresden und Erfurt sowie mit der infrastrukturellen Erneuerung der bestehenden Geographischen Institute auf gutem Wege. Viele Kollegen aus den alten Ländern der Bundesrepublik Deutschland haben sich mit großem persönlichen und zeitlichen Einsatz diesen Aufgaben unterzogen. Ich möchte diesen Kollegen, aber auch den Geographen in den neuen Bundesländern herzlich danken, die sich mit großem Einsatz nach Jahren der erzwungenen Zurückhaltung in die Erneuerung ihrer Institute und in die Erarbeitung von Grundsatzplänen für die Anpassung an freiheitliche Strukturen gestürzt haben. Das ist ein wichtiger Einsatz für das Fach und für die Arbeitsfähigkeit der fachlichen Einrichtungen.

Ich möchte darüber hinaus betonen, daß die Geographen in den neuen Ländern sich nach der Wende in erstaunlichem Maß am Aufbau einer rechtsstaatlichen Verwaltung beteiligt haben. Sie haben dort hohe Stellungen erreicht und bringen in viele Bereiche geographisches Fachwissen, raumbezogenes Denken, das etwa im Umweltschutz, in der Umweltplanung, in der Raumentwicklung unerläßlich ist. Ich hoffe, daß dieses Engagement auch auf

die alten Länder der Bundesrepublik zurückwirkt, in denen diese Entwicklung
schon vor langer Zeit verschlafen worden ist. Für das gesamte Fach, vor allem
natürlich für die angewandten Teile und für den Hochschulunterricht verspre-
che ich mir viel von dieser Entwicklung!

Unsere Geographie ist eine sehr breit angelegte Wissenschaft, die in sich
schon allein durch die Anwendung naturwissenschaftlicher und sozial-gei-
steswissenschaftlicher Methodik stark gegliedert ist. Im analytischen Bereich
gibt es deshalb in unserem Fach weite Auffächerungen. Es existieren großartige Zusammenarbeiten mit Nachbardisziplinen, die Hartmut Leser dazu geführt haben, vor einer Aufzehr der Geographie von innen und außen zu
warnen. Allerdings – und das beklagt er wohl zu recht – wird im Moment dem
integrativen, dem synthetischen Charakter der Geographie zu wenig Aufmerksamkeit geschenkt. Hier genauso wie im analytischen Bereich gibt es
eine Fülle dringender Aufgabenfelder, auf denen die Geographie noch stärker
tätig werden sollte. Ich spreche dabei nicht, von dem großartigen Einsatz
einzelner, die – wie etwa Otto Fränzle – durch die Koordination der Ökosystemforschung allgemein und speziell am Beispiel der Bornhöveder Seen
oder wie zahlreiche andere Kollegen für unser Fach bzw. für den Erkenntnis-
fortschritt in den von unserem Fach bestimmten Bereichen Hervorragendes
leisten. Ich möchte auch nicht unbedingt so klagen, wie es eine Gruppe von
Soziologen in der Heskemer Protestation getan hat, obwohl auch bei uns gelegentlich eine gewisse Behäbigkeit, der Charme des Mittelmaßes, die Zurük-
knahme des intellektuellen Wettbewerbes oder das Eingebundensein in kleinste, esoterische Zirkel nicht als anstößig empfunden wird. Hier steht m.E.
unser Elfenbeinturm. Wir müssen wieder stärker außenwirksam werden. Das
betrifft zum einen die Situation im deutschsprachigen Mitteleuropa. Wir hoffen, daß wir mit dem neugestalteten Rundbrief auch die Kollegen in der
Schweiz und in Österreich ansprechen werden. Der Rundbrief sollte nicht nur
dem schnellen Austausch von Informationen zwischen uns, sondern auch mit
unseren direkten Nachbarländern im Westen und Osten, im Norden und
Süden dienen. Er wird daher stärker als bisher über Tagungen, Programme,
Forschungsprojekte, Schwerpunktprogramme etc. berichten und zeigen, wo
Geographen überall tätig sind, d.h. wo wir Ansprechpartner – zielgerichtet für
bestimmte Probleme – nennen können. Zudem soll er verstärkt zur Förderung
der Fachdiskussion beitragen, die über die herkömmlichen wissenschaftlichen Zeitschriften zwar sehr fundiert, aber doch recht verzögert geführt wird.

Wir möchten damit auch auf die Herausforderung reagieren, die Europa
1992 mit sich bringt. Das ist nicht nur die Konkurrenz in der Ausbildung,
sondern auch die Konkurrenz der Forschungsprogramme. Wir müssen mehr
Zeit und Aufwand darauf verwenden, Einfluß auf die Forschungsprogramme
der EG zu nehmen, damit dort nicht Beamte meinen, nur die Forschung in
ihren Heimatländern untersützen zu müssen, wie es manchmal den Anschein
hat. Das wird großer Anstrengungen bedürfen. Jedes EG-finanzierte Projekt

in der Geographie bildet nicht nur einen Erfolg in der internationalen Konkurrenz der Forschungsfinanzierung, sondern stärkt die Stellung unseres Faches im vereinten Europa. Große Hoffnungen ruhen deshalb auf dem Institut für Länderkunde in Leipzig, das als außeruniversitäre Forschungstätte den Kern für eine europaweite geographische Forschung bilden soll. Die Entwicklung eines Geographischen Informationssystem Europa erscheint mir dabei ebenso wichtig wie etwas anscheinend so Banales wie die internationale Abstimmung der Meßverfahren in der Landschaftsökologie.

Das Motto des 48. Deutschen Geographentages lautet:

GEOGRAPHIE und UMWELT

Der Geographentag soll und wird für den sehr weiten Bereich unserer Umwelt zeigen,

— auf welche Fragen Geographen Antworten bereit halten,

— welches Wissen sie in interdisziplinäre Programme einbringen können,

— und welche Leistungen man in Zukunft von ihnen erwarten kann und erwarten muß.

Es paßt daher sehr gut, daß im Rahmen der Neuordnung der außeruniversitären Forschung in den neuen Ländern der Bundesrepublik Deutschland die Landschaftsökologie endlich einen festen Platz in Deutschland erhält. Wir haben im Westen schon immer für ein solches Institut plädiert. Jetzt wird es — hoffentlich — in Leipzig Wirklichkeit. Die Gruppe aus dem ehemaligen Akademie-Institut für Geographie und Geoökologie um Günter Haase, dem gegenwärtigen Präsidenten der Sächsischen Akademie der Wissenschaften, wird von ihrer fachlichen Ausrichtung und natürlich durch die in der Geographie seit langem gepflegte Zusammenschau zum Kern des neuen Umweltforschungszentrum Leipzig-Halle. Zugegebenermaßen wäre es sicher besser gewesen, wenn die Landschaftsökologie in Leipzig ein eigenes Institut erhalten hätte, denn der Druck, der häufig von Wissenschaften ausgeübt wird, die gerade erst die Umwelt entdeckt haben, in der sie meist nicht mehr als einen Teilaspekt untersuchen, ist häufig gewaltig. Es wird großer Aufmerksamkeit bedürfen, in dieser neuen Großforschungseinrichtung ein ausgeglichenes Verhältnis zwischen den einzelnen Bereichen zu bilden und zu erhalten zum Nutzen des Ganzen.

Ich freue mich deshalb ganz besonders, daß der Bundesminister für Forschung und Technologie, Herr Dr. Riesenhuber, zur Eröffnung des 48. Deutschen Geographentages nach Basel gekommen ist, denn bei ihm wird das neue Zentrum resortieren. Er hat – wie man heute so blumig sagt – seit seinem Amtsantritt die Forschungslandschaft in Deutschland ganz wesentlich beeinflußt. Das gilt nicht nur für die Polarforschung, die ich – ausgehend von der Antarktisforschung – im Landesausschuß SCAR mit verfolgt habe, das gilt für viele weitere Programme, in denen Geographen mitgearbeitet haben. Ihnen, Herr Minister Riesenhuber, sei – last but not least – ganz herzlich gedankt: zum einen, weil Sie hier – trotz mannigfacher anderer Verpflichtungen – zu uns gesprochen haben; zum anderen, weil Sie und Ihre Mitarbeiter erkannt haben, was Geographen in den zahlreichen wissenschaftlichen Programmen Ihres Hauses zu leisten vermögen. Vielleicht darf ich die Gelegenheit benutzen, um zwei Problembereiche anzusprechen, die uns schon jetzt stark beschäftigen:

Da ist einmal das Global Change Programm. Weltweit und auch für uns in Mitteleuropa ist dies ein wichtiges Programm. Ich sehe mit gewisser Sorge wie der an sich breite Forschungsansatz in der Bundesrepublik Deutschland immer mehr auf rein physikalisch-meteorologische Modellüberlegungen eingeschränkt wird, die ohne geowissenschaftliche, speziell ohne geographische Füllung, d.h. ohne geographische Daten und Informationen wenig aussagekräftig bleiben werden. In der Geographie liegt ein riesiger, wenn auch auf diesen Punkt nicht allein fokussierter Erfahrungsschatz zum Verhältnis Landschaft und Mensch für die letzten 15.000 Jahre vor, der nur gehoben werden müßte. Vielleicht sollte man sich in Ihrem Hause im Hinblick auf das Global Change Programm dieses Bereiches stärker bedienen.

Der zweite Problemkreis bezieht sich auf die IDNDR, d.h. die Internationale Dekade zur Reduzierung von Naturgefahren. In diesem Fall liegt die Federführung wohl im Auswärtigem Amt der Bundesregierung. Allerdings bereitet es mir Sorge, daß bisher – obwohl die Dekade seit dem 1. Januar 1990 läuft – noch keine Finanzierung der Projekte aus der Bundesrepublik Deutschland in Sicht ist. Wenn wir – und die Geographen sind dazu bereit – im nationalen und im internationalen Rahmen einen nennenswerten Beitrag leisten wollen, dann ist Eile geboten, denn die jungen Mitarbeiter, die den Hauptteil der praktischen Arbeit zu leisten haben, stehen nicht grenzenlos und nicht über Jahre quasi auf Abruf zur Verfügung.

Darf ich Sie bitten, sehr geehrter Herr Minister, diesen Punkten Ihre Aufmerksamkeit zu schenken, obwohl sie vielleicht im Rahmen anderer Prioritäten in Ihrem Haus von geringer Bedeutung sind? Ich hoffe, daß Sie und Ihr Haus auch weiterhin Erfolg bei den Bemühungen haben werden, durch interessante Programme die Wissenschaftler und dabei auch die Geographen in die Verantwortung für unsere Zukunft zu nehmen.

Meine sehr geehrten Damen und Herren, der 48. Deutsche Geographentag ist eröffnet! Ich darf Ihnen, d.h. uns allen, einen erfolgreichen Geographentag wünschen, der mit intensiven und ertragreichen Diskussionen Anregungen, Ideen und Zukunftsvisionen vermittelt.

Glückauf!

Schlußansprache

des Ersten Vorsitzenden des Zentralverbandes der Deutschen Geographen
Dietrich Barsch, Heidelberg

Meine sehr geehrten Damen und Herren,

wir stehen fast am Ende eines großen Geographentages. Traditionsgemäß und
so auch diesmal findet die Schlußveranstaltung unseres Kongresses am Mitt-
wochnachmittag statt, obwohl in diesem Jahr neben den Arbeitskreissitzungen
und Exkursionen noch der „Tag der neuen Länder" als separate Veranstaltung
eingeführt worden ist, auf der sich die Kolleginnen und Kollegen aus der
ehemaligen DDR mit ihren wissenschaftlichen Arbeiten vorstellen werden.
Wir alle haben lange auf diesen Tag gewartet!

Eine Schlußansprache bietet die Gelegenheit zum Danken. Seit der Gründung des Deutschen Geographentages vor 110 Jahren (1881) sind wir zum
ersten Mal in der Schweiz. Daher gebührt unser erster Dank der Eidgenossenschaft, den Kantonen Basel-Stadt und Basel-Land, der Universität Basel und
den Schweizer Kollegen für die gewährte Gastfreundschaft und für die Unterstützung in vielen großen und kleinen Dingen, die uns den Aufenthalt in Basel
so angenehm gemacht haben.

Mein Dank richtet sich aber vor allem an den Organisator dieses Geographentages. Hartmut Leser hat in unermüdlichem Einsatz diesen Kongreß
organisiert und ihm seinen Stempel aufgedrückt. In diesen Dank möchte ich
alle seine Mitarbeiterinnen und Mitarbeiter einschließen, die mit ihm den
Erfolg dieses Geographentages ermöglicht haben. Gestatten Sie, daß ich Frau
Niederhauser hier speziell erwähne, die sich weit über ihre normale Arbeitszeit
für das Gelingen dieses großen Werkes eingesetzt hat.

Danken möchte ich den Sitzungsleitern, den Referenten und Diskussions-
rednern, die in kritischer Auseinandersetzung den wissenschaftlichen Wert des
Geographentages bestimmt haben. Sie vermitteln die Inhalte der gegenwärtigen Diskussionen, neue Ergebnisse und Vorstellungen an eine breite Fachöf-
fentlichkeit, die selbst wieder Multiplikator ist.

Wir haben hier in Basel einen fulminanten Auftakt des 48. Deutschen Geographentages erlebt. Die Vorträge unseres Kollegen Bruno Messerli (Bern) und
von Herrn Minister Riesenhuber ergaben sich als Rede und Gegenrede von
hoher Qualität, die sich komplementär ergänzten. So stand der besorgten, skep-
tischen Wissenschaft die vorsichtig optimistische Realpolitik gegenüber. Beiden,
Herrn Professor Messerli und Herrn Minister Riesenhuber, möchte ich in
unserer aller Namen meinen herzlichsten Dank aussprechen. Wir wären sehr
froh, wenn wir immer mit Beiträgen in dieser Qualität zur Eröffnung eines
Geographentages rechnen könnten!

Auf dem diesjährigen Geographentag hat es – so haben manche gemeint – ein Übergewicht der Physiogeographie gegeben. Da das Programm bereits fertig konzipiert war, bevor ich den Vorsitz des Zentralverbandes der Deutschen Geographen übernommen habe, ist dieses Übergewicht nicht mir direkt anzulasten. Ich möchte jedoch betonen, daß die Themen, auch wenn die Physiogeographie der Anthropogeographie nicht die Forschungsaufgaben vorgeben kann, so gewählt waren, daß sie auch für anthropogeographische Arbeiten von Interesse sind. Im Hinblick auf die immer wieder beschworene Integration der Geographie sei deshalb darauf hingewiesen, daß uns nicht nur die reale Landschaft verbindet, sondern vor allem auch das Denken in systemaren Kategorien. Auf alle Fälle sollten sich die Kollegen aller Teildisziplinen der Geographie im Geographentag wiederfinden, denn sonst wird unsere zentrale Veranstaltung zu einem esoterischen Zirkel!

Wenn wir den Blick in die Zukunft richten, dann liegen bis zum Geographentag in Bochum eine Reihe interessanter Aufgaben vor uns, die unserer aller Einsatz erfordern. Das ist zum einen die Mithilfe beim Aufbau des in Gründung befindlichen Institutes für Länderkunde Leipzig. Hier kann über Zusammenarbeit, über Einzelprojekte und besonders über gemeinsame Projekte viel getan werden. Ich bitte alle, sich in diesen Dingen mit dem Gründungsdirektor, Herrn Professor Buchholz, in Verbindung zu setzen, um ein Aufbauprogramm zu verwirklichen. Dem Institut selbst sind neben der Dokumentation bereits eine Reihe von Aufgaben zugewachsen, die über die landeskundliche Dokumentation weit hinausgehen. Dazu gehört u.a. der Nationalatlas Deutschland, der jetzt nach der Wiedervereinigung dringend verwirklicht werden sollte.

Darüber hinaus hoffen wir alle, daß die Landschaftsökologie im neuen Umweltforschungszentrum Leipzig den ihr gebührenden Stellenwert erhält. Die Ausführungen von Herrn Minister Riesenhuber waren hierzu sehr deutlich. Allerdings müssen wir uns auch in diesem Bereich voll einsetzen und die notwendige unterstützende Zusammenarbeit anbieten.

Wichtig erscheint mir auch, daß wir stärker als bisher koordinierte Forschungsvorhaben realisieren. Die Diskussion in Bonn über neue Forschungsschwerpunkte hat in diesem Bereich wohl neue Anregungen erbracht. Besonders in der Anthopogeographie sollte verstärkt über neue Schwerpunktprogramme nachgedacht werden.

Der Pläne und Möglichkeiten gibt es noch viele; häufig wird jedoch die Zeit zwischen den Geographentagen knapp. Ich hoffe jedoch, daß ich Sie alle gesund und mit verwirklichten Plänen in Bochum wiedersehen werde.

Der 48. Deutsche Geographentag ist geschlossen. Ich lade Sie ein zur Teilnahme am 49. Geographentag 1993 in Bochum!

Schlußworte

von Hartmut Leser, Vorsitzender des Ortsausschusses, Geographisches Institut der Universität Basel

Liebe Geographinnen und liebe Geographen,

der 48.Deutsche Geographentag ist zu Ende und ist eigentlich nicht zu Ende. Zu Ende ist er im Kongreßzentrum, während er mit dem Tag der Arbeitskreise und dem Rechenschaftsbericht und den Diskussionen um „40 Jahre geographische Arbeiten zwischen Ostsee und Erzgebirge" im Kollegiengebäude der Universität – und natürlich mit den Exkursionen – noch fortgesetzt wird.

Den Geographentag kann man von mehreren Seiten her betrachten: Von Innen und von Außen – wobei Innen nicht nur „hinter den Kulissen" bedeutet, sondern auch das Verfolgen des Auf und Ab der Entwicklung der Organisationsstrukturen der Veranstaltung.

Der Geographentag in Basel ist – aus der Sicht des Veranstalters – aus verschiedenen Gründen bemerkenswert, wobei ich eine besondere Perspektive darstelle, nämlich jene Sachverhalte, die mich als Veranstalter besonders bewegt haben:

– Am wichtigsten war die Teilnahme von Geographinnen und Geographen aus den neuen deutschen Bundesländern, also aus der früheren DDR. Nach Euphorie über die Teilnahmemöglichkeit stellte sich bald Ernüchterung ein. Vielen war und ist die Teilnahme aus materiellen Gründen, die uns allen bekannt sind, nicht möglich. Dies bedaure ich zutiefst. Das große gemeinsame deutsch-deutsche Gespräch, wie wir es uns erhofft hatten, konnte und kann so nur in begrenztem Umfang stattfinden.

– Die Thematik des Geographentages drückt sich im Motto: „Geographie und Umwelt: Erfassen – Nutzen – Wandeln – Schonen" aus. Das Motto wurde variiert, weil sich nicht für jedermann die Schonung mit der Nutzung und dem Wandel gedanklich in Verbindung bringen läßt. Hans Hurni (Bern) danke ich für diesen deutlichen Hinweis.

– Die Thematik, also der Umweltschwerpunkt, ist an sich für ein modernes, angewandt-geographisches Disziplinverständnis kein Problem. Daß manche Kolleginnen und Kollegen aus den Hochschulen und Universitäten ihre Nöte damit hatten und haben, weil sich gewisse physio-, vor allem aber humangeographische Spezialitäten im Programm vermeintlich oder tatsächlich nicht wiederfanden, wie es in unendlicher Wiederholung auf früheren Geographentagen der Fall gewesen ist, sehe ich als Anlaß zum Nachdenken über Forschungsansätze, Realitätsbezug und „Visionen" (um Bruno Messerli aus seinem Festvortrag zu zitieren), aber auch über das Fachverständnis insgesamt.

– Daß wir in der Welt von heute mit der Thematik nicht schief liegen, läßt sich an mehreren Sachverhalten ablesen:

– Der Bundesminister für Forschung und Technologie, Dr.Heinz Riesenhuber, wäre nicht zu einem Geographentag nach Basel gekommen, hätten wir ausschließlich jene Forschungsfelder kultiviert, die wir „schon immer" beackert haben. Er konnte uns, auch in der kritischen Auseinandersetzung mit dem Festvortrag von Bruno Messerli, deutlich machen, daß wir direkte Beziehungen zu einer ganzen Reihe von Förderungsschwerpunkten des BMFT haben. Daß dies nicht für alle Institute und Fachvertreter gilt, ist bedauerlich, und auch dies mag Anlaß zum Nachdenken sein.

– Der Geographentag ist ein Geographentag in Basel, aber er ist kein Basler Geographentag. Wir haben moderne Probleme der Geographie von heute thematisiert und als Fachsitzungsthemen vorgeschlagen. Die Themen sind interdisziplinär von Interesse und stark auf Umsetzung und Anwendung bezogen.

– Die Nachbarwissenschaften nehmen durch Sitzungsleitungen und Vorträge intensiv an unserem Fachgeschehen teil. Wir verfügen über eine auch von ihnen gesprochene Sprache, wir machen uns mit ihnen keine Kompetenzen streitig, wir sehen die Komplementarität der Ansätze, Methoden und Ergebnisse.

– Die zahlreichen studentischen Teilnehmer des 48.Deutschen Geographentages in Basel belegen, daß sich die junge Generation für moderne, angewandte Geographie interessiert – egal, ob sie nun aus human- oder physiogeographischer Richtung heraus betrieben wird. Mangel an interessiertem Fachnachwuchs besteht also nicht. Daß es wohlbestallten Beamten aus materiellen Gründen angeblich nicht möglich war, am Geographentag teilzunehmen, wirkt angesichts der zahlreichen studentischen Teilnehmer geradezu irritierend.

– Die Struktur des Geographentages war so beschaffen, daß nicht fachliche Spezialitäten lokaler und lokalster Art behandelt wurden, sondern daß Regionalfragestellungen in einem Kontext erörtert wurden durch kompetente Vertreter der jeweiligen Sache, die eine zuverlässige Information über den Stand der Dinge eines Fragenkreises/Problems/Themas gewährleisten. Es wäre eine gute Gelegenheit für manche Kulturgeographen gewesen zu sehen, was in Angewandter Geographie heute betrieben wird.

Fazit: Der 48.Deutsche Geographentag Basel 1991 ist eigentlich Ausdruck der „Marktsituation" der Umweltforschung:

1. Der „Markt Umwelt" in Forschung und Praxis stellt große Potentiale dar, die im interdisziplinären Interessensfeld liegen.

2. Die Geographie beteiligt sich daran, diese Potentiale zu erschließen, tut dies aber noch nicht in ausreichendem Umfang, sondern relativ selektiv.
3. Die Forschungsschwerpunkte der Geographie müssen immer weiter verlagert und noch mehr als bisher auf die Umweltproblematik zentriert werden, wenn die Disziplin neben anderen Fachbereichen bestehen will.
4. Auch die Lehre und die Schwerpunkte der Ausbildung sollten verstärkt auf diese „Geographie für eine Welt im Wandel" Bezug nehmen.

Abschließend, sozusagen „Unsachlich-unfachlich" möchte ich meinen Dank abstatten. Zunächst einmal all jenen, die sich vom Thema des Geographentages nicht haben „verwirren" lassen, sondern die dessen Zukunftsperspektiven erkannt haben. Das drückte sich auch in einer umfassenden Medienpräsenz aus, wie sie noch nie auf einem Geographentag zu verzeichnen gewesen ist.

Dank gilt aber auch meinen Helfern und all jenen, die an der Gestaltung des Geographentages beteiligt gewesen sind. Ich habe es nie als Schaden aufgefaßt, daß es nur wenige waren, die mitgearbeitet haben, zudem wir von der personellen Ausstattung her – sowohl aus schweizerischer als auch aus deutscher Sicht betrachtet – nur ein kleines Institut sind. Ich schließe in diesen Dank zunächst einmal die Exkursionsleiterinnen und -leiter ein, die sich der mühevollen Vorbereitungsarbeit unterzogen haben. In diesem Zusammenhang sei vor allem Walter Leimgruber aus Fribourg gedankt, der die Gesamtleitung des Exkursionsteils des Geographentages innehatte. Dank sage ich auch Eberhard Parlow und seinen Mitarbeitern, welche das Austellungswesen betreuten und die Kontakte zum Kongreßdienst der MUBA hielten.

Mein herzlicher Dank gilt aber vor allem dem engeren Mitarbeiterkreis und den Studenten, die immer freundlich und hilfsbereit am Tagungsbüro und in den Tagen vor dem Kongreß halfen. Besonderer Dank gilt aber einer kleinen Mitarbeitergruppe, die mir – auch unter frustrierenden Bedingungen – beistand und deren Hilfe, aber auch deren Zuspruchs ich teilhaftig wurde. Ich nenne ganz bewußt namentlich Frau Ruth Niederhauser, Herrn Kai Schrader, Frau Marion Potschin, Frau Christa Kempel-Eggenberger und Frau Angela Losert.

Neben Frau Niederhauser und Kai Schrader war es eben jene vielzitierte Handvoll Leute, ohne die nichts geht und die sozusagen durch Dick und Dünn mitgegangen ist. Also noch einmal: Meinen ganz herzlichen Dank an die Genannten – einen Dank, den ich wohl auch im Namen der Tagungsteilnehmer äußern darf.

II. FESTVORTRÄGE

Geographie und Umwelt in einer Welt im Wandel

Bruno Messerli

1. Welt im Wandel:
Probleme und Prozesse von der lokalen bis zur globalen Ebene

Anfangs der 60er Jahre versetzten uns die ersten Satellitenbilder der Erde in Staunen über die Schönheit unseres Planeten, auf dem wir zu Hause sind. 10 Jahre später wird dieses Bild mit einem Donnerschlag erschüttert: Der erste Bericht des Club of Rome, „Grenzen des Wachstums", sagt eine Katastrophe für die Menschheit und ihre Umwelt für die erste Hälfte des 21. Jahrhunderts voraus. Mit einer plausiblen Verknüpfung der fünf Grössen Bevölkerungszahl, Industrieprodukte, Energieverbrauch, Rohstoffverbrauch und Umweltverschmutzung und einigen ebenso plausiblen Annahmen über das künftige Wachstum zeigt der Bericht, dass Ressourcenverknappung, Umweltverschmutzung und Bevölkerungswachstum zu einem Kollaps des Wirtschafts- und Umweltsystems führen mussten. Ein Aufschrei der Kritik ging durch die Weltpresse: „Die Daten wären ungenügend und eine solchermassen vereinfachte Globalisierung unstatthaft" (vgl. WEIZSÄCKER, 1989). Ohne auf alle später entwickelten und verbesserten Modelle einzutreten, müssten wir uns heute die Frage stellen: Ist dieses allgemeine Bedrohungsmodell, das vor rund 20 Jahren mit ungenügenden Daten allzu global entwickelt wurde, heute wirklich überholt oder hat es sich sogar noch verstärkt? Was wussten wir damals über Klimaveränderungen, Ozon, Abholzung tropischer Regenwälder, Desertifikation, Verlust der Artenvielfalt, Abfallprobleme usw.?

Dieser Bericht des „Club of Rome" kam gerade noch rechtzeitig zur ersten UNO-Umweltkonferenz von Stockholm 1972 und jetzt stehen wir mitten in den Vorbereitungen zur zweiten UNO-Konferenz über Umwelt und Entwicklung in Rio de Janeiro: UNCED 92! Frage: Was ist in diesen 20 Jahren passiert? Müssten wir jetzt eine spontane Antwort geben, würden wir wohl sagen: 20 Jahre die die Welt veränderten wie nie zuvor! Dabei denken wir wohl zuerst an die politische Neugestaltung Europas und die dramatischen Veränderungen in der Sowjetunion. Und doch sollten wir versuchen, die Antwort in ihrer räumlichen und zeitlichen, ökonomischen und ökologischen Dimension etwas genauer zu überdenken: Welches sind denn – beschränkt auf einige Leitgedanken – diese Probleme und Prozesse einer Welt im Wandel und welche Beziehungen ergeben sich zur Wissenschaft und insbesondere zur Geographie, zu unserer Arbeit und zu unserer Verantwortung.

D. Barsch/H Karrasch (Hrsg.): Geographie und Umwelt. Verh. d. Deutschen Geographentages Bd. 48 - Basel 1991. © 1993 Franz Steiner Verlag Stuttgart

1.1. Die Welt der Industrieländer
Von der Agrar- zur Industrie- und Informationsgesellschaft

Der Wandel von der Agrargesellschaft zur Industriegesellschaft ist vermutlich die grösste Umwälzung im Leben der Menschen und ihrer Gesellschaften, die seit dem Uebergang zur landwirtschaftlichen Lebensform vor Tausenden von Jahren stattgefunden hat. Wenn von der industriellen Revolution und den durch sie aufgeworfenen Problemen die Rede ist, darf man nie vergessen, wie neu und unabgeschlossen dieses Phänomen immer noch ist. In den meisten Ländern hat dieser Prozess kaum begonnen und wir wissen noch nicht, ob er zum Schluss den ganzen Erdball erfasst haben wird. Vermutlich ja (WRIGHT 1988). Gravierende Anpassungsprobleme haben diesen Übergang begleitet, zuerst die soziale und heute die ökologische Frage: Wird die künftige Informationsgesellschaft der hochentwickelten Industriestaaten besser in der Lage sein, diese Probleme zu bewältigen (MESSERLI 1989)? Wir stehen vor einer gewaltigen Herausforderung für die Wissenschaft und insbesondere auch für die Geographie mit ihren natur- und sozialwissenschaftlichen Fachbereichen.

1.2. Die Welt der Entwicklungsländer:
Eine wachsende Disparität teilt unsere Welt

Wie soll man „Entwicklung" verstehen, wenn die gesamten Auslagen der Entwicklungsländer für Wissenschaft und Technologie nur 3,1 % des Welttotals ausmachen (SALAM 1991); was tut ein Staat wie Tschad, dessen Budget für mehrere Millionen Einwohner kleiner ist als dasjenige der Universität Basel; was passiert, wenn Afrika den Nahrungsbedarf seiner wachsenden Bevölkerung langfristig noch weniger decken kann, wenn die Ressourcen knapper werden und wenn das „Oekosystem Erde" den zunehmenden Energieverbrauch nicht mehr verkraften kann? Ueberschatten nicht diese willkürlich ausgewählten Probleme den europäischen, aber auch den amerikanischen und japanischen Drang zu weltweiter Spitze in Wirtschaft und Wissenschaft? Wird nicht viel mehr die Disparität zur Dritten Welt mit allen ihren ökonomischen, ökologischen und kulturellen Aspekten das nächste Jahrhundert prägen? Stehen der Wissenschaft und der Geographie nicht auch hier gewaltige Problembereiche offen, die nur in verantwortungs- und rücksichtsvoller Partnerschaft mit den Entwicklungsländern bearbeitet werden können (MESSERLI, 1990)?

1.3. Industrie- und Entwicklungsländer:
Das Konfliktpotential einer unkontrolliert wachsenden Urbanisierung

Eine rapide Urbanisierung hat unsere Welt erfasst. Im Jahre 2000 wird nach der Weltgesundheitsorganisation (WHO 1991) die Hälfte der Menschheit in Städten leben und gemäss einer Weltbankstudie werden Mexiko City, Sao Paulo und Tokio mehr als 20 Mio Einwohner haben. Wenn wir die Aussage der Weltbank Ernst nehmen, dass wir auf die mit diesem Prozess verbundenen Probleme der städtischen Armut und der urbanen Umweltkrisen mit ihren grossen regionalen Auswirkungen nicht vorbereitet sind und dass wir vor ernsten Forschungslücken im Verständnis der städtischen Entwicklungsprozesse stehen (COHEN 1991), dann sind wir mit einer weiteren Herausforderung konfrontiert: Stadtökologie und Stadtplanung mit all ihren Aspekten und Auswirkungen sind gewaltige Aufgaben, die unweigerlich und verstärkt alle Bereiche unseres Faches herausfordern werden. Besonders dann noch, wenn wir bedenken, dass Verstädterung eine erste und intern-nationale Migration bedeutet, die sehr oft der äusseren oder kontinental-internationalen Migration vorausgeht (KAELIN und MOSER 1989).

1.4. Industrie- und Entwicklungsländer stehen vor einer nie gekannten
demographischen Herausforderung

In unserem Jahrhundert hat sich die Zahl der Menschen weltweit mehr als verdreifacht. Wenn auch die Bevölkerung in den Entwicklungsländern rund viermal schneller zunimmt als in den Industrieländern, so verbraucht die reiche Welt drei Viertel der insgesamt genutzten Energie, vier Fünftel der kommerziellen Brennstoffe (die grösstenteils für den Treibhauseffekt verantwortlich sind), 85 % der weltweiten Holz- und 72 % der Stahlproduktion. Umgerechnet bedeutet das, dass ein kleiner Teil der Menschheit im Durchschnitt neun bis zwölfmal mehr an solchen Ressourcen konsumiert als der grössere Teil der Menschheit. Mit andern Worten, der Geburtenzuwachs von einem halben Prozent pro Jahr in den entwickelten Ländern wiegt in Bezug auf Rohstoff- und Energieverbrauch immer noch zwei bis dreimal schwerer als der Geburtenzuwachs von 2,1 % in den untersten Bevölkerungsschichten der Entwicklungsländer (KESSELRING 1991). Unabhängig von diesem Vergleich aber werden die Verknappung der Ressourcen, die Potenzierung der ökologischen Schäden, die Ueberbelastung der Infrastruktur, die Zunahme der Arbeitslosigkeit etc. die Folgen sein. Es gibt wohl keine grundlegendere Frage für unsere Zukunft als diejenige, ob die verfügbaren Ressourcen und die Grundbedürfnisse einer unkontrolliert wachsenden Menschheit in Uebereinstimmung zu halten sind.

1.5. Eine zunehmende Globalisierung neuer Prozesse stellt uns vor neue Fragen

Die letzten Jahrzehnte sind geprägt von einer rasch wachsenden Interdependenz der Weltwirtschaft mit all ihren ökologischen Folgen. Politischen Grenzen steht eine wirtschaftliche Grenzenlosigkeit gegenüber! Die daraus resultierende Dominanz des Nordens wird sich als schwere Hypothek auf die Lösung globaler Umweltprobleme und damit auch auf die UNCED 92 auswirken. Mit der Weltwirtschaft hat auch die Umweltproblematik eine Globalisierung erfahren, mögliche Klimaveränderungen sind bloss ein Beispiel dafür. Die Konsequenzen sind weitreichend: Zum ersten überschreiten diese Umweltbedrohungen staatliche Grenzen und entziehen sich damit unserem unmittelbaren und eigenen politischen Spielraum. Zum zweiten aber führt Unsicherheit und Angst vor unüberschaubaren globalen Prozessen verstärkt zurück zum Ordnungsbedürfnis im eigenen Haus, im überschaubaren Raum, dorthin wo man selber etwas sagen und tun kann, dorthin wo man sich abschirmend zu Hause fühlen möchte. Wie immer diese gegenläufigen Bewegungen zum globalen einerseits und zum lokal nationalen andererseits verlaufen vermögen, wir haben uns auf diese doppelte Verantwortung einzustellen: Ein verstärktes Engagement in der globalen Gefährdung und in der lokalen Gestaltung unseres Lebensraumes!

1.6. Die Welt der Wissenschaft im Umbruch

Ein Zitat von Prigogine weist auf die Wegmarke hin, an der wir stehen: „Es ist gewiss kein Zufall, dass die Wissenschaft gerade jetzt eine Revolution durchmacht, da sich auch die Menschheit in einer Phase des Uebergangs befindet und neues und besseres Wissen über die Natur benötigt, um zu überleben.

Die Wissenschaft befindet sich in einer Phase des Umbruchs und einer konzeptionellen Neuorientierung, die klassischen Grenzen zwischen harten und weichen Wissenschaften werden immer mehr durchbrochen und bringen die exakten Wissenschaften wie Physik und Chemie immer näher an die Probleme der Biologie, der Oekonomie und der Geisteswissenschaften. In den harten Wissenschaften gibt es neben den klassischen, zeitreversiblen Naturgesetzen, die in der Vergangenheit und in der Zukunft ihre Gültigkeit haben, die Zeit irreversiblen, die keinen Verlauf in die Zukunft determinieren. Im Gegenteil, sie werden davon abhängen, ob und wie wir intervenieren. Diese komplexen und nicht vorhersehbaren Prozesse wurden früher als Artefakte bezeichnet, aber jetzt zeigt sich in der rasch sich wandelnden Welt immer mehr, dass gerade diese Gesetze entscheidend sind.

Evolution, Fluktuation, Diversifikation sind Dinge, die wir bis jetzt in der Biologie und in den Humanwissenschaften gekannt haben. Nun erscheinen sie auch immer stärker in der Welt der exakten Wissenschaften, und umgekehrt werden die Entdeckungen der exakten Wissenschaften immer bedeutungsvoller für die Geistes- und Sozialwissenschaften" (PRIGOGINE 1986 und 1991). Ohne näher auf diese Zusammenhänge einzutreten stehen wir vor der Tatsache, dass unsere Umweltprobleme sowohl in der kleinen wie in der grossen Welt ohne neue Strukturen in Forschung und Lehre kaum mehr lösbar sind.

Unsere Universitäten und Akademien sind immer noch so sektoriell strukturiert, dass die Ausbildung neuer Forscherpersönlichkeiten und die Bearbeitung komplexer Sachverhalte, wie sie von der heutigen Welt und Umwelt gefordert werden, kaum möglich sind (CASTRI DI 1991). Wenn wir dafür plädieren, die Apartheid zwischen Natur- und Humanwissenschaften aufzugeben, die eine völlig anti-ökologische Idee war, so geht das ganz besonders die Geographie an. Bereits gibt es getrennte Institute, die sich unter dem Druck der heute dringenden und drängenden Fragen wieder zusammengeschlossen haben. Nutzen wir diesen, der Umwelt gewidmeten Geographentag, zu einem neuen Engagement in einer Welt im Wandel, die mehr, Besseres und vor allem auch Ganzheitlicheres von der Wissenschaft und der Geographie verlangt als bisher.

2. Umwelt im Wandel
Dynamik und Risiken von der lokalen bis zur globalen Ebene

Stockholm 1972, Rio de Janeiro 1992: In diesen bloss 20 Jahren wurde die Welt auf die rasch wachsenden Probleme der Umwelt aufmerksam.

So hat auch der schweizerische Bundesrat für die Forschungspolitik nach 1992 dem Bereich „Schutz unserer Umwelt und unserer Lebensgrundlagen" eine erste Priorität eingeräumt (BBW 1990). Wenn dabei Themen wie „Methoden des Umwelt-Managements und Systemstudien, natürliche Kreisläufe und ökologische Bewusstseins- und Verhaltensbildung als vorrangig bezeichnet werden, so sind dadurch nicht nur alle Fakultäten und Disziplinen, sondern zweifellos alle, die hier am Geographentag versammelt sind, angesprochen. Die Frage ist bloss: Was ist bisher, seit dieser 20jährigen Herausforderung an unseren Hochschulen passiert? Welche Institute, Fakultäten, Universitätsleitungen haben mit neuen Schwerpunktbildungen und entsprechenden Massnahmen reagiert? Und wer musste vor den strukturellen Zwängen, den finanziellen und personellen Engpässen und den hohen Studentenzahlen resignieren?

Die Bilanzierung möchten wir jeder für Forschung und Lehre verantwortlichen Institution selber überlassen, zu mindest aber müssen wir uns alle, Wissenschafter, Wirtschaftsführer und Politiker die unangenehme Frage stellen, warum die Umweltprobleme auf allen Ebenen, von der lokalen bis zur globalen, ständig grösser und nicht kleiner geworden sind und warum die Wissenschaft auf viele drängende Fragen der Gesellschaft und Politik bis heute keine

befriedigenden Antworten geben konnte. Versuchen wir wieder mit einigen
stark vereinfachten Leitgedanken diesen Fragen nachzugehen und dabei immer
wieder die Aufgabe und Stellung unseres Faches kritisch zu überdenken.

2.1. *Die Umweltveränderungen der letzten Jahrzehnte*

Wir wissen um die bedeutenden weltweiten kurz- und langfristigen Klimaschwankungen und Umweltveränderungen der Vergangenheit. Wir sind uns im
klaren, dass die heutige Ordnung von Klima-, Boden-, Vegetations- und
Landnutzungszonen auf unserer Erde kein gesicherter, konstanter und ewig
gleichbleibender Zustand ist. Wir vergessen aber allzu leicht, dass wir in einem
Gunstraum zu Hause sind und erst noch in einem Gunstjahrhundert leben, das
verglichen zu früher keine bedeutenden Schwankungen oder Extremereignisse
aufzuweisen hat.

Unter diesen Bedingungen hat sich unsere heutige Wirtschaft und Gesellschaft entwickelt. Sie hat seit der Mitte unseres Jahrhunderts mit einem nie da-
gewesenen Energieeinsatz, zum grössten Teil mit nicht erneuerbaren Brenn-
stoffen, von allen verfügbaren Ressourcen Besitz ergriffen. In das äusserst
empfindliche Oekosystem Erde, das wir mit seinem komplexen Wirkungsgefüge noch lange nicht verstanden haben, greift jetzt der Mensch ein, kaum
wissend, ob er damit Ausgleichs- oder Verstärkungseffekte erzeugt, ob irgendwo Schwellenwerte überschritten, Interaktionen ausgelöst und ganze Systeme
aus einem labilen Gleichgewicht gebracht werden könnten.

Aus dieser Unsicherheit heraus beobachten wir die vor uns ablaufenden
Prozesse, nicht wissend, ob es sich um natürliche Abläufe oder bereits anthropogene Einwirkungen handelt. Auch wenn wir wissen, dass der Meeresspiegelanstieg in Holland um 30 cm seit 1860, die globale Erwärmung um 0,5 – 0,7
Grad C seit 1860 oder der bedeutende Rückgang der Gletscher seit der Mitte des
letzten Jahrhunderts Prozesse natürlichen Ursprungs sind, so warten wir doch
gebannt auf die anthropogenen Signale als Antwort auf die in den letzten
Jahrzehnten explosiv gesteigerten menschlichen Einwirkungen.

So hat z. B. das Deutsche Bundesministerium für Forschung und Technologie 1989 folgende Pressemitteilung herausgegeben: „Jeder Bürger der Bundesrepublik Deutschland ist auch ein Klimafaktor. Er verbraucht im statistischen Mittel beispielsweise jährlich direkt und indirekt rund 5,3 Tonnen fossile
Energieträger, deren Verbrennung 13 Tonnen Kohlendioxid freisetzt. Auf die
Gesamtbevölkerung (unseres Landes) hochgerechnet würde die natürliche
„Entsorgung" dieses Gases, das den Treibhauseffekt mitbewirkt, aber eine nur
mit Wald und Wiesen bewachsene Fläche von der fünffachen Grösse der
Bundesrepublik Deutschland voraussetzen" (SIMEN 1989). Dazu kommen
seit den 50er Jahren die Probleme des Ozons, Methans und anderer Spurengase
(Fig. 1), der raschen Erwärmung tropischer Ozeane (0,4 Grad C in den 80er

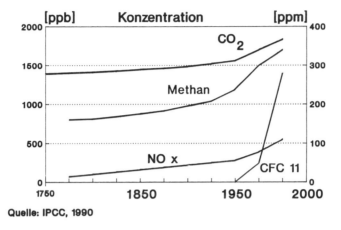

Fig. 1 Zunehmende Konzentration von Gasen, die den Treibhauseffekt bewirken (IPCC 1990)

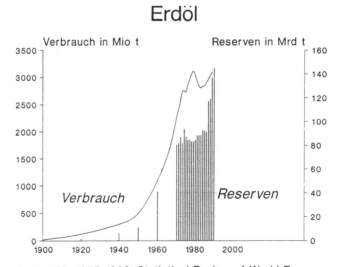

Fig. 2 Erdölverbrauch und Erdölreserven im 20. Jahrhundert (BP 1975–1989)

Jahren), der Desertifikation (zirka 200 000 km2/Jahr), der Vernichtung der tropischen Wälder (mehr als 100 000 km²/Jahr), der Abfallprobleme, der Nutzung nicht erneuerbarer Ressourcen und die Vernichtung der Artenvielfalt.

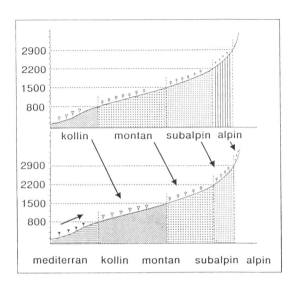

Fig. 3 Veränderung der ökologischen Höhenstufen bei einer Erwärmung um 3,8 Grad C
        (unten) gegenüber heute (oben) für die Nordalpen der Dauphiné (Ozenda und Borel
        1989)

Alle diese Prozesse – auch wenn die hier vorliegenden Daten von grössten
Unsicherheiten geprägt sind – tragen in irgendeiner Form zur Veränderung
unserer Erde durch den Menschen bei. Diese Veränderungen laufen aber nicht
stetig und eindeutig ab, sondern in oft schwer interpretierbaren Oszillationen.

Gesamthaft gesehen dürften wir aber nahe an der Wende von natur- zu
anthropogen geprägten Klima- und Umweltveränderungen stehen, denn seit
den 50er Jahren verbrauchen wir nicht erneuerbare fossile Energieträger in
einem Masse (Fig. 2), dass wir an Grenzen der Belastbarkeit stossen und die
Schwelle zur Irreversibilität in vielen Bereichen zu überschreiten beginnen.
Würde es nicht zu unserer Aufgabe gehören, trotz diesen Unsicherheiten erste
Ueberlegungen über Verlauf und Auswirkungen dieses von uns in Gang
gesetzten Prozesses zu machen? OZENDA und BOREL (1989) haben es für die
Westalpen versucht (Fig. 3). Wenn auch die angenommene Verschiebung der
Höhenstufen nach oben um rund 700 m ein noch nicht gesichertes, aber lang-
fristig mögliches Szenarium ist, so löst es doch völlig neue Denkprozesse über
Gletscher und Wasserhaushalt, über Permafrost und Naturgefahren, über Wald
und Landwirtschaft, über Verkehr und Tourismus aus, die die Oekosystemforschung anregen, die Bewusstseinsbildung stimulieren und vielleicht sogar
Entscheidungsgrundlagen vorbereiten helfen.

Für die Dritte Welt und insbesondere für Afrika weist die FAO auf die
Umweltdynamik und die dramatischen Umweltveränderungen hin (Fig. 4 und
5): Bei gleichbleibender Anbautechnik wird die Reduktion der Tragfähigkeit

ANBAUFLÄCHE UND BEVÖLKERUNG

BEVÖLKERUNGSZAHL HAT DIE TRAGFÄHIGKEIT BEIM HEUTIGEN
STAND DER LANDWIRTSCHAFT ÜBERSCHRITTEN

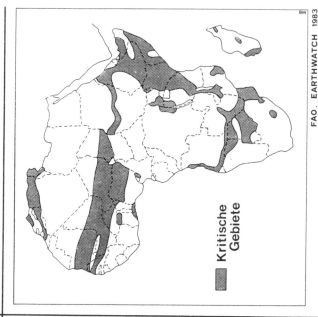

FAO, EARTHWATCH 1983

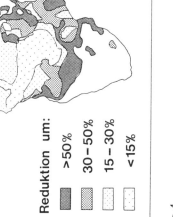

Kritische
Gebiete

Fig. 5

EROSION UND BEVÖLKERUNG

VERMINDERUNG DER TRAGFÄHIGKEIT BIS ZUM JAHR
2000 OHNE BODENKONSERVIERUNG

FAO 1986

Reduktion um:

>50%

30–50%

15–30%

<15%

Fig. 4

durch zunehmende Erosionsprozesse abgeschätzt und zugleich diejenigen
Zonen ausgeschieden, in denen die Bevölkerungszahl die Tragfähigkeit bereits
überschritten hat (FAO 1986, HARRISON 1983). Wir alle wissen um die
Unsicherheiten dieser Daten und Aussagen, aber gerade das ist schockierend:
Unser Wissen über elementare, ja sogar existentielle Probleme unserer Welt
und Umwelt sind sehr bescheiden, oder sagen wir es deutlicher, sie sind
ungenügend!

    Weiten wir schliesslich den Blick aus und betrachten wir die auf die Land-
nutzung ausgerichtete, stark vereinfachte Gliederung unserer Erde in Gunst-
und Ungunstzonen (Fig. 6) aufgrund der Limitierungen durch Klima und

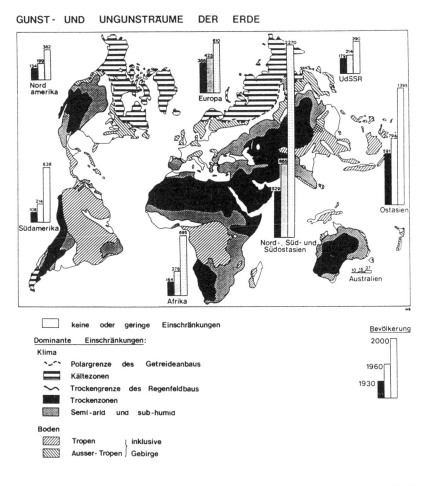

Fig. 6 Die Gunst- und Ungunsträume der Erde und das Bevölkerungswachstum von 1930 bis
        zum Jahr 2000 (Messerli 1986)

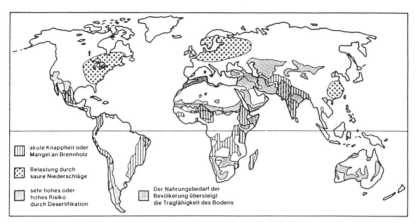

akute Knappheit oder
Mangel an Brennholz

Belastung durch
saure Niederschläge

sehr hohes oder   Der Nahrungsbedarf der
hohes Risiko   Bevölkerung übersteigt
durch Desertifikation   die Tragfähigkeit des Bodens

Quelle: Spektrum der Wissenschaft, November 1989

Fig. 7 Die „Schadenkarte" der Welt (Clark 1989)

Boden. Projizieren wir darauf die Bevölkerungszunahme von 1930 über 1960
bis zu einem geschätzten Wert für das Jahr 2000, so zeigt sich die relativ geringe
Zunahme in den über grossflächigere Gunstgebiete verfügenden Nordamerika,
Europa und der früheren Sowjetunion, verglichen mit den stärker benachteilig-
ten Grossräumen Lateinamerikas, Afrikas und Asiens: Die Schere zwischen
Ressourcenverfügbarkeit und Bevölkerungswachstum öffnet sich zusehends.

Legen wir schliesslich die „Schadenkarte" der Welt darüber (Fig. 7),
stossen wir nicht nur auf eine erschreckende Bilanz, sondern wir erkennen auch
die Dynamik und die Risiken dieser lokal bis global vernetzten Prozesse, die in
wenigen Jahrzehnten diese Grössenordnung angenommen haben (CLARK
1989). Bevölkerungswachstum, wirtschaftliche Entwicklung und technische
Fortschritte haben dazu geführt, dass nicht nur das Labor und die Werkstatt,
sondern die Erde zum Experimentierfeld wird: Klimaveränderungen, Ozonloch, saurer Regen, Zerstörung von Boden und Wälder sind Experimente mit
möglichen globalen Konsequenzen, die wir mit unerhörter Dynamik in Gang
gesetzt haben und deren Folge- und Nebenwirkungen ungeplant und unerwar-
tet auftreten können. Die Wirkungen dieser Prozesse von einer solchen Grössenordnung sind nicht vor, sondern erst nach ihrem Eintreten eindeutig bewei-
bar und das bedeutet: Man reagiert zu spät oder man hat den Mut, Massnahmen
aufgrund unsicherer Voraussagen zu treffen. Dynamik und Globalisierung der
Wirtschafts- und Umweltprobleme und damit verbunden Unsicherheit und
Unberechenbarkeit der zukünftigen Entwicklung, das sind die Kennzeichen
und Risiken unserer Zeit!

2.2. Die Externalisierung der Umweltkosten

Ein völlig ungelöstes Problem ist die Berechnung der Umweltkosten. Die
Aufgabe ist sachlich und methodisch schwierig, weil Schätz- und Bewertungsverfahren einbezogen werden müssen, die oft keine genauere quantitative
Aussage erlauben. Das zeigt sich auch in den heute vorliegenden Analysen. In
einer St. Galler Dissertation (WALTHER 1990) wurde versucht, die Umweltkosten von Industrie und Gewerbe wie auch der privaten Haushaltungen zu
evaluieren und alle Kosten der Wasser-, Luft-, Lärm- und Bodenbelastung, der
technischen Risiken, Abfälle, Abwärme etc. in Rechnung zu stellen. Nach
einem starken Anstieg in den letzten Jahren werden die gesamten Umweltschäden pro Jahr auf 14,5 Milliarden Franken geschätzt, verglichen mit einem
Bundesbudget von rund 34 Milliarden Franken eine alarmierende Zahl. Für die
Bundesrepublik kam eine entsprechende Kostenrechnung für das Jahr 1985 auf
103 Milliarden Mark, wobei die Hälfte der Luftverschmutzung und ein knappes
Drittel dem Lärm (im wesentlichen durch Wertverlust von Grundstücken an
Strassen) zuzuschreiben war. Werden diese Zahlen mit den Extremkosten für
Unfälle, Gesundheit, Schädigung von Boden, Verlust von ökologischer Viel-
falt und Erholungswert der Landschaft ergänzt, kommt man schätzungsweise
auf 200 Milliarden Mark (zitiert nach WEIZSÄCKER, VON 1989 : 145 – 147).
Sensationell scheint mir eine Studie des UMWELT- UND PROGNOSEIN-
STITUTES HEIDELBERG (1990), das die Umweltschäden pro Jahr auf 475
Milliarden Mark beziffert und davon zwei Drittel dem Verkehr anlastet.
Würden die Umweltkosten korrekt in die Kaufpreise eingerechnet, müsste ein
Mittelklassewagen 85 500 Mark kosten und ein Liter Benzin mit 5,70 Mark
berechnet werden.
  Im Wissen um die kritische Bewertung dieser Aussagen (siehe auch
GIGON und GIGON-FEHER 1985), müssen wir uns doch mit diesen Fragen
auseinandersetzen. Wenn in einem Forschungsprogramm des Schweizerischen
Nationalfonds die Lawinenschäden bei der trendmässigen Fortschreibung des
heute beobachtbaren Waldschadenverlaufs mit mindestens 48 Milliarden in
den nächsten 50 Jahren berechnet wurden (ALTWEGG 1988), so sind das trotz
der grossen Unsicherheitsfaktoren interessante Ergebnisse, die forstliche und
politische Ueberlegungen in die richtige Richtung weisen können.
  Aber noch viel wichtiger ist die Aussage, dass wir mit diesen Kostenrech-
nungen eine Grössenordnung erhalten für die externalisierten Umweltschäden.
Wie gross ist der Anteil, den wir auf den Staat (z. B. Abfall) abschieben, in der
Umwelt deponieren (z. B. Luftverschmutzung) oder ganz einfach den nächsten
Generationen übergeben (z. B. Deponien im Meer, im Boden etc.). Nur wenn
mehr und überzeugende Arbeiten einer breiten Oeffentlichkeit bekannt werden, lässt sich die nötige Akzeptanz für verbindliche politische Entscheide
schaffen.

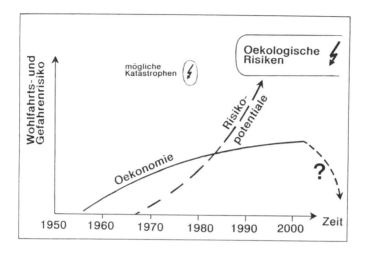

Fig. 8 Wohlstand versus Risiko in der „Wohlstandsrisikogesellschaft" (vereinfacht nach
Haller 1989 : 123)

Dazu kommt von berufener ökonomischer Seite ein weiteres: Nicht nur
bleiben die Umweltkosten in der betriebs- und volkswirtschaftlichen Kalkulation unberücksichtigt, sondern die Aufwendungen für ökologische Reparatu-
ren werden im Rahmen der nationalen Buchhaltung als produktiver Beitrag
erfasst, während der dahinter steckende Verzehr an Umweltkapital bei der
Berechnung des Bruttosozialproduktes in keiner Weise negativ zu Buche
schlägt. Ein Mitarbeiter der Weltbank hat von der ökologischen Blindheit der
volkswirtschaftlichen Gesamtrechnung gesprochen (LUTZ 1991). Solange der
Verbrauch der ökologischen Substanz sich nicht in den Preisen niederschlägt,
vermitteln die makroökonomischen Statistiken ein geschöntes Bild der wirtschaftlichen Wirklichkeit. Aus diesem Grunde braucht es nicht nur eine
Oekologisierung der Wirtschaft, sondern auch eine Oekonomisierung der
Natur (SCHELBERT 1990).

Aufgrund der weltweiten Schäden und ihrer externalisierten Kosten, die
irgend einmal zu begleichen sind, ist es nicht erstaunlich, dass die Wirtschaft
sich intensiv mit Risikofragen und Risikomanagement auseinanderzusetzen
beginnt (HALLER 1989). Fig. 8 zeigt die immer enger werdende Verbindung
zwischen ökonomischen und ökologischen Prozessen, sie zeigt aber auch die
immer grösser werdende Verletzlichkeit unserer Wohlstandgesellschaft und
sie ruft über Disziplingrenzen hinweg nach neuen Methoden und Strategien.

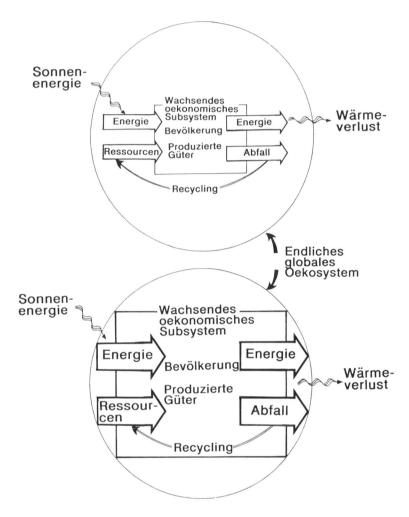

Fig. 9 Das endliche globale Oekosystem in Bezug zum wachsenden ökonomischen Subsystem (nach Goodland 1991 : 17)

2.3. „Sustainable Development" – ein Schlagwort geht um die Welt

Können wir aufgrund unserer Wirtschaft, unseres Verbrauches an Rohstoffen
und fossiler Energie, unserer Abfallproduktion (der deponierte Abfall für die
BRD 1984 ergibt pro Jahr einen Wall von 100 m Breite und 10 m Höhe von
Stuttgart bis kurz vor München; FABER et al 1990) überhaupt von Nachhaltigkeit sprechen und besteht überhaupt eine Möglichkeit, je eine Nachhaltigkeit
unseres Lebens- und Wirtschaftsstils zu erreichen? Die gleiche Frage stellt sich

für die Entwicklungsländer mit ihrer Bevölkerungszunahme und ihrem ange-
strebten Wirtschaftswachstum. Fig. 9 zeigt eine vergangene Zeit, als das
ökonomische System im Vergleich zum globalen Oekosystem relativ klein und
bescheiden war. Ressourcen waren verfügbar und das Abfallproblem war
unbedeutend. Das untere Diagramm stellt eine Welt dar, die nah an unsere
Gegenwart heranrückt. Das ökonomische Subsystem überdeckt fast das gesamte globale Oekosystem. Ressourcen werden knapp und die Abfallbeseitigung und Verschmutzung der natürlichen Kreisläufe werden fast unlösbar
(GOODLAND 1991). Wenn man nach dem Brundtland Vorschlag die Armut
in der Welt mit einer jährlichen globalen Steigerung von 3 % des pro Kopf
Einkommens beseitigen will, so wird aufgrund der verschiedenen Ausgangsbedingungen nach 10 Jahren ein Aethiopier rund 40 $, ein Nordamerikaner
7200 $ mehr erhalten. Die Disparität wird noch grösser, die Nachhaltigkeit
noch fraglicher (GOODLAND et al 1991).

In dieser verzweifelten Lage, auf der vergeblichen Suche nach „sustainable development", flüchtete ich mich zurück in die Alpen, zurück in frühere
Jahrhunderte, nach Grindelwald, wo 1404 im „Taleinungsbrief" die Alprechte
und -pflichten der Talbewohner geregelt wurden. Unter den vielen Bestimmungen wurde der Vieh-Besatz genau abgestimmt auf das Futterpotential der Alp
und der Talhöfe, wobei die Angaben in Kuhfüssen die Nutzungsintensität
wiedergeben. 1 Ziege = 1/2 Fuss, 1 Schwein = 1 Fuss, 1 Rind mit 2 Alterszähnen
= 2 Fuss usw. Erstaunlich ist aber nun, dass mit ganz geringen Aenderungen
diese Alpbesatzungen bis heute gleich geblieben sind (AEGERTER 1983).
Man hat aufgrund einer langen Erfahrung eine Tragfähigkeit bestimmt, die
selbst den Klimaverschlechterungen der sogenannten „Kleinen Eiszeit" stand-
hielt und nach fast 600 Jahren den heutigen Talbewohnern Alpweiden und
Alprechte überlieferte, die völlig intakt und voll nutzbar sind: ein Musterbeispiel der Nachhaltigkeit! Noch mehr: Der Bergbauer als Erforscher und Kenner
seines Oekosystems mit allen dazugehörigen Stoff- und Energieflüssen! Vielleicht müssten wir vermehrt über diese Weisheiten, sowohl bei uns wie in der
Dritten Welt, nachdenken. Die traditionelle bäuerliche Kulturlandschaft ist
eine einzigartige Kulturleistung (MESSERLI P. 1989), von der wir auch für
eine künftige Landschaftsökologie sehr viel lernen könnten.

2.4. Politik, Gesellschaft, Wirtschaft, Umwelt
– die Uhren laufen verschieden

Fig. 10 weist auf ein grundsätzliches Problem hin (MAINI 1988). Was ist die
Zeitspanne oder der Zeitbedarf für die Prozessverläufe vom Entscheid oder der
Einwirkung bis zum sichtbaren Ergebnis? Beachtenswert ist die Kurzzeitigkeit
der politischen und wirtschaftlichen Prozessabläufe im Unterschied zur möglicherweise langen Reaktionszeit der Oekosysteme auf diese politisch-wirt-

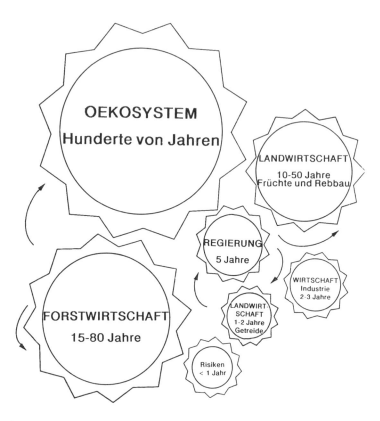

Fig. 10 „Response time" für verschiedene Kategorien der Ressourcen-Nutzung (verändert
        nach MAINI 1988)

schaftlichen Entscheide. Die Zahnräder greifen nicht ineinander! Zu spät
erkennen wir die Auswirkungen unserer Eingriffe, die auf kurzzeitige und oft
auch kurzsichtige Entscheide nicht nur von Politik und Wirtschaft, sondern von
uns allen zurückgehen. In diesen unterschiedlichen Uhren und im Nicht-
Verstehen ihrer Uhrwerke liegen die Ursachen zahlreicher Missverständnisse
und Fehlentscheide. Nur ein gegenseitiges Näherrücken und Verstehen wird
uns weiterbringen, gegenseitige Distanz und Nicht-Verstehen führt uns auf den
Weg zur Katastrophe.

    Zusammengefasst: Die Dynamik dieses Prozesses spielt sich in verschie-
densten Kreisläufen ab, die mit unterschiedlichsten Geschwindigkeiten laufen
und dazu kommt erst noch, dass wir zahlreiche Auswirkungen irgendwo auf der
Zeitachse der Zukunft deponieren oder externalisieren, so dass die Entwicklung uns immer wieder überrascht und überrennt. Wenn wir schliesslich
bedenken, dass dieser ökologische Umbruch weitgehend in den letzten Jahrzehnten passiert ist, dann muss man auch verstehen, dass wir nicht in wenigen

Dekaden lernen können, wie man mit solchen Problemen von der lokalen bis zur globalen Ebene umgeht. Gerade darin aber steckt die Herausforderung für die Wissenschaft und ganz besonders für die Geographie, die die Beziehung Mensch – Natur oder Gesellschaft – Umwelt auf ihre Fahnen geschrieben hat. Voltaire soll gesagt haben: „Wir sind verantwortlich für das, was wir tun, aber auch für das, was wir nicht tun!"

3. Geographie im Wandel?
Neue Aufgaben für eine neue Verantwortung

1958 wurde in der Schweiz der Bau von Nationalstrassen in einer Volksabstimmung mit grossem Mehr gutgeheissen. 1959 wurden in Parlamentsdebatten und in Vorträgen und Publikationen von den Chefplanern des Autobahnbaus folgende Aussagen gemacht:

Zum Naturschutz: Wir wissen um die Sünden des Eisenbahnbaus. Aber unsere Verantwortung für die Erhaltung der ideellen Werte ist grösser geworden als die unserer Vorfahren im anbrechenden technischen Zeitalter mit seinem optimistischen Fortschrittsglauben.

Zum Immissionsschutz: Die Kunst des Planens besteht darin, die Eingriffe so schmerzlos wie möglich zu gestalten. Nicht alle Menschen sind verkehrs- und lärmempfindlich. Mit den Jahren wird in solchen Zonen eine gewisse Umschichtung der Anwohner vor sich gehen; die Empfindlichen werden ausziehen und Robusteren Platz machen.

Zur wirtschaftlichen Entwicklung: Die Auswirkungen auf Industrie, Handel und Gewerbe werden nicht die gleichen sein wie seinerzeit diejenigen des Eisenbahnbaus, denn die expansionsgeladenen Kräfte fehlen, denen die Autobahnen – wie vor 100 Jahren die Eisenbahnen – den Weg bereiten könnten (PFISTER 1973).

Ich weiss, dass es in gewissem Sinn unfair und anmassend ist, im Blick auf unsere heutigen autobahnbedingten Bandstädte und Alpentransitprobleme rückblickend unsere Parlamentarier und Chefplaner für ihre Unfähigkeit zu kritisieren, ganzheitlich und längerfristig zu denken. Ich brauche das Beispiel nur deshalb, um uns alle zu fragen, hätten wir es besser gemacht? Noch deutlicher gesagt: Dieser Planungsauftrag hätte mit seinen vielseitigen Aspekten nicht geographischer sein können! Und eigentlich möchte ich noch eindringlicher fragen: Stehen wir nicht heute vor unzähligen solchen Forschungsproblemen „Was passiert, wenn ..."? Wir machen es uns allzu leicht, wenn wir über vergangene Fehler und Misserfolge lächeln, aber nicht imstande sind, die auf uns zukommenden Probleme und Aufgaben zu sehen. An einem internationalen Management Symposium ist der schöne Satz gefallen: „Man sollte alle Professoren mit dem Auftrag wegschicken, erst wieder zurückzukommen, wenn sie eine Vision hätten. Das Resultat wäre, dass wohl viele nicht mehr zurückkommen würden"!

Das Problem der Früherkennung und der Voraussicht wird bei der heutigen
Dynamik der Umweltprozesse immer wichtiger: Wir können aber nicht mit
einem Wissen umgehen, das wir nicht wissen wollen. Die wissenschaftliche
Denkweise kann das Erkennen von wichtigen Zukunftsfragen fördern oder
hemmen. Wir brauchen mehr Risikoforschung, nicht Risiko beforschen, sondern forschen mit Risiko. Die praktische und realpolitische Bedeutung dieser
zukunftsorientierten, auf entsprechenden Methoden und Modellen basierenden
Forschung hat Bundespräsident Cotti folgendermassen formuliert: „Damit wir
nicht immer hinter den Belastungen, den Umweltproblemen herrennen und
versuchen, „post festum" das Schlimmste zu verhüten, braucht es Vorstel-
lungsvermögen und Vorausdenken. Umweltschutz, der im Sinne einer Feuer-
wehr erst dann tätig wird, wenn das Haus schon brennt, ist nicht nur zu wenig
wirksam, er ist oft auch mit unerträglichen volkswirtschaftlichen Kosten
verbunden" (COTTI 1987).
      Zur Zeit Marco Polos brauchte eine Reise nach China bis zu 8 Jahren
(BECKER 1989), heute ist das eine Frage von Stunden und Tagen. Die
Informationen konnten damals im Schritttempo der Zeit linear aneinanderge-
reiht und verarbeitet werden. Heute sind wir im Kleinen wie im Grossen mit
anderen räumlichen und zeitlichen Dimensionen konfrontiert: In der Oekologie und Umwelt mit den Problemen der Nicht-Linearität, der Ordnung und
Unordnung der Systeme, der Diversifikationen und Fluktuationen, der Ueber-
raschungen und chaotischen Prozessverläufe. Neue Denkweisen, neue Verbindungen von disziplinären und interdisziplinären Ansätzen, neue Methoden und
Modelle sind gefragt: Geographie im Wandel?

3.1. Disziplinäres und Interdisziplinäres – ein Mit- und Nebeneinander

Zu diesem Thema sind hier in Basel Marksteine gesetzt worden. Ich denke zum
Beispiel an die Rektoratsrede von Herrn Arber, an das gesamtuniversitäre
Projekt „Mensch – Gesellschaft – Umwelt" (MGU) und an die vorbildlichen
Publikationen von Herrn Leser zur Landschaftsökologie (ARBER 1986, LESER
1991 a und b). Aber auch jetzt, an diesem Basler Geographentag, wird man in
allen Fachsitzungen um das Mit- und Nebeneinander von Disziplinärem und
Interdisziplinärem nicht herumkommen. Bedenken wir eines: Auch der Wissenschafter der Zukunft wird den „Heimatschein" einer Disziplin vorweisen
müssen (NAEF 1950), aber im geschärften Bewusstsein dafür, dass die grossen
anstehenden Probleme selbst keine „Heimat" mehr haben. Man löst sie nicht,
indem man sie ständig über die Grenze abschiebt. Diese Erfahrung hat in letzter
Zeit nicht nur die Wissenschaft gemacht. Und vergessen wir eines nicht:
Bekanntlich sieht man die Brille, die einem ständig auf der Nase sitzt, nicht
mehr. Mit den Augen seiner Disziplin die Welt zu sehen, kann sich daher für
einen Wissenschafter im Laufe der Zeit zu einer Selbstverständlichkeit verhär-

ten, die sich in systematischer, d. h. disziplinärer Blindheit äussert. Diese Blindheit ist um so fataler, als man sie mit den Augen der Disziplin, die sie erzeugt, ja gerade nicht mehr wahrzunehmen vermag (KAESER 1990). Dazu kommt, dass die Umweltprobleme in den nächsten Jahren und Jahrzehnten an Umfang und Bedeutung rasch zunehmen werden. Dazu können wir jetzt schon sagen: Diese Fragen werden nicht monodisziplinär zu lösen sein! Die Wissenschaft und ganz besonders die Geographie wäre gut beraten, wenn sie sich jetzt schon in Forschung und Lehre, ganz besonders aber auch in der Nachwuchsförderung, auf diese Entwicklung vorbereiten würde. Ist der folgende Entwurf eines Ausschreibungstextes für eine Professur in angewandter Umweltwissenschaft nicht neu und faszinierend, eine völlig neue Denkweise aufzeigend: „Gesucht ist eine Persönlichkeit, die fest in der Sache und offen für Argumente ist, die die Statur in einer einzelwissenschaftlichen Forschung hat und in den Naturwissenschaften breitverankert ist, die kontaktfähig ist in Richtung Technik, Oekonomie und Sozialwissenschaften, und die sich über organisatorische Erfahrungen im Umweltbereich und Begabung in der Lehre ausweist". Den genau gleichen Trend finden wir heute in den grossen internationalen Forschungsprogrammen. Aus einem Global Change Report (IGBP 1991) zitiere ich den folgenden Satz: „A severe rate-limitation to the research needed will be the availability of sufficient numbers of suitably trained scientists to address these scientific issues. Training courses, which are strongly oriented to individual disciplines do not serve well the increasing needs of global environmental research. Courses need to be defined to provide a true interdisciplinary background. A related issue concerns the needs of developing countries, where many of the most critical changes and pressing difficulties occur". Dieses Bedürfnis nach einem „neuen" Wissenschafter wurde durch zwei der bedeutenden internationalen Forschungsprogramme provoziert: Eines der wichtigsten Ziele des „Mensch und Biosphäre-Programm (MAB) der UNESCO war das Niederbrechen der Barrieren zwischen Natur- und Sozialwissenschaften, weil sich natürliche und anthropogen bestimmte Prozesse in unserer Umwelt nicht mehr trennen lassen. Dazu kommt jetzt das umfassende Programm des „Global Change", das alle Stufen von der Biosphäre bis zur Atmosphäre umfasst und im Programm „Human Dimension of Global Change" die nötige Komplementarität gefunden hat. Muss es der Geographie nicht zu denken geben, dass es gerade die Landnutzung ist, die in beiden Programmen wie ein Bindeglied auftritt und sozusagen die Scharnierstelle bildet, die die natürlichen Prozesse und die menschlichen Aktivitäten widerspiegelt (Fig. 11). Eröffnen sich hier nicht methodische Möglichkeiten, die die Geographie mit ihrem ganz besonderen „Know-How" und „Know-Why" nutzen könnte?

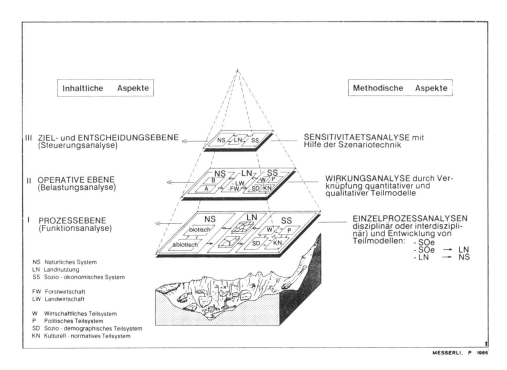

Fig. 11 Die stufenweise Erfassung des Mensch-Umwelt-Systems: MAB (Paul Messerli 1986)

3.2. *Methoden und Modelle*

Integrative Ansätze, holistische und systemtheoretische Methodologien, Modelle auf verschiedensten Stufen usw. das sind die Stichworte, die auf die Suche nach neuen Idealen wissenschaftlicher Begreifbarkeit hinweisen. Wie lassen sich die Daten und Fakten verschiedenster Disziplinen und Bereiche miteinander verbinden, genau so wie sie in der realen Welt auch verbunden sind? Würde eine solche ganzheitlichere Sicht, wenn sie sich durchsetzen könnte, auch eine neue Form wissenschaftlicher Rationalität bedeuten? Wäre aber ihr technischer Ertrag nicht geringer als derjenige der klassischen disziplinären Wissenschaften? Dennoch: Könnte sie nicht einen Wandel anregen im Verhältnis zwischen Mensch und Natur, einen Uebergang von der Idee der Beherrschung zur Idee des Zusammenlebens und könnte dies nicht ein Vorteil sein für die Anpassung der Industriegesellschaft an die biologischen Bedingungen des Ueberlebens? (WRIGHT 1988, BOESCH 1989).

Warum können sich solche neuen und systemaren Ansätze nicht besser zur Geltung bringen? Einer der Gründe glaubt der Forschungsdirektor des CNRS darin zu erkennen, dass die renommiertesten Fachzeitschriften, begutachtet durch etablierte Forscher in einem genau umrissenen Fachgebiet, wenig geneigt sind, fachübergreifenden Arbeiten die Türen zu öffnen. Sie werden auf weniger bekannte Publikationsorgane verwiesen und der Autor riskiert, Forscher zweiter Klasse zu sein (BERRY 1991). Sind das nicht Probleme, die auch die Geographie mit ihrer Stellung zwischen Natur- und Geisteswissenschaften kennt, zumindest in früheren Zeiten in beängstigendem Masse gekannt hat? Ein Durchbruch war doch zum Beispiel der Bericht des Club of Rome 1972 „Die Grenzen des Wachstums". Auch wenn ein stark reduktionistischer Ansatz für eine so komplexe Fragestellung gewählt werden musste und die Voraussagen nicht zahlenmässig genau oder sogar nicht eingetroffen sind, so war doch die Wirkung dieses Simulationsmodells gewaltig. Das Alarmsignal wurde verstanden und hat sehr viel zu einer neuen Bewusstseinsbildung beigetragen und darüber hinaus die Modellierung gewaltig stimuliert. Heute sind gerade in deutschen geographischen Instituten im Zusammenhang mit der Oekoystemforschung sehr beachtliche neue Resultate erzielt worden. Die ökologischen Probleme zeigen, wie entscheidend die Zahl und die Güte der Informationen sind und wie anspruchsvoll das Zusammenfügen der verschiedenartigen Daten ist. Sehr oft ist nur die Entwicklung von Partialmodellen möglich, weil komplexe Simulationsmodelle aus mathematischen Gründen zum Scheitern verurteilt sind. Die Natur wird im Modell erfasst, aus welchem modellhafte Schlüsse gezogen und wieder auf die Natur übertragen werden. Damit wird die Natur nicht in ihrer Vernetztheit, sondern auf Aspekte oder Teilbereiche reduziert erfasst. Die Auseinandersetzung um die möglichen und erlaubten Begrenzungen von holistischen und reduktionistischen Ansätzen wird in der zukünftigen Umweltforschung ein ständiger Begleiter sein (FRAENZLE 1990, PRIGOGINE 1991, MAHR 1990). Wenn wir aber bedenken, dass das Wort Informatik 1962 zum ersten Mal auftaucht und es heute weltweit kaum eine Hochschule gibt, die diesen Fachbereich nicht aufgenommen hat, so erkennen wir wieder die gewaltige Dynamik der letzten Jahrzehnte. In diesem Sinne können wir in den nächsten Jahren weitere Schritte erwarten, die sich auch auf unsere Fachbereiche und die Umweltwissenschaften im besonderen auswirken werden. Neuronale Netzwerke, Chaostheorien, selbstorganisierte Kritizität usw. sind bloss einige Stichworte (MEY 1988, BAK und CHEN 1991, LEEMANN 1989). Doch vergessen wir ob diesen Perspektiven nicht, dass der Mensch wohl auch mit der besten Quantifizierung und Modellierung die Funktion der Oekosysteme nie vollständig und gesamtheitlich in den Griff bekommen kann. Ordnung und Unordnung, Stabilität und Instabilität, Variabilität und Komplexität haben bereits sehr teuren Forschungsprojekten ungewollte Denkpausen verschrieben, um nicht zu sagen, Misserfolge beschieden. Und vergessen wir eines nicht, der Mensch ist in der misslichen Lage, mit mehreren Gehirnen ausgerüstet zu sein, die sich dauernd in den Haaren liegen. Neben dem Rationalen gibt es auch das Irrationale, der Glaube an das Schöne und Gute und vielleicht sind auch das wichtige Steuergrössen für die künftige

Oekosystemforschung zu Gunsten unserer Kulturlandschaft – Kulturlandschaft im wahrsten Sinne des Wortes.

3.3. *Verpflichtung gegenüber der Zukunft heisst auch Verpflichtung*
gegenüber der Schule und der Oeffentlichkeit

Vor bald 10 Jahren, 1982, hat in diesen gleichen Räumen der 18. Deutsche
Schulgeographentag stattgefunden. Wir wollen deshalb das Thema Geographie und Schule nicht wieder zur Sprache bringen, aber doch festhalten, dass
sich seit dieser Veranstaltung die Umweltkrise in Ost und West, in Nord und
Süd markant verschärft hat, dass die Sensibilisierung der Bevölkerung deutlich
zugenommen und die Umweltforschung, gerade auch die geographische, in
Theorie und Praxis bedeutende Fortschritte erzielt hat. In diesem Sinne finde
ich es beeindruckend, dass im Rahmen nationaler Forschungsprogramme, z. B.
über die Nutzung des Bodens in der Schweiz, ein Schulprogramm mitfinanziert
wird, um die neuesten Forschungsergebnisse über Nutzungskonflikte so rasch
wie möglich in die Schule umzusetzen (WIDMER 1991). Die Geographie muss
auf den oberen und insbesondere auf der gymnasialen Stufe die Verantwortung
übernehmen für eine sachgerechte und ständig sich erneuernde Information
über Umweltveränderungen und Umweltdynamik, über Landschaftsökologie
und Raumplanung. Dazu kommt, dass die wachsende Disparität zwischen
Industrie- und Entwicklungsländern das globale Geschehen der nächsten
Jahrzehnte und vielleicht des nächsten Jahrhunderts prägen werden. Eine
kumulative Ballung von Umwelt- und Entwicklungsproblemen, die sich in
Krisen und Katastrophen entladen könnte und wie immer zuerst und am
härtesten die Armen trifft, das sind mögliche Bilder einer nahen Zukunft.
Vielleicht wird die nächste Generation sogar die Frage stellen: Warum wurden
wir nicht vorbereitet auf ein Leben, in dem wir täglich mit Fragen der globalen
Interdependenz konfrontiert sind? Warum wurden wir nicht eingeführt in ein
Denken in Zusammenhängen, in ein Verstehen dynamischer Prozesse, in die
Fragen einer nachhaltigen Gestaltung unseres Lebensraumes (HASLER und
AERNI 1986, HASLER 1989). Denken wir daran, die nächsten Generationen
werden vor noch ernsthaftere Probleme gestellt sein, dafür sind wir mitverant-
wortlich und gerade deshalb kommt die Wissenschaft und insbesondere auch
die Geographie um ein grösseres Engagement gegenüber Schule und Oeffentlichkeit nicht mehr herum.

4. Geographie und Umwelt für eine Welt im Wandel

Wir leben nicht nur in einer Zeit des Wandels, sondern des rasanten Umbruchs: An allen Fronten sind wir gefordert mitzudenken, mitzuarbeiten und mitzugestalten.

Auf nationaler Ebene stehen wir vor der erschreckenden Bilanz, dass wir in einer Generation etwa so viel Land verbraucht haben wie sämtliche Menschengenerationen vor uns. Die Lebensgrundlage Boden ist zum Spekulations- und Konsumgut geworden, wir haben im wahrsten Sinne des Wortes den Boden unter den Füssen verloren. Wie gestalten wir unseren Lebensraum für die nächsten Generationen? Oekologie und Oekonomie – Konfrontation oder Integration?

Auf europäischer Ebene steht die Schweiz geistig und politisch am Rande, nur geographisch liegt sie im Zentrum. Eines ist sicher, das geographische Element ist das Unverrückbare und Dauerhafte, es wird mit seinen Inhalten und seiner Bedeutung allen anderen Ueberlegungen überlegen sein. Die Frage ist bloss, wann und vor allem wie: Was passiert mit unserem alpinen Bauerntum, das über Jahrhunderte hinweg in einem lehrreichen Zusammenspiel von Mensch und Natur eine Kulturlandschaft in einem marginalen Raum entwickelt hat und gerade dadurch in die Zukunft weisende Werte enthält, die wir nicht leichtfertig ökonomisch-grossräumigen Zwängen opfern sollten. Genau gleich muss eine moderne Verkehrsplanung - und damit meinen wir den europäischen Alpentransit – Schluss machen mit der Philosophie einer reinen Nachfragebefriedigung. Die Grenzen sind durch Luftverschmutzung, Lärmschutz, Flächenverlust und ästhetische Werte zu setzen (ROTACH 1991). Wird das Europa begreifen? Werden sich zumindest die Geographen auf beiden Seiten der noch bestehenden Grenzen finden, um diese ökologisch-kulturellen Werte in die Entscheidungsprozesse einzubringen, ohne die es auf weite Sicht keine lebenswerten Lebensräume geben wird. Die Regio Basiliensis mit ihrer grenzüberschreitenden Zusammenarbeit könnte für das kleingekammerte Europa ein Vorbild sein!

Auf globaler Ebene stehen wir vor der Situation, dass der Lebensstil der ersten Welt nicht globalisierungsfähig ist. Wie lösen wir die wachsenden Bedürfnisse nach Energie und Nahrung. Nach FAO sollten wir im nächsten Jahrzehnt 40 % mehr produzieren. Herkömmliche Produktionsmethoden seien in der Regel ökologisch neutral, aber unzureichend zur Befriedigung der realen Bedürfnisse. Technischer Fortschritt bleibe deshalb unerlässlich. Afrika verwendet im Durchschnitt 10 kg Dünger pro Hektare. Würde nun diese Minimalmenge bloss auf 50 kg/ha steigen, würden die Erträge bedeutend zunehmen, im Tschad zum Beispiel könnte man die Hirse- und Baumwollerträge mehr als verdoppeln (BRADER 1990). Welch ein Dilemma! Wir werden die besten Kräfte und Köpfe brauchen, um Lösungen und Wege zu suchen. Eines aber ist sicher: Umwelt und Entwicklung werden die beiden Leitgedanken sein, die es in ihrer Widersprüchlichkeit zu vereinen gilt und die wohl die nahe Zukunft prägen werden.

Auf globaler Ebene stehen wir aber auch vor dem neuen Phänomen des „Global Change" und „Climate Change". Politische Behörden auf allen Stufen verlangen nach mehr Information. Nur sollten wir bedenken, dass Entscheidungsträger an Auswirkungen im nationalen und regionalen Raum viel mehr interessiert sind als an globalen Prozessen. Es ist auch richtig, dass regionale Voraussagen für die langfristige ökonomische Entwicklung und Planung besser und präziser zu erarbeiten sind als für einen ungegliederten Grossraum. Aber es wird wesentlich zu unserer Aufgabe gehören, die regionalen Prozesse im globalen Kontext zu sehen, um Fehler zu vermeiden und die übergeordneten Kreisläufe als eigentliche Steuerelemente zu verstehen (IGBP 1990).

Auf allen diesen Ebenen sind wir gefordert, aber können wir das? Wo sind Grenzen und Begrenzungen?

4.1. Die *Kleinheit der geographischen Institute* mit ihren limitierten personellen und finanziellen Mitteln, überrannt von hohen Studentenzahlen, beschränkt in ihrer infrastrukturellen Ausrüstung. Aber auch die wichtigste akademische Freiheit die uns bleibt, nämlich die Freiheit mehr als 8 Stunden am Tag zu arbeiten, hat ihre Grenzen. Die Probleme dieser Welt im Wandel stehen auf unserer Seite, aber der Leistungsausweis gegenüber Behörden, Oeffentlichkeit und Universität müssen wir unter schwierigsten Bedingungen selbst erbringen.

4.2. *Frühes Erkennen und rasches Handeln* wird immer wichtiger. In der Wirtschaft verbreitet sich die Ansicht, dass nicht die Starken überleben werden, sondern die Schnellen. Rasches Handeln aber erfordert frühes Erkennen (KOCHER 1989) und risikoreiches Forschen. Haben wir Mittel und Möglichkeiten dazu?

4.3. *Das Informationsproblem:* Wie bewältigen wir den wachsenden Informationsberg und sehr oft auch den wachsenden Informationsmüll, und wie erreichen wir die Oeffentlichkeit, die nach verschiedenen Medienspezialisten durch das Fernsehen auf dem Weg zum vollverkabelten Analphabetentum mit chronologischer Kurzsichtigkeit und räumlicher Weitsichtigkeit ist (FROEHLICH 1988)?

4.4. *Die Anwendungsorientiertheit – ein altes Problem:* Als Johannes Kepler in Prag die Bahnen der Planeten berechnete, war das für die Politik der Habsburger zu wenig anwendungsbezogen. Kaiser Rudolf III wünschte von ihm mehr anwendungsbezogene Wissenschaft – direkt relevant für die Probleme der Entscheidungsträger. Und Kepler lieferte sie. Er stellte seiner kaiserlichen Majestät Horoskope. Heute müssen die Universitäten nicht mehr Horoskope verkaufen (FRITSCH 1989). Auch wenn das Dilemma ewig weiterbe-

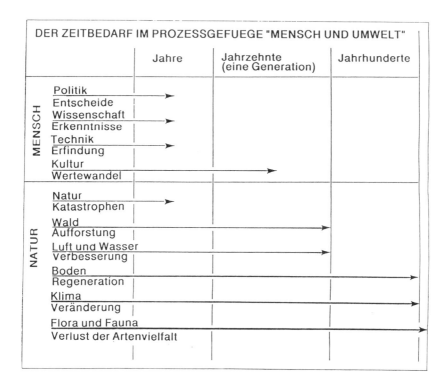

Fig. 12 Kurzfristige und langfristige Prozesse und ihre Bedeutung in unseren Entscheidungsprozessen

steht, so haben viele Fachbereiche heute doch ungleich Besseres anzubieten als
Kepler damals.

4.5. *Die internationale Zusammenarbeit:* Haben wir die Kraft und die Zeit, uns
mit unseren Programmen in interdisziplinäre Projekte, interinstitutionelle
Netze und *internationale Zusammenarbeit* einzubinden? Ist Geographie in den
grossen internationalen Programmen vertreten? Wenn nicht warum nicht und
was hätte sie anzubieten?

4.6. *Die Dimension der Zeit und der Dringlichkeit:* Wir sind gewohnt, in
Zeithorizonten von Tagen, Wochen, Monaten oder höchstens Jahren zu denken
und zu handeln. Betrachten wir aber Fig. 12, dann wird uns klar, dass die
höchste Dringlichkeit nicht den kurzzeitigen, sondern den langfristigen und vor
allem den irreversiblen Prozessen gegeben werden müsste. Verschmutzung
von Luft und Wasser brauchen Jahrzehnte zur Regeneration, Böden sogar
Jahrhunderte, Klimaänderungen könnten noch längerdauernde Wirkungen

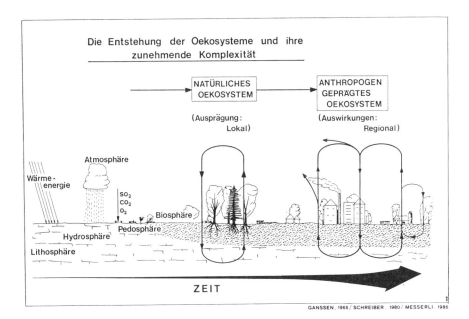

Fig. 13 (aus MESSERLI 1986)

haben und die Vernichtung der Artenvielfalt ist nicht mehr gutzumachen.
Rufen diese Ueberlegungen nicht nach neuen Dringlichkeiten in unseren
persönlichen und politischen Entscheidungsprozessen? Dies um so mehr, als
die Umweltveränderungen von den letzten zu den nächsten Jahrzehnten ausser
Kontrolle geraten könnten (Fig. 13).

4.7. *Die Anforderungen in Systemkunde und Modellierung:* Synthese muss
gelernt sein, insbesondere in grösseren und interdisziplinären Forschungsprojekten. Wer den Anfang verpasst, verpasst das Ganze (Fig. 14). Wer ein
interdisziplinäres Forschungsprogramm ohne verbindende Fragen und Ziele
führen will, fällt zuerst einmal zwischen verschiedene Lehrstühle und sieht sich
der Schwierigkeit ausgesetzt, dass Synthesen meist auch die Preisgabe eines
wissenschaftlichen Standards bedeuten. Wir sind mit Goethes „Maximen und
Reflexionen" konfrontiert: „Die Wissenschaften zerstören sich auf doppelte
Weise selbst. Durch die Breite, in die sie gehen und durch die Tiefe, in die sie
sich versenken" (STOCKMANN 1984). Wir haben den richtigen, aber doch
einen neuen Weg zu gehen, der in unserer Gegenwart eine zusätzliche Belastung erfährt: Wir leben in einer sogenannt pluralistischen Gesellschaft, in der
die Integrationsfähigkeit des Individuums zusehends geringer wird und deren
Probleme zunehmend höhere menschliche und fachliche Integrationsfähigkei-
ten verlangen.

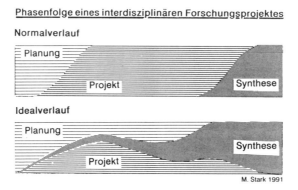

Phasenfolge eines interdisziplinären Forschungsprojektes

Normalverlauf

Planung

Projekt   Synthese

Idealverlauf

Planung   Synthese

Projekt

M. Stark 1991

Fig. 14

4.8. *Verfügungswissen und Orientierungswissen:* Unter dem provokativen Titel „Ist die Universität noch zu retten?" macht RIKLIN (1990) die auch für die Umweltwissenschaften bedeutsame Aussage: „Bildung ist die Fähigkeit, Verfügungs- und Orientierungswissen zu integrieren. Verfügungswissen ist positives Wissen, d. h. ein Wissen um Ursachen, Wirkungen und Mittel. Verfügungswissen gibt Antwort auf die Frage, was wir können. Orientierungswissen ist handlungsleitendes Wissen. Es fragt nach sinnstiftenden Zwecken und sucht Antworten auf die Frage, was wir sollen. Wir leben in einer Zeit, in der das Orientierungswissen immer schwächer und das Verfügungswissen immer stärker wird. Die Sinnkrise ist die Folge. Die Lehr- und Forschungstätigkeit der Universitäten sind ein getreues Spiegelbild dieser Entwicklung. Die „Hardware" des Verfügungswissens wird gross, die „Software" des Orientierungswissens klein geschrieben. Dies ausgerechnet an der Schwelle eines Zeitabschnitts von vielleicht 50 Jahren, während den – gemäss Urteil von Karl W. Deutsch – die Menschheit die furchtbarsten Engpässe ihrer gesamten Geschichte seit der Eiszeit zu durchschreiten hat".

4.9. *Zum Schluss:* Verbesserung der Umweltqualität und nachhaltige ökonomische Entwicklung: Die beiden schier unlösbaren Ziele in Uebereinstimmung zu bringen und in diesem widersprüchlichen Rahmen unseren künftigen Lebensraum zu gestalten, wird die grösste politische, gesellschaftliche und ökonomische Herausforderung der nächsten Jahrzehnte sein (WRI 1990/91): Geographie und Umwelt *für* eine Welt im Wandel!

Literaturverzeichnis

AEGERTER, R., 1983: Grindelwald. Beiträge zur Geschichte der Besiedlung und Landwirtschaft vom Mittelalter bis ins 19. Jahrhundert. Diss. Geogr. Inst. Univ. Bern, Selbstverlag Köniz : 223 S.

ALTWEGG, D., 1988: Folgekosten von Waldschäden. Bewertungsansätze für volkswirtschaftliche Auswirkungen bei einer Beeinträchtigung von Gebirgswäldern durch immissionsbedingte Waldschäden. Diss. St. Gallen

ARBER, Werner, 1986: Universitäre Ausbildung und Ansprüche des beruflichen Alltages. H. 80, Schriftenreihe Universität Basel

BAETZING, W., 1991: Geographie als integrative Umweltwissenschaft? Skizze einer wissenschaftstheoretischen Standortbestimmung der Geographie in der postindustriellen Gesellschaft. Geographica Helvetica Nr. 3 : 105–109

BAK, P. und CHEN, K., 1991: Selbstorganisierte Kritizität. Spektrum der Wissenschaft März 3 : 62–71

BBW, 1990: Ziele der Forschungspolitik des Bundes nach 1992. Hrsg. vom Bundesamt für Bildung und Wissenschaft, 28.3.1990, EDMZ, Bern

BECKER, F., 1989: Die Geschichte vom „Land der Seidenstrasse". Deutscher Forschungsdiewnst Nr. 12/89 A : 13–15

BERRY, M., 1991: L'interdisciplinarité: Un objectif difficile à concrétiser. La Recherche 228, Vol. 22 : 66–68

BOESCH, M., 1989: Engagierte Geographie. Zur Rekonstruktion der Raumwissenschaft als Politik-orientierte Geographie. Erkundliches Wissen H. 98, F. Steiner Verlag, Stuttgart : 196–230

BRADER, L., 1990: Working to improve Third World Crop Production. Shell Agriculture Nr. 6 : 4–7

BRITISH PETROLEUM BP 1975–1989: BP Statistical Review of World Energy, London

CASTRI DI, F., 1990: Environment: Les paradoxes d'une crise. La Recherche No. 223, Vol. 21 : 882–884

CASTRI DI, F., 1991: From Stockholm to Rio de Janeiro. An Environmental Journey Through Time. Biology International. The News Magazine of IUBS No. 23 : 1–4

CLARK, W. C., 1989: Verantwortliches Gestalten des Lebensraumes Erde. Spektrum der Wissenschaft 11 : 48–56

CNRS, 1990: Programme Interdisciplinaire de Recherche „Environnement". Orientation et Programmation scientifiques, Dec. 90, Paris : 23 S.

CNRS, 1991: Lettres des programmes interdisciplinaires de recherche du CNRS. Environnement No 1 (février) et No. 2 (juin), Paris : 15–31 S.

COHEN, M., 1991: Weltbankbericht. Pressemittung. Der Bund, 142. Jg., Nr. 102 : 44

COTTI, F., 1987: Schweizerische Umweltpolitik: Stunde der Bewährung. Europäisches Umweltjahr. Schriftenreihe des Stapferhauses auf der Lenzburg H. 17. Verlag Sauerländer, Aarau : 8–14

FABER, M., STEPHAN, G. und MICHAELIS, P., 1990: Das Mengenproblem der Abfallwirtschaft. Spektrum der Wissenschaft. Juni 90 : 46–58

FAO, 1986: Protect and Produce. Soil Conservation for Development. I/Q 5, 110 E/3. 86/2/3000 : 40 S.

FRAENZLE, O., 1990: Oekologische Informationssysteme als Grundlage der Raumplanung. Umweltbeobachtung, Wirtschaftsgeographie und Raumplanung. Geogr. Inst. Univ. Zürich. Vol. 8 : 35–64

FRITSCH, B., 1989: Bedingungen einer menschenwürdigen Zukunft. Schriften des Instituts für Wirtschaftsforschung der ETHZ Nr. 92 : 13 S.

FROEHLICH, W. D. (Hrsg.), 1988: Die verstellte Welt. Beiträge zur Medienökologie. Frankfurt a. M. 280 S.

GIGON, A. und GIGON-FEHER, M., 1985: Vom Wert eines Vogels oder einer Blumenwiese. Natur und Landschaft 60, Nr. 4 : 140–143

GOODLAND, R., 1991: The case that the world has reached limits. Environmentally Sustainable Economic Development: Building on Brundtland, ed. by R. Goodland, H. Doly, S. El Serafy, B. v. Droste, UNESCO, Paris : 15–18

GOODLAND, R., DOLY, H., EL SERAFY, S., DROSTE VON, B., 1991: Environmentally Sustainable Economic Development: Building on Brundtland. UNESCO, Paris : 98 S.

HALLER, M., 1989: Neue Parameter strategischer Führung. Der Beitrag des „Risiko Dialoges" zur Zukunftssicherung. ISC Internat. Management Symposium (Hrsg.), St. Gallen : 117–128

HARRISON, P., 1983: Land and people, the growing pressure. Earthwatch No. 13 : 8 S.

HASLER, M., AERNI, K., 1986: Schulgeographie in der Schweiz. Die Herausforderung der Zukunft. Verein Schweiz. Geographielehrer : 32–39

HASLER, M., 1989: Die Dritte Welt in der aktuellen Lehrplandiskussion der Geographie. Geographie und ihre Didaktik, Hildesheim, H. 2, 17. Jg. : 61–72

IGBP, 1990: Global Change System for Analysis, Research and Training (START), Report Nr. 15, Boulder : 40 S.

IGBP, 1991. Global Change. Report Nr. 17 : Plant–Water Interactions in Large-Scale Hydrological Modelling. ICSU, Stockholm : 44 S.

IPCC, 1990: Climate Change, the International Geosphere-Biosphere Program, Scientific Assessment. WMO and UNEP. Executive Summary

KAELIN, W. und MOSER, R. (Hrsg.), 1989: Migration aus der Dritten Welt. Ursachen und Wirkungen. Publikation der Akademischen Komm. der Univ. Bern. Verlag P. Haupt, Bern, Stuttgart: 216 S.

KAESER, E., 1990: Wohin steuert die Forschungsarmada? Interdisziplinarität: Gedanken zu einem Podiumsgespräch an der Universität Bern über einen schwierigen Kurswechsel (siehe auch Uni-Press Nr. 67: Interdisziplinarität–ein vertracktes Puzzle, Dezember 1990, Bern). Der Bund 141. Jg. Nr. 150, Bern : 6

KESSELRING, T., 1991: Die demographische Herausforderung. Soziale und ethische Aspekte des Bevölkerungswachstums. NZZ Nr. 207 : 25

KOCHER, G., 1989: Weltkonferenz der Zukunftsforschung. Bulletin der Schweiz. Akademie der Geistes- und Naturwissenschaften, XIII/89/4 : 15–18

LEEMANN, R., 1989: Aspekte des menschlichen Denkens. NZZ Nr. 59 : S. 57

LESER, H., 1991 a: Oekologie wozu? Springer Verlag, Berlin : 362 S.

LESER, H. 1991: Physiogeographie im Wandel? Geographisches Taschenbuch 1991–92. F. Steiner Verlag, Stuttgart : 102–114

LUTZ, E. 1991: Die ökologische Blindheit der volkswirtschaftlichen Gesamtrechnung. NZZ Nr. 141 : 37

MAHR, H., 1990: Das Elementare in den Wissenschaften–Möglichkeiten und Grenzen des Reduktionismus. Nova Acta Leopoldina NF 63, Nr. 272 : 51–60

MAINI, J., 1988: Impact of National/Regional Fiscal Policy of Resource Use and Environmental Quality. Discussion paper presented at the MAB Task Force Meeting on „Human Investment and Resource Use". UNESCO, Paris 29.–31.3.1988

MEADOWS, D. u. D., ZAHN, E., MILLING, P., 1972: Die Grenzen des Wachstums. Bericht des Club of Rome zur Lage der Menschheit. Stuttgart (DVA): 180 S.

MESSERLI, B., 1986: Universität und „Um-Welt" 2000. Berner Rektoratsreden. Verlag P. Haupt, Bern : 6–31

MESSERLI, B., BISAZ, A., KIENHOLZ, H., WINIGER, M., BACHMANN, M., HOFER, T., LEHMANN, C., 1987: Umweltprobleme und Entwicklungszusammenarbeit. Bericht zu Handen der DEH. Geographica Bernensia P 16 : 47 S.

MESSERLI, B., 1989: The Information-orinted Society and the „Limits of Groth“. Scientists
     and their responsibility. Shea, W. and Sitter, B. (Eds.), Watson, USA: 330–342.
MESSERLI, B., 1990: Dritte Welt und Naturwissenschaften. Publ. der Schweiz. Akademie der
     Naturwissenschaften. Univ. Verlag Freiburg, Schweiz : 17–52
MESSERLI, P., 1986: Modelle und Methoden zur Analyse der Mensch-Umwelt-Beziehungen
     im alpinen Lebens- und Erholungsraum. Erkenntnisse und Folgerungen aus dem Schweiz.
     MAB-Programm 1979–1985. Schlussbericht Nr. 25, BUWAL, Bern
MESSERLI, P., 1989: Mensch und Natur im alpinen Lebensraum. Risiken, Chancen, Perspek-
     tiven. Verlag P. Haupt, Bern : 368 S.
MEY, H. J., 1988: Computer für alle(s). Informatik im Jahre 2020. UniPress Nr. 57, Bern :
     28–29
NAEF, W., 1950: Wesen und Aufgabe der Universität. Verlag H. Lang, Bern
OZENDA, P. and BOREL, J. L., 1989: Possible Impacts of a Climatic Change Induced by an
     Increasing Greenhouse Effect on the Alpine Ecosystem. Europ. Conf. on Landscape
     Ecological Impact of Climate Change, Luntern, Holland
PFISTER, C., 1973: Landschaftswandel im Bereich von Autobahnanschlüssen. Geographica
     Helvetica H. 4, Jg. 28 . 200–217
PRIGOGINE, I., 1986: Chairman's Statement, UNU. Rector's Advisory Committee, Tokyo,
     195, 86 : 8 S. (unveröffentlicht)
PRIGOGINE, I., 1991: Im Dialog mit der Natur. Technische Rundschau, 83. Jg., 29/30 : 22–26
RIKLIN, A., 1990: Ist die Universität noch zu retten? Vereinigung Schweizerischer Hoch-
     schuldozenten 16. Jg., Nr. 2/3 : 22–28
ROTACH, M., 1991: Kein Gleichgewicht zwischen Nachfrage und Angebot. Der lange Weg
     zum Abschied von einer Illusion. NZZ Nr. 137 : 3
SALAM, M. A., 1991: Forschung und Technologietransfer im Rahmen der Nord-Süd-
     Beziehungen. Vortrag gehalten an der Jahreskonferenz der Schweiz. Entwicklungszu-
     sammenarbeit, DEH, 5. Sept. : 22 S. (unveröffentlicht)
SCHELBERT, H., 1990: Umrisse einer ökologischen Wirtschaft. NZZ Nr. 257, 5. November
     : 9 S.
SIMEN, R. H., 1989: Fiebermessung am Erdklima. Klimaforschung in der Bundesrepublik
     Deutschland. Die Wirkungsabschätzung gewinnt Gewicht. Deutscher Forschungsdienst
     Nr. 2 . 8–10
STARK, M., 1991: Luftschadstoffe und Wald: Arbeitsmethodik und Synthesekonzept. Verlag
     d. Fachvereine, Zürich : 283–288
STOCKMANN, K., 1984: Langfristprojekte in den Geisteswissenschaften. Forsch. Mitt. der
     DFG 4/844 : 5 und 33
UMWELT- UND PROGNOSEINSTITUT, HEIDELBERG, 1990: Deutsche Umweltschä-
     den. NZZ Nr. 300, 37. Dezember : 9
WALTHER, A., 1990: Die Folgekostenrechnung von Umweltschäden. Diss. St. Gallen
WEIZSÄCKER, VON, E. U., 1989: Erdpolitik. Oekologische Realpolitik an der Schwelle zum
     Jahrhundert der Umwelt. Wiss. Buchgesellschaft, Darmstadt : 205 S.
WHO, 1991: 44. Jahresversammlung der WHO. Bericht Haushalt 1992/93. Genf
WIDMER, H. (Projektleitung), 1991: Nutzungskonflikte und Schule. Bericht Nr. 65 des
     Nationalen Forschungsprogrammes „Boden“. Liebefeld—Bern : 65 S. und Anhang
WRI, 1990/91: World Resources Institute, Publications Brief, Washington, Dec. 90 : 4 S., April
     91 : 4 S.
WRIGHT VON, G. M., 1988: Rationalität und Vernunft in der Wissenschaft. Universitas 9 :
     931–945

Umweltforschung heute

Bundesminister Dr. Heinz Riesenhuber

Meine sehr geehrten Damen und Herren,

ich bedanke mich für die freundliche Einladung, zur Umweltforschung bei Ihnen einige Überlegungen vorzutragen. Die Verspätung meines Fluges hatte den Vorteil, daß ich den Ausführungen von Herrn Professor Messerli zuhören durfte. Dies ist eine Chance, die ein Politiker selten hat. Er muß eigentlich ständig reden, er kommt selten zum Zuhören, und die Zeit zum Denken muß er sich in aller Regel stehlen. Das ist nicht unproblematisch.

Ich freue mich, daß Sie Ihren Kongreß in einer so ganzheitlichen Weise angelegt haben. Die Themen, die Sie ansprechen und in Ihren Sitzungen aufarbeiten, umfassen einen ungeheuer großen Bereich. Das reicht von der Antarktis- bis zur Klimaforschung, von der Geomorphologie bis zu Fragen von Umweltverträglichkeitsprüfungen, von der Erdbeobachtung durch Satelliten bis zum Studium aquatischer Systeme. Diese umfassende Betrachtungsweise bildet die Voraussetzung für die Bewertung einzelner Aussagen.

Wenn Sie zurückgehen zu einem der Großen der Geographie, Alexander von Humboldt, dann war es seine größte Stärke und seine große Idee, daß er nicht nur von der Einheit der Wissenschaften ausging, sondern auch von der Idee, daß das Einzelne der Wissenschaft überhaupt erst seinen Sinn aus einer ganzheitlichen Betrachtung der Wirklichkeit gewinnt. Zwar bleiben hier durchaus noch Wünsche offen. Wenn ich jedoch vergleiche, was ich heute aus der Schulzeit meiner Kinder erfahre, mit dem, was zu meiner Schulzeit an Geowissenschaften, an Geographie gelehrt worden ist, dann haben wir hier einen dramatischen Fortschritt erfahren. Die Zusammenfassung der rein geographischen Kenntnisse mit dem Denken in Wirtschaftsräumen, mit dem Denken in Umwelträumen ist etwas, das in einer begrenzten Zeit nicht nur in der Wissenschaft entstanden, sondern auch in die Arbeit an den Schulen durchgeschlagen ist und damit in eine umfassende Betrachtung der Wirklichkeit, die eine Voraussetzung für den verantwortlichen Umgang mit eben dieser Wirklichkeit darstellt. Sie haben mir ein Thema gestellt „Umweltforschung heute", das von großer Komplexität ist. Ich erlaube mir, aus Arbeiten und Erfahrungen zu berichten, die wir in der Bundesrepublik Deutschland gesammelt haben. Ich hoffe, daß damit einiges konkreter wird, was sich im abstrakten Raum zuvor sehr schön, aber vielleicht nicht genau belegbar diskutieren läßt.

Umweltforschung und Umwelttechnik sind im Grunde alte Themen, wie Fragen nach der Belastung am Arbeitsplatz, nach der Sicherheit in der chemischen Industrie, nach den Strahlenschutzsystemen zeigen. Die bayerische Strahlenschutzverordnung von 1957 war ein durchaus modernes Instrument.

Trotzdem waren dieses einzelne Bereiche, die für sich standen. Die Umweltprobleme wurden mehr als lokale Probleme im Umfeld von einzelnen Anlagen
begriffen. Sie wurden weder als gesamtsystemare Ansätze, noch über den
lokalen Bereich hinaus weltweit als Veränderungen begriffen, die wirken. Im
Grunde bestand die allgemeine Zuversicht, daß die natürlichen Gleichgewichte
gegenüber dem Eingreifen des Menschen stabil sind. Das entscheidende
Umdenken ist wohl Ende der 60er Jahre erfolgt. Sowohl in der Wissenschaft
wie in der Politik kam es zu mehreren Veröffentlichungen, die zur ganzheitlichen Betrachtung aufriefen. Eine der dramatischsten und aufrüttelndsten
Reden war damals 1969 die Rede von Präsident Nixon zur Lage der Nation. In
dieser Rede hat in einer besonders umfassender Weise ein Politiker davon
gesprochen, daß die Umweltfragen nicht mehr Einzelfragen sind, sondern daß
wir eine umfassendere Verantwortung für deren Verständnis tragen, obwohl
uns noch viele Informationen fehlen. Sie kennen die Entwicklung der folgenden Jahre. Sie kennen den Glauben an die Möglichkeit der Berechenbarkeit und
Prognostizierbarkeit. Sie kennen die Weltmodelle, die Mesarovic und Pestel
aufgrund der Vorarbeit von Forrester vom MIT erarbeitet haben und die dann
eingingen in die Überlegungen des Club of Rome. Daraus folgt im Grunde der
Versuch, in „Wenn-Dann-Beziehungen" darzustellen, wie die Welt sich entwickelt, wenn man den Status quo extrapoliert. Die große Gefahr dieser
Betrachtungsweise liegt nicht so sehr in der Begrenztheit der Systeme und in
der Begrenztheit der Information, denn die ungeheuere Komplexität läßt sich
nicht auf eine begrenzte Zahl von Regelkreisen niederbrechen. Die Fülle der
Informationen läßt sich nicht in eine begrenzte Zahl von Datensätzen einfan-
gen. Dies aber war nicht das Entscheidende. Das Entscheidende war, daß
Entwicklungen nicht linear verlaufen, daß das Verhältnis von Mensch und
Information zur Umwelt ein rückgekoppeltes System ist und daß vor allem der
Mensch mit innovativer Kraft auf Innovationen reagieren kann, die er erfährt,
sei es als Chance, sei es als Bedrohung.

Das letzte Buch von Herrn Pestel hat sich mit der Frage befaßt, was Ende
der 80er Jahre zu den Prognosen des Club of Rome zu sagen ist. Wenn man
dieses Buch liest, dann stellt man fest, daß sich ein wesentlicher Teil der
Prognosen des Club of Rome als nicht richtig herausgestellt hat. Vielleicht in
der Weise einer „self-defeating prophecy", weil hier die Gefahr erkannt und
beschrieben worden wird, ist in einem ungemein komplexen Prozeß die
Bereitschaft gewachsen, sich dagegen zu wenden. Aber das ist nur die eine
Hälfte, weil einfach nicht deutlich gesehen worden ist, in welcher Weise der
Mensch mit innovativer Kraft auf die Wirklichkeit reagieren kann. Dies zeigt
sich in völlig unterschiedlichen Formen. Wenn Herr Professor Messerli hier die
Prognosen zu den Ölvorräten projeziert hat, dann ist der Ablauf über die Zeit
höchst interessant, denn er hat gezeigt, daß zu unterschiedlichen Zeitpunkten
die Prognosen außerordentlich unterschiedlich waren. Das ist erklärbar durch
einen sehr einfachen Mechanismus: Die Erdölgesellschaften arbeiten mit

Reserven für den Bereich, in dem sie betriebswirtschaftlich planen müssen. In anderem Zusammenhang hat Herr Messerli festgestellt, daß der Bereich der betriebswirtschaftlichen Planung weit unterhalb eines Jahrzehnts liegt. Die Erdölgesellschaften arbeiten im weiteren Horizont mit möglichen oder mit erhofften Reserven, und diese werden nur in einem Maß extrapoliert, wie es die mittelfristige Unternehmensplanung erfordert. Daß jedoch diese Zahlen nicht konstant sind, sondern sich über die Zeit je nach der Notwendigkeit weiterer Explorationen und nach den Marktentwicklungen richten, ist offenkundig. Insofern haben sich nicht nur hier, sondern auch in anderen Bereichen die Prognosen als falsch erwiesen. Dies gilt in bezug auf die Erschöpfbarkeit der Metalle, der Mineralien, selbst bei den Prognosen der Erschöpfbarkeit der Nahrungsmittel. Dies ist ein ungemein komplexer Zusammenhang, den Herr Messerli in seiner Karte in einigen Elementen sehr überzeugend dargestellt hat.

Es ist aber auch zu sehen, daß die Prognosen durch die Wirklichkeit in einer Mehrzahl von Kontinenten übertroffen worden sind. Beispielsweise hat Ceylon, Sri Lanka, gesagt, wir wollen keine Nahrungsmittelhilfen mehr haben, weil dies die Möglichkeit unserer Agrarwirtschaft, sich selbst zu regenerieren, töten würde. Und Sri Lanka kam zu einem erheblichen Maß an Eigenbedarfsdeckung ebenso wie Indien, wo das Problem jetzt nicht mehr das Gesamtnahrungsdefizit trotz größerer Bevölkerung ist, sondern der Ausgleich der relativen Überschüsse in normalen Jahren im Süden gegenüber der relativen Knappheit im Norden. Das heißt also, wir haben hier ein komplexes System, das reagiert hat!

Darüber hinaus hat sich gezeigt, daß bis hin zu der Frage des Wachstums selbst sich die Paradigmen verschoben haben. So wurde in den 70er Jahren, auch noch in den 80er Jahren gefordert, daß ein sogenanntes qualitatives Wachstum einsetzen solle, ein Wachstum also, daß nicht Ressourcen weiter verbraucht, sondern ein Wachstum, das ressourcenneutral sei. Viele der Forderungen, die damals zu recht aufgestellt worden sind, haben wir überhaupt noch nicht erreicht. Der Anteil der Kreisläufe in unseren Wirtschaften ist noch viel zu gering. Immerhin ist das Paradigma der Kreislaufwirtschaft inzwischen ein Gegenstand nicht nur wissenschaftlicher, sondern auch industrieller Überlegungen. Das Wichtige ist, daß in dieser Zeit ein Wachstum eingesetzt hat, und zwar nicht ein administrativ, durch zentrale Gewalt erzwungenes Wachstum, sondern ein Wachstum, das durch sehr viel komplexere Prozesse ausgelöst wurde, die bis in die Psychologie der einzelnen Unternehmer hineinreichen. Das Wachstum hat sich im wesentlichen verlagert auf Intelligenz. In der Chemie sind heute die jährlichen Investitionen, und die Chemie ist ein ausgesprochen materialintensiver Bereich, in Software, also in Forschung, in Entwicklung und in Ausbildung höher als die Investitionen in Hardware, in Geräte. Das läßt sich auch in vielen anderen Bereichen zeigen. Das bedeutet, daß Forschung sich in einen anderen Umkreis zu stellen hat.

Es ist schon in den 70er Jahren zunehmend verstanden worden, daß Forschung nicht mehr die Entwicklung der Einzeltechnik ist, sondern daß man

in größeren Zusammenhängen zu arbeiten hat. Daraus hat sich eine Umwelttechnik entwickelt, die ich jetzt nicht im Einzelnen beschreiben will. Die
Schritte sind übersichtlich, sie sind schlüssig und sehr zügig weiterentwickelt
worden. Das gilt beispielsweise für die Entwicklung von SO_2-armen Verbren-
nungstechniken. Ich spreche jetzt nicht darüber, wie man Abgase reinigt, wie
man Katalysatoren anlegt; ich spreche nicht von der Fülle der Alternativen. Ich
spreche nicht davon, was man in der Wassertechnik entwickelt hat: von der
mechanischen Reinigung, die übrigens auch nicht immer trivial ist, über die
biologische und chemische Reinigung bis zur gezielten Aufarbeitung von
Wässern, so daß sie tatsächlich mehrfach rezirkulierbar sind. Das Wasser, das
in Holland verbraucht wird, ist in der Regel mehrfach rezirkuliert worden. Das
heißt also, wir haben eine Entwicklung, in der eine Vielzahl von Techniken
erfolgreich erarbeitet worden ist, allerdings mit einem Mechanismus, bei dem
der Staat notgedrungenerweise einen hohen Anteil hat, denn die Märkte reagieren nicht von selbst auf die Umweltherausforderungen. Es trifft zu, daß der
Mechanismus einer Internalisierung externer Kosten bis jetzt noch nicht
gefunden worden ist. Das, was hier an einzelnen Stellen mit marktwirtschaftlichen Instrumenten versucht wird, ist hilfreich, aber nicht umfassend. So ist
beispielsweise die Abwasserabgabe, die wir in der Bundesrepublik Deutschland haben, marktwirtschaftlich richtig, weil in dem Maße, in dem die Abwas-
serbelastung zurückgeführt wird, die Abgabe kleiner wird. Eine solche Len-
kungsabgabe ist im Grenzfall dann ideal, wenn sie nur lenkt und keine Abgabe
wird. Dies ist natürlich in der Praxis nicht erreichbar. Aber der Witz ist nicht
eine Erhöhung der Abgabenquote, der Staatsquote insgesamt, der Witz ist eine
flexible Lenkung, die die Wahl der Instrumente frei läßt und nach marktwirtschaftlichen Prämissen Rahmen setzt und Steuerungsmöglichkeiten erlaubt.
Insofern sind dieses Instrumente, Problemlösungen in einer verletzlichen
Umwelt zu erreichen.

Die Sache wird sehr viel schwieriger, sobald ein ökosystemarer Ansatz
angestrebt wird. Das wird am Beispiel deutlich: Anfang der 80er Jahre wurde
in Deutschland sehr heftig über die Waldschäden diskutiert. Es wurde darüber
gesprochen, daß die Wälder sterben, daß insbesondere in den Kammlagen der
Mittelgebirge die Zerstörung sehr weit fortgeschritten sei. Ich habe 1982, als
ich in das Ministerium kam, nachgesehen, welche Forschungen zu diesem
Problemkreis durchgeführt werden. Es standen damals insgesamt 200.000,-
DM pro Jahr zur Verfügung; das sind ungefähr 1 1/2 Wissenschaftler. Nun lag
dies nicht an der Wissenschaft. Es lag einerseits daran, daß aus der eigenen
Kraft der Wissenschaft offensichtlich die systemüberschreitende, die disziplin-
überschreitende Arbeit, kein naheliegendes Paradigma war. Die Möglichkeit,
in seinem eigenen Bereich mit großer Präzision immer genauer zu forschen,
war hier in der klassischen Anlage der Grundlagenforschung gegeben. Die
Strategie einer Vorsorgeforschung, wo also die einzelnen Elemente der Wissenschaft auf Ziele hin gerichtet werden, war als Paradigma nur außerordent-

lich begrenzt vorhanden. Dies lag nicht an einer mangelnden Bereitschaft. Wir haben im Januar 1983 zwei Kongresse abgehalten, einen in Neuherberg bei München und einen in Jülich. Hunderte von Wissenschaftlern haben da diskutiert, und zwar im Grund ohne Vorgabe. Neben Meteorologen, Chemikern und Botanikern haben die unterschiedlichsten Wissenschaften, darunter Sozialwissenschaftler und Juristen, die braucht man überraschenderweise auch überall, zusammen diskutiert. Es galt festzustellen, wo haben wir gute Gruppen mit gutem Einzelwissen, wo fehlt uns das Wissen und vor allem, wo schließt sich das Wissen, das wir haben, zum System zusammen, so daß eine Sicht auf das Ganze entsteht. In einem Zeitraum von weniger als einem Jahr waren weit über 1000 Wissenschaftler über alle Disziplinen hinweg an der Arbeit. Wir haben sie gebeten, jetzt nicht mit Glanzfolien kaschierte Berichte von wunderbar ausgereifter Art innerhalb von drei Jahren vorzulegen, sondern so früh wie möglich einzusteigen in die öffentliche Diskussion und ihr Wissen zur Debatte zu stellen, dies auch auf das Risiko hin, daß noch nicht alles 100%ig gesichert ist. Denn natürlich hat Herr Messerli recht, wenn er davon spricht, daß der Politiker nicht abwarten kann, bevor er entscheidet, bis der Wissenschaftler alles weiß. Sonst haben wir beispielsweise bei der Waldschadensforschung am Schluß eine wunderbare Wissenschaft, aber keinen Wald mehr. Die Frage ist, den Punkt des minimalen Risikos zu finden, d.h. herauszufinden, wann das Wissen so hinreichend gefestigt ist, daß man mit einem noch vertretbaren Risiko Entscheidungen fällen kann.

Als wir etwa im Februar 1983 die Großfeuerungsanlagenverordnung zur Entschwefelung der Kraftwerke erlassen haben, war der Streit noch durchaus erheblich, ob SO_2 relevant sei für die Waldschäden, ob es im übrigen so kritisch für die Luftbelastung sei, das volkswirtschaftliche Kosten von zwei, drei Dutzend Milliarden Mark gerechtfertigt sind. Wir haben dies damals so entschieden. Inzwischen hat sich gezeigt, daß diese Entscheidung richtig ist; auch andere europäische Länder haben nachgezogen. Dies ist entscheidend, denn wenn wir in Europa nicht einheitlich arbeiten – Luftschadstoffe enden nicht an der Grenze –, dann wird das Problem national völlig unlösbar sein. Dann wird es sogar im nationalen Rahmen zusammenbrechen, denn keine Volkswirtschaft, kein Volk wird bereit sein, diese Kosten auf sich zu nehmen, wenn es sieht, daß die Probleme trotz eigener Anstrengungen nicht gelöst werden. Es muß ein rationaler Zusammenhang zwischen dem Aufwand und der Problemlösungskapazität bestehen, auf die wir hin arbeiten. Aus dieser Komponente ist also die zweite Hälfte entstanden. Der eine Teil ist die Entwicklung von Umwelttechniken, die beispielsweise beweisen, daß die SO_2-Emmissionen aus einem normalen Kraftwerk um 90% gesenkt werden können; das andere ist eine ökosystemare Forschung, die über die monokausalen „Wenn-Dann-Zusammenhänge" hinaus ein System begreifbar macht, damit wir Grenzwerte setzen können und setzen müssen. Es kommt nicht nur darauf an, daß wir etwas können, es kommt auch darauf an, daß die objektive und überprüfbare

Notwendigkeit besteht, es zu tun. Was sich an ökosystemarer Forschung entwickelt hat, ist heute von großer Dynamik. Das Pradigma hat sich durchgesetzt!

Das waren nicht nur einzelne Verbundprojekte, sondern es sind Kooperationen, in denen sowohl Institutionen, etwa Großforschungseinrichtungen, wie auch einzelne Wissenschaftler von den Hochschulen mit flexiblen Aufgaben über längere Zeiträume stetige Arbeit durchgeführt haben. Eine Projektteilnahme kann über zwei, drei oder fünf Jahre laufen, dann wendet sich der Wissenschaftler einer anderen Frage zu. Aber dadurch, daß er in einer Gesamtstrategie in das Projekt eingebunden, übrigens auch grenzüberschreitend eingebunden ist, können wir ein stetig wachsendes Wissen über Zusammenhänge erschließen.

Wir haben solche Zusammenarbeiten in sehr unterschiedlichen Bereichen aufgebaut. Auch heute noch ist die Waldschadensforschung einer der zentralen Bereiche. Hier haben wir – ausgehend von den Arbeiten von Professor Ulrich im Solling – ein Ökosystemforschungszentrum in Göttingen aufgebaut, das mit großer Intensität versucht zu verstehen, was Wald ist. In Bayreuth haben wir mit einer Großforschungseinrichtung, der Gesellschaft für Umweltforschung in München, und zusammen mit einzelnen Lehrstühlen von verschiedenen Universitäten ein solches ökosystemares Projekt verwirklicht, das den Zusammenhang zwischen Agrarwirtschaft und Forstwirtschaft, der ja nicht trivial ist und der der Wirklichkeit unseres Landes entspricht, aufgearbeitet. Wir haben ein großes Verbundprojekt zur Wattenmeererforschung eingerichtet, wo wir im Bereich zwischen Ebbe und Flut, zwischen Deichbau und menschlichem Eingreifen, zwischen der Frage der Entwicklung der verschiedenen Arten, wo laichen die Fische, wie können sich Artenbestände regenerieren, umfassende Fragen stellen, die nicht von einer einzelnen Wissenschaft allein angegangen werden können. Hier arbeiten der Chemiker und der Biologe mit dem Meereswissenschaftler im Verbund. In ähnliche Richtung greift das Projekt zur Bornhöveder Seenkette. Hier geht es um einen ganz bestimmten Zusammenhang zwischen See und Umland.

Es gibt jedoch auch Grenzfälle, in denen sich Umweltforschung und Umwelttechnik überschneiden, ja überschneiden müssen. Dazu gehören die Sanierung der Altlasten im Boden. Hier müssen wir ganz unterschiedliche Techniken entwickeln und gleichzeitig komplizierte Systeme verstehen. Wenn wir in Deutschland 45.000 Verdachtsflächen für Altlasten haben, davon sind vielleicht 40.000 alte Deponien, wilde Müllkippen unterschiedlichster Art, vielleicht 5.000 oder 7.000 alte Industriestandorte unterschiedlicher Art, dann rechnen wir heute damit, daß davon 5 bis 7000 Standorte kritisch sind. Kritisch wegen der Art der Belastung und wegen der Art, in der sie behandelt worden sind. Wenn sie eine geordnete Deponie haben, ist das nichts, was Glückseligkeit verbreitet, aber es ist in der Sache vernünftig. Wenn Sie aber einen alten Industriestandort oder eine wilde Müllkippe haben und nicht wissen, wie die

Verbindung zum Grundwasser ist oder ob der Wind erodiert und arsen-, blei- oder gar dioxinhaltige Stäube abträgt, dann haben Sie ein Problem sehr großer Komplexität. Wir haben versucht, mit unserer Wissenschaft und den Unternehmen eine Fülle von Einzeltechniken zu entwickeln, aber auch in einer nächsten Phase exemplarisch komplexe Standorte zu sanieren.

Die Einzeltechniken gehen vom Monitoring aus: Wie mißt man das Fließtempo von Grundwasserströmen? Wie stellt man fest, ob zwischen einem Grundwasserstrom und einer Deponie eine Verbindung besteht? Wie mißt man die Belastung? Welches sind überhaupt die relevanten Chemikalien, die man analysieren muß? Welches sind die besten Analysentechniken, mit denen man in die Bereiche vorstößt, in denen man tatsächlich mit größter Genauigkeit sehr verdünnte, aber gefährliche Schadstoffe orten muß? Dies sind ungemein komplexe Aufgaben, die zur Frage führen: Wie schottet man ab? Kann man verspunden? Kann man Kunststoffe injizieren? Kann man beispielsweise Bakterien einsetzen, um Altöl aus belasteten Flächen herauszufressen oder auch Dioxin? Wir haben die Bakterien soweit, daß sie Dioxin fressen, sie fressen noch nicht so schnell, wie sie sollten, aber das bringen wir ihnen noch bei! Insofern hat man schon eine Fülle von unterschiedlichen Möglichkeiten, die im Systemzusammenhang gelöst werden müssen. Wenn wir jetzt exemplarisch Deponiestandorte sanieren, dann reicht dies von einem alten Gaswerk mit seinen spezifischen Bodenbelastungen bis zu einer Bleihütte und zu Deponien, bei denen unbekannte Stoffe in unbekannter Reihenfolge abgelagert worden sind. Wenn dabei gezeigt werden kann, daß die Sanierung mit der heutigen, noch unvollkommenen Technik gelingt, dann ist dies eine Voraussetzung dafür, daß die Sanierung generell angegangen werden muß. Denn eine Gefahr liegt in allen Diskussionen auch darin, daß alles als Forschungsproblem in der Hoffnung stilisiert wird, nicht arbeiten zu müssen, nicht Probleme lösen zu müssen, abwarten zu dürfen, bis es später vielleicht gemacht wird. Wenn wir aber nicht zum jetzigen Zeitpunkt die besten Techniken einsetzen, um Sanierungen durchzuführen, dann werden wir zu einem späteren Zeitpunkt überhaupt keine Bereitschaft dazu haben. Auch hier gilt das, was in einem der letzten Bilder gezeigt worden ist; so wie im systemaren Zusammenhang die Projektentwicklungen im einzelnen zusammen mit der Systembetrachtung insgesamt zu erfolgen hat, so muß mit der Systembetrachtung selbst die Demonstration der Anwendung erfolgen. Wissen bleibt sonst abstrakt. Probleme können nur dann gelöst werden, wenn die Leute erfahren, daß tatsächlich eine Lösung nicht nur theoretisch, sondern auch in der Wirchlichkeit gelingt. Dazu gehört, daß man zeigt, daß solche Erfolge tatsächlich durchschlagen. Natürlich ist es richtig, und es ist außerhalb jeden Streits, daß wir auch in den reichen Industrienationen noch gewaltige Probleme vor uns haben. Es wäre leichtfertig und sachlich falsch, darüber hinweg zu reden. Genau so gefährlich ist es jedoch, so zu tun, als ob die Probleme in allen Bereichen ständig zunehmen, während unsere Problemlösungskapazität stagniert. Denn aus einer solchen Botschaft kann sich die Haltung entwickeln: es ist ja sowieso sinnlos! Warum sollen wir uns anstrengen? Die Möglichkeit zum politischen Handeln im Umweltbereich ist nur in der Spannung zwischen dem Wissen, daß hier ein ernstes Problem zu lösen ist, und andererseits in der Überzeugung gegeben, daß dieses Problem lösbar ist. Wenn man glaubt, daß es ein schreckliches Problem gibt, dies aber im Grunde nicht lösbar ist, dann geschieht ebenso wenig, als wenn man glaubt, daß alles lösbar sei und man sich nicht anstrengen müsse. Beides gehört zusammen; das ist die Schwierigkeit dieser Situation. Insofern zeigt sich, daß man neben der Anstrengung auch den Erfolg zeigen muß. Wenn heute in der Luft die SO_2-Belastung etwa ein Drittel von 1982 beträgt, dann ist dies ein Erfolg. Wenn wir feststellen, daß bei den NOx-Belastungen in zwei Jahren das gleiche der Fall ist, dann ist das ebenfalls ein Erfolg. Wenn Sie vor 30 Jahren im Ruhrgebiet Ihre Wäsche zum Trocknen aufgehängt haben, dann war sie danach von einem Grauschleier überzogen. Dies ist nicht mehr der Fall. Stäube spielen im Grunde keine Rolle mehr. Dies zu zeigen, ist die Voraussetzung dafür, daß zusätzliche Anstrengungen möglich und erfolgversprechend sind.

Das kann man auch in anderen Zusammenhängen zeigen. Es ist beispielsweise für einen normalen Menschen eine verhältnismäßig abstrakte Aussage, wenn ihm gesagt wird, daß der BSB_5 im Rhein um 30% oder um 60% abgenommen hat. Aber wenn ihm gesagt wird, daß heute im Rhein wieder 42 Fischarten beobachtet werden, daß man im Rhein einen Lachs von 4 kg gefangen hat, der sich offensichtlich relativ wohlgefühlt hat, bis er gefangen worden ist, wenn man also sieht, daß wir im Rhein einen Fischbestand haben, der genauso groß ist, wie zum Anfang dieses Jahrhunderts, wenn man sieht, daß bei anderen Flüssen, die als tot galten, inzwischen wieder die Anglervereine ihre Wettbewerbe veranstalten, dann hat man eine erfolgversprechende, hoffnungsfrohe Wirklichkeit. Auch dies gehört dazu! Zwar darf man nicht glauben, jetzt sei alles entspannt. Die Sicherheit bei Chemiewerken ist nach wie vor eine ganz harte Forderung; sie ist – nach den Unfällen die wir hatten (ich will hier keine Firmennamen nennen) – von größter Sensibilität. Aber auch die anderen Probleme, die Abwässer der Gemeinden, werden jetzt zunehmend beherrscht. Sie können nicht technisch abstrakt beherrscht werden, sondern sie werden dadurch, daß die Anlagen gebaut werden, kontrollierbar.

Meine sehr verehrten Damen und Herren, es wäre jetzt eine sehr faszinierende Sache, das in einzelnen Bereichen noch weiter aufzudröseln. Da gibt es ganz unterschiedliche Fragen, die man angehen könnte und müßte. Ich möchte das nicht tun. In der begrenzten Zeit, die wir hier vorgesehen haben, möchte ich noch auf Eines hinweisen: Es gab da eine grundsätzliche Diskussion – das ist noch gar nicht so lange her – die sehr virulent war. Sie sah etwa so aus: also die Marktwirtschaft – von einigen wurde je nach Einstellung hinzugefügt: der Kapitalismus – zerstört die Umwelt, weil er ein fortdauerndes Weltwirtschaftswachstum erzwingt; im Grunde sei die Möglichkeit der sozialistischen Staaten, durch staatliche Lenkung Umwelt zu bewahren, ungleich größer. Ich möchte nicht beurteilen, ob die theoretische Fähigkeit dort bestanden hat, aber wenn der Verzicht auf Wirtschaftswachstum und der Verzicht auf technische Innovation die Bewahrung der Umwelt bedeutet hätte, dann hätten wir in der ehemaligen DDR, in den neuen Bundesländern ein Paradies vorfinden müssen, denn sie hatten weder Wirtschaftswachstum noch technische Innovation. In Wirklichkeit ist in einer dramatischen Weise die alte Substanz aufgezehrt worden!. Die Belastung der Elbe ist katastrophal. Ich möchte jetzt gar nicht über die einzelnen Daten sprechen, über die Quecksilberbelastung, über die Belastung mit anderen Nicht-Eisenmetallen, über den BSB_5-Wert, den CSB-Wert, über die Schwermetalle unterschiedlicher Art, die Belastung der Böden etc. Gehen Sie einmal in den Raum Leipzig-Halle-Bitterfeld!

Nichts wurde diskutiert! Man wußte gar nicht, wie sehr alles im Argen lag. Wenn Sie sehen, wie in den Industriebezirken (und nicht nur in den Braunkohlebezirken) eine Korrelation zwischen der Umweltbelastung und der Entwicklung der Kinder besteht, welche dramatischen Beeinträchtigungen der Möglichkeit der Kinder, sich normal zu entwickeln, gegeben sind, dann kommt man hier in sehr, sehr kritische Bereiche. Ich schreibe damit nichts ab von den Problemen, die wir haben. Ich weise nur darauf hin, daß offenkundig freie Gesellschaften, vor allem auch mit dem Forum einer freien Presse, die Probleme aufwirft und kontrovers zu diskutieren erlaubt und ggf. auch bei begrenztem Wissen Thesen einfach in den Raum zu stellen erlaubt, Mechanismen zur Problemlösung freisetzt, die Verantwortung dezentralisiert, die den Staat unter Druck setzt. Der Einzelne wird dadurch in die Situation versetzt, daß er Probleme abzuschätzen lernt und daraus sein Verhalten einrichtet. Daß das Verhalten der Menschen von einer außerordentlichen Bedeutung ist, zeigt sich in ganz unterschiedlichen Bereichen: Von der Akzeptanz dessen, was jetzt an Verpackungsstrategien angelegt worden ist, bis zu der Frage der Energieeinsparung in den 70er Jahren nach dem ersten Ölschock. Ohne staatliche Administration, zumindest was mein Land betrifft, hat sich dieses mit großer Nachdrücklichkeit bis hin in Haushalt und Kleinverbrauch durchgesetzt.

Meine sehr verehrten Damen und Herren, und wenn wir jetzt dazu noch nehmen, was wir hier an neuer Forschung aufbauen, wie wir den Aufbau der Forschung in den neuen Ländern nutzen, um ganz neue Fragen zu stellen, die wir bisher in unseren Instituten nicht gestellt haben, dann besteht die Chance zu einem wirklichen Neuanfang.

Ich bin dem Wissenschaftsrat ganz außerordentlich dankbar, daß er nicht nur mit einem unglaublichen Tempo, sondern mit großer Intensität und Sorgsamkeit Vorschläge gemacht hat, die neue Elemente bringen. Um nur einige Bereiche zu nennen: Da ist die Klimaimpaktforschung in Potsdam; da ist die Atmosphärenphysik in Rostock; da ist die Troposphärenchemie in Leipzig; da ist die Gewässerökologie in Berlin; die angewandte Wasserforschung in Magdeburg; die Ostseeforschung in Rostock und andere mehr.

Es wäre jetzt faszinierend, über die Ökobilanzen zu sprechen, und Herr Messerli hat mir auch hierzu einige Stichworte geliefert. Herr Messerli, die Schwierigkeit besteht ja wirklich darin, daß uns die Wissenschaft hier ein wenig im Stich gelassen hat! Selbst die Parametrisierung ist bis jetzt durchaus noch nicht geleistet. Wir haben beim Statistischen Bundesamt in Wiesbaden eine umfassende Arbeit zusammen mit dem Umweltbundesamt in Berlin in Auftrag gegeben, um Parameter so zu erfassen, daß überhaupt Bewertungen möglich sind; denn die Bewertung der Restitutionskosten, die Sie mit 275 Milliarden DM veranschlagt haben, ist ja nur eine und im übrigen eine problematische Seite. Ich räume ein, daß es im Moment nichts Besseres gibt, aber die Frage, wie Sie eine Beeinträchtigung beispielsweise beim Rost an Automobilen, der verhältnismäßig leicht berechenbar ist, aber andererseits beim Artenschwund, der überhaupt nicht berechenbar ist, in eine einzige Formel bringen wollen, ist eine grundsätzliche Diskussion, bei der man nicht sagen kann, dieses wird immer unbewertbar bleiben. Dies wäre eine Resignation der Wissenschaft, bei der man von unten her versuchen muß, Parameter so aufzuarbeiten, daß überhaupt die Voraussetzung für eine Quantifizierbarkeit geschaffen wird.

Wenn wir im Umweltforschungszentrum Leipzig/Halle, das wir gerade neu gründen, die Frage der Ökobilanzen und der Umweltparameter zu einem der langfristigen Forschungsprojekte machen wollen, nicht als abschließendes Thema, sondern als einen zentralen Stamm des Forschens, zu dem man Wissenschaftler aus den unterschiedlichen Bereichen in Verbundprojekten hinzuzieht, dann ist das ein Vorschlag zu einer Gesamtstrategie der Wissenschaft.

Meine sehr verehrten Damen und Herren, nun möchte ich doch noch einmal einen Punkt aufgreifen, den Herr Messerli vorhin an einem Diagramm sehr eindrucksvoll gezeigt hat. Das Bevölkerungswachstum ist auf der Welt durchaus unterschiedlich. Es ist dramatisch in Regionen, die an Ressourcen besonders arm sind. Ich verkürze jetzt einen sehr komplexen Zusammenhang. Aber es trifft, glaube ich, den Kern. Daraus ergibt sich neben anderen Fragen der Punkt, daß die reichen Industrienationen, weil sie eben reich sind und große Potentiale haben, in einer besonderen Weise die Verpflichtung für unsere Umwelt tragen. Es ist jedoch eindeutig, daß die Bedrohung unserer Welt nicht aus den reichen Industrienationen stammt. Die reichen Industrienationen haben nicht die Triebkraft des Bevölkerungswachstums, und sie haben im höheren Maße die Möglichkeit mit Problemen fertig zu werden. Ob sie die Bereitschaft besitzen, möchte ich getrennt diskutieren. Die entscheidende Problematik liegt in den armen Ländern mit hohem Bevölkerungswachstum. Hier gibt es Länder, die sehr arm sind, in denen sich die Bevölkerung in den nächsten 25 oder 30 Jahren verdoppeln wird und in denen alle Programme zur Geburtenkontrolle bis jetzt zu faktisch keinem Ergebnis geführt haben. Alle Anstrengungen, das Wachstum der Menschheit zu bremsen, haben allenfalls zu einer Verschiebung von 2 oder 3 Jahren in der Gesamtentwicklung geführt. Insofern ist es eine der ganz grundsätzlichen Fragen, und Herr Messerli weist zu Recht darauf hin: das Wachstumparadigma, das wir beim Aufbau unserer Industrien eingeführt haben, ist auf andere Länder nicht übertragen worden. Dies führt in eine andere Frage der internationalen Verpflichtung und der internationalen Partnerschaft.

Nun hat Herr Messerli davon gesprochen, daß die Reichweite der Planung einer Regierung allenfalls vier, fünf Jahre sei, während die Prozesse von denen wir sprechen, längerfristig ablaufen. Es stimmt, was die Frage der Legislaturperioden betrifft. Es stimmt wohl heute nicht mehr uneingeschränkt, was die Frage des aktuellen Handelns der Regierungen betrifft. Am Beispiel der Bundesregierung läßt sich dies zeigen. Als wir 1983 die Entschwefelung der Kraftwerke beschlossen haben, war klar, daß das für die nächste Legislaturperiode ausschließlich Kosten bedeutet und keinen Nutzen. Erst in der nächsten oder übernächsten Legislaturperiode wird die Entlastung wirklich deutlich. Trotzdem ist die Entscheidung nicht nur gefallen, und zwar mit aller Rigidität, sondern sie ist auch von den Menschen akzeptiert worden. Die Fristigkeit der Entscheidung der Politiker ist also weniger eine Frage der Fristigkeit der Wahlperioden, sondern der Fristigkeit im Denken der Menschen, die sich mit dieser Politik auseinanderzusetzen und die sie zu bestätigen oder abzulehnen haben. Hier erhebt sich die ganz zentrale Frage: in welchen Zeiträumen sind eigentlich Menschen bereit, Probleme als ihre Probleme anzusehen? Dies ist eine Frage des artikulierten Dialogs der Wissenschaft mit der Öffentlichkeit. Dabei dürfen die Wissenschaftler nicht ihrerseits in ihrer eigenen Welt die Probleme diskutieren, sondern sie haben in einer nicht unerheblichen Weise als Wissenschaftler, als Mitglieder der Scientific Community, insgesamt Positionen aus sachlicher Rechtfertigung der Öffentlichkeit zu präsentieren. Die Frage der weltweiten Aufgaben ist also eine Frage der Entwicklung in den Ländern, die sich entwickeln wollen. Hier kann ich jetzt nicht eingehen auf die ungemein komplexen Probleme des Technologietransfers, auf die Möglichkeiten der grenzüberschreitenden Zusammenarbeit, auf die Frage, wie man Märkte gestaltet und vernünftige Rahmenbedingungen so setzt, daß Partnerschaft dauerhaft entsteht und daß die, die sich entwickeln wollen, die Chance haben, aus dem Status des Entwicklungslands zum Schwellenland und zum Industrieland zu werden. Dies kann ich hier nicht beschreiben. Ich möchte aber von einer anderen Seite die Sache angehen, das Thema heißt ja „Umweltforschung heute".

Von unten her aufbauend haben wir natürlich versucht, uns Rechenschaft zu geben über die Tatsache, daß Umweltprobleme grenzüberschreitend sind. EUREKA ist ein europäisches Programm, das ursprünglich nach dem Willen seiner Erfinder nur auf Märkte ausgerichtet war. Wir haben schon 1985 gesagt, wir müssen auch hier Querschnittsprobleme in Europa von unten herauf angehen. So entstand aus der Idee von Europa EUROTRAC, das große europäische Luftexperiment, EUROSILVA, das Verbundprojekt zum Wald. Wir

haben noch nicht verstanden, was ein Baum ist, geschweige denn was ein Wald
ist. EUROMAR heißt das große Projekt zur Überwachung der europäischen
Randmeere von der Türkei bis nach Finnland. Was hier entstand, ist zum ersten
eine internationale Zusammenarbeit, die eine gemeinsame Sicht auf ökologische Probleme erlaubt. Es ist zum zweiten eine gemeinsame Entwicklung von
Monitoring und Verhütungstechniken und zum dritten, und das ist die Stufe, in
die wir jetzt eintreten müssen, die Entwicklung gemeinsamer Grundlagen für
Regelungssysteme (auch für Hardware), die jetzt tatsächlich das Monotoring –
sei es in Bojen, sei es in Satelliten – leisten.

Die große Schwierigkeit der internationalen Vereinbarungen liegt vor
allem darin, daß die unterschiedlichen Wissenschaftskomitees in den vergangenen Jahren ihre Regierungen durchaus unterschiedlich beraten haben. Zu
einer Zeit, in der uns in Deutschland unsere Wissenschaftler sagten, daß hier
Umweltprobleme sehr kritisch seien, in der sie es öffentlich sagten, und die
öffentliche Meinung es voll getragen hat, war nach Umfragen in Großbritannien diese Frage der Umweltbelastung nachrangig. In Deutschland sagten 82%
vor fünf Jahren, Umweltfragen seien entscheidend, sei eines der zwei wichtigsten Themen, in Großbritannien waren es nur 38%. Wenn dies so ist, dann ist
auch die Fähigkeit der Regierungen, übereinstimmend zu handeln und vor
allem der Notwendigkeit entsprechend zu handeln, begrenzt.

Die Aufgabe ist es daher, Wissenschaftskomitees zu schaffen, die grenzüberschreitend ihr ungemein komplexes Wissen zusammenführen, weil sonst
der Blick auf die Wirklichkeit nicht möglich ist. Diese Komitees müssen aber
auch aus der gemeinsamen Arbeit die Maßstäbe gewinnen, um in einem
gewissen Maß an Übereinstimmung ihre Regierung zu beraten. Nur dann
entsteht nämlich die Gemeinsamkeit der strengen Vorschriften, d.h. nicht in
einem schwierigen und bitteren Kompromiß am Ende von Verhandlungspro-
zessen, sondern viel stärker, viel besser und viel schneller von unten herauf
aufgrund eines Konsenses über die Ziele und über die Möglichkeiten der
Instrumente. Dies ist eine der entscheidenden Aufgaben!

Herr Messerli war an einer Stelle ein bißchen mißtrauisch, was die Frage
der Möglichkeiten der Regierung, auf langfristige Herausforderungen zu
reagieren, betrifft. Ich möchte es nur am Beispiel zeigen: Daß FCKW's die
Ozonschicht zerstören, war vor 10 Jahren kein Thema. Es wurde vor 7 Jahren
zunehmend ein Thema in einzelnen wissenschaftlichen Veröffentlichungen.
Das Protokoll von Montreal ist noch nicht sehr alt. Was sich heute weltweit
abzeichnet, ist dieses: In der Europäischen Gemeinschaft ist festgelegt worden,
daß die Reduktionen für die FCKW's aus dem Protokoll von Montreal
wesentlich früher erreicht werden, als es dort damals von einigen als unerreich-
bare Utopie postuliert worden ist. Ich darf es nochmals für die Bundesrepublik
Deutschland sagen. Entschuldigen Sie, wenn ich von meinem Land spreche,
nicht deshalb, weil ich jetzt sage, hier sei alles wunderbar und harmonisch, da
haben wir durchaus feiste Probleme im Land, aber ich möchte es als ein Beispiel

nennen, das ich kenne. Hier werden wir bis 1995 die Produktion von FCKW's voll einstellen und selbst in einigen kritischen medizinischen Bereichen fast auf Null setzen.

In anderen Ländern Europas geschieht das in der gleichen Weise. Es handelt sich offenkundig um ein Jahrhundertproblem. Trotzdem war es innerhalb weniger Jahre möglich, daß weltweit Übereinstimmungen nicht nur in der Theorie erzielt worden sind, sondern in der praktischen Politik sogar noch weitergehende Selbstbeschränkungen und nationale Verhinderungsstrategien entstanden sind, weil der Konsens bestand, daß hier ein übergeordnetes Problem und eine Verantwortung vorliegt, die über die nächsten drei Jahre hinausreicht. Ähnlich werden wir auch in dieser Zeit über den Treibhauseffekt zu sprechen haben. Als ich 1979 Herrn Professor Flohn in die Fraktion eingeladen habe, da war er in der ganzen Diskussion über die Frage des Treibhauseffekts ein relativ einsamer Mann. Ich erinnere mich an Kongresse, auf denen mit einem naja, also bestenfalls mit einer gewissen Nachsicht, die Aussagen von Herrn Flohn über die Bedrohung durch den Treibhauseffekt behandelt worden sind. Es dauerte noch weitere 5 Jahre, dann hat die Deutsche Physikalische Gesellschaft ein Gutachten vorgelegt, in dem sie sagte, der Effekt ist real und gefährlich. Wir haben eine Enquête-Kommission des Bundestags eingesetzt. Ich habe seit 1982 die Klimaforschung aufgebaut. In einer Zeit, in der mein Haushalt um 30% gestiegen ist, haben wir die Klimaforschung um 1000% gesteigert. Dies ist nicht vor allem eine fiskalische Leistung des Staates. Es ist vor allem eine Leistung von vielen Wissenschaftlern. Sie haben dabei gewußt, daß dies eine demütigere Art von Forschung ist als die reine Grundlagenforschung in ihrer Erhabenheit, die brillante Fragen stellt und nur nach der Brillanz der Frage die Zukunft und ihren Wert entscheidet. Vorsorgeforschung bedeutet, sich unterzuordnen und einen Beitrag auf ein gemeinsames Problem und auf ein gemeinsames Ziel zu leisten.

Die Bundesrepublik hat erklärt, wir wollen bis 2005 die CO_2- Emissionen um 25% vermindern. Das ist ein ungemein ehrgeiziges Ziel. Es gibt Leute, die zweifeln daran, ob das überhaupt möglich ist. Und wir werben dafür, daß auch in anderen Ländern in vergleichbarem Umfang reduziert wird.

Sie sprachen, Herr Messerli, von den tropischen Regenwäldern. Wir werden auch dieses Problem angehen. Sie werden auf diesem Kongreß auch über Erdbeobachtungen von Satelliten sprechen. Es ist das eine, daß dieses Instrument z. B. in Brasilien eingesetzt wird, um im Staat Sao Paulo auf Flächen von 30 x 30 m zu überprüfen, wo hier Forste abgeholzt worden sind, um dann die Leute an den Hammelbeinen zu fassen, oder andererseits, wo Rekultivierung erfolgreich gewesen ist. Das ist ein politisches Thema. Als der Bundeskanzler vor etwa 2 Jahren bei dem Gipfel in Toronto den Tropenwald zum Thema machte, wurde es in der internationalen Presse teilweise ironisiert. Inzwischen ist der Schutz der Regenwälder ein gemeinsames Thema, dessen Relevanz von niemandem mehr bestritten wird. Wenn im nächsten Jahr die

Umweltkonferenz in Rio de Janeiro stattfindet, dann wird das eines der zentralen Themen sein. Es wird sich zeigen, daß die Anstrengungen, die ein Land übernimmt, von den anderen Ländern flankiert werden müssen. Dies betrifft nicht nur die Frage der technischen und wissenschaftlichen Beobachtung, sondern auch der technischen Entwicklung, ja auch das Verständnis sozioökonomischer Prozesse höchster Komplexität, die politisch unmittelbar relevant sind. Wenn Sie die Viehzucht im Matto Grosso steuerlich begünstigen, dann wird dort nichts Anderes entstehen als ein ständig weitergehendes Niederbrennen des Waldes. In dem Moment, in dem diese steuerliche Vergünstigung fällt, sind die ökonomischen Daten völlig anders.

Meine sehr verehrten Damen und Herren, die Zeit, die mir zugestanden ist, ist zwar erreicht, das Thema ist jedoch nicht ausgeschöpft; aber Sie haben ja auch noch einen schönen Kongreß vor sich, auf dem diese Probleme weiter diskutiert werden. Lassen Sie mich vielleicht nur noch eine letzte Bemerkung machen: In allen diesen schwierigen komplexen Zusammenhängen waren wir in der Vergangenheit nicht sicher, ob das, was wir jetzt in der westlichen Welt entwickeln können, überhaupt ausreichend tragfähig ist. Denn die Möglichkeit, in der Welt des ehemaligen Ostblocks die gleichen Ziele und Paradigmen durchzusetzen, war nicht gegeben. Die Vorgaben waren dort völlig anders, das heißt, ein erheblicher Teil der Welt, die Sowjetunion, China, um nur zwei sehr große Staaten zu nennen, die von einem großen Teil der Menschheit bewohnt werden, standen außerhalb unserer Prämissen. Hier ist entscheidend und für jeden erkennbar, daß der Zentralismus einer Planwirtschaft die großen Probleme nicht zu lösen vermag. Andererseits kann eine Wirtschaft, die sich national oder auf einen politischen Block beschränkt, in ihrer Kraft, in ihrer Dynamik und in ihrer Sensibilität für Probleme erlahmen. In diesen Jahren wird das Entscheidende sein, daß wir die alten Völker, aber jungen Demokratien im Osten Europas, wieder mit großer Selbstverständlichkeit aufnehmen in die wissenschaftliche Gemeinschaft, in die große europäische Tradition, in der man in Prag oder Bologna gleichermaßen studiert hat. Die Idee einer Wissenschaft, die frei ist und deshalb Verantwortung trägt, die sensibel ist für die Probleme und den Blick auf das Ganze richtet, muß jetzt zu einem selbstverständlichen und weltweiten Paradigma gemacht werden. Dies ist entscheidend dafür, daß die Politiker zu einem umfassenden Handeln im Stande sind. Es ist vorhin als eine der letzten Thesen, Herr Professor Messerli, von Ihnen gefragt worden, was denn eigentlich möglich sei, um das politische Handeln ein bißchen zu erleichtern. Man kann diese Frage auch anders akzentuieren: Ich glaube, man soll sich anschauen, wie die Welt ist. Es gibt da einige Elemente die vielleicht hilfreich sein können. Ich habe einiges gesagt über die Schulen. Hier bildet sich Bewußtsein in einer ungemein direkten Weise heraus und übrigens nicht erst mit dem Nachwachsen der Generationen, sondern dadurch, daß die Kinder mit ihren Eltern reden. Dies geschieht häufiger, als es nach außen zur Kenntnis genommen wird. Insofern prägt es schon in erheblichem Umfang das allgemeine Bewußtsein.

Eine zweite Ebene ist die der Wissenschaftler. In der Vergangenheit haben sie sich oft ein bißchen zu sehr auf den Standpunkt gestellt, daß sie in ihrer Community mit ihren Kollegen ihre raison d'être finden. In dem Maß, in dem Wissenschaftler durch brillante Wissenschaft die Achtung ihrer Kollegen gefunden haben, hatten sie die Pflicht ihres Standes erfüllt. Dies trifft zu, ist aber nicht ausreichend. Zwar trifft es in einer sehr ernsten Weise zu, denn Wissenschaft ist nur gut, wenn sie sehr gut sein kann. Und sie kann nur sehr gut sein, wenn sie offen und der Kritik jedes einzelnen Kollegen unterworfen ist. Das ist ein ungemein strenges Paradigma. Es macht die Stärke und die Dignität der Wissenschaft aus. Die andere Frage aber ist, wenn Wissenschaft und ihre Folgen, die Technik nämlich, in einer so dramatischen Weise Wirklichkeit bestimmten, muß Wissenschaft sich auch in der Öffentlichkeit der Diskussion stellen. Ich weiß, daß dies ein ungemein frustrierender Prozeß sein kann! Wenn man mit Leuten spricht, die anders denken und vielleicht auch einen anderen Wissens- und Erfahrungshorizont haben, dann kann das sehr mühsam sein. Aber wenn in öffentlichen Diskussionen, in offenen und demokratischen Gesellschaften die Verantwortlichen nicht laut, deutlich und artikuliert sprechen, dann wird der Unsinn weiter vorherrschen. Eine offene Gesellschaft erträgt es durchaus, wenn ein bestimmtes Maß an Unsinn geredet wird. Das ist völlig normal. Man darf sich auch darüber nicht ärgern. Das Maß des Unsinns ist auch nicht dramatisch kleiner geworden durch die flächendeckende Einführung des Fernsehens. Auch dies kann man ertragen. Die Gesellschaft aber erträgt nicht, wenn die vernünftigen Leute als einzelne und als Gemeinschaft, nicht dort, wo man auf sie hört, den Mund aufmachen. Der einzelne wird die Wissenschaft nie für sich selbst in Anspruch nehmen dürfen, das darf er nicht, und das kann er nicht. Aber er kann mit seiner Persönlichkeit dort, wo er gefragt ist, sprechen und auftreten. Das sind ganz unterschiedliche Bereiche; sie reichen vom Schulelternbeirat bis zum Kirchenvorstand oder bis zu den Beratungen im parlamentarischen und vorparlamentarischen Raum.

Und ein Letztes: Sie sprachen von der Politik und von der Wissenschaft im Grunde als von zwei getrennten Welten. Ich möchte mich bei Ihnen ganz herzlich bedanken, daß Sie mir in einer so wunderbaren Weise quasi als Herausfordrung eine Gliederung zu meinem Vortrag geliefert haben. Ich habe versucht, komplementär, nicht kontrovers zu Ihren Themen zu argumentieren. Es ist schon so, daß wir mit zwei Welten gewisse Schwierigkeiten und gewisse Spannungen haben. Die Fremdheit der Welten zwischen Geistes- und Naturwissenschaften muß die Wissenschaft selber aufarbeiten. Auch dies ist eine schwierige Angelegenheit. Das Paradigma von den zwei Kulturen ist schon eine sehr kritische und sehr grundsätzliche Anmerkung. Kritischer noch könnte die Frage nach der Sprachlosigkeit sein, die oft und nach beiden Seiten zwischen Politik und Wissenschaft herrscht. Das ist übrigens kein neues Phänomen. Auch hier will ich das nur in aller Bescheidenheit für mein Land sagen, vielleicht ist es in anderen Ländern viel besser. In Deutschland hat ein

kluger Mann – Goethe hieß er, und er ist schon lange tot – in seiner Zeit die
Sache ähnlich beobachtet. Er sagte damals: „Deutschland, aber wo liegt es. Ich
weiß dieses Land nicht zu finden, wo das Gelehrte beginnt, hört das Politische
auf". Und dies bei einem Menschen, der – wie man weiß – sich sowohl als
Politiker wie als Gelehrter betätigt hat. Da empfindet man natürlich dieses
Defizit mit einer besonderen Schmerzlichkeit. Was daraus folgt, muß jeder für
sich entscheiden. Es ist jedoch ein seltsames Phänomen, daß in den meisten
europäischen Parlamenten der Anteil der Wissenschaftler relativ gering ist. Ich
will das nicht vertiefen. Es gibt andere Berufsstände die sehr stark vertreten
sind, aber auch das will ich nicht vertiefen. Es ist keine Frage der Menschen,
die drinnen sind; es ist eine Frage an die Menschen, die draußen sind. Die, die
drinnen sind, das sind in der Regel fleißige und redliche Leute, und das gilt für
alle Parteien. Daß sie nicht Wissenschaftler sind, liegt nicht an ihnen selber, das
war eine frühere Entscheidung. Daß es für den Wissenschaftler eine schwierige
Angelegenheit ist, in eine Partei zu gehen, was ja in den meisten Demokratien
die Voraussetzung für politische Arbeit ist, daß er sich ungemein beansprucht
fühlt, wenn er gegen ein erhebliches Maß an Irrationalität zu diskutieren hat, ist
klar. Aber das Maß an Rationalität wächst nicht dadurch, daß man sich der
Diskussion mit der Irrationalität entzieht; das Maß an Rationalität wächst nur
dann, wenn man sich der Irrationalität stellt und versucht, die Wirklichkeit
aufzuarbeiten, um den Bereich der sachlich begründeten Entscheidungen um
ein kleines Stück zu erweitern. Es wird immer nur ein Teilbereich sein. Aber
es ist wichtig zu erfahren, daß die Menschen selbstverständlich auch aus ganz
anderer Motivation, aus übrigens sehr respektablen Wertentscheidungen grundsätzlicher Art, anders entscheiden. Insofern ist es eine faszinierende Frage an
die Wissenschaft, ob sie das Defizit, das wir von beiden Seiten beobachten,
vielleicht angehen kann. Dadurch, daß ein Politiker Wissenschaftler wird, läßt
sich das nicht immer lösen! Die Frage, wie weit ein Politiker dazu im Stande
ist, ist eine Frage für sich. Aber daß mehr Wissenschaftler in die Politik gehen,
könnte gesund sein für die Politik, vielleicht aber auch für die Wissenschaft.

Meine sehr verehrten Damen und Herren, wir haben einen Themenkreis
von sehr hoher Komplexität diskutiert. Ob alles gelingt, hängt nicht davon ab,
daß von oben her gesagt wird, was sein soll, so als ob der Staat in seiner
ungebrochenen Majestät Ziele für den Rest der Welt zu setzen hätte, sondern
es hängt entscheidend davon ab, ob aus dem Geist der Freiheit, und das heißt
aus dem Geist der Verantwortung, der einzelne über das hinaus, was ein Vertrag
ihm abverlangen kann, über den berühmten Acht-Stunden-Tag hinaus, Wirklichkeit zu gestalten, bereit ist. Wenn dies gelingt, gelingen freie Gesellschaften. Die Chance der freien Gesellschaft, aber auch hier in der Herausforderung
an den Einzelnen, ist, daß Neues in ganz anderer Art beobachtet, geschaffen,
aber auch gefühlt werden kann. Aber das bedeutet auf der anderen Seite: Ein
wachsendes Maß an Freiheit muß mit einem wachsenden Maß an Engagement
und Verantwortung ausgefüllt werden, sonst bricht die Freiheit zusammen. In

diesem Sinne, meine sehr verehrten Damen und Herren, wünsche ich Ihnen ein großes, umfassendes und interdisziplinäres Gespräch auf diesem Kongreß, anregende Unterhaltung auch mit solchen, die anders denken. Aus der glücklichen Situation eines schönen, wissenschaftlichen Kongresses wünsche ich Ihnen eine glückliche Rückkehr nach Hause, wo es dann leider manchmal frustrierend und manchmal sehr eng ist. Aber wenn man weiß, daß man in einer übergeordneten Aufgabe steht, dann kann man die kleinen und die großen Fragen bewältigen, und dazu wünsche ich Ihnen Mut, Geduld und Glück. Ich danke Ihnen.

III. PODIUMSDISKUSSION

Das Neue Europa
Ein Bericht

Klaus Aerni, Bern

Teilnehmer:
Prof. Dr. Dieter Barsch, 1. Vorsitzender des Zentralverbandes der Deutschen Geographen, Universität Heidelberg
Prof. Dr. Hartwig Haubrich, Vorsitzender der IGU-Kommission „Geographical Education", Pädagog. Hochschule Freiburg i. Br.
Dr. N. Nothelfer, Regierungspräsident Südbaden, Freiburg i. Br.
Direktor Gerhard M. Schuwey, Bundesamt für Bildung und Wissenschaft, Bern

Zusammenfassung

Nach der Skizzierung der Problemstellung (Aerni) votierten die Teilnehmer aus ihrem persönlichen Aufgaben- und Wirkungsbereich heraus zu den aufgeworfenen Fragen. Folgende Schwerpunkte der Betrachtung wurden dargestellt:
Die regierungspraktischen Probleme aus der Sicht Südbadens (Dr. N. Nothelfer), wahrnehmungsgeographische Aspekte (Prof. H. Haubrich), bildungspolitische Fragen (Direktor G. Schuwey) sowie Ueberlegungen aus wirtschaftlicher und disziplinpolitischer Sicht (Prof. D. Barsch).
Anschliessend diskutierten die Referenten die aufgestellten Thesen in zwei Blöcken. Der jeweilige Einbezug der Zuhörenden führte zu einer Ausweitung der Thematik.

1. „Das neue Europa" – Fragestellung

Der schlichte Titel der Veranstaltung enthält eine Thematik von höchster politischer und ökonomischer Brisanz. Daher wurde die Thematik im Rahmen des Geographentages präzisiert: „Das neue Europa aus nationaler und regionaler Sicht – Generelle Aspekte und regionsspezifische Probleme". Die Referenten erhielten die Aufgabe, das „neue Europa" unter drei Gesichtspunkten zu betrachten:
- politisch in seiner aktuellen Gliederung nach Staaten
- wirtschaftlich in seiner Gliederung in EG und EFTA oder als Europäischer Wirtschaftsraum EWR, sowie in die Staaten des östlichen Mitteleuropas

D. Barsch/H Karrasch (Hrsg.): Geographie und Umwelt. Verh. d. Deutschen Geographentages Bd. 48 - Basel 1991. © 1993 Franz Steiner Verlag Stuttgart

– gesellschaftlich im Rahmen einer grenzüberschreitenden Dienstleistungs-
  gesellschaft vom Atlantik zum Ural.

Wir stehen vor dem faszinierenden und zugleich bedrückenden Phänomen,
dass Europa als Kontinent politisch und wirtschaftlich zusammenwächst. Die
auf Ende 1992 vorgesehene Freizügigkeit von Waren, Personen, Dienstleistungen und Kapital wird Europa verändern und global zum grössten Wirtschafts-
block werden lassen.

Aus dieser Perspektive stellen sich viele Fragen, die den Referenten in
strukturierten Leitfragen vorgelegt wurden:

1. Was bedeuten aus nationaler und regionaler Perspektive die Varianten EG/
   EFTA oder EWR?
   – Das Spannungsfeld zwischen europäischer und nationaler Ebene
   – Welche bestehenden Strukturen sind auch in Zukunft prägende Ein-
     flussfaktoren?
   – Welche Handlungsspielräume bestehen noch?
   – Welche psychologische Bereitschaft ist heute über die nationalen
     Grenzen hinweg zu EG/EFTA oder EWR vorhanden und wie kann sie
     gefördert werden?

2. In welchen Bereichen und auf welchen Massstabsebenen werden die durch
   die EG 92 ausgelösten Mobilisierungseffekte vor allem spürbar?
   Bereiche:
   – Arbeitskräfte, Güter (Produktion), Kapital, Dienstleistungen (öffentli-
     cher und privater Verkehr, kommerzielle Dienstleistungen)
   – Wohnen/Migration
   – Freizeitverhalten
   – Bildung/Sprachen/Kultur
   Massstabsebenen:
   – Gesamteuropa
   – Staaten
   – Regionen (Binnen-Regionen, grenzüberschreitende Regionen)

3. Zielt der Gesamteffekt der zu erwartenden Veränderungen eher auf Polarisierung (Verschärfung der Disparitäten) oder eher auf einen Ausgleich
   (Reversal-Modell)?

4. Welche neuen Mechanismen der Standortwahl im individuellen und unter-
   nehmerischen Bereich ergeben sich aus den mobilitätsbedingten neuen
   Möglichkeiten? – (Jeder Akteur sucht für seine Daseinsgrundfunktionen
   seiner Interessenlage entsprechende neue Standorte) – Mit welchen neuen
   Raumpräferenzen ist zu rechnen?
   – Verschwinden der Grenzen im Freizeitverhalten
   – Neue Gunstlagen im Wohnen (Siedlungswachstum wo?/Alterswohn-
     regionen)
   – Neue Arbeitsplatzkonzentrationen (periphere Industriezentren/Kon-
     zentration der Dienstleistungszentren)

- Neue Verknappungserscheinungen für Boden und Luft (Umweltbelastung)
- Welche Handlungsspielräume bestehen auf gesellschaftlicher (planerischer) Ebene?
- Welche Forschungsbeiträge sind von der Geographie zu erwarten?
5. Inwiefern ändert sich das Verhältnis zwischen Europa und der übrigen Welt?

2. „Das neue Europa" – Thesen der Referenten

2.1 Thesen aus der regierungspraktischen Sicht Südbadens
(Regierungspräsident Dr. N. Nothelfer, Freiburg i. Br.)

1. Die Formel vom „neuen Europa" berührt unterschiedliche Aspekte geographischer, wirtschafts- und geisteswissenschaftlicher, völkerrechtlich-juristischer und politischer Art.
2. Das „neue Europa" bezeichnet nicht einen Endzustand, sondern einen evolutionären Prozess.
3. Die europäische Evolution besitzt eine internationale Bedeutung, die durch den Zerfall der UDSSR noch gesteigert wird.
4. Das „neue Europa" verfügt noch nicht über ein ausdiskutiertes Modell der Zusammenarbeit von EG, EFTA, EWR und den östlichen Staaten. Die Politik muss offenbleiben für neue Lösungen, die der weiteren Entwicklung entsprechen.
5. Die für Ende 1992 beschlossene Vollendung des EG-Marktes wird das Wirtschaftsleben auf allen Ebenen beeinflussen. Dabei auftretende unerwünschte Effekte sind im Hinblick auf die erstrebte Gleichheit der Lebensverhältnisse zunächst in den EG-Ländern zu korrigieren.
6. Die Region „Oberrhein" wird durch ihre zentraleuropäische Lage vom „neuen Europa" positiv wie auch negativ beeinflusst. Die Uebernahme neuer Funktionen muss auf die vorhandenen Ressourcen abgestimmt werden, neue Ansprüche sind zu kanalisieren und wo nötig zu dämpfen.
7. Die Aufnahme der neuen europäischen Marktimpulse würde im Prinzip den Wandel der bisherigen politischen Tripolarität am Oberrhein zu einer einheitlichen grenzüberschreitenden Region bedingen. Nach diesem Modell könnte eine zweite europäische Ebene auf regionaler Stufe entstehen, die teilweise regionale Selbstverwaltung ermöglichen müsste.
8. In der Aufgabe, ein „neues Europa" zu gestalten, hat die wissenschaftliche Geographie eine grosse Aufgabe im Bereich Problemanalyse, Grundlagenarbeit und Erkenntnisvermittlung zu erfüllen.

2.2 Ausgewählte Thesen aus wahrnehmungsgeographischer Sicht
(Prof. Dr. H. Haubrich, Freiburg i. Br.)

1. Je nach Standort und Interesse unterscheiden sich die Wahrnehmungen von Europa.
2. Für die Wohlfahrt der Europäer ist nicht so sehr die räumliche Definition, sondern die sozial-, kultur-, wirtschaft- und umweltverträgliche Idee von Europa entscheidend.
3. Die Europa-Verbundenheit hat im hierarchischen Kontext lokaler, regionaler, nationaler und globaler Identifikationen noch nicht ihren angemessenen und notwendigen Rang gefunden.
4. Wachsende Mobilität und Multikulturalität verlangen nach mehr Kenntnissen über
   – die vielfältigen Lebensformen und
   – die unterschiedlichen Umwelten in Europa, um zu erwartende Krisen abwenden oder meistern zu können.
5. Die Kooperation in einem einerseits vielfältigen, anderseits auf einem Grundkonsens beruhenden europäischen Bildungs- und Ausbildungssystem zur gegenseitigen Förderung unter gleichzeitigem Schutz der kulturellen und naturnahen Umwelten sollte von Geographen wesentlich mitgetragen werden.

2.3 Das neue Europa – und seine Auswirkungen auf die Hochschullandschaft Schweiz
(Direktor G. Schuwey, Bern)

1. „Als Land, inmitten des Kontinentes, mit vier Nationalsprachen, seiner Geschichte und seinen Traditionen, sind wir Teil dieses kulturellen Europa. Wirtschaftliche und staatspolitische Gründe mögen uns davon abhalten, zurzeit eine volle Integration anzustreben, aber vom Europa des Geistes, der Kultur und der Kommunikation dürfen und wollen wir uns nicht ausklammern." (Aus einem Bericht des Bundesrates an das Parlament).
2. Für die Schweiz bedeutet dies auch eine Verstärkung der internationalen Zusammenarbeit im Bereich der Hochschulbildung und Forschung. Diese Ausrichtung muss wieder zu einem tragenden Pfeiler unserer Hochschulpolitik werden.
3. Trotz ihrer langen Tradition internationaler Kooperation weisen die schweizerischen Hochschulen heute in diesem Bereich teilweise erhebliche Defizite auf, vor allem auf dem Gebiet der studentischen Mobilität. Weniger als vier Prozent der schweizerischen Studentenschaft studieren an Hochschulen des europäischen Auslandes. Auch die innerschweizerische Mobilität ist gering.

4. Mobilität und Zusammenarbeit können gefördert werden:
   - durch grenzüberschreitende Zusammenarbeitsabkommen unter den Universitäten einer Region (Basler- und Genferkonventionen);
   - durch grosszügige gegenseitige Anerkennung von Studienzeiten, -leistungen und Diplomen;
   - durch Beteiligung an internationalen Forschungs- und Bildungsprogrammen.
5. Für die Schweiz und die andern EFTA-Länder sind die Beteiligungsmöglichkeiten an den EG Bildungs-, Forschungs- und Technologieprogrammen, insbesondere am Austauschprogramm ERASMUS von grosser Bedeutung.
6. Die Zusammenarbeit muss auch die besonderen Bedürfnisse der Hochschulen in den neuen Demokratien Osteuropas berücksichtigen.
7. Die Hochschulen können in dem sich bildenden Europa wichtige Brücken- und Integrationsfunktionen ausüben, indem sie ihre Absolventen bewusster und zielgerichteter auf eine zunehmend multikulturell geprägte europäische Lebenswirklichkeit vorbereiten, aber auch dadurch, dass sie den kulturellen Reichtum der Regionen in ein grösseres Europa einbringen. Das Europa ohne Grenzen braucht das Europa der Regionen.

2.4 Thesen aus der Sicht der Wirtschaft und der Geographie als Disziplin
(Prof. Dr. D. Barsch, Heidelberg)

1. „Das neue Europa" kann nur die Staaten der EG umfassen, da nur sie den Willen zu einer politischen Union (mehr oder weniger) deutlich bekunden.
2. Grosse Impulse werden die Bildungs- und Ausbildungssysteme hinsichtlich Qualität und Dauer, vielleicht auch hinsichtlich des Bildungsideals erfahren.
3. Das prognostizierte Wachstum führt zur Vermehrung der Arbeitsplätze. Bevorzugt werden dabei die Ballungsregionen und die hoch entwickelten Industriestandorte. Bei den akademischen Berufen werden sich die Stellen in den Ingenieur- und Umweltwissenschaften sowie im tertiären Sektor überproportional erhöhen.
4. Die „inneren" Aufgaben der Geographie umfassen:
   - Erfassung des gegenwärtigen Natur- und Kulturraumes, z. B. geoökologische Gliederung, sozialgeographische Struktur
   - Darstellung in verschiedenen Formen: z. B. Geographisches Informationssystem (GIS), Atlas Europa
   - Entwicklung grenzüberschreitender thematischer Karten.
5. Die „nationalen" Aufgaben der Geographie liegen in der Umsetzung der zentralen Vorgaben und Entwicklungstendenzen, wie z. B.:
   - Landschaftsschutz

- Siedlungsstruktur
- Wirtschaftslandschaften

6. Die „äusseren" Aufgaben der Geographie beinhalten z. B.:
   - Die Probleme der „Festung Europa" (attraktives Ziel für Wanderströme von Menschen und Kapital)
   - Bildung von grenzüberschreitenden Regionen mehr ideell, dann real
   - Probleme der Erhaltung der kulturellen Vielfalt in den Regionen
   - Naturschutz und landschaftsökologische Bewertung
   - einheitliche Richtlinien für umweltrelevante Messungen
7. Die Geographie wird ihre Prognosefähigkeit deutlich steigern müssen!

3. Diskussionsergebnisse

In der ersten Diskussionsrunde wurden die Vorstellungen zum Problem EG/ EFTA oder EWR (Leitfrage 1) und die Frage der damit verbundenen Auswirkungen analysiert (Leitfrage 2).

Die Podiumsredner äusserten dazu folgende Meinungen:
- Die EG wirkt sich nicht nur ökonomisch aus, sondern beinhaltet ebenso Auswirkungen auf Umwelt und Kultur. Diese Bereiche sind vom Europarat bisher wesentlich umfassender und kompetenter als von der EG angegangen worden (Haubrich).
- Die EG der 12 ist eine zu enge Organisation und schliesst viele Staaten aus, die den Zugang zum „neuen Europa" noch nicht gefunden haben. Die Organisation EG muss offen sein und auch für die Oststaaten Assoziationsformen ermöglichen (Nothelfer).
- Die EG ist als Wirtschaftsgemeinschaft jedoch nicht möglich ohne politische Union. Ihre Errichtung durch die Zwölfergemeinschaft schafft Fakten, die nicht nachträglich modifiziert werden können (Barsch).
- Aus der Sicht der Schweiz sollte die EG umfassendere Ziele als jene eines einheitlichen Marktes anstreben. In Europa bildet die EG einen Kern, dem sich die andern europäischen Staaten in differenzierter Form anschliessen können, was im Bereich der Bildung sofort realisierbar ist. Obwohl für die Schweiz die ökonomischen Auswirkungen der EG umstritten sind, sollte sie den Anschluss an die EG suchen (Schuwey).

In der folgenden Plenumsdiskussion wurde zunächst darauf hingewiesen, dass die Gliederung in Regionen (Nothelfer) neu sei und dass bisher das Nationalbewusstsein die Identifikationsbasis der Bevölkerung gebildet habe. Demgegenüber betonte Regierungspräsident Nothelfer, dass Regionen eine praktikable Form zu Lösung vieler Probleme seien und dass die Bereitschaft zu initiativem Handeln wachse, sobald Verantwortungen von der Staatsebene auf tiefere Ebenen delegiert würden.

Bedenken wurden geäussert gegen die Perspektive eines nordsüdgerichteten Ballungsraumes in Europa, da diese Betrachtung die Möglichkeiten der sich verstärkenden West-Ost-Beziehungen unterschätze und zu einer allzu hohen Konzentration der wirtschaftlichen Aktivitäten mit ökologischen Nebenwirkungen auf engem Raum führe. Das „neue Europa" müsse Raumkonzepte für das 21. Jahrhundert entwickeln.

Schliesslich wurden Bedenken geäussert, die Konzentration der Bemühungen auf den EG-Raum werde einseitig eurozentrische Vorstellungen fördern und gesamthumane und damit globale Werte vernachlässigen.

Der zweite Diskussionsblock konzentrierte sich auf das Verhältnis zwischen Gesamteuropa (Europarat), der EG und den Regionen Europas. Einerseits wurde betont, der Europarat vertrete umfassendere Perspektiven als die EG, und diese ganzheitlichen Vorstellungen seien auch in den europäischen Regionen verankert. Die einzelnen Länder wurden als zu grosse politische Gefässe betrachtet, um regionale Bedürfnisse in der gewünschten Differenzierung zu berücksichtigen. Den Regionen, auch im grenzüberschreitenden Zusammenhang, müssten daher umfassende Kompetenzen zur Gestaltung des menschlichen Nahraumes gegeben werden. Nur was die Regionen nicht bewältigen könnten, sei auf nationaler Ebene zu regeln. Im Rahmen der EG sei ihnen daher ein grösseres Gewicht als bisher zu geben. „Europa lebt von und in den Regionen". Andererseits wurde darauf hingewiesen, dass Regionen nicht mehr problemlos abgegrenzt werden könnten und in vielen Fällen chaotische Zustände zu befürchten seien.

Fazit:

Totz unterschiedlichen Meinungen in Teilfragen liessen sich aus der Veranstaltung drei gemeinsame Folgerungen ziehen:
1. Die EG als politisch-ökonomische Institution scheint pragmatischer und offener zu werden als bisher.
    Nicht ein nordsüdgerichteter Ballungsraum als „europäische Banane" kann das Ziel sein, sondern ein mehrkerniges Europa, das in unterschiedlichen Regionen verankert ist. Damit könnte auch die gewünschte Demokratisierung der EG realisiert werden.
2. Die nationale Identifikation in Europa ist hoch. Durch das flexibler werdende Bildungswesen ist bei der Jugend eine neue Bewusstseinsbildung zu fördern, welche die bisherigen Grenzen überwinden hilft.
3. Aus ganzheitlicher Sicht ist durch die Förderung kleiner und damit regionaler Kreisläufe die Umweltqualität zu fördern gemäss der Devise des Deutschen Geographentages in Basel „Geographie und Umwelt": Erfassen – Nutzen – Wandeln – *Schonen*.

IV. FACHSITZUNGEN

IV.1 Klima im Wandel

W. Andres, H. Oeschger, G. Patzelt, Ch.-D. Schönwiese u. M. Winiger

1. Einleitung

Die Diskussion über die Veränderungen des Klimas und über den Anteil, den
der Mensch durch sein vielfältiges Wirken an der Zusammensetzung der
Atmosphäre und deren klimarelevante Veränderungen hat, wird weltweit mit
großer öffentlicher Resonanz geführt. Das Schlagwort „Klimakatastrophe",
das dabei medienwirksam immer wieder Verwendung findet, ist Ausdruck
dieser vielfach eher emotional als rational geführten Diskussion. Unbestritten
ist jedoch, daß Veränderungen der Atmosphäre einschließlich deren komplexer
Wechselwirkungen mit der Geo-Biosphäre und möglichen Auswirkungen die
gesamte Menschheit betreffen und daher von überragender Bedeutung sind.

Klimaschwankungen und Klimaänderungen haben eine spezifisch räumliche Dimension, denn welche Veränderungen sich auch immer einstellten oder
in der Zukunft eintreten werden, sie waren und sind zugleich auch horizontal-
zonal, vertikal-zonal und raumspezifisch unterschiedlich zu betrachten und zu
bewerten.

Das Problem weist zudem eine zeitliche Dimension auf. Auf der einen Seite
ist die Erforschung auch der länger zurückliegenden Klimageschichte zwingend notwendig, um das Ausmaß und den Rhythmus natürlicher Klimaveränderungen ausreichend definieren zu können und dadurch in die Lage versetzt
zu werden, anthropogene Einflüsse von natürlichen Einflußfaktoren zu trennen. Auf der anderen Seite verleitet der Vergleich der zu beobachtenden und zu
erwartenden Klimaänderungen mit den einschneidenden Klimaschwankungen
des Quartärs dazu, das Problem des anthropogen bedingten Anteils dieser
Veränderungen zu verharmlosen. Eine Betrachtung der zeitlichen Dimension
heißt aber auch, die Geschwindigkeit des Ablaufes von Klimaänderungen und
den hiervon beeinflußten Wechselwirkungen mit dem Geo-Ökosystem zu
berücksichtigen. Denn nicht nur das Ausmaß geänderter Rahmenbedingung ist
von entscheidender Bedeutung, sondern vor allem auch die Zeitspanne, in der
dieser Prozeß abläuft, denn hiervon wird die mögliche Reaktion und das An-
passungsvermögen des Geo-Ökoystems abhängen und Art und Ausmaß der
Wechselwirkungen gesteuert werden.

Die Erforschung des Klimas und seiner raum-zeitlichen Veränderungen
hat einen ausgesprochen interdisziplinären Charakter. Viele Bereiche der Wissenschaft sind gefordert, am globalen Problem der Erforschung der Ursachen,
Wirkungen und Wechselwirkungen klimatischer Änderungen und ihrer Folgen
mitzuarbeiten.

D. Barsch/H Karrasch (Hrsg.): Geographie und Umwelt. Verh. d. Deutschen Geographentages Bd. 48 - Basel 1991. © 1993 Franz Steiner Verlag Stuttgart

Derzeit gibt es drei erfolgversprechende Wege, das Verständnis des hochkomplexen Systems Erdatmosphäre, seiner Veränderungen in Zeit und Raum und seiner komplizierten Wechselwirkungen und Koppelungseffekte besser und umfassender verstehen zu lernen:

1. Die klimarelevanten Mechanismen müssen noch eingehender als bisher erforscht, in ihrer Wirkung in Modellen beschrieben und in der Form zukünftiger Trends berechnet werden.

2. Modelle der zukünftigen Klimaentwicklungen werden auch in Zukunft die unüberschaubare Komplexität des Gesamtsystems nur unzureichend erfassen können. Sie bedürfen daher einer Evaluierung durch paläoklimatische und palökologische Untersuchungen mit einer hohen zeitlichen Auflösung. Nur so kann die Reaktion der Geo-Biosphäre auf die komplizierten internen und externen Wirkungsmechanismen als Gesamtergebnis in ihrem zeitlichen Ablauf und ihrer räumlichen Differenzierung hinreichend erfaßt werden.

3. Die im Zeitraum der Klimadatenerfassung weltweit gemessenen Werte bedürfen einer intensiven raum-zeitlichen Auswertung, um die ablaufenden Veränderungen differenziert darstellen zu können. Natürliche Effekte müssen mittels statistischer Methoden von anthropogen verursachten Entwicklungen getrennt und gesicherte Trends der derzeitigen Entwicklung aufgezeigt werden.

Die Fachvorträge der Sitzung „Klima im Wandel" widmen sich schwerpunktmäßig und beispielhaft einem der zuvor aufgezeigten Ansätze, in dem zunächst „Mechanismen und Modelle" möglicher Klimaveränderungen referiert werden (OESCHGER), danach die holozäne Klimaentwicklung im alpinen Raum auf der Basis von Gletscherständen, Vegetationsentwicklung und geomorphodynamischen Prozessen aufgezeigt wird (PATZELT) und schließlich einige wesentliche Ergebnisse einer eingehenden statistischen Auswertung von Klimadaten der letzten 100 Jahre in ihrer raum-zeitlichen Varianz vorgestellt wird, um daraus Erkenntnisse über die gegenwärtige Entwicklung abzuleiten (SCHÖNWIESE)[1].

2. Mechanismen und Modelle

Die Tatsache, daß die Diskussion um den vom Menschen beeinflußten Treibhauseffekt der Atmosphäre im wesentlichen um die in geringen Mengen vorkommenden Bestandteile Kohlendioxid (ungefähr 350 ppm) und Methan (ungefähr 1,7 ppm) sowie einige andere Spurenstoffe geführt wird, ändert

1   Ein weiter Vortrag, der thematisch zwischen 2. und 3. einzuordnen ist und sich mit der aus historischen Daten abgeleiteten Klimaentwicklung der letzten Jahrhunderte befaßte (PFISTER), wird hier nicht mitbehandelt, da keine schriftliche Zusammenfassung als Grundlage vorlag.

nichts an der Tatsache, daß der ganz überwiegende Teil dieses Effektes auf den Wasserdampfgehalt der Atmosphäre zurückgeht. Dieser Wirkungsmechanismus ist unter den gegebenen warmzeitlichen Klimabedingungen mit ca. + 30° C anzusetzen und betrug in einer an Wasserdampf und Kohlendioxid ärmeren kaltzeitlichen Atmosphäre nur etwa + 25° C.

Infolge des direkten Zusammenhangs zwischen der Temperatur der Atmosphäre und dem Sättigungsdruck des Wasserdampfes können aber bereits geringfügige, durch den Gehalt der oben genannten „Treibhausgase" verursachte Temperaturänderungen der unteren Atmosphäre zu einer erheblichen Veränderung des Gesamteffektes führen. Abschätzungen über die Auswirkungen der Treibhausgase auf den Energiehaushalt der Erdoberfläche und der unteren Atmosphäre erfordern daher zugleich eine Diskussion der Veränderung des irdischen Wasserkreislaufes. Dies bedeutet, daß die zu berücksichtigenden Mechanismen, Wechselwirkungen und Rückkoppelungseffekte so hochkomplex sind, daß sie sich bislang einer befriedigenden Modellierung entziehen. Neuere Modellrechnungen, die den Versuch unternehmen, die Wechselwirkung der Ozeanoberfläche und der Atmosphäre miteinzubeziehen (gekoppelte Ozean-Atmosphäre-Modelle) erlauben jedoch bereits eine hinreichende Abschätzung der thermischen Effekte, die durch die anthropogene Veränderung der Atmosphäre zu erwarten sind. Für das nächste Jahrhundert wird von diesen Modellen, ohne Berücksichtigung eventuell verstärkender oder gegenläufiger natürlicher Tendenzen (s.a. Kapitel 4), eine Temperaturzunahme von 2-5° C prognostiziert. Das Ausmaß der zu erwartenden Temperaturerhöhung wird im wesentlichen von der Wirksamkeit der als notwendig erkannten Schritte zum Schutz der Erdatmosphäre abhängig sein (Abb. 1). Eine Temperaturzunahme in der Größenordnung von 1-2° C dürfte aber bereits durch die bislang erfolgten Veränderungen angelegt und damit unabwendbar sein.

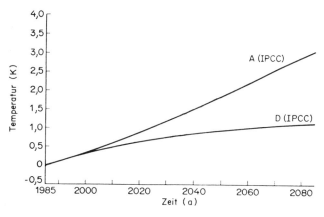

Abb. 1: Veränderung der global gemittelten, bodennahen Lufttemperatur aufgrund von Szenarien des IPCC (A= Business as usual; D = Massive Reduzierung der CO_2- und Methan-Emission)

Neben der rein quantitativen Ermittlung des globalen Temperaturanstieges beinhalten die Modelle auch eine Abschätzung der regionalen Differenzierung der Temperaturentwicklung und der Niederschlagsverteilung. Die stärkste Erwärmung wird für die höheren Breiten der Nordhemisphäre erwartet, während der Effekt auf der Südhemisphäre und in den Tropen als relativ gering angegeben wird. Eine wärmere Atmosphäre wird, wegen des höheren Wasserdampfgehaltes, insgesamt auch höhere Niederschläge erwarten lassen. Diese Erhöhung sollte sich nach den Ergebnissen der Modellrechnungen aber vor allem auf die Tropen und die sich am stärksten erwärmenden höheren Breiten der Nordhalbkugel beschränken. Reduzierte Niederschläge werden dagegen für die Randtropen und Teile der Subtropen erwartet. Ein globaler Meeresspiegelanstieg im Dezimeterbereich wird, als Folge des Abschmelzens von Eismassen und der thermischen Ausdehnung des oberflächennahen Ozeanwassers, eine weitere Folge sein.

Wegen der noch von keinem Modell auch nur annähernd zu erfassenden Komplexität der Wechselwirkungen müssen alle Modellrechnungen einer Evaluierung im Lichte der Ergebnisse paläoklimatischer Befunde unterzogen werden. Dabei gilt es,

–   für diejenigen Zeitabschnitte, in denen sich ausgeprägte Klimawechsel vollzogen, den ursächlichen Zusammenhang zwischen dem Gehalt an natürlichen Treibhausgasen und dem Klimaverlauf aufzuzeigen,

–   Vorstellungen über den zeitlichen Ablauf der jeweiligen Umstellung der Atmosphäre zu erarbeiten und

–   das anthropogene Signal in der Entwicklung von natürlichen Mechanismen und deren Wechselwirkung zu trennen.

Die bisherigen Erkenntnisse, insbesondere aus der Analyse von in Eismassen eingeschlossenen Luftvolumina, lassen erkennen, daß es im jüngeren Quartär eine enge Kopplung zwischen dem Spurengasgehalt der Atmosphäre und deren Temperatur gab (OESCHGER & LANGWAY Jr. 1989), wobei der Zusammenhang zwischen Ursache und Wirkung noch eingehender Untersuchungen bedarf.

Unbeschadet aller Unsicherheit, die Modellrechnungen heute noch aufweisen, kann als zweifelsfrei bewiesen gelten, daß es eine enge Treibhausgas-Klima-Kopplung gibt, die durch den Einfluß des Menschen auf die Zusammensetzung der Atmosphäre eine neue Dimension erhalten hat (s.a. Kapitel 4). Diese Aussage bezieht sich, bezüglich der natürlichen Treibhausgase Kohlendioxid und Methan, weniger auf die Größenordnung der Veränderung als auf deren Geschwindigkeit. Das durch die Zunahme dieser Gase bedingte thermische „forcing" von ca. 2 Kw/m², das für den Übergang von der letzten Kaltzeit zur Nacheiszeit angenommen werden kann, ist etwa dem Effekt gleichzusetzen, der durch die anthropogen verursachte Erhöhung dieser Treibhausgase innerhalb von weniger als 200 Jahren ausgelöst wurde.

Die in all ihren Wirkungen und Wechselwirkungen noch kaum ausreichend einzuschätzende Gefährdung der vom Menschen verursachten Verstärkung des Treibhauseffektes liegt daher, nach heutiger Erkenntnis, weniger im zu erwartenden Ausmaß der Erwärmung als vielmehr in der Geschwindigkeit, mit der sich diese Veränderung vollziehen wird, so daß eine Anpassung der Ökosysteme an die sich rasch wandelnden klimatischen Bedingungen wahrscheinlich nicht in ausreichendem Maße gewährleistet sein wird.

3. Holozäne Klimaentwicklung im alpinen Bereich

Die Klimaentwicklung der Vergangenheit ist durch Messungen der Temperatur nur für die letzten 200 Jahre, durch Niederschlagsmessung nur für die letzten 150 Jahre erfaßt. Klimageschichtlich auswertbare historische Nachrichten reichen etwa 700 Jahre zurück. Für prähistorische Zeiträume liefert die Untersuchung der Gletscherentwicklung, der Vegetationsentwicklung, der Sedimentationsvorgänge in Talräumen und Seebecken und die Analyse des Jahrringwachstums von Bäumen klimageschichtliche Informationen, die in gegenseitiger Ergänzung den Ablauf der holozänen Klimaentwicklung zu rekonstruieren gestatten.

Allerdings haben die genannten Methoden durchwegs das Problem, daß die feststellbaren Veränderungen auch von den klimaunabhängigen Parametern der topographischen Lage, der Geländeform oder von Standortbedingungen mitbestimmt werden und damit eine klimageschichtliche Interpretation erschwert ist. Diesbezügliche methodische Probleme sind bis heute unbefriedigend gelöst. Daher ist die versuchte Quantifizierung der Temperaturentwicklung nach wie vor mit Unsicherheiten behaftet und eine Quantifizierung der Niederschlagsmengen gegenwärtig überhaupt noch nicht möglich.

Ein weiteres Problem betrifft die zeitliche Festlegung von Ereignissen, die mit Ausnahme der bis ca. 2000 Jahre zurückreichenden, absolut datierten Jahrringchronologie im wesentlichen auf 14C-Daten beruht. Die jüngste Vergangenheit hat gezeigt, daß die Klimaentwicklung von den kühlsten bis zu wärmsten Zeitabschnitten innerhalb von 50 bis 100 Jahren ablaufen kann. Die methodisch bedingten Unschärfen von 14C-Daten betragen jedoch, material- und altersabhängig, 200 bis 500 Jahre, so daß klimageschichtlich relevante Ereignisse oft chronologisch nicht eindeutig zuzuordnen sind und, vor allem im älteren Holozän, die faßbare zeitliche Auflösung den tatsächlichen Abläufen wahrscheinlich nicht entspricht.

Die im Diagramm nach derzeitigem Kenntnisstand zusammengefaßten Entwicklungen und Zusammenhänge werden daher in absehbarer Zeit Ergänzungen und Korrekturen durch die zu erwartenden Fortschritte der Jahrringchronologie und Jahrringklimatologie von Hochlagenstandorten erfahren (Abb. 2).

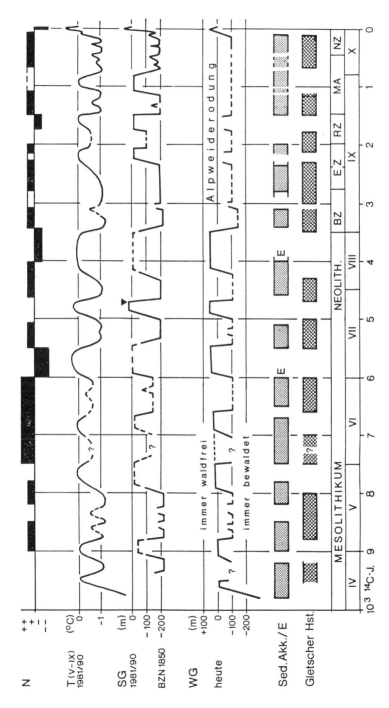

Abb. 2: Die holozäne Entwicklung klimageschichtlicher relevanter Parameter des alpinen Raumes nach derzeitigem Kenntnisstand (N = Niederschlag; T = Mittlere Sommertemperaturen Mai-September; SG = Schneegrenze; BZN 1850 = Bezugsniveau 1850; WG = Waldgrenze; Sed.Akk = Sedimentakkumulation in den Talsohlen und auf Schuttkegeln; E = Erosionsphasen; Gletscher Hst. = Gletscherhochstände).

Die Zeitskala des Diagramms ist auf konventionellen 14C-Daten aufgebaut. Mit den Gletscherhochstandsperioden (Hst.), in denen die Gletscher das Ausmaß der neuzeitlichen Hochstände (1600-1850 A.D.) nie wesentlich überschritten haben, sind die kühlen Klimaabschnitte des Holozäns erfaßt. Daraus wurden die Schwankungen der Schneegrenze (SG) abgeleitet, die die Amplitude von 200 m kaum überschritten haben dürften und mit der genannten Unsicherheit eine Quantifizierung der Sommertemperaturen (Mai-Sept.) vor allem für die kühlen Perioden erlauben.

Warmphasen mit geringer Eisausdehnung sind an Gletschern nur selten klar faßbar. Daher ist der jungsteinzeitliche Jäger vom Hauslabjoch, der im September 1991 in 3200 m Höhe aus dem Gletschereis ausschmolz, gletscher- und klimageschichtlich von großer Bedeutung (Pfeil im Diagramm). Die Fundumstände lassen die gut begründbare Feststellung zu, daß vor 4700 14C-Jahren Gletscherausdehnung und Klimaverhältnisse den heutigen ähnlich waren und in der Zwischenzeit die Eisbedeckung nie bis auf heutiges Ausmaß reduziert war.

Die Waldgrenze (WG) erscheint als Temperaturmangelgrenze am klarsten klimageschichtlich interpretierbar, solange sie nicht durch menschlichen Einfluß (Alpweidrodung) gesenkt ist. Auch ihr Schwankungsbereich hat 200 m vermutlich kaum, 300 m sicher nicht überschritten. In den Ötztaler Alpen blieb Gelände, das 100 m höher liegt als die heutige potentielle Waldgrenze, während des ganzen Holozäns waldfrei, 200 m tiefer gelegenes immer bestockt.

Aus Schneegrenz- und Waldgrenzentwicklung läßt sich ableiten, daß der holozäne Schwankungsbereich von 30jährigen Mittelwerten der Sommertemperatur (T(V-IX)) über 1,5°C nicht viel hinausgegangen sein kann.

Aus den Perioden verstärkter Sedimentakkumulation (Sed.Akk.) auf Schuttkegeln und im Talsohlenbereich des Inn- und Drautales wurde auf verstärkte Starkniederschläge und erhöhte Niederschlagsmengen geschlossen (N). Sie sind weitgehend zeitgleich mit den kühlen Perioden großer Gletscherstände. Die bisher festgestellten ausgeprägten Erosionsphasen (E) entsprechen Warmperioden mit hoher Waldgrenzlage und schwacher morphologischer Aktivität.

Der geringe Schwankungsbereich der Höhengrenzen und der Temperatur ist gut belegt und oft bestätigt. Für die aktuelle Klimadiskussion ist es wichtig festzuhalten, daß die gegenwärtigen Klimaverhältnisse zwar einer Warmphase entsprechen, diese jedoch im holozänen Schwankungsbereich liegt und noch keine außergewöhnliche Entwicklung erkennen läßt. Eine längerfristige Erwärmung von mehr als 1°C über das heutige Temperaturniveau hinaus hat es im Holozän jedoch nie gegeben.

4. Globale Klimaschwankungen der letzten Jahrhunderte
- natürliche und anthropogene Ursachen

Wer unser „Klima im Wandel" erfassen und verstehen möchte, was unter anderem auch für die ökologischen und sozioökonomischen Auswirkungen von großer Bedeutung ist, der muß sich primär mit den beobachteten Fakten des Klimas auseinandersetzen. Dabei sind wegen der ausgeprägten und zunächst sehr unübersichtlichen räumlich-zeitlichen klimatischen Variabilität sowohl regionale als auch globale Informationen zu erfassen; „Globales Klima" ist aus dieser Sicht eine Frage der räumlichen Auflösung der jeweils betrachteten Klimaelemente. Bei manchen Fragestellungen ist es jedoch auch angebracht, hemisphärische oder gar globale Mittelwerte in ihren zeitlichen Variationen zu erfassen.

   Dies gilt insbesondere für die bodennahe Lufttemperatur, bei der es sinnvoll ist, relativ warme oder kalte Klimazustände großräumig zu betrachten und bei der die räumliche Datenrepräsentanz, ganz im Gegensatz zum Niederschlag, günstig ausfällt (In mittleren Breiten fällt die Station-zu-Station-Korrelation von Jahresmittelwerten erst bei einer Entfernung von 500-1000 km auf 0,7, d.h. ca. 50% gemeinsame Varianz, ab; beim Luftdruck ist es ähnlich, bei Niederschlagsjahressummen kann dies schon bei 50-100 km, im einzelnen jedoch sehr unterschiedlich, der Fall sein.). Neben solchen Repräsentanzproblemen spielen die Datenverfügbarkeit sowie Homogenitätskriterien eine wichtige Rolle. Bei Beschränkung auf sog. neoklimatologische, d.h. auf direkten Messungen beruhende Daten, kann erst ab ca. 1860-1880 bei der Temperatur und vielleicht auch beim Luftdruck von einer in etwa globalen Abdeckung die Rede sein.

   Betrachtet man entsprechende Stationsdatenreihen oder auch die globale Mitteltemperatur (Jahres- bzw. jahreszeitliche Daten), so zeigen sich im Prinzip drei Typen von zeitlicher Variabilität:

1. Sehr ausgeprägte Variationen von Jahr zu Jahr bzw. Jahreszeit zu Jahreszeit (z.B. Winter zu Winter des Folgejahres; interannäre Variabilität), für die es bemerkenswert wenige deterministische Erklärungen gibt, so daß häufig von „stochastischer Varianz" gesprochen wird.
2. Mehrjährige, mehr oder weniger zyklische Variationen, die sich mit Hilfe der spektralen Varianzanalyse näher aufschlüsseln lassen.
3. Längerfristige Trends, wie sie derzeit vor allem in Zusammenhang mit der Treibhaushypothese diskutiert werden.

   Für die Weltmitteltemperatur ergibt sich in den letzten ca. 100 Jahren ein solcher Trend von ungefähr +0,5°C, der in den Tropen sein Minimum und im arktischen Winter mit ca. +5°C sein Maximum aufweist (Abb. 3). Dieser Vorgang ist von deutlichen Niederschlagsumverteilungen begleitet, die jedoch regional sehr unterschiedlich und angesichts des gegenüber der Temperatur

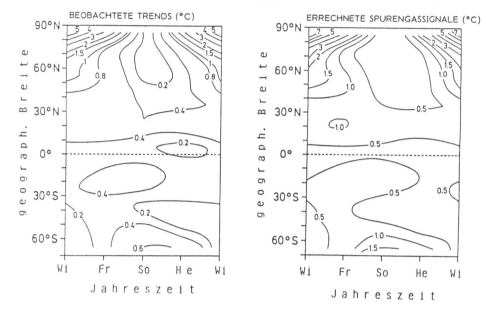

Abb. 3: Jahreszeitliche Veränderung der linearen Temperaturtrends in verschiedener Breiten-
lage. Links: Beobachtete Trends (1890-1985); Rechts: Errechnete Spurengassignale (aus:
SCHÖNWIESE 1991).

noch weit ausgeprägter fluktuativen Verhaltens nur schwer erkennbar sind;
dabei überwog im Norden Europas eine Niederschlagszunahme, im Süden eine
Abnahme.

Die Ursachenfrage des Klimageschehens ist überaus komplex. Beschränkt
man sich auf sehr großräumige und säkulare Trends der bodennahen Lufttemperatur, so läßt sich jedoch eine gewisse Auswahl treffen: natürliche Mechanismen wie Vulkanismus, solare Effekte, El-Niño-Phänomen und stochastische
Variationen auf der einen und der anthropogene Treibhauseffekt (Emission
klimawirksamer Spurengase durch menschliche Aktivität) auf der anderen
Seite. Auf der Basis physikalischer Überlegungen und Modellrechnungen
können nun statistische Hypothesen entwickelt werden, die versuchen, natürliche und anthropogene Effekte (sog. Signale) in den Beobachtungsdaten zu
separieren. Dies geschieht mit Hilfe multipler Regressionsmodelle.

Ein Ergebnis solcher Analysen ist, daß die anthropogenen Temperaturef-
fekte größer gewesen wären, wenn nicht natürliche Vorgänge dämpfend
gewirkt und beträchtliche Zeitverzögerungen aufgetreten wären. Beim Niederschlag sind solche Zuordnungen fragwürdiger, jedoch prinzipiell ebenfalls
möglich. Quantitativ zeigt sich bei der Weltmitteltemperatur ein anthropoge-
nes Spurengassignal (ca. 100-jähriger Trend) von 0,5-1,0°C (mit einem Koh-
lendioxidanteil von 0,3-0,6°C). Regional-jahreszeitlich ergibt sich ein Maxi-
malwert von 7°C im arktischen Winter (Abb. 3). Diese Signale sind größer als

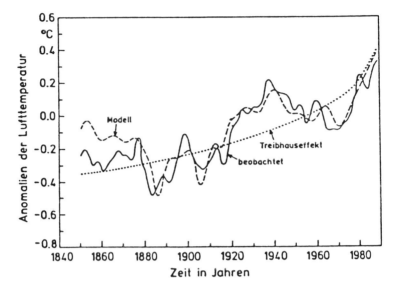

Abb. 4: Beobachtete und simulierte langfristige Veränderung der bodennahen Lufttemperatur der Nordhemisphäre und Ableitung des anthropogen verursachten Anteils am Temperaturanstieg (gepunktete Linie) (aus: SCHÖNWIESE 1991).

die insgesamt beobachteten Trends, so daß natürliche Vorgänge den anthropogenen Einfluß auf die Temperatur möglicherweise abgedämpft haben. So zeigen beispielsweise auch die vulkanischen Signale ihr Maximum im arktischen Bereich. Insgesamt darf die Treibhausproblematik, angesichts der sich abzeichnenden Beobachtungsindizien, als durchaus dramatisch bezeichnet werden (Abb. 4). Auf der anderen Seite darf das freilich nicht eine Unterbewertung natürlicher Ursachen globaler Klimaschwankungen bedeuten.

5. Zusammenfassender Ausblick

Die Vielfalt der Klimaforschungsthemen und -thesen ist unübersehbar geworden. Kaum eine Fachdisziplin, die sich heute nicht in irgend einer Fazette der Klima- und Umweltforschung wiederfindet, ein starker Hinweis darauf, daß Umwelt/Mensch/Gesellschaft miteinander in einer starken Wechselbeziehung stehen. Die Möglichkeit, ja die zumindest theoretische Gewißheit, daß der Mensch dieses Gefüge in kaum kontrollierbarer Weise verändert, hat der Klima- und Umweltforschung zu ihrem zentralen Stellenwert verholfen. Dabei hat sich in den letzten Jahren eine Erkenntnis ganz klar herauskristallisiert: die für die Vergangenheit nachweisbaren und für die Zukunft zu erwartenden Umweltveränderungen sind nicht das Resultat einfacher linearer Beziehungen. So naheliegend der Zusammenhang zwischen einer veränderten Treibhausfunktion der Atmosphäre und einer globalen Temperaturerhöhung zu sein scheint, so kritisch müssen wir mit dieser wissenschaftlich herausfordernden Hypothese umgehen. Es ist kaum abzustreiten, daß zahlreiche mit dem Strahlungs- und Temperaturhaushalt verknüpfte Prozesse – positiv oder negativ rückgekoppelt – ebenfalls zu berücksichtigen sind: insbesondere der globale und regionale Wasserhaushalt, die Rolle der Ozeane, die modifizierte atmosphärische Zirkulation, die einzubeziehende Veränderung der Vegetationsbedeckung. Kaum verstanden ist die von der Chaostheorie postulierte Wahrscheinlichkeit von Kippvorgängen in komplexen Systemen. Kurz: es braucht eine kritischere Verknüpfung und Überprüfung der Resultate unterschiedlichster Forschungsrichtungen. Scheinbar gesicherte Befunde müssen unter neuer Perspektive neu aufgearbeitet werden.

In die Schwerpunkte globaler, multidisziplinär betriebener Umweltforschung – System- und Prozeßanalysen, Rekonstruktion vergangener Klimate, Modellierung und damit auch Prognostizierung von Umweltzuständen – können oder könnten sich die meisten geographischen Disziplinen unschwer einbringen. Gerade die mit enormem Aufwand betriebenen Modellansätzen bedürfen realistischer Inputdaten und müssen durch regionale Beobachtungen kritisch reflektiert werden (z.B. Diskussion von Klimaszenarien, GUETTER & KUTZBACH, 1990). Weitgehend unbekannt sind Sensitivität oder Flexibilität von Umweltsystemen in verschiedensten Räumen und Zeiten gegenüber sich verändernden Parametern, ebenso die Reaktionsmöglichkeiten unterschiedlichster Gesellschaften auf solche Veränderungen. Weltklimaprogramm, Geo- und Biosphärenprogramm, Bemühungen im Rahmen europäischer und nationaler Forschungen sind ebenso sich anbietende Plattformen, wie die fachübergreifende Zusammenarbeit in regionalen Schwerpunktprogrammen.

Schriftenverzeichnis

GRASSL, H., 1991: Anthropogene Einflüsse in der Geo- und Biosphäre. Die Geowissenschaften 9, Heft 9, 272-275.

GUETTER, P. u. KUTZBACH, J.E., 1990: A modified Köppen Classification applied to model simulations of Glacial and Interglacial Climates. Climate Change, 16: 193-215.

HOUGHTON, J.T. et al., 1990: Climate Change. The IPCC Scientific Assessment (International Panel on Climate Change). – Cambridge University Press, Cambridge.

MALCHER, J., SCHÖNWIESE, C.D., 1987: Homogeneity, spatial correlation und spectral variance analysis of long European and North American air tetmperature records. – Theor. Appl. Climatol. 38, 157-166.

OESCHGER, H., LANGWAY Jr. C.C. (eds.) 1989: The environmental record in glaciers and ice sheets. – John Wiley, Chichester, 201 pp.

PFISTER, C. 1990: Monthly temperature and precipitation patterns in Central Europe from 1525 to the present: a methodology for quantifying man made evidence on weather and climate. In: Bradley, R. and Jones, P. (eds.). Climate Since 1500 A.D., 118-142.

SCHÖNWIESE, C.D., BIRRONG, W., 1990: European precipitation trend statistics 1851-1980 including multivariate assessments of the anthropogenic Co_2 signal. – Z. Meteorol. 40, 92-98.

SCHÖNWIESE, C.C., 1991: Das Problem menschlicher Eingriffe in das Globalklima („Treib-
    hauseffekt") in aktueller Übersicht. – Frankfurter Geowiss. Arb., Serie B, Band 3,
    Frankfurt/Main.
STAUFFER, B., LOCHBRUNNER, E., OESCHGER, H. and SCHWANDER, J., 1988:
    Methan concentration in the glacial atmosphere was only half of the pre-industrial
    Holocene Period. – Nature, 332: 812-814.

IV.2 Bodenerosion und Bodenschutz

H.-R. Bork, J. Botschek, J. Eckert, P. Frankenberg, J. Grunert, R.-G. Schmidt, W. Schweinfurth, A. Skowronek, E. Unterseher

1. Einleitung

Das Motto des Basler Geographentages lautet „Geographie und Umwelt: Erfassen – Nutzen – Wandeln". Die Bodenerosionsforschung mit dem Ziel des Bodenschutzes ist – wenn sie landschaftshaushaltlich und damit geoökosystemar verstanden und betrieben wird – „Umweltforschung, Umweltnutzung und Umweltwandel"! Somit ist diese Fachsitzung motto-konform, ja geradezu maßgeschneidert für das Rahmenthema.

Die folgenden Ausführungen tragen allen drei Gesichtspunkten Rechnung, nicht immer konsequent, nicht in der vorgegebenen Reihenfolge, aber gesamthaft gesehen. Zunächst wird über Entwicklung und Stand der geographisch-geoökologischen Bodenerosionsforschung berichtet, wobei nicht nur die grundsätzliche Methodik und die Probleme des gesamten Methodenspektrums kritisch beleuchtet werden, sondern auch die Probleme der Anwendung für den Bodenschutz i.w.S. Diese Ausführungen basieren im wesentlichen auf den Vorträgen von H.-R. BORK und E. UNTERSEHER. Es folgen Berichte über sachliche und regionale Arbeitsschwerpunkte sowie über einige grundlegende Ergebnisse der verschiedenen Forschungsgruppen.

D. Barsch/H Karrasch (Hrsg.): Geographie und Umwelt. Verh. d. Deutschen Geographentages Bd. 48 - Basel 1991. © 1993 Franz Steiner Verlag Stuttgart

2. Notwendigkeit und Bedeutung geographisch-geoökologischer Bodenerosionsforschung

2.1 Ansatz und Ziele

Bodenerosion wird heute vielfach nicht als bloßer geomorphodynamischer Vorgang, sondern als ein wesentlicher Prozeß im Haushalt von Landschaftsökosystemen verstanden. Das Ziel der flächendeckenden quantitativen stoffhaushaltlichen Beschreibung leistet auch einen Beitrag zum Problem der Flächenaussage in der Landschaftsökologie. Wesentliche Forschungsziele sind dabei (vgl. LESER 1986, BORK 1988):

* *Prozeßforschung* (Untersuchung einzelner Parameter wie Hangneigung, Art der Bodenbearbeitung und Vegetation, Bodeneigenschaften, Niederschlagsintensität und -menge im Experiment mit Hilfe einer Beregnungsanlage; Erforschung von Detailprozessen wie Oberflächenabfluß, Infiltration, Aggregatstabilität, Ablösung, Transport und Akkumulation von Feststoffen, u.a.; Test einzelner Bodenschutzmaßnahmen; dazu Ermittlung punktueller, quasiflächenhafter und flächenhafter geomordynamischer Basisdaten durch Messungen bzw. Kartierungen)
* *Entwicklung, Überprüfung und Modifikation von empirischen, deterministisch-analytischen und prozeßorientierten numerischen Bodenerosionsmodellen* (USLE/ABAG, CREAMS, EPIC, OPUS; vgl. BORK 1991)
* *Regionale Differenzierung gebietstypischer Bodenerosionsformen und -prozesse* (dominante Steuerungsfaktoren, Formenschatz, Vergleich verschiedener Einzugsgebietstypen, Gebietsabtragsbilanzen u.a.).

Dieser Ansatz, der z.B. von der Forschungsgruppe Basel konsequent angewendet wird, zeigt keinen grundlegenden Unterschied zur geoökologischen Forschung (LESER 1983, LESER 1991a). Nach dem Schichtenkonzept in der Landschaftsökologie wird auf der Kartierungs-, Messungs- und der Experimentierebene gearbeitet. Die Arbeit findet im Feld, im Labor und am Computer statt, wobei die Feldarbeit mit einer raumbezogenen Aussage eindeutig im Vordergrund steht. Innerhalb der Testlandschaften wird auf topologischer Ebene gearbeitet, die Gebietsvergleiche sind chorologischer Art. Die Feldarbeit bildet die unverzichtbare Basis für eine präzise Beschreibung der jeweils dominierenden Steuerungsfaktoren und des Formenschatzes des Phänomens Bodenerosion, das sich konkret im Geoökotop bzw. im Agroökotop abspielt.

Die enge Verwandtschaft Geoökologie/Bodenerosionsforschung spiegelt sich auch im theoretischen Überbau wider. Danach liegt dem geoökologisch-topologischen Ansatz der Bodenerosionsforschung der *Regelkreis* zugrunde, der dem Prozeß-Korrelations-System des elementaren Geoökosystems (s. MOSIMANN 1991, s. Abb. 1) entspricht. Die einzelnen Größen können nicht einfach nur beobachtet werden, sondern müssen mit Hilfe einer *komplexen mehrstufigen Meßmethodik* (vgl. SCHMIDT 1983; s. Abb. 2) erfaßt werden.

2.2 Methodik und Methoden

Betrachtet man die instrumentelle Ausstattung der Bodenerosions-Teststationen (punktuelle Meßebene), so entspricht diese – von den speziellen Erosionsmeßeinrichtungen wie Beregnungsanlage, Testparzellen oder Splash-Messer einmal abgesehen – grundsätzlich derjenigen der geoökologischen Meßgärten (Tesserae). Diese sind kleindimensionierte, jedoch intensiv untersuchte Testflächen. Der auf den Tesserae erstellte Standortregelkreis repräsentiert den Haushalt des entsprechenden Landschaftsausschnittes. Die Übertragung der Standortdaten auf die topische Flächendimension erfolgt unter Einbeziehung der Erfassung flächenhaft labiler Geoökofaktoren.

Ein Transfer von Oberflächenabfluß- und Bodenaustragsmeßdaten, die am Auslaß von kleinflächigen Bodenerosions-Teststationen erhoben wurden, auf größere Flächen (Nutzungseinheiten, Hänge, kleine Wassereinzugsgebiete) ist (aufgrund verschiedenartiger Prozesse bzw. Standorteigenschaften) allerdings ebensowenig möglich wie eine Übertragung dieser Resultate auf „vergleichbare" Standorte (BORK 1992). Hierin ist einer der schwerwiegendsten Mängel der Bodenerosionsforschung der vergangenen Jahre und Jahrzehnte zu sehen.

Flächenhafte Messungen und Kartierungen erlauben
*   die inhaltlich-ökofunktionale Abgrenzung weitgehend homogener Raumeinheiten (topischer Dimension) sowie
*   die Kennzeichnung der Haushaltskommunikation zwischen den einzelnen topischen Raumbausteinen nach Art (Wassertransport, Bodensubstanztransport, vertikale und horizontale Stoffflüsse; Nähr- und Schadstoffverbreitung) und Größenordnung.

Auf diese Weise lassen sich etwa *Export- und Importökotope* (Spender und Empfänger) sowie die Transportbahnen für die Wasser-, Stoff- und Energietransfers identifizieren. Transportbahnen können flächiger (Flächenspülung) oder linearer (permanente oder periodische Wasserleitbahnen; Talwege, Wegenetz) Art sein. Der integrativ-geoökologische Ansatz der Bodenerosionsforschung versteht sich also auch als *Landschaftsmetabolismus-Forschung.* Damit wird Bodenerosion im Gegensatz zu anderen gebräuchlichen separativen Forschungsansätzen, die je nach Disziplin eher die pflanzenbaulichen, verfahrenstechnischen, pedologischen oder geomorphologischen Detailaspekte hervorheben, als wesentliches landschaftsökologisches Phänomen verstanden.

Erheblicher Forschungsbedarf besteht auf dem Gebiet der Prognose des Bodenerosionsgeschehens mit Hilfe von Modellsystemen. Nur durch überprüfte, prozeßorientierte, übertragbare Modelle lassen sich mit vertretbarem Aufwand gesicherte Abfluß- und Abtragsprognosen erstellen und Bodenschutzmaßnahmen ableiten. Allerdings besitzen sämtliche bislang erstellte und (meist nicht oder nur partiell) überprüfte Bodenerosionsmodelle aufgrund mangelnder Prozeßkenntnisse nach wie vor empirische Elemente und entschei-

Abb. 1: Der landschaftsökologische Regelkreis erklärt den Systemzusammenhang Bodenerosion als ein Zusammenwirken diverser Prozeß-, Regler- und Speichergrößen. Er zeigt die in der topologischen Dimension repräsentativen Bestandteile des Geoökosystems und die wichtigsten Determinanten des Landnutzungssytems, ohne die das Bio-Geo-Anthropo-Phänomen Bodenerosion nicht begriffen werden kann (LESER 1991a, PRASUHN 1991, stark verändert).

REGLER

Er	Erosivität des Niederschlages (Menge u. Intensität)
SN	Schlagneigung
SL	Schlaglänge
SF	Schlagform
LR	Lage im Relief
WN	Wegenetz
LÖ	Bodenablösbarkeit (Erosionsanfälligkeit)
IK	Infiltrationskapazität
PV	Porenvolumen u. Lagerungdichte
KÖ	Körnung
BS	Bodenstruktur (Aggregatstabilität)
BF	Bodenfeuchte
DDrä	Dichte des Dränageleitungsnetzes
WTB	Wirkung des Tierbesatzes

Bophys, Bobiol u. Bochem Eig
Bodenphysikalische, Bodenbiologische u. Bodenchemische Eigenschaften

A,D,B KPfl u. BVeg
Art, Dichte u. Bedeckung d. Kulturpflanze u. d. Begleitvegetation

Mz BB, S, Sch, Pfl, E
Massnahmen zu Bodenbearbeitung, Saat, Schutz, Pflege und Ernte

BL (Mot, AG, WH, F, EE)
Betriebsleiter (Motivation, Ausbildungsgrad, Werthaltung, Fertigkeit, Einkommenserwartung)

1 Transporteur, Träger
2 Material, Stoff
3 Prozess oder Regler d. Landnutzungssystems bzw. anthropogen überprägter Reliefregler
4 Material- bzw. Struktureigenschaft
5 Form, geomorphographisches Merkmal
6 Kompartiment des Landnutzungssystems
7 Geomorphologischer Prozess

PROZESSE

N	Niederschlag
I	Interzeption
E	Evaporation
T	Transpiration
ET	Evapotranspiration
Si	Sickerung
TSi	Tiefensickerung
If	Interflow (Hangwasser)
IfA	Interflowaustritt
Ka	Kanalisationsabfluss
Drä	Dränageabfluss
Zu	Zufluss
Ao	Oberflächenabfluss
Vs/Bl	Verschlämmung/Bodenloslösung
Schw	Schwebstofftransport durch Ao
Ab	Basisabfluss
Au	unterirdischer Abfluss
PR/PL	Prall- u. Planschwirkung der Niederschlagstropfen
Eros	Bodenerosion (Abtrag)

SPEICHER

Vegetation
Nutztiere
Landwirtschaftsbetrieb

BKr	Bodenkrume und
H2O	Wasser
BW	Bodenwasser
GW	Grundwasser
Akk	akkumuliertes Bodenmaterial

WEITERE ABKÜRZUNGEN

LANU   Landnutzung

Betriebstr. BW, Pflprod, Tierprod, Verftechn
Betriebsstrukturdaten zu Betriebswirtschaft, Pflanzenproduktion, Tierproduktion u. Verfahrenstechnik

1 ▭ 2 ▭ 3 ▬ 4 ▢ 5 ▢ 6 ⋯ 7 ⌐¬

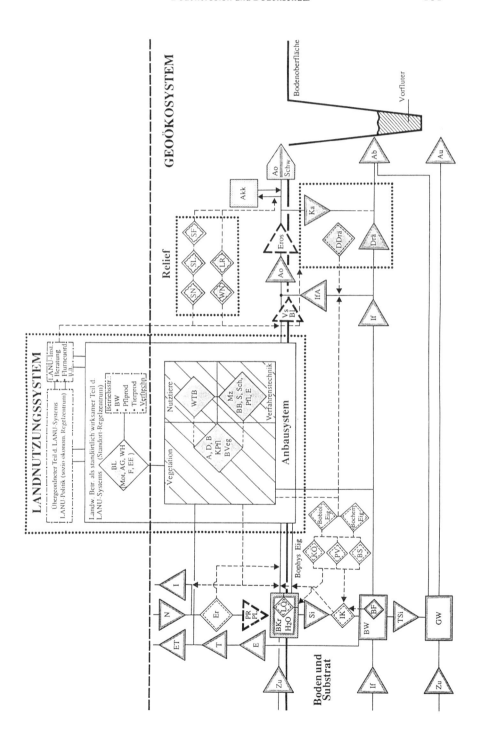

dende Lücken. Insbesondere die komplexen Prozesse der Bodenoberflächen-
dynamik (z.B. Oberflächenverdichtung, Ablösung von Bodenpartikeln durch
Regentropfen und Abfluß), die einer starken zeitlichen Dynamik unterliegen,
sind weitgehend unbekannt. Die bedeutsamsten Bodenerosionsprozesse sind
somit nur partiell bekannt, die existierenden und somit zwangsläufig fragmen-
tarischen Modellsysteme a priori nicht übertragbar (BORK 1991).

2.3. Anwendung im Landschaftsmanagement

Geoökologisch betriebene Bodenerosionsforschung kann dennoch wertvolle
Hinweise zum Landschaftsmanagement liefern, insbesondere für die Landwirtschaft oder die Wasserwirtschaft (s. PRASUHN & UNTERSEHER 1990).
Die Schwerpunktforschung in der topischen Dimension hat eindeutig belegt,
daß *für verschiedene Erosionstypen einzelfallbezogene Vermeidungsstrategien*
zu entwerfen sind. MOSIMANN et al. (1991) beschreiben einfache, praktiker-
freundliche Verfahren zur Ermittlung und Bekämpfung der Bodenerosion.
PRASUHN (1991) ordnet den einzelnen Erosionstypen geeignete planerische,
ingenieurbiologische, verfahrenstechnische, pflanzenbauliche und kulturtechnische Maßnahmen zu. In einem umfassenden Landschaftsmanagement ist die
Erosionsverhinderung jedoch nur ein Ziel unter anderen. Ihre Verwirklichung
darf nicht zu Lasten anderer Ziele – etwa der Wasserretention – erfolgen.
Hierbei wurden in der Vergangenheit gravierende, z.T. nicht wieder gutzuma-
chende Fehler begangen. Dies wird am Beispiel der zum Zwecke der Nutzungs-
intensivierung durchgeführten und in jeder Beziehung aufwendigen Hydrome-
liorationen besonders deutlich:

Wie ein Blick auf eine Auswertung der Roten Liste der Bundesrepublik
Deutschland zeigt (KORNECK & SUKOPP 1988), hat der Aussterbensprozeß
von Tier- und Pflanzenarten dramatische Züge angenommen. Als Verursacher-
faktoren spielt die Nivellierung des Wasserregimes im Landschaftshaushalt
eine traurig-herausragende Rolle. Der SACHVERSTÄNDIGENRAT FÜR
UMWELTFRAGEN erklärt hierzu (1985, 1406): „..., daß alle Maßnahmen,
die innerhalb der agrarpolitischen Gemeinschaftsaufgabe zur Intensivierung
der Landbewirtschaftung führen, insbesondere die überbetrieblich orientierten
Entwässerungsmaßnahmen und kulturbautechnischen Maßnahmen, aber auch
das System der einzelbetrieblichen Förderung aus ökologischen Gründen

---

Abb. 2: Konzept der mehrstufigen Meßmethodik. Auf den drei Ebenen wird mit unterschiedlichen Genauigkeiten gearbeitet. In der Zusammenschau ergibt sich ein detailliertes Abbild
über die gebietstypischen Bestimmungsgrößen und Erscheinungsformen der Bodenerosion.
Die Synthese erlaubt eine komplexe geoökologische Gebietsaussage. Da die Methodik in
verschiedenen Testgebieten angewandt wird, ergeben sich Möglichkeiten zum Gebietsver-
gleich und zur Modellierung (nach PRASUHN 1991).

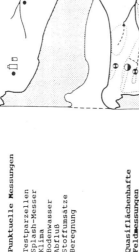

**Meßebene/
Meßmethode**

Punktuelle Messungen

Testparzellen
Splash-Messer
Klima
Bodenwasser
Abfluß
Stoffumsätze
Beregnung

**Quasiflächenhafte
Feldmessungen**

Feldkästen
Feldstationen
Drainageabfluß
Subsurface Flow

**Flächenhafte Messungen
und Kartierungen**

Erosionsschadens-
kartierung
Bodenkartierung
Geomorphologische
Kartierung
Landnutzung-
kartierung
Gebietsausfluß-
messung

Landnutzung
Wölbung u. Kanten
Erosions- u. Akkumulationsformen
Bodenform u. Substrat
Gebietsausfluß
Feldkasten mit Einzugsgebiet
Feldstation mit Einzugsgebiet
Drainagesystem mit Wassereinzugsgebiet
exfiltrierender Subsurface Flow
Abflußkanal
Pegelschreiber
Automatischer Wasserprobenehmer
Testparzellen
Beregnungsanlage
Wetterhütte
Regenschreiber
Regensammler
Niederschlagssammler f. chem. Analyse
Trichterlysimeter
Bodensaugkerzen
Bodenfeuchtemeßpunkt
Splash-Messer

abzulehnen sind und gegenwärtig aus volkswirtschaftlicher und agrarpoliti-
scher Sicht nicht mehr vertretbar erscheinen."

Vor dem Hintergrund des drohenden Finanzierungskollaps der EG wurden
sogenannte Marktentlastungs- und Kulturlandschaftserhaltungsprogramme
entworfen. Im Zuge von Flächenstillegungsprogrammen werden Einzelschlä-
ge für teures Geld für ein bis mehrere Jahre aus der Produktion genommen.
Rechnet man die Rückerstattung der Mitverantwortungsabgabe zur Stille-
gungsprämie hinzu, so sind etwa bei einem 78er Boden über 2000 DM pro
Hektar und Jahr für die Unterlassung der Produktion als Gewinn einzustreichen
(FRIELING-HUCHZERMEYER 1991). An diesem Beispiel wird einmal
mehr die fehlende holistisch-integrative landschaftsökologische Ausrichtung
der Agrarpolitik deutlich. So lassen sich in bundesdeutschen Agrarlandschaften paradoxe Situationen beobachten. Beispielsweise findet sich auf den
erosionsanfälligen Böden im Lößgebiet des Feuerbachtales (Südbaden) ein
Nebeneinander von „stillgelegten" Schlägen und von konventionell bewirt-
schafteten (Pflug, Egge, Flächenspritzung) Dauermaisäckern. Anstelle von
Teilflächenstillegungen wären betriebswirtschaftliche Rahmenbedingungen
zu schaffen bzw. Programme zu konzipieren, die eine *flächendeckend-ökotop-
spezifische Bewirtschaftung* sicherstellen; Erosionsvermeidung wäre dabei
eine *Betreiberpflicht* unter anderen. Damit wäre der Tatsache Rechnung
getragen, daß es sich bei der Bodenerosion um einen Fall von Umweltdumping
handelt – schließlich werden landschaftsimmanente Qualitäten „verheizt" –
der sowohl ein landschaftsökologisch-naturschutzfachliches als auch ein volks-
wirtschaftliches Problem darstellt.

Der geoökologische Beitrag zur „Ökologisierung" im Landschaftsmanagement ist die Analyse, Diagnose und Prognose des Verhaltens von Struktur-
und Prozeßparametern der Landschaftsökosysteme bei der Inanspruchnahme
durch unterschiedliche Mehrfachnutzungssysteme. Hierbei werden die Stärken und Schwächen, d.h. das Leistungs- und Belastungsprofil und somit das
Nutzungseignungsprofil der jeweils betrachteten Raumeinheit herausgearbeitet. Jedoch reichen rein geoökologische Aspekte für Nutzungsempfehlungen
nicht aus. Es geht darum, geo- und bioökologische Gesichtspunkte gemeinsam
zu betrachten und dann eine landschaftstypische Umsetzung durchzusetzen.

Abb. 3: Dynamik der Forschungsgruppenarbeit der FBB. Nach einer Initialphase, bei der die
Methodenentwicklung und Prozeßforschung im Mittelpunkt stand, ist die nachfolgende
Sukzessionsphase durch zwei Schwerpunktentwicklungen geprägt: a) Aussagen zur Bewäh-
rung, Relativierung und Falsifizierung, d.h. Überprüfung von Lehrbuchaussagen zur Boden-
erosion und Methodentest anhand von langjährigen Meßreihen, b) Vertiefung und Differenzierung der Forschungsarbeiten. Aufgrund der „instrumentellen Aufrüstung" konnten bestimmte
Schwerpunkte vertieft werden. Durch die Integration von Forschern aus den Disziplinen
Biologie, Geologie, Mathematik und Agrarwissenschaften wird heute ein weites Spektrum an
Inhalten abgedeckt. Der geoökologische Grundsatz bleibt jedoch weiterhin die Basis. Seine
stärkere Orientierung am Landschaftsökosystemmodell der Raum- und Umweltforschung
wird dabei als eine inhaltliche Weiterentwicklung verstanden (vgl. LESER 1991) (nach
LESER 1988, PRASUHN & UNTERSEHER 1990, verändert).

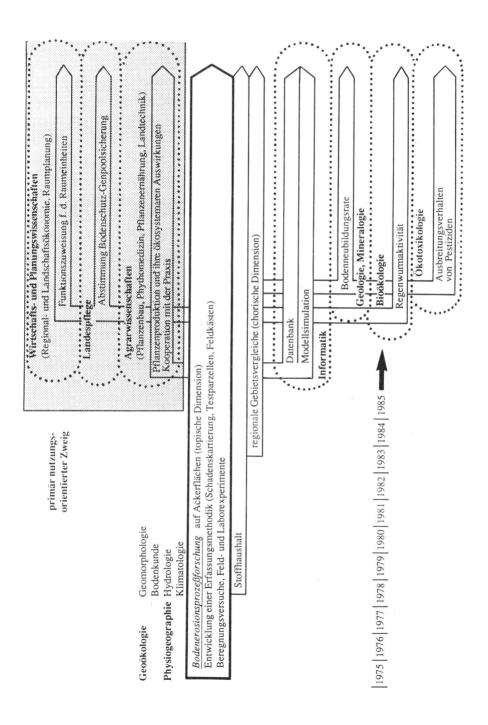

3. Forschungsrichtungen und -ergebnisse einzelner Forschungsgruppen

3.1 Die geoökologisch orientierte Bodenerosionsforschung an der Universität Basel

Von der Forschungsgruppe Bodenerosion Basel (FBB) wurden und werden verschiedene Testgebiete unterschiedlichen Landschaftstyps intensiv untersucht. Hierüber liegen zahlreiche Forschungsberichte (SNF-Zwischen- und Endberichte u.a.) und Fachpublikationen vor (s. Schriftenverzeichnis FBB 1991). Im Lauf der Zeit ergab sich innerhalb der Forschungsgruppenarbeit eine eigene Dynamik (s. Abb. 3).

Die langjährigen Meßreihen der FBB erlauben eine *Einschätzung der Aussagekraft und Brauchbarkeit der angewandten Methodik*. Damit werden auch Anregungen zur Modifikation und Weiterentwicklung möglich. Dies läßt sich am Beispiel der Testparzellen zeigen, die weltweit einen Grundpfeiler der Erosionforschung darstellen. Aufgrund der Arbeiten der FBB wird ein hauptsächlicher Nutzen im Methodentest gesehen. Hierfür werden Langzeitmeßreihen benötigt. Auch lassen sich – gerade bei Versuchen mit einer Beregnungsanlage – einzelne Prozesse der Erosion und bestimmte pedophysikalische, -chemische und -biologische Parameter exakter bestimmen. Die Versuche haben dann eher den Charakter von Werkstofftests. Sie erlauben etwa die Feststellung des K-Faktors, also des Bodenerodierbarkeitsfaktors in der USLE. Damit werden Anhaltspunkte für Gebietsvergleiche hinsichtlich der Erodierbarkeit aufgrund der Beschaffenheit der Bodensubstanz (Materialkonstante) gegeben. Da sich im Lauf der Jahre die Bodeneigenschaften auf den Testparzellen verändern, lassen sich auch Rückschlüsse auf die Folgen möglicher Mißwirtschaft auf die Erodierbarkeit des Bodens im Testgebiet ziehen.

Da die auslösenden Faktoren und der Formenschatz der Erosion auf Testparzellen und in der Gebietswirklichkeit stark voneinander abweichen können, ist festzuhalten, daß die Extrapolierbarkeits-Hypothese von Testparzellendaten auf die Fläche nicht nur stark relativiert werden muß, sondern daß sie im Grunde genommen – aufgrund zahlreicher empirischer Befunde der FBB – als falsifiziert anzusehen ist.

Eine weit*ere Relativierung von Lehrbuchaussagen* betrifft die Anwendungs- und Aussagefähigkeit der USLE in unterschiedlichen Landschaftstypen. So konnte für das Gebiet Hochrhein eine weitgehende Brauchbarkeit festgestellt werden (SCHAUB 1989), für die tonreichen Juraböden hingegen bringt ihr Einsatz keine richtigen Ergebnisse, da die dominierenden Formen in ihr nicht berücksichtigt sind (PRASUHN 1991; PRASUHN, SCHAUB & UNTERSEHER 1990).

Von der landwirtschaftlichen Praxis wurde verstärkt die *Anwendung von Ergebnissen der Bodenerosionsforschung für die Pflanzenproduktion* gefordert. Aus diesem Grund wurden Ende 1986 die Forschungen im Untersuchungsgebiet „Moränales Hügelland" von der FBB aufgenommen. Dort werden auf einem Testacker der Landwirtschaftsschule Strickhof in Zusammenarbeit mit der Eidgenössischen Forschungsanstalt für Betriebswirtschaft und Landtechnik Maisanbauvarianten auf geoökologische und pflanzenbauliche Größen hin untersucht (s. BÖHM 1988; MÜLLER 1991). Seit 1990 läuft in Zusammenarbeit mit der ETH Zürich ein Projekt, bei welchem in Maisanbauvarianten auf jährlich wechselnden Äckern pflanzenbauliche und geoökologische Daten erhoben werden. Beispielhaft seien genannt: N-min, Oberflächenabfluß, Bodenabtrag, Atrazingehalt im Boden, im Runoff sowie diverse Ertragsparameter wie Trockensubstanzgehalt oder Stickstoffertrag (s. RÜEGG u.a. 1991). Mit diesem Projekt wurde eine neue Brücke zur Ökotoxikologie geschlagen.

3.2 Bodenerosionsforschung und Entwicklung von Bodenerhaltungsmaßnahmen an der Universität Bonn

Probleme der Bodenerosion und des Erosionsschutzes werden seit mehreren Jahren von verschiedenen Instituten der Landwirtschaftlichen Fakultät sowie vom Geographischen Institut, hier insbesondere von der Abteilung für Spezielle und Angewandte Physische Geographie, bearbeitet. Eine kommentierte Bibliographie (Stand 1. Juli 1991) veröffentlichter und nicht veröffentlichter Titel gibt darüber Auskunft (BOTSCHEK et al. 1991).

Forschungen an der Landwirtschaftlichen Fakultät werden seit 1985 vom Minister für Umwelt, Raumordnung und Landwirtschaft des Landes Nordrhein-Westfalen (MURL) im Rahmen des „Programms für eine umweltverträgliche und standortgerechte Landwirtschaft in Nordrhein-Westfalen" (PUSL) gefördert.

Das breitgefächerte Forschungsinteresse hat am 8. Juni 1989 zur Gründung der „Arbeitsgemeinschaft Bodenerosion Bonn" und zu einer vertieften Kooperation zwischen Agrar- und Geowissenschaften geführt. Nicht zuletzt aus Gründen der Information anderer Forschergruppen erscheint der folgende Überblick über die verschiedenen Arbeitsschwerpunkte nützlich.

(1) Geomorphologisch-sedimentologische Zeugnisse des Bodenabtrags:
Pollenanalysen und ^{14}C-Datierungen von Kolluvien im Pleiser Hügelland belegen eine stärkere Bodenerosion nach dem 14. Jahrhundert (LESSMANN-SCHNOCH et al. 1991). Tunnelerosionen in schluffreichen Substraten über dichtem Untergrund verursachen erhebliche Schäden (SCHRÖDER 1973), ebenso Hangrutschungen (GRUNERT & HARDENBICKER 1991).

(2) Erosionswirksame Niederschläge in Nordrhein-Westfalen:
Eine Isoerodentkarte für Nordrhein-Westfalen (SAUERBORN & ERDMANN

1991) und meteorologische Untersuchungen an Einzelstandorten (BOTSCHEK et al. 1989) informieren über die erosiven Niederschläge im Land.

(3) Erodierbarkeit von Ackerböden:
Empirische Forschungen (BOTSCHEK 1991) und Starkregensimulationen (POTRATZ et al. 1991, POTRATZ & SKOWRONEK 1991) verdeutlichen die Schwierigkeit, den K-Faktor der „Universal Soil Loss Equation" an die regionalen Verhältnisse anzupassen bzw. den Einfluß von Struktur und Feuchte an der Bodenoberfläche auf Teilprozesse und Gesamtdynamik der Bodenerosion richtig einzuschätzen.

(4) Reliefeigenschaften und Bodenerosion:
Auch der Hanglängeneffekt ist nach experimentellen Untersuchungen räumlich weiter zu differenzieren (ODINUS & ERDMANN 1991). Die Bedeutung der geomorphologischen Detailkartierung des Bonner Raumes für die Erosionsprognose wird von J. GRUNERT in der Fachsitzung 05 „Angewandte GMK 25 und GMK 25-Auswertung" vorgestellt.

(5) Acker- und pflanzenbauliche sowie landtechnische Entwicklungen:
Kombinierte pflanzenbauliche Maßnahmen zum Erosionsschutz und zur Verminderung der Nitratverlagerung im Zuckerrübenanbau führen zu beeindruckkenden Ergebnissen (WOLFGARTEN 1990, WOLFGARTEN et al. 1987). Im Rahmen konservierender Bodenbearbeitung bewirkt das „Bonner Spaten-Einzelkornsägerät" eine tendenzielle Minderung der Erosionsanfälligkeit aller bearbeiteten Flächen (EIKEL 1991). Und für die Erzeugung künstlicher Niederschläge steht seit 1988 der „Bonner Regensimulator" (KROMER & VÖHRINGER 1988) zur Verfügung, welcher auch schon vielfach genutzt wurde (WOLFGARTEN & FRANKEN 1988, EIKEL 1991, POTRATZ et al. 1991).

(6) Flurordnende Maßnahmen und Erosionsschutz:
Kulturtechnische Veränderungen der Landschaftstopographie bedürfen auch begleitender Untersuchungen zum Erosionsschutz (z.B. WIEGHAUS 1987, unveröff.).

(7) Ökonomische Bewertung von Bodenerosionsschäden:
Ertragseinbußen lassen sich teilweise direkt aus Bodenkennwerten ableiten (SCHRÖDER 1981). Eine umweltpolitische Bewertung (STROTMANN et al. 1988) setzt dagegen ein entsprechendes Informationssystem voraus (BLASIG & IBELS 1989).

(8) Regionalgeographische Arbeiten zur Bodenerosion:
Stellvertretend für die zahlreichen Arbeiten aus allen Kontinenten sowie aus

Hochgebirgen stehen die Dissertationen von BRÜCKNER (1987) und KLEI-
NE-HÜLSEWISCHE (1981). Bodenerosion infolge spezieller Landnutzungen
(Truppenübungsplätze, Skiportanlagen) ist ein weiteres Forschungsfeld, ebenso Untersuchungen zur Niederschlagsstruktur in den Tropen und Subtropen
(bes. Afrika).

(9) Bodenerosion im Sonderforschungsbereich 350:
In dem seit 1. Juli 1991 laufenden SFB 350 „Wechselwirkungen kontinenta-
ler Stoffsysteme und ihre Modellierung" wird Bodenerosionsforschung im
Teilprojekt B 3 „Stoffliche Wechselwirkungen zwischen Auenböden, ihren
Hangeinzugsgebieten und Fließgewässern" betrieben.

3.3 Bodenabtragsmessungen im Hochgebirgsrelief des Allgäu an der Universität Mannheim

Ziel der Untersuchungen ist die Quantifizierung von Bodenabträgen auf
Hochgebirgsstandorten. Im Vordergrund steht dabei die Einflußnahme des
Menschen auf die natürlichen Abspülungsmechanismen, wobei vor allem eine
eventuelle Dynamisierung der Abtragungsintensität durch Oberflächen- und
Vegetationsveränderungen betrachtet werden soll.

Die Arbeiten werden im Rahmen des BMFT-Schwerpunktprogramms
„Bodenbelastung und Wasserhaushalt (Bodenforschung), Teil C: Bodenschädigung durch Erosion und Bodennutzung" durchgeführt. Innerhalb des Teil-
projektes „Oberallgäu" wird dabei die aktuelle Morphodynamik eines deutlich
abgegrenzten und unter anthropogener Nutzung stehenden Niederschlagsein-
zugsgebietes auf drei Ebenen untersucht:
- Mikro-Ebene der Testflächen (Bodenerosion)
- Meso-Ebene des Monitorings von Massenbewegungen
- Makro-Ebene einer Gesamtschadenskartierung

Die nachfolgenden Ergebnisse entstammen der mikroskaliert-topologi-
schen Testflächenebene. Sie streben eine Systematik der Schädigungsformen
an und sollen letztendlich einen quantitativen Überblick über die morphodynamischen Auswirkungen von Landnutzungsänderungen erzeugen.

3.3.1 Untersuchungsgebiet

Das Projektgebiet liegt im Oberallgäu und wird durch das westlich Sonthofen
gelegene Einzugsgebiet der Gunzesrieder Ach definiert. Es liegt damit im
geotektonischen Überschiebungsbereich von Subalpiner Molasse und Rheno-
danubischem Hauptflysch. Entsprechend der bedeutenden Petrovarianz der
Talschaft kann der Untersuchungsraum in zwei lithologische und pedologische
Einheiten gegliedert werden.

Die klimatologischen Verhältnisse sind durch eine hochpositive jährliche Wasserbilanz gekennzeichnet, bei der in Extremjahren eine Niederschlagsmenge von >3000 mm erreicht werden kann. Der mittlere Abfluß der Gunzesrieder Ach prägt ein nivopluviales régime nival de transition aus.

3.3.2 Methodik

Zur Erhebung von Grundlagendaten der aktuellen Morphodynamik ist die direkte Erfassung des Abtragsgeschehens mittels topologischer Meßeinrichtungen unabdingbar. Dazu wurden im Untersuchungsgebiet 11 Meßparzellen (5 x 40 m) eingerichtet, die sämtliche Nutzungen innerhalb des Einzugsgebietes repräsentieren sollen. Im einzelnen lassen sich dabei folgende Hauptnutzungsarten klassifizieren:
* alpines Grünland (Alpweide, Mähwiese)
* alpiner Wald
* Wanderweg
* Skiabfahrten
* Anbruchflächen

Neben der direkten Messung von Niederschlags-Input, Oberflächen-Output und Feststoffverlagerungen werden folgende Rahmenparameter erfaßt:
– Konstante Einflußgrößen: Relief, Bodentextur, Aggregatstabilität, Vegetation;
– Variable Einflußgrößen: Niederschlagsmenge, Niederschlagsstruktur (max. 30- und 5-Minuten-Intensitäten), Bodenfeuchte, Temperatur.

3.3.3 Ergebnisse

Allen Testflächen gemeinsam ist die Tatsache, daß die Erodibilität der Böden hauptsächlich von Vegetationsbedeckung und Mikromorphologie gesteuert wird. So weisen sämtliche Testflächen mit geschlossener Vegetationsdecke geringe bis keine Bodenverluste auf, während die entblößten oder teilentblößten Standorte systematische Abspülschäden erleiden.

Die bodenphysikalischen und tonmineralogischen Ausstattungsmerkmale der Testflächen scheinen zwar die Abflußbildung gut zu erklären, sie können jedoch bisher nicht für die Intensität der Bodenabspülung verantwortlich gemacht werden.

Erosiv wirken neben Niederschlägen mit großen absoluten Wassereinträgen vor allem Schauerereignisse, die durch hohe maximale 5-Minuten-Intensitäten gekennzeichnet sind. Dabei wird die Infiltrationsfähigkeit der Böden schlagartig überschritten, und es kommt zu schichtigem Abfluß. Die Bodenfeuchte vor dem Ereignis spielt nur eine untergeordnete Rolle, da die Tiefenversickerung hauptsächlich über Makroporen abgewickelt wird.

Für die einzelnen untersuchten Ökotope ergeben sich aus den Testflächen-
messungen die nachfolgenden Resultate.

(1) Alpines Grünland

(1.1) Mähwiese (Testfläche Helga IV)

Geologie:	Untere Süßwassermolasse (Weißachschichten), Nagelfluhfazies
Böden:	Gley-Braunerde, sL – sU
Tonmineralologie:	> 50 % aufweitbare Dreischichtminerale
Seehöhe:	930 m üNN (Exposition NW)
Vegetation:	Fettweiden, Deckungsgrad 100 %

Die Testfläche erweist sich aufgrund der dichten Rasengesellschaften als
äußerst erosionsresistent. Im Untersuchungszeitraum wurden nur sehr geringe
bis keine Bodenbewegungen nachgewiesen. Der Oberflächenabfluß war ebenfalls sehr stark gehemmt, er betrug im Durchschnitt < 5 % der eingetragenen
Niederschläge. Für die hohe Niederschlagsretention wird sowohl der Reichtum
an quellfähigen Tonmineralen als auch die gute Drainage durch Makroporen
verantwortlich gemacht.

(1.2) Alpweide (Testfläche Wilhelmine I)

Geologie:	USM (Weißachschichten), Nagelfluhen/Mergelsteine
Böden:	reiches Bodenmosaik, pseudoverleyte Braunerden bis hin zu Braunerde-Hanggleyen, sL – sU
Tonmineralogie:	> 50 % aufweitbare Dreischichtminerale
Seehöhe:	1330 m üNN (Exposition S – SO)
Vegetation:	Fettweiden, Deckungsgrad > 90 %
Besonderheit:	ausgeprägte Viehgangelung

Bei dem beprobten Standort handelt es sich um einen ehemals stark
beweideten und heute nur mehr unter extensiver Galtviehbestoßung stehenden
Hangabschnitt. Die durchschnittliche Niederschlagsretention innerhalb der
Testfläche erreicht ca. 76 %. Die herabgesetzte Abflußbildung ist sowohl durch
den Reichtum an quellfähigen Tonmineralen als auch durch die quantitativ sehr
bedeutende Muldenspeicherung des Abflusses in den Mikro-Hohlformen der
Viehterrassen zu erklären. Infolge der geringen Transformationsleistung der
Testfläche bleibt auch der Feststoffverlust der Raumeinheit unbedenklich und
weist mit Abtragsmengen von < 10 kg/ha pro erosivem Niederschlag dem
Standort stabile Verhältnisse zu.

(2) Alpiner Wald (Testfläche Birkach II)

Geologie: USM (Weißachschichten), Nagelfluhen/Mergelsteine
Böden: Pseudogley-Braunerden, uL
Seehöhe: 1200 m üNN (Exposition NW)
Vegetation: naturferne Fichtenaufforstung
Besonderheit: verdichtetes Plattengefüge im A_h-Horizont

Der Waldstandort beprobt einen Hangabschnitt, der ehemals als Weideland genutzt wurde und erst vor ca. 100 Jahren mit Fichtenreinbeständen aufgeforstet wurde. Die Retentionskapazität des Standortes beträgt > 99 % des N-Inputs und sorgt somit für einen stark gehemmten Oberflächenabfluß. Entsprechend liegt der mittlere Verlust von mineralischen Feststoffen bei ca. 1 kg/ha pro erosivem Ergebnis und kann mithin als völlig unbedenklich eingestuft werden. Ob die Tatsache, daß überhaupt Oberflächenabfluß erzeugt wird, Ausdruck einer beginnenden Destabilisierung des Standortes aufgrund von ersten Kronenverlichtungen der Fichten ist, müssen längerfristige Beobachtungen zeigen.

(3) Wanderweg (Testfläche W III)

Geologie: USM (Weißachschichten), Nagelfluhen/Mergelsteine, UMM (Bausteinschichten), Sandsteine
Böden: Kolluvium-Pseudogley-Braunerde aus Spüldecke, sL – uL
Tonmineralogie: < 50 % aufweitbare Dreischichtminerale
Seehöhe: 1400 m üNN (Exposition S)
Vegetation: durch hohe Betrittschädigung stark belastet, Deckungsgrad < 50 %
Besonderheit: kräftige Schädigungen linearer und flächenhaft-linearer Ausprägung

Der Standort W III beprobt einen durch Wegerosion stark geschädigten Hangabschnitt. Verursacher der Schadensbilder ist dabei sowohl der Wandertourismus als auch sommerlich weidendes Galtvieh. Durch die starke mechanische Trittbelastung wird die natürliche Vegetation umfassend entfernt und der Bodenkörper erleidet starke Abspülschäden. Der N-Input fließt zu ca. 58 % direkt ab und erzeugt dabei einen mittleren Bodenverlust von 681 kg/ha pro erosionsauslösendem Ereignis. Eine multiple schrittweise Regressionsanalyse mit der maximalen 5-Minuten-Intensität und der Gesamtniederschlagsmenge vermag hierbei 89 % der Varianz des Feststoffaustrages zu erklären.

(4) Skiabfahrt (Testfläche Helga I)

Geologie:	USM (Weißachschichten), Nagelfluhfazies
Böden:	Bodenmosaik, Braunerde bis hin zu Hanggley-Pseudogley, sL – lS
Tonmineralogie:	ca. 50 % aufweitbare Dreischichtsilikate
Seehöhe:	930 m üNN (Exposition NW)
Vegetation:	Fettweiden, Deckungsgrad 60–80 %, punktuell durch Viehtritt geschädigt

Bei der Testfläche H I handelt es sich um eine naturnahe Jungviehweide, die im Winter als Skipiste genutzt wird. Die Q/N-Relation des Standortes ist mit einem Oberflächenabfluß von 12 % deutlich herabgesetzt. Ursache der gehemmten Abflußbildung ist sowohl der Reichtum an Grobporen im Oberboden als auch das Vorhandensein einer Vielzahl „schlecht verheilender" Viehtritte, die das abfließende Wasser durch Muldenspeicherung einer effizienten Tiefenversickerung zuführen.

Entsprechend dem geringen Abfluß gestaltet sich auch die Erodibilität der Testfläche als untergeordnet. Der mittlere Bodenverlust infolge eines erosiven Ereignisses beträgt ca. 26 k/ha. Die Ergebnisse scheinen die allgemeine Ansicht zu bestätigen, daß naturnahe, nicht planierte Skiareale kaum durch erhöhte Bodenabträge belastet sind.

(5) Anbruchflächen (Testfläche Wilhelmine II)

Geologie:	USM (Weißachschichten), Nagelfluhen/Mergelsteine
Böden:	anstehende Mergel/Sandsteine, Locker-Syroseme, ulS
Tonmineralogie:	max. 43 % Smektit (!)
Seehöhe:	1350 m üNN (Exposition SO)
Vegetation:	Pioniervegetation
Besonderheit:	frischer Blattanbruch

Die Testfläche liegt in der nahezu vegetationsfreien Anbruchsfläche einer Translationsbodenrutschung. Aufgrund der hohen Permeabilität des grobschluffig bis fein-sandigen Substrates erreicht der Standort die erstaunlich hohe Retentionskapazität von ca. 85 %. Trotz dieser geringen Oberflächenabflüsse erlitt die Anbruchfläche hohe Feststoffverluste (ca. 285 kg/ha pro Ereignis). Die Ursache dieser Dynamik liegt sicherlich in der bekannten Tatsache, daß aufgrund der schlechten Strukturstabilität der Grob-Schluffböden ab einer gewissen Niederschlagsbelastung die Bindungskräfte der Bodenteilchen überwunden werden. Unterstützt wird diese Annahme sowohl durch die Beobachtung, daß viele der Feststoffverlagerungen in Form von Mikrorutschungen vonstatten gehen, als auch durch die Tatsache, daß die Niederschlagsmenge nur 39 % der Varianz der Feststofftransporte zu erklären vermag.

4. Schlußbemerkungen

Die Bodenerosionsforschung hat offensichtlich kaum etwas von ihrer Attraktivität eingebüßt; gleichwohl hat es seit dem Beginn verstärkter Forschungsarbeiten in den 30er Jahren immer wieder einen Wechsel von intensiven und weniger intensiven Forschungsphasen gegeben. Die derzeit durchgeführten und hier z.T. vorgestellten Arbeiten dokumentieren nicht nur die gegenwärtige große Vielfalt der Forschungsrichtungen auf dem Gebiet der Bodenerosion, sondern zeigen auch eine eindeutige Verlagerung zur geoökosystemaren Betrachtungsweise dieses Problemfeldes. Der Bodenerosionsvorgang wird nicht mehr als rein geomorphodynamischer Prozeß angesehen, sondern als Bestandteil des gesamthaushaltlichen Geschehens im Ökosystem. Damit rückt gleichzeitig auch ein umfassenderer Bodenschutz-Begriff in den Vordergrund; dessen Gesamtspektrum reicht von der reinen Abtragsverminderung (-verhinderung!) über die vielfältigen Auswirkungen im agrarwirtschaftlichen Sektor bis zum Naturschutz. Hier befindet sich noch ein weites Betätigungsfeld für die Umweltforschung im Zusammenhang mit der Umweltnutzung und ihrem Wandel.

Literatur

BLASIG, L. & IBELS, E. (1989): Aufbau eines agrar- und umweltstatistisch basierten Informationssystems für das Land Nordrhein-Westfalen. – Abschlußber. Forschungsproj. i.R.d. Schwerpunktes „Umweltverträgliche und standortgerechte Landwirtschaft", 212 S.

BÖHM, A. (1988): Bodenerosion und Stoffhaushalt im moränalen Mittelland (Eschikon/Lindau, Kt. Zürich) – ein Werkstattbericht. – In: Regio Basiliensis 29, S. 55–64.

BORK, H.-R. (1988): Bodenerosion und Umwelt. – Landschaftsgenese und Landschaftsökologie 13, 249 S.

BORK, H.-R. (1991): Bodenerosionsmodelle – Forschungsstand und Forschungsbedarf. – In: Bodennutzung und Bodenfruchtbarkeit, Bd. 3 Bodenerosion, Berichte über Landwirtschaft, Sonderh. 205, S. 51–67.

BORK, H.-R. (1992): Anwendbarkeit und Übertragbarkeit von Methoden zur Analyse und Prognose von Bodenerosionsprozessen. – Forschungsstelle Bodenerosion. Universität Trier (in Vorbereitung).

BOTSCHEK, J. (1991): Bodenkundliche Detailkartierung erosionsgefährdeter Standorte in Nordrhein-Westfalen und Überprüfung der Bodenerodierbarkeit (K-Faktor). – Hamburger Bodenkundl. Arb. 16, 131 S.

BOTSCHEK, J., WIECHMANN, H. & KREMER, S. (1989): Häufigkeit, Struktur und Erosivität (R-Faktoren) der Niederschläge an ausgewählten Standorten in Nordrhein-Westfalen. – In: Mitteilgn. Dtsch. Bodenkundl. Gesellsch. 59, S. 1041–1045.

BOTSCHEK, J., GRUNERT, J. & SKOWRONEK, A. (1991): Bodenerosionsforschung an der Landwirtschaftlichen Fakultät und am Geographischen Institut der Universität Bonn – eine kommentierte Bibliographie. – In: Arb. z. Rhein. Landeskde. 60, S. 55–69.

BRÜCKNER, Ch. (1987): Untersuchungen zur Bodenerosion auf der Kanarischen Insel Hierro. Ursachen, Entwicklung und Auswirkungen auf Vegetation und Landnutzung. – Bonner Geogr. Abh. 73, 194 S.

EIKEL, G. (1991): Bodenschonung und pflanzenbauliche Eignung des Bonner Spaten-Einzelkornsägerätes am Beispiel des Maisanbaus. – Diss. Bonn, 211 S.

FORSCHUNGSGRUPPE BODENEROSION BASEL (FBB) (1991): Schriftenverzeichnis. – Basel, 13 S.

FRIELING-HUCHZERMEYER, U. (1991): Flächenstillegung auf guten Böden. Getreide raus – Grünbrache rein. – In: top agrar 8/91, S. 34–38.

GRUNERT, J. & HARDENBICKER, U. (1991): Hangrutschungen im Bonner Raum – ihre Genese und Kartierung für Planungszwecke. – In: Z. Geomorph. N.F., Suppl.-Bd. 89, S. 35–48.

KLEINE-HÜLSEWISCHE, H. (1981): Der Mensch als Gestalter und Zerstörer der Landschaft Arkadiens – Die Auswirkungen der Besiedlung eines mediterranen Gebirgslandes seit vorgeschichtlicher Zeit. – Diss. Bonn, 307 S.

KORNECK, D. & SUKOPP, H. (1988): Rote Liste der in der Bundesrepublik Deutschland ausgestorbenen, verschollenen und gefährdeten Farn- und Blütenpflanzen und ihre Auswertung für den Arten- und Biotopschutz. – Schriftenreihe für Vegetationskunde, H. 19, Bonn-Bad Godesberg, 210 S.

KROMER, K.-H. & VÖHRINGER, R. (1988): Konstruktion und Bau einer Bewässerungseinrichtung – Simulation von natürlichem Regen. – Forschungsendbericht GS 1132 im Rahmen des Forschungsschwerpunktes „Umweltverträgliche und standortgerechte Landwirtschaft" an der Rheinischen Friedrich-Wilhelms-Universität Bonn, 66 S.

LESER, H. (1983): Geoökologie. - In: Geogr. Rdsch., 35, S. 212–221.

LESER, H. (1986): Bodenerosion – Erforschung eines geoökologischen Prozesses. – In: Hallesches Jahrbuch f. Geowissenschaften, Bd. 11, S. 1–17.

LESER, H. (1988): Bodenerosionsforschung – Wandel eines Projektes. – In: Regio Basiliensis 29, S. 1–8.

LESER, H. (1991a): Landschaftsökologie: Ansatz, Modelle, Methodik, Anwendung. Mit einem Beitrag zum Prozeß-Korrelations-Systemmodell von Thomas Mosimann – 3. völlig neubearb. Aufl. – Stuttgart: Ulmer, 647 S.

LESER, H. (1991b): Probleme und Tendenzen der Bodenerosionsforschung (2). – In: Prasuhn, V. (1991): Physiogeographica Bd. 16, 9 S.

LESSMANN-SCHOCH, U., KAHRER, R. & BRÜMMER, G. W. (1991): Pollenanalytische und ^{14}C-Untersuchungen zur Datierung der Kolluvienbildung in einer lößbedeckten Mittelgebirgslandschaft (Nördlicher Siebengebirgsrand). – In: Eiszeitalter u. Gegenwart 41, S. 1–10.

MOSIMANN, Th. (1991): Prozeß-Korrelations-System des elementaren Geoökosystems. – In: Leser (1991a) s.o., S. 262–270.

MOSIMANN, Th. et al. (1991): Erosionsbekämpfung in Ackerbaugebieten. Ein Leitfaden für die Bodenerhaltung. – Themenbericht des Nationalen Forschungsprogrammes „Nutzung des Bodens in der Schweiz"; Liebefeld–Bern 1991, 187 S.

MÜLLER, St. (1991): Bodenbearbeitungsvarianten im Maisbau. Erhaltung der physikalischen und chemischen Bodenqualität. – Poster zum 48. Dt. Geographentag, Basel, als Mskr. verf.

ODINIUS, B. & ERDMANN, K.-H. (1991): Der Einfluß unterschiedlicher Hanglängen auf die Bodenerosion – experimentelle Untersuchungen im Bonner Raum. – In: Arb. z. Rhein. Landeskde. 60, S. 107–117.

POTRATZ, K., HENK, U. & SKOWRONEK, A. (1991): Luftsprengung, Aggregatzerfall und Verschlämmung als wichtige Prozesse der Erosionsdynamik – Ergebnisse von Starkregensimulationen an Lößböden. – In: Z. Geomorph. N.F., Suppl.-Bd. 89, S. 21–33.

POTRATZ, K. & SKOWRONEK, A. (1991): Einfluß von Struktur und Feuchte an der Bodenoberfläche auf Teilprozesse und Gesamtdynamik der Bodenerosion. – In: Mitteilgn. Dtsch. Bodenkundl. Gesellsch. 66, S. 991–994.

PRASUHN, V. (1991): Bodenerosionsformen und -prozesse auf tonreichen Böden des Basler
    Tafeljura (Raum Anwil, BL) und ihre Auswirkungen auf den Landschaftshaushalt. –
    Physiogeographica, Basler Beitr. z. Physiogeogr. 16, Basel, 372 S.
PRASUHN, V. & UNTERSEHER, E. (1990): Bodenschutz im Zusammenspiel von land-
    schaftsökologischer Grundlagenforschung und landwirtschaftlicher Praxis. – In: Verh.
    Ges. f. Ökologie XIX/II, S. 718–725.
PRASUHN, V., SCHAUB, D. & UNTERSEHER, E. (1990): Vorschlag zur Nomenklatur und
    Klassifizierung von Erosionsformen. – In: Mitteilgn. Dtsch. Bodenkundl. Gesellsch. 61,
    S. 39–42.
RÜEGG, W., STAMP, P., AMMON, H. U., RÜTTIMANN, M. & LESER, H. (1991): Einfluß
    ausgewählter Anbautechniken für Silomais auf die Maisentwicklung, den Bodenabtrag
    und den Oberflächenabfluß. – Mitt. Ges. Pflanzenbauwiss. 4, S. 305–309.
SACHVERSTÄNDIGENRAT FÜR UMWELTFRAGEN (1985): Umweltprobleme der
    Landwirtschaft. Sondergutachten März 1985. – Stuttgart/Mainz, 423 S.
SAUERBORN, P. & ERDMANN, K.-H. (1991): Isoerodentkarte von Nordrhein-Westfalen.
    – In: Mitteilgn. Dtsch. Bodenkundl. Gesellsch. 66, S. 1017–1020.
SCHAUB, D. (1989): Die Bodenerosion im Lößgebiet des Hochrheintales (Möhliner Feld/
    Schweiz) als Faktor des Landschaftshaushaltes und der Landwirtschaft. – Physiogeogra-
    phica, Basler Beitr. z. Physiogeogr. 13, Basel, 228 S.
SCHMIDT, R.-G. (1983): Technische und methodische Probleme von Feldmethoden der
    Bodenerosionsforschung. – In: Geomethodica 8, Basel, S. 51–85.
SCHRÖDER, D. (1973): Tunnelerosionen in schluffreichen Böden des Bergischen Landes. –
    In: Z. f. Kulturtechnik und Flurbereinigung 14, S. 21–31.
SCHRÖDER, D. (1981): Ertragsminderung durch Bodenerosion in Lößlandschaften. – In:
    Mitteilgn. Dtsch. Bodenkundl. Gesellsch. 30, S. 343–354.
STROTMANN, B., KRÜLL, H., BRITZ, W., DEHIO, J., AIGNER, F., WITZKE, H. P. &
    IBELS, E. (1988): Wirkungen agrarpolitischer Maßnahmen auf Ziele von Umwelt-,
    Natur- und Landschaftsschutz. – Endber. z. Forschungsvorh. BMELF 85 HS 009, 117 S.
UNTERSEHER, E. (1991): Landschaftshaushalts-Funktionen als Grundlage der umweltöko-
    nomischen Steuerung landwirtschaftlicher Betriebe. – In: Verh. Ges. f. Ökologie XX/1,
    S. 417–428.
WIEGHAUS, M. (1987): Maßnahmen zur Verminderung des Bodenabtrages im Flurbereini-
    gungsverfahren Floisdorf/Krs. Euskirchen. – Unveröff. Diplomarb. Landw. Fak. Univ.
    Bonn, 130 S. (Inst. f. Städtebau, Bodenordnung u. Kulturtechnik).
WOLFGARTEN, H.-J. (1990): Acker- und pflanzenbauliche Maßnahmen zur Verminderung
    der Bodenerosion und der Nitratverlagerung im Zuckerrübenanbau. – Diss. Bonn, 167 S.
WOLFGARTEN, H.-J., FRANKEN, H. & ALTENDORF, W. (1987): Mulchsaat oder Direkt-
    saat? Messungen der Erosion in Zuckerrüben. – In: DLG-Mitteilungen 102, S. 242–244.
WOLFGARTEN, H.-J. & FRANKEN, H. (1988): Bestimmung der Erosionsgefährdung
    verschiedener Anbauverfahren (z.B. Zuckerrüben) mit Regensimulation – Bonner Regen-
    simulator. – In: Mitteilgn. Dtsch. Bodenkundl. Gesellsch. 56, S. 43–46.

IV.3 Umweltprobleme in Grenzregionen

Werner Gallusser & Heinz Polivka

Unser Rahmenthema vereinigt zwei hochkarätig aktuelle Fragestellungen, die Umweltsituation und die Lage europäischer Grenzregionen, welche beide in der Forschung und in der Öffentlichkeit lebhaft diskutiert werden. In der bewusst umfangreich konzipierten Fachsitzung sollten wissenschaftlich erfahrene Kenner von Grenzlandschaften und auch Umweltanalytiker zu Worte kommen und so das breite Spektrum aktualgeographischer Problemforschung dokumentieren. Dass wir dabei auch den interdisziplinären Ansatz des Themas nicht verkennen, kam durch den Beizug von Herrn Prof. SCHMID (Professor für Staatsrecht und Politologie, Universität Basel) zum Ausdruck: Er sollte unsere Problemsicht aus der staatsrechtlichen Optik klären helfen und zum notwendigen interdisziplinären Dialog ermutigen. Das Konzept der Fachsitzung, aus didaktischen Gründen mehrfach korrigiert, orientiert sich an einem dreiteiligen Aufbau: Nach zwei grundsätzlichen Beiträgen im weiten Bezug auf die Basler Region und Europa, wenden wir uns drei mitteleuropäischen Beispielregionen zu, danach soll unsere „Regio" mit einem Referat und zwei Diskussionsvoten konkreter ins Thema gestellt werden.

Zum vorneherein haben wir eine lange Sitzung in Kauf genommen; wegen des thematischen Gewichtes und eines guten Angebotes an kooperativen Referenten schien uns dies vertretbar, ebenso dass dabei eine zeitlich unbelastete offene Diskussion nicht möglich war. Hingegen blieb Raum für Fragenstellungen und fachliche Ergänzungen aus dem zahlreichen Publikum, so dass u.E. das Ziel einer anregenden Problemübersicht erreicht worden ist.

1. Grundsätzliche Problematik europaweit und in der „Regio"

1.1 Gerhard SCHMID:
Probleme der Umweltschutzpolitik und des Umweltschutzrechts in der Dreiländerecke am Oberrhein.

Als ausgesprochene Querschnittpolitik mit mannigfachen Bezügen und Verknüpfungen zur privaten und öffentlichen Gestaltung von Gesellschaft und Staat erweist sich Umweltschutzpolitik als eine bereits von der sachlichen Thematik her hochgradig flächendeckende und damit auch hochgradig koordinative Politik, in welcher ganzheitliche Betrachtungsweisen unbedingt gefragt sind. Wie anderswo gliedert sie sich in eine Reihe von Teilbereichen, denn ohne eine solche Verlegung in einzelne einigermassen überschaubare Politiken kann die zur Herstellung praktischer Handlungsfähigkeit erforderliche Reduktion von Komplexität auch nicht erzielt werden. In dieser Hinsicht sind vorerst

D. Barsch/H Karrasch (Hrsg.): Geographie und Umwelt. Verh. d. Deutschen Geographentages Bd. 48 - Basel 1991. © 1993 Franz Steiner Verlag Stuttgart

einmal die klassischen medialen Bereichspolitiken für Boden, Wasser und Luft zu erwähnen. Diesbezüglich kann in allen drei Staaten dieser Region die Regelung des Gewässerschutzes als die am frühesten in Angriff genommene und wohl auch am weitesten fortgeschrittene Teilpolitik bezeichnet werden, während sich die Luftreinhaltepolitik später herausgebildet hat.

Andere Bereiche der Umweltschutzpolitik sind nicht medial ausgerichtet, sondern setzen vorerst einmal bei den Folgen an, etwa Lärmbekämpfung, Abfallbeseitigung oder Katastrophenschutz. Allerdings ist ebenfalls auf diesen Gebieten eine zunehmende Vielfalt der Instrumente und eine Anreicherung der gewissermassen „klassischen" polizeirechtlichen Ansätze festzustellen. So wandelt sich die in einer ersten Phase durch polizeirechtliche Vorschriften und staatliche Leistungserbringung geprägte Abfallbeseitigung zu Konzepten einer umfassenden, auf dem Vorsorgeprinzip fussende Politik der Abfallbewirtschaftung. Und in analoger Weise geht das Katastrophenschutzrecht in Ergänzung der Ordnung des Krisenmanagement zunehmend die Möglichkeit der Vorbeugung und Verhinderung von Störfällen an. Diesbezüglich findet die regionale grenzüberschreitende Zusammenarbeit insbesondere beim Vollzug statt.

Liegt nun eine Region auf dem Gebiet dreier verschiedener Staaten, so gewinnt dieses Zusammen- und Gegenspiel einer Vielzahl von Akteuren zusätzliche Dimensionen, bedarf also zusätzlichen Bemühens um Kommunikation, Konsultation und Koordination. Dabei wirken sich auch unterschiedliche Wertungen in den drei politischen Systemen aus; so wird mitunter das Umweltschutzbewustsein der Basler auch als Ökokolonialismus empfunden.

Für die Institutionen grenzüberschreitender Zusammenarbeit bietet die Region am Oberrhein das eindrückliche Beispiel einer doch erstaunlich effizienten und unbürokratischen Form der Kooperation, welche weitherum Beachtung gefunden hat. Ausgehend vom 1963 gegründeten privatrechtlichen Verein „Arbeitsgruppe Regio Basiliensis" entwickelten sich ab 1969 zwischen kantonalen, ab 1971 zwischen internationalen Gremien eine solche Zusammenarbeit.

Auf der behördlichen Seite bestehen so regelmässige und einigermassen enge Kontakte der Akteure über die Grenzen hinweg – ein Befund, der für andere Akteurkategorien wie politische Parteien, Wirtschaftsverbände oder Umweltschutzbewegungen nach meinen Erhebungen keineswegs gilt, sprechen sich diese doch offenbar lediglich sporadisch, selbst nach eigener Einschätzung viel zu selten, über die Landesgrenzen hinweg ab. Ferner ist in ähnlicher Weise hervorzuheben, dass die Zusammenarbeit hinsichtlich der mit dem Rhein verknüpften Umweltprobleme durch das Vorhandensein eines relativ dicht gespannten institutionellen Netzes der beteiligten Behörden über die Landesgrenzen hinweg erleichtert wird. Dessen ungeachtet hat die von den Anrainerstaaten im Jahre 1950 eingesetzte „Internationale Kommission zum Schutz des Rheins gegen Verunreinigung" im Laufe der Zeit dank ihrer

Beharrlichkeit etwelche Verbesserungen zu erzielen vermocht und weitere strebt sie mit Beharrungsvermögen an, etwa im „Aktionsprogramm Rhein 2000", welche sich zum Ziel gesetzt hat, u.a. wieder den Lachs im Rhein heimisch zu machen, die Nutzung des Rheinwassers für die Trinkwasserversorgung zu gewährleisten und die Sedimente von Schadstoffen zu entlasten.

Wenn wir als nächstes das Binnen-Umweltschutzrecht der drei Staaten betrachten, zu denen Teile dieser Region am Oberrhein gehören, so ergibt die diesbezügliche Rechtsvergleichung keine tiefgreifenden Unterschiede. Als massgeblichste Unterschiede der drei Landesrechte werden noch hervorgehoben, dass Frankreich besonders zu kaum erfüllter fiskalischer statt ökologischer Motivierung von Umweltabgaben neigt, während die Schweiz noch stärker als ihre Nachbarn dazu übergegangen ist, die Normativität des Umweltschutzrechtes auf die Verordnungsebene zu verlagern. Das „Juste milieu" dürfte so dem deutschen Recht vorbehalten geblieben sein. Das Recht hat sich ferner in zunehmendem Masse mit den Fragen der Grenzüberschreitung in umweltschutzrelevanten Bereichen auseinandergesetzt. Dass ein Staat sich gemäss den allgemeinen Regeln des Völkerrechts übermässiger Emissionen auf das Gebiet eines anderen States zu erhalten hat, ist seit dem zwischen den USA und Kanada in den 30er Jahren dieses Jahrhunderts ergangenen Schiedsspruch im „trail smelter case" rechtlich unbestritten und wird auch praktisch so geübt. In gleicher Weise ergeben sich gewisse Informations- und Konsultationsverpflichtungen aus dem allgemeinen Völkerrecht. In zunehmendem Masse werden solche prozeduralen Obliegenheiten im multi- und bilateralen Vertragsvölkerrecht konkretisiert, so etwa im von den meisten europäischen Staaten unterzeichneten Übereinkommen über weiträumige grenzüberschreitende Luftverschmutzung vom 13.-15. November 1979.

Für den europäischen Raum kann zudem festgehalten werden, dass Vorkehrungen getroffen worden sind, damit nicht nur die Zentralstaaten, sondern auch die regionalen Gebietskörperschaften derartige Informations-, Konsultations- und Koordinationsmechanismen einrichten, und zwar im grundlegenden, am 21. Mai 1980 in Madrid abgeschlossenen europäischen Rahmenübereinkommen über die grenzüberschreitende Zusammenarbeit zwischen Gebietskörperschaften, welches die Umweltschutzbelange ausdrücklich mit einbezieht. Im Rahmen dieses Übereinkommens sind auch in der Region Oberrhein zahllose bi- und multilaterale Übereinkommen abgeschlossen worden. So entsteht ein immer dichter und konkreter werdendes Geflecht vertraglicher Beziehungen über die Grenzen hinweg.

Der Vortrag regte zu verschiedenen konkreten Fragen an, auch die Umweltkatastrophe von Schweizerhalle 1986 betreffend; so z.B. inwieweit ein internationales Strafrecht auf derartige Umweltereignisse reagieren könnte und – im Votum von G.WACKERMANN (Strassburg/Paris), ob sich im Falle von Schweizerhalle nicht eine gravierende internationale Kommunikationsproblematik erwiesen hätte.

1.2 Jürgen OSSENBRÜGGE (Hamburg):
Auswirkung des EG-Binnenmarktes auf den Umweltschutz.
Gemeinschaftsweite oder regionaldifferenzierte Umweltqualitätsnormen.

Mit der Überschrift sind im Grunde genommen zwei Themenbereiche angesprochen: Im ersten Teil wird die aktuelle umweltpolitische Diskussion auf
EG-europäischer Ebene aufgenommen, die sich mit den erwarteten Auswirkungen der Vereinheitlichung des Binnenmarktes und vor allem mit den Folgen
der vorausgesagten wirtschaftlichen Wachstumsprozesse beschäftigt. Mit dem
„task force report on the environment and the internal market" hat die EG-
Kommission selber das Binnenmarktprojekt sozusagen einer „Umweltverträglichkeitsprüfung" für ein politisch-ökonomisches Programm unterzogen.
Durch die Aufhebung der materiellen und technischen Schranken sowie durch
die Liberalisierung der Versorgungs- und Dienstleistungsmärkte und letztlich
durch die Wachstumseffekte der ab 1993 realisierbaren „economies of scale"
und der möglichen Flexibilisierung der Produktion werden unterschiedliche
Umwelt- und Raumordnungsprobleme verstärkt bzw. neu auftreten. Vor dem
Hintergrund der polarisiert verlaufenden räumlichen Verdichtungstendenzen
durch den EG-Wirtschaftsraum lassen sich diese teilweise lokalisieren, wozu
die verschiedenen Prognosen über die räumlichen Implikationen des Binnenmarktes berücksichtigt werden (sogenannte „EG-Banane" als Boomraum).
    Diese Diskussion wird im zweiten Teil etwas grundsätzlicher im Hinblick
auf den bisherigen und zukünftig zu erwartenden bzw. wünschenswerten
Hausbau der EG-Umweltpolitik eingeordnet. Neben einer generellen Einschätzung der Umweltpolitik, die sich langsam von einem blossen Instrument der
Marktharmonisierung emanzipiert, geht es vor allem um die Kompetenzhier-
archie zwischen regionaler, mitgliedstaatlicher und gemeinschaftlicher Ebene.
Hier wird unterschieden zwischen der Realsituation, wie sie sich aus der
einheitlichen europäischen Akte und den Verfahrensbeteiligungen im Umweltrecht der Mitgliedstaaten bei grenzüberschreitenden Problemen ableiten lassen, und den Forderungen der Umweltbewegungen, verkörpert durch das
europäische Umweltbüro und seinem im Hinblick auf den Binnenmarkt erstellten Weissbuch. Problematisiert wird vor allem der Aspekt, ob die über das
Prinzip der Subsidiarität hergeleitete Forderung der weitgehenden Regionalisierung der Umweltpolitik nicht die Möglichkeiten dezentraler Autonomie
überschätzt. Es wird abschliessend die Auffassung vertreten, dass nicht Dezentralisierung und vermeintliche „Überschaubarkeit" die Lösung sein kann,
sondern die Perspektive in der Demokratisierung der EG und in der Garantie
von Beteiligungsrechten an umweltbeeinträchtigenden Programmen und Projekten für jedermann sein sollte, d.h. eine Orientierung, die die Territorialität
staatlicher Institutionen aufgibt.
    Das Referat provoziert eine rege Diskussion und veranlasst neue, weiter-
führende Fragestellungen. Ergänzend zum wirtschaftsoptimistischen Cecchi-

ni-Bericht wird die Entstehung neuer Externalien an der EG-Peripherie und in Transitregionen befürchtet. Wie wäre insbesondere die Verkehrsproblematik in die Regionalstruktur Europas einzuordnen? (AERNI-Bern). Es muss auch gefragt werden, wie sich die Regionalisierung von Umweltauflagen mit der Zielsetzung „Schaffung gleichwertiger Lebensräume" vereinbart und ob damit nicht neue Disparitäten zwischen den Standortsfaktoren armer und reicher Regionen verbunden sind (HAUBRICH-Freiburg i.Br.). Schliesslich werden die Auswirkungen der deutschen Wiedervereinigung mit ihren umfangreicheren Grenzkonstellationen als ein zusätzliches Argument für einheitliche Gemeinschafts- bzw. europaweite Umweltqualitätsnormen erkannt (GALLUSSER-Basel).

2. Die Problematik in anderen europäischen Grenzräumen

2.1 Werner BÄTZING (Bern):
Eine internationale Alpen-Konvention als staatenübergreifendes Problemlösungskonzept für den Alpenraum und für Europa.

Die Alpen werden durch die modernen Staatsgrenzen sehr stark zerschnitten. Obwohl sie einen sehr grossen Raum mit einer Fülle gemeinsamer Traditionen und Problemen darstellen, der zudem noch mitten in Europa liegt, hat diese staatliche Zersplitterung im 19.-20.Jahrhundert dazu geführt, dass die Alpen europäische Peripherie geworden sind: Die nationalen Alpenteilräume stellen nur noch das „Hinterland" der verschiedenen europäischen Zentren dar. Man kann daher etwas überspitzt aber durchaus zu Recht behaupten, dass sich die Alpen nur aus Grenzregionen zusammensetzen, sodass sie als Ganzes eine typische Grenzregion darstellen. Der Widerspruch zwischen den gemeinsamen Problemen aller Alpenregionen und der nationalen Zersplitterung führte schon Mitte der 70er Jahre zu wissenschaftlichen und politischen Anstrengungen, um eine alpenweite Raumordnungspolitik auf europäischer Ebene durchzusetzen. Aber erst die internationale Alpenschutzkommission CIPRA, der Dachverband aller Umwelt- und Naturschutzgruppen im Alpenraum, initiierte die Idee einer „Alpenschutzkonvention" (im folgenden: AK), d.h. eine internationale Vereinbarung mit gesetzlich verbindlichem d.h. einklagbarem Charakter, für den gesamten Alpenraum zum Zwecke der gemeinsamen Lösung aller grenzüberschreitenden Umweltprobleme. Die politische Realisierung wurde 1989 durch den bundesdeutschen Umweltminister Klaus TÖPFER eingeleitet, indem dieser die Umweltminister aller sieben Alpenstaaten zu einer Alpenkonferenz nach Berchtesgaden einlud; dort sprachen sich alle sieben Staaten offiziell für die Erarbeitung und Verabschiedung einer AK aus. Seitdem wird von diesen Staaten an der sogenannten „Rahmenkonvention" und an den vier „Protokollen" betreffend „Natur- und Landschaftsschutz", „Berglandwirtschaft", „Tourismus" und „Verkehr" gearbeitet. An der 2. Umweltministerkonferenz vom November 1991 ist u.a. die Rahmenkonvention verabschiedet worden, doch ist angesichts der staatspolitischen Kontroversen nicht mit einer baldigen Einigung in konkreten Einzelfragen zu rechnen.

Trotz der zu erwartenden Schwierigkeiten muss der AK eine zentrale Bedeutung innerhalb der grenzüberschreitenden Problemlösungskonzepte des heutigen Europa zuerkannt werden, insbesondere aus folgenden Gründen:

1. Im Gegensatz zur Regio Basiliensis, dem Bodenseeraum oder ähnlichen europäischen Grenzregionen, umfasst die AK einen wesentlich grösseren Gebietsteil Europas. Das europäische Interesse an der AK lässt sich daran erkennen, dass die EG Vertragspartner bei der AK ist. Damit anerkennt die EG de facto, dass zentrale Probleme der europäischen Entwicklung nicht allein zentral in Brüssel gelöst werden können, sondern „regionale Konzepte" erfordern. Hier wird ein Gegenmodell zum europäischen Binnenmarkt von 1993 sichtbar: Der gleichberechtigte Zusammenschluss von Regionen mit gleichen Problemen über Staatsgrenzen hinweg zwecks gemeinsamer Problemlösung. Das vielzitierte „Europa der Regionen" könnte am Beispiel der AK zum Modell für ganz Europa werden.

2. Die AK ist keine abgehobene Veranstaltung auf Ministerebene, sondern besitzt einen breiten und lebendigen „Unterbau" lokaler, regionaler und interregionaler Aktivitäten im Alpenraum. Sie könnte daher das politische „Dach" für eine föderalistische Gestaltung der alpinen Entwicklung werden – und damit zum Vorbild für andere Regionen Europas.

3. Im Protokoll der Umweltministertagung von Berchtesgaden, das die inhaltliche Stossrichtung für die AK fixiert, wurde aber nicht nur Ökonomie und Ökologie im Sinne des „nachhaltigen Wirtschaftens" eng miteinander verbunden, sondern auch der Bereich der kulturellen Identität, d.h. der Normen und Werte. Damit steht hinter der AK das Konzept eines „integrierten Umweltschutzes", dem es um eine ausgewogene Gesamtentwicklung der Alpen geht.

4. Die grenzüberschreitende Zusammenarbeit im Alpenraum zielt inhaltlich in zwei Richtungen: Einmal sollen gleiche Rahmenbedingungen stark ausgeprägte nationale und regionale Disparitäten zwischen den Teilräumen abbauen, weil sie sich wettbewerbsverzerrend und umweltfeindlich auswirken. Zum andern kommt der grenzüberschreitenden Zusammenarbeit die strategische Aufgabe zu, die einzelnen alpinen Grenzräume unter sich zusammenzuschliessen und wechselseitig zu stärken. Für die Berglandwirtschaft würde damit etwa der Aufbau einer alpenweiten Qualitätsproduktion mit europaweiter Vermarktung erleichtert, und im Tourismus der gegenwärtige Verdrängungswettbewerb durch gemeinsame Ausbaugrenzen korrigiert. Auch anderswo in Europa könnten mit diesem Instrument strukturschwache Peripherräume gestärkt und der ruinöse Konkurrenzkampf der Entwicklungszentren untereinander gedämpft werden.

5. In einem Europa, das von den grossen Zentren und Agglomerationen wirtschaftlich bestimmt und politisch gesteuert wird, kommt der AK auch die Aufgabe zu, die Alpen insgesamt gegenüber den europäischen Nutzungsansprüchen zu stärken und ihre Selbständigkeit zu erhöhen. Nur so kann sich eine halbwegs gleichgewichtige Auseinandersetzung zwischen den Alpen und Europa und die richtige Nutzung der Alpen entwickeln, welche die ökologische Stabilität der Kulturlandschaft und die kulturelle Identität ihrer Bewohner gewährleistet. Aufgrund der starken Verflechtungen in Europa sind einmal gemeinsame Rahmenbedingungen für ein umweltverträgliches Wirtschaften erforderlich. Dazu braucht aber jede europäische Region mit ihren jeweils spezifischen Situationen und Problemen eine gewisse Eigenständigkeit, um die Entwicklung auf ihre naturräumlichen und geschichtlichen Besonderheiten abzustimmen.

Insgesamt benötigt heute das kleinräumig gegliederte Europa angesichts der zentralistischen Tendenzen der EG dezentrale Regionalimpulse, um eine neue Balance zwischen Zentren und Peripherien sowie zwischen Wirtschaft, Umwelt und Kultur zu erreichen. In der AK konkretisiert sich diese „Regionale Dimension" Europas politisch recht klar und weist einen Weg hin zu einem „Europa der Regionen".

In der Diskussion wurde von einem Votanten die Notwendigkeit der Produktionssicherung für regionaltypische Alpenerzeugnisse angesprochen (z.B. Import von Südtiroler Schinkenspeck aus den Niederlanden). Die AK hätte auch hiezu entsprechende Lösungsansätze vorzubereiten.Ebenso muss der Perimeter der AK speziell beachtet werden: Der Erfahrungsverbund (z.B. des Kantons Bern) zwischen Alpen-Mittelland könnte einer nachhaltigen Alpenentwicklung förderlicher sein als staatlich isolierte „Alpen-Bastionen" mit ihren zahlreichen Beispielen von ökologischen Fehlentwicklungen (z.B. Kanton Wallis); für die Abgrenzung des Aktionsraumes für die AK stellt sich daher die Frage, wie das konstruktive, grenzüberschreitende Bewusstsein der Alpenbewohner verstärkt werden kann gegenüber den verschiedenen Alpenpolitiken von heute (GALLUSSER-Basel).

2.2 Horst FÖRSTER (Bochum):
Umweltprobleme in den Grenzräumen Deutschlands, CSFR und Polens.

Das Referat zeigt die Problematik in den ehemals sozialistischen Gebieten auf. Schon während der 70er- Jahre bestand (wie in westlichen Ländern auch) eine rege Auseinandersetzung mit der spürbaren Umweltbelastung. Zuerst waren es Analysen der Symptome in regionalem oder globalem Massstab, welche vorgenommen wurden. Später setzte man sich verstärkt mit den Ursachen der Umweltschäden auseinander. Dadurch erhielten auch die RGW-Staaten

Umweltgesetze, welche aber unter einem Vollzugsdefizit litten. Vorrangig blieb immer noch die Erfüllung des Plansolls.

Die mit der fortschreitenden Industrialisierung verstärkte Verschmutzung von Luft, Boden und Wasser wurde auf dem Hintergrund des Dogmas einer eo ipso umweltkonformen Wirtschaftsform des Sozialismus als zeitbedingtes, nur durch den Sozialismus überwindbares Phänomen oder als Erbe früherer, kapitalistischer Wirtschaftsweisen abgetan. Damit waren Erkenntnisse der hohen Kosten zur Beseitigung oder Verminderung von Umweltschäden wohl dokumentiert, konnten sich aber in der praktischen Betriebsführung nicht durchsetzen.

Erst mit der Perestroika geschah die Trendumkehr weg vom Primat der wirtschaftlichen Struktur- und Investitionspolitik zu einer offenen Umweltdiskussion und Umweltpolitik.

Heute erleben wir die Dynamik einer totalen Umwälzung in diesem Bereich. Allerdings können 40 Jahre sozialistische Wirtschaftspolitik, Sozialpolitik und materialistische Erziehung nicht von heute auf morgen ungeschehen gemacht werden.

Seit der Vereinigung der ehemals zwei deutschen Staaten sieht sich das neue Deutschland als Nachbar ehemaliger RGW-Staaten direkt in diese Transformation eingebunden. Dabei erfordert die Erkenntnis, dass solche Umweltprobleme über nationale Grenzen hinausgehen, eine gegenseitige, abgestimmte Informations- und Umweltpolitik wie auch gemeinsame Strategien.

Am regionalen Beispiel des deutsch-böhmisch-sächsisch-niederschlesischen Mittelgebirgsraumes wurden diese allgemeinen Bemerkungen konkretisiert.

Die Analyse zeigt zwei wesentliche Aspekte.

– Die ehemalige Hochschornsteinpolitik förderte eine grenzüberschreitende, grossräumige Verfrachtung der Luftschadstoffe. Dabei sind die Grossstädte (Feuerung und Industrie) wie auch die Industriebereiche diesseits und jenseits der Grenze als schwerstgeschädigt zu bezeichnen.

– Die Abhängigkeit von der Kohle als Energielieferant (direkt oder indirekt via thermische KW) wird auch in weiterer Zukunft bestehen bleiben. Die Kern-KW erwiesen sich als problematisch und andere Energielieferanten (z.B. Erdöl) sind Mangelware. Die gegenwärtige Abhängigkeit von Braun- und Steinkohle beträgt in der ehemaligen DDR 71%, in der CSFR 65% und in Polen gar 81%. Angesichts der an und für sich schwierigen wirtschaftlichen Verhältnisse ist zu befürchten, dass sich rein ökonomische Sachzwänge gegenüber Umweltbedenken durchsetzen werden.

Das führt zu einer Bewertung der Situation, die sich heute im nationalen Rahmen der ehemaligen RGW-Staaten CSFR und Polen als fast ausweglos darstellt. Eine Verbesserung verspricht sich der Referent einzig von übernationalen Strategien. Für diese stellt er zwei wesentliche Grundsätze vor.

– Es dürfen nicht nur Normen (z.B. in einer europäischen Konvention) aufgestellt werden.
– Die westlichen Länder müssen mit ihrem technischen know-how und mit finanziellen Mitteln (z.B. Neuinvestitionen) nicht nur allgemeine oder regionale Hilfe anbieten. Diese hat vorrangig vorerst im Planungs- und Managerbereich auf betrieblicher Ebene zu erfolgen.

Die anschliessende Diskussion beschränkte sich auf Stellungnahmen zu den Waldschäden im Erzgebirge und zur Hochschornsteinpolitik.

2.3 Martin SEGER, (Klagenfurt):
Umweltentwicklung im österreichisch-ungarischen Grenzgebiet.

In einem ersten Teil wurde die Umweltproblematik in die humangeographischen Theorien der Grenze eingebaut. Dabei wurde die Grenze als normatives, als politisch-historisches, als periphere Räume wie auch als Gefälle erzeugendes, landschaftsbeeinflussendes Element definiert. Allerdings muss dann festgestellt werden, dass für grenzüberschreitende Umweltprobleme (Schadstoffverfrachtungen, Ähnlichkeit des Naturraumes beidseits der Grenze) diese gängigen Theorieansätze zu erweitern seien.

Diese grenztheoretischen Überlegungen wurden dann im zweiten Teil konkret am regionalen Beispiel des österreichisch-ungarischen Grenzraumes veranschaulicht.

Für Umweltfragen aufgrund bilateraler grenzüberschreitender Einflüsse wurden zwei Beispiele gegeben. Das grenznahe AKW Bohunice bei Bratislava war ursprünglich als binationaler Bau zur Nutzung durch Oesterreich wie durch die CSFR vorgesehen. Oesterreich zog sich aus Umweltüberlegungen aus diesem Projekt heraus. Die CSFR dagegen muss aus energiepolitischen Sachzwängen auf die Inbetriebnahme dringen. Die intensive Beteiligung österreichischer Baufirmen am Flusskraftwerksbau in Ungarn bedeutete indirekt eine Beteiligung an der Zerstörung der Donau-Auenwälder von Hainburg bis Nagymaros. Erst eine von der Basis herkommende Opposition konnte diesem „Export" der Umweltzerstörung an der Donau Einhalt gebieten.

Als Beispiel für eine grenzüberschreitende Raumordnung zwischen Österreich und Ungarn wurde die Entstehung eines bilateralen Nationalparkes Neusiedlersee-Seewinkel gezeigt. Hier bedeutete das Vorhandensein des eisernen Vorhanges für einmal einen Vorteil. Die von ihm zerschnittenen naturnahen Randgebiete blieben von einer Nutzung aus verständlichen Gründen ausgeschlossen.

Eine Interpretation von Satellitenbildern des südburgenländisch-westungarischen Grenzraumes wurde als ökologische Beurteilung der agrarischen Landnutzung in unterschiedlichen Systemen durchgeführt. Hervorstechende

Unterschiede zeigten sich in unterschiedlichen Parzellengrössen sowie in der unterschiedlichen Meliorationsintensität. Die grossen Parzellen der Kolchosen weisen ein geringeres Ökoverbundsystem auf gegenüber den kleineren Parzellen der privaten Bauernhöfe. Die Bodenmelioration zeigt sich in diesem Gebiet stark verhängt mit dem Zwang zu rentablem Anbau, also mit grösseren Kapitalinvestitionen zur Bodenverbesserung.

Endlich wurde aus dem direkten Forschungsgebiet des Referenten, dem Grenzgebiet von Kärnten und Slovenien ein Beispiel vorgezeigt. Ungarische Bleiwerke verursachen hier durch grenzüberschreitende Emissionen beträchtliche Waldschäden.

Zur Beurteilung dieser vier sehr unterschiedlichen Arten von grenzüberschreitender Umweltentwicklung möchte der Referent drei Parameter anwenden, welche sich zwischen
    potentiell bis real
    lokal bis generell und
    systemimmanent bis unabhängig bewegen.

3.Spezielle raumplanerische Aspekte in der Regio

3.1 Dipl.Geogr. K.H. HOFFMANN-BOHNER, (Waldshut/Hochrhein):
        Umweltschutzprobleme sind zollfrei
– praktische und methodische Erfahrungen aus raumplanerischer Sicht.
Als Beispiel dient die Dreiländerregion um Basel (D – F – CH).

Umweltprobleme sind immer auch räumliche Probleme – und sie sind im Prinzip zollfrei, d.h. Grenzen spielen bei der Belastung keine Rolle. Daher geht es dabei nicht nur um den objektorientierten Natur- und Umweltschutz, sondern auch um die Optik der Raumplanung.

Selbst aktiv in dieser Sparte tätig, stellte der Referent zwei Grundthesen auf.
– Gemessen am verwaltungsmässigen Aufwand sind die Erfolge der grenzüberschreitenden Planung äusserst gering, die der grenzüberschreitenden Planung im Bereich Umwelt kaum wahrnehmbar.
– Das Entwerfen von Problemlösungen, d.h. das aktive Handeln findet zu wenig statt. Grundlagen hiezu müsste ein umfassender Informationsaustausch über die Grenze sein.

Im Sinne der zweiten These wurde – als Anforderungsprofil an eine grenzüberschreitende Freiraumkonzeption am Oberrhein – eine zweiphasige Lösungsmöglichkeit vorgestellt.
1. Phase:
    – Grundlagen und Gesamtübersichten im Sinne einer Analyse erarbeiten
    – Gesamtvorstellung konkretisieren und daraus ein Konzept entwickeln

– Das Vorhaben mitsamt den in ihm enthaltenen Konfliksmöglichkeiten präzis formulieren

2. Phase:

– Das Vorhaben ist mit den möglichen Konflikten grenzüberschreitend zu prüfen

– Mit dem Vorhaben müssen nun auch die Akteure und Konflikte koordiniert werden

– Am Ende der zweiten Phase hat die Beschlussfassung zu stehen in Bezug

auf die zu ergreifenden Massnahmen,

auf die betroffenen ausführenden Behörden,

auf die Zeiten d.h. Erstellen eines verbindlichen Zeitplans und

auf die entstehenden Kosten

Für eine problemorientierte räumliche Planung leitete der Referent aufgrund seiner Ausführungen zwei Maximen ab.

Zum ersten darf sich eine solche Planung nicht nur sporadisch mit grenzüberschreitenden Problemen befassen, wenn sich gerade solche vordergründig zeigen, sondern diese Arbeit muss kontinuirlich, ohne Unterbruch an die Hand genommen werden.

Zum anderen können heute nur in geringem Masse Erfolgskontrollen solcher Planungseffekte, wie auch der Planungsarbeiten an sich durchgeführt werden, da kein Instrumentarium hierfür existiert. Daher sind vordringlich solche Prüfungsinstrumente zu schaffen.

In der Schlussrunde kamen noch zwei Kollegen mit Kurzvoten zu zwei spezifischen Problemen der Dreiländerregion um Basel zu Wort.

Dr. L. HAUBER, (Kantonsgeologe Basel), zeigte anhand des deutsch-schweizerischen Grundwasservorkommens im unteren Wiesental und dem Ballungszentrum Basel die Detailprobleme einer gemeinsamen Nutzung. Diesseits und jenseits der Grenze bestehen keine deckungsgleichen Regelungen hierfür.

In Deutschland gilt für die Ausscheidung von Schutzzonen die Lage des Absenktrichters bei der in der wasserrechtlichen Erlaubnis festgelegten maximalen Entnahmemenge. In der Schweiz dagegen werden Schutzzonen in der Regel aufgrund der hydrogeologisch maximal möglichen Entnahmemenge bei minimaler Grundwasserspiegellage ausgeschieden.

Um mindestens in der Grundwasserzone eine einheitliche Grundwasserzonierung zu erreichen, hat das Gewässerschutzamt Basel-Stadt bei den zuständigen deutschen Dienststellen die notwendigen Vorstösse unternommen. Aber staatliche Mühlen mahlen eben langsam.............

Prof.Dr. G. WACKERMANN, (Université de Haute Alsace/Sorbonne Paris), macht auf eine nationale politische Strategie aufmerksam, welche die Ansiedlung von umweltschädigenden Betrieben möglichst nahe der Grenze fördert oder diese sogar ins jenseitige Grenzgebiet zu verlegen versucht. Er stellt dazu fest, dass dieses Vorgehen nicht nur zur französischen, sondern zur allgemeinen heute üblichen Wirtschaftspolitik gehört.

Widerstand gegen eine solche St. Florianspolitik, welcher die Verbesserung der grenzüberschreitenden Umweltsituation zum Ziele hat, ist daher nie „von oben her" zu erwarten. In der Dreiländerregion begann sich jedoch schon früh „Opposition von unten" zu artikulieren. Vorerst waren es einzelne Bürgerinitiativen auf nationaler Ebene. Später erhielten sie Zuzug von jenseits der Grenze. In jüngster Zeit hat die politisch aktive grüne Bewegung begonnen, sich international zu organisieren. Solche gemeinsamen Aktionen zu Gunsten einer besseren Umwelt zeigen sich in der Dreiländerregion immer häufiger.

Bis diese Opposition jedoch zu einer Modifizierung der nationalen Wirtschaftspolitik und damit auch zu einer Angleichung der Umweltvorschriften führt, wird, nach dem Referenten, eine Anpassungszeit notwendig sein. Über den Umfang und die zeitliche Dauer dieser Modifizierung wurde jedoch keine Aussage gewagt.

Die Fachsitzung schloß mit der Hoffnung der Sitzungsleitung, den zahlreichen Teilnehmern eine klärende Problemübersicht über die Umweltfragen in europäischen Grenzregionen vermittelt zu haben. „Bringen wir nur eine oder zwei heute gewonnene Einsichten in unsere Alltagsarbeit und/oder in unsere staatsbürgerliche Verantwortung ein, so dürften sich diese vier Stunden Ausharren in der künstlichen Umwelt des Saals Singapur zu Basel wohl gelohnt haben".

Und wenn wir die kranke Umwelt durch die aktuellen Fehlleistungen unserer Globalgesellschaft nicht „aus den Angeln heben", so erwarten wir als Geographen und verantwortungsvolle Staatsbürger doch von jedem Strahl neuer Erkenntnis die Umsetzung in einen kleinen Schritt hin zu mehr Umweltqualität.

IV.4 Umwelterziehung im Geographie-Unterricht
zwischen Wunsch und Wirklichkeit

Referenten:
J. Härle (Weingarten), W. Habrich (Duisburg), R. Kyburz-Graber (Zürich)
Zusammenstellung: H. R. Volkart (Zürich), P. Lüscher (Basel)

1. Einleitung

„Die Menschheit ist dabei, ihren Lebensraum, den Planeten Erde, unbesonnen und gefährdend im globalen Massstab zu verändern. (...) Die unerhörte Geschwindigkeit, das Ausmass und die Komplexität der menschlichen Eingriffe haben niemals vorher gekannte Grössenordnungen in der Umweltzerstörung erreicht, die die wirtschaftliche Entwicklung unterminieren und das Ueberleben der Menschheit bedrohen" (dtv-Atlas, S. 249).

„Wenn wir unsere natürlichen Lebensgrundlagen erhalten wollen, dann kann unser bisheriger Energiekonsum und damit unser Lebensstil künftig weder von uns selbst noch von der Bevölkerung in den Ländern der Dritten Welt beansprucht werden. Unsere Bildungssysteme sind aufgefordert (...), die Verantwortungsfähigkeit und -bereitschaft zu fördern. Wir haben es mit Verteilungsfragen zu tun, das heisst mit den Fragen, wer noch wieviel von unseren Ressourcen nutzen kann und wer noch wie sehr unsere natürliche Umwelt belasten kann. (...) Eine drastische Begrenzung der Nutzung natürlicher Ressourcen setzt neue Rahmenbedingungen für die Entwicklung unserer Gesellschaft und für unser Verständnis von der Freiheit des Individuums, also für unsere individuelle und gesellschaftliche Lebensführung" (aus: Referat KYBURZ, R., zit. nach Bulletin SGBF 1/91, „Die ökologische Herausforderung einbeziehen").

Die beiden Zitate belegen, dass wir mit Umwelterziehung (UE) einen Bereich von höchster Aktualität ansprechen. Der Geographieunterricht muss die Bewahrung der Biosphäre zum zentralen Thema machen. So nennen 72% der westeuropäischen Bevölkerung Umweltschutz als ein dringendes Problem (SEYBOLD H., S. 122). HAERLE (Referent) meint, dass gerade der Geographieunterricht aus verschiedenen Gründen sehr gute Voraussetzungen für die UE mitbringt, sich aber auch der Verpflichtung, diese zu nutzen, heute nicht mehr entziehen darf: „Der Geographieunterricht ist gewohnt, sowohl die ganze Erde als auch den jeweiligen Ort im Blick zu haben, unterstützt somit das von Umweltverbänden geforderte „global denken, lokal handeln". Geographie findet – in der Praxis freilich meist zu wenig – nicht nur im Klassenzimmer, sondern auch draussen statt, ermöglicht somit die Konfrontation mit Umweltsünden und Umweltsanierungen, mit Landschaftsschäden und Landschaftsschutz. Dank ihrer Beheimatung im natur- wie im geistes- und sozialwissen-

schaftlichen Sektor hat Geographie unter allen Schulfächern den breitesten
Zugang zum Umweltbereich. Sie ist in sich schon fächerübergreifend und die
für sie wichtigen Landschaften erziehen zur Zusammenschau und zum vernetzten Denken. Die meisten Umweltbelastungen haben ja komplexe Ursachen und
erfordern, dass bei ihrer Milderung vieles bedacht wird. Die Geographie besitzt
somit ein grosses Potential für die UE."

Bei der Beurteilung der UE im Geographieunterricht gilt es, zwei weitere
Aspekte zu beachten. Einerseits hat sich seit den 70er Jahren die enge Bindung
des Geographieunterrichtes an die Universitätsdisziplin Geographie stark
gelockert. Durch die Spezialisierungen der geographischen Forschungszweige
und eine Pluralisierung theoretischer Grundpositionen hat die geographische
Disziplin an der Hochschule ihre Orientierungsfunktion für den Schulunter-
richt eingebüsst, was die Lehrerinnen und Lehrer zunehmend vor die immer
schwierigere Aufgabe stellt, das Material für unterrichtsrelevante Themen
selbst zu erarbeiten. Anderseits scheint der Auftrag des „geographischen
Erziehers" auch angesichts des pluralistischen Zeitgeistes immer problematischer. Welche Werte und welche Normen sind gültig? Soll der Bezugspunkt der
Rechtfertigung bestimmten Handelns von der Gesellschaft auf den Einzelnen
verlagert werden? Die Konsequenz dieses Denkens wäre Schülerorientierung,
womit Mündigkeit, Emanzipation, Selbstbestimmung und Selbstverwirklichung
ins Blickfeld rücken würden.

Die Fachsitzung „Umwelterziehung im Geographieunterricht" versuchte,
mit drei Referaten und kurzen Diskussionen, die wichtigsten Fragen des
komplexen Problemkreises UE darzustellen und für die Zukunft wirksame
Strategien aufzuzeigen.

2. Zum Begriff „Umwelterziehung"

Zur Praxis einer geographisch akzentuierten UE stellt HABRICH fest, dass ,in
den Unterrichtsvorschlägen zum Problembereich Geographie – Oekologie –
Umwelt verschiedene Lösungsansätze deutlich werden. Sie lassen sich in
folgenden plakativen Zuordnungen dokumentieren: Umwelterziehung,
Umweltbildung, Oekologische Bildung, Oekopädagogik, Natur- und Umwelterziehung. Zwei grosse Bereiche werden von den Geographen behandelt:
1. Informationen über globale und grossräumige Umweltprobleme, z.B.
    solche über das Ozonproblem, die Einflüsse der Klimaänderungen auf die
    Geozonen und solche zum Wechselspiel der Natur und Gesellschaft in
    diesen Räumen. Im Mittelpunkt vieler Einheiten aber stehen
2. Informationen über lokale und regionale Umweltprobleme. Sie sollen den
    Lernenden helfen, diejenigen Kenntnisse, Einstellungen und Fertigkeiten
    zu erwerben, die eine Voraussetzung für die Lösung von Umweltproble-
    men sind."

Auch KYBURZ stellte zunächst die Frage „Was ist Umwelterziehung?", meinte aber sogleich, „diese Frage scheine heute, nach 15 Jahren Bemühungen zur Förderung von UE eigentlich müssig zu sein", und fuhr fort:

> „Wenn aber Umwelterziehung ...
> ... als naiver Aktivismus von einigen „übertrieben Motivierten" abgetan wird;
> ... als ein Mittel für fromme Bekehrung zu angepasstem umweltgerechtem individuellem Verhalten verstanden wird;
> ... als eine zusätzliche Aufgabe der Schule betrachtet wird, die erst dann angepackt werden kann, wenn alles andere erledigt ist, als Dessert sozusagen,

dann muss immer wieder in aller Deutlichkeit gesagt werden, was Umwelterziehung sein sollte:

> „Umwelterziehung ist eine umfassende pädagogische Aufgabe: Es geht dabei um mehr als reine Vermittlung von „Natur- und Umweltschutzwissen". Entscheidend ist die Entwicklung und Pflege einer verantwortlichen Beziehung zu unserer Mit-Welt, eines ganzheitlichen und langfristigen Denkens und eines umweltschonenden Lebensstils". (Umwelterziehungstagung WWF, Bundesamt für Umwelt, Wald und Landschaft 1984).

Die Idee eines *Umweltbeauftragten*, der in *jeder einzelnen Schule* zu bestimmen wäre und verantwortlich zeichnen würde für Koordination der Unterrichtsinhalte und Kooperation innerhalb der Lehrerschaft, sei hier aus der Diskussion herausgegriffen. In dem Masse, wie die Gesellschaft bzw. der Staat im allgemeinen und das soziale Umfeld im besonderen versagten, sind Schule und Lehrpersonen gefordert. Persönlichkeitsmerkmale und Kompetenzen auf (Geographie-) Lehrerseite wie Engagement, Zivilcourage, Naturverbundenheit und Kreativität sind gefragt. Notwendig wäre, wie DIECKHOFF einmal bemerkte, dass Lehrerinnen und Lehrer, Lehrergruppen und schliesslich ganze Schulen lernen, sich gleichsam als „Kristallisationskerne" für dezentrale Veränderungen zu verstehen, die gleichzeitig „den einzelnen (ausserhalb der Erwerbstätigkeit) eine sinnvolle Handlungsperspektive eröffnen und die Chance der Gesellschaft (und ihres „Agenten", des Staates) erhöhen, die Inanspruchnahme (Zerstörung) der Umwelt zu reduzieren" (DIECKHOFF, K.-H., S. 100). KYBURZ stellt in ihrem Referat einleitend fest, dass es bei umwelterzieherischen Zielsetzungen um drei Komponenten geht:

Individueller umweltschonender Lebensstil

Umweltpolitisches Denken und Handeln

Bereitschaft, umweltpolitische Entscheidungen mitzutragen

„Umwelterziehung in der Schule bedeutet vor diesem Hintergrund, dass sich Schülerinnen und Schüler aktiv mit der Umweltsituation auseinanderset-

zen sollen, alle Komponenten einer gesellschaftlichen, politischen Meinungs-
und Einstellungsbildung sowie Entscheidungsfindung selbst erleben müssen.
Dem Fach Geographie kommt dabei eine hervorragende Bedeutung zu, ist es
doch diejenige Disziplin, welche natur- und sozialwissenschaftlichen Sicht-
weisen, quantitative und qualitative Methoden in einem Fach verbindet, in sich
selbst also interdisziplinär ist. Gemäss Lehrplänen scheint sie diese Aufgabe
gut erfüllen zu können."
    Die Erziehungsdirektorenkonferenz der Schweiz hat am 28.10.88 folgende
Erklärung verabschiedet:
1. Umwelterziehung (UE) ist eine Aufgabe aller Schulstufen.
2. UE soll als Leitvorstellung und als fächerübergreifender Unterricht ein
   grösseres Gewicht erhalten. Es geht weniger darum, neue Unterrichtsinhalte einzuführen als vielmehr darum, die Aspekte der UE im heutigen
   Lehrstoff zu berücksichtigen. Eine Mehrbelastung des Unterrichts kann
   damit vermieden werden.
3. Aktuelle Umweltthemen und -probleme sollen vermehrt Eingang in die
   Lehrpläne und die Lehrmittel der verschiedenen betroffenen Fächer finden.
4. In einer pluralistischen Gesellschaft ist die Behandlung kontroverser
   Themen aus der UE unumgänglich. Sie trägt zur selbständigen Urteilsbil-
   dung sowie zur staatsbürgerlichen Erziehung bei.
5. UE soll keine Aengste wecken, sondern Möglichkeiten zur Bewältigung
   von Problemen aufzeigen. Damit kann die Selbstverantwortung gefördert
   werden.
6. UE soll im Lebensraum des Schülers ansetzen, zu reflektierten Haltungen
   und zu konkretem Handeln führen.
7. Die Aus- und Fortbildung der Lehrer im Bereich UE ist zu fördern (in:
   BUWAL Bulletin 1—89, S. 4, zitiert aus EDK-Dossier 8A)

HAERLE zitierte aus einer Resolution der UNESCO-Konferenz zur UE
(Moskau 1987). UE wird definiert als:
    „Erziehung in Auseinandersetzung mit der natürlichen, sozialen und
gebauten Umwelt mit dem Ziel, die Bereitschaft und die Kompetenz zum
Handeln unter Berücksichtigung ökologischer Gesetzmässigkeiten zu ent-
wickeln."
    Die Notwendigkeit der UE veranschaulichte HAERLE mit folgender
Darstellung:

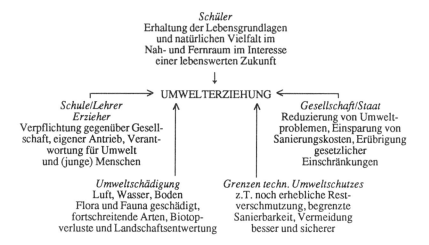

HABRICH seinerseits möchte den Begriff UE durch *Oekologische Bildung* ersetzen, da in der gegenwärtigen Diskussion UE häufig als Umweltschutzunterricht verstanden und als Systemanpassung diskreditiert wird. Der Geographieunterricht muss sich erheblich verändern, wenn er

1. den Menschen in seiner Ganzheit erfassen soll,

2. die Gesamtheit der Lebenszusammenhänge im Fachunterricht, im interdisziplinären Umfeld und im gesamten Schulleben begreift und

3. dazu angemessene Methoden benutzt.

Der erfahrene Gegenstand, der erlebte Raum, das wahrgenommene Problem – so HABRICH weiter – werden „unter einer Vielzahl von Bezügen gesehen. Wir erfahren, wie wir zu dem geworden sind, was wir sind und wie die Gesellschaft das einordnet und bewertet. Dabei steht sicher eine bestimmte normative Grundeinstellung hinter einer so formulierten ökologischen Bildung, etwa im Sinne Albert Schweitzers: „Ich bin Leben inmitten von Leben, das auch leben will". Bei unseren Vorüberlegungen wird deutlich, dass UE, auch im Geographieunterricht, eine praxisorientierte, handlungs-, problem- und situationsorientierte ökologische Bildung sein sollte."

Richtigerweise wurde in der Diskussion verschiedentlich bemerkt, dass UE im Geographieunterricht eine eminent *politische Dimension* besitze und dadurch zugleich hohe ethische Ansprüche stelle. UE soll in unseren Schulen, darüber herrschte Einigkeit, kein eigenes institutionalisiertes Fach sein. Sie läuft sonst Gefahr, dass sie ihrerseits isoliert geschieht und damit die Zusammenhänge und ihre Sinnmitte vernachlässigt. Sicher muss UE auch mehr sein als Wissensvermittlung. Zusammenhänge müssen einsichtig gemacht werden durch „erleben-beobachten-erfahren-untersuchen-bewerten" (HABRICH). Kennzeichen der UE im Geographieunterricht sind zusammenfassend nach HAERLE *Handlungsorientierung, Landschaftsorientierung* und *Kooperationsbereitschaft.*

3. Möglichkeiten der Umwelterziehung im Geographieunterricht

Während ein weitgehender Konsens über die Aufgaben der UE herrschte, wurde deutlich, wie sehr viel problematischer die Realisierung dieser Aufgaben in der Schule ist. EULEFELD u.a. haben – nach Bericht von HABRICH – in einer sorgfältigen empirischen Untersuchung die Praxis der UE analysiert. Ihr Fazit für das Fach Geographie, wenn man als didaktische Forderungen für Einheiten der UE die Merkmale situations-, handlungs-, problem- und systemorientiert ansetzt, lautet:

Nur 5% aller Unterrichtseinheiten entsprechen diesem wünschenswerten Merkmalskomplex. In 57% der Fälle haben wir einen verbalorientierten Unterricht, in dem überwiegend mit Papiermaterialien gearbeitet wird, die entlang einer verbalen Darstellung bearbeitet werden. Bei den übrigen tauchen äusserliche Anbindungen an Umweltsituationen auf, alle anderen Merkmale treten nicht mehr auf.

Andere Berichte kommen zu ähnlichen Beobachtungen. Wenn wir also aus der Praxis der geographischen UE über manche gut gelungene Beiträge berichten können, die den Ansprüchen einer modernen handlungs- und praxisorientierten ökologischen Bildung entsprechen, zeigt die breite Realität immer noch ein weites Auseinanderklaffen zwischen Wunsch und Wirklichkeit.

Das liegt an vielen Gründen, etwa an Schwierigkeiten der schulischen Organisationsformen (Stichwort Fächerprinzip), im Verhalten der Lehrer (etwa in einer zu geringen Kooperationsbereitschaft oder -fähigkeit) oder in den Traditionen schulischen Lernens, das z.T. noch, wie BAUER in einem Vortrag in Iserlohn darstellte, u.a. durch einzel-wissenschaftliche Ansätze, Lebensweltferne, selten praktiziertes offenes und problemorientiertes Lernen gekennzeichnet ist.

Handlungsorientierte Umwelterziehung wird da häufig in Nischen der Projekttage und Schullandheimaufenthalte abgedrängt und ist nicht Teil der gesamtschulischen Lebenswirklichkeit."

HAERLE sekundierte, wenn er sagte, dass Wahrnehmen und Informieren allein nicht genügten. UE zielt auf ein gewünschtes Verhalten. „Den Schülern müssen die Umweltprobleme gleichsam unter die Haut gehen. Möglichkeiten zu eigenem Tun sind aufzuzeigen und, wo es geht, auch zu realisieren – etwa durch Mithilfe bei der Umgestaltung des Schulbereichs oder bei Anlage und Schutz von Lebensräumen. Nur vom Klassenzimmer aus wird dies nur begrenzt erreichbar sein; vor Ort, etwa unter dem Eindruck eines naturnahen oder denaturierten Baches, einer harmonischen oder zersiedelten Landschaft lassen sie sich besser motivieren."

Da Massenmedien nur bedingt umwelterziehend wirken und eigentlich selten gewünschtes Handeln auslösen, sind die Möglichkeiten der Realisierung von UE im Unterricht angesprochen. Hier ist vor allem zu denken an

- Fächerübergreifenden Unterricht.
Oft sind ad hoc organisierte Team-Teachings bedeutend wirkungsvoller als von langer Hand vorbereitete Fächerkombinationen, da sich aktuelle Begebenheiten direkt und rasch umsetzen lassen.
- Projektunterricht.
Durch Schüler- und Produktorientierung sowie einem meist interdisziplinären Ansatz ist diese Unterrichtsform besonders für die Bearbeitung von Umweltproblemen geeignet.
- Ergänzend zu aktiven Lernformen wie z.B. Ausstellungen gestalten, Teilnahme an Wettbewerben und Projekten denkt KYBURZ im weiteren auch an Befragungen, Planspiele und Erkundungsprotokolle, die sich als Methoden im Normalunterricht einbauen lassen.
- Lehrerfortbildung.
An den Schulen müssen unbedingt fachliche und pädagogische Beratungen eingeführt werden, damit Lehrerinnen und Lehrer in ihren innovativen Bemühungen unterstützt werden können.

HABRICH nannte konkrete Unterrichtsprojekte:
Besonders aufschlußreich für unser Fach sind Berichte des Schulnetzes für Umwelterziehung der Europäischen Gemeinschaft, insbesondere der Abschlussbericht, der 1988 erschien und 1991 in einer 2. Auflage vorgelegt wurde. Darin stellen die beteiligten deutschen Schulen ihre Arbeiten vor:
1. UE in ausserschulischen Projekten (das sind z.B. solche zur Gestaltung der Schulumwelt, zur Renaturierung oder zur Luftbelastung einer Grossstadt, die mit Hilfe von Bioindikatoren über Jahre hinweg untersucht wurde),
2. UE in Fächern, also ein Versuch, UE im normalen Fachunterricht zu integrieren, während eine Reihe anderer Fächer Ergänzung und Hilfen leisten.
Beispiele:
- Robert-Koch-Gymnasium: „Wasser im Oberharz" aus Clausthal-Zellerfeld (Bauer 1987 und 1991, S. 9).
- Görres-Gymnasium: „Beitrag zum internationalen Projekt über Bioindikatoren", Koblenz.
- Partizipationen durch Schulen an innerstädtischen Problembereichen: Wöhlerschule.

Aus solchen Arbeiten wird die Richtung ersichtlich, in der sich eine handlungsorientierte UE abspielen soll. Dabei geht es nicht um einen Aktionismus, auch nicht allein um individuelle Verhaltensänderungen, sondern zugleich auch um eine Vorbereitung auf ein verantwortungsvolles gesamtgesellschaftliches Verhalten."

Das „Sphären-Modell" von HAERLE zeigt, dass sich das Lernen im Bereich UE in der Umwelt selbst ereignen muss.

SPHÄREN DER UMWELTHANDLUNGSMÖGLICHKEITEN
(schematisch)

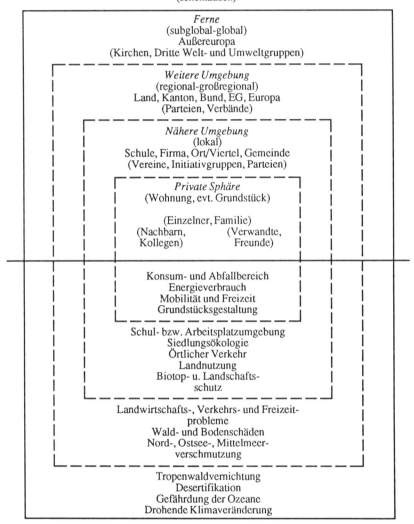

Für den Bereich „Freizeit und Verkehr" erläuterte HAERLE noch genauer, welche Unterrichtsinhalte besondere Umweltrelevanz besitzen:

„In der Geographie gibt es zwar kaum Teilgebiete, die für die Umwelterziehung bedeutungslos wären; unstreitig sind einige aber von grösserer Wichtigkeit.

Sieben Säulen
Schwerpunkte der Umwelterziehung im Geographieunterricht

Boden	Landwirtschaft	Landschaft	Freizeit und Verkehr	Siedlungsökologie	Planung	Klima

Nah- auch Fernthemen aus allgemeiner und regionaler Geographie

Die hier dargestellten sieben Säulen sind unter der Annahme ausgewählt worden, dass zu den Themen Müll und Abwässern schon die Grundschule Wesentliches geleistet hat und sich die Biologie mit dem Arten- und Biotopschutz lokal und global befasst hat. Es sind hauptsächlich die Bereiche aufgeführt, die in anderen Fächern ganz oder weithin unberücksichtigt bleiben.

Eine Säule, das *Freizeitverhalten*, soll näher beleuchtet werden. Das Verhalten in der freien Zeit ist zunehmend umweltrelevant; es betrifft auch Schülerinnen und Schüler und bietet sich wegen seiner mannigfachen Auswirkungen besonders für die Umwelterziehung im Geographieunterricht an. Durch den heute dominierenden Freizeittrend wird die ohnehin von Intensivlandwirtschaft, Strassen- und Siedlungsbau reduzierte naturnahe Landschaft schwerwiegend belastet. Die gesteigerte Nachfrage nach Erholungslandschaft trifft auf ein verringertes und verschlechtertes Angebot.

An beiden Punkten kann und muss freizeitorientierte Umwelterziehung einsetzen – an der Reduzierung der Nachfrage, dem Bedürfnis nach weiten Fahrten und landschaftsbeanspruchenden Sportarten und an der Verbesserung des Erholungswertes der Landschaft (und der Siedlungen). Möglichkeiten hierzu zeigt die Zusammenstellung:

Möglichkeiten einer freizeitorientierten Umwelterziehung

(Kindergarten/ Vorschule	Grundschule	Sekundarstufe I	Sekundarstufe II
Empfänglichmachen für Vielfalt und Schönheit naturnaher Landschaften und Nutzung im Jahresverlauf Erfahrung des Rhythmus von Arbeit und Muße Einüben umweltgerechten Verhaltens			
Freizeitmüll und seine Vermeidung			
	Naturnahe Gestaltung und Pflege der Schulumgebung		
		Mithilfe bei Planung und Gestaltung des innerörtlichen und Naherholungsraumes	
		Sportbedingte Umweltschäden, Vermeidung und Reduzierung (bes. Skifahren, Surfen) Reisen als Privileg, Chance und Verpflichtung Natur- und sozialverträgliches Reisen bei Schulausflügen und Studienfahrten	
			Gegenüberstellung des „sanften" und „harten" Reisens unter dem Aspekt eigener Betroffenheit und Realisierungsmöglichkeit
			Verantwortbare Freizeitmobilität und landschaftsbeanspruchende Sportarten

Schwerpunkte dabei sind, dass Kinder und Jugendliche für die Schönheit und Vielfalt der Natur in der Nähe sensibilisiert werden, dass sie mithelfen, Naturerlebnismöglichkeiten zu erhalten und wenn nötig die Voraussetzungen für solche zu schaffen – von der Schulumgebung über den Orts- und Naherholungsbereich bis zum entfernten Fremdenverkehrsgebiet" (HAERLE).

4. Der Stellenwert der Lehrmittel in der Umwelterziehung

Es stellt sich ernsthaft die Frage, wenn STOTTELE seinen Diskussionsbeitrag im Heft Praxis Geographie mit „Zielgruppe verfehlt: Umwelterziehung an den Jugendlichen vorbei" betitelt, ob die Geographie ihre (Umwelt-)Aufgabe zu wenig kompetent wahrnimmt. Dabei ist nun von besonderem Interesse, inwiefern die gebräuchlichen Lehrmittel auf Erfolg bzw. Misserfolg beim Erreichen umwelterzieherischer Ziele Einfluss haben.

Als Anforderungen an ein Lehrmittel, das im besonderen den Zielen der UE gerecht werden soll, sind (nach KYBURZ) folgende Punkte von Bedeutung:
–   ausformulierte didaktische Ziele (Transparenz);
–   Bezug zu aktuellen Umweltsituationen, -fragen und -problemen, von denen die Schülerinnen und Schüler betroffen sind und die sie beschäftigen;

– Informationen aus der Sicht verschiedener Fachbereiche und auf dem Hintergrund kontroverser weltanschaulicher Standpunkte; methodische Vorschläge, wie solche Informationen verarbeitet werden können;
– didaktische Vorschläge und methodische Beschreibungen, welche die Eigenaktivität, Selbstverantwortung und das Selbstvertrauen in die eigenen Fähigkeiten und Kompetenzen fördern können (z.B. Anleitungen für selbständige Gruppenarbeiten, Rollenspiele, projektorientierter Unterricht, Fallstudien);
– Anregungen und genaue praktische Vorschläge für Arbeiten ausserhalb des Schulhauses, in der nahen Umwelt der Schule (z.B. Arbeitsaufträge für Untersuchungen mit Protokollvorlagen, Beobachtungsanleitungen, Leitfaden für Befragungen, Beschreibungen von Experimenten).

Nach ausführlichem, mehrheitlich kritischem Referieren der analysierten Aspekte „Quellen der Information", „Querverbindungen zu anderen Fächern" und „Umweltthemen" (Veränderung von Landschaftsräumen, Raumplanung, Luftverschmutzung, forstwirtschaftliche Probleme, landwirtschaftliche Probleme, Verkehrsprobleme) gibt die Referentin weiter zu bedenken, dass Lehrerinnen und Lehrer in der Regel wenig über den didaktischen Hintergrund der Lehrmittel erfahren:

„So wird nicht offengelegt, wo die Autoren der Lehrmittel stehen, was sie als wichtig erachten und warum. Anders ist dies im Zusatzheft „Arbeitshilfen und Lernplanung" zu „Die Schweiz und die Welt im Wandel". Hier heisst es u.a.: „Es gilt immer zu zeigen, in welcher Art der Mensch die Erde verändert hat und welche Folgen sich für ihn und die künftigen Bewohner ergeben (...). Wir müssen einsehen, dass Umwelt und Naturhaushalt nicht irgendwelche, gelegentlich auch noch zu berücksichtigende Faktoren darstellen, sondern vielmehr und stets die Basis für die gesamte menschliche Tätigkeit bilden (...)." Angaben für eine fächerübergreifende Zusammenarbeit fehlen aber auch da. Die Rolle der Lehrerin/des Lehrers wird oft nicht thematisiert. Diese zu reflektieren wäre wichtig, geht es doch bei der Umwelterziehung auch um ein neues Lernverständnis. Dass dieses noch keineswegs selbstverständlich ist, zeigt folgendes Beispiel, in „Unterricht Geographie, Oekologie und Umweltschutz". „Ziel ist es, (...) den Lehrer in seiner Vorbereitungsarbeit so zu unterstützen und zu entlasten, dass er (...) dadurch dann über und nicht mehr in der Sache steht, dass er die unterrichtlichen Vermittlungsprozesse somit souverän organisieren kann, statt sich mehr schlecht als recht durchkämpfen zu müssen." Im weiteren deuten Unterrichtsziele, wie sie in „Umweltschutz im Unterricht" zum Ausdruck gebracht werden, auf eine enge Sichtweise des Lernens hin: wissen, erkennen, einsehen, erklären, begründen; aber nirgends entdecken, beobachten, erforschen, erkunden, wahrnehmen, fragen, tun" (KYBURZ).

Zu den Lern- und Sozialformen äusserte sich die Referentin wie folgt:
„Alle untersuchten Lehrmittel enthalten z.T. zahlreiche Aufgaben für die
Schülerinnen und Schüler, die entweder in den Schulbüchern selbst oder aber
im Lehrerkommentar formuliert sind. In den meisten Fällen handelt es sich um
Ueberlegungsfragen, die unmittelbar mit dem Text oder den Bildern zusam-
menhängen oder die Schüler (gedanklich) mit ihrer eigenen geographischen
Umgebung konfrontieren sollen. Es kommen z.T. viele interessante, Schüleraktivität fördernde und handlungsorientierte Vorschläge vor, wie z.B. längere
Gruppen- und Partnerarbeitsaufträge (projektartig), Ausstellungen gestalten,
Befragungen, Planspiele, Protokollvorlagen für Erkundungen usw.. Hervorzuheben ist auch der in den Lehrerkommentaren immer wiederkehrende Vorschlag, Problemsituationen mit der Darstellung von Vernetzungen zu
durchleuchten. Die vernetzende Betrachtungsweise ist auch in anderen Lehrmitteln, die später untersucht wurden, integrierender Bestandteil; man muss
sich aber manchmal fragen, wer denn nun das Vernetzen lernen soll: der Autor/
die Autorin, die Lehrerin/der Lehrer oder die Schülerin/der Schüler? Der
grösste Gewinn liegt im eigenen Darstellen sowie im darin verbundenen
Durchdenken der Dynamik, die entsteht, wenn Beziehungen mit unterschiedlicher Bedeutung wirksam werden. Die Lehrmittel, vor allem auch diejenigen
für die höheren Stufen, weisen auffallend viel Papiermaterial auf, d.h. den
Schülerinnen und Schüler werden die Informationen fertig vorgelegt, eigene
Forschungen kommen kaum zum Zug, wie z.B. Durchführung von Fallstudien,
Interviews (standardisiert und nicht standardisiert), eigene Beobachtungen und
Untersuchungen. Gerade zur Landschaftsökologie bieten sich solche eigenen
Forschungsaufgaben für Schülerinnen und Schüler aber geradezu an.

Wo liegen die Probleme?
Es ist im Grunde vieles an Informationen vorhanden, aber zu glatt, zu fertig,
vorgekaut, ohne Ecken und Kanten und Widersprüche, der Alltagsrealität der
SchülerInnen zu fern und darum unverbindlich; die SchülerInnen sind ver-
dammt zum Nachvollziehen, was andere vor ihnen schon gewusst und gedacht
haben. Die grosse Informationsmenge, die auch vor der Schule nicht haltmacht,
kann erdrücken, blockieren, lässt resignieren, abstumpfen, abschalten, abweh-
ren. Der Weg aus dieser Sackgasse kann nur heissen: Mehr Wissen selbst
produzieren, Fähigkeiten selbst erproben, selbständig statt vermittelt lernen.

Was heisst das konkret?
–   Statt nur vorhandene Informationen lesen, auswendig lernen, diskutieren
    und Fragen dazu beantworten: zusätzliche Informationen selbst beschaf-
    fen, Fragen dazu selbst stellen, Informationen anwenden (z.B. im Rollen-
    spiel oder beim Gestalten von Ausstellungen), mit andern Leuten diskutie-
    ren. Sicher muss immer eine Spannung erhalten bleiben zwischen gutem
    vorgefertigtem Material und Eigenaktivität. Das Gewicht muss sich jedoch
    in Richtung Eigenaktivität verlagern.

– Dazu könnten alternative Vorgehensweisen zur Produktion von Unterrichtsmaterial gewählt werden: Gruppen von LehrerInnen und Fachleuten einigen sich auf Ziele und Themen und stellen Materialien zusammen; dies soll nicht perfekt sondern mehr perspektivisch z.B. in Form von grauen Lehrmitteln zum Weitergeben geschehen.

– SchülerInnen erarbeiteten Informationen, die sie selbst beschafft haben mit gleichem Vorgehen: Planungsstunde, Individual- oder Partnerarbeit, Plenumsdiskussion, Redaktionsarbeit und Anwendung. Dabei sind Methoden der Erwachsenenbildung sehr hilfreich (z.B. gemeinsame Planung, Sachdiskussion, Expertenbefragung usw.).

– Schlüsselbegriffe selbst erarbeiten und definieren, um ausufernde Information zu strukturieren wie: Kreisläufe, Seinsebenen, komplexe Systeme, Tragbarkeit, nachhaltige ökologische und soziale Entwicklung, Wissen und Nicht-Wissen.

– Schülerinnen und Schüler sollten angeregt werden, Fragen nach den Hintergründen von Situationen zu stellen: Welche Werte müssen gegeneinander abgewogen werden? Welche Ziele und Motive stehen hinter Handlungen? Welche Wertentscheidungen und Handlungsmöglichkeiten gibt es? Für welche Rangordnung der Werte würden sie sich entscheiden? Welche Handlungsmöglichkeit würden sie auswählen? Also Fragen nach dem Warum? Wer? Wie? Wozu? Wann?

– Den Menschen in seiner Doppelstellung in die ökologische Betrachtungsweise einbeziehen, nicht als Aussenstehenden neben der Naturlandschaft betrachten.

– Bevorzugte Methoden wählen: Erkundungen mit Fragenkatalog (im Lehrmittel nur als Vorschlag, nicht vorgeschrieben), Veränderungen in der nahen Umwelt (Naherkundung) dokumentieren (Fotos, Karten, Pläne usw.), selbst Informationen beschaffen und Dokumentationen erstellen z.B. über Regionen, Gemeinden, Städte usw.), Arbeitsaufgaben als Vorschläge ins Schülermaterial aufnehmen, damit sich diese mit möglichen Unterrichtstätigkeiten aktiv auseinandersetzen können, Informationen als Anregung für eigene Recherchierarbeit verwenden, Netzwerke für Problemlösungen einsetzen, kritische und kontroverse Texte auch in das Schülermaterial integrieren, in Verbindung mit Arbeitsaufgaben. Und schliesslich: didaktische Informationen für die Lehrerinnen und Lehrer, z.B. über Leitung von Gesprächen, Entscheidungsfindung in der Klasse, Planungsprozesse, Formen des Informationsaustausches."

5. Grenzen und Widerstände der Umwelterziehung

HAERLE führt im dritten Teil seines Referates aus:
„Fast jedes Schulfach klagt über zu wenig Zeit. Bei unvoreingenommener Betrachtung muss aber festgestellt werden, dass die sich in den letzten Jahr-

zehnten immer deutlicher abzeichnenden globalen Umweltprobleme wie Vegetations- und Bodenschädigung, Bevölkerungsexpansion, Wasser- und Klimagefährdung durch Abfälle aller Art und der Bedarf an mehr regionalen Kenntnissen angesichts der sich näher kommenden Staaten und Kulturen von den Kultusministerien mit einer Reduzierung der Geographiestunden beantwortet wurden."

In seinen Ausführungen erläuterte HAERLE weitere Grenzen und Widerstände gegenüber der UE:

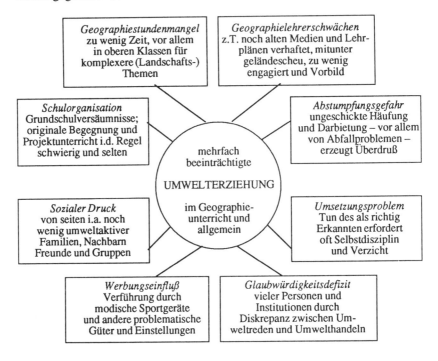

Wichtig schien den Teilnehmern der Diskussion, dass man wohl diese Grenzen sehen muss, daran aber nicht resignieren darf. Vielmehr mussten diese Widerstände von den Lehrern als Herausforderungen angenommen und konstruktiv bearbeitet werden. Gerade „kraft des Faches" kann die Geographie ihre Stellung im heutigen Umwelt-Umfeld noch besser legitimieren. Eine zentrale Bedeutung kommt sicher der Lehrerin/dem Lehrer zu. So dürfen einerseits die Geographielehrer keinesfalls ein Image der „Umweltfreaks" aufbauen, andererseits wird aber von ihnen insbesondere ein hohes Umweltengagement erwartet, das als Vorbildfunktion neben dem der Eltern (oder als Ersatz der Eltern?) wohl am stärksten erzieherisch wirksam sein kann.

HABRICH sieht die Probleme vor allem beim zu theorielastigen Unterricht und fordert dann ebenfalls: „Was wir affektiv im Schüler erreichen wollen, müssen wir vorher beim Lehrer erreicht haben!"

Damit ist ein Phänomen angesprochen, das beunruhigt. Offenbar können immer mehr Leute mit einem Widerspruch zwischen Wissen und Handeln leben. Im vollen Bewusstsein über ihr ökologisches Fehlverhalten hindert sie nichts an ihrem Tun. Beispiele wären zahllos. Hier lässt sich eigentlich nur mit DIECKHOFF einen Wechsel in der (Lebens-)Perspektive generell fordern, insbesondere aber die „Absage an zwei gesellschaftliche Trends, die in jüngster Zeit den industriellen Fortschritt markieren und durch die traditionelle Politik (zumindest in den westlichen Demokratien) zwar nicht beherrscht (dazu fehlt es ihr an Autonomie und Kompetenz), aber ausgenutzt und verstärkt werden: Es sind dies die Privatisierung der Bevölkerung und die Konzentration von Macht (bei Parteien, Verbänden, in der Wirtschaft usw.). Beide Trends stehen in enger, funktionaler Beziehung und weisen in die Richtung einer quasi „regressiven" (infantilisierten) Freizeitgesellschaft, wie sie sich heute bereits, für viele bedenklich, in der Realität abzeichnet (und die dem Machtbedürfnis ebenso entgegenkommt wie dem Bedürfnis nach Geborgenheit)" (DIECK-HOFF, S. 85).

Die Grenzen der UE, so vielfältig sie sind, haben einen neuralgischen Punkt: die Lehrerpersönlichkeit. Somit bilden, wie mehrmals im Plenum betont wurde, Unterstützungsmassnahmen für Lehrer mit Umsetzungsideen, das Fördern des Erfahrungsaustausches zwischen interessierten Lehrern, die Beratung in komplexen Sachfragen, das Aufzeigen und Dokumentieren geeigneter Lernorte Ansätze zur Ueberwindung institutioneller, systembedingter Widerstände.

6. Schlusswort

Ist ökologische Bildung möglich, UE machbar, Oekologie lehr- und lernbar? So lauten die Schlussfragen.

Trotz der Erfolge des technischen Umweltschutzes bestreitet kaum jemand die Notwendigkeit von Umweltbewusstsein und umweltverträglichem Handeln. Sie müssen jedoch in der Regel gelernt werden, an besten im Kindesalter (HAERLE). Es ist erwiesen, dass es einen positiven Zusammenhang gibt zwischen dem Umgang mit Sachen in der Kindheit und der späteren Rücksichtnahme auf die Umwelt. „Man schützt nur, was man gerne hat." Gefragt ist damit eine neue emotionale Beziehung zur Umwelt. Doch auf welche Weise ist dies inmitten einer Ueberfluss- und Freizeitgesellschaft möglich?

UE soll von den Schülern als sinnvoll erlebt werden. Das ist vor allem dann möglich, wenn man spürt, dass man selber etwas bewirken kann. „Ich kann die Qualität der Umwelt, in der ich lebe, beeinflussen." „Unser Problem", so sagte einmal eine Erziehungsdirektorin, „ist ja, dass wir immer ,für später' lernen und arbeiten. Die Schule bereitet auf das Leben vor, das irgendwann später einmal stattfindet. Und dieses Leben ist dann Arbeit, die man verrichtet, um Geld zu verdienen, um dann einmal richtig leben zu können – z.B. in den Ferien im Ausland. Das gibt keinen Sinn. Der Sinn liegt nicht in dem, was man hier und jetzt tut und denkt, sondern immer irgendwo in der Zukunft. Es gibt aber Beispiele – erste Untersuchungen zum Umweltunterricht an unseren Schulen haben das ergeben —, dass es Lehrerinnen und Lehrern gelingt, den Schülern den Sinn dessen, was sie lernen, unmittelbar zu zeigen." (ROBERT, S. 33)

Der Unterricht kann sich in diese Richtung entwickeln, wenn die Lehrerin/ der Lehrer als Person umweltbewusst vorbildlich lebt, das heisst, das sie auch während des Normalunterrichts durch ihr Verhalten umwelterzieherisch wirkt (und nicht nur während der Projekttage!).

HABRICH zieht seinerseits Bilanz:

> „Es geht um „Leben' in der Schule!
> Auf Ideen kommt es an, dann klappt es.
> Alle Projekte sterben, wenn es keine Initiative gibt.
> Das Gute lässt sich nicht organisieren.
> Das Wichtigste sind nicht allein Konzepte, Ideen, Theorien, sondern das Engagement.
> Wo soll man ansetzen?
> Modell anbieten oder neue Elemente in die Lehrerausbildung bringen?"

UE trägt vermutlich dann Früchte, wenn das Lernen nicht mehr nur kognitiv über den Kopf abläuft, sondern wenn es Betroffenheit auslöst, wenn es die existentielle Komponente in der Bewahrung unserer Umwelt anspricht und wenn es gelingt, das ökologische Verhalten mit Gewinn an Lebensqualität und nicht mit Verlust an Komfort zu assoziieren.

Die „alte Trilogie" Kopf-Herz-Hand (Heinrich Pestalozzi) gewinnt neue Aktualität. UE erfolgt am besten als handlungsorientierter Unterricht (HAERLE), in dem nicht nur Kopf, sondern eben auch Herz und Hand wichtig sind. Handlungsorientierung ergibt sich auch aus der veränderten didaktischen Zielsetzung: Geographie sollte sich die Bewahrung der Erde zur zentralen Aufgabe machen und ein Fach werden, das die Schülerinnen und Schüler für diese Aufgabe nicht nur befähigt, sondern auch gewinnt. Freilich: auch die Lehrerinnen und Lehrer müssen für diese Aufgabe befähigt werden, was sich über eine zweckmässige Lehrerfortbildung realisieren liesse. Die lamentierend ins Feld geführte Kompetenzangst, die den Lehrer heimsuche, kann durch positive Erfahrungen bei der Zusammenarbeit überwunden werden. Lehrerinnen und Lehrer wurden jedoch meist als Einzelkämpfer ausgebildet. Für die interdisziplinär und ganzheitlich angelegte UE ist dies die falsche Rolle. Denn die Wirkung der UE ist dann besonders gross, wenn viele gemeinsam einen bestimmten Weg als sinnvoll erachten. Umweltschutz ist nicht nur eine Staats–, sondern auch eine Gemeinschaftsaufgabe. Er muss von allen Kreisen der Bevölkerung auf allen Ebenen sowohl im persönlichen Umfeld als auch als politisch handelndes Subjekt mitgetragen werden. Unsere Umweltpolitik kann nicht besser sein als der politische Wille, der dahintersteht.

Mehrfach wurde in den Diskussionen angeregt, dass das Bilden von politischen Lobbies zugunsten der UE eine verheissungsvolle Strategie darstellen könnte. Das von einigen (LehrerInnen-)Gruppen getragene Umweltbewusstsein habe aber noch keinen entscheidenden Durchbruch erzielt, weil die politischen Instanzen bisher nicht über die Stufe der Akzeptanz hinausgekommen seien. Vielleicht gilt es ganz schlicht, dem Menschen Zeit statt Geld zu schenken. In ihren Schlussgedanken meinte KYBURZ: „Menschen sollen Meinungsbildungs- und Entscheidungsfindungsprozesse mit der notwendigen Geduld, Konsequenz, Gelassenheit, Zielstrebigkeit und Fachkompetenz initiieren und durchziehen."

7. Literaturverzeichnis

1 BAUER, U. (Hrsg.): Schulnetz für Umwelterziehung der Europäischen Gemeinschaft. Umwelterziehung an deutschen Mitgliedschulen (1982–1986). 2. Aufl. Stuttgart 1991

2 BMBW (Hrsg.): Zukunftsaufgabe Umweltbildung. Stand und Perspektiven der Umweltbildung in der Bundesrepublik Deutschland (= Reihe Bildung-Wissenschaft-Aktuell 3/91). Bonn 1991

3 BOLSCHO, D., EULEFELD, G., SEYBOLD, H.: Umwelterziehung. Neue Aufgaben für die Schule. München, Wien, Baltimore 1980

4 BUWAL (Bundesamt für Umwelt, Wald und Landschaft), Wie geht es weiter in der Umwelterziehung?, BUWAL-Bulletin 1/89, S. 3 ff.

5 CRIBLEZ, L. und GONON, Ph. (Hrsg.): Ist Oeokologie lehrbar?, Bern 1989

6 DEUTSCHES JUGENDHERBERGSWERK (Hrsg.): Handbuch Umweltschutz und Umwelterziehung in Jugendherbergen (Red. B. Lampe). Detmold 1990

7 DGU, IPN (Hrsg.): Modelle der Umwelterziehung in der Bundesrepublik Deutschland. Kiel 1989

8 DIECKHOFF, K.-H.: Zwischen Freizeitgesellschaft und Bürgerbewegung: Die Schule im Zugzwang der Umweltkrise, in: CRIBLEZ, L. und GONON, Ph., Bern 1989, S. 84 ff.

9 dtv-Atlas zur Ökologie, München 1990

10 EDK – Dossier 8A, Umwelterziehung in den Schweizer Schulen. Lehrpläne-Lehrmittel-Lehrerfortbildung, Bern 1988

11 EULEFELD, G. / D. BOLSCHO / J. ROST / H.-J. SEYBOLD: Praxis der Umwelterziehung in der Bundesrepublik Deutschland. IPN 115, Kiel 1988

12 EULEFELD, G. (Red.): Schulische und ausserschulische Lernorte in der Umwelterziehung DGU, IPN, CEDE. Kiel 1990

13 FORNALLAZ, P.: Unsere unausweichliche Zukunft – eine ökologische Wirtschaft, in: CRIBLEZ, L. und GONON, Ph., Bern 1989, S. 132 ff.

14 FRAEDRICH, W.: Der Erdkundelehrer als Freizeitpädagoge. In: Geographie heute, H. 93, Sept. 1991, S. 4–10

15 GYSIN, H., Wissensvermittlung als Instrument des Umweltschutzes, in: CRIBLEZ, L. und GONON, Ph., Bern 1989, S. 9 ff.

16 HABRICH, W.: Umwelterziehung im Geographieunterricht. – In: Lob, Calliess (Hrsg.), Praxis der Umwelt- und Friedenserziehung, Bd. 2: Umwelterziehung. Düsseldorf 1987, S. 218–234

17 HABRICH, W. / W. HOPPE: Umwelterziehung. Bd. 1: Das Schullandheim der Stadt Krefeld und seine Umgebung. Bd. 2: Anregungen und Tips für Umwelterfahrungen und Umweltbegegnungen im Schullandheim. Stadt Krefeld. Krefeld 1991

16 HAERLE, J.: Das geoökologische Defizit der Schulgeographie, in: Geogr. Rundschau, Jg. 32, 1980, S. 481–487

17 HAERLE, J.: Freizeit und Umwelt. Schäden-Schadensverringerung-Beiträge der Schule, in: Prax. Geogr. Jg. 21, H. 3, 1991, S. 6–13

18 HASSE, J., WROZ, W.: Unterricht Geographie: Oekologie und Umweltschutz. Aulis, Köln 1989

19 HIRSCH, G., KYBURZ-GRABER, R., BUFF KELLER, E., KOLLER, Th.: Die ökologische Herausforderung einbeziehen, Bulletin 1/91 der Schweiz. Gesellschaft für Bildungsforschung SGBF, Koordinationsstelle für Bildungsforschung, Aarau

20 JONAS, H.: Das Prinzip Verantwortung. Versuch einer Ethik für die technologische Zivilisation, Frankfurt 1979

21 KROSS, E.: Global denken, lokal handeln. Eine zentrale Aufgabe des Geographieunterrichts, in: Geogr. heute, H. 93, Sept. 1991, S. 40–45

22 KYBURZ-GRABER, R., MEYLAN, J. P., MUERI, H.: Umwelterziehung in den Schweizer Schulen. EDK Dossier 8A, Bern 1988. Schweizerische Konferenz der Erziehungsdirektoren (EDK), Sulgeneckstrasse 70, 3005 Bern

23 LANGEHEINE, R., LEHMANN, J.: Die Bedeutung der Erziehung für das Umweltbewusstsein. Institut für die Pädagogik der Naturwissenschaften IPN, Kiel 1986

24 NIEDERSAECHSISCHES UMWELTMINISTERIUM, ARBEITSGEMEINSCHAFT NIEDERSAECHSISCHER SCHULLANDHEIME E.V. (Hrsg.): Umwelterziehung im Schullandheim. Hannover 1990

25 OELKERS, J.: Ist Oekologie lehrbar?, in: CRIBLEZ, L. und GONON, Ph., Bern 1989, S. 64 ff.

26 ROBERT, L.: Gedanken zum Thema Schule und Oekologie, in: CRIBLEZ, L. und GONON, Ph., Bern 1989, S. 23 ff.

27 SCHULVERWALTUNGSAMT DER STADT MANNHEIM (Hrsg.): Schule in Mannheim. Bd. 1: Umwelterziehung an der Uhlandschule: Zwischenbericht. Mannheim, Mai 1990

28 SEYBOLD, H.: Brennpunkt Umwelt. Vom Umweltbewusstsein zur Umwelterziehung, in: Friedrich Jahresheft 1991, S. 122 ff.

29 STEIN, Ch.: Umwelterziehung statt Umweltschutzunterricht, in: Prax. Geogr. Jg. 13, H. 3, S. 1983, 6–11

30 STEIN, Ch.: Wasserbewusstsein statt Gewässerkunde, in: Prax. Geogr. Jg. 21, H. 6, 1991, S. 12–15

31 STOTTELE, T.: Zielgruppe verfehlt: Umwelterziehung an den Jugendlichen vorbei, in: Praxis Geographie, Heft 7/8/1991, S. 73 ff.

32 WELLINGHORST, R.: Umwelterziehung in der Schule. Osnabrück 1988

33 ZIMMERLI, E.: Freilandlabor Natur. Zürich 1980

IV.5 Angewandte GMK 25 und GMK 25-Auswertung

Referenten: R. Dikau (Heidelberg, St. Jäger (Heidelberg), J. Grunert (Bonn),
K.-H. Erdmann (Bonn), U. Hardenbicker (Bonn)
Zusammenstellung: R. Mäusbacher (Heidelberg)

Die GMK 25, d.h. die Geomorphologische Karte im Maßstab 1:25 000, ist das
Produkt einer sehr langen Diskussion in der Geomorphologie. Die heute
vorliegenden Blätter sind im Rahmen des GMK-Schwerpunktprogramms
erarbeitet worden. Insgesamt wurden 25 Blätter der GMK 25 und 8 Blätter der
GMK 100 gedruckt. Die Zahl der Arbeitsgruppen lag bei 34. Ziel dieses
Projektes war es, möglichst alle Relieftypen der BRD in den Beispielkarten zu
berücksichtigen um die Anwendung der Legende umfassend zu prüfen.

Während des Schwerpunktprogramms wurden auch verschiedene Versuche unternommen, die GMK 25 auszuwerten und angewandte GMK 25 zu
erstellen. Zwei wichtige Gesichtspunkte lagen dieser Zielsetzung zugrunde:
1. Die Erfahrung, daß es für einen Nicht-Geographen sehr schwierig ist, mit
    den fachspezifischen Daten umzugehen, d.h. die anwendbaren Informatio-
    nen sich selbst aus der Karte zu entnehmen, und
2. die Tatsache, daß das Relief einen wichtigen Steuerparameter für die
    verschiedenen landschaftshaushaltlichen Prozesse darstellt.

Heute ist mit der EDV und speziell mit Geographischen Informationssystemen (GIS) ein Werkzeug vorhanden, daß eine sehr schnelle und gezielte Auswertung von geomorphologischen Informationen ermöglicht.

Dies ist aber auch nur möglich, wenn entsprechende Bewertungsalgorith-
men vorliegen. Einen wichtigen Bereich in dieser Richtung bildet die Bewertung der mit Massenverlagerungen verbundenen Prozesse, insbesondere in den
Gebieten wo menschliche Einrichtungen davon betroffen sind. In den folgenden Vorträgen wird dieses Thema den Schwerpunkt bilden.

Umweltbewertung unter Verwendung
Geomorphologischer Informationssysteme*

Richard Dikau, Heidelberg

In einer Untersuchung über die Rolle der Geographie in der Erforschung
natürlicher Gefahren kommt der amerikanische Geograph J. K. Mitchell zu
dem Ergebnis, daß in den letzten 40 Jahren Geographen hervorragende intel-
lektuelle und praktische Beiträge zur Gefahrenforschung geleistet haben, die in
äußerstem Mißverhältnis zu der geringen Anzahl ihrer Bearbeiter liegt (MIT-

---

*   This paper is part of the EC Climatology and Natural Hazards programme EPOCH CT 90-
0025 (CERG) on „The temporal occurrence and forecasting of landslides in the European
Community." Paper No 3.

CHELL 1989). Nur etwa 5 % der 2400 Kollegen der Association of American
Geographers benenne Gefahrenforschung als eines ihrer primären Spezialisie-
rungsfelder. Über eine Analyse des Beitrags der Geographie zur Erforschung
natürlicher und von Menschen erzeugter Gefahren kommt Mitchell schließlich
zu der Feststellung, daß Gefahrenforschung eine der intellektuell herausfor-
derndsten und sozial relevantesten Zweige der modernen Geographie in den
nächsten Dekaden sein werden. Einer der Gründe warum gerade Geographen
in der Gefahrenforschung involviert sein sollen sieht Mitchell in der Zweitei-
lung einheitlicher globaler und zersplitterter lokaler Perspektiven, was für
Geographen besonders interessant ist, da sie mit dimensionsabhängigen Prozessen und räumlichen Organisationen befaßt seien.

Der amerikanische Geomorphologe Donald Coates versteht unter Environmental Geomorphology die Anwendung geomorphologischen Wissens auf
die Lösung und Analyse von Umweltproblemen (COATES 1990). Wenn die
Rolle der Geomorphologie in der Erkennung und Beschreibung der Relieffor-
men liegt und die Erklärung ihrer Entstehung sowie die Vorhersage ihrer zukünftigen Veränderung zum Forschungsinhalt hat, dann bemüht sich die Environmental Geomorphology um die Transformation genau dieses Wissens in
Strategien, die sich für eine Bewertung der Umwelt verwenden lassen. Ohne
Zweifel sind Gefahrenforschung und Environmental Geomorphology durch
den historischen und aktuellen geomorphologischen Prozeß verknüpft, aus
dem eine aktuelle oder zukünftige geomorphologische Gefahr entstehen kann,
die erkannt und möglicherweise behoben wird (GREGORY & WALLING
1987, HOOKE 1988).

Nach VARNES et al. (1982) wird unter einer geomorphologischen Gefahr
die Eintrittswahrscheinlichkeit eines geomorphologischen Prozesses, etwa
einer Talbodenüberflutung oder einer Hangrutschung verstanden, der in einer
bestimmten Intensität und innerhalb einer bestimmten Region und Zeitspanne
auftritt. Die geomorphologische Gefahr ist eng mit der geomorphologischen
Instabilität verbunden, die als Wahrscheinlichkeit ausgedrückt werden kann,
mit der die Stabilität einer Reliefform zerstört wird und damit eine bedrohende
Wirkung auf menschliche Belange ausübt. Grundlagen für die Erkennung der
Instabilität bilden geowissenschaftliche Basisdaten zum natürlichen Kontext
und beeinflussender menschlicher Aktivitäten, also das klimatische Geschehen, geologische Schichten, Grundwassertiefen, Vegetationsbedeckungen,
Bebauungsdichte, Straßenführung oder Entwaldung. Das geomorphologische
Risiko verweist auf die Wahrscheinlichkeit, mit der ökonomische und soziale
Konsequenzen aus einer geomorphologischen Gefahr entstehen (VARNES et
al. 1982) Es ist gleich dem Produkt aus der geomorphologischen Gefahr und der
sozialen und ökonomischen Verletzbarkeit eines bestimmten Gebietes. Wäh-
rend die Gefahrenabschätzung vorwiegend von Geowissenschaftlern und
Ingenieuren erarbeitet wird, ist die Risikoanalyse stark geprägt von Planern,
Ökonomen, Politikern und der Öffentlichkeit (UNDRO 1991).

Geomorphologische Gefahrenforschung muß das historische oder geomorphogenetische Wissen einschließen, bzw. ist oftmals erst aus dem historischen Kontext der Prozesse ableitbar. Nur dadurch kann erfaßt werden, wann, wie und wo zur Gefahr werdende Prozesse bereits stattgefunden haben, etwa durch die Analyse der holozänen Form- und Sedimentationsgeschichte eines Schwemmfächers oder durch die Analyse historischen Archivmaterials der Neuzeit. Eine Planungsstudie wird also auf dieses Wissen zurückgreifen können. Auf eine Formel gebracht sind also beide, die Vergangenheit und die Gegenwart die Schlüssel für die Zukunft.

In Anbetracht der Komplexität geomorphologischer Gefahren müssen geomorphologische Informationen interdisziplinär eingebunden, also in Kombination mit Informationen aus der Ingenieurgeologie, Bodenkunde, Hydrologie oder Geophysik verarbeitet werden. Die Computertechnologie stellt heute Werkzeuge bereit, die die Weiterverarbeitung geowissenschaftlicher Basisdaten entschieden prägen werden, da es damit möglich wird, für eine bestimmte Region, vom Quadratmeterbereich bis in die globale Dimension, unterschiedlichste geowissenschaftliche Karten und die ihnen zugrundliegenden Basisdaten gleichzeitig in einem Rechner zu speichern und umweltorientierten Bewertungen zugänglich zu machen. Beide Aspekte geben der Umweltbewertung eine neue Dimension.

Unter einem Geomorphologischen Informationssystem werden zum einen Technologien Geographischer Informationssysteme (GIS) verstanden, die räumliche Daten verwalten und analysieren können. Einzelne geomorphologische Datenschichten können mit räumlich deckungsgleichen Schichten, z.B. aus einer Bodenkarte, automatisch verknüpft werden. Dieser Aufbau entspricht dem Konzept traditioneller Auswertungstechniken, wie er etwa im Rahmen der GMK25 diskutiert wurde. Die Computertechnik erlaubt es, die Gewichtungsvariablen wiederholt an der Ausgangshypothese zu testen, schnell nach alternativen Lösungen suchen zu können und den Analyseweg reproduzierbar zu halten. Zum anderen wird der Begriff verwendet, um auszudrücken, daß wesentliche computergestützte Werkzeuge, z.B. dynamische Prozeßmodelle oder objektorientierte Prozeduren, heute noch nicht Bestandteile herkömmlicher Geographischer Informationssysteme sind und in ihren Anforderungen weit über verfügbare GIS-Techniken hinausgehen.

Die San Francisco Bay Area, die zentrale Küstenregion des US Bundestaates Kalifornien, gilt heute als eines der am intensivsten untersuchten Gebiete in der Entwicklung regionaler und lokaler Gefahren- und Risikomodelle. Die Region ist durch eine Vielzahl geowissenschaftlicher Prozesse, wie Massenbewegungen, Küstenerosion, Erdbeben und Überflutungen, gekennzeichnet. Die Schäden und Verluste an Menschenleben und Eigentum sind beträchtlich. Diese Probleme werden seit Beginn der 70iger Jahre in der San Francisco Bay Region Environment and Resources Planning Study bearbeitet, in der Prozeßanalyse, Gefahrenabschätzung und Anwendung geowissenschaftlicher Informationen in der regionalen Planung oberste Priorität besitzen (NILSEN et al. 1979, BROWN & KOCKELMAN 1983).

Die gesamte kalifornische Küstenregion wird mit Wiederkehrintervallen von wenigen Jahrzehnten von Niederschlägen hoher Intensität und Dauer heimgesucht. Das Unwetterereignis im Februar 1982 in der San Francisco Bay Area verursachte vermutlich mehrere Tausend Hangrutschungen, die als Muren (debris flows) auftraten und mit hoher bis sehr hoher Geschwindigkeit von den Hängen über die Tiefenlinien in die Talböden gelangten (ELLEN & WIECZO-REK 1988). In der gesamten Bay Area waren 25 Tote zu beklagen. Ein regionaler Bewertungsmodelltyp basiert auf der Erfassung der räumlichen Verteilungen der Prozeßlokalitäten auf geomorphologischen Auszugskarten (BRABB 1984). Weitere digitale Basisdaten dieses Bewertungstyps sind Digitale Höhenmodelle, geomorphographische (MARK et al. 1988) und geologische Karten und daraus abgeleitete geotechnische Bewertungen, wie z.B. die Permeabilität, Standfestigkeit bei Hanganschnitten oder die Expansivität. Die Verschneidungstechnik des Geographischen Informationssystems erlaubt die räumliche Verknüpfung der Prozeßlokalitäten mit den in der Hypothese formulierten Randbedingungen. Die statistische Analyse und Extrapolation in die Region führt zu Wahrscheinlichkeitsmodellen für die Vorhersage geomorphologischer Gefahren (NEWMAN et al. 1978, HANSEN 1984), die für eventuelle Gegenmaßnahmen Verwendung finden können. Dieser Ansatz wird in dem mit 320 000 km² weit größeren Raum des US Bundesstaates New Mexico getestet (vgl. DIKAU et al. 1991).

Es liegen zwar für einige wenige Regionen Europas kleinmaßstäbige Inventare geomorphologischer Prozesse und Gefahren vor (KRAUTER & STEINGÖTTER 1983, BRABB & HARROD 1989, NOVERRAZ & BON-NARD 1990), wir haben aber nur ein sehr geringes Wissen darüber, wie sich der Anteil dieser Gebiete auf mittel- und großmaßstäbiger Ebene verändern wird, wenn sich etwa im Rahmen einer globalen Klimaveränderung, die Struktur der Winterniederschläge signifikant verändern sollte. KIENHOLZ, KLÄY & MANI (1988) verwendeten zur Erstellung großmaßstäbiger Gefahrenkarten für Hangrutschungs- und Erosionsprozesse an der Rigi-Nordlehne in der Schweiz geomorphologische Kartierungstechniken um die aktuellen Prozesse zu erfassen sowie Basisdaten der Geologie, Hydrologie, Bodenbedeckung und Reliefgeometrie. Eine Kombination der ausgewiesenen Gefahrenklassen mit räumlichen Informationn zur Schädigung des Baumbestandes führt zu einer Prioritätenkarten für die Empfehlung von Maßnahmen zur Verbesserung der Schutzwirkung vor Massenbewegungs- und Erosionsprozessen. Diese Prioritätenkarten können direkt in ein Planungskonzept integriert werden.

In Bewertung geomorphologischer Basisdaten der GMK25 für nichtgeomorphologische Fragestellungen, etwa für wasser- und abfallwirtschaftliche Belange, gewinnt MÄUSBACHER (1985) Informationen zur potentiellen Gefährdung von Grundwasser. In einem typischen Bewertungsmodell dieser Art werden die Filtereigenschaften der Bodenart einer Eignung als Standort für Schadstoffquellen zugeordnet, was zu einer Eignungsbewertung für eine potentielle Abfallagerung führt. Die gleiche Region ist die Lokalität einer laufenden Untersuchung zur relativen Stabilität von Hängen (DIKAU 1990). Hier ist von besonderem Interesse, Zusammenhänge zwischen den Lokalitäten aktueller Hangrutschungen und geomorphographischen Basisdaten der Hangwölbung, -neigung und -exposition zu bewerten.

Das zentralitalienische umbrische Hügel- und Bergland ist eines der Gebiete Europas mit der höchsten Dichte aktueller und historischer Hangrutschungen, deren Inventarisierung und Publikation auf geomorphologischen Auszugskarten des Maßstabs 1:100 000 erfolgt. In einem Ausschnitt des Gebietes, dem Einzugsgebiet des Tescio, werden durch CARRARA et al. (1991) Untersuchungen an aktiven und inaktiven Hangrutschungen mit dem Zweck durchgeführt, Modelle geomorphologischer Gefahren zu entwickeln, mit denen Risiken für den privaten und öffentlichen Grundbesitz abgeschätzt werden können.

Die Planungsbehörde des Fairfax County, Virginia, USA lehnte im Jahre 1975 einen eingereichten Landnutzungsplan für die Bebauung der Franconia Area ab, da die natürlichen Limitierungen und Möglichkeiten des Gebietes stärker berücksichtigt werden sollten (ROBINSON & SPIEKER 1978). Im Kern ging es um eine Umweltbewertung mit Hilfe geowissenschaftlicher Basisdaten und ihre Anwendung in der Planung eines 400 ha großen Bebauungsgebietes. Eine Spezialität war die Bewertung hydrologischer Daten in Form potentieller Überflutungsflächen sowie die Entwicklung von Maßnahmen zur Reduzierung von Vorfluterabflußspitzen, die es sinnvoll erscheinen ließen, Retentionsflächen zu schaffen, um die Spitzenabflüsse von Hochwässern und die davon ausgehenden Gefahren zu reduzieren. Die Studie ist hochinteressant, zeigt sie doch das Potential einer integrativen und interdisziplinären Umweltbewertung auf Basis geowissenschaftlicher Basisdaten unter Einsatz Geographischer Informationssysteme.

Die sozio-ökonomischen Folgen geomorphologischer Gefahren können in Kosten- und Risikoanalysen ermittelt werden (FLEMING & TAYLOR 1980, BERNKNOPF et al. 1988) und sind damit ein wesentlicher Bestandteil des Planungsprozesses. PETAK & ATIKISSON (1982) schätzen die jährlichen Kosten in den Vereinigten Staaten für das Jahr 2000 auf 18 Milliarden Dollar. Allein die durch Hangrutschungen verursachten Schäden an Gebäuden werden auf 870 Millionen Dollar jährlich veranschlagt, das ist immerhin die Hälfte der Gebäudeschäden die durch Überflutungen oder Hurricans verursacht werden. Nach einer neueren Schätzung durch SCHUSTER & FLEMING (1986) liegen die durchschnittlichen jährlichen Verluste durch Hangrutschungen in den USA z. Zt. bei 1 – 2 Milliarden Dollar und 25 – 50 Menschenleben. Diese Zahl wird auch von der amerikanischen Federal Emergency Management Agency (FEMA) zitiert, die maßgeblich an der Gestaltung des amerikanischen Versicherungswesens gegen natürliche Gefahren beteiligt ist (WOLD & JOCHIM 1989).

Geomorphologie und Gefahrenforschung befinden sich an einer Schnittstelle, die weder fachlich noch national begrenzt bearbeitet werden kann. Die Internationale Dekade für die Reduzierung natürlicher Katastrophen (IDNDR) sollte für die geomorphologische Gefahrenforschung genutzt werden. Die IGU Commission on Rapid Geomorphological Hazards und das Europäische Zentrum für natürliche Gefahren (CERG) sind ausgzeichnete Initiativen, die europäische und weltweite Kooperationen erleichtern werden.

Das Wissenspotential der Geowissenschaften ist größer als manche Praktiker annehmen. Der Wissensbedarf der Praxis ist umfassender als manche Geowissenschaftler vermuten.

Literaturverzeichnis

BERNKNOPF, R. L., CAMPBELL, R. H., BROOKSHIRE, D. S. & C. D. SHAPIRO (1988): A probabilistic approach to landslide hazard mapping in Cincinnati, Ohio, with applications for economic evaluation. Bull. Assoc. Eng. Geol., 25, S. 39–56

BRABB, E. E. (1984): Innovative approaches to landslide hazard and risk mapping. Proc. IV Int. Sym. on Landslides, Toronto, Vol I, S. 307–324

BRABB, E. E. & B. L. HARROD (1989): Landslides: Extent and Economic Significance. Rotterdam

BROWN Jr., R. D. & W. J. KOCKELMAN (1983): Geologic Principles for Prudent Land Use. A Decisionmaker's Guide for the San Francisco Bay Region. U.S. Geological Survey Prof. Paper 946, Washington

CARRARA, A., CARDINALI, M., DETTI, R., GUZZETTI, F., PASQUI, V. & P. REICHENBACH (1991): GIS techniques and statistical models in evaluating landslide hazard. Earth Surface Processes and Landforms, 16, S. 427–445

COATES, D. R. (1990): Perspectives of Environmental Geomorphology. Z. Geomorph., N.F., Suppl.-Bd. 79, S. 83–117

DIKAU, R. (1990): Derivatives form detailed geoscientific maps using computer methods. Z. Geomorph., N.F., Suppl.-Bd. 80, S. 45–55

DIKAU, R., BRABB, E. E. & R. K. MARK (1991): Landform classification of New Mexico by computer. U.S. Geological Survey, Open File Report 91–634

ELLEN, S. D. & G. F. WIECZOREK (1988): Landslides, floods, and marine effects of the strom of January 3–5, 1982, in the an Francisco Bay Region, California. U.S. Geological Survey Prof. Paper 1434, Washington

FLEMING, R. W. & F. A. TAYLOR (1980): Estimating the Costs of Landlide Damage in the United States. U.S. Geological Survey Circular 832, Arlington

GREGORY, K. J. & D. E. WALLING (1987): Human Activity and Environmental Processes. Chichester

HANSEN, A. (1984): Landslide hazard analysis. In: BRUNSDEN, D. & D. B. PRIOR: Slope Instability, S. 523–602

HOOKE; J. M. (1988): Geomorphology in Environmental Planning. Chichester

KIENHOLZ, H., KLÄY, M. & P. MANI (1988): Naturgefahren an der Rigi-Nordlehne. Mitt. der Naturf. Gesellschaft Luzern, 30, S. 309–321

KRAUTER, E. & K. STEINGÖTTER (1983): Die Hangstabilitätskarte des linksrheinischen Mainzer Beckens. Geologisches Jahrbuch C34, Hannover

MÄUSBACHER, R. (1985): Die Verwendbarkeit der geomorphologischen Karte 1:25 000 (GMK 25) der Bundesrepublik Deutschland für Nachbarwissenschaften und Planung. Berliner Geogr. Abh., 40, Berlin

MARK, R. K., NEWMAN, E. B. & E. E. BRABB (1988): Slope map of San Mateo County. U.S. Geological Survey Miscellaneous Investigation Map I-1257-J, scale 1:62 500, Reston

MITCHELL, J. K. (1989): Hazards research. In: GAILE, G. L. & C. J. WILLMOTT (Hrsg.).: Geography in America, S. 410–424

NEWMAN, E. B., PARADIS, A. R. & E. E. BRABB (1978): Feasibility and Cost of Using a Computer to Prepare Landslide Susceptibility Maps of the San Francisco Bay Region, California. U.S. Geological Survey Bulletin 1443, Washington

NILSEN, T. H., WRIGHT, R. H., VLASIC, T. C. & W. E. SPANGLE (1979): Relative slope stability and land-use planning in the San Francisco Bay region, California. U.S. Geological Survey Prof. Poper 944, Washington

NOVERRAZ, F. & Ch. BONNARD (1990): Mapping methodology of landslides and rockfalls in Switzerland. In: CANCELLI, A. (Hrsg.): Proc. 6th Int. Conf. and Field Workshop on Landslides, September 12th, Milano, S. 43–53

PETAK, W. J. & A. A. ATKISSON (1982): Natural Hazard Risk Assessment and Public Policy. New York

ROBINSON, G. D. & A. M. SPIEKER (1978): Nature to be Commanded. Earth-science maps applied to land and water management. U.S. Geological Survey Prof. Paper 950, Washington

SCHUSTER, R. L. & R. W. FLEMING (1986): Economic losses and fatalities due to landslides. Bull. Assoc. Eng. Geol., 23, S. 11–28

UNDRO (1991): Mitigating Natural Disasters. Phenomena, Effects and Options. United Nations Disaster Relief Co-Ordinator, United Nations, New York

VARNES, D. J. and the International Association of Engineering Geology, Commission on Landslides and Other Mass Movements on Slopes (1982): Landslide hazard zonation: a review of principles and practice. Paris

WOLD, R. L. & C. L. JOCHIM (1989): Landslide Loss Reduction: A Guide for State and Local Government Planning. Federal Emergency Management Agency (FEMA). Earthquake Hazards Reduction Series 52

Computergestützte Erzeugung und Anwendung umweltrelevanter Basisdaten der Reliefgeometrie*

Stefan Jäger, Geographisches Institut, Universität Heidelberg

Als zentraler Bestandteil eines Geosystems nimmt das Relief in allen Maßstabsbereichen als Steuergröße direkten und indirekten Einfluß auf die im System ablaufenden Prozesse. Es stellt die Randbedingungen dar für deren räumliche Verteilung und die Geschwindigkeiten, mit denen sie ablaufen. Indirekt modifizieren Reliefparameter, wie beispielsweise die Höhe, Neigung, Exposition wichtige Systemkomponenten, wie z.B. die Einstrahlung, Windfeld oder das Feuchtigkeitsregime. Direkt steuert das Relief den Fluß von Energie

* This paper is part of the EC Climatology and Natural Hazards programme EPOCH CT 90-0025 (CERG) on „The temporal occurrence and forecasting of landslides in the European Community." Paper No 4.

und Masse (z.B. Wasser, Sediment, Hangbewegungen) in einem offenen Landschaftssystem (SWANSON et al. 1988). Die Umweltrelevanz geomorphometrischer Parameter liegt also nicht nur in der Steuerung geomorphodynamischer, sondern auch weiterer geoökologischer Prozesse. Computer bieten heute neue Möglichkeiten zur schnellen quantitativen Erfassung und Weiterverarbeitung dieser Parameter.

Das Relief im Computer: Herstellung und Typen Digitaler Geländemodelle

Basis einer jeden computergestützten Erfassung des Reliefs bzw. der Reliefgeometrie stellt das Digitale Geländemodell (DGM) dar. DGMs werden auf verschiedene Weisen hergestellt. Die gebräuchlichsten Herstellungsverfahren sind die Digitalisierung der Höhenlinien topographischer Karten (heute durch Scannen automatisierbar) sowie die Herstellung des DGMs bei der Orthophotoproduktion, bei der es sozusagen als Abfallprodukt entsteht. Neuerdings werden Höhen auch von Satellitensensoren erfaßt (BROCKELBANK & TAM 1991). Die meisten DGMs werden auf Basis einer Gitterstruktur weiterverarbeitet, die durch verschiedene Interpolationsverfahren aus den Ausgangsdaten abgeleitet werden kann. Das DGM stellt dann ein regelmäßiges Raster dar. Eine andere wichtige Datenstruktur zur Weiterverarbeitung Digitaler Geländemodelle ist das dreiecksvermaschte Netzwerk, das sog. TIN (Triangulated Irregular Network). Der Vorteil des TIN liegt darin, daß die Lage der Höhenpunkte frei wählbar ist, d.h. eine Anpassung an die Variabilität des Reliefs möglich ist. Hangkanten können somit besser modelliert werden. Die Redundanz, die Gittermodelle in flachem Gelände erzeugen, bzw. das „Durchfallen" zu kleiner Strukturen durch ein zu grobes Gitter wird bei TINs vermieden. Wegen ihrer komplexen, vektororientierten Datenstruktur und der dadurch erschwerten Weiterverarbeitung sind TINs weitaus weniger verbreitet als Rastermodelle. Letztere haben auch den Vorteil, daß sie bei den Vermessungsämtern erhältlich sind. Methoden, die in der digitalen Bildverarbeitung entwickelt wurden und die auch bei der Analyse von Rastermodellen Anwendung finden, sind für TINs nicht brauchbar. Dies trifft ebenso auf die reinen Linienmodelle zu, wie sie z.B. vom MOORE & GRAYSON (1989) zur hydrologischen Modellierung verwendet werden. Zur Weiterverarbeitung wird in den Linienmodellen direkt die digitalisierte Höhenlinie benutzt.

Ableitungen aus DGMs

Aus dem einmal entstandenen DGM lassen sich eine Reihe, das Relief geometrisch beschreibende Parameter ableiten. Das Digitale Geomorphographische Reliefmodell Heidelberg (DGRM) berechnet beispielsweise eine Matrix von

30 weiteren Attributen (DIKAU 1989). Dazu gehören einfache Ableitungen, wie Neigung, Exposition, aber auch komplexere wie horizontale und vertikale Wölbungsradien, Einzugsgebiete, Tiefenlinien- und Wasserscheidennetzwerke. Für jeden Punkt werden weiterhin auch die Höhendistanzen und horizontalen Entfernungen zu den Netzwerken berechnet. Einige dieser Parameter werden auch von kommerziell erhältlichen Geographischen Informationssystemen (GIS) abgeleitet, meist jedoch nur die einfacheren.

Anwendungsbeispiele

Die aus den DGMs abgeleiteten Parameter dienen als Basis für vielseitige Modellierungen im geoökologischen Bereich, die grob in drei Gruppen unterteilt werden können:
– statische Bewertungsmodelle
– Regionalisierungsmodelle
– dynamische Modelle
Unter der ersten Gruppe versteht man Modelle, die zwar keine Aussagen über die dynamischen Komponenten eines Landschaftssystems erlauben, aber die Bewertung statischer Systeme ermöglichen. Es handelt sich hierbei meist um eine Verknüpfung verschiedener Informationsschichten ohne zeitliche Auflösung. Solche Verschneidungen sind typische Anwendungen für Geographische Informationssysteme. Die Einbindung der aus den DGMs abgeleiteten Reliefparameter in umweltrelevante Fragestellungen wird somit erheblich erleichtert. Beispielsweise ist die Hangneigung ein wichtiger Steuerfaktor einer ganzen Reihe geoökologisch relevanter Prozesse und deshalb natürlich auch Bestandteil der GMK25. Der Vorteil des DGM liegt jedoch darin, daß im Gegensatz zur GMK ein kontinuierlicher Wert vorliegt, der in entsprechende Modelle mit einfließen kann. So erfordert beispielsweise das Bodenerosionsmodell USLE (WISCHMEIER & SMITH 1978) die Berechnung eines kontinuierlichen Reliefparameters aus der Hangneigung, was mittels der klassifizierten Neigungsinformation der GMK nur durch starke Verallgemeinerungen möglich ist. Durch die computergestützte Verarbeitung kommt jedoch ein weiterer wichtiger Gesichtspunkt hinzu: es können in relativ kurzer Zeit Szenarien entwickelt werden, d.h. verschiedene Modellvarianten mit unterschiedlichen Eingangsparametern. So konnten z.B. in einem Pilotprojekt zur Bodenerosionsverminderung im Kraichgau die Auswirkungen verschiedener Anbauvarianten bzw. die maximal zulässige Länge von Ackerschlägen modelliert (KADEREIT 1991) und dem Flurbereinigungsamt zur Verfügung gestellt werden. In die ähnliche Richtung geht eine Anwendung von KIENHOLZ & GRUNDER (1986), die mit Hilfe eines DGM Szenarien für die Lawinengefährdung bei unterschiedlicher Waldbedeckung um Davos entwickeln, indem sie sowohl potentielle Abrißgebiete als auch gefährdete Auslaufzonen modellie-

ren. DIKAU (1990) konnte mit dem DGM und geologischen Informationen die
Hangrutschungsempfindlichkeit an einem Schichtstufenhang in Rheinhessen
bewerten. Dies ist jedoch eine Anwendung, der komplexe statistische Berechnungen zugrunde liegen, wie Sie von kommerziellen GIS z.Zt. noch nicht
angeboten werden.

Regionalisierung bzw. Generalisierung

Das vorher gesagte trifft ebenfalls auf die zweite Anwendungsgruppe zu, die
Regionalisierungs- bzw. Generalisierungsmodelle. Vor allem im regionalen
Maßstab kommt dem Relief eine zentrale Rolle im Landschaftssystem zu.
Dieser Tatsache wird in den Regionalisierungsmodellen dadurch Rechnung
getragen, daß der Computer nicht nur im lokalen Bereich des Höhenpunktes
rechnet, sondern die Variabilität von Reliefparametern in einer weiteren
Umgebung eines Gitterpunktes, dem sog. Bildfenster berücksichtigt wird.
Dieses Bildfenster wird nun mit variabler Schrittweite über das Geländemodell
geschoben. Durch die frei wählbare Größe dieses Fensters bietet sich die
Möglichkeit, sich an verschiedene Maßstäbe anzupassen. Es gibt in der
Literatur vergleichsweise wenige Anwendungen dieser Technik. Auch ist noch
nicht klar, welche Gitter- bzw. Fenstergröße welchem Maßstab zuzuordnen ist.
KUNDERT (1988) hat mit Hilfe dieser Technik eine Relieftypisierung des
Schweizer Kantons St. Gallen durchgeführt, die als Basis für eine naturräum-
liche Gliederung diente. DIKAU (1991) hat die physiographische Reliefklas-
sifikation der USA nach HAMMOND (1964), die auf manuellen Messungen
in unterteilten topographischen Karten basiert, in die EDV-Sprache übersetzt
und für den US-Bundesstaat New Mexico sowie Teile der San Francisco Bay
Area mittels dieser Technik durchgeführt. Diese Klassifikation ist Teil eines
Projektes, das die Erstellung von Hangstabilitätskarten zum Inhalt hat. Eine
Ausdehnung dieser Klassifizierung auf US-Ebene ist geplant (DIKAU mündl.).
JÄGER (1990) verwendet diese Technik um regionale Aussagen über die
Bodenerosionsgefährdung Baden-Württembergs treffen zu können. Für drei
Testgebiete von der Größe eines Meßtischblattes wurde die computergestützte
Erfassung und Generalisierung der Relieffaktoren der USLE durchgeführt und
mit manuell in topographischen Karten gemessenen Werten verglichen. In
Verbindung mit Satellitendaten war es möglich, die gebietstypischen Hangnei-
gungen und Hanglängen für Ackerflächen abzuleiten und in ein regionales
Modell einzubinden. Die Bewertung des LS-Faktors auf Basis des Digitalen
Höhenmodells für das gesamte Bundesland ist vorgesehen.

Dynamische Modelle

Digitale Geländemodelle bieten zahlreiche Möglichkeiten die Anwendbarkeit Geomorphologischer Kartierung zu verbessern. Ein wesentliches Feld solcher Anwendungen stellen dynamische Modelle dar. An erster Stelle sind hier hydrologische bzw. Erosionsmodelle zu nennen, wie z.B. ANSWERS (BEASLEY & HUGGINS 1982) oder CREAMS (KNISEL 1980). Aus DGMs können automatisch oberirdische Einzugsgebiete sowie die zugehörigen Tiefenliniennetzwerke berechnet werden. Hierzu existieren verschiedene Algorithmen (vgl. z.B. JENSON & DOMINGUE 1988). Dynamischen Modellen dienen diese Ableitungen als Leitlinien für die Simulation von hydrologischen bzw. geomorphodynamischen Prozessen, z.B. des Niederschlag-Abfluß-Prozesses oder des Sedimenttransportes. Durch steigende Rechenleistung und die Verfügbarkeit Digitaler Geländemodelle erscheint sowohl eine bessere zeitliche Auflösung des Prozesses als auch der Übergang von den *lumped* zu den *distributed models* leichter möglich, d.h. die Einbeziehung der räumlichen Variabilität der Prozeßparameter im Einzugsgebiet. Anwendungen dynamischer Modelle finden sich beispielsweise bei BEASLEY et al. (1982) oder ZANGER (1990), die die Dynamik des Sedimenttransports bzw. von Hochwasserwellen simulieren oder bei McEWEN & MALIN (1989), die die Bewegung pyroklastischer Ströme mit Hilfe eines DGM simulieren. Oft wird die Anwendbarkeit dynamischer Modelle im regionalen Maßstab jedoch erheblich durch ihren enormen Bedarf an Basisinformationen eingeschränkt, die meist nur durch einen für die praktische Anwendung unangemessen hohen Meßaufwand gewonnen werden können. Die Parametrisierung dieser Basisdaten durch einfacher zu gewinnende muß das Ziel sien. Der Einsatz dynamischer Modelle ist jedoch ein wesentliches Instrument zur Verbesserung des Wissens über geomorphodynamische Prozeß selbst, da sie auf physikalischen Grundlagen basieren.

Fazit

Während die Einbindung Digitaler Geländemodelle und ihrer Ableitung in statische Bewertungsmodelle mittels GIS ein weitestgehend gelöstes Problem darstellt, so zählen Methoden der Regionalisierung nicht zu den Standardroutinen kommerzieller Geographischer Informationssysteme. Hier und in der Anbindung dynamischer Modelle an GIS sollte der Schwerpunkt zukünftiger Anwendungsforschung liegen.

Literatur

BEASLEY, D.B. & L.F. HUGGINS (1982): ANSWERS-User's Manual. Dept. of Agr. and Eng. Purdue University, West Lafayette

BEASLEY, D.B., HUGGINS, L.F. & E.J. MONKE (1982): Modelling sediment yields from agricultural watersheds. In: Journal of Soil and Water Conservation 37, S.113-117

BROCKELBANK, D.G. & A.P. TAM (1991): Stereo Elevation Determination Techniques for SPOT Imagery. In: Photogr. Eng. & Remote Sensing 57/8, S. 1065-1073

DIKAU, R. (1989): The application of a digital relief model to landform analysis. In: RAPER, J. (Hrsg.): Three dimensional applications in Geographical Information Sytems. London, S. 51-77

DIKAU, R. (1990): Derivatives from detailed geoscientific maps using computer methods. In: Zeitschr. f. Geom., N.F., Suppl.-Bd. 80, S. 45-55

DIKAU, R., MARK, R.K. & E.E. BRABB (1991): Lanform Classification of New Mexico by computer. US Geological Survey Open-File Report 91–634.

HAMMOND, E.H. (1964): Classes of land surface form in the forty-eight States, U.S.A. In: Annals of the Assoc. of Am. Geographers 54/1, map supp. no. 4

JÄGER, S. (1990): Modellierung der regionalen Bodenerosionsgefährdung Baden-Württembergs auf Basis der Allgemeinen Bodenabtragsgleichung. Unveröffentlichte Diplomarbeit, Geographisches Institut, Heidelberg

JENSON, S.K. & J.O. DOMINGUE (1988): Software tools to extract topographic structure from digital elevation data for geographic information system analysis. In: Photogr. Eng. & Remote Sensing 54/11, S. 1593-1600

KADEREIT, A. (1990): Abschlußbericht zum Pilotprojekt Zaisenhausen. LfU Baden-Württemberg. Unveröffentlicht.

KIENHOLZ, H. & M. GRUNDER (1986): Naturgefahren: Entwicklung eines Modells durch visuellen Kartenvergleich. Erfahrungen aus dem MAB-Testgebiet Davos. In: Jahrb. der Geogr. Ges. von Bern, B. 55, S. 95- 110

KNISEL, W.-G.(1980): CREAMS, A Field Scale Model for Chemicals, Runoff and Erosion from Agricultural Managment Systems. USDA Conserv. Res. Rep. No. 26.

KUNDERT, K. (1988): Untersuchungen zur automatischen Klassifikation von räumlichen Einheiten. Geo-Processing Reihe 7, Zürich

MOORE; I.D. & R.B. GRAYSON (1990): Hydrologic and digital terrain modelling using vector elevation data. Trans. Am. Geophys. Union 70, S. 1091

SWANSON, F.J. KRATZ, T.K., CAINE, N. & R.G. WOODMANSEE (1988): Lanform Effects on Ecosystem Patterns and Processes. In: BioScience 38/2, S. 92-99

WISCHMEIER, W.H. & D.D. SMITH (1978): Predicting rainfall erosion losses. A Guide to conservation planning. USDA Agr. Handbook 537, Washington

ZANGER, M. (1990): Die Entwicklung eines physikalischen Gebietsmodells zur Modellierung der räumlichen Variabilität der Abflußbildung in einem mittleren Einzugsgebiet. Unveröffentlichte Diplomarbeit, Geographisches Institut, Heidelberg

Anwendungsmöglichkeiten der geomorphologischen Detailkartierung, dargestellt an Beispielen aus dem Bonner Raum

Jörg Grunert, Karl-Heinz Erdmann und Ulrike Hardenbicker,
Geographische Institute der Universität Bonn

1. Einleitung

Seit 1984 werden in der Umgebung von Bonn im Rahmen von Diplomarbeiten geomorphologische Detailkartierungen mit dem Ziel einer flächenhaften Erfassung des Gesamtgebietes durchgeführt. Als methodische Grundlage dient die sog. Grüne Legende, die im Rahmen des von der DFG geförderten bundesweiten Schwerpunktprogramms „GMK 25 in der BRD" erarbeitet wurde (LESER & STÄBLEIN, 1975). Gemäß dem „Baukastenprinzip" der Legende besteht das Ziel der Kartierung darin, möglichst alle Reliefelemente aufzunehmen, zu quantifizieren und bestimmten Informationsschichten (z.B. „Neigungen", „Substrat", „Rauheit" u.a.) zuzuordnen. Dieses System ermöglicht es, einen oder mehrere Teilaspekte aus der Gesamtdarstellung herauszuziehen (STÄBLEIN, 1987). Auszugskarten dieser Art helfen, eine übergroße Informationskonzentration zu vermeiden und geomorphologische Erkenntnisse in auswertbarer Form in Planungsvorhaben einfließen zu lassen (BARSCH & MÄUSBACHER, 1980; MÄUSBACHER, 1985).

Mit den Kartierungen wird außerdem versucht, methodisch eine Synthese der Baukastenlegende der GMK mit dem Mehrblattsystem von KUGLER (1965) zu finden. Angewandt wird mit Erfolg ein Zweiblattsystem, das durch mehrere Zusatzkarten im M. 1:25 000, wie etwa Höhenschichten-, Boden- und geologische Karte sowie Landnutzungskarte ergänzt werden kann. Die großformatige „Haupt"-Karte im M. 1:10 000 enthält die Informationsschichten Morphographie (Stufen, Kleinformen, Talformen, Rauheit und Wölbungen), Morphometrie (Hangneigungsklassen), Morphostruktur (Substrate) und Hydrographie. Abweichend von der sog. Grünen Legende werden die Hangneigungsklassen in Farbe dargestellt, was ihre Bedeutung hervorhebt. Trotz der Informationsfülle, die wegen der gemeinsamen Darstellung mit den Substraten auch hier entsteht, bleibt die Karte, nicht zuletzt Dank des Maßstabes gut lesbar und für fremde Benutzer auswertbar.

Die Karte, die nachfolgend kurz morphographische Karte genannt wird, läßt sich beispielsweise in der Planungspraxis einsetzen; des weiteren dient sie aber auch als wertvolle Grundlage für weitere wissenschaftliche Untersuchungen mit angewandter Fragestellung. Zu nennen wäre hier etwa die auf der GMK 25 aufbauende Geoökologische Detailkartierung (LESER & KLINK, 1988), die in zwei Gebieten des Bonner Umlandes, der Rheinbacher Lößplatte (ZEPP, 1991) und dem Siebengebirge (BARION, 1991) durchgeführt wird. Beide Beispiele stehen in engem Bezug zu Landwirtschaft und Wasserwirtschaft. Bei

den folgenden Beispielen geht es indes um die Kartierung von Hangrutschungen und die Untersuchung der Bodenerosion in der Umgebung von Bonn. Im
zweiten Fall besteht ebenfalls eine enge Beziehung zur Landwirtschaft, während sich im ersten Fall ein unmittelbarer Kontakt zum Siedlungs- und Straßen-
bau ergibt.

Die kleinformatige „Neben-"Karte im M. 1:25 000 dagegen dient in erster
Linie wissenschaftlichen Zwecken; sie enthält die Informationsschichten Genese
(Prozeß- und Strukturbereiche) und Morphodynamik (vorzeitliche und aktual-
geomorphologische Prozesse) und wird vereinfacht als morphogenetische
Karte bezeichnet. Die Farben geben hier unterschiedliche Prozeß- und Struk-
turbereiche wieder.

2. Die Kartierung von Hangrutschungen mit Hilfe der GMK 25

Zu Beginn der geomorphologischen Kartierungen Mitte der 80er Jahre, zu
einem Zeitpunkt, als Rutschungen an Hängen außerhalb des bebauten Gebietes
weitgehend unbekannt waren, ergaben sich manche Fehldeutungen, die u.a. mit
dem Baukastensystem der GMK-Legende zusammenhängen. Mit seiner kon-
sequenten Auflösung des Reliefs in einzelne Elemente birgt es für den weniger
erfahrenen Kartierer den Nachteil, größere, komplex aufgebaute Formen zu
übersehen. Kartiert wurden daher oftmals „periglaziale" Hänge mit extrem
„rauher" Oberfläche, wobei zahlreiche Rauhigkeitssignaturen von rillig, stu-
fig, kuppig bis kesselig Verwendung fanden. Selbst die Abrißkanten wurden als
morphographisches Element korrekt dargestellt. Folgerichtig ergab sich bei der
Darstellung der Geomorphogenese etwa zu gleichen Teilen „denudativ" und
„cryogen-gelid" als vorherrschende Prozeßfarbe (s. FRÄNZLE, 1969).

Die Korrektur erfolgte seit dem Frühjahr 1988, als nach langanhaltenden
Regenfällen zwei Hangrutschungen im Bonner Stadtgebiet abgingen (GRU-
NERT & HARDENBICKER, 1991; HARDENBICKER, 1991). Hierbei wurden
Kartengrundlagen des M. 1:5000 verwendet, wodurch die Detailgenauigkeit
gegenüber den bisherigen Feldreinkarten im M. 1:10 000 erheblich gesteigert
werden konnte. Außerdem standen ab 1988 ingenieurgeologische Gutachten
über Rutschungen zur Verfügung. Sie betreffen jedoch (allerdings kumulativ)
in der Regel nur bestimmte, von Baumaßnahmen betroffene Lokalitäten. Im
Sinne einer Rückkoppelung mit der Planungspraxis fällt dem Geomorphologen
daher die Aufgabe zu, ein vorhandenes, viel größeres und zum Zeitpunkt der
Untersuchung noch ökonomisch uninteressantes Gebiet flächendeckend zu
kartieren, um so eine Grundlage für späteren Handlungsbedarf zu schaffen.

3. Die Verwendung der GMK 25 in der Bodenerosionsforschung, dargestellt an drei Beispielen

Obwohl die Anfänge der Bodenerosionsforschung im Bonner Raum weit zurückreichen (WANDEL & MÜCKENHAUSEN, 1950), wurde sie erst im letzten Jahrzehnt wieder verstärkt aufgenommen und weitergeführt. Ein Überblick über den derzeitigen Stand findet sich in GRUNERT (1991). Während Ende der 40er Jahre die Methodik der Untersuchungen von Profil-Kappungen (-Verkürzungen) entlang von Hang-Catenen vorherrschte, richtete sich das Augenmerk im letzten Jahrzehnt auf die quantitative Erfassung einzelner, bodenerosionssteuernder Faktoren, wie sie in der Allgemeinen Bodenabtragsgleichung (A=RxKxLxSxCxP) zusammengefaßt sind.

Das *erste Beispiel* bezieht sich auf die klassische Methode der Profil-Verkürzungen. In ausgewählten, je etwa 1,5 qkm großen Gebieten der Bonner Umgebung wird mit Hilfe von Boden-Leitprofilen und eines dichten Bohr-Rasters das Ziel verfolgt, möglichst genaue und flächendeckende Auskunft über das Ausmaß der historischen Bodenerosion zu erhalten. Die bisherigen Untersuchungen, die meist an lößbedeckten Talhängen durchgeführt wurden, lieferten auch das unerwartete Ergebnis, daß ursprünglich als weitgehend homogen betrachtete, sanft bis mäßig geneigte Hänge keinesfalls eine gesetzmäßige Anordnung von Erosionszonen, sondern ein „buntes" Mosaik von Erosions- und Akkumulationsbereichen (Kolluvien) aufweisen. Beim Vergleich mit der morphographischen Karte zeigt sich jedoch eine verblüffende Übereinstimmung dahingehend, daß die scheinbar regellose Verteilung sehr gut mit der Rauheit bzw. dem Mikrorelief des Geländes korreliert. Die Rauheit in Verbindung mit der Hangneigung ergibt für den scheinbar einheitlichen Hang ein facettenreiches Bild mit kleinräumig sowohl hangab, wie hangparallel wechselnden Neigungsverhältnissen.

Im *zweiten Beispiel* geht es nicht um das tatsächlich nachweisbare Ausmaß der Bodenerosion innerhalb eines historischen Zeitraumes, sondern um die Feststellung eines eher hypothetischen Wertes, des sog. natürlichen Bodenerosions-Gefährdungspotentials (nBGP) in einem bestimmten Gebiet. In Anlehnung an STÄBLEIN (1987) wird das nBGP als Konstante bestimmt, die den jährlich zu erwartenden Bodenabtrag angibt, unabhängig vom tatsächlichen L-, C- und P-Faktor. Da der exakte R-Faktor für den Bonner Raum inzwischen ebenfalls vorliegt (ERDMANN & SAUERBORN, 1991), benötigt man bei diesem Verfahren flächendeckend nur noch den K- und S-Faktor. Beide sind aber in der GMK 25 bzw. der morphographischen Karte enthalten und können als gesonderte Informationsschichten „Substrat" und „Neigungen" ohne Einschränkung verwendet werden.

Der Untersuchung diente das rheinnahe Gebiet des Drachenfelser Ländchens zwischen Bad Godesberg und Oberwinter, das eine Fläche von ca. 30 qkm umfaßt und zuvor von U.HARDENBICKER geomorphologisch kartiert

worden war (ERDMANN & HARDENBICKER, 1989). Hergestellt wurde
eine Karte der potentiellen Erosionsgefährdung durch Wasser (EfW), die 6
Gefährdungsstufen (0 – 5) enthält. Die jeweilige Bodenbedeckung (Acker,
Wiese, Wald) bleibt dabei unberücksichtigt.

Auch im *dritten Beispiel* geht es um die Entwicklung einer Bodenerosions-
Prognosekarte für das genannte Gebiet südlich von Bonn. Erstmals wird jedoch
ein geographisches Informationssystem verwendet, mit dessen Hilfe eine
umfangreiche Datenanalyse durchgeführt werden kann. Gemeint ist das Land-
schafts-Informationssystem (LANIS) der Bundesforschungsanstalt für Naturschutz und Landschaftsökologie, dessen GIS-Software ARC/INFO (einschließlich TIN) eingesetzt wird (ERDMANN & ROSCHER, 1991). Als Modell
dient, wie zuvor, die Allgemeine Bodenabtragsgleichung in ihrer vereinfachten
Form: A= f(RxKxLS); das Schwergewicht liegt jedoch auf einer Auseinandersetzung mit den bodenerosionssteuernden Faktoren Hangneigung und Hang-
länge, die als Topographiefaktor (LS) zusammengefaßt werden können.
Abweichend vom zweiten Beispiel werden die Topographiedaten (Höhenwer-
te) nicht der vorliegenden morphographischen Karte (Auszugskarte „Neigungen") entnommen, sondern vom Landesvermessungsamt Nordrhein-Westfalen als Höhendaten im 50m-Raster in digitaler Form bezogen.

Hergestellt wurde durch Überlagerung der Grundlagenkarten „Erosivität
der Niederschläge", „Substrat" und „Hangneigung" eine Karte der potentiellen
Bodenerosionsgefährdung, die der konventionell erstellten Karte in Beispiel 2
an Detailgenauigkeit überlegen ist. Lediglich die Auszugskarte „Substrat" der
morphographischen Karte findet hier noch, allerdings als wichtige Grundlage,
Verwendung, während die Auszugskarte „Hangneigung" überflüssig geworden ist. Interessant ist aber der Vergleich der digital erstellten Raster-Hangnei-
gungskarte mit den Auszugskarten „Prozesse" sowie „Stufen, Kleinformen,
Rauheit" der morphographischen Karte. In der Rasterkarte mit einer Maschenweite von 50 x 50 m kommt das Mikrorelief des Geländes nur unvollkommen
zum Ausdruck. Die bestimmenden Kleinformen weisen häufig nur Durchmes-
ser von 10 – 30 m auf und bleiben damit unberücksichtigt. Daran wird deutlich,
daß die konventionelle geomorphologische Karte bei bestimmten Informationen einer digitalen Rasterkarte weit überlegen sein kann.

4. Schlußfolgerungen

Die Beispiele haben gezeigt, daß sich die GMK 25 bzw. die hier vorgestellte
morphographische Karte 1:10 000 als Grundlage für weitergehende wissenschaftliche, dabei aber mehr oder weniger anwendungsbezogene Fragestellungen gut eignet. Je nach Bedarf können bestimmte Informationsschichten
einzeln oder zusammen in Form der genannten Auszugskarten weiterverwen-
det werden. Am häufigsten trifft dies wohl für die Auszugskarte „Substrat",

weniger häufig für die Auszugskarte „Hangneigung" zu. Von unerwarteter Bedeutung sind außerdem die Informationsschichten „Stufen, Kleinformen, Talformen, Rauheit" sowie „Prozesse", da sie Aussagen über die Formung im Bereich des Mikroreliefs erlauben. Gerade diese Informationen können die digital hergestellten Rasterkarten mit einer Maschenweite von 50 x 50 m bereichern. Andererseits ist deren Genauigkeit bei der Darstellung des Mesoreliefs unübertroffen, da keine Hangneigungsklassen sondern Neigungsstufen von 1 Grad verwendet werden.

Literaturverzeichnis

BARION, D. (1991): Auswertung geomorphologischer Kartierungen im Siebengebirge für die geoökologische Karte. – Arb. z. Rhein. L.kunde, 60, S. 43-45.

BARSCH, D. & MÄUSBACHER, R. (1980): Auszugs- und Auswertekarten als mögliche nutzungsorientierte Interpretation der Geomorphologischen Karte 1:25 000. – Berliner Geograph. Abh. 31, S. 31-48.

ERDMANN, K.-H & HARDENBICKER, U. (1989): Erfassung der Bodenerosion mit Hilfe der GMK 25. – Mitt. d. Dt. Bodenk. Ges. 59/II, S. 1049-1054.

ERDMANN, K.-H. & ROSCHER, S. (1991): Untersuchungen zur Bodenerosion im Bonner Raum unter Einsatz eines Geographischen Informa-tionssystems. – Arb. z. Rhein. L.kunde, 60, S. 93-106.

ERDMANN, K.-H. & SAUERBORN, P. (1991): Die Erosivität der Niederschläge in Nordrhein-Westfalen. – Arb. z. Rhein. L.kunde, 60, S. 71-81.

FRÄNZLE, O. (1969): Geomorphologie der Umgebung von Bonn. – Arb. z. Rhein. L.kunde, 29, 58 S.

GRUNERT, J. (Hrsg.) (1991): Geomorphologische Prozeßforschung und Landschaftsökologie im Bonner Raum. – Arb. z. Rhein. L.kunde, 60, 184 S.

GRUNERT, J. & HARDENBICKER, U. (1991): Hangrutschungen im Bonner Raum – ihre Genese und Kartierung für Planungszwecke. – Z. Geomorph. N.F., Suppl.-Bd. 89, S. 35-48.

HARDENBICKER, U. (1991): Verbreitung und Chronologie der Hangrutschungen im Bonner Raum. – Arb. z. Rhein. L.kunde, 60, S. 9-18.

KUGLER, H. (1965): Aufgabe, Grundsätze und methodische Wege für großmaßstäbiges geomorphologisches Kartieren. – Pet. Geogr. Mitt., 109, S. 241-257.

LESER, H. & KLINK, H.-J. (Hrsg.) (1988): Handbuch und Kartieranleitung Geoökologische Karte 1:25 000 (KA GÖK 25). – Forsch. z. dt. L.kunde, 228, 349 S.

LESER, H. & STÄBLEIN, G. (Hrsg.) (1975): Geomorphologische Kartierung, Richtlinien zur Herstellung geomorphologischer Karten 1:25 000 ("Grüne Legende"), 2. veränderte Aufl. – Berliner Geogr. Abh., Sonderheft, 39 S.

MÄUSBACHER, R. (1985): Die Verwendbarkeit der Geomorphologischen Karte 1:25 000 (GMK 25). – Berliner Geogr. Abh. 40, 97 S.

STÄBLEIN, G. (1987): Bodenerosion und geomorphologische Kartierung. Probleme und Ansätze einer angewandten Geomorphologie. – Münstersche Geogr. Arb. 27, S. 29-41.

WANDEL, G. & MÜCKENHAUSEN, E. (1950): Neue vergleichende Untersuchungen über den Bodenabtrag an bewaldeten und unbewaldeten Hangflächen in Nordrheinland. – Geolog. Jb. 65, S. 507-550.

ZEPP, H. (1991): Zur Systematik landschaftsökologischer Prozeßgefüge-Typen und Ansätze ihrer Erfassung in der südlichen Niederrheinischen Bucht. – Arb. z. Rhein. L.kunde, 60, S. 135-161.

IV.6 Geographische Informationssysteme

Zusammenstellung: K. Brassel (Zürich)

Geographische Informationssysteme sind heute vielfältig einsetzbare Instrumente für die Verwaltung und Analyse raumbezogener Daten. Diese Technologie ist durch eine langjährige interdisziplinäre Zusammenarbeit verschiedener Fachbereiche entwickelt worden. Neben Informatikern, Mathematikern, Geologen, Hydrologen, Kartographen, Geodäten und Photogrammetern waren seit den 50er Jahren vor allem auch Geographen massgeblich an der Entwicklung quantitativer räumlicher Verfahren beteiligt. Auch heute sind Geographen wichtige Benutzer von räumlichen Informationssystemen, sodass diese Thematik im Rahmen der geographischen Ausbildung und Forschung grosse Aktualität besitzt.

Zur Illustration des Einsatzes von geographischen Informationssystemen in verschiedenen Bereichen der räumlichen Analyse sind in dieser Session Beispiele zur Klimatologie, der Landschaftsökologie/Umweltbeobachtung sowie der Analyse der Versorgungslage ausgewählt worden. Es sollen damit verschiedene Anwendungsbereiche, Probleme und Vorgehensweisen gezeigt werden. Alle diese Anwendungen belegen, dass im Bereich der GIS-Nutzung Forschung anspruchsvoll sein kann und dass noch ein breites Feld methodischer Entwicklungsarbeit vor uns liegt..

Die Referate dieser Session sind auf den Zeitpunkt des Deutschen Geographentages hin in der *Zeitschrift Geo-Informationssysteme, Jahrgang 4, Heft 3/ 1991, S. 1–19* (Wichmann Verlag) publiziert worden. An dieser Stelle sollen deshalb nur Kurzfassungen wiedergegeben werden.

Kurt Brassel, Zürich: Geographie und Geographische Informationssysteme. Im Einführungsreferat ist vorerst auf die Begriffe Geographische Informationsverarbeitung und Geographische Informationssysteme eingegangen worden. Dabei wurden geographische Informationsverarbeitungstechniken und quantitative Methoden der Raumanalyse kurz diskutiert und durch Anwendungsbeispiele illustriert. Ein zweiter Teil ging auf GIS-Entwicklungen ein, indem historische Entwicklungsphasen, GIS-Trends und Ziele der GIS-Entwicklung erläutert wurden. Der dritte Teil widmete sich der Relation zwischen Geographie und GIS, indem Analogien zwischen Geographie und Geographischen Informationssystemen aufgezeigt, die Möglichkeit der Verwendung von GIS als zentrales Arbeitsmittel des Geographen kritisch durchleuchtet und Fragen der GIS-Ausbildung und GIS-Forschung im Rahmen der Geographie erläutert wurden.

Hermann Gossmann, Freiburg: Die Nutzung Geographischer Informationssysteme in der Angewandten Klimatologie. H. Gossmann diskutierte die Einsatzmöglichkeiten von Geographischen Informationssystemen in der Angewandten Klimatologie. GIS-Methoden werden in der Angewandten Klimatologie in vier Aufgabenfeldern zunehmend Eingang finden: Bei der Homogenisierung von Messreihen, bei der räumlichen Interpolation („Regionalisierung") von Stationsdaten, bei der zeitlichen Extrapolation von z.T. kurzen Messreihen und schliesslich bei der Ableitung und kartographischen Darstellung vor allem von bioklimatischen Bewertungsgrössen. Es wurden die logische Struktur des GIS-Einsatzes bei diesen Aufgaben vorgestellt und an wenigen Beispielen erläutert.

Matthias Bopp, Zürich: Geographische Informationssysteme als Hilfsmittel für die Analyse der Versorgungslage. Dieser Beitrag illustrierte die Anwendung von Geographischen Informationssystemen zur Analyse der Versorgungslage der Bevölkerung der Agglomeration Zürich mit Lebensmitteln. Mit Hilfe eines GIS war der Referent in der Lage, die Qualität der Lebensmittelversorgung in der Agglomeration Zürich flächendeckend darzustellen und die Summe der jährlichen Einkaufswege verschiedener Haushalte zu modellieren. Anhand von zwei Analyse-Beispielen wurde gezeigt, wie mittels GIS-Einsatz neuartige Erkenntnisse und Rückschlüsse möglich werden. Auch wurden spezielle GIS-Aspekte der Dissertationsarbeit besprochen, die unter dem Titel „Die Versorgungslage der Bevölkerung in der Agglomeration Zürich unter besonderer Berücksichtigung des Lebensmittel-Detailhandels" 1991 erschienen ist (Geopressing Reihe, Univ. Zürich, Vol. 16, 325 S.).

L. Spandau und J. Köppel, München: Geographische Informationssysteme als Hilfsmittel zur räumlichen Differenzierung von Umweltqualitätszielen. In diesem Beitrag wurde die Anwendung von funktionalen Vegetationsparametern zur Ableitung von Umweltqualitätszielen innerhalb einer „bottom-up"-Vorgehensweise beschrieben. Hierzu wurde eine GIS eingesetzt, um die räumliche Differenzierung von Umweltqualitätszielen vorzunehmen. Ein wesentlicher Aspekt ist dabei, den Beitrag dieser Ziele auf das Ökosystem näher zu untersuchen und sie vor allem als Objekte einer übergeordneten Ressourcenverteilung zu fördern. Daraus entstehende Konfliktsituationen sind unvermeidlich. Zusätzlich zu den zuvor erwähnten Integrationsformen der Umweltqualitätsziele muss eine übergeordnete Interaktion von abiotischen und biotischen Komponenten innerhalb der natürlichen Zyklen des Ökosystems berücksichtigt werden. Solche Interaktionen sind Gegenstand von Untersuchungen im Projekt „Ökosystemforschung Berchtesgaden", auf das im Referat eingegangen worden ist.

IV.7 Angewandte Landschaftsökologie

Thomas Mosimann und Otto Fränzle

Zum Anwendungsbezug in der Landschaftsökologie

Die Landschaftsökologie gehört zu den anwendungsorientierten Fächern. Ist damit der Zusatz „Angewandt" im Titel nicht überflüssig? Wenn wir uns die Perspektiven der wissenschaftlichen landschaftsökologischen Arbeit vor Augen halten, wird – egal in welchem Einzelfach und in welchem Fragestellungskomplex – Praxisbezug unterstellt. Dies heisst jedoch nicht, dass jedes Ergebnis landschaftsökologischer Arbeit direkt auf den Tisch des Praktikers gelegt werden kann. Dies wäre ein vermessener Anspruch, der in der Komplexität der Wirklichkeit nicht bestehen kann. Anwendungsbezug von Ergebnissen, den wir ja der Landschaftsökologie unterstellen, und direkte Anwendbarkeit sind also auseinanderzuhalten.
– Die Komplexität der von der Landschaftsökologie betrachteten Wirklichkeit, nämlich der Lebensraum schlechthin,
– unser nach wie vor bescheidenes Wissen,
– die Vielfalt der einzusetzenden Methoden und
– der Aufwand der Erforschung räumlicher Systeme
zwingen zu arbeitsteiligem Vorgehen. Das gilt auch für eine integrative Wissenschaft wie die Landschaftsökologie, und es ist gleichzeitig eine besondere Gefahr für diese. Wer die Forschungslandschaft der Ökologie im allgemeinen kennt, weiss, dass die synoptischen Arbeiten eine Minderheit darstellen. Die Landschaftsökologie steht hierbei vielleicht etwas besser da als andere, hat aber keinen Grund auszuruhen. Es bleibt nach wie vor die grosse Herausforderung, ökologische Kenntnisse auf hoher Integrationsstufe, die auch anwendbar sind, zu liefern. Der Weg hierzu führt über viele Schritte, und er schliesst auch die Erarbeitung von Grundlagen ein. Daraus ergeben sich auch in der Landschaftsökologie graduelle Unterschiede in der Praxisnähe. Stark vereinfachend ausgedrückt, existieren landschaftsökologische Arbeiten
– mit Perspektiven für die Praxis (landschaftsökologische Raumerkundung, Ökosystemanalysen, Modellentwicklungen usw.),
– für die Praxis (Erfassung des Leistungsvermögens des Naturhaushaltes, Inventare, Entwicklung von Bewertungsmethoden usw.) und
– in der Praxis (Landschaftsbewertung, Abschätzung ökologischer Risiken und Prognosen, Landschaftsplanung usw.)
Zur Angewandten Landschaftsökologie gehören demzufolge in erster Linie die Arbeiten „für die Praxis" und „in der Praxis". Ökosystemanalysen liefern hierfür Grundlagen. Sie sind damit eine Voraussetzung für anwendungsorientierte Forschung, aber für sich alleine betrachtet nicht unbedingt angewandt.

D. Barsch/H Karrasch (Hrsg.): Geographie und Umwelt. Verh. d. Deutschen Geographentages Bd. 48 - Basel 1991. © 1993 Franz Steiner Verlag Stuttgart

Landschaftsökologie als interdisziplinärer Arbeitsbereich

Ganz allgemein und vereinfachend können Planung und Umweltvorsorge als die zentralen Anwendungsbereiche der Landschaftsökologie bezeichnet werden. Dabei deckt auch eine interdisziplinär verstandene Landschaftsökologie aber bei weitem nicht alles ab. Viele Fächer haben sich im Umfeld dieser Praxisbereiche angesiedelt. Die Arbeit des Landschaftsökologen unterscheidet sich aber von der anderer Beteiligter

– in der Art des untersuchten Systems:
  Es werden Geoökosysteme als dreidimensionale Ausschnitte der Erdoberfläche mit allen wichtigen Kompartimenten und zwischen den Kompartimenten ablaufenden Prozessen und Wechselwirkungen analysiert.

– im Raumbezug:
  Die ökologischen Untersuchungen und Aussagen sind möglichst an Raumeinheiten gebunden, wodurch ein eindeutiger Bezug zur landschaftlichen Realität entsteht.

– in der flächenhaften Aussage:
  Modelle sollen so beschaffen sein, dass anhand flächendeckend verfügbarer Parameter in der Regel mit Hilfe geographischer Informationssysteme Datenfelder erzeugt werden können. Zudem müssen die Modelle unter verschiedenen, im Raum variierenden Systembedingungen anwendbar sein.

Mit diesen Aspekten sind auch die bekannten besonderen Herausforderungen der landschaftsökologischen Arbeit genannt. Wie oben schon angedeutet, ist die Landschaftsökologie dabei zunächst weniger als Fach, sondern vielmehr als interdisziplinärer Arbeitsbereich zu verstehen. Im Kern stehen die Landschaftsökologie biologischer Ausrichtung, einschliesslich von Teilen der Landespflege, und die geographische Landschaftsökologie. Die geographische Landschaftsökologie ist dabei eng verbunden mit der Geoökologie, wobei Unterschiede in der betrachteten Dimension, der Auflösung der untersuchten Systemzusammenhänge und im Grad des Planungsbezuges gesehen werden können. In den letzten Jahren haben sich zudem vermehrt auch andere Disziplinen geoökologischen Fragen zugewandt und stärker räumliche Ansätze in ihre Arbeiten eingebracht (z.B. die Bodenkunde und Klimaökologie). Über Angewandte Landschaftsökologie kann man also nicht reden, ohne die Fachgrenzen zu überschreiten. In der Fachsitzung kam dies mit dem Beitrag von W. Haber (W. HABER u.a. 1989) zu Methoden und Ergebnissen aus dem Ökosystemforschungsprojekt „Berchtesgaden" zum Ausdruck.

Aktuelle Forschungsrichtungen in der Landschaftsökologie geographischer Ausrichtung

Wie oben geschildert, ist die Angewandte Landschaftsökologie auch als interdisziplinärer Arbeitsbereich zu verstehen. Der aktuelle Forschungsstand eines so breiten Feldes lässt sich nicht in Kürze darstellen. Selbst die spezifisch geographischen Beiträge lassen sich nicht überall eindeutig abgrenzen, zumal – und das sei nicht verschwiegen – solche gelegentlich auch von Nachbarwissenschaften geliefert werden. Es lassen sich jedoch einige Forschungsrichtungen von aktueller Bedeutung erkennen, die in der geographischen Landschaftsökologie verfolgt werden, oder zu denen die von Geographen betriebene Landschaftsökologie Beiträge liefert. Dazu gehören z.B.:

– Entwicklung und Verbesserung von Bewertungsmethoden zur Erfassung des Leistungsvermögens des Landschaftshaushaltes und ökologischer Risiken (z.B. R. MARKS u.a. (Hrsg.) 1989, G. HAASE 1991, Beitrag von G. HAASE in der Fachsitzung),
– Lösung methodischer Fragen im Zusammenhang mit dem Aufbau geoökologischer bzw. landschaftsökologischer Informationssysteme (siehe Beitrag MARKS u.a. im gleichen Band, U. OTTO u.a. 1990),
– ein breites Spektrum von experimentellen Untersuchungen zum Standortwasser- und Stoffhaushalt, vor allem zu Stofftransporten mit dem Wasser, damit verbunden auch Arbeiten zur Bodenerosion als ökologisches Problem,
– Entwicklung von Methoden und Konzepten für die Umweltbeobachtung (siehe Beitrag von O. FRÄNZLE im folgenden Abschnitt),
– geoökologische Kartierung.

Von besonderem Interesse für die Angewandte Landschaftsökologie sind dabei Fragen der Umweltbeobachtung und -bewertung. Hier werden in der Planung und Umweltvorsorge anwendbare flächenhafte ökologische Informationen bis in mittlere Massstabsebenen verlangt. Dabei müssen z.T. grossmassstäblich experimentell erkannte Funktionszusammenhänge mit Modellen in hinreichend genaue Flächenaussagen transformiert werden. Ein gutes Beispiel hierfür ist das im folgenden erläuterte Vorhaben.

Integrierte Umweltbeobachtung und -bewertung

O. Fränzle, Kiel

Ein wesentliches Ziel der interdisziplinär angelegten Umweltforschung der Bundesrepublik Deutschland stellt die Entwicklung eines umfassenden ökologischen Informations- und Bewertungssystems dar (ELLENBERG, FRÄNZLE, MÜLLER 1978). Es umfaßt als streng und durchgehend aufeinander zu beziehende Komponenten:

– die in Repräsentativgebieten betriebene vergleichende Ökosystemforschung,
– die integrierte, regionalisierende Umweltbeobachtung und eine Umweltprobenbank.

1. Grundstruktur des Umweltbeoachtungssystems

Die Umweltbeobachtung, für die ein prototypisches Konzept mit Unterstützung des BMU/Umweltbundesamtes in Schleswig-Holstein entwickelt wurde (FRÄNZLE et al. 1991), muß einerseits den verschiedenen Ebenen der Administration planungsrelevante Entscheidungshilfen an die Hand geben, andererseits soll sie auch Instrumentarium und Datenbasis für die Extrapolation der Ergebnisse der Ökosystemforschung liefern. Daher dient eine Zusammenstellung potentieller Nutzungskonflikte (Konfliktmatrix) zur Strukturierung der umweltrelevanten Datenfülle. Derartige Konflikte treten in dichtbesiedelten und hochdifferenzierten Gebieten zwangsläufig auf, wenn konkurrierende Nutzungsansprüche, etwa von Land-, Forst- und Wasserwirtschaft, Fremdenverkehr usw. an denselben Raum gestellt werden.

Unter dem Begriff „landschaftsverbrauchende Nutzung" werden dabei sowohl Siedlungs-, Industrie- und Verkehrs- als auch Rohstoffabbauflächen subsumiert, soweit durch sie eine nachhaltige Umgestaltung (Versiegelung, Aushub) stattfindet. Als „entsorgende Nutzung" wird die Beanspruchung der Umweltmedien Boden, Wasser und Luft zur beabsichtigten oder unbeabsichtigten Aufnahme von Stoffen bezeichnet; sie umfaßt damit sowohl das Deponiewesen als auch Immissionen unterschiedlichen Typs. Die „ökologische Nutzung" schließlich beansprucht Flächen oder fordert Qualitätsstandards zur Sicherung der Pflanzen- und Tierwelt sowie ihrer Lebensräume.

Tab. 1: Matrix der potentiellen umweltrelevanten Konfliktbereiche (1–49)

		Beeinflussende Nutzung						
		Lw	Fw	Ww	lvN	öN	eN	Eh
	Lw	1	2	3	4	5	6	7
Beeinflußte	Fw	8	9	10	11	12	13	14
Nutzung	Ww	15	16	17	18	19	20	21
	lvN	22	23	24	25	26	27	28
	öN	29	30	31	32	33	34	35
	eN	36	37	38	39	40	41	42
	Eh	43	44	45	46	47	48	49

(Lw = landwirtschaftliche Nutzung, Fw = forstwirtschaftliche Nutzung, Ww = wasserwirtschaftliche Nutzung, lvN = landschaftsverbrauchende Nutzung, öN = ökologische Nutzung, eN = entsorgende Nutzung, Eh = Erholungsnutzung)

Die planungsrelevante Behandlung derartiger Konfliktsituationen beginnt mit der Definition der regional unterschiedlich gelagerten Einzelfälle, womit zugleich die Festlegung und Bewichtung der Variablen erfolgt, welche jeweils für die modelltheoretisch unterbaute Analyse der geplanten Flächenumwidmung herangezogen werden müssen. Anschließend werden die Wirkungszusammenhänge formalisiert abgebildet und modelliert:

$$W = f (N, S)$$

Die jeweilige *Wirkung* ist eine *Funktion* der realisierten (oder geplanten) *Nutzung* und der *Sensitivität* oder Standortempfindlichkeit der untersuchten Flächen. Die aufzunehmenden Parameter gehören demnach einer der drei folgenden Variablengruppen an:

Wirkungsparameter, welche den Zustand der Umwelt kennzeichnen (z.B. Grundwasserbeschaffenheit, Nitratgehalt von Böden, Waldschäden);

Nutzungsparameter, die die Art und Intensität der Nutzung beschreiben (z.B. Realnutzung, Eintrag von Nährstoffen, Versiegelung);

Sensitivitätsparameter, welche die Empfindlichkeit der zu nutzenden Fläche kennzeichnen und mehr oder weniger zeitinvariat sind (z.B. Bodenart, Hangneigung, Klimaparameter).

Das aus diesem Ansatz entwickelte Bewertungsverfahren stützt sich auf ein Geographisches Informationssystem (ARC/INFO, ESRI 1989) und besteht aus folgenden vier Komponenten:

– einer Variablendokumentation über Skalenniveau, Verfügbarkeit, Herkunft und Qualität benötigter Daten;

– einer Kartendokumentation über verfügbare digitale Karten und mit diesen verknüpften bzw. verknüpfbaren Attributen im Informationssystem;

– einer Datenbasis in Form digitaler Karten, zugehöriger Attributdateien und weiterer in dezentralen Fachinformationssystemen gehaltener Originaldaten;

– einem Methodenfundus, der Verfahren zur Ableitung und Auswertung von Daten aus der Umweltbeobachtung sowie Konzept-, Simulations- und Bewertungsmodelle für die ökologisch orientierte Planung enthält.

Einen exemplarischen Einblick in die Variablendokumentation vermittelt die folgende Tabelle 2.

Tab. 2: Datengrundlagen für eine Waldbewertung

Variablengruppe	Variablen	Quelle
Baumerkmale	– Schadstufen 1985–1989	Terrestrische
	– Baumklasse	Waldschadens-
	– Brusthöhendurchmesser	inventur in
	– Soziale Stellung	Schleswig-
	– vorzeitiger Blattabfall	Holstein
	– Insektenbefall	
	– Pilzbefall	
	– Behang	
Bestandsmerkmale	– Ertragsklasse	Terrestrische
	– Altersklasse	Waldschadens-
	– Kronenschluß	inventur in
	– Bestandesaufbau	Schleswig-Holstein
	– Mischungsform	&
	– Wuchsgebiet	Försterei-
	– Höhe über NN	Wirtschaftskarten
Bodenmerkmale	– Forstlicher Standorttyp	Forstliche Stand-
	– Podsolierungsgrad	–ortkartierung des
	– Stauwassereinfluß	MELF 1955/63
	– Vermoorung	
	– Nährstoffpotential	Eigene Modellsimula-
	– Vernässungsgefahr	lation (FORSTBOD)
	– Dürregefahr	auf Grundlage der
	– Verdichtungsgefahr	Forstl. Standortk.
	– Bodenanalysen unter	Immissionsökologi-
	Fichte: pH (H_2O), pH (KCl),	sche Waldzustands-
	Org. Subst., Ton, Schluff,	erfassung 1983 &
	Sand, KAKpot, Ca, Mg, K,	Messungen des Geogr.
	Na, NO_3, SO_4, PO_4, Al,	Institutes der CAU
	Pb, Zn, Cd, Cu, Cr	Kiel 1987
Klimamerkmale	– mittl. Jahrestemperatur	Klimadaten des
	– mittlerer Jahresniederschlag	DWD-Schleswig
	– Tag mit NDS < 1 mm	1950–1980
	– durchschn. Nebeltage	
	– durchschn. Windgeschw.	
Emissionsmerkmale	– Schwefeldioxid	Emissionsursachen-
	– Stickoxide	kataster des UBA
		1988/89
Immissionsmerkmale	– Schwefeldioxid	UBA: Daten zur
	– Stickoxide	Umwelt 1988/89
	– Schwebstaub	
	– Ozon	
Gesamtdeposition	– Chlorid	Projektinterne
	– Magnesium	Messungen in
	– NO_3-Stickstoff	Zusammenarbeit
	– SO_4	mit Gewerbeauf-
	– NH_4	sichtsamt
	– Cadmium	(1988/1989)
	– Kupfer	
	– Blei	

Tab. 3: Methodenfundus der Integrierten Umweltbeobachtung

Methode	Zweck und Einsatz im Projekt
WASMOD & STOMOD	Flächenhafte Modellierung des Bodenwasser- und Stoffflusses; eingesetzt zur Bilanzierung des Wasser- und Stickstoffhaushaltes von Einzelflächen und Einzugsgebieten (Schwerpunktraum Bornhöved)
BOTRA	Programm zur Übersetzung, Ableitung und Auswertung von Daten der Bodenschätzung; eingesetzt zur Parameterableitung für Zwecke der Stoffflußmodellierung (Schwerpunktraum Bornhöved)
FORSTBOD	Bewertungsmodell zur Abschätzung des pedogenen Waldschadensrisikos; eingesetzt zur Ermittlung des pedogenen Schadrisikos für Forststandorte in Schleswig-Holstein (landesweit)
CHAID	Multivariate Datenanalyse, Verfahren der schließenden Statistik; eingesetzt zur Ermittlung waldschadensdisponierender Faktoren in Schleswig-Holstein (landesweit)
FLÄCHENBEWER-TUNGSMODELL FÜR FORSTEN	Bewertungsverfahren zur Ausweisung des Waldschadensrisikos; eingesetzt zur Ermittlung des Schadrisikos für Forststandorte in Schleswig-Holstein (landesweit)
SUTRA	Modellierung des Grundwasserflusses und des Stofftransportes inkl. Schnittstellen zum GIS; eingesetzt zur Ermittlung der potentiellen Schadstoffausbreitung aus einer Altablagerung und zur Prognose der Effektivität von Sanierungsmaßnahmen
FLÄCHENBEWER-TUNGSMODELL ALTLASTEN	Bewertungsmodell zur Ermittlung der potentiellen Flächenempfindlichkeit gegenüber Altablagerungen; eingesetzt zur flächenhaften Darstellung der Standortsensitivität im Großraum der Bornhöveder Steenkette
ENTSCHEIDUNGS-MODELL LAND-SCHAFTSPLANUNG	Entscheidungsmodell zur Konfliktlösung in der Landschaftsplanung; eingesetzt zur Ableitung von landschaftsplanerischen Vorschlägen für eine Konfliktentflechtung im Küstenraum der Eckernförder Bucht
DVWK-BEWERTUNGS-MODELL	Bewertungsmodell zur Abschätzung des Verhaltens organischer Chemikalien im Boden; eingesetzt zur Ermittlung des Risikos einer Kontamination des oberflächennahen Grundwassers durch Pflanzenschutzmitteleinsatz in Schleswig-Holstein (landesweit)
KRIGING	Flächennutzung auf der Grundlage punktueller Messungen; eingesetzt für die flächenhafte Darstellung des atmosphärischen Stoffeintrags (Background-Depositionskarten) und ausgewählter Klimaparameter (landesweit)

GEOSTATISTIK UND HIERARCHISCHE VARIANZANALYSE	Meßnetzoptimierung für die flächenhafte Erfassung metrischer Parameter auf der Grundlage punktueller Messungen stochastischer Prozesse; eingesetzt zur Optimierung des Background-Depositionsmeßnetzes
BOX-PILOT	Robuste Klassifizierung für Flächenschätzungen; eingesetzt zur Ermittlung des adäquaten Isophlethenabstands auf Background-Depositionskarten
DIVERSE METHODEN DER DATENVERARBEITUNG (SCHNITTSTELLEN, OBERFLÄCHEN, DIENSTPROGRAMME)	Diverse Schnittstellen zwischen GIS und Statistikprogrammpaketen sowie Modellen; diverse dBASE-Oberflächen für Selektions- und Bewertungsroutinen; Schnittstelle zwischen INFO und dBASE; Koordinatentransformation (UTM, Gauß-Krüger, geogr. Koord.); Devignettierung zur Randaufhellung gescannter Luftbilder; Erweiterungen von ARC-INFO und Ausbau der Benutzeroberfläche: u.a. Balkendiagramme in Karten, Aufrasterung von Polygonkarten, Punktrastersignaturen in Polygonkarten, automatisierter Aufbau von Punkt-Coverages aus ASCII-Datenfiles, Benutzeroberfläche für die Dokumentation der Kartenbibliothek

2. Fallbeispiele

Die Praktikabilität des oben beschriebenen Instrumentariums dokumentieren zwei Fallbeispiele. Im ersten werden die aktuellen und die bei einer Vergrößerung der schleswig-holsteinischen Forsten möglichen Waldschäden in Abhängigkeit von den Standortsvoraussetzungen, unterschiedlichen Immissionsverhältnissen und verschiedenen Bestandesmischungen bestimmt. Das zweite liefert – auf ein modular aufgebautes Simulationsmodell gestützt – Abschätzungen der Boden- und Gewässerbelastung als Funktion wechselnder Landnutzungstypen in einem Einzugsgebiet des etwa 30 km südlich Kiels gelegenen Schwerpunktraumes „Bornhöveder Seenkette" der deutschen Ökosystemforschung (FRÄNZLE 1990).

2.1. Das potentielle Waldschadensrisiko in Schleswig-Holstein

Ziel der Waldbewertung ist es, das Ausmaß aktueller und potentieller Gefährdungen für die Wälder Schleswig-Holsteins modellhaft zu bestimmen; dabei sind landesweite Informationen zur lufthygienischen Situation (Belastungsvariable) mit den forstlichen Standortsfaktoren (Sensitivitätsvariable) zu verknüpfen.

Der Einfluß der ausgewählten Variablen auf die Waldschäden wird mit Hilfe des explorativen CHAID-Verfahren (Chisquare Automatic Interaction Detection) untersucht (KOTHE 1990). Dieses Datenanalyseprogramm ermittelt auf der Grundlage der schleswig-holsteinischen Waldschadensinventur den statistischen Erklärungswert von Merkmalskombination potentieller Stressoren für die Waldschadensverteilung. Hierdurch ist es möglich, die für die Risikoabschätzung aussagekräftigen Parameter aus einer Vielzahl potentieller Einflußgrößen zu extrahieren und damit den Gültigkeitsbereich der herangezogenen Waldschadenshypothesen im Hinblick auf den Untersuchungsraum Schleswig-Holstein zu konkretisieren.

Die für die CHAID-Analyse benötigten Variablen liegen nur zum Teil in der erforderlichen Form vor. So müssen landesweite Informationen über den Zustand der Waldböden aus der forstlichen Standortkartierung abgeleitet werden. Dies erfolgt in automatisierter Form durch das im Rahmen der Projektarbeiten erstellte Modell FORSTBOD, welches eine qualitative Einschätzung der Bodeneigenschaften und damit die Ableitung potentieller pedogener Risiken sowie die Zuweisung (pedologisch) standortgerechter Baumartenspektren ermöglicht. Eine Quantifizierung der pedologischen Risikoabschätzung wird anhand von umfangreichen Bodenanalysen für Fichtenstandorte vorgenommen.

Die mit FORSTBOD definierten pedologischen und die durch die CHAID-Analyse als maßgeblich für die Waldschäden charakterisierten und in Form von Bewertungsmatrizen klassifizierten Einflußgrößen bilden die Grundlage für die landesweite Betrachtung des auf den schleswig-holsteinischen Wäldern lastenden Risikopotentials. Hierfür werden FORSTBOD- und CHAID-Ergebnisse mit der Polygondatenbank der im Umweltinformationssystem gespeicherten Landeswaldflächenkarte verknüpft. Damit ist es möglich, großräumige Tendenzen in der Verteilung der Belastungsfaktoren zu erkennen und durch einen Vergleich mit den Ergebnissen der Waldschadensinventur räumliche Zusammenhänge zwischen Nutzungs- und Sensitivitätsvariablen einerseits und der Schadensverteilung andererseits aufzudecken.

2.2. Modellierung der Nitratbelastung des Sicker- und Grundwassers intensiv genutzter Einzugsgebiete

Die Auswirkungen unterschiedlicher Bewirtschaftungsintensität auf Sicker-wasser, oberflächennahes Grundwasser und Oberflächenwässer lassen sich mit hoher zeitlicher Auflösung mit Hilfe des modular aufgebauten Modellsystems WASMOD/STOMOD (REICHE 1991) erfassen. Dazu sind folgende Ein-gangsgrößen erforderlich: Klimadaten (Deutscher Wetterdienst), Relief- und Hangneigungsdaten (aus topographischen Karten oder vorhandenen Datenbe-ständen), physikalische Bodendaten (aus Bodenkarten oder abgeleitet aus den Grablochbeschreibungen der Bodenschätzung), schlagbezogene Realnutzungs-daten (aus Kartierungen, Luft- und Satellitenbildern) sowie Angaben zum Düngeraufwand (aus Befragung, Gemeinde- und Agrarstatistik), Entfernung zur Entwässerungsbasis (Vorfluter, See).

Anhand dieser Vorgaben, die mit Parametern auskommen, die bereits landesweit vorliegen, erhoben oder abgeleitet werden können, lassen sich schlagbezogen Sickerraten und Stoffkonzentrationen berechnen. Dabei wer-den zunächst die sensiblen planungs- oder sanierungsbedürftigen Flächen ausgewiesen. Für diese werden Nutzungsvarianten, die andere Anbaufrüchte, ökologisch orientierte Bewirtschaftung, reduzierten Düngemitteleinsatz oder Extensivierung umfassen können, aufgestellt. Die dann zu erwartenden Aus-waschungsraten ins Grundwasser werden berechnet. Über den Grundwasser-fluß gelangen die ermittelten Stoffkonzentrationen zeitverzögert ins nahegele-gene grundwassergespeiste Oberflächengewässer.

Die folgenden Abbildungen 1 und 2 zeigen die mit Hilfe des Modells berechneten Nitratkonzentrationen im Sickerwasser des Einzugsgebietes der Schmalenseefelder Au unter den gegebenen Nutzungsverhältnissen und nach einer angenommenen Extensivierung.

Ausblick

Im Verlauf der Fachsitzung wurde viel von Methoden gesprochen. Auch die aktuellen Forschungsfelder in der Angewandten Landschaftsökologie sind, wie die obige Aufzählung zeigt, stark im Bereich von Methoden und Modellen angesiedelt. Hier bestehen auch die grössten Lücken. Dagegen existieren viele exemplarische Einzeluntersuchungen. Der Anwender verlangt aber in erster Linie Prognosewerkzeuge. Hier besteht ein breites Arbeitsfeld, besonders auch für die Landschaftsökologie. Dabei sind in Zukunft dringend auch Beiträge zum Problem der Erfassung und Bewertung ökologischer Wechselwirkungen erwünscht, wie dies im Rahmen von Umweltverträglichkeitsprüfungen geför-dert wird.

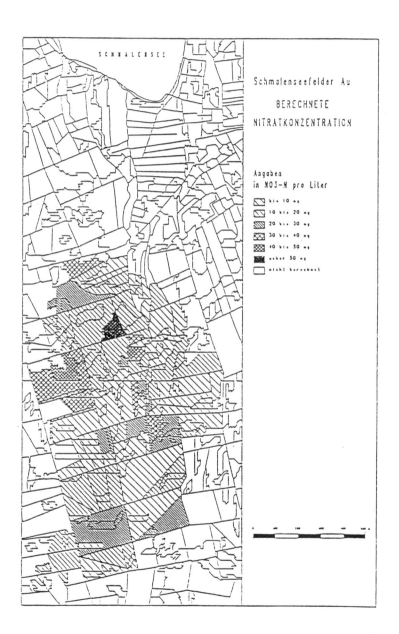

Abb. 1: Berechnete Nitratkonzentration im Sickerwasser im Bereich der Schmalenseefelder
Au unter vorgefundenen Nutzungsverhältnissen (Zeitraum 1.1.1988–31.12.1989)

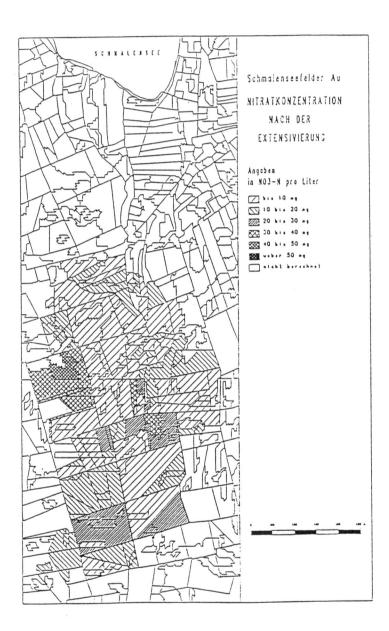

Abb. 2: Berechnete Nitratkonzentration im Sickerwasser im Bereich der Schmalenseefelder Au unter veränderten Nutzungsverhältnissen (Zeitraum: 1.1.1988–31.12.1989)

Literatur

ELLENBERG, H., FRÄNZLE, O. & MÜLLER, P. (1978): Ökosystemforschung im Hinblick auf Umweltpolitik und Entwicklungsplanung. Umweltforschungsplan des Bundesministers des Innern – Ökologie. Forschungsbericht 78 – 101 04 005. 144 S. Bonn

ESRI – Environmental Systems Research Institute (1989): User's Guide: ARC/INFO, Volume 1. Redlands, CA: ESRI

FRÄNZLE, O. (1990): Ökologische Informationssysteme als Grundlage der Raumplanung. In: ELSASSER, H. & KNOEPFEL, P. (Hrsg.): Wirtschaftsgeographie und Raumplanung 8: 35–63.

FRÄNZLE, O. et al. (1991): Erarbeitung und Erprobung einer Konzeption für die ökologisch orientierte Planung auf der Grundlage der regionalisierenden Umweltbeobachtung am Beispiel Schleswig-Holsteins. Umweltforschungsplan des Bundesministers für Umwelt, Naturschutz und Reaktorsicherheit. Forschungsbericht 109 02 033. 194 S. + 17 Anhangbände. Bonn

HAASE, G. 1991: Naturraumerkundung und Landnutzung. Geohorologische Verfahren zur Analyse, Kartierung und Bewertung von Naturräumen. = Beiträge zur Geographie Bd. 34, Berlin, 373 S.

HABER, Wolfgang, L. SPANDAU und K. TOBIAS (1989): MAB-Projekt 6 „Ökosystemforschung Berchtesgaden" – Der Einfluss des Menschen auf Hochgebirgsökosysteme im Alpen- und Nationalpark Berchtesgaden: Zusammenfassender Abschlussbericht über die durchgeführten Arbeiten, Erhebung und Auswertungen der beteiligten Fachbereiche. = UFO-Plan – Nr. 101 040 40/04, Umweltbundesamt, Berlin

KOTHE, P. (1990): Pedologische Risikoabschätzung als Grundlage der Empfindlichkeitsbewertung unter Verwendung des Geographischen Informationssystems ARC/INFO mit besonderer Berücksichtigung der Fichtenbestände. Dipl.-Arbeit Kiel

MARKS, R., M.J. MÜLLER, H. LESER und H.J. KLINK (Hrsg.) 1989: Anleitung zur Bewertung des Leistungsvermögens des Landschaftshaushaltes. = Forschungen zur Deutschen Landeskunde Bd. 229, Trier, 222 S.

REICHE, E. W. (1991): Entwicklung, Validierung und Anwendung eines Modellsystems zur Beschreibung und flächenhaften Bilanzierung der Wasser- und Stickstoffdynamik in Böden. Diss. Univ. Kiel

IV.8 Polargeographie
Geowissenschaftliche Fragestellungen und Projekte der Polarforschung

mit Beiträgen zum aktuellen Sedimenttransport und Indizien globaler
Umweltverschmutzung auch im Polargebiet

GERHARD STÄBLEIN, Bremen
mit Auszügen von ROLAND MÄUSBACHER, Heidelberg und KLAUS
PECHER, Bayreuth

1. Polarforschung heute

Polarforschung, an der Geographen auch aus dem deutschen Sprachraum mit
unterschiedlichen Fragestellungen aktiv teilnehmen, wird heute in interdisziplinären Programmen betrieben. Die Fragestellungen sind am Problem oder
Objekt bzw. logistisch-regional fächerübergreifend integriert. Dadurch ist die
Aufteilung nach einzelfachlichen Themen überholt worden. Die Projekte, wie
sie vor allem im Rahmen des seit 1981 laufenden (verlängert bis 1995) DFG-
Schwerpunktprogramms „Antarktisforschung mit vergleichenden Untersuchungen in arktischen Eisgebieten" (HEMPEL 1986) betrieben werden, sind
trotz aller Spezialisierung der Methoden und Einzeluntersuchungen eingebunden in die Aspekte, die heute weltweit von Wichtigkeit sind. Globaler Wandel
(„global change"), Änderungen des Klimasystems und des atmosphärischen
Gleichgewichts können von den Polarregionen aus in besonderem Maße
bearbeitet werden. Die Polargebiete sind einerseits sensible kryogene Geosysteme mit extremen physischen Bedingungen, andererseits haben sie auch
wichtige Steuerfunktionen für das Globalsystem. Meereisausdehnung, Eishaushalt, Zirkulation kalter ozeanischer Tiefenwässer, Abbau der Ozonkonzentration in der höheren Atmosphäre sind neben den laufend unser mitteleu-
ropäisches Wettergeschehen beeinflussende Polarluftmassen Faktoren, die
deutlich machen, daß Polarforschung ein wesentlicher Aspekt zum Thema
„Geographie und Umwelt" ist (Abb.1).

Mit Polarforschung sind wesentliche Faktoren und Formen physischer
Rückkopplungen zu erfassen. Es kann damit der Wandel in kürzeren und
längeren Zeitskalen von wenigen Jahren bis zu den Klimaschwankungen der
quartären Eiszeiten nachgewiesen werden, und so kann Polarforschung zu der
Lösung der aktuellen Frage nach der weiteren Entwicklung des Weltklimas
beitragen. Die Nutzung der Polarregionen, ihrer Rohstoffpotentiale und ihrer
Naturschönheit, tritt mehr und mehr zurück gegenüber der Einsicht in die
global-geoökologische Notwendigkeit des strengen Naturschutzes für die
Lebensgemeinschaften vor allem in den Polarmeeren, für die gegenüber
jeglicher Nutzung zerstörungsanfälligen Permafrostgebiete der Festländer und
für die den Wärmehaushalt steuernden Eisgebiete. Die Steuerfunktion und die

D. Barsch/H Karrasch (Hrsg.): Geographic und Umwelt. Verh. d. Deutschen Geographentages Bd. 48 - Basel 1991. © 1993 Franz Steiner Verlag Stuttgart

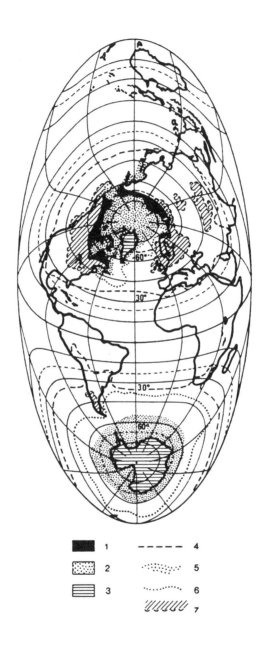

Abb. 1: Rezente und vorzeitliche Polargebiete. 1 = Tundra- und Frostschuttgebiete (Periglazial), 2 = polare Ozeanbereiche mit zeitweiliger bzw. ständiger Meereisbedeckung, 3 = Inland-
eisschilde, 4 = äquatoriale Schneefallgrenze in Tiefländern, 5 = Grenze der Eisbergverbreitung,
7 = Maximalausdehnung der Vereisungen im Pleistozän. (STÄBLEIN)

Einmaligkeit der geoökologischen Anpassungen erscheint heute für die Menschheit wichtiger als der Gewinn durch den unwirtschaftlichen Abbau von Bodenschätzen oder als die Möglichkeit für den kapitalintensiven Polartourismus.
Dieser hat nach zunächst exklusiven seltenen Einzelunternehmen in manchen
Gebieten ein gefährdendes Ausmaß erreicht. Auch die Polarforschung selbst
muß überdenken, welche Schäden und Beeinträchtigungen durch Stationen
und Feldarbeiten noch vertretbar sind.

1.1 Themen der Fachsitzung Polargeographie

Polarforschung ist ein Umweltthema, das sich aus aktuellen Forschungsansätzen von Geographen aufzeigen läßt. So verstand sich die Fachsitzung des
Geographentages. Es sollte zugleich über aktuelle Projekte und Ergebnisse aus
der Forschung berichtet und der größere Bezugsrahmen aufgezeigt werden, in
dem Polarforschung über Polargeographie weit hinausgreift und das globale
Geosystem mit seinen aktuellen Veränderungen und Bedrohungen betrifft. In
einem Überblick wurden aktuelle Aussagen der Antarktisforschung zusammengefaßt (STÄBLEIN, Bremen). Der Bericht über das Programm SPE 90 gab
Einblick in ein mehrjähriges Forschungsprogramm in Nordwest-Spitzbergen,
das federführend von Geographen betrieben und koordiniert wird (BLÜMEL,
Stuttgart). Stofftransport Land-Meer in polaren Geosystemen ist dabei die
verbindende Fragestellung (LESER, BLÜMEL & STÄBLEIN 1988) (Abb.2).
Ein zweites Überblicksreferat zeigte die geowissenschaftliche Arktisforschung
als einen Beitrag zur Erfassung und Beurteilung globaler Veränderungen
(MÄUSBACHER, Heidelberg). Daraus werden hier ausgewählte Ergebnisse,
insbesondere zum aktuellen periglazialen Sedimenttransport, vorgestellt. Als
weiterer spezieller Aspekt wurden Indizien der globalen Umweltverschmutzung in Polargebieten vorgetragen (PECHER, Bayreuth); daraus sollen die
Ergebnisse für ausgewählte organische Spurenstoffe, wie sie in Moosen der
Tundra in Spitzbergen nachgewiesen wurden, hier angesprochen werden.
    Die Diskussion hat sowohl methodische Einzelfragen aufgegriffen als
auch grundsätzliche und allgemeine Aspekte geographischer Polarforschung
vertieft. Die große Zahl von Teilnehmern an der Fachsitzung zeigte das große
Interesse der Geographen an dem spektakulären und aktuellen Forschungsfeld.

1.2 Veränderte Ansätze für Polargeographie

In der Einleitung der Fachsitzung wies Prof. FURRER (Zürich) besonders auf
die Veränderung im Charakter und der Struktur der aktuellen Polarforschung
hin. Die einmaligen Forschungsreisen von Naturwissenschaftlern einzelner
Fachrichtungen, von Geologen, Botanikern oder Geographen ist von mehrjäh-

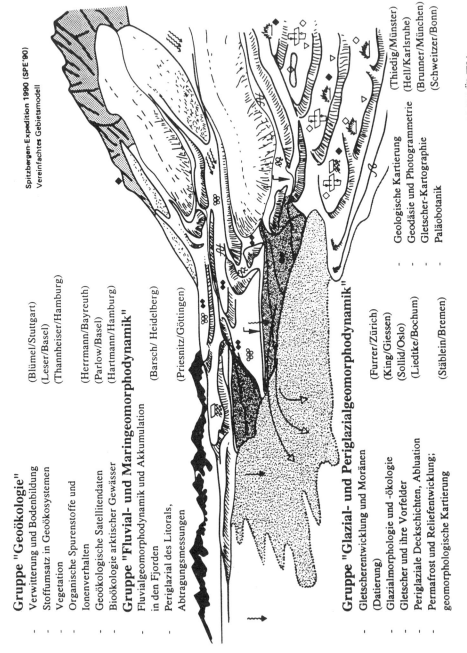

Spitzbergen-Expedition 1990 (SPE'90)
Vereinfachtes Gebietsmodell

Gruppe "Geoökologie"
- Verwitterung und Bodenbildung   (Blümel/Stuttgart)
- Stoffumsatz in Geoökosystemen   (Leser/Basel)
- Vegetation   (Thannheiser/Hamburg)
- Organische Spurenstoffe und
  Ionenverhalten   (Herrmann/Bayreuth)
- Geoökologische Satellitendaten   (Parlow/Basel)
- Bioökologie arktischer Gewässer   (Hartmann/Hamburg)

Gruppe "Fluvial- und Maringeomorphodynamik"
- Fluvialgeomorphodynamik und Akkumulation
  in den Fjorden   (Barsch/ Heidelberg)
- Periglazial des Litorals,
  Abtragungsmessungen   (Priesnitz/Göttingen)

Gruppe "Glazial- und Periglazialgeomorphodynamik"
- Gletscherentwicklung und Moränen
  (Datierung)   (Furrer/Zürich)
- Glazialmorphologie und -ökologie   (King/Giessen)
- Gletscher und ihre Vorfelder   (Sollid/Oslo)
- Periglaziale Deckschichten, Abluation   (Liedtke/Bochum)
- Permafrost und Reliefentwicklung;
  geomorphologische Kartierung   (Stäblein/Bremen)

- Geologische Kartierung   (Thiedig/Münster)
- Geodäsie und Photogrammetrie   (Hell/Karlsruhe)
- Gletscher-Kartographie   (Brunner/München)
- Paläobotanik   (Schweitzer/Bonn)

Abb. 2: Vereinfachtes Gebietsmodell und Arbeitsgruppen der geowissenschaftlichen Spitzbergen-Expedition SPE 90 (BLÜMEL).

rigen Programmen abgelöst worden, die ein Team von Wissenschaftlern umfassen. Deren Aufgaben werden als Beitrag an ein übergeordnetes interdisziplinäres Problem formuliert. Aus der gemeinsamen Arbeit im Gelände und an Stationen, wo auch längerfristige Beobachtungen möglich werden, resultieren wertvolle Synergien, die durch Einzeluntersuchungen nicht möglich wären. Diese Koordination der wissenschaftlichen Ansätze ist heute auch wegen der effektiven Nutzung der notwendigen teuren Technologie (z.B. Bohrungen, automatische Klimastationen) und umfangreichen Infrastruktur (Transportmittel, Labore, Logistik) unumgänglich.

Über Karten und Luftbilder als traditionelle geographische Arbeitsmittel hinaus bieten heute die Fernerkundungssysteme der erdumrundenden Satelliten inbesondere in der Polarforschung mit den dort bisher räumlich vereinzelten und zeitlich limitierten Beobachtungen und der Unzugänglichkeit vieler Gebiete noch unabsehbare Möglichkeiten. Hiermit werden Grundlagendaten zu Landschaftsformen, Vegetationsverbreitung, Wolkenstrukturen, Meereisdynamik zugänglich, die neue Analysen und ein Monitoring in zeitlichen Schnitten möglich macht. Diese Satellitenbilder von Polarlandschaften machen aber die Geländearbeit vor Ort nicht überflüssig. Der Feldvergleich und Geländemessungen sind die notwendigen Schritte zu einer Interpretation und Kalibrierung der Daten.

Polarforschung ist heute nicht nur interdisziplinär, sondern international und durch politische Interessen der Kooperation und der Beteiligung an der kontrollierten Nutzung (Fischerei und Verkehrserschließung) geprägt. Das wirtschaftliche Interesse ist auf die Entwicklung von technischem Know-how und von Produkten für extreme Belastungen gerichtet. Die Förderung der Polarforschung mit rund 1 Mrd DM in der Bundesrepublik in den letzten 10 Jahren ist so auch zu einem beachtlichen industriellen und wirtschaftlichen Faktor geworden.

2. Geowissenschaftliche Fragestellungen und Ergebnisse der Antarktisforschung
(G.STÄBLEIN, Bremen)

Antarktika, mit 14 Mio qkm fast eineinhalbmal so groß wie Europa , hat man den „Kontinent der Forschung" genannt. Einschließlich des Antarktischen Ozeans, der mit seinen kalten Oberflächenwassermassen und seiner wechselnden Meereisbedeckung bis zur Antarktischen Konvergenz bei etwa 55°S 38 Mio qkm umfaßt, ist die Antarktis das größte „Kältelabor" der Erde (Abb.1). Die argentinische Station Esperanza bei 63°S an der Spitze der Antarktischen Halbinsel, 1952 angelegt in Konkurrenz zu der englischen Station Hope Bay, macht deutlich, daß es in der Antarktis nicht nur um interdisziplinäre Grundlagenforschung in internationaler Kooperation geht. Der 1959 abgeschlossene SCAR-Antarktisvertrag, der seit 1961 30 Jahren unverändert in Kraft ist, hat

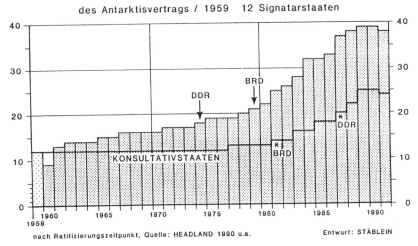

Abb. 3: Entwicklung der SCAR-Mitgliedschaft nach Ratifizierungszeitpunkt (STÄBLEIN).

diesem Ziel mit gutem Erfolg gedient. Seit 1974 war die damalige DDR und seit 1979 ist die Bundesrepublik Mitglied des Antarktisvertrags (Abb.3).

In dem kleinen eisfreien Gletschervorfeld an der Hoffnungsbucht gab es die ersten, bisher einzigen militärischen Auseinandersetzungen mit Schußwechsel, als die Hütten der argentinischen Heeresstation auf die im Jahr vorher angelegte Landebahn der Engländer gebaut wurden. In Esperanza sind auch 1978 die ersten Kinder des Kontinents geboren worden. Mit solchen Ereignissen und „Kolonisationsprogrammen" wird der regionale Besitzanspruch an den Ressourcen (Fanggebieten und Bodenschätzen) insbesondere südamerikanischer Staaten dokumentiert.

2.1 Themen und Institutionen der Antarktisforschung

Antarktisforschung ist in ganz unterschiedlichen wissenschaftlichen Zusammenhängen und Fragestellungen bedeutsam:
- Die Eigenständigkeit der extremen polaren Bedingungen schaffen Ökosysteme, die eine Vielzahl von grundlagen-wissenschaftlichen Fragen stellen. – Wie verhalten sich Materialien, Gesteine und Lebewesen bei tiefen, lebensfeindlichen Temperaturen, die auf dem Inlandeis fast -90°C erreichen?
- Die Schwankungen von Vereisung und Klima der Erdgeschichte sind in der Antarktis mit Eisrücklagen, die mehr als 200 000 Jahre alt sind, besser dokumentiert als sonst irgendwo auf der Erde. – Wann hat der Umbruch

von den weltweit tropisch-warmen Verhältnissen zum Eiszeitalter stattgefunden?
– Darüber hinaus sind die Gesteine, Gebirge und Untergrundstrukturen
   wichtige Elemente des alten Gondwanakontinents. Die Antarktis ist damit
   Schlüssel zur Rekonstruktion der plattentektonischen Entwicklung und für
   das Verständnis der planetaren Prozesse.
– Die wechselnden Meereisverhältnisse und der kontinentale Eishaushalt
   sind erst heute mit großräumigen glaziologischen Programmen und durch
   Extrapolation mit den Mitteln der Satellitenfernerkundung genauer bestimmbar. – Wird das Eis der Antarktis weniger und ist dies ein Zeichen der
   vom Menschen verursachten Erwärmung des Weltklimas?
– Die globale Steuerfunktion der Antarktis im Wärmeaustausch durch Luft-
   und vor allem durch kalte Meeresströmungen über den Atlantik und Pazifik
   bis in den hohen Norden der Nordhalbkugel wird für Szenarien der
   Entwicklung und deren Modellierung als eine entscheidende Größe erkannt. Künftige Ernteertragsschwankungen und die Häufigkeit von Natur-
   katastrophen hängen von den Verhältnissen in der Antarktis ab. In der viel-
   zitierten Beobachtung der Ozonreduktion in der Atmosphäre, des sogenannten „Ozonlochs" über der Antarktis, zeigt sich die Sensibilität der
   Polargebiete für das irdische geoökologische System. – Wie verlaufen die
   Rückkopplungseffekte einzelner Faktoren? Gibt es hier eine Möglichkeit
   für ein globales Umweltmonitoring?
– Ressourcennutzung, vom Walfang bis zu den geplanten „Eisbergernten",
   aber auch die Erforschung selbst in großen internationalen Programmen
   mit Dauerstationen auf dem Eis und auf dem Kontinent sowie der exklusive
   Polartourismus haben bereits tiefgreifende ökosystemare und landschaftliche Dauerschäden gebracht. – Soll die Antarktis zum „Weltpark" als ge-
   schütztes Erbe der Menschheit werden? Wer trägt die politische und
   rechtliche Verantwortung? Welche technischen, logistischen und finanziellen Möglichkeiten zum Schutz und Umweltschutz gibt es für die
   Antarktis?
Die Liste der angesprochenen Fragen zeigt, daß die neuen Erkenntnisse aus
der Antarktisforschung unsere geographische Analyse von Standorten und
Landschaftszonen weltweit betreffen. Sie müssen in Modellen für geographische Beurteilungen und Prognosen geosystemarer Zustände, Entwicklungen
und Trends berücksichtigt werden.
    In der Forschung kann die Geographie wegen ihrer generalistischen
wissenschaftlich-methodischen Ausbildungsstruktur und ihrer wenig differenzierten institutionellen Ressourcen heute praktisch nur über ihre spezialisierten
Teildisziplinen an der Antarktisforschung durch Arbeitsgruppen von den Universitätsinstituten aus teilnehmen. Klimatische und klimagenetische Geomorphologie, einschließlich Gletscher- und Quartärforschung, sind dabei traditio-
nell die Kernbereiche geographischer Polarforschung. Die Felduntersuchun-

gen und Meßeinrichtungen zur periglazialen Entwicklung eines koordinierten geomorphologischen Programms mehrerer geographischer Institute, finanziert durch das DFG-Schwerpunktprogramm Antarktisforschung, mit den dreijährigen Feldkampagnen 1983/84 bis 1986/1987 auf der Fildeshalbinsel im Bereich der Südshetlandinseln kann hier beispielhaft genannt werden (BARSCH et al. 1985), daneben auch die Untersuchungen, die in der Schirmacheroase bei der Georg Forster Station in der Ostantarktis seit 1976 (RICHTER 1985, KRÜGER 1989), von Geomorphologen aus Potsdam seit 1983/84 (KRÜGER 1987, BALKE 1988) durchgeführt werden. Sowohl im Halbinselbereich als auch für die Schirmacheroase laufen mittelfristige Planungen und werden geomorphologische Untersuchungen weitergeführt.

Die geographische Erdfernerkundung ist eine weitere Teildisziplin, die sich zu einem zweiten Kernbereich geographischer Polarforschung entwickelt. Entsprechende Forschungsprogramme sind dazu angelaufen, u.a. finanziert durch das BMFT im Zusammenhang mit dem im Sommer 1991 gestarteten europäischen Satelliten ERS 1 (SCHMIDT-FALKENBERG 1991). Zu erwähnen ist auch die Mitarbeit eines Geomorphologen an der Aufarbeitung älteren Materials und neuerer Daten mit einer geomorphologischen Kartierung im Neuschwabenland, im Hinterland der GvN-Station beim IfAG, Frankfurt (BRUNK 1986, 1989).

In der Antarktisforschung, wie in der Polarforschung allgemein, spielt die Geographie keine führende Rolle. Geophysik der festen Erde und der Atmosphäre, Glaziologie, marine Geologie und Biologie sowie Polarökologie sind heute die Fachrichtungen, die nach finanziellem und personellem Einsatz in der Antarktisforschung dominieren. Daneben sind technisch-methodische Fächer wie Geodäsie, Fernerkundung, Ingenieurwissenschaften (u.a. für polaren Schiffs- u. Stationsbau) mit aufwendigen Forschungsprojekten vertreten.

Die 1982 in Dienst gestellte FS „Polarstern", der Forschungseisbrecher des AWI, des 1980 gegründeten Alfred-Wegener-Instituts für Polar- und Meeresforschung in Bremerhaven, steht als Beispiel für das investitionsintensive Polarforschungsprogramm der Bundesregierung (BMFT 1987) mit zahlreichen wirtschaftlichen Effekten im technischen Entwicklungs- und Auftragsbereich, für das bisher mehr als 1 Mrd DM seit 1978 aufgewendet wurden. 180 Mio DM hat die Polarstern gekostet; mit 40 Mann Besatzung dient sie für jeweils bis zu 65 Wissenschaftler als Forschungsplattform und Versorgungsschiff für die ganzjährig seit 1981 betriebene Überwinterungsstation Georg von Neumayer bei bisher 70°37'S 8°22'E auf dem Ekström-Schelfeis an der Küste von Neu-Schwabenland. Nach einem Betrieb von 10 Jahren wurde die Station im Südsommer 91/92 durch eine neue, nur wenige km vom alten Standort entfernte mit einem Kostenaufwand von 20 Mio DM ersetzt.

Das AWI als zentrale Großforschungseinrichtung der deutschen Polarforschung, wo zentral für alle deutschen Polarunternehmungen inhaltliche und logistische Fragen koordiniert werden, verfügt über einen Jahresetat von jeweils über 70 Mio DM und umfaßt 268 Stellen, davon über 200 im wissenschaftlichen Bereich. Geowissenschaften sind als Sektionen für Geologie (insbesondere Meeresgeologie) und für Geophysik/Glaziologie vertreten; eine geographische Abteilung gibt es nicht (AWI 1989).

2.2 Ausgewählte Ergebnisse der Antarktisforschung

Auf einige ausgewählte Ergebnisse der Antarktisforschung, die für geographischen Fragestellungen von Bedeutung sein können, soll hier hingewiesen werden.

Klimatische Differenzierung

Die klimatischen Bedingungen der Antarktis sind regional durch die unterschiedliche topographische Lage und die Lage zu den Küsten differenziert. Der hohen oder kontinentalen Antarktis mit tockenen und sehr kalten Bedingungen auf dem Inlandeis, aber auch in den sogenannten „Oasen" der Trockentäler von Victorialand stehen die Gebiete der niederen oder ozeanischen Antarktis mit ausgeglichenen Frosttemperaturen, zahlreichen Frostwechseln und Niederschlägen von einigen 100 mm im Jahr gegenüber. Zu diesem Klimabereich rechnen besonders die stellenweise eisfreien Küsten der Antarktischen Halbinsel und der Südshetlandinseln.

Bioökologie und die marinen Bio-Ressourcen

Aus dem Internationalen BIOMASS-Programm zur biologischen Erforschung antarktischer Meeressysteme und Meeresbestände (SAHRHAGE 1984) liegen umfangreiche Ergebnisse vor, die das reiche differenzierte ökologische System der Nahrungsketten als spezialisiert angepaßt und sensibel gegenüber Störungen nachweist. Verschiebungen im Verhältnis der Populationen, etwa der Robben und Pinguine, sind zum Teil darauf zurückzuführen, daß durch den Walfang Nahrungsmöglichkeiten für andere frei wurden. Die Robben sind seit 1972 in der Antarktis unter totalen Schutz gestellt und haben sich seither wieder stark vermehrt.

Die Lebensräume der Fische und der Krillschwärme liegen im Bereich der wechselnden Eisrandlagen im nährstoffreichen Mischwasserbereich mit sommerlich hoher Einstrahlung. Die Lage und Ergiebigkeit wechseln stark von Jahr zu Jahr, so daß die anfänglich erwarteten hohen Mengen biotischer Ressourcen sich nicht bestätigen ließen. Vorherrschend pelagische, aber auch benthische, am Meeresgrund lebende Fischarten eignen sich für einen kommerziellen Fang, der seit 1969/70 vor allem durch sowjetische Schiffe betrieben wird (Abb.4). Bei den Fischen gibt es physiologische Besonderheiten wie die

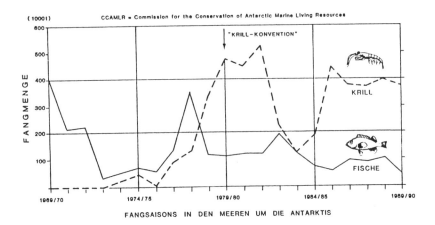

Abb. 4: Entwicklung von Krill- und Fischfang in der Antarktis (STÄBLEIN).

Eisfische, die kein rotes Blut haben. Sie verbrauchen im Ruhestadium weniger
Energie als rotblütige Fische. Eine Anpassung an den dauernd kalten Lebensraum.

Besondere Erwartungen setzte man auf die Nutzung der Krillschwärme.
Der Krill, eine Leuchtgarnele *Euphausia superba*, wird 2 bis 6 cm lang und
durchläuft eine mehrjährige Entwicklung in verschiedenen Stadien. Mit 2 g ist
der Krill schwerer als das Wasser und muß daher ein Leben lang in Bewegung
sein. Er kann 10 km pro Tag zurücklegen. Mit dem deutschen Fischereifor-
schungsschiff „Walther Herwig" wurden 1975/76 und 1977/78 im atlantischen
Sektor der Antarktis die Krill-Expeditionen durchgeführt. Gemeinsam mit der
alten „Meteor" nahmen die deutschen Schiffe 1981 an FIBEX teil, dem „First
International BIOMASS Experiment" zur Abschätzung des Gesamtbestandes,
in den Folgejahren bis 1985 auch die „Polarstern".

Verarbeitet enthält Krillfleisch bis 50 % Protein, Vitamin A, D und B,
sowie ist reich an Kalzium, Eisen, Kupfer, Magnesium und Phosphor, enthält
aber auch hohe Fluormengen. Der Krill stellt ein hochwertiges Nahrungsmittel
dar. Die jährlich etwa 0,5 Mio t Fisch und Krill aus der Antarktis machen nur
0,5 % der Gesamtanlandung (80-90 Mio t) der Weltmeere aus. Die Bestände
sind bereits überfischt, so daß schon 1979 eine Konvention zwischen den
SCAR-Nationen vereinbart wurde. Die größte Menge des gefangenen Krills
wird heute als Viehfutter verwendet durch Japan und die Sowjetunion, aber
auch Produkte für den menschlichen Verzehr werden angeboten (SAHRHAGE
1992).

Eiszeitgeschichte und Eismassenhaushalt

Das antarktische Inlandeis ist die Rücklage von festem Niederschlag aus langer Zeit. Heute beträgt der Zuwachs im Durchschnitt nur 130 mm Wasseräquivalent pro Jahr auf dem Inlandeis, stellenweise sogar weniger als 50 mm. Bei Eismächtigkeiten bis zu 4000 m und der damit verbundenen Kompression der Eisschichten stellt das Eis ein Archiv dar, das die atmosphärischen Zustände weit in die Vorzeit repräsentiert. Analysiert man etwa das temperaturabhängige Verhältnis der stabilen Sauerstoffisotope O^{18} und O^{16} in einem Eisbohrkern, so erhält man eine Temperaturkurve. An einem Bohrkern bei der russischen Station Vostok lassen sich deutlich die Kältephasen, die wir auf der Nordhalbkugel als Weichsel bzw. Würm-Kaltzeit bezeichnen, aufzeigen. – Die Klimaschwankungen sind offensichtlich weltweit nachweisbar und zeigen die globale Kopplung des Klimasystems. Das Diagramm des O^{18}/O^{16}-Verhältnisses nach marinen Sedimentbohrkernen vor der Antarktis zeigt zunächst eine kontinuierliche Abkühlungsphase seit dem Paläozän. Beim Übergang vom Eozän zum Oligozän erfolgt ein deutlicher Isotopensprung, dem eine Abnahme der Oberflächentemperatur von 3-5°C entspricht (Abb.5). Dies läßt sich nur durch eine rasche Entwicklung von Meereisflächen um die Antarktis erklären. Vor 38 Mio Jahre und damit weit früher als bisher angenommen wurde, müssen wir den Beginn des Eiszeitalters ansetzen (FÜTTERER 1988).

Auch andere Stoffe lassen sich aus dem „Eisarchiv" analysieren und zeigen so einen allgemeinen Zusammenhang verschiedener Phänomene beim Übergang von einer Kalt- zu einer Warmzeit: Der Staubgehalt nimmt ab, der CO_2-

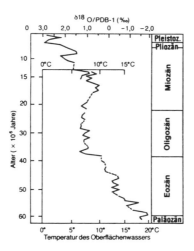

Abb. 5: Umschwung in der Klimakurve zum Eiszeitalter nach dem Sauerstoffisotopenverhältnis für subantarktische planktische Foraminiferen in marinen Sedimenten (nach FÜTTERER 1988).

Gehalt nimmt zu und eine thermische Tiefenzirkulation in den Ozeanen wird wirksam.

Das Inlandeis ist heute durch geodätische Vermessungen, Radareisdickenmessungen von Flugzeugen aus und durch Satellitenbildauswertungen im allgemeinen bekannt. Die Felsbasis des Eises liegt an vielen Stellen unter dem heutigen Meeresniveau – die Antarktis ist also ein vereister Archipel. Die Eisoberfläche überragt stellenweise auf der Ostantarktis 4000 m. Die Menge des Eises läßt sich damit berechnen. Aber der Eisbestand ist in einen ständig wechselnden Massenhaushalt von Schneefällen, Vertriftungen, Gletscherabflüssen, Eisbergkalbungen und Abschmelzen einbezogen. Die Eismengen der Antarktis und ihr Export mit den Eisbergen stellen gewaltige Süßwasserreserven dar. Sie entsprechen 1,9 % des insgesamt auf der Erde verfügbaren Wassers (70 % des Süßwassers der Erde).

Auch heute ist die Meereisentwicklung ein global-klimatisch wesentlicher Vorgang. Durch Satelliten lassen sich die Tendenzen der Meereisverbreitung genauer als bisher bestimmen. Eisbergzählungen der letzten Jahre geben Anlaß zu dem Schluß, daß die Eismassenbilanz der Antarktis nicht mehr ausgeglichen ist und die Eismenge abnimmt (ST ÄBLEIN 1991a). Wenn die Eisflächen, die gewaltige Strahlungsmengen jährlich zurückstrahlen, sich verkleinern, muß sich die Atmosphäre erwärmen. Damit ist ein Rückkopplungseffekt angesprochen. Die Klimaerwärmung läßt die Eisflächen weiter abnehmen und die damit noch kleineren Eisflächen verstärken durch ihre geringere Rückstrahlungsleistung die Erwärmung.

Probleme des „Ozonlochs"

Fragen und Probleme der Labilisierung der gewohnten atmosphärischen Zustände und des Klimasystems sind durch Messungen in der Antarktis 1985 erstmals im Phänomen des sogenannten „Ozonlochs" als Gefährdung erkannt worden. In den Meßwerten (Abb.6) wurde der dramatische Rückgang der Ozonkonzentration zunächst nur für die Antarktis am Ende des Polarwinters bei geringen atmosphärischen Austauschprozessen nachgewiesen. Ähnliches zeichnet sich jetzt auch für die Arktis ab. Die Ursache ist in der vom Menschen bewirkten chemischen Verschmutzung der Erdatmosphäre erwiesen. Die Ozonschicht ist wichtig als globaler Schutz vor zu starker UV-Strahlung und den dadurch bewirkten Schädigungen des Pflanzenwachstums, aber auch direkt der Gesundheit des Menschen. Untersuchungen in der Antarktis kommt damit eine wesentliche Rolle für ein globales Umweltmonitoring zu.

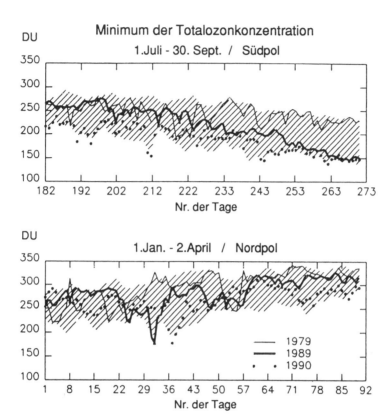

Abb. 6: Entwicklung der Ozonkonzentration im Spätwinter 1979 bis 1990 für Antarktis und Arktis (nach MAUERSBERGER 1991).

2.3 Regionale Schwerpunkte der Forschung und geographische Projekte

36 Staaten gehören heute zum SCAR-Vertrag (Abb.3); 18 Staaten davon betrieben im vergangenen Südwinter (1990) 40 Dauerstationen. In Neuschwabenland liegt die deutsche „GvN-Station" und im Wohlthatmassiv die von der DDR angelegte, jetzt als Sommerstation weitergeführte „Georg-Forster-Station". Weitere deutsche Sommerstationen sind „Filchner" und zeitweilig „Drescher" als Basis für das Filchner-Schelfeisprogramm sowie in Victorialand „Gondwana" und „Lillie-Marleen", die von der BGR (= Bundesanstalt für Geowissenschaften und Rohstoffe) bei ihren seit 1979 durchgeführten bisher sechs GANOVEX-Expeditionen errichteten Camps für geologische und geophysikalische Forschungsprogramme (ROLAND & TESSENSOHN 1984).

GANOVEX VI hat im Südsommer 1990/91 stattgefunden. Bei GANOVEX II ist im Dezember 1981 das Expeditionsschiff Gotland II durch Eispressung im Rossmeer gesunken.

Für weitere, auch geographische Feldarbeiten wird zur Zeit bei der argentinischen Station „Jubany" auf King George Island eine deutsche Sommer-Annexstation „Dallmann" errichtet. Von dort aus können auch die von Biologen der ehemaligen DDR mit mehreren Überwinterungsprogrammen im Rahmen der sowjetischen Station Bellinghausen begonnen Projekte weitergeführt werden. Die Station „Dallmann" kann außer mit dem Schiff auch günstig über die chilenische Luftwaffen-Station „Teniente Marsh" erreicht werden. Diese hat einen der wenigen Flugplätze auf eisfreiem Untergrund in der Antarktis und wird von Punta Arenas in Südamerika aus mit großen Transportmaschinen angeflogen. Aufgrund der günstigen Lage hat sich eine Konzentration von Forschungsstationen auf den wenigen eisfreien Bereichen von King George Island entwickelt. 31 Stationen und Refugien zählt man auf King George und Nelson Island.

2.3.1 Periglazialforschung im Bereich der Antarktischen Halbinsel

Was haben die neuen geomorphologischen Expeditionsprogramme erbracht? – Es hat sich gezeigt, daß die Vorstellungen qualitativ und quantitativ nicht vom arktischen auf antarktisches Periglazialmilieu zu übertragen sind. Die klimatische und klimagenetische Kopplung der Parameter ist eigenständig und erfährt eine starke Differenzierung durch regionale klimatische und lithologische Bedingungen. Dies gilt etwa für die in der Quartär- und Polargeomorphologie klassische Frage nach der Talbildung, deren Geschwindigkeit und Reifeform. – Selbst auf den sehr jungen, nur wenige Jahrzehnte alten Vulkanaschehängen von Deception Island zeigen sich differenzierte aktive Zertalungen, als Ausgang einer Hangzerschneidung. Weit häufiger verbreitet aber ist Hangglättung bis zur Ausbildung von Kryoplanationsterrassen. Die Hangglättung erfolgt im wesentlichen durch eine lokale Materialverlagerung in der Verwitterungsdecke während des Schneedeckenabbaus, der hier charakteristisch z.T. den ganzen Polarsommer über andauert (STÄBLEIN 1983).

Strandterrassen zeichnen die Deglaziation mit regional unterschiedlichen Hebungsraten und unterschiedlicher Zahl von Terrassen nach. Die auf der Bartonhalbinsel, King George Island bei 275 m ü.M. gefundene, bisher höchste Strandterrasse der Antarktis, enthält kein datierbares Material. Profile von Seesedimenten erlauben regional die geomorphologische und klimatische Entwicklung zu analysieren. Die Untersuchungen an Seen der Fildeshalbinsel haben neue Vorstellungen zur Deglaziation nachgewiesen (MÄUSBACHER et al. 1989, 1991). Aus den koordinierten Untersuchungen der Fildesexpeditionen, die aus dem Arbeitskreis für Polargeographie heraus geplant wurden,

ergab sich ein Modell der quartären Reliefentwicklung der Fildeshalbinsel
(BARSCH & MÄUSBACHER 1986): Postglaziale Strandsedimente reichen
an der W- und E-Küste bis maximal 18 m ü.M. und sind jünger als 6.000 a v.h.
zu datieren. In 24 m wurden ältere interglaziale, holsteinzeitliche Sedimente
festgestellt. Für die letzten 100.000 Jahre läßt sich ein Kurve der isostatischen
und eustatischen Bewegungen des Meresspiegels ableiten. Ein rascher Eiszer-
fall erfolgte zwischen 6.000 und 5.000 a v.h. und ein massiver erneuter
Eisvorstoß zwischen 3.000 und 1.000 a v.h.
    Fragen der Kryoklastik, der Frostverwitterung von Fels und der Entwick-
lung von Hangschuttdecken, gilt es mit einem energetischen Ansatz über
Meßreihen des Morphoklimas quantitativ zu erfassen (BARSCH & STÄB-
LEIN 1987). Datalogger, automatisch registrierende Meßstationen, lieferten
umfangreiche Datensätze zur Modellierung. Dabei konnten die Formeln, die
im arktischen Nordamerika abgeleitet wurden, nicht bestätigt werden. Offensichtlich müssen hier andere Parameter im komplexen physikalischen Wirkungsgefüge berücksichtigt werden (vgl. BARSCH et al 1985, MIOTKE 1982,
1988, KRÜGER 1987).

2.3.2 Erdfernerkundung im ERS1-Programm

Vom kleinräumigen Untersuchungsgebiet und von der geoökologischen Bilanzierung von Standorttypen auch zu einem großräumigeren geographischen
Aspekt zu kommen, gibt der neue Satellit ERS1 Möglichkeiten. Sein aktives
Fernerkundungsaufnahmesystem mit verschiedenen Bändern des Radarwel-
lenspektrums vermag auch ohne passive Sonnenbeleuchtung, in der Polarnacht
und durch die in der Antarktis häufige Wolkendecke das Gelände abzutasten
und entsprechend der unterschiedlichen Streuung und Reflexion Bilder aufzunehmen. Der 2.400 kg schwere Satellit hat eine SAR-Antenne von 10 x 1 m und
Sonnenenergiepanelen. Er fliegt in einer Höhe von 785 km mit einer Inklination
von 98,5° in einem polaren sonnensynchronen Kreisorbit mit einer Wiederho-
lungsrate von 3 bzw. 35 Tagen.
    In dem durch das BMFT finanzierten EOA-Programm (= Eis-Ozean-
Atmosphäre), an dem mehrere geographische Institute (Bremen, Düsseldorf,
Marburg, München) mit anderen Fachrichtungen arbeiten, geht es zunächst
darum, die Abbildungseigenschaften der polaren Phänomene durch Feldvergleich in Referenzgebieten in Südamerika und auf der Antarktischen Halbinsel
zu bestimmen. Das begrenzte Eindringen der Radarstrahlen in den Untergrund,
in Wasser, Schnee, Eis und Auftauboden, läßt erwarten, daß auch Zustände der
Oberflächen bestimmbar sind. Die Aufnahmebodenstation, auch zum Emp-
fang von Daten anderer Satelliten ausgerüstet, wurde bei der chilenischen
Station „O'Higgins" weitgehend von Deutschland finanziert, unter der logistischen Aufsicht des AWI und der technischen Wartung durch die DLR errichtet.

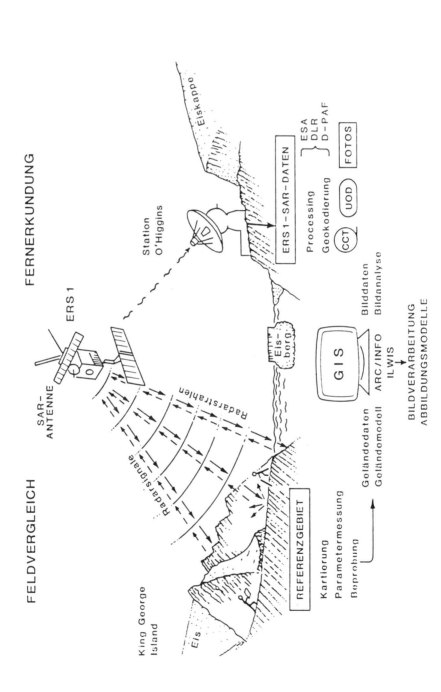

Abb. 7: Konzept des OEA-Projekts; polar-geomorphologische Untersuchungen und Geländevergleich zu Radardaten des europäischen Radar-Satelliten ERS 1 (STÄBLEIN).

Die Daten werden einheitlich geokodiert. Durch digitale Bildverarbeitung soll aufgrund der Interpretation aus den Referenzgebieten ein regionales GIS (= geographisches Informationssystem) abgeleitet werden. Dabei soll ein ebenfalls durch spezielle geodätische Verfahren aus den Radarsignalen ableitbares digitales Höhenmodell verwendet werden.

Ein Referenzgebiet wird zunächst bei der argentinischen Station „Jubany" bzw. von der deutschen Annexstation „Dallmann" aus untersucht (STÄBLEIN 1991b) (Abb.7). Das GIS soll schließlich Informationen über die Verhältnisse und Entwicklungen des Meereises und der Schneedecke, der Auftau- und Permafrostbereiche, sowie der geomorphologischen Struktur und Prozeßbereiche bieten.

3. Geowissenschaftliche Arktisforschung, Ansätze zur Erfassung globaler Veränderungen und Ergebnisse zum aktuellen Sedimenttransport
(R. MÄUSBACHER, Heidelberg)

In den vergangenen Jahren sind zum Thema Klimaänderung Forschungsergebnisse aus den arktischen Gebieten – die Ausschmelzerscheinungen im Permafrost u.a. – als Indikator für Änderungen im klimatischen Bereich diskutiert worden. (HARRY & DALLIMORE 1989). Spuren früherer globaler Veränderungen wurden auf allen Kontinenten mit glazialen Sedimente in heute gletscherfreien Gebieten gefunden (vgl. Abb.1). Sie weisen weltweit auf ein mehrmaliges Ausdehnen und wieder Zurückschmelzen der Gletscher und Inlandeise hin, was auf eine mehrmalige Änderung bei den Masse- und Energieflüssen zwischen den Elementen Ozean, Atmosphäre, Kryosphäre u.a. schließen läßt. Die höhere zeitliche Auflösung dieser O^{18}/O^{16}-Kurven von Tiefseesedimenten (MILLER et al 1987) (Abb.5) zeigt, daß die Schwankungen, insbesondere während des Quartärs, sehr groß sind. Ausgehend von den bislang durchgeführten Datierungen (Paläomagnetik, K/Ag etc.) scheinen diese Schwankungen einem Rhythmus von ca. 100.000 Jahren und damit Strahlungsänderungen zu folgen, die sich nach MILANKOWITCH (1930) aus den Schwankungen der Erdbahnelemente ergeben.

Die Plausibilität der Verknüpfungen ergibt sich aus der vereinfachten Modellüberlegung, daß mit zunehmender Strahlung im Bereich von ca. 65° N ein erhöhter Wärmetransport in die höheren Breiten erfolgt, der zum stärkeren Abschmelzen der Gletscher und damit zum Rückzug der Packeisgrenze führt. Durch das freiwerdende Schmelzwasser der Gletscher kommt es dann zum Anstieg des Meeresspiegels und damit zum Aufschwimmen und Abbau der Schelfeise. Dies wiederum verstärkt den Abfluß von den Inlandeisen und damit deren Abbau. Über die kleiner werdenden Eisflächen ergibt sich zudem eine positive Rückkoppelung bezüglich des Wärmetransfers. Es stellt sich die Frage, ob die Gleichgewichte innerhalb eines Systemzustandes so stabil sind,

daß es kurzfristigere Schwankungen nicht gibt oder aber, daß entsprechende
Schwankungen durch die meist geringen Sedimentationsmächtigkeiten in der
Tiefsee und die Bioturbation nicht faßbar sind. Dies macht es auch im Hinblick
auf zukünftige Entwicklungen erforderlich, das Modell im Bereich der verschiedenen beteiligten Systemelemente auf seine Gültigkeit zu überprüfen.
Entsprechende Bereiche sind die ehemals vergletscherten Schelfgebiete, die
rezenten ausgedehnten Eiskappen und die Gletschergebiete mit bis in den
marinen Bereich reichenden Gletschern, da es dort möglich ist, die Sedimente,
die Eiskerne und die dazugehörigen Prozesse zu untersuchen.

3.1 Die Eiskerne und marine Sedimente

Einen weitgehend direkten Vergleich mit den $0^{18}/0^{16}$-Kurven aus den Tiefseesedimenten ermöglichen die entsprechenden Kurven aus den rezenten Eiskappen der Nord- und Südhalbkugel. Der Vergleich der Kerne von Arktis und
Antarktis zeigt (LORIUS et al 1985, DANSGAARD et al 1982), daß die
Erwärmung zeitgleich einsetzt. Vergleicht man dies mit den Strahlungskurven
der Nord- und Südhalbkugel, so wird deutlich, daß die Strahlungskurven für die
Breiten von 65° gegenläufig sind (BROEKER et al 1985). Dies bedeutet, daß
die Strahlung nur über die Koppelung mit den Elementen Ozean und Atmosphäre als auslösender Impuls für den Eisabbau in Frage kommt. Ein weiterer
Punkt sind die zahlreichen Schwankungen im Bereich von 103 Jahren, die in
mehreren grönländischen Eiskernen (DANSGAARD et al 1982) zu erkennen
sind und somit nicht, wie ursprünglich interpretiert, Hintergrundrauschen
sondern wirkliche Temperaturveränderungen wiedergeben. Besonders markant ist die Schwankung Alleröd/Jüngere Dryas, die jedoch in den Eiskernen
der Antarktis nicht nachgewiesen ist, während auf der Südinsel Neuseelands,
als auch auf Feuerland diese markante Schwankung durch Gletschervorstöße
belegt ist (MERCER 1984).
    Weitere wichtige neue Erkenntnisse liefern die Kerne aus dem Tiefseebe-
reich in unmittelbarer Nähe des Skandinavischen Inlandeises (HENRICH et al.
1989). Aus dem Verlauf der Grobsedimente und dem C-org-Gehalt, die als
Anzeichen für die Ausdehnung des Inlandeises über den Schelfbereich gewer-
tet werden, ergeben sich deutliche Differenzen zwischen den verschiedenen
Vereisungsphasen. So besonders für die letzte und vorletzte Kaltphase, was die
Dauer, die Zahl und die Intensität der Schwankungen betrifft. Zusätzlich ergibt
sich aus dieser Interpretation der Sedimente, daß bereits im Frühwürm, d.h. um
70 ka v.h. ein großer Eisschild existiert haben muß, der im untersuchten Bereich
häufiger den Schelfrand erreicht hat als um 20 ka. Daraus ergibt sich die Frage
nach dem Eisvolumen insgesamt und nach dem kontinuierlichen Aufbau der
Eisschilde im 100 ka Rhythmus, wie er aus der Tiefseekurve abgeleitet wird.

3.2 Terrestrische Sedimente und Meeresspiegelschwankungen

Ebenfalls in diese Richtung einer stärkeren Differenzierung weisen Befunde,
die sich aus verschiedenen Untersuchungen im Gebiet von Svalbard ergeben.
Auch hier scheint es (vgl. Tab. 1) sowohl aus der Verteilung der glazialen
Sedimente, als auch aus den Beträgen der isostatisch-eustatischen Meeresspiegelschwankungen Hinweise auf eine größere Vereisung vor 60 ka v.h. zu
geben, während die Ausdehnung im Spätwürm (20 ka) deutlich geringer ist. Mit
isostatisch/eustatischen Hebungsbeträgen um 40 m im Spätwürm in Westspitz-
bergen muß die Eisausdehnung jedoch deutlich größer gewesen sein als heute.
Ebenfalls von Bedeutung sind die in der Zusammenstellung ausgewiesenen
holozänen Schwankungen. Beide sind wie das bereits diskutierte Ereignis
Alleröd/Jüngere Dryas fast weltweit dokumentiert. Während des jüngsten
Verstoßes beträgt die Veränderung im Kongsfjord fast 8 km gegenüber 1977
(ELVERHOIE & SELAND 1983). Demgegenüber stehen jedoch die Befunde,
insbesondere aus dem Bereich der arktischen Küste von der UDSSR, die auf
einen sehr großen Eisschild im Spätwürm (ca. 20 ka) hinweisen (GROSS-
WALD 1980).
  Entsprechend unterschiedliche Befunde bezüglich der Eisausdehnung gibt
es auch aus der Kanadischen Arktis. Auch hier gibt es Annahmen für einen
übergreifenden Eisschild zum letztglazialen Maximum, aber auch Hinweise
auf eine sehr viel geringere Ausdehnung der Eisschilde (vgl. ENGLAND et al
1981). Besonders deutlich sind die Unterschiede im Bereich des Franklin-Eis-
komplexes über den Queen Elisabeth Islands. Befunde, die für die geringere
Ausdehnung sprechen, liegen u.a. aus dem Gebiet Oobloyah Bay vor (BARSCH
& KING 1981), wo C[14]-Datierungen für die Zeit zwischen 17 ka und 25 ka eine
nur geringfügig größere Ausdehnung der Gletscher in dieser Zeit belegen. In

Autoren	Lokalität	Frühwürm	Mittelwürm	Spätwürm	Holozän
Salvigsen & Nidal (1981)	Svalbard	Eisschild zwischen 120-80 ka	Isostatische Heraushebung Westspitzbergen 80 m	geringere Ver- gletscherung in Westspitzbergen	Isostatische Heraushebung Westsp. 40 m Ostsp. 80 m
Lindner et al. (1984)	Sudspitzbergen		Gletscher deutlich größer 50-40 ka	Gletscher deutlich größer 30-10 ka	Gletscher- vorstoße 3-2,5 ka
			Isostatische Heraushebung bis 60 m		0,6-0,1 ka
Elverhoi et al. (1983)	Kongsfjord	Gletscher erreichen Schelf älter 60 ka		Gletscheraus- dehnung nur im inneren Fjord- bereich	Gletscher- vorstoße 0,1 ka
Grosswald (1980)	Barentssee			Eisschild über Barentssee und Svalbard	

Tab. 1: Zusammenstellung der Jungquartären Gletscher- und Meeresspiegelschwankungen für
den Bereich von Svalbard und der Barentssee nach verschiedenen Autoren (MÄUSBACHER).

jüngsten Untersuchungen konnte sogar gezeigt werden, daß die in den arktischen Ozean mündenden großen Fjorde weitgehend tektonisch angelegt sind und zumindest nicht während des Maxiums der letzten Eiszeit mit Eis gefüllt waren, wie es ursprünglich entsprechend der Form und Tiefe angenommen wurde. Die Maximalannahme scheint damit eher unwahrscheinlich, zumindest was den Franklin-Eiskomplex betrifft.

Grundsätzlich machen diese Fragen deutlich, daß die Datengrundlage, insbesondere im Bereich der schwer zugänglichen arktischen Gebiete, noch unzureichend ist. Dazu kommt ein weiterer Punkt, nämlich die Tatsache, daß bei der Mehrzahl der marinen und terrestrischen Untersuchungen von den Sedimenten ausgegangen wird, die entsprechend ihrer Ausprägung einem Prozeß- oder einer Prozeßkette zugeordnet werden. Dies macht deutlich, daß die Interpretation ganz wesentlich von der Kenntnis dieser Prozesse und ihrer Quantifizierung, d.h. der steuernden Parametern und der gegebenen Randbedingungen, abhängig ist. Erst dann wird es gelingen, ein brauchbares Sedimentationsmodell zu erarbeiten.

Aus diesem Grund wurde am Liefdefjord in Nordwest-Spitzbergen im Rahmen des Programms SPE 90 versucht, diesem Problemkreis durch eine Bilanzierung der periglazifluvialen, glazifluvialen Frachten näher zu kommen. Die aus den verschiedenen Messungen und Kartierungen ermittelte Gesamtbilanz für den Sommer 1990 zeigt die Tab. 2, ein Beispiel für ein Einzugsgebiet. Entsprechend dieser Zusammenstellung bildet die Suspensionsfracht mit 65 % (ca. 240 t) den größten Anteil am Stofftransport. Die Bettfracht mit 1,4 % (ca. 5 t) ist relativ gering, wobei davon auch nur ein Bruchteil den marinen Teil des Schwemmfächers erreicht. Größere Bedeutung kommt mit 9,6 % (ca. 35 t) dem Schneematschfließen zu, wobei nur etwa ein Drittel des bewegten Materials das Meereis erreicht hat.

Suspensionfracht		
Juni	52 t	
Juli	172 t	
August	13 t	
insgesamt	237 t	65 %
Lösungsfracht		
Juni	31 t	
Juli	46 t	
August	11 t	
insgesamt	89 t	24 %
Bettfracht (insgesamt 10 Ereignisse)		
Insgesamt	5 t	1,4 %
Transport durch Schneematschfließen		
insgesamt	35 t	9,6 %
Summe	366 t	100 %

Tab. 2: Gesamtbilanz der periglazifluvialen und glazifluvialen Abtragung im Einzugsgebiet des Kvikaa am Liefdefjorden in Nordwest-Spitzbergen aufgrund von Messungen und Kartierungen während SPE 90 im Sommer 1990 (MÄUSBACHER).

Zu diesen Messungen des Sedimenttransports ist es auch notwendig, die den Transport steuernden Parameter (Einstrahlung, Auftautiefen, Schnee-mächtigkeiten, Vegetationsbedeckung etc.) zu bestimmen. Dies kann durch die Einrichtung von Meßgärten in repräsentativen Landschaftseinheiten und Kar-tierungen erfolgen (LESER et al. 1990). Eine entsprechende Zusammenfas-sung mit In- und Output-Beziehungen für das Gebiet um Ny Ålesund wurde von REMPFLER (1989) erarbeitet.

Erst wenn auf dieser Basis genauere Kenntnisse über die Funktion der arktischen Ökosysteme vorliegen, wird es uns möglich sein, gesicherte Prozeß-Sedimentbeziehungen abzuleiten, die auch in ein Prognosemodell quantitativ eingebaut werden können. Da es bislang nur wenige Untersuchungen in dieser Richtung gibt, werden bezüglich der Frage, inwieweit es sich bei den vermehrt beobachteten Ausschmelzerscheinungen in arktischen Gebieten nur um regio-nale Phänomene handelt, oder aber die sensiblen arktischen Ökosysteme größere Veränderungen andeuten, nur Vermutungen möglich sein. Forschun-gen in dieser Richtung werden deshalb eine wichtige Aufgabe in der nächsten Zukunft darstellen.

4. Schadstoffe auch in Polargebieten? Organochlorverbindungen als Indizien globaler Umweltverschmutzung
(K. PECHER, Bayreuth)

Seit etwa einem Jahrzehnt beschäftigt sich die Geowissenschaft mit Problemen der Schadstoffemission in hochindustrialisierten Regionen und dem Transport von organischen Xenobiotika in arktische und antarktische Ökosysteme. Mitt-lerweile können dank verfeinerter Analysemethoden Listen mit mehreren Hundert in der Arktis nachgewiesenen Einzelsubstanzen aufgestellt werden (WESCHLER 1981 u.a.). Untersuchungen zum Verhalten dieser Stoffe nach der Deposition in polaren Gebieten gibt es bisher kaum. Es fehlen momentan noch Kenntnisse über wichtige Schadstoffeigenschaften (Stoffkonstanten) unter polaren Bedingungen. Man denke dabei nur an Photolyseraten unter som-merlicher Einstrahlung oder Verflüchtigung von mit dem Schneefall deponier-ten Chemikalien während des arktischen Hochwinters (Dampfdrücke der Stoffe bei -60°C).

Vom Menschen produzierte künstliche Substanzen, welche auf natürli-chem Wege in der Umwelt nicht oder nur in äußerst geringen Mengen entstehen, müssen bestimmte Kriterien erfüllen, um bis in polare Regionen verfrachtet zu werden. Stoffliche Eigenschaften (Flüchtigkeit, Persistenz, Wasserlöslichkeit) müssen zu dominanten Transportvehikeln (Meerwasser-strömungen, atmosphärischer Ferntransport, Transport über biologische Nah-rungsketten) passen. Generelle Regeln lassen sich hierzu nur schwer finden. Dabei darf nicht übersehen werden, daß labile Schadstoffe nach der Emission zu stabilen Metaboliten transformiert werden können. Solche sekundären Umweltchemikalien (z.B. DDT-Metabolite, HCH-Isomere) tauchen häufig in Schadstofflisten polarer Proben auf. Der zeitliche Rahmen einer notwendigen Mindest-Persistenz hängt sehr stark vom Transportmedium und dem Transportweg ab und ist dementsprechend weit gespannt. Für hydrophobe Schadstoffe, die vorwiegend in der Gasphase verfrachtet werden (z.B. Fluorchlorkohlenwasserstoffe), bewegt sich dieser Rahmen im Bereich von einigen Wochen bis zu wenigen Monaten. Bei Stoffen, die über Meerwasserströmungen oder gar durch biologische Systeme (z.B. Nahrungsnetze) verfrachtet werden, vergrößert sich diese Zeitspanne auf etliche Jahre bis Jahrzehnte. Der Transport ist häufig nicht unidirektional, und es können auch zeitlich hintereinander geschaltete Transportmedien beteiligt sein.

4.1 Schadstoffe in arktischen Moosen

Aus eigenen Messungen, die im Rahmen der geowissenschaftlichen Expedition nach Spitzbergen 1990 (SPE 90) durchgeführt wurden, ergeben sich Interpretationen im Kontext zu bislang durchgeführten Studien. Moose reichern aufgrund ihrer physiologischen Eigenschaften organische Schadstoffe bevorzugt aus der Gasphase oder über die Aufnahme von Feuchte aus der Atmosphäre an. Sie werden deshalb häufig zur Charakterisierung atmosphärischer Immissionsmuster auch in Gebieten ohne direkte Punktquellen (THOMAS 1981, HERRMANN & HÜBNER 1984) verwendet. An 15 Meßstellen wurden Bodenauflagehorizonte und/oder Moosproben der Arten *Hylocomium splendens* und/oder *Drepanocladus uncinatus* gesammelt. Die beprobten Teile der Moospolster umfassen die Wuchsleistung von ca. einer Vegetationsperiode. In den Moosproben konnten zwei Hexachlorcyclohexan-Isomere (alpha-HCH und Lindan = gamma-HCH) und HCB nachgewiesen und quantifiziert werden (Tab. 3). PCB-Kongenere waren in Moosproben zwar nachweisbar, allerdings lagen die Detektorsignale unterhalb der Bestimmungsgrenze, so daß keine quantitativen Angaben möglich sind. Betrachtet man die absoluten Konzentrationen der detektierten Verbindung in allen Moosproben, so fällt zunächst das sehr enge und stabile Konzentrationsniveau auf. Die Resultate charakterisieren Hintergrundsbedingungen, wie sie für weitere Gebiete der Arktis mit vergleichbaren atmosphärischen Schadstoffeinträgen gelten dürften. Die zeitlich integrierende Anreicherung von Spurenstoffen durch Moose nivelliert offensichtlich Expositionsunterschiede (z.B. Höhenlage, Entfernung zum offenen Meer etc.).

Welche Schlußfolgerungen lassen sich aus den Meßdaten auf die Immissionsbelastung ziehen? Mit den substanzspezifischen Anreicherungskoeffizienten (AK) für *Hylocomium splendens* (nach THOMAS 1986) und den Mittelwerten der Tab. 3 errechnen sich für den beprobten Zeitraum folgende

Proben Nr. – (sh. Abb.1)	HCB[*)	α-HCH[*)	γ-HCH[*)	α-HCH/ γ-HCH
H 1	0.46	1.6	0.4	4.0
D 1	0.12	0.6	0.4	1.5
H 2	0.37	n.n	n.n	n.b.
D 2	n.b.	n.b.	n.b.	n.b.
H 3	0.68	1.8	n.b.	n.b.
D 3	0.25	1.0	0.4	2.5
H 4	0.79	1.8	0.7	2.6
D 4	0.21	0.4	0.3	1.3
H 5	0.63	1.9	0.5	3.8
D 5	0.28	0.9	0.5	1.8
H 7	0.34	1.1	0.5	2.2
D 7	0.25	0.8	n.b.	n.b.
H 8	0.58	2.0	n.b.	n.b.
D 8	0.22	1.2	n.b.	n.b.
D 9	0.27	0.8	n.b.	n.b.
D 10	0.25	0.7	n.b.	n.b.
D 11	0.26	n.b.	n.b.	n.b.
H MEAN	0.55	1.70	0.53	3.2
SDV	0.17	0.32	0.13	0.9
n	7	6	4	4
D MEAN	0.22	0.76	0.38	1.8
SDV	0.05	0.27	0.08	0.5
n	11	9	6	4

[*) : alle Konzentrationsangaben in ng g^{-1} Trockengewicht
n.n.: nicht nachweisbar
n.b.: nicht bestimmbar

Tab. 3: Chlorierte Kohlenwasserstoffe in Moosproben, *Hylocomium splendens* (H) und *Drepanocladus uncinatus* (D), aus dem Liefdefjorden-Gebiet in Nordwest-Spitzbergen von der SPE-Kampagne 1990 (PECHER).

mittleren Immissionsbelastungen: alpha-HCH 0.2 ng m^{-3}, gamma-HCH 0.02 ng m^{-3}, HCB 0.3 ng m^{-3}. Das alpha:gamma-Verhältnis trifft dabei den für Lang-transportepisoden relativ junger Luftmassen angegebenen Bereich von 1-10 sehr genau (PACYNA & OEHME 1988). Die photochemische Isomerisierung verschiebt während längerer Transportepisoden das alpha:gamma-Verhältnis auf Werte größer 50. Dieser Ansatz zur Abschätzung der mittleren atmosphä-rischen Schadstoffimmission setzt ein Verteilungsgleichgewicht der Substan-

zen zwischen Atmosphäre und Moos zum Zeitpunkt der Probenahme voraus.
Der zugrunde liegende Prozeß entspricht eher eine Akkumulation und nicht der
schnellen Einstellung eines Verteilungsgleichgewichts. Die HCH-Isomere
erfahren im Vergleich zu HCB eine langsamere Gleichgewichtseinstellung
zwischen atmosphärischer Gasphase und Pflanze. Für die Interpretation der
HCH-Immission bedeutet dies, daß kurzzeitige Schwankungen der Atmosphä-
renkonzentrationen nur wenig zur gemessenen HCH-Menge in den Moosen
beitragen. Epiphytische Moospolster kommen während der späten Schneeschmelze sehr intensiv in Kontakt mit Schneeschmelzwässern und den darin
enthaltenen leichter wasserlöslichen Schadstoffen, so daß eine Aufnahme auch
aus der flüssigen Phase u.U. nicht vernachlässigt werden darf.

4.2 Saisonaler Aspekt des atmosphärischen Eintrags organischer Schadstoffe in die Arktis

Saisonale Schwankungen des Schadstoffeintrags in die Arktis können nicht mit
langzeitlich integrierenden Bioindikatoren detektiert werden. Direkte Atmos-
phären-Messungen in der Norwegischen Arktis während der Sommer- und
Wintermonate 1982-84 (PACYNA & OEHME 1988, OEHME 1990) ergaben
keine klare saisonale Differenzierung für die HCH-Isomere und HCB. HCB mit
der geringsten Konzentrations-Amplitude darf deshalb als Indikator einer
globalen, weitgehend homogenen Schadstoffbelastung angesehen werden.
    Ein völlig anderes Bild zeichnen Schadstoffe, die in partikulär absorbierter
Phase mit Aerosolen verfrachtet werden. Bereits in den 50er und detaillierter
in den 70er Jahren entdeckten Wissenschaftler ein sich ständig wiederholendes
Phänomen arktischer Luftverschmutzung, den „Arctic haze" (SHAW &
KHALIL 1989, HEINZENBERG 1989). Während der späten Wintermonate
treten dabei stark erhöhte Aerosolkonzentrationen in der Arktis auf, die bis Mitte
Mai wieder zurückgehen und zum Sommer hin völlig verschwinden. Grund
hierfür ist die Ausbildung einer stagnierenden Luftmasse über der Polkappe im
Winter, welche industrialisierte Regionen Nordamerikas und Eurasiens einschließt. Tiefe Temperaturen, eine ausgeprägte bodennahe Temperaturinver-
sion und die geringen Niederschlagsmengen während des Spätwinters bedingen die außergewöhnliche periodische Stabilität dieses Phänomens. Mit den
Partikeln gelangen vor allem polycyclische aromatische Kohlenwasserstoffe
(PCA), eine Stoffgruppe mit stark kanzerogenen Vertretern, in die Arktis und
werden vorwiegend durch trockene Deposition in arktische Ökosysteme eingetragen. Das Sommer/Winter-Verhältnis gemittelter PCA-Gesamtkonzentra-
tionen in Aerosol-Proben beträgt etwa 1:10 (DAISEY et al. 1981). Quelle
dieses Schadstoffeintrags ist die unvollständige Verbrennung fossiler Brennstoffe (Erdöl, Kohle) in hochindustrialisierten Regionen mittlerer Breiten.
Lokale Einflüsse durch menschliche Aktivitäten in der Arktis gelten als ver-
nachlässigbar.

4.3 Globale Aspekte der Bilanzierung des atmosphärischen Eintrags von Schadstoffen in der Arktis

Schon bei der Betrachtung saisonaler Konzentrationsunterschiede von organischen Schadstoffen in der arktischen Atmosphäre wurde der Einfluß globaler Transportsysteme deutlich. Er gewinnt an Bedeutung, will man den Eintrag von Umweltchemikalien in polare Regionen bilanzmäßig abschätzen. In diesem Zusammenhang wurde in den letzen Jahren oft der Begriff einer „globalen Destillation" verwendet (GOLDBERG 1975). Beschrieben wird damit die Verflüchtigung von semi-volatilen Schadstoffen in warmen Regionen der Erde mit anschließender Kondensation in der „polaren Kühlfalle". Um dieses Modell zu validieren, müssen globale Stofflüsse bestimmt werden. Konkret sind dies: (a) die nasse Deposition von gelösten Gasen, (b) die nasse und trockene Deposition von partikelgebundenen Schadstoffen, (c) der Austausch gasförmiger Schadstoffe zwischen arktischem Meer und Atmosphäre, (d) die Ausgasung von mit dem Schnee deponierten Schadstoffen und (e) der gasförmige Austausch von Substanzen zwischen schneefreien Landoberflächen und der Atmosphäre während des Sommers.

Dominante Depositionsmechanismen werden offensichtlich vorwiegend durch Schadstoffeigenschaften gesteuert. Die sehr viel höhere Wasserlöslichkeit der HCH-Isomere im Vergleich zu HCB hat eine verstärkte Deposition von gelösten Anteilen zur Folge. Aufgrund errechneter Meerwasseruntersättigung hinsichtlich des Gehalts an HCH's in der Atmosphäre wird deshalb auch ein Nettofluß von HCH's aus der Atmosphäre zum Meerwasser hin zu erwarten sein. Auch läßt sich folgern, daß ein HCH-Eintrag vorwiegend im arktischen Sommer stattfinden wird, während HCB aufgrund der sehr viel höheren Aerosolkonzentrationen vorwiegend im Winter deponiert wird. Allerdings darf bei der Interpretation dieser Bilanzen nicht vergessen werden, daß solche Abschätzungen noch weit von einer quantitativen Vorhersage der Schadstoffeinträge in polare Gebiete entfernt sind.

4.5 Kontaminierte Standorte in der Arktis, „hot spots" des Schadstoffeintrags

Auf Spitzbergen wurden auch Bodenproben unter arktischen Vogelkliffs auf ihren Schadstoffgehalt hin analysiert. Vergleicht man die Werte der PCB-Summen mit Literaturwerten für Böden oder Sedimente aus industrialisierten Regionen (HUTZINGER 1982), so sind diese Küstenabschnitte als extrem hoch kontaminierte Standorte einzustufen. Woher stammen diese hohen Konzentrationen an organischen Schadstoffen? – Es wird berichtet über hohe Gehalte an Chlorkohlenwasserstoffen in Seevögeln der Westküste Spitzbergens (NORHEIM & KJOS-HAUSSEN 1984). Zerbrochene Eier über Jahr-

zehnte an diesen Standorten akkumuliert dürften für die hohe Belastung der
ornithogenen Böden des Vogelkliffs verantwortlich sein. Ob die Schadstoffe
primär durch die Nahrungsaufnahme in den Brutgebieten (BECKER et al.
1985) oder durch Aufnahme in den Winterrastplätzen (LEMMETYINEN et al.
1982) der Seevögel in die Eier gelangen, läßt sich nicht entscheiden.

Arktische Vogelkliffs, die in den Küstenregionen Spitzbergens (Kongsfjord, Krossfjord, Isfjord, Hornsund und Bäreninsel) u.U. bedeutende Flächen
der Fjordküsten einnehmen, stellen somit eine Art „Endlagerstätte" für bestimmte Reststoffe unserer modernen Industriegesellschaft dar. Ob diese
Ökosysteme die Möglichkeit zur Selbstreinigung besitzen, ist unter den ungünstigen klimatischen Bedingungen der Arktis zu bezweifeln.

5. Schlußbemerkung

Geographen in der Antarktis- und Arktisforschung stehen in Konkurrenz zu
anderen Geowissenschaften, denen meist mehr logistische und institutionelle
Forschungsmöglichkeiten zur Verfügung stehen. Geographen sind auf die
Kooperation angewiesen. Sie vermögen sowohl eigenständige Fragestellungen zu verfolgen als auch in übergeordnete Programme ihren Ansatz als
wesentlichen Beitrag einzubringen.

Literatur

AWI 1990: Alfred-Wegener-Institut für Polar- und Meeresforschung Bremerhaven, Zweijah-
     resbericht 1988/89. -1-156, Bremerhaven.
BALKE, J. 1988: Wasser, Verwitterung und Bodenbildung in der Schirmacher Oase (Ostan-
     tarktis). – Dissertation A Hochschule Potsdam.
BARSCH, D. & KING, L. (Hg) 1981: Ergebnisse der Heidelberg-Ellesmere-Island-Expedi-
     tion. – Heidelberger Geogr. Arb., 69: 1-573, Heidelberg.
BARSCH, D. & BLÜMEL, W.D. & FLÜGEL, W.A. & MÄUSBACHER, R. & STÄBLEIN,
     G. & ZICK, W. 1985: Untersuchungen zum Periglazial auf der König-Georg-Insel, Süd-
     shetlandinseln / Antarktika; deutsche physiogeographische Forschungen in der Antarktis.
     Bericht über die Kampagne. 1983/84. – Berichte zur Polarforschung, 24 (1985): 1-75,
     Bremerhaven.
BARSCH, D. & MÄUSBACHER, R. 1986: Beiträge zur Vergletscherung und zur Reliefent-
     wicklung der Südshetland Inseln. – Z. Geomorph. N.F., Suppl. 61: 25-37, Berlin,
     Stuttgart.
BARSCH, D. & STÄBLEIN, G. 1987: Untersuchungen zu periglazialen Geosystemen in der
     Antarktis. – Verh. 45. Dt. Geogr. Tag Berlin 1985: 274-281, Stuttgart.
BECKER, P.H. & BÜTHE, A. & HEIDMANN, W.A. 1985: Schadstoffe in Gelegen von
     Brutvögeln der deutschen Nordseeküste. I. Chlororganische Verbindungen. – J. Orn. 126:
     29.
BMFT 1987: Polarforschung, Bilanz 1974 bis 1987. – Der Bundesminister für Forschung und
     Technologie, 1-70, Bonn.

BROEKER, W.S. & PETEET, D.M. & RIND, D. 1985: Does the ocean-atmosphere system have more than one stable mode of operation? – Nature, 315 (2): 21-25.

BRUNK, K. 1986: Kartographische Arbeiten und deutsche Namengebung in Neuschwabenland, Antarktis. Bisherige Arbeiten, Rekonstruktion der Flugwege der Deutschen Antarktischen Expedition 1938/39 und Neubearbeitung des deutschen Namengutes in Neuschwabenland. – Deutsche Geodätische Kommission, E 24 1-42, Beilagen, Frankfurt.

BRUNK, K. 1989: Geomorphologisch-glaziologische Detailkartierung des arid-hochpolaren Borgmassivet, Neuschwabenland, Antarktika. – Ber.z.Polarforschung, 66/89: 1-102, Karte, Bremerhaven.

DANSGAARD, W. & CLAUSEN, H.B. & GUDESTRUP, N. & HAMMER, C.U. & JOHNSON, S.J. & KRISTINDOTIER, P.M. & REEH, N. 1982: A new Greenland deep ice core. – Science, 218: 1273-1277.

DAISEY, J.M. & McCAFFREY, R.J. & Gallagher, R.A. 1981: Polycyclic aromatic hydrocarbons and total extractable particulate organic matter in the Arctic aerosol. – Atmospheric Environ. 15: 1353-1363.

ELVERHOI, O.L. & SELAND, R. 1983: Glaciomarine sedimentation in a modern fjord environment, Spitsbergen. – Polar Research, 1: 127-149.

ENGLAND, J. & BRADLEY, R.S. & STUCKENRATH, R. 1981: Multiple glaciations and marine transgressions, Western Kennedy Channel, Northwest Territories, Canada. – Boreas, 10: 71-89.

FÜTTERER, D. 1988: Marine polare Geowissenschaften. – Geogr. Rundschau, 40 (3): 6-14, Braunschweig.

GOLDBERG, E.D. 1975: Synthetic organohalides in the sea. – Proc. Roy. Soc. Lond. Series B 189: 277-289.

GROSSWALD, M.G. 1980: Late Weichselian ice sheet of northern Eurasia. – Quaternary Research, 13: 1-32.

HARRY, D.G. & DALLIMORE, S.R. 1989: Permafrost, Groundice and global change in the Beaufort Sea coastlands. – Geos, 18 (3): 48-53.

HEINTZENBERG, J. 1989: Arctic haze: air pollution in polar regions. – Ambio 18: 50-55.

HEMPEL, G. (Hg) 1986: Fünf Jahre Schwerpunktprogramm ‚Antarktisforschung‘ der Deutschen Forschungsgemeinschaft, Rückblick und Ausblick. – Ber. z. Polarforschung, 29/86: 1-150, Bremerhaven.

HENRICH, R. & KASSENS, H. & VOGELSANG, E. & THIEDE, J. 1989: Sedimentary facies of glacial-interglacial cycles in the Norwegian Sea during the last 350 ka. – Marine Geology, 86: 283-319.

HERRMANN, R. & HÜBNER, D. 1984: Concentrations of micropollutants (PAH, chlorinated hydrocarbons and trace metals) in the moss Hypnum cupressiforme in and around a small industrial town in Southern Finland. – Ann. Bot. Fennici 21: 337-342.

HUTZINGER, O. (ed) 1982: The handbook of environmental chemistry. – Vol. 3, Part B, Berlin.

KRÜGER, W. 1987: Energie- sowie Stoffumsatz und landschaftliche Differenzierung in der Schirmacher Oase (Ostantarktika). – Dissertation B Hochschule Podsdam.

KRÜGER, W. 1989: Geowissenschaftliche Forschungen der DDR in der Antarktis. – Geogr. Berichte, 34 (3): 169-182, Gotha.

LEMMETYINEN, R. & RAUTAMÄKI, P. & KARLIN, A. 1982: Levels of DDT and PCB's in different stages of life cycle of the Arctic tern sterna paradisaea and the hering gull larus argentatus. – Chemosphere 11: 1059.

LESER, H. & BLÜMEL, W.D. & STÄBLEIN, G. 1988: Wissenschaftliches Programm der Geowissenschaftlichen Spitzbergen-Expedition 1990 (SPE 90) ‚Stofftransporte Land-Meer in polaren Geosystemen‘. – Materialien und Manuskripte, Universität Bremen – Studiengang Geographie, 15: 1-49, Bremen.

LESER, H. & REBER, S. & REMPFLER, A. 1990: Geoökologische Forschungen in Nord-west-Spitzbergen. – Die Erde, 121 (3/4): 255-268, Berlin.

LINDNER, L. & MARKS, L. & PEHALA, K. 1984: Late Quaternary glacial episodes in the Hornsund region of Spitsbergen. – Boreas, 13: 35-47.

LORINS, C. & JOUZEL, J. & RITZ, C. & MERLIVAT, L. & BARKOV, N.I. & KOROTKE-CICH, Y.S. & KOTLYAKOV, V.M. 1985: A 150 000 year climatic record from arctic ice. – Nature, 316: 591-596.

MAUERSBERGER, K. 1991: Das Ozonloch über dem Südpol. – Die Geowissenschaften, 9 (11): 352-356, Weinheim.

MÄUSBACHER, R. 1991: Die jungquartäre Relief- und Klimageschichte im Bereich der Fildeshalbinsel Süd-Shetland-Inseln, Antarktis. – Heidelberger Geogr. Arb., 89: 1-207, Heidelberg.

MÄUSBACHER, R. & MÜLLER, J. & SCHMIDT, R. 1989: Evolution of postglacial sedimentation in Antarctic lakes (King George Island). – Z. Geomorph. N.F., 33 (2): 219-234, Berlin, Stuttgart.

MERCER, J.H. 1984: Simultaneous climatic change in both hemispheres and similar bipolar interglacial warming evidence and implications. – In: Climate Processes and Climate Sensitivity, Geographical Monograph, 29: Maurice Ewing Vol. V: 307-313.

MILANKOVITCH, M.M. 1930: Mathematische Klimalehre und Astronomische Theorie der Klimaschwankungen. – Köppen, W. & Eiger, R. (Hg), Handbuch der Klimatologie, 1: A Berlin.

MILLER et al. 1987: Tertiary oxygen isotope syntheses, sealevel history and continental margin erosion. – Paleooceanography, 2 (1): 1-19.

MIOTKE, F.D. 1982: Hangformen und hangformende Prozesse im Süd-Victoria-Land, Antarktis. – Polarforschung, 52 (1/2): 1-41, Münster.

MIOTKE, F.D. 1988: Microclimate, weathering processes and salt within ice-free continental Antarctica. – Polarforschung, 58 (2/3): 201-209, Bremerhaven.

NORHEIM, G. & KJOS-HAUSSEN, B. 1984: Persistent chlorinated hydrocarbons and mercury in birds caught off the west coast of Spitsbergen. – Environ. Poll. Series A, 33: 143-152.

OEHME, M. 1989: Vorkommen halogenierter organischer Verbindungen in der Atmosphäre und in biologischen Proben aus Norwegen und der Arktis. – VDI-Berichte 745: Halogenierte organische Verbindungen in der Umwelt, Düsseldorf.

PACYNA, J.M. & OEHME, M. 1988: Long-range transport of some organic compounds to the Norwegian Arctic. – Atmospheric Environment, 22 (2): 243-257.

REMPFLER, A. 1989: Boden und Schnee als Speicher im Wasser und Nährstoffhaushalt hocharktischer Geosysteme (Raum Ny Ålesund, Nordwestspitzbergen). – Basler Beiträge zur Physiogeographie, 11: 1-106.

RICHTER, W. 1985: Remarkable morphological forms in the Schirmacher Oasis, Dronning Maud Land, East Antarctica. – Z.geol.Wiss, 13 (3): 389-398, Berlin.

ROLAND, N.W. & TESSENSOHN, F. 1984: Antarktisforschung der BGR, Entwicklung und Ergebnisse. – Geol. Jb., A 73: 379-393, Hannover.

SAHRHAGE, D. 1984: Biomass – Fibex – Sibex, Internationale Zusammenarbeit zur Erforschung der lebenden Meeresschätze der Antarktis. – Geowiss. in unserer Zeit, 2 (4): 109-116, Weinheim.

SAHRHAGE, D. 1992: Nutzung der lebenden Ressourcen in den Polarmeeren. – Geogr. Rundschau, 44 (4): 217-222, Braunschweig.

SALVIGSEN, O. & NYDAL, R. 1981: The Weichselian glaciation in Svalbard before 15,000 B.P. – Boreas, 10: 433-446.

SHAW, G.E. & KHALIL, M.A.K. 1989: Arctic haze. – In: Hutzinger, O. (ed): The Handbook of Environmental Chemistry, 4 B: 70-109, Heidelberg.

SCHMIDT-FALKENBERG, H. 1991: Nutzung von SAR-Daten des ERS1 in der Antarktisforschung. – Die Geowissenschaften, 9 (4/5): 148-149, Weinheim.

STÄBLEIN, G. 1983: Formung von Hängen, Halden und Wänden, Beobachtungen im Bereich
der Antarktischen Halbinsel. – Abh. Akad. Wiss. Göttingen, Math.-Phys. Kl., III/35: 160-
170, Göttingen.

STÄBLEIN, G 1991 (a): Polareis und Eisbergnutzung, Potential zur Wasserversorgung. –
Geogr. Rundschau, 43 (6): 348-354, Braunschweig.

STÄBLEIN, G. 1991 (b): Geomorphologische Geländereferenzuntersuchungen zu ERS-1
Fernerkundungsdaten auf eisfreieen Standorten im Bereich der Antarktischen Halbinsel.
– in: MILLER, H. (Koordinator): Antarktis X/1+2 1991/92. FS „Polarstern" Expeditions-
programm Nr.23: 16-18, 57-59, Bremerhaven.

THOMAS, W. 1981: Entwicklung eines Immissionsmeßsystems für PCA, Chlorkohlenwas-
serstoffe und Spurenmetalle mittels epiphytischer Moose – angewandt auf den Raum
Bayern. – Bayreuther Geowiss. Arb., 3.

THOMAS, W. 1986: Accumulation of airborne trace pollutants by Arctic plants and soil. – Wat.
Sci. Tech., 18: 47-57.

WESCHLER, Ch. 1981: Identification of selected organics in the Arctic aerosol. – Atmospheric Environ, 15: 1365-1369.

IV.9 Angewandte Biogeographie

C. Beierkuhnlein, W. Erdelen, A. Miyawaki, K. Müller-Hohenstein,
P. Nagel, M. Paulus, D. Rappenhöner

Einleitung

K. Müller-Hohenstein

Biogeographen versuchen, die räumliche Verbreitung einzelner Organismen wie auch die von miteinander in Phyto-, Zoo- oder Biozönosen vergesellschafteten Organismen zu erkunden, darzustellen und zu erklären. Dabei werden die Organismen nicht isoliert, sondern als Bestandteile von Ökosystemen gesehen. Zur Erklärung werden ökologische (vor allem rezent-ökologische) und historisch-genetische Voraussetzungen und Zusammenhänge herangezogen.

Da gegenwärtig in vielen geographischen Disziplinen im wachsenden Maße praxisorientierte Themen behandelt werden, weil auch von ihren Vertretern Antworten auf Fragen aus dem konkreten alltäglichen Lebensraum erwartet werden, haben auch Biogeographen vereinzelt versucht, Beiträge zu leisten. Dabei haben ihre Studien letztlich alle mit der Erhaltung und Bewertung des ökologischen Potentials von Räumen zu tun und mit einer auf nachhaltige Nutzung begründeten Raumplanung. Im einzelnen können die bisher vorliegenden Arbeiten unter drei verschiedenen, sich aber häufig überschneidenden, nicht klar zu trennenden Aspekten gesehen werden.

Unter einem ersten Aspekt werden Organismen als Bioindikatoren gesehen. Pflanzen oder Tiere oder auch ganze Lebensgemeinschaften zeigen durch ihr Auftreten oder Fehlen, durch ihre Zusammensetzung und durch den Gehalt an bestimmten Stoffen, Qualitäten oder auch Belastungen eines Raumes an. Je nach Fragestellung können Methoden aktiven oder passiven Biomonitorings in Betracht kommen, es wird zudem zwischen Reaktions- und Akkumulations-Bioindikatoren unterschieden. Bioindikation wird gegenwärtig vor allem bei Fragen der Belastung von Luft und Böden sowie von Gewässern angewandt. Sie hat sich vielfach auch bei land- und forstwirtschaftlichen Problemen in Ländern der Dritten Welt bewährt, da ein einmal geeichtes Bioindikatorensystem schnell ausreichend genaue Ergebnisse liefert, die wirtschaftlich tragbar erarbeitet wurden und fortlaufend kontrolliert werden können. Ein Beispiel für den Einsatz von Bioindikatoren in unseren heimischen Gewässer-Ökosystemen liefert in diesem Symposium der Beitrag von BEIERKUHNLEIN.

Unter einem zweiten Aspekt werden Organismen als Ressourcen betrachtet. Sie können in unterschiedlicher Menge in Raum und Zeit entwickelt sein und genutzt werden. Eingeschlossen ist hierbei auch die Pflanze oder das Tier als genetische Ressource. Landnutzungsprobleme im weitesten Sinn, aber auch Fragen des Naturschutzes werden unter diesem Aspekt bearbeitet. Nutzungs-

D. Barsch/H Karrasch (Hrsg.): Geographie und Umwelt. Verh. d. Deutschen Geographentages Bd. 48 - Basel 1991. © 1993 Franz Steiner Verlag Stuttgart

potential, Nachhaltigkeit und Genreserven sind in diesem Zusammenhang
wichtige Schlüsselbegriffe. Gerade unter dem Aspekt der Ressourcen sind in
der Biogeographie wiederum in Ländern der Dritten Welt wichtige Studien
unternommen worden, oft im Zusammenhang mit einer differenzierten chemischen Analyse wichtiger Inhaltsstoffe und den neuesten Entwicklungen auf
dem Gebiet der Fernerkundung sowie auch unter Berücksichtigung der sozio-
ökonomischen Situation in den untersuchten Gebieten. In diesem Symposium
lassen sich die Beiträge von ERDELEN und RAPPENHÖNER in erster Linie
diesem Ressourcenaspekt zuordnen.

Unter einem dritten, stärker übergreifenden Aspekt können Organismen
als Elemente von Ökosystemen angesehen werden. Werden diese Elemente
entfernt, zerstört oder verändert, so hat dies Folgen für das gesamte System.
Degradierung der Vegetation mit nachfolgender Bodenerosion ist hierfür ein
besonders leicht nachzuvollziehendes Beispiel, zu dem auch zahlreiche Studien vorliegen. Andererseits können Organismen auch bewußt in Ökosysteme
eingeführt oder unbewußt verschleppt werden. Dies kann ebenfalls weitreichende, mitunter auch nicht geplante oder erwünschte Konsequenzen haben.
Die Fixierung von Dünen oder die Stabilisierung von Straßenböschungen mit
Pflanzen wären hier Beispiele praxisorientierter Probleme. Wichtigste Schlüsselbegriffe unter diesem dritten Aspekt sind Belastung, Tragfähigkeit, Selbst-
regulierung und – besonders in jüngster Zeit – Umweltverträglichkeit. Die
Beiträge von MIYAWAKI und PAULUS können vor allem unter diesem
Gesichtspunkt gesehen werden.

Heute ist zu befürchten, daß wir uns zukünftig weltweit mit wachsenden
Umweltproblemen auseinandersetzen müssen. Dies heißt, daß angewandte
Forschungen die zu praktikablen Lösungen solcher Probleme beitragen, an
Bedeutung gewinnen werden, auch in der Biogeographie. Und selbstverständ-
lich muß dieser Entwicklung auch in einer stärker problem- und projektorien-
tierten Lehre Rechnung getragen werden.

Vegetation und Technik

Akira Miyawaki, Yokohama

Einer der wichtigsten Ansätze für die Lösung der heutigen globalen Umweltkrise ist die Bereitschaft jeder gesellschaftlichen Gruppierung, in ihrem eigenen Einflußbereich selbst für eine lebendige und gesunde Umwelt zu sorgen.
Durch den gegenwärtigen Stand der Umwelt-Bewertungstechniken werden
meist nur physikalische oder chemische Einzelfaktoren kleinräumig und in
begrenzten Zeiträumen analysiert, die auch nur einzelne Gegenmaßnahmen
induzieren können. Wenn wir die Vegetation als lebendigen Baustoff im Rahmen ökotechnologischer Maßnahmen richtig einsetzen, können wir für unsere
Zukunft eine bessere Umwelt schaffen.

Wir haben seit über zwanzig Jahren neue Heimatwälder im Sinne von Umweltschutzwäldern geschaffen, die über die verschiedensten Vegetationszonen Japans verteilt sind. Der Heimatwald mit seinen einheimischen Arten stellt auch eine „lebende Alarmanlage" dar, welche integrierend den qualitativen Wechsel in seinem Lebensraum signalisiert. Der immergrüne Heimatwald kann als „lebender grüner Filter" eine langfristige und verträgliche Koexistenz von Industrieanlagen und Wohngebieten sichern. Die Umweltschutzwälder rings um Betriebs- und Fertigungsanlagen erfüllen umfassende Schutzfunktionen wie Lärmminderung, Staubbindung, Luft- und Wasserreinigung. Die seit Jahrtausenden bestehende japanische Kulturlandschaft, die für Besucher so anziehend und eindrucksvoll ist, dürfte auf der historisch entwickelten harmonischen Verbindung vom Wirkungsraum des Menschen und dem naturnahen Wald aus einheimischen Arten beruhen.

Voraussetzung der Schaffung von Umweltschutzwäldern in Industriekomplexen, Städten und Verkehrseinrichtungen ist eine sorgfältige und detaillierte Untersuchung der Ökologie und Biogeographie naturnaher Wälder. Auf der Basis solcher umfassender monographischer Studien muß der Gesamtplan in ökotechnologischer Weise formuliert werden. Auch die Einzelvorschläge sowie die pflanzensoziologischen und vegetationstechnischen Anweisungen sollten vor Beginn der Durchführung ausgearbeitet sein. Dies ist der Schlüssel zur erfolgreichen Schaffung von Heimatwäldern.

Es ist sehr zu hoffen, daß sich dieser ökotechnische Versuch zur Schaffung von Umweltschutzwäldern als Modellbeispiel erweisen wird, das nicht nur für die Gesamtheit der japanischen Unternehmen, sondern auch für andere Industrienationen und die Entwicklungsländer der Erde von Bedeutung ist.

Detaillierte Informationen zu den Grundlagen und zu Beispielen solcher ökotechnologischer Maßnahmen können z.B. folgenden Publikationen entnommen werden:

MIYAWAKI, A. (1982): Umweltschutz in Japan auf vegetationsökologischer Grundlage. – Bull. Inst. Environm. Tech. Yokohama Natn. Univ. 8: 107–120, Yokohama.

MIYAWAKI, A., A. BOGENRIEDER, S. OKUDA & J. WHITE (eds.) (1987): Vegetation Ecology and Creation of New Environments. – Tokai University Press, Shinjuku, XIV + 473 pp.

MIYAWAKI, A. & K. FUJIWARA (1975): Ein Versuch zur Kartierung des Natürlichkeitsgrades der Vegetation und Anwendungsmöglichkeit dieser Karte für den Umwelt- und Naturschutz am Beispiel der Stadt Fujisawa. – Phytocoenologia 2(3/4): 429–436, Stuttgart.

MIYAWAKI, A., K. OHNO, S. SUZUKU & E. NAKATA (1986). Vegetation of Chatan-cho, for the creation of the new town covered with rich green. – Okinawa Prefecture, Chatan-cho, 153 pp.

MIYAWAKI, A. & R. TÜXEN (1977): Vegetation Science and Environmental Protection. – Maruzen Ltd., Tokyo.

Waldquellfluren – ein Beitrag zum Monitoring von Umweltbelastungen im Frankenwald[1]

Carl Beierkuhnlein, Bayreuth

Im Rahmen eines vegetationskundlich-hydrochemischen Projektes wurden von 1989 bis 1991 in der nordostbayerischen Mittelgebirgslandschaft des Frankenwaldes Erhebungen zur Ökologie von Waldquellen durchgeführt. Teilergebnisse werden hier vorgestellt. Nach der Erfassung der Waldquellflurvegetation wurden geeignete Quellen zur räumlichen Beurteilung der Wasserchemie des Gesamtgebietes ausgewählt (209) welche innerhalb einer klimatisch wenig variablen Periode im September 1989 beprobt werden konnten. Die Analysen dieser Quellwässer dienten wiederum als Grundlage für die Festlegung von 52 Dauerbeobachtungsobjekten zur Beurteilung jahreszeitlicher Konzentrationsschwankungen und Vegetationsveränderungen.

Eine Methode zur räumlichen Beurteilung neuartiger Waldschäden sollte entwickelt werden, in welcher der Stoffhaushalt von Waldökosystemen Berücksichtigung finden könnte. Immissionsbelastungen sind durch ihre hohe zeitliche Variabilität, durch die unterschiedliche Qualität trockener und feuchter Depositionen und auch durch die starken Unterschiede im Chemismus je nach Niederschlagsart ebenso wie durch kleinräumige Unterschiede im Depositionsgeschehen (Leaching, Stammabfluß, etc.) räumlich schwierig, beziehungsweise nur mit erheblichem zeitlichen und materiellen Aufwand, zu beurteilen. Hat man die Möglichkeit den Austrag von Ökosystemen zu beurteilen, kann man gleichzeitig Aussagen über den Pufferungszustand des gesamten Systems treffen, auch wenn über einzelne Prozesse und Stofflüsse keine Informationen vorliegen. Die Einzugsgebiete werden als „Black Boxes" angesehen. Durch das regelhafte Auftreten vergleichbarer Bedingungen können jedoch differenzierte räumliche Bewertungen erfolgen.

Der Frankenwald, direkt an der Grenze zur ehemaligen und zur Zeit der Untersuchungen noch existierenden DDR gelegen, ist ein Mittelgebirge mit ausgeglichenem Relief und geringer Massenerhebung. Höhen von 800 m ü.NN werden nicht ganz erreicht. Das Gebiet ist vorwiegend aus Tonschiefer-Wechsellagerungen aufgebaut und zeigt eine insgesamt relativ homogene Petrographie. Kleinräumige Gesteinsunterschiede werden durch pleistozäne Fließerdedecken verwischt. Entsprechend ist die Bodenbildung ebenfalls wenig variable, es herrschen skelettreiche, basenarme Braunerden vor, die nur in den Hochlagen leichte Podsolierungserscheinungen aufweisen. Zwar ist durch die Nähe zur ehemaligen DDR und auch zur CSFR mit einer hohen Immissionsbelastung zu rechnen, welche für Nordostbayern angenommen werden kann (z.B.

---

1 Gefördert durch das Bayerische Staatsministerium für Ernährung, Landwirtschaft und Forsten

HERMANN et al. 1989), räumlich differenzierte Erhebungen zur Belastungs-
situation liegen bislang jedoch nicht vor.

Die silikatischen Tonschiefergesteine gelten als nahezu porenfrei (APEL
1979), weshalb keine nennenswerte Grundwasserbildung im Gesteinskörper
erfolgt. Austretendes Quellwasser wird über oberflächennahen Transport vor
allem aus Interflow gespeist und steht durch die geringe Verweilzeit im
Einzugsgebiet in enger Beziehung zu den Vorgängen der Ökosphäre. Das
rasche Wiederaustreten der Wässer führt in Verbindung mit dem hohen Wald-
flächenanteil des Untersuchungsgebietes zu einer großen Grundgesamtheit
von vergleichbaren Waldquellen als Untersuchungsobjekten.

Dem Projekt liegt der Gedanke zugrunde, daß Waldquellen als ökosystemare Schnittstellen zwischen Wald- und Fließgewässerökosystemen angesehen werden können und deshalb eine entscheidende Funktion einnehmen.
Direkte Störungen wie Drainagen oder Aufforstungen sind wegen der geringen
Flächeninanspruchnahme sehr selten. Wiesenquellen sind sehr viel stärker
durch direktes menschliches Einwirken sowie durch die unterschiedliche Nutzungsintensität der Einzugsgebiete geprägt, kausale Zusammenhänge zwischen Artenzusammensetzung und Standortsparametern sind dort entsprechend schwieriger zu entschlüsseln. Im Mittelgebirge sind Waldquellfluren
durch eine scharfe Grenze (limes convergens) von der Waldbodenvegetation
abgegrenzt, während Wiesenquellen nutzungsbedingt nur undeutlich von
angrenzenden Wiesen getrennt sind. Da Immissionen in Agrarökosystemen
durch den dort üblichen Düngemitteleinsatz abgepuffert werden, wurde darüber hinaus versucht reine Waldgebiete als Einzugsgebiete der einzelnen Unter-
suchungsobjekte (Quellen) auszuwählen.

Der Interflow entspricht unter den Bedingungen des Untersuchungsgebietes in seiner qualitativen Zusammensetzung dem über die flüssige Phase
erfolgenden Output von Waldeinzugsgebieten und kann als zeitliches und
räumliches Integral der Prozesse und Stoffflüsse im Waldökosystem verstanden werden. Die von BÜCKING (1975) vorwiegend als Problem geschilderten
Summeneffekte sind gerade ein Vorteil, strebt man ganzheitliche Aussagen
über den Gesamtzustand eines Ökosystems an. Der Chemismus der Quellaus-
tritte kann dann als Integral der Pufferungszustände der Pedosphäre der
Einzugsgebiete verstanden werden. Ein Problem ist es allerdings, daß Einzugsgebiete nicht immer exakt abgegrenzt werden können. In großflächigen Waldgebieten ist der hierin liegende Fehler relativ unbedeutend, da benachbarte
Einzugsgebiete vergleichbare Bedingungen aufweisen.

Unterstellt man die sprichwörtliche Konstanz der physikalischen Standortsbedingungen der Quellökotope, so sind der Wasserchemismus und der
Lichthaushalt die hauptsächlich steuernden Variablen für die Artenzusammensetzung der Waldquellfluren. Gewässerversauerung, welche in immissionsbe-
lasteten Waldgebieten zu erwarten ist, müßte sich hier deshalb besonders stark
durch Verschiebungen der Artenzusammensetzung bemerkbar machen. Bioin-

dikation bezüglich des Wasserchemismus wäre aber gleichzeitig Bioindikation bezüglich neuartiger Waldschäden, beziehungsweise der damit in Verbindung stehenden ökosystemaren pedochemischen Veränderungen, welche den visuell erkennbaren Schäden der Waldvegetation vorhergehen.

Um Aussagen über die Reaktion der Biozönose auf veränderte Standortsbedingungen treffen zu können, wurden die angefertigten Aufnahmen der Quellflurvegetation zum Wasserchemismus in Beziehung gesetzt. Neben einer Gruppe allgemein verbreiteter Arten zeigte sich bei den Quellen niedriger pH-Werte (< 5) eine drastische Verarmung von ansonsten als charakteristisch geltenden Quellflurarten. Arten wie das Bittere Schaumkraut (*Cardamine amara*) oder das Gegenblättrige Milzkraut (*Chrysosplenium oppositifolium*), die über weite Bereiche des untersuchten Raumes eine hohe Stetigkeit und auch Deckung erreichen, fallen nahezu schlagartig aus und mit ihnen eine große Gruppe von begleitenden Arten.

Der fehlende Konkurrenzdruck dieser auf das typische Milieu silikatischer Weichwasserquellen spezialisierten Pflanzen oder auch das Vorliegen spezifischer hydrochemischer Bedingungen ermöglicht einer anderen Artengruppe, welche vorwiegend von Moosen (*Sphagnum fallax agg.*, *Polytrichum commune*, etc.) und Gräsern (*Holcus mollis*, *Deschampsia cespitosa*, etc.) bestimmt wird, das Auftreten in Quellfluren saurer Wässer. Diese Arten spielen in den sonstigen Quellbiozönosen keine oder eine nur sehr untergeordnete Rolle. Vor allem *Sphagnum fallax* und *Polytrichum commune* erreichen hohe Deckungswerte und sind bei sauren Quellwässern (pH < 5) allgemein verbreitet.

Die Interpretation der Quellflurvegetation mit der Hilfe multivariater Ordinationsmethoden (Hauptkomponentenanalyse) konnte den Wasserchemismus als hauptsächlich die Artenzusammensetzung beeinflussenden Standortfaktor bestätigen. Der Lichthaushalt wird diesem untergeordnet (nicht bezüglich der Biomasse) und konnte zur Erklärung der zweiten Komponentenachse herangezogen werden.

Niedrige pH-Werte der Quellwässer sind auf die ehemals grenznah gelegenen Hochlagen im nördlichen Bereich des Untersuchungsgebietes beschränkt (Abb. 1). Sie sind mit deutlicher erhöhten Metallkonzentrationen (z.B. Aluminium, Mangan) verbunden. Bei vergleichbaren Gesteinen, ähnlicher Bodenbildung, Niederschlagsmengen und forstlicher Nutzung finden sich in den südöstlichen Bereichen in entsprechender Höhenlage jedoch keine derartig sauren Quellwasserbedingungen. Der dortigen Quellflurvegetation fehlen Sphagnen und die unter sauren Bedingungen verbreiteten Gräser. Es liegt daher der Schluß nahe, daß in den regional klar konzentrierten Einzugsgebieten saurer Quellen die in den letzten Dekaden wirkende Immissionsbelastung zur Veränderung des Ökochemismus der Waldböden geführt hat. Dies wäre durch gezielte und detailliertere Untersuchungen zu verifizieren.

Abschließend kann festgehalten werden, daß mit den Waldquellen des Frankenwaldes eine räumlich differenzierte Beurteilung der Stoffausträge aus

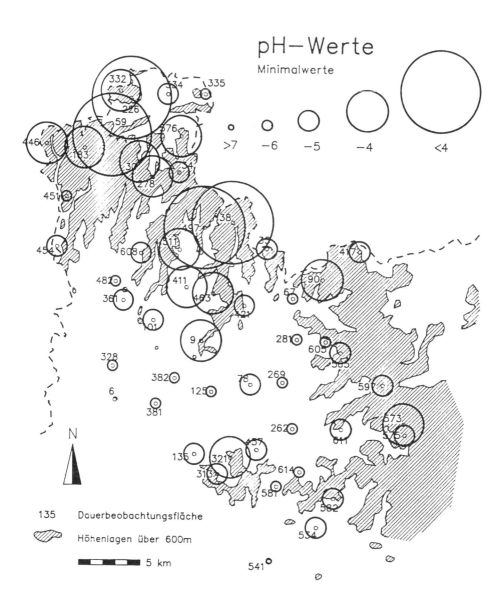

Abbildung 1: Niedrigste im Jahresverlauf ermittelte pH-Werte in den als Dauerbeobachtungs-
flächen festgelegten Waldquellen des Frankenwaldes. Darstellung in Klassen für die jeweiligen pH-Einheiten.

Waldeinzugsgebieten erfolgen kann. Der Anpassungsgrad der Vegetation an die spezifischen Standortsbedingungen der Quellökotope ermöglicht den erfolgreichen Einsatz bioindikatorischer Methoden. Dabei können bezüglich der Versauerung sowohl „positiv" reagierende Arten (*Sphagnum fallax agg.*, *Polytrichum commune*) als auch „negativ" reagierende (*Chrysosplenium oppositifolium*, *Cardamine amara*) gefunden werden. Sie bieten die Möglichkeit der raschen und unkomplizierten Beurteilung des Quellwasserchemismus im Gelände. Kurzzeitige Konzentrationsschwankungen der Stoffgehalte, welche eine räumliche Aussage erschweren könnten, werden dadurch ausgeschaltet.

Bedeutsam ist, daß ökosystemare Veränderungen, wie sie im Rahmen der „Neuartigen Waldschäden" erfolgen und in erster Linie durch saure Depositionen induziert werden, in Quellwässern erkannt werden können, bevor sich Schäden an der Waldvegetation und insbesondere an den Bäumen bemerkbar machten. Quellen können unter den besonderen Bedingungen dichter Silikatgesteine der Mittelgebirge deshalb als „Frühwarnsystem" bezüglich des Waldsterbens fungieren. Die trichterartige Konzentration des sich mit zunehmender Immissionsbelastung verändernden Stoffaustrages auf diese Ökotope steht in enger Beziehung zur Artenzusammensetzung. Veränderte Umweltbedingungen (Versauerung) finden rasch ihren Niederschlag in der Reaktion dieser hochspezialisierten Biozönosen.

Die festgelegten Dauerbeobachtungsobjekte können für die Zukunft als Monitoring-System eingesetzt werden und durch vergleichende Beprobungen und Vegetationsaufnahmen zeitliche Veränderungen dokumentieren. Schon heute jedoch können über die räumliche Differenzierung der Stoffausträge forstliche Kompensationsdüngungen zur Abpufferung saurer Niederschläge gezielter eingesetzt werden. In belasteten beziehungsweise versauerten Bereichen können diese Dünger dazu beitragen, zur Erhaltung des Waldes spezifische Nährstoffverluste auszugleichen. In weiten Bereichen, auch der Hochlagen im südöstlichen Teilgebiet, kann dagegen auf forstliche Kompensationsdüngung weitgehend verzichtet werden.

Literatur:

APEL, R. (1979): Hydrogeologische Verhältnisse. – In: HORSTIG, G. von: Geologische Karte von Bayern 1:25 000 – Erläuterungen zu Blatt Nr. 5633 Sonneberg (Bayer. Anteil) und zum Blatt Nr. 5634 Teuschnitz, 58–68.

BAUER, J., R. LEHMANN, A. HAMM (1988): pH-Wert-Veränderung an ungepufferten Seen und Fließgewässern durch saure Depositionen und ökologische Aspekte der Gewässerversauerung. – BAYERISCHE LANDESANSTALT FÜR WASSERFORSCHUNG (Hrsg.): Gewässerversauerung im nord- und nordostbayerischen Grundgebirge, 1–250.

BEIERKUHNLEIN, C., W. TÜRK (1991): Die Naturräume Oberfrankens und angrenzender Gebiete. – Bayreuther Bodenkundliche Berichte 17, 1–10.

BÜCKING, W. (1975): Nährstoffgehalte in Gewässern aus standörtlich verschiedenen Waldgebieten Baden-Württembergs. – Mitt. Ver. forstl. Standortskde. Forstpflanzenzüchtg. 24, 48–67.

GORHAM, E, W. W. McFEE (1980): Effects of acid deposition upon outputs from terrestrial to aquatic ecosystems. – In: HUTCHINSON, T. C., M. HAVAS (Hrsg.): Effects of acid precipitation on terrestrial ecosystems, 465–480. New York.

HERRMANN, R., I. BAUMGARTNER, F. JANOCHA (1989): Aluminiumspezies in oberflächennahen Grundwässern des Deck- und Grundgebirges in Oberfranken. – Wasser Abwässer 130(6), 285–292.

Vegetation als Futterressource in Trockengebieten
Das aktuelle Weidepotential im Tiefland des Jemen

Dieter Rappenhöner, Bayreuth

Zusammenfassung

Es wird ein Verfahren zur Schätzung des Weidepotentials in Trockengebieten vorgestellt. Auf drei Maßstabsebenen wird die Futterqualität, die weidebare Biomasse und die aktuelle Tragfähigkeit im Tiefland des Jemen untersucht. Wert gelegt wird vor allem auf die Einbeziehung von Gehölzfutter, kleinstandörtliche Differenzierungen, sowie einfache aber dennoch möglichst genaue Verfahren, die an das Arbeiten in Entwicklungsländern angepaßt sind. Bei 11-933 kg/ha direkt erreichbarem Trockenfutter zum Erntezeitpunkt werden für nur ein Schaf oder eine Ziege 1–25 ha Weidefläche veranschlagt.

Einleitung

Extensive Weidewirtschaft ist in weiten Teilen der Erde die sinnvollste Form der Landnutzung, so auch in den Randtropen. An und jenseits der agronomischen Trockengrenze stellt die natürliche Vegetation die wichtigste Futterressource dar. Gerade aus der Vegetationszone der Dornbuschsavanne sind uns aus den vergangenen Jahrzehnten immer wieder Schreckensbilder von verhungernden Menschen, verendenden Tieren und zerstörten Naturräumen vor Augen geführt worden. Als eine der Ursachen der Desertifikation wird mit Recht die Übernutzung der natürlichen Lebensgrundlagen durch den Menschen genannt (Rappenhöner 1989).

Nun läßt sich das Weidepotential durch sehr zeit- und kostenintensive Verfahren zwar herausfinden, es trifft im Sahelraum aber leider gerade die ärmsten der armen Länder. Bisherige Entwicklungsprojekte sind meist spätestens dann gescheitert, wenn sich das kapitalkräftige Geberland zurückzog. Benötigt werden deshalb Methoden, die zeitsparend, preisgünstig und personalarm Antworten geben können, die verständlich erscheinen und damit auf die Bedingungen in Entwicklungsländern zugeschnitten sind.

Die Übernutzung ist augenscheinlich, aber wie groß ist denn das aktuelle Weidepotential konkreter Raumausschnitte? Es bestehen meist große Schwierigkeiten bei der Erfassung wegen großer standörtlicher Varianzen der Weideökotope (Wasser, Nährstoffe), zeitlicher Varianzen des Futterangebotes (saisonal, langfristig), unterschiedlich ausgeprägter anthropogener Degradierung der Weiden, unzureichender Kenntnis der Futterqualität und einer schwierigen Ermittlung der Produktivität, insbesondere deshalb, weil Gehölzfutter in die Untersuchungen mit einbezogen werden muß. Gerade hierin sieht Le Houérou (1980) einen eklatanten Kenntnismangel. Erst wenn man unter anderem solche Fragen klären kann, ist man in der Lage daran ökologisch angepaßte Viehbesatzstärken zu orientieren und damit Ursachen der Desertifikation zu bekämpfen. Realistisch zu bearbeitende Planungsräume sollten meines Erachtens weniger ganze Staatsgebiete sein, als vielmehr kleinräumlich strukturierte Ökotopgefüge, etwa auf der Ebene einer oder mehrerer Dorfgemeinschaften. Anwendungsbezogen arbeitende Biogeographen können hier wichtige Impulse setzen.

Die Dürrekatastrophe zu Beginn der siebziger Jahre fand – praktisch unbeachtet von der Weltöffentlichkeit – auch an der SW-Ecke der Arabischen Halbinsel, im Jemen, statt. Das hier vorgestellte Verfahren zur Schätzung des aktuellen Weidepotentials wurde in einem kleingekammerten Ausschnitt der Gebirgsfußzone im Tiefland des Jemen erprobt. Es ist Teil eines wissenschaftlichen Begleitprogrammes des *Haraz Erosion Control and Afforestation Project* der Gesellschaft für Technische Zusammenarbeit, welches in den Jahren 1985 und 1986 durchgeführt wurde.

Es wurde schrittweise auf drei Maßstabsebenen gearbeitet und hier an ausgewählten Beispielen demonstriert. *Abb. 2* verschafft dazu einen Überblick. Auf der Ebene der Futterpflanzen wurden diese auf ihre Futterqualität hin untersucht. Der Erntezeitraum lag am Ende der Regenzeit. Neben den Daten zur weidebaren Biomasse waren durch die Erhebungen der ersten Stufe mittels Hochrechnungen auch Aussagen zur Qualität von Weideökotopen möglich. Schließlich wurde auf dem Niveau des Weideökotopgefüges durch Geländeund Luftbildkartierungen, sowie durch Interpolation der Ergebnisse der beiden vorangegangenen Verfahrensstufen das aktuelle Futterpotential des gesamten Arbeitsgebietes abgeschätzt.

Untersuchungsgebiet

Das Untersuchungsgebiet bildet einen repräsentativen Ausschnitt der sog. „Gebirgstihâmah" des Jemen. Diese naturräumliche Einheit bildet, in 200–1.000 m Höhe gelegen, den morphologischen und klimatischen Übergangsraum zwischen der Küstenebene entlang des Roten Meeres (Tihâmah) und dem sehr steilen jemenitischen Randgebirge. Im semiariden Klima herrschen Jahresmit-

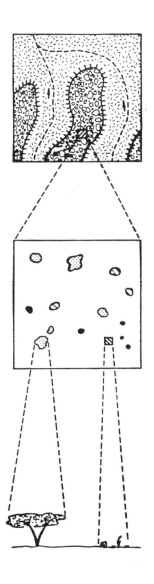

III. Ebene: Weideökotopgefüge
- Weidepotential -

Luftbildinterpretation:Muster der Weideökotope
Feldarbeit: Dichte der Baum- und
                    Strauchschicht
Planimetrierung: Flächenanteil der Ökotope
                    x Dichtefaktor
= > Schätzung von Futtermenge und Tragfähigkeit
Maßstab: 1:10.000 - 1:50.000

II. Ebene: Weideökotope
- Weidebare Biomasse -

Maximale "standing crop" (Ende der Regenzeit)
- Baum-/Strauchschicht:-> Kartierung von Kronenflächen
                        und -höhen
                        -> Berechnung von Kronen-
                        volumina, potentieller und
                        erreichbarer Futtermengen
- Feldschicht: Ernte von 5-100 m^2
Maßstab: 1:100 - 1:1.000

I. Ebene: Futterpflanzen
- Futterqualität -

Schmackhaftigkeit, Verdaulichkeit und Nährwert
- Holzpflanzen: Beprobung von Individuen (Blätter,
                        Früchte, Jungtriebe)
- Feldschicht: Mischproben
Maßstab: Ernte freßbarer Teile

Abb. 2: Schema für eine stufenweise Schätzung des Weidepotentials

teltemperaturen von 25–30°C vor. Die mittleren Jahresniederschläge von
200–500 mm fallen gewöhnlich in zwei Regenperioden während des Frühjahrs
und Sommers.

Das Landschaftsbild ist sehr vielgestaltig. Es wird zum einen von Becken-
lagen mit Granitpedimenten, Fußflächen, Flußterrassen und breiten Wadi-
Sohlen bestimmt, zum anderen von Hangarealen verschiedenster petrographi-
scher Zusammensetzung (Granite, Schiefer, Kalke, Laven und Pyroklastika).
Die Lage in der Gebirgsfußzone bedingt eine extreme Kleinkammerung des
Ökotopgefüges.

Die Vegetation wird zonal durch lichte, regengrüne Dorngehölze geprägt,
in denen Arten der Gattungen *Acacia* und *Commiphora* dominieren. Diesen
sind einige immergrüne Arten beigesellt (*Dobera glabra*, *Boscia angustifolia*).
Eine reichhaltige Strauchschicht, Zwergsträucher und eine schüttere Kurzgras-
decke besiedeln die niederen Strata. Azonal werden die Wadisäume von immergrünen oder von regengrünen Gehölzen begleitet. Habitate mit extrem
flachen Böden und Felsausbissen sowie die Umgebung von Siedlungen werden
von Sukkulentenfluren besiedelt.

Die Landwirtschaft ist laut Kopp (1984) noch die ökonomische Basis für
die meisten Bewohner der Region. Niederungen und Hangterrassen werden mit
Hirse (*Sorghum bicolor*) kultiviert. Die extensive Weidewirtschaft (2/3 Schafe
und 1/3 Ziegen) aber bildet den wichtigsten ökonomischen Faktor. Nomadis-
mus wird heute nicht mehr praktiziert. Neben Stoppelweide (ca. 30 % der Wei-
dezeit) und Schneitelbaumnutzung (*Ziziphus spina-christi* und *Dobera glabra*)
in der Trockenzeit (ca. 10 %) bilden die natürlichen Weiden die Basis für die
Kleinviehweide (ca. 60 %). Die rasch anwachsende Bevölkerung zeigt deutliche, degradative Auswirkungen auf die Vegetationsdecke. Ein zunehmend
starker Holzeinschlag, v.a. zur Gewinnung für die subsistente Brennholzge-
winnung (Verdopplung innerhalb von 10 Jahren), dezimiert die Gehölzschicht.
Die zunehmende Beweidungsintensität wirkt durch selektiven Verbiß und
Viehtritt vor allem auf die Bodenbedeckung ein. Jungwuchs von Gehölzen,
also eine natürliche Regeneration, ist praktisch nicht erkennbar.

Futterqualität

Die Untersuchung der Futterqualität beinhaltet die Erfassung des Spektrums
der Futterpflanzen, ihrer Konzentrationen an essentiellen Nährstoffen (Energie, Eiweiß, Mengen- und Spurenelemente), der Bewertung durch Vergleich
mit dem Bedarf des Weideviehs, der Beachtung von Verträglichkeits- und
Toxizitätsgrenzen bei Schwermetallen sowie der zeitlichen und räumlichen
Varianz der Futterwerte. Da ein hoher Anteil an Ziegen besteht, muß wegen der
Vorliebe zu Gehölzpflanzen auch diese Gruppe einbezogen werden. Es wurden
339 Proben analysiert (35 Gehölzarten, Feldschicht von 50 Standorten).

Als Labormethoden kamen nur weltweit standardisierte Verfahren zum
Einsatz, die heute in praktisch jedem Entwicklungsland durchführbar sind
(Weender-Verfahren). Die Bewertung erfolgt grundsätzlich durch einen Vergleich zwischen den analytischen Daten zum Bedarf der Weidetiere. Gefolgt
wird hier dem System nach Boudet (1978).

Bereits Müller-Hohenstein et al. (1987) geben erste und ausführlichere
Futterwertdaten für das Arbeitsgebiet an. Beispielhaft sollen deshalb hier nur
die Gehalte an verdaulichem Rohprotein, dem wichtigsten Futterwertparame-
ter vorgestellt werden.

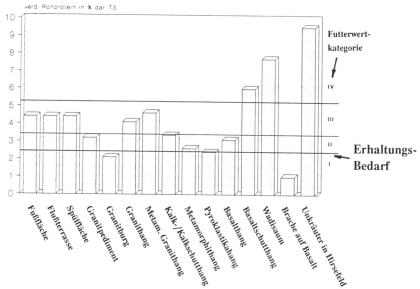

Abb. 3: Gehalt an verdaulichem Rohprotein bei Mischproben verschiedener Weideökotop-
Typen (Futterwertkategorien nach Boudet 1978: I = minderwertiges Futter, II = Futter mittlerer
Qualität, III = Futter guter Qualität, IV = Futter bester Qualität)

Die Feldschicht beweideter Terrassenbrachen, Pyroklastikahänge und auf
Granitburgen konnte den Erhaltungsbedarf an verdaulichem Rohprotein nicht
decken (Kat. I); diese Standorte waren zum Erntezeitpunkt wertlos! Bei einer
genaueren Betrachtung der Einzelstandorte findet man heraus, daß es sich
jeweils um Perimeter handelte, in denen höhere Gräser dominierten. Diese
waren bereits weitgehend verwelkt. Mit Recht kann man in diesen Fällen von
„Heu auf dem Halm" sprechen. Standorttypen mit vXP-Gehalten der Kat. IV
waren dagegen die bodenfeuchtesten und damit krautreichsten (vgl. *Abb. 3*).
Dam stehen sehr hohe verdauliche Rohproteingehalte bei Gehölzen im gleichen Erntezeitraum entgegen (Rappenhöner in press), was deren Bedeutung für
die Weidewirtschaft dokumentiert.

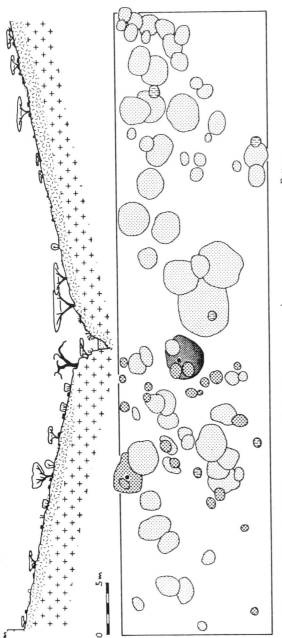

Baum- und Strauchschicht:

	Abundanz	Deckungen %	Individuen/ha	Futter			
				gesamt		erreichbar	
				Vol. [m³/ha]	kg TS/ha	Vol. [m³/ha]	kg TS/ha
Acacia tortilis	2	22,9	711	904,0	47,9	665,7	35,3
Acacia mellifera	1	2,1	233	106,7	5,8	68,0	3,9
Anisotes trisulcus	+	0,3	56	0	0	0	0
Commiphora myrrha	1	1,2	11	61,2	5,4	27,8	2,4
		26,5	1011	1072,0	59,1	761,5	41,6

standing crop am 24.9.1986 = > **274,0** kg TS/ha

Feldschicht: 30 % Deckung

Zwergsträucher: _Indigofera spinosa_ 1, _Seddera latifolia_ 1, _Aerva javanica_ 1 (Blütenköpfe), _Justicia caerulea_ +, _Ziziphus spina-christi_ + (Jungwuchs); Kräuter: _Blepharis ciliaris_ 2, _Heliotropium strigosum_ +, _Co-bichoria decumbens_ +, _Commicarpus helenae_ +, _Commelina forskalei_ +, _Cassia senna_ +; Gräser: _Aristida adscensiones_ 2, _Crysopogon plumulosus_ 2, _Dactyloctenium scindicum_ 2 (unterstrichene Arten: Hauptfutter)

Abb. 4: Struktur und Futtermengen eines degradierten Acacia mellifea-Dornbusches auf Steilhängen mit Kerbwadi im Granitpediment (405 m ü.NN)

Futtermengen und Weideökotopen

Die Bestimmung der weidebaren Biomasse ist durch zwei Komponenten erschwert. Zum einen bildet die Erfassung der weidebaren Biomasse der Gehölze große Probleme, da nicht ganze Bestände abgeerntet werden können. Zum anderen ist man wegen fehlender Zäunungsversuche meist auf die Bestimmung der sog. *standing crop* angewiesen, also der Futtermenge, die zum Erntezeitpunkt noch nicht vom Weidevieh gefressen worden war.

Es soll ein Beispiel gegeben werden, wie die Futtermengen erfaßt wurden (*Abb. 4*). Die meist steilen Hänge bestehen in den obersten Lagen aus tief zersetzten Granitgrus. Auf einer solchen Fläche wurde die Struktur des Pflanzenbestandes untersucht, wobei Bäume und Sträucher im Auf- und Grundriß dargestellt werden. Der bis zu 3 m hohe und vergleichsweise dichte Trockenbusch (26,5 % Deckung) besteht vor allem aus Akazien. Vom hohen Holzeinschlag zeugt das Fehlen von *Acacia mellifera* in der rechten Hälfte. Der oberflächliche Abfluß ist recht hoch, der Granitgrus kann aber noch recht viel Wasser speichern. Daraus resultiert eine überraschend hohe Deckung der Feldschicht (30 %). Die höheren Gehölze sind einer direkten Beweidung durch Schafe und Ziegen entzogen.

Die weidebaren Biomassen der Gehölze wurden wie folgt abgeschätzt: Aus der Kartierung der Kronenflächen und -höhen wurden die Kronenvolumina jedes Individuums berechnet. In diesem Fall ergaben sich ca. 1.000 m³/ha. Diese wurden dann mit einem sog. „spezifischen Kronengewicht der weidebaren Biomasse" je Gehölzart multipliziert. In unserem Beispiel standen demnach ca. 60 kg TS/ha an potentiell weidebarem Gehölzfutter zur Verfügung. Da jedoch rund 30 % des Futters oberhalb einer Höhe von 1,75 m wuchsen und damit nur durch Schneiteln als Notfutter verfügbar waren, verblieb ein Rest von ca. 40 kg TS/ha. Die weidebare Biomasse der Feldschicht wurde durch Direktwägungen der *standing crop* bestimmt. Zum Erntezeitpunkt am Ende der Regenzeit ergaben sich 274 kg TS/ha. Dies ist für das Untersuchungsgebiet vergleichsweise viel und erklärt sich aus einem mäßigen Beweidungsdruck und einem hohen Anteil von Kräutern in der Nähe des miterfaßten Gerinnes. Demnach gilt, daß am Ende der Regenzeit auf diesem Weidestandort pro ha ca. 316 kg direkt weidebare Biomasse zur Verfügung standen.

Auf den insgesamt etwa 50 untersuchten Standorten wurden zwischen 11 und 933 kg TS/ha direkt erreichbares Futter ermittelt, also Unterschiede von zwei Zehnerpotenzen!

Weidepotential und Tragfähigkeit

Im dritten und letzten Erhebungsschritt sollten die auf den Perimetern gewonnenen Daten auf die Fläche übertragen werden. Dazu diente die Prämisse, daß die Verhältnisse auf den Perimetern für alle Flächen gleichen Typs gelten. Im

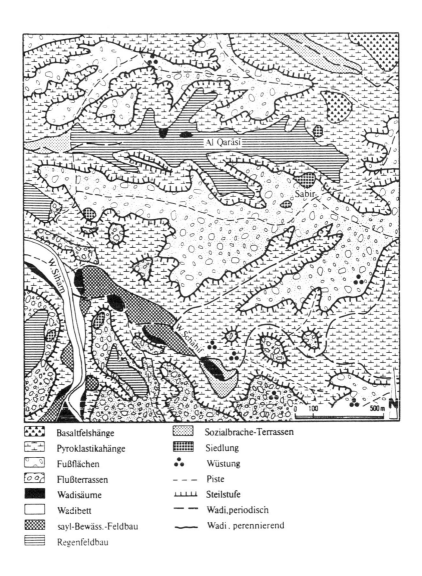

Abb. 5: Weideökotopgefüge am Wadi Sihâm

Gelände wurde deshalb das Weideökotopgefüge in typischen Raumausschnitten durchgeführt. Die Einheiten richteten sich i.w. nach geomorphologischen Einheiten, da Wasser als Hauptminimumfaktor vor allem durch das Relief gesteuert wird.

Ein Beispiel (*Abb. 5*) zeigt die mosaikartige Anordnung von Fußflächen, Flußterrassen, Pedimenten in vulkanischen Ausgangsgesteinen, Wadistandorten und Ackerbauarealen im Bereich des Wadi Sihâm. Der Flächenanteil jeder dieser kartierten Flächen wurde planimetriert. Parallel wurde die Dichte der Baum- und Strauchschicht kartiert, da diese als Ausdruck des Degradationszustandes gesehen wurde und davon ausgegangen werden wurde, daß er proportional zur weidebaren Biomasse ist. Damit ist eine Hochrechnung der weidebaren Biomasse sowie anderer Parameter möglich.

In Bezug gesetzt zur Energiekonzentration des Futters und zum Bedarf von Schafen und Ziegen resultiert beim oben angeführten Beispiel am Ende der Regenzeit ein aktuelles Weidepotential von in etwa 1 Ziege oder Schaf pro ha. Hochproduktive feuchte Auen bieten selten mehr weidebares Futter, da gleichzeitig mehr Futter in unerreichbarer Höhe wächst und damit direkt nicht zur Verfügung stehen. Stark degradierte Trockengehölze haben dagegen mit rund 25 ha/Schaf eine extrem geringe aktuelle Tragfähigkeit. Eine generelle Aussage zur Tragfähigkeit des gesamten Gebietes hat also kleinstandörtlich extreme Schwankungen zu beachten.

Eine Geländekartierung war für das gesamte Gebiet nicht möglich. Deshalb wurde eine Luftbildinterpretation nach geomorphologischen Kriterien durchgeführt. Ein Beispiel für die Schätzung des Futterwertes der gesamten weidebaren Futtermenge eines Areals geben Müller-Hohenstein & Rappenhöner (1991) für das Element Natrium.

Schluß

Die Bedingungen für wissenschaftliches Arbeiten sind in Entwicklungsländern oft schwierig. Das vorgestellte Verfahren stellt dort eine ausreichende Datengrundlage dar. Es fragt nicht nach letzter Genauigkeit, sondern will Größenordnungen herausarbeiten. Auf jeder Maßstabebene wird möglichst exakt den örtlichen Verhältnissen entsprechend gearbeitet. Zu betonen ist die Verwendung einfacher, auch im Entwicklungsland anwendbarer Einzelverfahren.

Da das Verfahren selbst in einem sehr kleinräumlich strukturierten Raum anwendbar ist, sollte es in wesentlich uniformeren Räumen erst recht zu raschen Ergebnissen führen. Es könnte vor (!) künftigen Weideprojekten angewendet werden.

Literatur

Boudet, G. (1978)[3]: Manuel sur les pâturges tropicaux et les cultures fourragères. = Institut
    d'Elevage et de Médecine Vétérinaire des Pays Tropicaux (I.E.M.V.T.), Étude Agrosto-
    logique, Nr. 4. Maisons-Alfort, France.
Kopp, H. (1984): Die Entwicklung von Viehhaltung und Holznutzung im Rahmen der
    Agrarstruktur des Beckens von At Tûr. – In: Kopp, H. & G. Schweizer (Eds.): Entwick-
    lungsprozesse in der Arabischen Republik Jemen. = Jemen-Studien, Bd. 1, S. 75–86.
    Wiesbaden
Le Houérou, H.-N. (1980): Browse in Africa. The current state of knowledge. = International
    Symposium on Browse in Africa, Addis Abeba, 8.–12.4.1980. Intern. Livestock Centre
    for Africa, Addis Abeba, Ethiopia.
Müller-Hohenstein, K., Grosser, L., Rappenhöner, D. & Strätz, Chr. (1987): Applied vegeta-
    tion studies in the Yemen Arab Republic: Range management and terrace stabilisation. –
    In: Catena, Vol. 14, S. 249–265. Braunschweig.
Müller-Hohenstein, K. & Rappenhöner, D. (1991): Vegetation mapping under different aspects
    of basic and applied vegetation science. – Large-scale examples from the Yemen Arab
    Republic. – In: Flora et Vegetatio Mundi, IX, S. 199–213. = Proceedings of the Third Plant
    Life of Southwest Asia Symposium, Berlin, Sept. 3–8, 1990. Stuttgart.
Naumann, K. & Bassler, R. (1976)[3]: Die chemische Untersuchung von Futtermitteln. =
    Handbuch der landwirtschaftlichen Versuchs- und Untersuchungsmethoden, Methoden-
    buch, Band III. VDLUFA (Verband Deutscher Landwirtschaftlicher Untersuchungs- und
    Forschungsanstalten) (Ed.). Melsungen, Berlin, Basel, Wien.
Rappenhöner, D. (1989) (Ed.): Resource conservation and desertification control in the Near
    East. – Report of the International Training Course July 27 – August 25, 1988 in Feldafing,
    Federal Republic of Germany and Kingdom of Jordan. Deutsche Stiftung für internatio-
    nale Entwicklung / FAO / GTZ / UNESCWA. Bayreuth, Feldafing. 294 pp.
Rappenhöner, D. (in press): Mineralstoffgehalte und Futterwerte einheimischer Gehölze der
    Arabischen Republik Jemen. – In: Zech, W. (Ed.): Mineral nutrition of Tropical Trees.
    Contributions of the Symposium held in Bayreuth 13th july 1989. = Bayreuther Boden-
    kundliche Berichte.

Ökotoxikologische Nebenwirkungen von Pflanzenschutzmitteln auf Bodenarthropoden in europäischen Laubwald-Ökosystemen

Martin Paulus, Saarbrücken

1. Einleitung und Fragestellung

Synthetische Pyrethroide gewinnen in den letzten Jahren als Alternative zu
bisher angewandten Wirkstoffen im Pflanzenschutz zunehmend an Bedeutung.
Von CASIDA (1980) sowie BAKER & BERRY (1981) werden sie beispielsweise vor allem als Ersatz für DDT und andere chlorierte Kohlenwasserstoffe
angesehen. Das BAYERISCHE STAATSMINISTERIUM FÜR LANDES-
ENTWICKLUNG UND UMWELTFRAGEN (1983) diskutiert sie als brauch-
bare Alternative zu Phosphorsäureestern. Bisher ist es allerdings nahezu

unmöglich, aus den einzelnen Wirkstoffgruppen diejenigen Präparate zu identifizieren, die unter sonst gleichen Bedingungen die schwächsten Nebenwirkungen zeigen und damit das geringste Gefährdungspotential für die Umwelt
beinhalten. Gründe hier sind in erster Linie die mangelnde Aussagefähigkeit
von Laboratoriumstests für die tatsächlichen ökotoxikologischen Wirkungen
von Chemikalien in der Umwelt und das weitestgehende Fehlen von vergleichenden Freilanduntersuchungen über das Verhalten von synthetischen Pyrethroiden und herkömmlichen Insektiziden.

Aus diesem Grund wurden in der vorliegenden Untersuchung die Insektizide ENDOSULFAN (Thiodan 35EC) aus der Gruppe der chlorierten Kohlenwasserstoffe und CYPERMETHRIN (Ripcord 10) als Vertreter der synthetischen Pyrethroide auf ihre Wirkung gegen Arthropodenzönosen des Bodens
und der Bodenoberfläche getestet. Beide Wirkstoffe stellen hochwirksame
Breitspektrum-Insektizide dar, die gegen eine Vielzahl identischer Schädlingskomplexe eingesetzt werden können (vgl. BIOLOGISCHE BUNDESAN
STALT FÜR LAND- UND FORSTWIRTSCHAFT 1986a–d).

Die Ziele der vorliegenden Untersuchungen waren (1) die Bereitstellung
von Informationen, die als Entscheidungshilfen bei der Frage der Eignung des
synthetischen Pyrethroids Cypermethrin als Alternative zu Endosulfan aus
ökotoxikologischer Sicht dienen können und (2) das Erkennen von zusätzlichen Kriterien, die bei der Zulassung von Pflanzenschutzmitteln und der
Festlegung der Anwendungsbedingungen von Bedeutung sein können, um den
Grad ihrer ökotoxikologischen Auswirkungen zu reduzieren.

2. Material und Methoden

Innerhalb des Untersuchungsgebietes, einem homogenen Eichen-Buchenbestand im südwestlichen Saarland, wurden 8 vergleichbare Testflächen in einer
Größe von 30x30 m durch eine glatte, 1 m breite PVC-Folie so abgegrenzt, daß
das Passieren von epigäischen und der meisten hypogäischen Arthropoden
verhindert werden konnte. Zur Erfassung der Bodenarthropoden wurden drei
Wochen vor Insektizidapplikation je Testfläche 5 Barberfallen (vgl. BARBER
1931) eingebracht und in einwöchigem Rhythmus geleert. Parallel dazu wurden Bodenproben (L-Horizont, 1–5 cm, 15–20 cm) entnommen, um das
Verhalten der eingesetzten Präparate zu kontrollieren. Relative Luftfeuchtigkeit und Temperatur der bodennahen Luftschicht wurden kontinuierlich von
automatischen Thermo-Hygrometern und der Bestandesniederschlag mit Hilfe
von Regensammlern erfaßt. Die hierdurch erhobenen Daten sollten als Interpretationshilfe zum Verhalten der applizierten Insektizide im Boden dienen
und gleichzeitig Hinweise darauf geben, ob sich die Populationsentwicklung
der untersuchten Arthropoden im Jahresverlauf nach phänologischen Gesichtspunkten entwickelt oder hiervon abweichende Verhaltensweisen auftreten, die

durch die Einwirkung der beiden Insektizidpräparate hervorgerufen wurden.
Die Insektizidapplikation erfolgte am 22. Juni 1986 mit einem handelsüblichen
Motorrückensprühgerät mit Sprührohr und Dosiereinrichtung zum Einstellen
der gewünschten Ausbringmenge/Zeiteinheit. Die Aufwandmengen von 600
ml/ha (213 g a.i./ha) Thiodan 35 EC und 300 ml/ha (30 g a.i./ha) Ripcord 10 in
einer Konzentration der Spritzbrühe von 0,1 % ergaben sich aus den Zulas-
sungs- und Anwendungshinweisen der BIOLOGISCHEN BUNDESANSTALT
FÜR LAND- UND FORSTWIRTSCHAFT (1986a–e). Auf jeweils 3 Testflächen wurden das Endosulfan- (E1–E3) bzw. Cypermethrinpräparat (C1–C3)
ausgebracht, zwei blieben als Kontrollstandorte (K1, K2) unbehandelt (vgl.
PAULUS 1989).

3. Ergebnisse

Die Endosulfan-Analysen der Bodenproben ergaben, daß beide Isomere bis in
tiefere Bodenregionen eindringen, wobei das alpha-Isomer deutlich schneller
abgebaut wird. Beta-Endosulfan zeigt über längere Zeit einen mehr oder
weniger konstanten Verlauf, was sich auch in den Nachuntersuchungen ein Jahr
nach der Applikation bestätigte. Der Rückgang der beiden Isomere wird durch
Endosulfansulfat, das Hauptabbauprodukt im Boden, teilweise ausgeglichen.
Von ökotoxikologischer Bedeuutng hierbei ist, daß Endosulfansulfat zur
selben Toxizitätsklasse gehört, wie Endosulfan selbst (WORD HEALTH
ORGANIZATION 1984). Dies bedeutet, daß die toxischen Eigenschaften des
Endosulfanpräparates Thiodan 35EC über vergleichsweise lange Zeit erhalten
bleiben.
    Cypermethrin konnte bei der vorliegenden Untersuchung nur in der Laub-
streuauflage nachgewiesen werden, wo es eine hohe Abbaurate besitzt, die sich
in der deutlich abnehmenden Tendenz der Gehalte äußert. Ein Jahr nach der
Applikation ist der Wirkstoff in den Proben nicht mehr analytisch identifizier-
bar. Die Tatsache, daß in Ober- und Unterboden keine Rückstände von
Cypermethrin festgestellt werden konnten, weist auf eine sehr geringe Wasserlöslichkeit des Wirkstoffes hin. Für das Cypermethrinpräparat Ripcord 10 ist
aufgurnd der raschen Inaktivierung des Wirkstoffes kein langfristiges Gefah-
renpotential für Arthropoden zu erwarten. Hierbei ist jedoch zu bedenken, daß
die Kenntnisse über die Metaboliten von Cypermethrin bisher noch gering sind,
so daß die Möglichkeit der Bildung toxischer Folgeprodukte nicht gänzlich
ausgeschlossen werden kann.
    Die Reaktionen der Bodenarthropoden (69.548 erfaßte Individuen) lassen
deutliche Unterschiede in der Beeinflussung durch die beiden Insektizide
erkennen. Cypermethrin führte bei der vorliegenden Untersuchung vor allem
bei den Diplopoda, dem Staphyliniden *Philonthus decorus* (Grav.) sowie allen
zur Zeit der Applikation als Imagines aktiven Carabiden (s. Abb. 8), in erster
Linie *Abax ater* (Vill.), *Pterostichus oblongopunctatus* (Fabr.) und *Platynus*

assimilis (Payk.), zu einem markanten Rückgang der Aktivitätsdichten. Hierbei kann aufgrund zahlreicher Totfunde davon ausgegangen werden, daß nicht Immobilisierung sondern Abtöten der Tiere die Ursache für die zurückgehenden Fangzahlen ist. Die getrennte Betrachtung der einzelnen Fortpflanzungstypen weist darauf hin, daß Ripcord 10 eine hohe Toxizität gegen die Frühjahrsfortpflanzer (s. Abb. 6) besitzt, die unmittelbar nach dem Sprühen stark zurückgehen. Da der Herbstbestand aber deutlich ausgebildet ist, kann aus den Aktivitätsdichten geschlossen werden, daß das Cypermethrin-Präparat zwar eine toxische Wirkung gegen die Imagines an der Bodenoberfläche besitzt, die Populationen insgesamt aber nicht beeinträchtigt, da die Eiablage zum Applikationszeitpunkt bereits abgeschlossen war, bodenlebende Entwicklungsstadien nicht betroffen werden und eine Langzeitwirkung des Insektizides nicht vorhanden ist. Dies wird durch die Aktivitätsdichtekurven der Herbstfortpflanzer (s. Abb. 7) bestätigt, die auf allen Flächen ca. zwei Wochen nach der Insektizidapplikation stark zunehmen, aber keine negativen Effekte durch die eingesetzten Insektizide erkennen lassen. Ob die vergleichsweise hohen Fangzahlen auf den Flächen E1, E3, C1 und C3 auf den Einfluß der Pflanzenschutzmittel zurückzuführen sind, kann nicht sicher beantwortet werden.

Daneben konnte insbesondere bei den Isopoda eine Hyperaktivität festgestellt werden, die durch direkte Wirkung auf die Organismen oder indirekte Wirkung über die Nahrungskette durch Rückgang der Beutetiere mit der Folge gesteigerter Futtersuche bei den Räubern erklärt werden kann. In allen Fällen läßt sich aber nur in den Wochen unmittelbar nach der Applikation ein verändertes Verhalten der betroffenen Taxa erkennen.

Auf den Endosulfan-Flächen konnte aus der Gruppe der Coleoptera lediglich bei *Abax ater* kurzfristig eine reduzierte Aktivitätsdichte festgestellt werden. Im Gegensatz dazu wurden hier die Populationen der Springschwänze durch die Wirkung des Präparates fast vollständig ausgelöscht (s. Abb. 9) und ließen auch nach einem Jahr keine entscheidende Erholung erkennen. Angesichts der in Waldgebieten hohen bodenbiologischen Bedeutung der Collembolen ist die hier festgestellte Wirkung von Endosulfan, die Literaturvergleichen zu Folge (vgl. BAUDUSSIN 1951, 1952, KELLER 1951, 1952, 1954, RICHTER 1953, CLOVE et al.1954, KARG 1956, MULLA 1960, STEINER et al. 1963) auch für weitere Vertreter der chlorierten Kohlenwasserstoffe offensichtlich Gültigkeit besitzt, zur Abschätzung des ökotoxikologischen Risikopotentials von wesentlicher Bedeutung.

4. Diskussion

Die Ergebnisse der vorliegenden Untersuchung zeigen, daß es nicht möglich ist, allgemeingültige Aussagen zur Präferenz bestimmter Wirkstoffgruppen und Präparate aus ökotoxikologischer Sicht zu treffen. Das Cypermethrin-

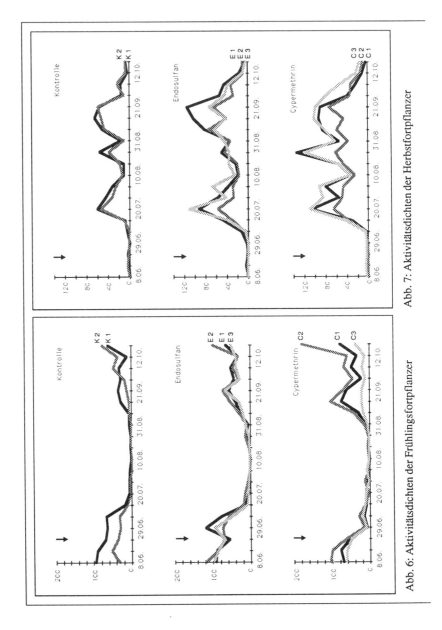

Abb. 7: Aktivitätsdichten der Herbstfortpflanzer

Abb. 6: Aktivitätsdichten der Frühlingsfortpflanzer

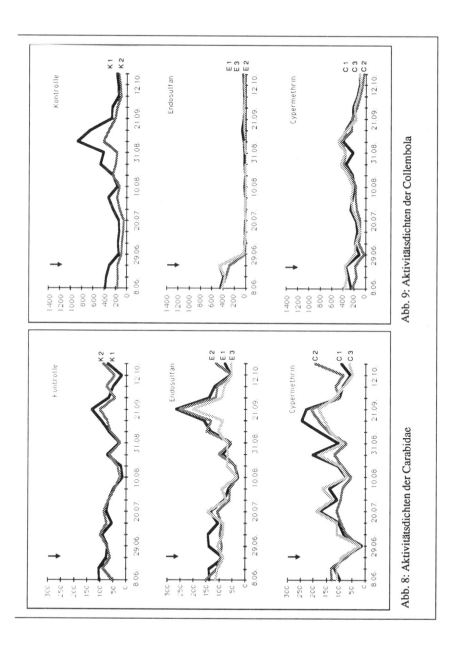

Abb. 9: Aktivitätsdichten der Collembola

Abb. 8: Aktivitätsdichten der Carabidae

Präparat scheint bezüglich der Nebenwirkungen auf Arthropodenzönosen für den Einsatz im Forst interessant zu sein. Hierbei ist von großer Bedeutung, daß die Collembolen, die in Wäldern wichtige Systemfunktionen erfüllen, von dem Wirkstoff weitgehend verschont bleiben. Die gezeigten Beeinträchtigungen verschiedener Taxa haben im Testgebiet keine erkennbaren Folgen, da Cypermethrin auf der Bodenoberfläche eine nur kurze Wirksamkeit besitzt und nicht in der Lage ist, bodenlebende Formen zu erfassen. Diese günstigen Befunde sind aber unter anderem darauf zurückzuführen, daß die im Frühjahr als Imagines aktiven Carabiden offensichtlich vor der Applikation die Eiablage bereits abgeschlossen hatten, so daß das Präparat im Vergleich zu den übrigen Testflächen lediglich zu einem verfrühten Verschwinden der alten Generation, nicht aber zu einer Gefährdung des Fortbestandes der Population selbst geführt hat. Diese Tatsache zeigt die außerordentliche Bedeutung des Sprühzeitpunktes für den Grad der Toxizität von Pflanzenschutzmitteln. Eine frühere Applikation von Cypermethrin hätte ebenso wie die Ausbringung im Spätsommer oder Herbst zu einer entscheidenden Beeinträchtigung der Populationen geführt.

Das Endosulfanpräparat THIODAN 35EC erweist sich aus ökotoxikologischer Sicht für den flächenhaften Einsatz in Wäldern aufgrund hoher Toxizität gegen die Collembolen als ungeeignet. Es könnte jedoch auf Feldern, auf denen die Collembolen eine nur untergeordnete Rolle spielen, wegen seiner selektiven Wirkung weiterhin interessant sein. Hierbei sind die offensichtlich schonenden Eigenschaften gegenüber Prädatoren, die durch Vertilgen von Schädlingen gerade in landwirtschaftlichen Monokulturen einen wichtigen Faktor darstellen können, von besonderer Bedeutung.

Die Ergebnisse unterstreichen, daß die Zulassungen und Nutzungsvorbehalte von Pflanzenschutzmitteln in der Form, in der sie derzeit vorliegen, nicht ausreichen, um eine befriedigende Gefahrenbewertung für den Naturhaushalt zu gewährleisten. Es ist notwendig, neben Angaben wie Bienentoxizität und Beachtung von Blühzeiten oder Meidung von Gewässernähe, weitere Kriterien in die Produktbeschreibungen einzubeziehen, welche die Wal des Präparates im Einzelfall erleichtern. Bei der vorliegenden Untersuchung wurde deutlich, daß der Sprühzeitpunkt im Jahresverlauf sowie die Präsenz und Systemfunktion bestimmter Taxa von großer Bedeutung sein können.

5. Literatur

BAKER, J. M., BERRY, R. W. (1981): Synthetic pyrethroid insecticides as replacements of chlorinated hydrocarbons for the control of wood-booring insects. Mitt. Dt. Ges. Holzforschg. 65: 7.
BARBER, H. S. (1931): Traps for cave inhabiting insects. J. Elisha Mitchell Sci. Soc. 46: 259–266.
BAUDUSSIN, F. (1951): Die Wirkung von Pflanzenschutzmitteln auf Collembolen und

Milben in verschiedenen Böden. Diss. Kiel.

BAUDUSSIN, F. (1952): Die Wirkung von Pflanzenschutzmitteln auf Collembolen und Milben in verschiedenen Böden (Ein Beitrag zur Agrarökologie). Zool. Jahrb. Abt. Syst. Ökol. Geogr. Tiere 81: 47–90.

BAYERISCHES STAATSMINISTERIUM FÜR LANDESENTWICKLUNG UND UM-WELTFRAGEN (Hrsg.) (1983): Wirkungen eines Insektizides auf die Waldbodenfauna.

BIOLOGISCHE BUNDESANSTALT FÜR LAND- UND FORSTWIRTSCHAFT (Hrsg.) (1986a–e): Pflanzenschutzmittelverzeichnis Teil 1–5. Braunschweig.

CASIDA, J. E. (1980): Pyrethrum flowers and pyrethroid insecticides. Environ. Health. Perspect 34: 189–202.

CLOVE, W. J.; KLOSTERMEYER, E. C.; WESTLAKE, W. E. (1954): Five years' results of the effect of certain insecticides in the soil on crop response: Proc. 50th. Ann. Meetg. Washington State. Hort. Assoc.: 164–166.

KELLER, H. (1951): Über die Wirkung einer Bodenbegiftung mittels DDT- und Hexa-Mitteln auf die Kleinarthropoden, insbesondere Collembolen. Naturwissenschaften 38: 480–481.

KELLER, H. (1952): Über den Einfluß von Bodenbegiftungen mit DDT- und Hexa-Mitteln auf die Collembolenfauna. Diss. Frankfurt/M.

KELLER, H. (1954): Die Wirkung einiger Insektizide (Arsen, DDT- und HCH-Mittel) auf die Collembolen- und Milbenfauna im Boden.

MULLA, M. S. (1960): Loss of activity of chlorinated hydrocarbon insecticides in soil as measured against the eye gnat, Hippelates collusor. J. Ecol. Entomol. 53: 785–787.

PAULUS, M. (1989): Ökotoxikologische Freilandtests als Risikioindikatoren für großflächige Chemikalienanwendungen – Am Beispiel von Endosulfan (Thiodan 35EC) u nd Cypermethrin (Ripcord 10). Diss. Saarbrücken.

RICHTER, G. (1953): Die Auswirkungen von Insektiziden auf die terricole Makrofauna. Nachr. Bl. Dt. Pfl. Schutzd. 7: 61–72.

STEINER, P.; WENZEL, F.; BAUMERT, D. (1963): Zur Beeinflussung der Arthropodenfauna nordwestdeutscher Kartoffelfelder durch die Anwendung synthetischer Kontaktinsektizide. Mitt. Biol. Bund.anst. Land-Forstw. 109: 1–38.

WORLD HEALTH ORGANIZATION (Hrsg.) (1984): Endosulfan. Environmental Health Criteria, WHO 40. Geneve.

Schutz durch Nutzung?
Verbreitung und Populationsökologie des Bindenwarans (*Varanus salvator*) in Indonesien

Walter Erdelen, Saarbrücken

1. Einleitung

Von den Waranen (Squamata: Varanidae), die mit ca. 40 Arten rezent nur in Afrika, Asien und Australien vorkommen, hat der Bindenwaren (*Varanus salvator*) die ausgedehnteste geographische Verbreitung. Sein Vorkommen reicht von Sri Lanka über den Nordosten der indischen Halbinsel, Südchina, die Philippinen, das ehemalige Indochina bis in weite Teile des Indo-Australischen Archipels. Sind perennierende Gewässer vorhanden, so ist der Bindenwaran in Habitaten wie Mangrovenwäldern, Galeriewäldern, Regenwäldern, Savannen,

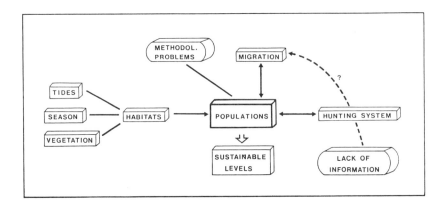

Abb. 10: Schritte zur Untersuchung der Frage der nachhaltigen Nutzung von Populationen des Bindenwarans in Sumatra. Die Populationsparameter variieren habitatabhängig. Interdependente Habitatfaktoren in den Mangrovensystemen sind Gezeiten, klimatische Saisonalität und Vegetationsmuster. Methodologische Probleme und das Fehlen von Informationen über die Bejagung erschweren die Schätzung der relevanten Populationsparameter. Der Zusammenhang zwischen Bejagung und Austauschprozessen zwischen Populationen ist unbekannt (dargestellt mit „?"; aus Erdelen, 1991).

Sümpfen und Feuchtgebieten, landwirtschaftlich genutzten Arealen und sogar in urbanen Habitaten anzutreffen.

Varanus salvator ist die am stärksten bejagte Waran-Art. Der Fang der Tiere dient in erster Linie dem Export von Häuten für die lederverarbeitende Industrie. Jährlich gelangen ca. 1–1.5 Millionen Häute auf den internationalen Markt (Luxmoore & Groombridge, 1990). Die Mehrzahl stammt aus Indonesien, insbesondere von den Inseln Sumatra und Borneo. Die Tatsachen, daß der Bindenwaran die am stärksten bejagte Art ist, daß der Großteil der Häute von indonesischen Populationen stammt und daß Sumatra dabei eine zentrale, wenn nicht sogar die wichtigste Rolle zukommt, gaben Anlaß für eine Untersuchung der Zusammenhänge zwischen Bejagung und Populationsökologie von *V. salvator* auf Sumatra. Diese wurde im Herbst 1988 in Südsumatra, in den Provinzen Lampung, Sumatera Selatan und Bengkulu, durchgeführt (für Einzelheiten s. Erdelen 1988).

Im vorliegenden Artikel sollen vor dem Hintergrund biologisch-ökologischer Informationen Fragen, die sich aus dem Konflikt zwischen der nachhaltigen Nutzung des Bindenwarans einerseits und seinem Schutz andererseits ergeben, aufgezeigt und diskutiert werden. Grundlage hierfür sind die speziellen Aspekte der Bejagung des Bindenwarans in Sumatra (s. Abb. 10), die beispielhaft die grundsätzliche Problematik der Beziehung zwischen Schutz und Nutzung von Tierpopulationen verdeutlichen soll.

2. Biologie und Populationsökologie von *V. salvator*

Obwohl der Bindenwaran eine sehr ausgedehnte geographische Verbreitung aufweist, sind allgemeine Informationen zu seiner Biologie, insbesondere aber Kenntnisse über seine Ökologie, allenfalls bruchstückhaft vorhanden. Es fehlen Untersuchungen, die in ihrem Informationsgehalt denen von Auffenberg über den Komodowaran und den Gray-Waran vergleichbar sind (Auffenberg, 1981, 1988). Die bisher erschienenen Arbeiten über *V. salvator* umfassen eher Aspekte des Verhaltens als ökologische Fragestellungen (e.g. Honegger & Heusser, 1969; Salim, 1944; Vogel, 1979a, 1979b). Einzelergebnisse, die allerdings lediglich Anhaltspunkte liefern, liegen zu Fragen der Streifgebiete (Vogel, 1979a; Auffenberg, 1980; Gaulke, 1989) und der Populationsdichten vor (Vogel, 1979a; Auffenberg, 1981; Djasmani & Rifani, 1988; Erdelen, 1988; Gaulke, 1989; Luxmoore & Groombridge, 1989, 1990).

Die semi-aquatische Lebensweise des Bindenwarans (englischer Name: Water Monitor) ist zwar seit langem bekannt (e.g. Taylor, 1922; Smith, 1935), jedoch sind die Faktoren, die diese Lebensweise bedingen, wie beispielsweise Nahrungspräferenzen, bisher nicht näher untersucht. Über die Ernährungsweise von *V. salvator* weiß man lediglich, daß er carnivor ist. Genaue Analysen über das Beutespektrum und die mögliche Variabilität, etwa im Aas-Anteil, sind m.E. nicht bekannt. Gerade derartige Informationen wären wichtig für ein Verständnis der „ökologischen Rolle" dieser Art innerhalb des weiten Spektrums von Ökosystemen, in denen sie vorkommt.

Für eine optimale Einbeziehung von ökologischen Daten in Schutzkonzeptionen sollten die folgenden Aspekte der Biologie bzw. Populationsökologie des Bindenwarans näher untersucht werden: a) die Populationsgrößen und deren habitatabhängige Variation, b) Lage und Größe der Streifgebiete sowie deren Bezug zu perennierend vorhandenem Wasser, c) die saisonale bzw. geschlechtsgebundene Variabilität im Aktivitätsmuster und deren Relation zu b), d) die Reproduktionsbiologie, insbesondere der Zusammenhang zwischen Alter (bzw. Größe) und Reproduktion und e) die Mechanismen und die Geschwindigkeit, mit denen die Populationen auf Eingriffe reagieren (vgl. Erdelen, 1991).

3. Die Frage der nachhaltigen Nutzung

Im Falle des Bindenwarans können die Effekte, die der Eingriff in das Populations-System induziert, lediglich an Hand systemarer Reaktionen überprüft werden. In der Praxis bedeutet dies, daß ein Monitoring-Programm für die bejagten Populationen formuliert und implementiert werden muß, das ständig Hinweise auf Populationsgrößen und deren zeitlichen Verlauf liefert. Diesem müßten detaillierte Langzeit-Populationsstudien zugrundeliegen. Darüberhi-

naus können wir „Schlüsselinformationen" dazu verwenden, den Gefährdungsgrad lokaler Populationen abzuschätzen. Ein in diesem Zusammenhang
wichtiger Faktor wären etwa die Häufigkeiten der Alters- bzw. Größenklassen
in den Populationen, die gerade noch unterhalb der Bejagungsschwelle liegen.
Nach den vorliegenden Befunden werden vorwiegend Individuen, die kurz vor
der Geschlechtsreife stehen, gefangen (Luxmoore & Groombridge, 1990).

Der in Sumatra nahezu überall vorhandene Druck auf die Populationen des
Bindenwarans hat dazu geführt, daß diese Art außerhalb von Beständen dichter
und/oder naturnaher Vegetation bereits sehr selten geworden ist. Es ist zu
erwarten, daß sich dieser Trend noch verstärkt. Ein effektiver Schutz von *V.
salvator* muß daher in Zukunft Hand in Hand gehen mit Bestrebungen, die
naturnahen Ökosystme Indonesiens zu erhalten. Gerade die ökologisch so
wichtigen Mangrovensysteme (e.g. Hutchings & Saenger, 1987) sind bisher
nicht gebührend berücksichtigt worden. Aktuelle Studien aus Indonesien
(Silvius et al., 1987) weisen aber gerade diesen Lebensraum als herausragend
hinsichtlich des Vorkommens seltener Tierarten aus. Dies gilt insbesondere für
die Insel Sumatra, die mit ca. 16 % nach West Irian den zweitgrößten Anteil an
Mangrovenwäldern in Indonesien aufweist (Choong et al., 1990). Mit anderen
Worten, es ist zwingend erforderlich, die Frage nach der nachhaltigen Nutzung
des Bindenwarans in den Rahmeen der nationalen und internationalen Naturschutzbestrebungen (MacKinnon, 1982a, 1982b; IUCN, 1985) einzubringen.

4. Schlußfolgerungen

Optimal für die weitere Bestandsentwicklung des Bindenwarans wäre ein
Schutz bei gleichzeitig lokal definierter Nutzung mit dem Ziel, das Aussterben
lokaler Populationen zu verhindern. Da ein vollständiger Schutz von *V.
salvator* in Indonesien, zumindest in absehbarer Zeit, nicht realistisch ist, was
neben einer Reihe hier nicht näher erläuterter Gründe auch darin zum Ausdruck
kommt, daß die Aufnahme des Bindenwarans in den Appendix I des Washing-
toner Artenschutzübereinkommens derzeit nicht gerechtfertigt erscheint
(Erdelen, 1988; Luxmoore & Groombridge, 1990), sollten entsprechende
Strategien für eine nachhaltige Nutzung entwickelt werden. Diese müßten
allerdings Hand in Hand gehen mit bereits geplanten, weiteren Untersuchungen
zur Ökologie der Art, insbesondere natürlich der Abschätzung der Entwicklung
der Bestände in den bejagten Populationen und der Frage nach den populations-
internen Regulationsmechanismen, mit denen die Art auf die Bejagung reagiert. Dies erscheint in Anbetracht der zu überwachenden Räume, der Vielzahl
an Habitaten sowie den personellen und sonstigen Möglichkeiten der indonesischen Naturschutzbehörden derzeit unrealistisch. Den einzigen Ausweg sehe
ich in einer intensiven Zusammenarbeit aller Beteiligter, nämlich den Wissenschaftlern, Naturschutzbehörden, den Fängern und den Händlern. Nur so ließen

sich die relevanten Informationen ohne großen Aufwand erhalten, und nur auf diese Weise könnte zwei Seiten gleichzeitig gedient sein – denen, die den Bindenwaran nutzen und denen, die ihn erforschen und schützen wollen. Die langfristige Erhaltung der Art ist schließlich die Voraussetzung dafür, daß beides auch in Zukunft möglich ist.

5. Danksagung

Mein besonderer Dank gilt Herrn Prof. Dr. Drs. h.c. Paul Müller, der es mir ermöglichte, die Studien am Bindenwaran in Sumatra durchzuführen. Dr. Richard Luxmoore danke ich für die Vergabe des Forschungsauftrags von seiten des World Conservation Monitoring Centre, Cambridge, und für die Unterstützung bei der Vorbereitung des Indonesien-Aufenthaltes. Der Naturschutzbehörde Indonesiens (PHPA) bin ich für die Zusammenarbeit und die vielfältige, insbesondere personelle Hilfe verbunden. Mein Dank gilt auch all denen, die mir bei der Beschaffung von Informationen und bei der Lösung logistischer Probleme hilfreich zur Seite standen. Dr. Ralf Peveling danke ich für die kritische Durchsicht des Manuskripts.

6. Zitierte Literatur

Auffenberg, W. 1980: The herpetofauna of Komodo, with notes on adjacent islands. – Bull. Fla. State Mus., Biol. Sci. 25: 39–156.

Auffenberg, W. 1981: The behavioral ecology of the Komodo monitor. University Presses of Florida, Gainesville.

Auffenberg, W. 1988: Gray's monitor lizard. University Presses of Florida, Gainesville.

Choong, E. T. & R. Sambas Wirakusumah, Suminar S. Achmadi 1990. Mangrove forest resources in Indonesia. – Forest Ecol. Manage. 33/34: 45–57.

Djasmani & Rifani 1988: Survey of monitor lizards (*Varanus salvator*) on South Kalimantan. Consultancy Report by KPSL-UNLAM. Unpublished.

Erdelen, W. 1988: Survey of the status of the water monitor lizard (*Varanus salvator*: Reptilia: Varanidae) in South Sumatra. Consultancy Report. Unpublished.

Erdelen, W. 1991: Conservation and Population Ecology of Monitor Lizards: The Water Monitor *Varanus salvator* Laurenti (Reptilia: Varanidae) in South Sumatra. – Mertensiella, im Druck.

Gaulke, M. 1989: Zur Biologie des Bindenwarans, unter Berücksichtigung der paläogeographischen Verbreitung und der phylogenetischen Entwicklung der Varanidae. – Cour. Forsch.-Inst. Senckenberg, 112: 1–242.

Honegger, V. R. E. & H. Heusser 1969: Beiträge zum Verhaltensinventar des Bindenwarans (*Varanus salvator*). – Zool. Gart., 36: 251–260.

Hutchings, P. & P. Saenger 1987. Ecology of Mangroves. University of Queensland Press, London.

IUCN 1985: The Corbett Action Plan for Protected Areas of the Indomalayan Realm. IUCN, Gland.

Luxmoore, R. & B. Groombridge 1989: Asian monitor lizards. A review of distribution, status, exploitation and trade in four selected species. A draft report to the CITES Secretariat. World Conservation Monitoring Centre, Cambridge.

Luxmoore, R. & B. Groombridge 1990: Asian Monitor Lizards. A review of distribution, exploitation and trade in four selected species. Secretariat of the Convention on International Trade in Endangered Species of Wild Flora and Fauna.

MacKinnon, J. 1982a: National conservation plan for Indonesia. Vol. I. Introduction, evaluation methods and overview of national nature richness. UNDP/FAO Report, Bogor.

MacKinnon, J. 1982b: National conservation plan for Indonesia. Vol. II. Sumatra. UNDP/FAO Report, Bogor.

Salim, A. 1944: The courtship of the monitor lizard *Varanus monitor*. – J. Bombay Nat. Hist. Soc., 44: 479–480.

Silvius, M. J. & E. Djuharsa, A. W. Taufik, A. P. J. M. Steeman, E. T. Berczy 1987: The Indonesian Wetland Inventory. PHPA – AWB/Interwader & Edwin, Bogor.

Smith, M. A. 1935: The fauna of British India, including Ceylon and Burma. Reptilia and Amphibia. Vol. II. – Sauria. Taylor & Francis, London.

Taylor, E. H. 1922: The lizards of the Philippine Islands. – Bureau Sci. Manila Publ., 17: 1–269.

Vogel, P. 1979a: Zur Biologie des Bindenwarans (*Varanus salvator*) im westjavanischen Naturschutzgebiet Ujung Kulon, Ph.D. Dissertation, Basel.

Vogel, P. 1979b: Innerartliche Auseinandersetzungen bei freilebenden Bindenwaranen (*Varanus salvator*). – Salamandra, 15: 65–83.

Schlußbemerkung

Peter Nagel, Saarbrücken

Die biologische Raumbewertung als zentraler Gegenstand der angewandten Biogeographie wird durch die vorgestellten fünf Referate in ihrer Vielfalt und Bedeutung bezüglich ausgewählter Teilbereiche veranschaulicht.

Das Heimatwald-Konzept von MIYAWAKI ist ein Beispiel für *ökotechnologische Maßnahmen*, bei denen ökologisch-biogeographisches Basiswissen in Renaturierungsprojekte eingebracht wird in Gebieten, wo der Stabilitätsbereich der natürlichen Ökosysteme überschritten wurde. Gleichzeitig ist dies auch ein Musterbeispiel für die Voraussetzungen der Durchsetzbarkeit solcher Ökotechnologie-Projekte, da die Projektträger meist unmittelbar auch die Nutznießer sind. Das Prinzip der angepaßten Reetablierung autochthoner Baum- und Strauchgesellschaften in einer ausgeräumten Kulturlandschaft, speziell in Städten und um Industrieansiedlungen, ist nicht nur für die dadurch bewirkte Umweltschutzfunktion bedeutsam, sondern auch als Alarmgeber bei auftretenden Schäden aufgrund der Identifizierung der Betroffenen mit ihrer „natürlichen Kulturlandschaft".

Die Frage der Belastbarkeit naturnaher Ökosysteme unter dem Gesichtspunkt des Nutzungspotentials, d.h. der *nachhaltigen Nutzung natürlicher Ressourcen*, wird von RAPPENHÖNER behandelt. Einerseits wird hierdurch ein wesentlicher Beitrag zur Möglichkeit einer nachhaltigen Nutzung innerhalb des Stabilitätsbereichs ausgewählter Trockengebiete im Jemen geliefert und andererseits werden die biogeographischen Arbeitsschritte aufgezeigt, die dieser Art von Raumplanung zugrunde liegen. Der Mangel zahlreicher Projekte zur raumbezogenen ökosystemaren Bewertung von Belastungen, wie es auch die Weidenutzung darstellt, liegt oftmals im Fehlen von an die Verhältnisse in den betroffenen Ländern der Dritten Welt angepaßten Verfahren zur genügend exakten und dennoch relativ kurzzeitig zu verwirklichenden Ermittlung des ökosystemaren Stabilitätsbereichs, in diesem Fall der Tragfähigkeit für die Weidennutzung.

Während chemisch-physikalische Parameter nur bereits bekannte zeitlich und räumlich punktuelle Einzelfaktoren eines Ökosystems beschreiben können, erlaubt die Aufschlüsselung des Informationsgehaltes von einzelnen Organismen oder Biozönosen Rückschlüsse auf die synergetischen Wirkungen sämtlicher für den untersuchten Ökosystemausschnitt bedeutsamen biotische und abiotische Parameter bzw. auf die überragende Bedeutung eines Einzelfaktors über die gesamte Lebensdauer der Organismen und meist auch über mehrere vorangegangene Generationen hinweg. Am Beispiel von naturnahen Waldquellen zeigt BEIERKUHNLEIN räumlich differenzierte Versauerungsphänomene auf und nutzt dazu als *Bioindikatoren* einzelne Arten und Lebensgemeinschaften der Quellfluren. Unter den speziellen Gegebenheiten des Untersuchungsgebietes können diese Pflanzengemeinschaften auch gleichzeitig zur Überwachung (Monitoring) und Früherkennung möglicher neuartiger Waldschäden eingesetzt werden.

Kenntnisse über die ökosystemare Einbindung der Populationen einer Tierart in ihren jeweiligen Teilarealen sind eine wesentliche Grundvoraussetzung für die Beurteilung ihrer potentiellen Gefährdung durch anthropogene Eingriffe. Am Beispiel des Bindenwarans macht ERDELEN deutlich, wie wichtig die Kenntnisse sind, um zuverlässige Schätzungen über die tatsächliche Populationsdichte und damit über die tatsächliche Populationsreduktion durch die Bejagung zur Gewinnung der Häute für die Lederverarbeitung zu erhalten. *Artenschutzprogramme* in Verbindung mit einem kontinuierlichen Überwachungsprogramm können nur räumlich differenziert konzipiert werden, da unterschiedliche Lebensräume auch unterschiedliche Populationsdichten und somit unterschiedlichen Gefährdungsgrad bedingen. Ähnlich wie es auch im Zusammenhang mit dem totalen Handelsverbot für Elfenbein diskutiert wurde, werden Möglichkeiten in einzelnen Teilarealen diskutiert, eine kontrollierte Nutzung zum Schutz dieser Tierart beizubehalten, da letztlich das Eigeninteresse der Fänger einer Abnahme der Bestände dieser genetischen Ressource entgegensteht.

Einen Beitrag zur raum- und zeitbezogenen *ökotoxikologischen Bewertung* einzelner Insektizide mit Hilfe von Arthropoden als Bioindikatoren und daraus abzuleitende Empfehlungen zur umweltverträglichen Anwendung liefert

PAULUS. Durch keinen Test im Labor, auch nicht durch sogenannte „Multi-Spezies-Tests", läßt sich das im Jahresablauf im Freiland vorhandene Wirkungsgefüge simulieren, solche Tests können bestenfalls Hinweise auf mögliche Gefährdungspotentiale liefern. Daher können nur Tests unter den aktuellen Freilandverhältnissen die mittel- und langfristigen Auswirkungen auf repräsentative Bioindikatoren deutlich machen. Die Arbeitsschritte Rückstandsanalyse der Wirkstoffe in unterschiedlichen Kompartimenten des Lebensraumes Waldboden und Überwachung nicht nur der akuten Mortalität sondern vor allem der längerfristigen Aktivitätsdichte typischer Vertreter der Arthropoden des betroffenen ökosystemaren Nahrungsnetzes erlaubten sehr differenzierte Aussagen über die Nebenwirkungen. Hierdurch war es nicht nur möglich, konkrete Empfehlungen für die zu verwendenden Wirkstoffe zu geben, sondern auch Empfehlungen über den Einsatzzeitpunkt, zu dem mit den geringsten Nebenwirkungen zu rechnen ist.

Im Rahmen dieser Fachsitzung wurden Fragen des Artenschutzes, der Einsatz von Bioindikatoren für die Erkennung und Bewertung räumlich wirksamer Belastungsfaktoren und für die Früherkennung von Umweltschäden, Fragen der Bedeutung, Bewertung und Überwachung von Störungen in Ökosystemen und Arealsystemen, Strategien zur Ermittlung umweltverträglicher Schadinsekten-Bekämpfungsmethoden, Möglichkeiten der nachhaltigen Nutzung natürlicher Vegetation als Futterressourcen und die Umsetzung biogeographischer Erkenntnisse in ökotechnologische Verfahren und Maßnahmen angesprochen.

Die in der angewandten Biogeographie eingesetzten Methoden sind vielfältig und umfassen neben fundierten taxonomischen Kenntnissen bei diesen Beispielen chemische Analysen ebenso wie vegetationskundliche, zoozönologische oder populationsökologische Methoden, das Ziel ist jedoch immer die Bewertung konkreter Räume mit Hilfe von Organismen und deren Vergesellschaftungen mit der Möglichkeit zur praktischen Implementierung der gewonnenen Erkenntnisse.

IV.10 Probleme und Aufgaben der Ökosystemmodellierung

O. Fränzle, P. Messerli, F. Müller, E.-W. Reiche

Der vergleichenden Ökosystemforschung, d.h. der modelltheoretisch unterbauten Analyse und Synthese der Struktur und Dynamik vernetzter Biozönosen, ihrer Stoff- und Energiebilanzierung, der Aufschlüsselung der vielgestaltigen Regelungsmechanismen sowie der Bestimmung von Stabilitäts- und Belastungskriterien kommt in Zukunft eine Schlüsselrolle bei der Bewältigung der Umweltprobleme zu. Dies gilt in dreifacher Hinsicht: Ein verbessertes Verständnis der Struktur und Funktionsweise von Ökosystemen kann erstens wesentlich dazu beitragen, Umweltschutz an strategisch wichtigen Stellen wirken zu lassen und Belastungsgrenzen an ökologischen Erfordernissen zu orientieren. Vertiefte Kenntnisse über Regelungs- und Funktionsprinzipien unterschiedlich naturnaher Ökosysteme können zum zweiten wichtige Hinweise geben, wie Technik in Zukunft ökologisch verträglich gestaltet werden kann. Die Berücksichtigung ökologischer Systemprinzipien könnte schließlich bei der Gestaltung technischer Systeme eine bessere Energieausnutzung, ein verbessertes Stoffrecycling, effizientere Rückkoppelungen und stabilisierende Regelungen bewirken.

Eine solche Aufgabe kann nur in einer in der Praxis nicht ohne Mühe erreichbaren Interdisziplinarität von Forschungsansätzen in repräsentativen Gebieten angegangen werden; denn nur dann eignen sich Forschungsergebnisse für eine extrapolierende Deutung. Grundlage der Ausweisung derartiger repräsentativer Gebiete (Hauptforschungsräume) sind multivariate Gruppierungsalgorithmen und spezielle nachbarschaftsanalytische Verfahren, welche die Summe der ökosystemar relevanten räumlichen Beziehungsstrukturen definieren (FRÄNZLE et al. 1987).

Die Gewinnung valider flächenbezogener Daten, die für die Entwicklung von Ökosystemmodellen notwendig sind, muß innerhalb eines nach Zehnern von Quadratkilometern zählenden Hauptforschungsraumes aus Praktikabilitätsgründen auf relativ kleine Meßgebiete (Catenen) beschränkt bleiben. Ihre Auswahl orientiert sich ebenfalls an Gesichtspunkten der räumlichen Repräsentanz. Die Anlage von variogrammanalytisch überprüften Meßfeldern in regionalstatistisch repräsentativen Teilgebieten bzw. Catenen liefert dann als Kombination zweier Strategien Daten, die für Hauptforschungsräume und darüber hinausgehende Gebiete aussagefähig sind. Ihre extrapolierende Übertragung erfolgt mit Hilfe geographischer Informationssysteme (FRÄNZLE 1990). Die folgenden Beiträge stellen exemplarisch Grundlagen der Ökosystemmodellierung und Anwendungen dar.

D. Barsch/H Karrasch (Hrsg.): Geographie und Umwelt. Verh. d. Deutschen Geographentages Bd. 48 - Basel 1991. © 1993 Franz Steiner Verlag Stuttgart

Modellentwicklung im Rahmen eines hierarchischen Forschungskonzepts

Die Grundeinheit der Hierarchitätstheorie ist das *Holon*, ein selbstreguliertes offenes System, das sowohl als autonome Ganzheit als auch als Teil einer übergeordneten Organisationseinheit fungiert. Es schließt einerseits alle untergeordneten Subsysteme ein und ist andererseits selbst Komponente eines hierarchisch höher gestellten Systems (KOESTLER 1970, JANTSCH 1988, WEISS 1970).

Tab. 1: Einige Beispiele für hierarchische Gliederungen

Beispiele für physiologische Hierarchien	DNA-Struktur Morphogenese Gehirn und Nervensystem Bewegungsvorgänge Denkvorgänge Sozialverhalten	Organ Gewebe Zelle Organell Makromolekular-System Makromolekül Molekül
Beispiele für die zeitliche Ökosystem-gliederung	Moosschicht Krautschicht Strauchschicht Baumschicht	Saisonale Rhythmik Langfristige Rhythmik Klimaphasen Bodenbildungsphasen Sukzessionsphasen Stratigraphie
Beispiele für die räumliche Ökosystem-gliederung	Moosschicht Krautschicht Strauchschicht Baumschicht	Biochorien (z.B. Aas) Merotope (z.B. Blüten) Bodeneinheiten Vegetationseinheiten
Beispiele für physiologische Hierarchie	Primärproduzenten Sekundärproduzenten Destruenten	Lebensformtypen Funktionale Gruppen Ausbreitungsgruppen Größenklassen
Beispiele für methodische Hierarchien	Naturräumliche Gliederung Zentrale Orte Wirtschaftsräumliche Gliederung	Hierarchische Systemmethode (MAB6) Systematiken der Tier- und Pflanzenreiche

Auf einem vorgegebenen Auflösungsniveau besteht demnach ein biologisches System aus interagierenden Komponenten und ist selbst Teil einer größeren Organisationseinheit (O'NEILL et al. 1989). Hierarchien sind folglich teilweise geordnete Sätze, in denen die Subsysteme durch *asymmetrische Interaktionen* verknüpft sind (SHUGART & URBAN 1988).Diese Wechselwirkungen bedingen eine spezifische Ganzheitlichkeit, die als Makrodeterminiertheit in Erscheinung tritt: Die Schwankungen der Eigenschaften des betrachteten Gesamtkomplexes sind um einen signifikanten Betrag kleiner als die Summen der Teilvarianzen; das *Gesamt-System verhält sich vergleichsweise invariant* gegenüber den Schwankungen seiner Teile (WEISS 1970, LASZLO 1978). In der entgegengesetzten Richtung werden die *Freiheitsgrade der Einzelprozesse* durch Kontroll- bzw. Steuerfunktionen der übergeordneten hierarchischen Ebene eingeschränkt. Diese Funktionen werden als Ordnungsparameter (Constraints, Zwänge) bezeichnet. Aus ihnen erwächst die Organisation eines Systems: Mikroskopische Vorgänge werden durch die makroskopische Ebene koordiniert und erst dadurch in ihrer Ordnung verständlich (HAKEN & HAKEN-KRELL 1989). Hierarchien sind demnach *Systeme aus Ordnungsparametern*, mit denen übergeordnete Ganzheiten auf untergeordnete Subsysteme wirken (ALLEN & STARR 1982). O'NEILL et al. (1989) bezeichnen demgemäß die in Ökosystemen zusammenwirkenden Ordnungsparameter als den Umwelt-Rahmen (potentieller Zustandsraum) von Systemen, während die von tieferen hierarchischen Ebenen ausgehenden Signale, die das Verhalten der höheren Ebenen generieren (URBAN et al. 1987), gemeinsam das biologische Potential eines ökologischen Systems darstellen.

Die *Differenzierung hierarchischer Niveaus* ist ebenso wie die Systemdefinition vom Untersuchenden fragestellungsbezogen durchzuführen (O'NEILL 1988). Sie orientiert sich an folgenden Kriterien

A. Die Raumausdehnung höherer Niveaus ist größer als die tieferer hierarchischer Ebenen. Die hierarchische Differenzierung geht also mit einer räumlichen Maßstabsdifferenzierung einher.

B. Höhere Niveaus verhalten sich langsamer als tiefere hierarchische Ebenen; signifikante Veränderungen nehmen längere Zeitperioden in Anspruch. Die Umwelt eines Holons wird demnach als die Summe aller Erscheinungen definiert, mit denen es interagiert und die sich langsamer als das untersuchte Holon selbst verhalten.

C. Höhere Niveaus kontrollieren tiefere hierarchische Ebenen. Sie geben den physikalischen, chemischen und biologischen Rahmen vor, innerhalb dessen ein beobachtetes System operieren kann.

D. Höhere Niveaus können die tieferen hierarchischen Ebenen beinhalten.

Ein wichtiges Differenzierungsmerkmal stellen demzufolge die typischen Raum- und Zeitkonstanten des Systemverhaltens (Scale eines Systems) dar. Der Begriff „*Scale*" wird in diesem Zusammenhang definiert als Periode in Raum und Zeit, über die Signale integriert, gedämpft oder geglättet werden, bevor sie vom Empfänger in eine Botschaft umgesetzt werden können (ALLEN & STARR 1982). *Signale*, hierzu zählen im ökologischen Kontext auch Stoff-

oder Energietransfer, *werden in Hierarchien gefiltert*, und die Art, in der eine Ganzheit Signale konvertiert oder ignoriert, definiert ihre funktionelle Umwelt und ihren Scale. Dies hat zur Folge, daß unterschiedliche hierarchische Einheiten mit unterschiedlichen Frequenzen operieren und daß den zeitlichen Scales entsprechende räumliche Maßstäbe zugeordnet werden müssen.

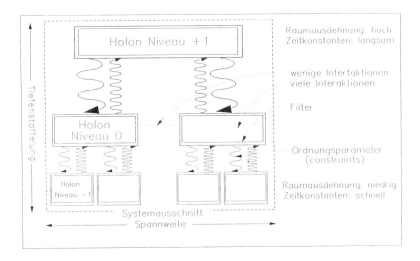

Abb. 1: Einige Charakteristika von hierarchischen Strukturen

Subsysteme gleicher hierarchischer Ordnung können anhand ihrer Interaktionsmuster differenziert werden: Die Wechselwirkungen innerhalb eines Holons sind stärker und intensiver als die Prozesse, die zwischen verschiedenen Holons ablaufen. Die *Umsatzraten* weisen an den Grenzflächen hohe Gradienten auf, so daß zwischen gleichgestellten Subsystemen räumliche und prozessuale Diskontinuitäten anzutreffen sind. Dies hat zur Folge, daß die Umsatzraten bzw. -konstanten nebeneinanderstehender Subsysteme als Unterscheidungsmerkmal benutzt werden können.

Im folgenden sollen die Zusammenhänge der raumzeitlichen Koppelung verschiedener hierarchischer Ebenen bzw. Scales anhand einiger *Beispiele* erläutert werden.

Beispiele für ökologische Hierarchien

Häufig werden in limnischen und marinen Biozönosen die Beziehungen zwischen dem *Trophiegrad und* der *Körpergröße* als Beispiele für Scale-Differenzierungen herangezogen: Im Pelagial weisen Plankton und Fische die

Tendenz einer Korrelation zwischen Körpergröße und Lebensdauer bzw. Generationszeit auf (Abbildung 2, links). Mit dieser Verknüpfung von räumlichen und zeitlichen Eigenschaften gehen weitere Charakteristika der Arten einher: je größer ein freilebender Organismus ist, desto umfassender sind seine Ansprüche an die Größe des Lebensraums und desto höher ist der Grad der Dispersion seiner Population. Da die Raum-Zeit-Relationen der Gruppen Phytoplankton – Zooplankton – Nekton mit der trophischen Hierarchie korrelieren, kann die Nahrungsaufnahme durch die Konsumenten mit einem Scaleübergang gleichgesetzt werden (STEELE 1989).

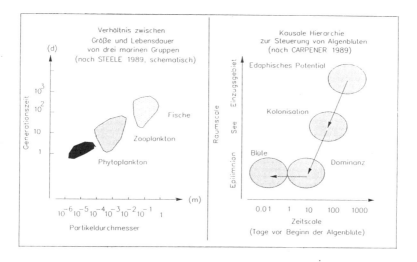

Abb.2: Hierarchische Strukturen im biozönotischen Bereich, Beispiele nach STEELE (1989) und CARPENTER (1989)

Eine hierarchisch strukturierte Prozeßabfolge wird im rechten Teil der Abbildung 2 dargestellt: Die *Massenvorkommen von Blaualgen*, die häufig sehr kurzfristig auftreten und schwer prognostizierbar sind, werden anhand von vier Faktorgruppen erklärt, die nach CARPENTER (1989) über 4 Zeitscales und drei Raumscales (Einzugsgebiet, See, Epilimnion) agieren. Dabei ergeben sich jeweils aus den Vorgängen auf groben Scales die Begrenzungen der Freiheitsgrade für das Systemverhalten auf feineren Auflösungsniveaus. Als langsamstes und großräumigstes Niveau resultiert das edaphische Potential des Einzugsgebiets aus langfristigen Landnutzungsaktivitäten (anthropogene Zwänge) und dem Pufferpotential der Umland- Ökosysteme des Sees. Es steuert die Nährstoffinputs (Phosphor, Stickstoff, Kohlenstoff, Spurenmetalle) in den See. Die Hierarchie-Ebene See kann die Auswirkungen des Eintrags durch Nährstoff-Rücklösungen aus dem Sediment verstärken. Die Licht-,

Temperatur- und Sauerstoffverhältnisse im Gewässer beeinflussen die Besiedlung des Wasserkörpers durch verschiedene Phytoplankton-Spezies. Die bio-
zönotische Struktur des Epilimnions reguliert gemeinsam mit dem N/P-Ver-
hältnis und dem pH-Wert als dritte hierarchische Stufe die auftretende Dominanz von Blaualgen. Deren Blüten finden schließlich bevorzugt in Phasen mit
verminderter Durchmischung statt. Sie werden durch die Lichtverhältnisse und
CO_2-Konzentrationen kurzzeitig beeinflußt. Dieses Beispiel verdeutlicht die
Möglichkeit, hierarchisch kontrollierte Prozeßgefüge anhand ihrer Raum- und
Zeitintervalle zu einer kausalen Wirkungskette zusammenzufügen.

Die Wechselwirkungen zwischen der Zusammensetzung von Biozönosen,
insbesondere zwischen dem Verhältnis von dominanten und seltenen Arten
und den Eigenschaften ihrer *Habitate* beschreibt KOLASA (1989) mit Hilfe
der Hierarchitätstheorie. Er differenziert das Habitat in eine Reihe von Untereinheiten, die – analog zum Konzept der ökologischen Nische – als Variablen-
sätze in einem multidimensionalen ökologischen Raum aufgefaßt werden (vgl.
Abbildung 3). Da die Arten über unterschiedliche Toleranz- und Präferenzbe-
reiche verfügen, können Spezialisten nur kleine Untereinheiten des Habitat-
Potentials nutzen (Ebene III. in Abbildung 3), während Generalisten größere
Fragmente der gleichen Struktur als Lebensraum beanspruchen. Hieraus ergibt
sich das bekannte Phänomen, daß die Artenzahl der Spezialisten größer ist als
die der dominanten Spezies, während sich die Individuenzahlen und Populationsdichten umgekehrt verhalten. Im Beispiel der Abbildung 3 führen diese
Differenzierungen von Niveaus ansteigender Habitatheterogenität zu (1+4+16)
21 verschiedenen Habitaten in dem anhand zweier Variablen schematisch
abgebildeten Lebensraum.

In natürlichen und naturnahen Ökosystemen wird die Habitatheterogenität
häufig durch die räumliche Anordnung unterschiedlicher zeitlicher Entwicklungsstadien hervorgerufen. Im Modell der *Mosaik-Zyklus-Theorie* (BOR-
MANN & LIKENS 1979, REMMERT 1988, URBAN et al. 1987) wird als
funktionale Einheit häufig eine Lichtung gewählt, die nach dem Tod eines
bestandsbildenden Baumes entstanden ist. Auf eine Phase der Staudenausbil-
dung folgen verschiedene Pionierbaum-Stadien, bis aufgrund der Konkurrenz-
verhältnisse wiederum ein bestandsbildender Baum in dieser Einheit domi-
niert. Nach dessen Absterben beginnt der geschilderte Zyklus von neuem. Das
betrachtete System verfügt über die Raumdimension des Kronendachbereichs
des dominanten Baumes, und als Zeitmaßstab kann dessen Lebensdauer bzw.
der Zeitraum eines Zyklus herangezogen werden. Diese Vorgänge laufen in
natürlichen Wäldern in einer heterogenen räumlichen Verteilung unterschiedlicher zeitlicher Entwicklungsstadien ab, so daß das Gesamtsystem Bestand
bzw. Wald aus einzelnen relativ unabhängigen Mosaiken aufgebaut ist, die
durch intensive interne Verknüpfungen abgegrenzt werden können und auf den
höheren Ebenen als Subsysteme fungieren. Die Raumausdehnung des übergeordneten Systems Wald ist zweifellos größer als die eines Mosaiks, und die

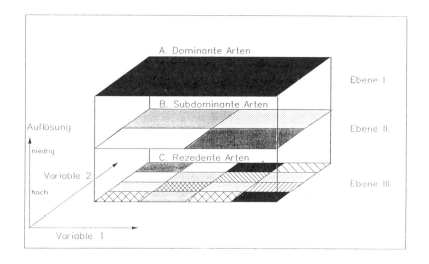

Abb. 3: Schematische Darstellung einer hierarchisch gegliederten Habitatstruktur, nach KOLASA (1989)

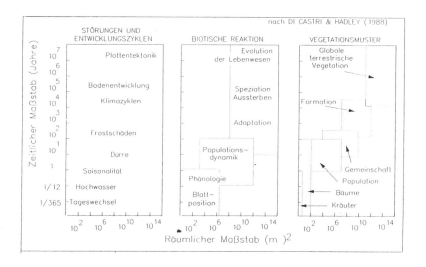

Abb. 4: Schematische Darstellung von raumzeitlichen Wechselwirkungen zwischen Umwelt-parametern und Störungen, biotischen Reaktionen und Vegetationsmustern auf verschiedenen Betrachtungsmaßstäben, nach DI CASTRI & HADLEY (1988)

signifikanten Veränderungen des Gesamtökosystems benötigen wesentlich längere Zeitspannen als die der einzelnen Untereinheiten. Dieses Modell kann in das Schema der Abbildung 3 eingefügt werden: Unter räumlichen Gesichtspunkten entsprächen die Mosaike auf der Ebene III. den einzelnen Sukzessionsstadien, die Ebene II. könnte als Anordnung unterschiedlicher Bestände interpretiert werden, und dem Niveau I. wäre die Ebene eines Wassereinzugsgebiets gleichzusetzen.

Innerhalb eines umfassenderen Rahmens werden die Zusammenhänge von kombinierten Raum- und Zeitmaßstäben von DI CASTRI & HADLEY (1988) auf der Grundlage der Arbeiten von DELCOURT beschrieben. In der Abbildung 4 wird der Einfluß verschiedener *Umweltparameter und Störungen* auf biotische Reaktionen und Vegetationsmuster in verschiedenen Maßstäben dargestellt. Die raumzeitlichen Veränderungen der Umweltbedingungen stellen die Randbedingungen bzw. die Ordnungsparameter für die biotischen Reaktionen dar, und diese wiederum haben Modifikationen der Vegetationsstruktur zur Folge, das Modell stellt demzufolge eine verschachtelte hierarchische Anordnung dar. (F.M)

Ein Modellsystem zur Erstellung regionaler Wasser- und Stoffbilanzen

Mit dem Modellsystem WASMOD&STOMOD läßt sich der Wasser- und Stickstoffhaushalt von Böden flächenhaft bilanzieren. Ein wichtiges Anliegen bei der Formulierung einzelner Teilmodelle war die Beschränkung auf wenige, möglichst allgemein und flächendeckend verfügbare Eingangsparameter bei ausreichender Aussagegenauigkeit. Anhand von durchgeführten Untersuchungen zum Wasser- und N_{min}-Gehalt verschiedener Böden mit unterschiedlicher Nutzung wurde die Validität der einzelnen Modellteile überprüft. Um einen flächenhaften Modelleinsatz zu ermöglichen, wurden Verfahren zur Ableitung flächendeckender Modellparameter entwickelt, die in Verbindung mit einem „Geographischen Informationssystem" und einem Datenbanksystem größere Gebietssimulationen zulassen.

Die Beschreibung der Wasserbewegung in ungesättigten Böden erfolgt in Anlehnung an BENECKE (1984), DUYNISVELD (1984), MÜLLER (1987), FRÄNZLE et al. (1987) basierend auf dem DARCYschen Gesetz und der allgemeinen Bewegungsgleichung des Bodenwassers. Der Modellierung liegt ein Verfahren der „Finiten Differenzen" zugrunde. Da nur in seltenen Fällen die Saugspannungsfunktion und die Leitfähigkeitsfunktion für einzelne Bodenhorizonte bekannt sind, besteht die Möglichkeit, diese modellintern in Abhängigkeit von der Korngrößenverteilung und dem organischen Anteil bzw. in Abhängigkeit vom k_f-Wert anhand von Regressionsgleichungen abzuschätzen (MÜLLER 1987, FRÄNZLE et al. 1987). Allerdings ist dieses Ableitungsverfahren nicht auf Böden mit hohen Sandanteilen anwendbar.

Die potentielle Evapotranspiration wird nach dem HAUDE-Verfahren berechnet, wobei pflanzenspezifische Korrekturfaktoren (ERNSTBERGER 1987) eingesetzt werden. Die Interzeption wird in Abhängigkeit vom Blattflächenindex und der Niederschlagsintensität abgeschätzt. Die Berechnung der aktuellen Evapotranspiration erfolgt in Abhängigkeit vom berechneten Matrixpotential, der Durchwurzelungstiefe und -verteilung sowie der berechneten potentiellen Evapotranspiration.

Der Vergleich zwischen Meß- und Simulationsergebnissen bezüglich der Wassergehalte 13 verschiedener Böden unter unterschiedlichen Nutzungen ergibt eine zufriedenstellende Übereinstimmung. Die für diese Standorte berechneten Wasserbilanzen weisen deutliche Unterschiede in Abhängigkeit von der Anbaufrucht und den Bodenverhältnissen auf. Die höchsten Sickerraten in 100 cm unter Flur werden für sandige Maisstandorte berechnet, die niedrigsten für einen tonreichen Grünlandstandort.

Bei der modellhaften Beschreibung des Stofftransports werden neben der konvektiven Verlagerung Diffusions- und Dispersionsprozesse in Anlehnung an DUYNISVELD (1984) berücksichtigt. In Abhängigkeit vom Ton-, Schluff- und organischen Kohlenstoffgehalt werden die Anteile an mobilem und immobilem Bodenwasser berechnet. Auf dieser Basis kann neben den De- und Adsorptionsmechanismen auch der Stoffaustausch zwischen unterschiedlichen Wasserfraktionen in Abhängigkeit vom Wassergehalt und Konzentrationsgefälle berücksichtigt werden (MÜLLER 1987, MÜLLER & REICHE 1990).

Die mikrobiologisch gesteuerten Prozesse des Stickstoffhaushalts werden durch Anbindung der von HOFFMANN (1988, 1990) entwickelten Teilmodelle berücksichtigt. Hierfür ist die Abschätzung der Bodentemperatur in unterschiedlichen Tiefen in Abhängigkeit von der Lufttemperatur (14 Uhr und Tagesminimum), dem Bodenwassergehalt und der stofflichen Zusammensetzung der Bodenmatrix eine wichtige Voraussetzung. Die Bodentemperatur stellt zusammen mit dem Bodenwassergehalt die wichtigste Steuergröße bei der Berechnung der Mineralisierung, der Nitrifikation und der Denitrifikation dar. Der Stickstoffeintrag durch Wirtschaftsdünger (Gülle) und die damit verbundenen gasförmigen N-Verluste werden ebenfalls durch ein Teilmodell (HOFFMANN 1988) berücksichtigt.

Der Vergleich zwischen den im Zeitraum von Januar 1988 bis Oktober 1989 durchgeführten N_{min}-Untersuchungen an 13 Standorten des Forschungsraumes „BORNHÖVEDER SEENKETTE" und Simulationsergebnissen weist für viele Testflächen gute Übereinstimmungen auf.

Die einzelnen Abweichungen sind auf unterschiedliche Ursachen zurückzuführen. Die höchsten Differenzen zwischen Meß- und Modellergebnissen treten bei Oberböden auf, wenn die Ausbringung von Stickstoffdünger auf vorhandene Vegetationsdecken erfolgt. Verbesserungen könnten hier u. U. durch die Berücksichtigung mikrobiell gesteuerter N-Immobilisierungspro-

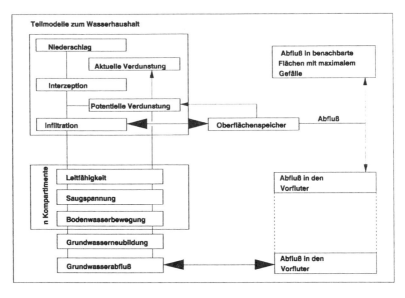

Abb. 5: Teilmodelle zur Simulation des Wasserhaushalts'

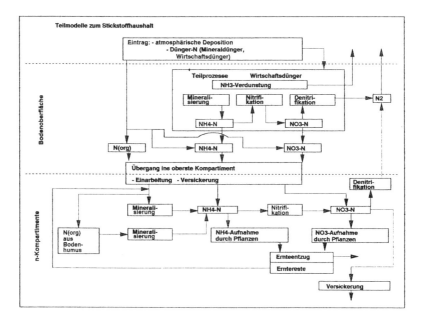

Abb. 6: Teilmodelle zur Simulation des Stickstoffhaushalts

zesse erreicht werden. Darüber hinaus könnte die Anbindung eines Teilmodells zur Beschreibung des schnellen Wassertransports durch Makroporen (ROHDENBURG et al. 1986) eine genauere Beschreibung der Sickerprozesse nach Starkregenereignissen bewirken. Für Standorte mit tonreichen, wasserundurchlässigen Böden wird durch die Modellrechnung ein zeitweise zu hoher N_{min}-Anteil im Unterboden berechnet. Eine Ursache hierfür kann sein, daß die modellhafte Berechnung der Denitrifikation erst bei Bodenfeuchten oberhalb der Feldkapazität erfolgt. Notwendig wäre die differenzierte Betrachtung verschiedener Aggregatbereiche unterschiedlicher Durchfeuchtung und Sauerstoffversorgung.

Weiterhin ist die Einbeziehung der sogenannten „nicht austauschbaren Ammonium-Fraktion" zu erwägen. Ein zusätzliches Problem bei der Modellierung des Stickstoffhaushalts stellt die Bestimmung des potentiell mineralisierbaren Anteils am Gesamtstickstoffgehalt des Bodens dar.

Die nach Nutzungsunterschieden und Bodeneigenschaften differenzierte Auswertung der errechneten Stickstoffbilanzen bestätigt im wesentlichen die von verschiedenen Autoren aufgezeigten Abhängigkeiten. Die höchsten Sikkerverluste werden mit 38 % des Stickstoffeintrags für Maisstandorte errechnet, die niedrigsten für Grünlandstandorte.

Das Modellsystem wurde unter der Zielsetzung, flächenhafte Stoff- und Wasserbilanzen zu erstellen, um Teilmodule zur Berechnung des Oberflächenabflusses sowie zur Bilanzierung von Abflußmengen und Stofffrachten einzelner Vorfluter-Teilabschnitte erweitert. Um Modellrechnungen für eine größere Anzahl von Teilflächen durchführen zu können, werden Verfahren zur Ableitung flächendeckender Modellparameter beschrieben.

Wichtige Instrumente bei der Verwaltung der großen Datenmengen stellen das „Geographische Informationssystem" ARC INFO sowie die Anbindung an ein Datenbanksystem dar. Hierdurch wird die Verwendung unterschiedlicher, in digitalen Karten verwalteter Informationsebenen möglich. Es können entsprechend der Nutzungs-, Boden- und Reliefverhältnisse Flächenverschneidungen vorgenommen werden, deren Ergebnis die Festlegung kleinster Geometrien homogener Variablenausprägung ist. Diese Flächen stellen die räumliche Basis für Gebietssimulationsläufe dar.

Da nur für Teilräume des Landes Schleswig-Holstein Bodenkarten im Maßstab 1:25.000 vorliegen, wurde ein Computerprogramm entwickelt, welches die Angaben der Bodenschätzung in das Vokabular der wissenschaftlichen Bodenkunde übersetzt und wichtige bodenphysikalische Kenngrößen ableitet. In Verbindung mit dem „Geographischen Informationssystem" kann die Herstellung von Karten zur Kennzeichnung der Bodenarten und der Bodentypen sowie einzelner Bodeneigenschaften in automatisierter Form durchgeführt werden. Die Erstellung von Parameterdateien zur Steuerung von Gebiets-Simulationsläufen erfolgt weitgehend programmgesteuert. Das entwickelte Verfahren bietet die Möglichkeit, die in hoher räumlicher Auflösung flächendeckend für das Gebiet der Bundesrepublik vorliegenden Boden-Schätzdaten in einer praktikablen Weise zu nutzen. Es könnte einen wichtigen Beitrag bei der Erstellung eines flächendeckenden Boden-Informationssystems liefern.

Um bei der flächenhaften Berechnung von Stickstoffbilanzen im Forschungsgebiet „BORNHÖVEDER SEENKETTE" schlagbezogene Daten zur Stickstoffdüngung verwenden zu können, wurde in diesem Raum eine umfangreiche Fragebogenerhebung durchgeführt. Die Auswertungen, in die die Angaben von ca. 600 Einzelflächen eingingen, erfolgten in Hinblick auf die Erstellung von Parameterdateien, die den nach Kulturarten und Düngervarianten differenzierten Düngereintrag beinhalten. Die für das Einzugsgebiet der im Raum der Bornhöveder Seenkette gelegenen Schmalenseefelder Au durchgeführten Simulationsrechnungen zeigen, daß sich die gemessenen überdurchschnittlich hohen Nitratkonzentrationen eines kleinen, weitgehend aus oberflächennahem Grundwasser gespeisten Baches anhand von Modellrechnungen auf Düngereinträge zurückführen lassen (Abb. 7). Es wird geprüft, ob die Nutzungsextensivierung von Teilflächen im Sinne eines Planungsszenarios zu einer ausreichenden Absenkung der Nitratkonzentrationen führt. Hier zeigen die Modellergebnisse, daß durch die geplanten Nutzungsänderungen die Nitratkonzentrationen im Sickerwasser und mit erheblicher zeitlicher Verzögerung auch im Grundwasser herabgesetzt werden. Die Berechnungen ergeben, daß die genannten Maßnahmen alleine nicht ausreichend sind, wenn die Herabsetzung der Nitratkonzentration des Baches unter einen für schleswig-holsteinische Gewässer geltenden Richtwert angestrebt ist.

Die Berechnung der Stickstoffkonzentrationen im Sickerwasser kann Landwirten wertvolle Hinweise hinsichtlich eines sinnvollen Düngermitteleinsatzes liefern. Ein Einsatz des Modellsystems in unterschiedlichen Planungsbereichen ist denkbar.

So könnten die Ergebnisse von Simulationsrechnungen beispielsweise bei der Ausweisung von Trinkwasserschutzgebieten, und im Sinne eines verstärkten Gewässerschutzes bei der Umwidmung zu Extensivierungsflächen bzw. bei der Flächenstillegung berücksichtigt werden. Durch Modellrechnungen könnten die Auswirkungen von landwirtschaftlichen Nutzungsänderungen im Sinne eines Planungsszenarios vorausgeschätzt werden.

Das Modellsystem soll in Zukunft an weiteren Standorten validiert werden. Die Präzisierung bzw. Erweiterung einzelner Teilmodelle ist geplant. Insbesondere sollen die im Rahmen des Forschungsvorhabens „ÖKOSYSTEMFORSCHUNG IM BEREICH DER BORNHÖVEDER SEENKETTE" gewonnenen Erkenntnisse in die Weiterentwicklung mit einfließen. Damit wäre eine sinnvolle Verknüpfung zwischen der ökologisch ausgerichteten Grundlagenforschung und dem planungsorientierten Forschungsansatz „UMWELTBEOBACHTUNG" hergestellt.

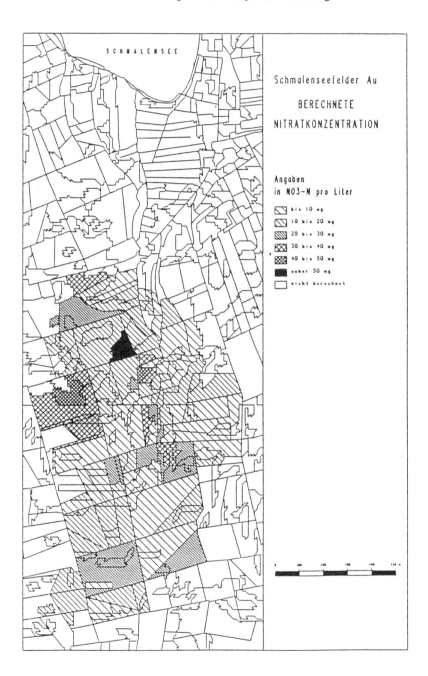

Abb. 7: Berechnete Nitratkonzentrationen im Sickerwasser im Bereich der Schmalenseefelder Au (Zeitraum: 1.1.-31.12.1988)

Probleme der Modellierung
sozio-ökonomischer Systeme in der Mensch-
Umwelt-Interaktionsforschung

Durch das internationale MAB-Programm und besonders die MAB-6-Projekte der Alpenländer (Österreich, Frankreich, Schweiz, BRD) hat die Mensch-Umwelt-Interaktionsforschung neue Impulse erhalten. Mit Bezug auf das Ökosystem-Konzept, wie es im Rahmen des Internationalen Biologischen Programmes (IBP) entwickelt worden war, stand die Ausarbeitung eines erweiterten Mensch-Umwelt-Modells im Vordergrund, mit dessen Hilfe die Wechselwirkungen zwischen sozio-ökonomischer Entwicklung und Zustand bzw. Veränderungen im natürlichen System auf regionaler Stufe beschrieben und analysiert werden konnten. In diesem Zusammenhang sind nicht nur neue Modellentwürfe entstanden, sondern auch Verfahrensweisen entwickelt worden, die der geographischen Regionalforschung neue Perspektiven eröffnen. Dies wurde allerdings noch kaum zur Kenntnis genommen, was (nur) insofern verständlich ist, als in den bisherigen Veröffentlichungen die fachspezifischen Aspekte hinter den interdisziplinären zurücktraten. Weil nun aber die MAB-Thematik genau jene Forschungsfragen ins Zentrum stellt, die im Rahmen der klassischen Landschaftskunde (im wesentlichen seit Friedrich Ratzel) immer schon „Gegenstand" (oft allerdings mehr Anspruch als wirklicher Gegenstand) geographischer Regionalstudien war, kann der konzeptionell und methodisch Interessierte die Ergebnisse und Erfahrungen dieser Projekte wohl kaum ignorieren. Denn die erheblichen Schwierigkeiten bei der problemorientierten Verbindung des sozio-ökonomischen mit dem natürlichen System machen deutlich, daß auch modernste GIS-Techniken nicht über die theoretischen Defizite, insbesondere für eine handlungsorientierte Umweltinformationsverarbeitung hinweghelfen können. Daher geht es hier um eine knappe Darstellung des Standes der Modellentwicklung zur Simulation regionaler Mensch-Umwelt-Systeme, wie er in den MAB-6-Projekten erreicht wurde, verbunden mit Hinweisen auf die aus theoretischer und praktischer Sicht ungelösten Probleme und offenen Fragen.

Zu beachten ist dabei, daß sich eine neue Generation von Simulationsverfahren ankündigt, die mit den Schlüsselworten „wissensbasiert" und „objektorientiert" charakterisiert werden können. Die erkenntnis- und systemtheoretischen Grundlagen dieses Konzeptes sowie Modell- und Programmiersprache bilden eine weitaus konsistentere Einheit als die bisherigen Verfahren. Dieser neue Ansatz scheint besonders geeignet, Mensch-Umwelt-Interaktionen als gesellschaftlich gesteuerten Anpassungs- und Lernprozeß zu beschreiben, und die unbeabsichtigten Folgen absichtsvoller Einzel- oder Gruppenhandlungen zu simulieren. Als Alternative soll dieses neue Modellkonzept projektbezogen vorgestellt und im Vergleich zum MAB-Konzept diskutiert werden.

Modellentwicklung im MAB-6-Programm

Mit dem anspruchsvollen Ziel, ein regionales Mensch-Umwelt-System so zu spezifizieren, daß die ökologischen und gesellschaftlichen Konsequenzen der Interaktionsdynamik Mensch – natürliche Umwelt im regionalen Maßstab dargestellt werden, begann anfangs der 70er Jahre im Rahmen der MAB-6-Projekte der Alpenländer eine Entwicklung, die im Berchtesgadener Projekt ihren vorläufigen Abschluß fand.

Am Anfang stand das 1974 publizierte Modell-*OBERGURGL* (Tirol), durch das zum ersten Mal ein Mikrokosmos (Tourismusstation an der Waldgrenze) als Mensch-Umweltsystem nach den methodischen Ansätzen der Oekosystemanalyse des IBP als Funktionsmodell dargestellt wurde (IIASA, 1974; Moser, Petersohn, 1981). Obschon das Modell zur Untersuchung der Wachstumsgrenzen der Ortsentwicklung wesentliche Aussagen ermöglichte, zeigte sich bereits die Schwierigkeit, auf dem Aggregationsniveau der sozio-ökonomischen Variablen entsprechende Umwelt-Variablen zu definieren und empirisch abzustützen. Der holistischen Systembetrachtung wurde deshalb in der Projektorganisation die flächenbezogene ökologische Detailanalyse zur Seite gestellt mit dem Ziel, dynamische Gesamtbetrachtung und flächen- bzw. raumbezogene Aussagen zu verbinden.

Das französische Projekt *BRIANÇONNAIS* (CEMAGREF, 1981) legte seinen Schwerpunkt auf die Rekonstruktion und Erfassung der traditionellen Nutzungssysteme (Landwirtschaft, Forstwirtschaft) als Referenzwert für eine Neugestaltung der Bodennutzung in den französichen Alpen, da der Umbruch in der Berglandwirtschaft als Hauptursache der Destabilisierung der alpinen Ökosysteme erkannt worden war. Damit war auch der Weg gefunden, wie die beiden Systeme Mensch und Natur aufeinander zu beziehen waren: Die Landnutzung als Koppelgrösse, über die die beiden Systeme auf energetischer, materieller und informationeller Basis kommunizieren, schien nicht nur mit Hilfe der aufkommenden GIS-Techniken einlösbar, sondern auch aus Gründen der Praxisorientierung attraktiv, handelt es sich doch um den zentralen umwelt-politischen Gestaltungsbereich einer jeden Gemeinde.

Das in der Folge entwickelte „MAB-Schema" des *SCHWEIZERISCHEN MAB-6-BEITRAGES* (Messerli, Messerli, 1978) vereinigt diese Erfahrungen aus den beiden Vorläufer-Projekten und wurde in der Folge zum Systementwurf, auf das sich insbesondere auch das Berchtesgadener-Projekt bezog (Kerner, Spandau, Köppel, 1991). Der zentrale Punkt war in der Tat die Hervorhebung der Landnutzung als vermittelnde Größe zwischen natürlichem und sozio-ökonomischem System und als Optimierungsgröße, die es in der Auseinandersetzung der verschiedenen Nutzungs- und Schutzinteressen nachhaltig zu gestalten gilt (Abb. 8).

Damit waren die Voraussetzungen geschaffen, die Operationalisierung der im Schema intendierten Beziehungen vorzunehmen, was zuerst in den vier

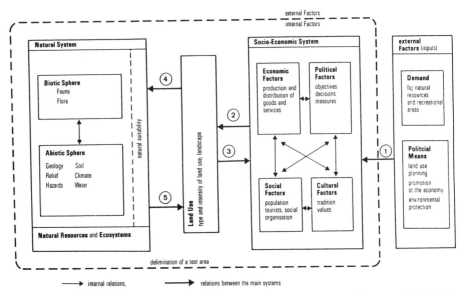

Abb. 8: Schematische Darstellung eines regionalen Mensch-Umwelt-Systems (Messerli B., Messerli P.; 1978)

schweizerischen MAB-Testgebieten (Pays-d'Enhaut, Aletsch, Grindelwald, Davos) und dann im Alpen- und Nationalpark Berchtesgaden erfolgte. Dies erwies sich in der Folge als bedeutend schwieriger als erwartet, weil natürliche und gesellschaftliche Prozesse nicht auf derselben Maßstabebene sinnvoll erfaßt werden können.

Die Klärung des Problems kam aus dem Projekt *BERCHTESGADEN*. Am Modellseminar 1983 im Pays-d'Enhaut legte Grossmann (1983) eine System-hierarchie vor, die zeigt, daß das ökologische und das sozio-ökonomische System auf verschiedenen Ebenen betrachtet werden müssen (Abb. 9):

– auf der *Mikroebene* – mit hoher räumlicher Auflösung – studieren wir die ökologische Differenzierung und Dynamik
– auf der *Makroebene* – die sozio-ökonomische Dynamik von Wirtschaft und Gesellschaft
– auf der *Hyperebene* – das ökologisch-ökonomische Gesamtsystem.

Damit war der Weg zur *MAB-Wirkungsanalyse* offen: Die wünschbare oder mögliche Systementwicklung definieren wir auf der obersten Ebene in Form von Szenarien, die wir auf der nächst unteren Ebene in ihren sozio-ökonomischen Konsequenzen analysieren und schließlich über die Schnittstel-le Landnutzung in den ökologischen Dimensionen betrachten (vgl. Messerli, 1986). Die zur Zeit am weitesten ausgearbeitete Version dieses System- und Modellierungsansatzes findet sich in den beiden genannten Schlußpublikatio-nen zum Berchtesgadener-Projekt.

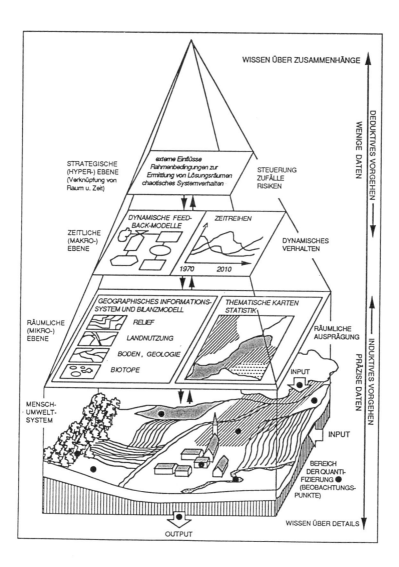

Abb. 9: Hierarchische Systemmethode nach Grossmann (1983), weiterentwickelt nach Spandau (1988) in Tobias (1989).

Mensch-Umwelt-Interaktionsmodelle

Modellentwicklungen, die sich auf das in Abschnitt 1 beschriebene Mensch-Umwelt-System abstützen, bezeichnen wir als „Mensch-Umwelt-Interaktionsmodelle". Ihnen ist der Versuch gemeinsam, die raumbezogene ökologische Prozeßdynamik mit der nicht-räumlichen sozio-ökonomischen Entwicklungsdynamik über eine räumliche Schnittstelle (die Landnutzung) zu verbinden. Daß man dabei an klare Grenzen stößt, haben die Modellexperimente (Grindelwald, Pays-d'Enhaut) hinlänglich klar gemacht (Apel, 1983; Fracheboud, 1984). Im Vordergrund steht das Aggregations- und Abstraktionsproblem: Um die sozio-ökonomische Entwicklungsdynamik theoretisch (Wissensstand) und empirisch (Datenlage) befriedigend beschreiben zu können, sind Aggregationen (Akteurgruppen, Branchen) erforderlich, für die bereits keine ausreichenden (GIS-tauglichen) Raumbezüge spezifiziert werden können. Dabei sind gerade in der Landwirtschaft die konkreten Raumbezüge (Nutzungsänderungen) außerordentlich wichtig, und ohne sie keine sinnvollen ökologischen Aussagen möglich (Scheurer, 1989). Umgekehrt lassen sich Veränderungen der natürlichen Umwelt nicht empirisch gehaltvoll in Verhaltensannahmen umsetzen, weil diese Nutzergruppen (Touristentypen, Bevölkerungsschichten) meist quer zu den sozio-ökonomisch relevanten Akteurgruppen (branchenspezifische Verhaltensweisen) stehen.

Immerhin konnte mit den für das Testgebiet Grindelwald als Beispiel vorgenommenen Modellspezifikationen (modulare SD-Struktur) doch folgendes erreicht werden: Die Zukunftslastigkeit der gewachsenen Strukturen konnte über die Fortschreibung der eingespielten Wachstumsdynamik ebenso wie bei Nachfrageeinbrüchen oder einen verordneten Wachstumsstopp demonstriert werden. Die Auswirkungen verschiedener Verhaltensannahmen etwa bei der touristischen Nachfrage konnten ebenso untersucht werden wie die Sensitivität des sozio-ökonomischen Systems auf äußere Störungen, wie stagnierendes touristisches Wachstum oder der Rückgang der Landwirtschaft durch Subventionskürzungen. Insgesamt bleiben aber die Aussagemöglichkeiten auf die Makroebene fixiert, die Flächennutzungsbilanz kann nicht über die Kategorien „versiegelte, extensiv bzw. intensiv genutzte Flächen" hinaus spezifiziert werden.

Diese Ergebnisse werden im wesentlichen aus dem Berchtesgadener Projekt bestätigt. Was sich hier als Problem zeigt, ist nicht ein Mangel an geeigneten Methoden und Instrumenten, sondern ein konzeptueller und ein wissensmäßiger Defekt. Die Verbindung der Makro- mit der Mikroebene ist über die Landnutzung als Schnittstelle so nicht einlösbar, zumindest nicht im Sinne der intendierten Interaktionsanalyse Gesellschaft – natürliche Umwelt, weil sich gerade von der Landnutzung her (zumindest bisher) keine empirisch gestützten Aussagen machen lassen, welche Umweltinformationen überhaupt Investitions- oder Nutzungsentscheide beeinflussen. Mit andern Worten,

Mensch-UmweltInteraktionsmodelle lassen sich erst dann befriedigend spezi-fizieren, wenn diese Defizite abgebaut sind.

Mensch-Umwelt-Handlungsmodelle

Eine Möglichkeit, die aufgezeigten Defizite gezielt anzugehen, bietet eine neue Generation von Simulationsansätzen auf der Basis mikroanalytischer Mehr-ebenenmodelle (Ninck, Sottas, 1989). Bei diesem Ansatz wird nicht eine einmal konzipierte Systemstruktur (MAB-Schema), die ja implizit oder expli-zit theoretische Annahmen beinhaltet, ausgefüllt oder operationalisiert, son-dern der vom interessierenden Objektbereich aus und untersucht im Sinne der fortschreitenden Kontext-Differenzierung (System und Umwelt) jene Um-weltbeziehungen, die für die betroffen Fragestellungen von Bedeutung sind.

Auf unsere Mensch-Umwelt-Interaktionsthematik bezogen dürfte es ein-leuchtend sein, daß man dieses Konzept auf Akteurgruppen anwenden kann, die sich in ihrem Umweltverhalten offensichtlich unterscheiden. Die Handlun-gen dieser Akteure oder besser die Konstitution ihrer umweltwirksamen Handlungen steht dann als Objektbereich im Zentrum; die soziale, wirtschaft-liche und ökologische Umwelt ist Träger handlungsleitender Informationen und die Interaktionen werden in den abzubildenden Entscheidungsstrukturen wirksam.

Dieser Ansatz überzeugt durch seine sozialwissenschaftliche Fundierung (Systemtheorie), sein übersichtliches Strukturierungskonzept (Übereinstim-mung von Modellstruktur und Programmiersprache) und seine Nähe zum Realobjekt, weil die effektiven Umweltbeziehungen auf der Mikroebene systematisch erfaßt werden. Da eine handlungs- und entscheidungsfähige menschliche Einheit den Kern des Modelles bildet, bezeichnen wir diese Kategorie als Mensch-Umwelt-Handlungsmodelle. In einem Projekt des Geographischen Institutes Bern (finanziert durch die Direktion für Entwick-lungszusammenarbeit und Humanitäre Hilfe), das den afrikanischen Besied-lungsprozess des ehemaligen Weißen Hochlandes in der SW Fußzone des Mt. Kenya im Laikipia District untersucht, wird dieser Ansatz zur Zeit entwickelt und erprobt (Lehmann et al., 1991). Wie Abb. 10 verdeutlicht, werden Mensch-Umwelt-Beziehungen auf der Mikroebene, also dort spezifiziert, wo sie direkt entscheidungswirksam werden. Auf der Makro-Ebene sind dann die Haushalte vielfältig verbunden (begrenzte Ressourcen, Stellenmarkt, Preise usw.) und werden in ihren Entwicklungsmöglichkeiten gestützt oder gehemmt. Hier ist also die oben festgestellte Makro-Mikro-Diskrepanz überwunden. Was auf der Mikroebene entschieden wird, wird auf der Makroebene in der Summation und im Zusammenwirken wieder sichtbar (unbeabsichtigte Handlungsfolgen) und wirkt über die Makrostrukturen wieder auf die Einzelhaushalte zurück (Rück-kopplung, Selbstregulation).

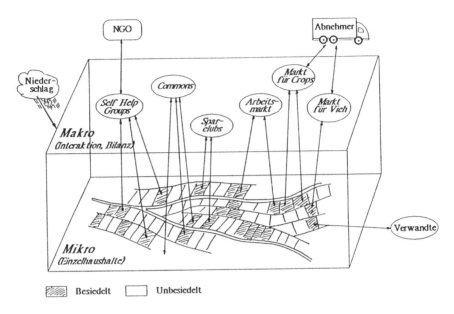

Abb. 10: Mikroanalytisches Mehrebenenmodell. Interaktionen zwischen Mikroebene (Einzelhaushalte als Handlungseinheiten) und der Makroebene (Ergebnis der Interaktionen als
Bilanzen und regionale Strukturen) nach Ninck (1991).

Mit diesem Ansatz sollen in der Folge die Auswirkungen des Immigra-
tionsprozesses auf die knappen Ressourcen und die Überlebenschancen verschiedener Haushaltstrukturen untersucht werden, aber auch die wichtige
Frage, inwiefern die mitgebrachten Überlebensstrategien erfolgreich sein können und ob die ökologische Handlungskompetenz der Einzelhaushalte wie der
neuen Gemeinschaften rechtzeitig entwickelt werden kann, um in der neuen
Umwelt bestehen zu können. Der strukturierte, aber offene Modellansatz
erlaubt es also, dynamische Mensch-Umwelt-Beziehungen als kognitiven
Prozeß (Anpassungs- und Lernprozeß) nachzuvollziehen.

Gegenüberstellung und Diskussion der beiden Modellansätze

Es ist beim derzeitigen Wissens- und Erfahrungsstand wohl kaum sinnvoll und
möglich, bereits Abschließendes über die beiden Ansätze zur Erfassung regionaler Mensch-Umwelt-Beziehungen zu sagen, noch wäre es aus der Kürze
dieser Abhandlung gerechtfertigt, eine fundierte Gegenüberstellung anstreben
zu wollen. Immerhin lassen sich einige offensichtliche Vorteile des Handlungs-
modelles feststellen (vgl. Abb. 11): So bleibt insbesondere die natürliche
Umwelt nicht modellextern, sondern wird so weit ins Handlungsmodell einbe-

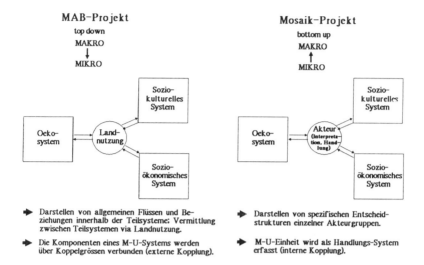

Abb. 11: Gegenüberstellung von Mensch-Umwelt-Interaktionsmodell (MAB) und Mensch-Umwelt-Handlungsmodell (Mosaik) nach Ninck (1992).

zogen, wie dies auf der Stufe der einzelnen Entscheidungseinheit empirisch festgestellt werden kann. Was wir als Raum- und Nutzungsstruktur beobachten, ist meist nicht direkt intendierte Folge der einzelnen Akteurentscheide, sondern (unbeabsichtigte) Nebenfolge aus dem Zusammenwirken vieler Einzelhandungen. Dies wird auf der Makroebene sichtbar, erklärbar und wirkt auf die Mikroebene zurück.

Die Verbindung der beiden Ebenen ist hier also nicht „künstlich", sondern prozessual hergestellt. Gerade dieses Argument zeigt, dass von einem theoretischen Standpunkt aus dem heutigen Verständnis von Umweltproblemen als oft unbeabsichtigte Nebenfolgen individuellen Handelns eher nachgelebt wird. Nimmt man das Erkenntnisziel, wie Umweltinformationen menschliches Handeln beeinflussen, etwas zurück und stellt den praktischen und planungsorientierten Aspekt in den Vordergrund, dann spricht auch einiges für das Interaktionsmodell. Denn mit der heutigen GIS-Technologie kann sehr wohl der Optimierungsidee über konkrete, modellgestützte Planungsprozesse nachgelebt werden.

Abschließend erlaube ich mir die Bemerkung, daß die in den MAB-Projekten geführte Modelldiskussion unbedingt in der Geographie aufgenommen werden müßte, um die konzeptionelle Basis der regionalen Entwicklungsforschung zu überdenken und neue Perspektiven zu entwickeln.

Literaturverzeichnis

ALLEN, T.H.F. & STARR, T.B. 1982: Hierarchy. Chicago

APEL, H.; 1983: Dynamische Simulation eines Bergökosystems (Testgebiet Grindelwald). Schlussbericht Schweizerisches MAB-Programm Nr. 5. Bern

BENECKE, P. (1984): Der Wasserumsatz eines Buchen- und eines Fichtenwaldökosystems im Hochsolling. Schriftenreihe aus d. Forstl. Fak. d. Univ. Göttingen u. d. Nieders. Versuchsanst., 77.

BORMANN, F.H. & LIKENS, G.E. 1979: Pattern and process in a forested ecosystem. New York

CARPENTER, S.R. 1989: Temporal variance in lake communities: blue-green algae and the trophic cascade. Landscape Ecology Vol. 3 No. 3/4, 175-184

CEMAGREF; 1981: Recherches en Briançonnais. Synthèse du programme MAB-6 Alpes, publié par le Centre National du Machinisme Agricole du Génie Rural des Eaux et des Forêts. St. Martin-d'Hères

DI CASTRI, F. & HADLEY, M. 1988: Enhancing the credibility in ecology: Interacting along and across hierarchical scales. GeoJournal 17.1, 5-35

DUYNISVELD, W.H.M., 1984: Entwicklung und Anwendung von Simulationsmodellen für den Wasserhaushalt und den Transport von gelösten Stoffen in wasserungesättigten Böden. Dissertation, Berlin.

ERNSTBERGER, H. (1987): Einfluß der Landnutzung auf Verdunstung und Wasserbilanz. Dissertation, (Gießen).

FRÄNZLE, O., BRUHM, I., GRÜNBERG, K.U., JENSEN-HUSS, K., KUHNT, D., MICH, N.,MÜLLER, F., REICHE, E.-W., 1987: Darstellung der Vorhersagemöglichkeiten der Bodenbelastung durch Umweltchemikalien. Umweltforschungsplan des Bundesministers für Umwelt, Naturschutz und Reaktorsicherheit/Umweltbundesamt Nr. 106 05 026, X + 359 S.

FRÄNZLE,O., KUHNT, D., KUHNT, G. & ZÖLITZ, R.1987: Auswahl der Hauptforschungsräume für das Ökosystemforschungsprogramm der Bundesrepublik Deutschland. Umweltforschungsplan des Bundesministers für Umwelt, Naturschutz und Reaktorsicherheit/ Umweltbundesamt Nr. 101 04 043/02, IX +153 S.

FRÄNZLE, O. 1990: Ökosystemforschung und Umweltbeobachtung als Grundlage der Raumplanung. MAB-Mitteilungen 33, 26-39.

FRÄNZLE, O. et al. 1991: Erarbeitung und Erprobung einer Konzeption für die ökologisch orientierte Planung auf der Grundlage der regionalisierenden Umweltbeobachtung am Beispiel Schleswig-Holsteins. Umweltforschungsplan des Bundesministers für Umwelt, Naturschutz und Reaktorsicherheit/Umweltbundesamt Nr. 109 02 033, XIII +194 S.

FRACHEBOUD, J.-F.; 1984: Modèle de simulation d'un écosystème de montagne, aire-test Pays-d'Enhaut; Schlussbericht Schweizerisches MABProgramm Nr. 6. Bern

GROSSMANN ,W. D; 1983: Systems approach toward complex systems. Fachbeitrag Schweizerische MAB-Info Nr. 19: 25 – 57. Bern

HAKEN, H. &. HAKEN-KRELL, M. 1989: Entstehung von biologischer Ordnung und Information. Darmstadt

HOFFMANN, F., 1988: Ergebnisse von Simulationsrechnungen mit einem Bodenstickstoffmodell zur Düngung und zum Zwischenfruchtanbau in Trinkwasserschutzgebieten. Z. f. Pflanzenernähr. u. Bodenk., 151, 281-287.

IIASA; 1974: Alpine areas workshop, conference proceedings 1974/2, IIASA Schloss Laxenburg

JANTSCH, E. 1988: Die Selbstorganisation des Universums. München

LEHMANN, M; NINCK, A; SOTTAS, B.; 1991: Ostafrikanische Kleinbauern objektorientiert programmieren? Ein Diskussionsbeitrag zur Computersimulation in der Entwicklungssoziologie. In: KREUTZ, H.; BACHER, J. (Hrsg.): Disziplin und Kreativität. Leske und Budrich, Opladen: 229 – 246.

MESSERLI, B; MESSERLI, P.; 1978: Wirtschaftliche Entwicklung und ökologische Belastbarkeit im Berggebiet (MAB Schweiz). Geographica Helvetica Nr. 4: 203 – 210.

MESSERLI, P.; 1986: Modelle und Methoden zur Analyse der Mensch – Umweltbeziehungen im alpinen Lebens- und Erholungsraum. Erkenntnisse aus dem schweizerischen MAB-Programm 1979 – 1985. Schlußbericht Schweizerisches MAB-Programm Nr. 25. Bern.

MOSER, W.; PETERSON, J.; 1981: Limits to Obergurgl's growth. An alpine experience in environmental management. AMBIO Vol. 10, No 2 – 3: 68 – 72.

MÜLLER, F., 1987: Geoökologische Untersuchungen zum Verhalten ausgewählter Umweltchemikalien im Boden, Dissertation, Kiel.

MÜLLER, F., REICHE, E.-W. (1990): Modellhafte Beschreibung der Wasser- und Stoffdynamik im Boden. Schr. Naturwiss. Ver. Schlesw.-Holst., Bd. 60, S83-107.

NINCK, A; SOTTAS, B; 1989: Risk-avoidance through reciprocity? Microanalytical modelling on an East-African rural area by means of object-oriented programming. Proc. of the 3ᵈ Eureopean Simulation Congress, Edinburgh: 227 – 232.

NINCK, A; 1992: Wissensbasierter und objektorientierter Ansatz zur Simulation von Mensch-Umwelt-Systemen. Theoretische Begründung und praktische Realisierung am Beispiel einer kenianischen Region (Dissertation in Vorbereitung).

KERNER, H.F.; SPANDAU, L., KÖPPEL, J.G; 1991: Methoden zur angewandten Oekosystemforschung, entwickelt im MAB-6 Projekt „Oekosystemforschung Berchtesgaden" 1981–1991. Abschlussbericht, herausgegeben von der Projektsteuerungsgruppe. Red. T. Wachter. MAB-Mitteilungen Nr. 35.1 und 35.2. Deutsches Nationalkomitee MAB, Bonn.

KOESTLER, A. 1970: Jenseits von Atomismus und Holismus – Der Begriff des Holons. In: KOESTLER, A. & SMYTHIES, J.R. (eds.): Das neue Menschenbild. Die Revolutionierung der Wissenchaften vom Leben. Wien, München, Zürich.

KOLASA, J. 1989: Ecological systems in hierarchical perspective: Breaks in community structure and other consequences. Ecology 70 (1), 36-47

LASZLO, E. 1978: Evolution und Invarianz in der Sicht der Allgemeinen Systemtheorie. In: LENK, H. & ROHPOHL, G. (eds.): Systemtheorie als Wissenschaftsprogramm. Königstein 221-238

O'NEILL, R.V. 1988: Hierarchy theory and global change. In: ROSWALL, T., WOODMANSEE, G. & RISSER, R.G. (eds.): Scales and global change, 29-45. New York

O'NEILL, R.V., JOHNSON, A.R. & KING, A.W. 1989: A hierachical framework for the analysis of scale. Landscape Ecology Vol. 3 No. 3/4, 193-205

REMMERT, H. 1988: Gleichgewicht durch Katastrophen. Aus Forschung und Technik 1, 7-17

REICHE, E.-W., 1991: Entwicklung, Validierung und Anwendung eines Modellsystems zur Beschreibung und flächenhaften Bilanzierung der Wasser- und Stickstoffdynamik in Böden. Kieler Geographische Schriften, 79: 1 -150.

ROHDENBURG, H., DIEKKRÜGER, B., BORK, H.-R. (1986): Deterministic Hydrological Site and Catchment Models for the Analysis of Agroecosystems. Catena, 13, 119-137.

SCHEURER, Th.; 1989: Die Verfügbarkeit landwirtschaftlicher Ressourcen im Berggebiet (Testgebiet Grindelwald). Schlussbericht Schweizerisches MAB-Programm Nr. 38. Bern

SHUGART, H.H. & URBAN, D.L. 1988: Scale, synthesis, and ecosystem dynamics. In: POMEROY, L.R. & ALBERTS, J.J. (eds.): Concepts of ecosystem ecology.

TOBIAS, K. 1989: Die hierarchische Systemmethode – konzeptionelle Grundlage für die angewandte Ökosystemforschung. Lehrstuhl für Landschaftsökologie, TU München/Weihenstephan.

IV.11 Stadtplanung und Stadtökologie
Stand der Dinge und Handlungsperspektiven
Referenten: J. Forßmann, P. Gelfort, E.-H. Ritter, R. Tiggemann
Bericht: R. Tiggemann

„Der Zustand der Erde verlangt gebieterisch globales Denken. Dies ist ungewohnt. Unsere Politik ist größtenteils noch national *organisiert."*
Ernst U. von Weizsäcker

Fast zwei Jahre vor dem Geographentag hatten sich Sitzungsleiter und Referenten vorgenommen, auf dem Hintergrund des zu berichtenden Sachstandes zum Thema in der Diskussion keine Grundsatzfragen aufzuwerfen oder gar abschließend klären zu wollen. Vielmehr sollte sie sich auf die real *gegebenen Möglichkeiten zum konkreten Abbau von Vollzugsdefiziten* konzentrieren. Im Idealfall hatten wir uns einen *„Basler Aufruf"* vorgestellt, endlich mit den Schattenboxereien und Spiegelfechtereien, Begriffsdefinitionen, Beklagen von Theorie- und Modelldefiziten und Wortklaubereien aufzuhören –, vielmehr die zahlreichen Handlungsansätze zu nutzen und phantasievoll zu erweitern.

Daß i.S. des Leitwortes von Ernst U. von Weizsäcker die *„ökologische Realpolitik"* nicht nur größtenteils noch national organisiert ist, sondern oft nicht in der Lage ist, die Grenzen kommunaler Gebietskörperschaften zu überwinden, ist auf politische wie administrative Strukturen als maßgeblichen Hemmnissen zurückzuführen.

Dr. Ernst-Hasso Ritter, in leitender Funktion im Nordrhein-Westfälischen Ministerium für Umwelt, Raumordnung und Landwirtschaft tätig, beleuchtete im Leitreferat *„Stadtökologie und Stadtplanung – eine politische Einschätzung"* Bedingungen, Möglichkeiten und Handlungsperspektiven ökologisch orientierten Denkens und Handelns.

Mit dem Begriff „Stadtökologie" verbinden sich bisher weder eine genaue wissenschaftliche Definition, noch klar bestimmte politische Handlungsmaximen. Dennoch hat sich der Begriff seit den siebziger Jahren im deutschen Sprachraum ausgebreitet. Das Diskussionsfeld, das dieser Begriff abgrenzen und bündeln soll, wird inhaltlich bestimmt einmal durch die Fragen, die sich aus dem weltweiten Prozeß der Verstädterung ergeben, und zum anderen durch die Umweltprobleme, die sich infolge dieses Verstädterungsprozesses durch Verbrauch und Zerstörung natürlicher Ressourcen einstellen.

In den städtischen Zusammenballungen von Menschen und Maschinen ballen sich auch die Probleme und Gefährdungen des Industriezeitalters. Die Städte sind in Gefahr, ihre urbane Qualität zu verlieren. Die Siedlungsform Stadt steht vor dem ökologischen Kollaps. Die Anzeichen sind unübersehbar: ausufernde Siedlungen an den Stadträndern fressen sich immer tiefer in die

D. Barsch/H Karrasch (Hrsg.): Geographie und Umwelt. Verh. d. Deutschen Geographentages Bd. 48 - Basel 1991. © 1993 Franz Steiner Verlag Stuttgart

Landschaft hinein; hohe Baudichten in den Innenstädten mit wenig Grün und
Freiflächen; monotone und maßstabsprengende Baustile; Luftverunreinigun-
gen aus Industrie, Kraftwerken und Autos; dichter Straßenverkehr mit Lärm,
Gestank und Gefahren; wachsende Müllberge und schädliche Abwässer. Der
Begriff „Stadtökologie" markiert die Gefährdungen der Siedlungsform Stadt
im Industriezeitalter.

Umweltbelastungen und Defizite im ökologischen System treffen vor Ort
häufig zusammen mit wirtschaftsstrukturellen Nachteilen, sozialer Erosion,
städtebaulichen Mißständen. Die städtischen Wohn- und Lebensformen haben
nicht nur zu einem Verlust an Naturverbundenheit, Tradition und Heimat
geführt; sie begünstigen auch soziale Entfremdung, Apathie, Streß, soziale
Deklassierung. Überfüllung und Überlastung der Stadtzentren und Hauptkom-
munikationssysteme wechseln im Wirtschafts- und Arbeitsrhythmus ab mit
Verödung und Entleerung. Menschliche Isolierung findet sich in Hochhäusern
wie in Randvierteln.

Umweltbelastungen, Gesundheitsgefährdungen und Einbrüche im ökologischen Gleichgewicht sind nicht gleichmäßig verteilt – weder zwischen den
Regionen, noch in den Regionen oder in den einzelnen Städten. Sie lasten als
Erbe des Industrialisierungsprozesses auf den traditionellen Wirtschaftszen-
tren. Sie sind dort am stärksten, wo die Randgruppen dieser Gesellschaft
wohnen. Sie sind Ursachen und Begleiterscheinungen städtebaulichen Ver-
falls.

Die Stadtentwicklungspolitik steht hier gleichermaßen vor der Aufgabe
der ökonomischen und der ökologischen Erneuerung. Die ökologische Erneuerung ist eine unabdingbare Voraussetzung, um die bedrohten Städte langfristig
als Lebens- und Wirtschaftsräume zu sichern. Stadtökologie hat sich nach
alledem zwar zuerst mit den Fragen der Umweltpolitik auseinanderzusetzen;
sie hat aber zugleich die Fragen der Sozialpolitik und Gesundheitspolitik, der
Wirtschaftspolitik und insgesamt der Städtebaupolitik einzubeziehen.

Stadtökologie ist *handlungsorientiert*. Sie muß die Grundlagen für Veränderungsprozesse schaffen, solche Veränderungsprozesse konzeptionell vorbereiten und schließlich ihre Ergebnisse auf den Prüfstand stellen. Als Politikbe-
reich wie als Wissenschaftsbereich bündelt Stadtökologie viele fachliche
Aspekte in ihrem stadträumlich bezogenen Zusammenwirken und stellt sie
unter eine *ökologisch orientierte Gesamtstrategie*. Stadtökologie als neuer Po-
litikbereich verlangt nach einer ökologischen Perspektive für alle Aufgaben,
die ortsbezogen und durch die örtliche Gemeinschaft regelbar sind.

Stadtökologie zielt als politisch-gestaltende Aufgabe auf die Gesamtheit
der natürlichen Grundlagen städtischen Lebens. In ihren wichtigsten Handlungsfeldern hat sich stadtökologische Politik auseinanderzusetzen

- mit dem Verbrauch von Flächen für Siedlungen und Verkehr und der
  Ausbeutung der Landschaft,
- mit der anhaltenden Verdichtung und Versiegelung vor allem in den
  innerstädtischen Bereichen,

– mit Schadstoff- und Lärmbelastungen aus dem Kraftfahrzeugverkehr,
– mit dem Immissionsbelastungen in den Gemengelagen von Wohnen und Arbeit,
– mit der Energieverschwendung im öffentlichen wie im privaten Bereich,
– mit dem ständig wachsenden Abfallvolumen,
– mit der Gefährdung des Trinkwassers durch Schadstoffe.

Gefordert ist eine Stadterneuerungspolitik mit langem Atem, die den allmählichen Wandel unserer Städtebilder einleitet und konsequent durchhält. Gefordert ist der behutsame Umgang mit den gewachsenen sozialen und städtebaulich wertvollen Strukturen. Gefordert ist in Abkehr von der – einseitig interpretierten – Charta von Athen die sozial- und umweltverträgliche Durchmischung der städtischen Funktionen von Wohnen, Arbeiten, Sich-Bilden und Sich-Erholen. Gefordert ist die Nutzung der Chancen, die der umwelt- und sozialverträgliche Einsatz moderner Technologien bietet. Gefordert ist endlich ein neues Leitbild für die Entwicklung der Städte.

Moderne Umweltpolitik als vorsorgende Politik verlangt ein Vor-Denken zur vorbeugenden Schadensverhütung, ein Denken in Zusammenhängen, die Berücksichtigung vernetzter Wirkungsketten und folglich eine andere Art der Steuerung. Es geht um einen Steuerungsmodus,
– der auf das Ingangsetzen und Moderieren von Entwicklungsprozessen angelegt ist,
– der auf eine aktive und offene Konsensbildung ausgerichtet ist,
– der einer auf die Zukunft gerichteten Strategie folgt,
– der die Inanspruchnahme der natürlichen und sonstigen knappen Ressourcen transparent macht,
– und der bei Wahrung der Gesamtorientierung das knappe Problemlösungspotential auf Schwerpunkte konzentriert.

Kann das gelingen? Die Rahmenbedingungen für eine ökologisch orientierte Stadtpolitik sind widersprüchlich. Einerseits steigen der ökologische Problemdruck, der ökonomische Wachstumsdruck und der Siedlungsdruck. Noch vor wenigen Jahren schien es, als habe der Städtebauboom seinen Höhepunkt erreicht: die Bevölkerungszahlen waren rückläufig; die Wohnungsbaukurve fiel nach unten; die Knappheit der natürlichen Ressourcen zeigte die Grenzen des Wachstums auf. Die erhoffte Atempause ist freilich ausgeblieben. Hohe Zuwanderungsraten haben alle Bevölkerungsprognosen über den Haufen geworfen; der europäische Binnenmarkt und die Vereinigung Deutschlands haben neue wirtschaftliche Expansionskräfte freigesetzt; an vielen Überlastungserscheinungen der städtischen Umwelt scheinen wir uns inzwischen gewöhnt zu haben oder nehmen sie resigniert – wie den Autoverkehr – in Kauf. Das alles macht die Aufgabe einer ökologisch orientierten Stadterneuerung dringlicher denn je.

Auf der anderen Seite der Rahmenbedingungen registrieren wir Blockaden im politischen Prozeß und administrative Strukturen, die den Stadterneuerungsprozessen wenig förderlich sind. Kommunalpolitik spielt sich nach wie vor im Vier- bis Fünf-Jahresrhythmus der Wahlperioden ab; die kurzfristige Erfolgsorientierung blendet eine ernsthafte Kalkulation der langfristigen Folgen oder Nebenfolgen aus. Das macht die Diskussion ökologischer Auswirkungen so schwierig. Maßstab einer erfolgreichen Stadtpolitik ist das, was gebaut wurde. Nicht das, was nicht gebaut wurde. Das macht speziell das Thema Freiraum schwierig. Hinzu kommen die zwiespältigen Erfahrungen, die die Kommunen mit der holistisch geprägten Gesamtplanung gemacht haben, so daß der Deutsche Städtetag schon 1982 seinen Mitgliedern empfahl, die Erarbeitung geschlossener und umfangreicher gesamtstädtischer Entwicklungspläne und -programme in den Hintergrund treten zu lassen. Mancherorts schlug nun die kommunale Praxis wieder in das Gegenteil um; die Politik des Hier und Heute gewann die Oberhand. Fragmentierte und verfestigte Amtsstrukturen im Verwaltungsapparat begünstigen diese Entwicklung.

Wo also sind die Ansätze für eine ökologisch orientierte Stadterneuerungspolitik? Wenngleich die Erforschung ökosystemarer Zusammenhänge in industriell-urbanen Räumen immer noch in den Kinderschuhen steckt, gibt es doch schon viele wissenschaftlich abgesicherte Einzelergebnisse. Und es gibt eine breite Palette praktischer Handlungserfahrungen. Aus der Reihe der Städte mit wichtigen stadtökologischen Experimenten seien beispielhaft nur einige Namen genannt: Aachen, Basel, Berlin, Erlangen, Freiburg i.Br., Hannover, Nürnberg, Saarbrücken. Als Beispiel für den Versuch der ökologischen Regeneration einer ganzen Industrielandschaft sei auf die „Internationale Bauausstellung Emscher-Park" in Nordrhein-Westfalen hingewiesen, zu der das „Ökologieprogramm Emscher-Lippe" parallel läuft. Zum Beleg für die auch finanzielle Kraftanstrengung, die damit verbunden ist, sei erwähnt, daß allein die abwässertechnische Sanierung der Emscher und der Lippe-Bäche in einem Planungshorizont von 15 bis 20 Jahren insgesamt eine Größenordnung von geschätzten 7 Mrd. DM erreichen wird.

Auf dem erreichten Kenntnisstand kann aufgebaut werden, aus den Erfahrungen gilt es zu lernen. Die vorhandenen Kenntnisse und Erfahrungen sind nun zu überzeugenden Handlungskonzepten zusammenzubinden, die in der Kommunalpolitik politisch geradlinig und mit dauerhaftem Ressourceneinsatz (Geld, Personal, Zeit) durchgehalten werden müssen.

Eine stadtökologische Politik stellt besondere Anforderungen an Verwaltungsstrukturen und Politikstil. Stadtökologie braucht eine strategische Konzeption und ein vernetztes Denken. Für die Problemlösung sind aber genauso Problemnähe und Kleinteiligkeit gefragt, weil die konkreten Verbesserungen der Umweltqualität in den Städten nur durch eine Vielzahl verschiedenster Maßnahmen zu erreichen sind. Und gefragt ist eine neue Sicht des Verhältnisses von Staat – Kommunen – Bürgern. Die Erkenntnis, daß die ökologische Revitalisierung der Städte nur mit den Bürgern zusammen möglich ist, hat sich noch nicht überall durchgesetzt. Bürgerengagement, Selbsthilfegruppen, Einbeziehung von Vereinen und Verbänden, Bildung von Genossenschaften, sich selbst tragende Erneuerungsprozesse in den Stadtteilen müssen daher auch Ziel einer ökologisch orientierten Stadtentwicklung sein.

Kann die neue Aufgabe Stadtökologie mit den alten Instrumenten und unter den alten Strukturen erfüllt werden? Der traditionelle Werkzeugkasten des Bauplanungsrechts, des Städtebaurechts und des sonstigen Ordnungsrechts ist dafür gewiß kein Optimum, zumal das Baugesetzbuch von 1986 und die Novelle der Baunutzungsverordnung von 1990 kaum als ökologischer Durchbruch bezeichnet werden können. Dennoch bietet auch der traditionelle Werkzeugkasten viele Handhaben, wenn man seine Instrumente mit Phantasie und Flexibilität kombiniert und mit Mut und Durchsetzungskraft anwendet. Flankierend dazu sind die ökonomischen Hebel vor allem des Beitrags- und Gebührenrechts konsequent im Sinne des Verursacherprinzips einzusetzen. Daneben haben sich gerade in der Stadterneuerung eine Fülle von informellen Vorgehensweisen des public-private-partnership herausgebildet, die das traditionelle Instrumentarium wirkungsvoll ergänzen können.

Entscheidend kommt es darauf an, daß Politik und Verwaltung lernen, unter den besonderen Bedingungen einer ökologisch orientierten Stadterneuerung zu arbeiten:

- Es genügt nicht mehr, Angebote zu machen und den Eingang von Anträgen abzuwarten. Kommunalpolitik und Verwaltung müssen sich hinausbegeben und in vielen Fällen selbst initiativ werden.
- Häufig entziehen sich die Projekte wegen ihrer vielfältigen Bezüge den gesetzlich abgegrenzten und fachspezifisch verwalteten Zuständigkeiten. Den Ressourcen Organisation und Koordination kommt daher besonderes Gewicht zu.
- Angebote und Anordnungen führen meist nur über den Umweg persönlicher Kontakte, über Beratung und Betreuung, über Austauschbeziehungen zum Ziel. An die Stelle der Anweisung tritt vielfach die Zusammenarbeit.
- Es ist zweifelhaft, ob die öffentlichen Stellen nach ihrer Amtsstruktur und nach dem Persönlichkeitsprofil ihrer Bediensteten das immer zu leisten vermögen. Es wird vielmehr notwendig sein, im starken Umfang „freie Mitarbeiter" einzuschalten.
- Aufbau- und Ablauforganisation müssen den neuen Anforderungen entsprechen. Das bedingt im gewissen Maße stärkere Dezentralisierungsstrategien in den Kommunen, mit Stadtteilplanungen, Aufwertung von Verwaltungsnebenstellen, Bürgerbüros und mobilen Leistungsangeboten.
- Die Kontakte zwischen den öffentlichen Stellen und dem oft diffusen Kreis der Adressaten bedürfen einer gewissen Verstetigung und Verfestigung. Diese Institutionalisierung muß in möglichst flexiblen Formen neben den etablierten Behördenapparaten möglich sein.

Und schließlich: Stadtökologie ist zwar eine kommunale Aufgabe; sie ist aber keine Aufgabe, mit der die Städte und Gemeinden alleingelassen werden

dürfen. Für die Qualität des Lebens in unseren Städten, für das Überleben der
Städte und Stadtregionen trägt der Gesamtstaat eine Verantwortung. Dem
Bund obliegt es in erster Linie, die umweltpolitischen und die städtebaupoliti-
schen Rahmenbedingungen zu verbessern. Er hat die Regulierungen vorzuneh-
men, die bundesweit getroffen werden müssen oder von übernationaler Bedeu-
tung sind. Er stellt ferner allgemeine Rechtsinstrumente für das städtebauliche
Handeln bereit, und er beteiligt sich an der Förderung von kommunalen
Städtebau- und Umweltprojekten.

Auch die Länder setzen auf bestimmten Gebieten normative Rahmenbedingungen für kommunales Handeln. Die Länder haben für die finanzielle Ausstattung der Gemeinden zu sorgen. Die Länder treffen überregionale Sicherungen
zum Schutz der natürlichen Lebensgrundlagen. Die Länder üben die staatliche
Aufsicht über die Gemeinden und über die Gemeindeverbände aus und haben
ihre Autorität dort einzusetzen, wo kommunale Selbstverwaltung an Distanz-
verlust oder Konfliktüberlastung zu scheitern droht. Und letztlich sollte man
die immateriellen Hilfestellungen nicht vergessen, die die Länder den Städten
angedeihen lassen: Dazu gehören Informationsvermittlungen, Erfahrungsaus-
tausch, Anregung von Initiativen und Wettbewerbe. So hat z.B. das Land
Nordrhein-Westfalen 1991 das Modellprojekt „Ökologische Stadt der Zukunft" ausgeschrieben. Ziel ist es, die vielen verstreuten Einzelerfahrungen zu
zusammenhängenden und langfristig orientierten Handlungskompetenzen zu
verknüpfen. Auf der Grundlage der Ausschreibung sollen drei Städte gefunden
werden, deren kommunale Umweltpolitik geeignet ist, die Möglichkeiten und
Machbarkeiten einer modernen, ökologisch orientierten Stadtentwicklung zu
veranschaulichen und nachvollziehbar darzustellen. Die Laufzeit des Projekt
soll zunächst 10 Jahre betragen.

Insgesamt gesehen sind die Voraussetzungen für eine stadtökologisch
orientierte Politik auf breiter Front zwar nicht eben günstig. Aber es gibt auch
Beispiele in der politischen Praxis, die Mut machen. Wenn es gelingt, die
bisherigen Erfahrungen weiter zu vermitteln und daraus überzeugende, langfristige Strategien zu entwickeln, ist der richtige Weg beschritten. Stadtökologie
ist machbar, wenn sie politisch gewollt ist.

Nahtlos knüpft *Dr. Jörg Forßmann* von der Landesentwicklungsgesell-
schaft NRW GmbH mit seinen Erfahrungen an, die er in mehr als zwei Jahrzehnten auf kommunaler Ebene sammeln konnte. Auch er muß feststellen, daß
derzeit vorfindbare Restriktionen zwar immer noch wirksam, hingegen keineswegs Naturgesetze und damit durchaus veränderbar sind. Der Kampf gegen
Windmühlen scheint sich also zu lohnen? Seine sehr persönliche Diktion, die
bewußt beibehalten wurde, soll zum Nachdenken ebenso anregen wie Mut zum
Handeln machen.

In der ersten Vortragsskizze, die ich Anfang 1991 anlegte, hieß es u.a.:

„Wenn sich Planer zum Don Quijote machen lassen – von einem Kampf
gegen vermeintliche Windmühlen kann keine Rede sein – ist dies nicht den

objektiven, widersprüchlichen Bedingungen zuzuweisen, sondern auch das Ergebnis einer weitgehenden Entpolitisierung der Fachleute und des Verlustes an sozialer Verantwortung."

Damit war ich nicht nur zu einer Kollegenschelte bereit, sondern auch darauf angelegt, meine moralische Entrüstung über mangelndes Verantwortungsbewußtsein zum Ausdruck zu bringen.

Inzwischen haben sich historische Ereignisse zugetragen, die diese Selbstsicherheit doch erheblich ins Wanken gebracht haben. Von den Veränderungen in Deutschland und im Osten möchte ich gar nicht reden. Für einen ökologisch bewußten Menschen war der Ausbruch ds Golf-Krieges der weitaus größere Schock. Die vorausgesagten ökologischen Folgen sind weitgehend eingetreten. Angesichts derartiger Schäden erscheinen die eigenen Bemühungen und kleinen Erfolge im lokalen Bereich als vergebliches Bemühen: Die Ökologische Gesamtrechnung bleibt negativ. Verwundert es da, wenn unser Berufsstand in Resignation verfällt? Ist ökologische Stadtplanung nicht doch ein Kampf gegen Windmühlen, wenn die Maxime „global Denken – lokal Handeln" zu einer zynischen Phrase zu degenerieren droht?

Offensichtlich sind wir noch weit entfernt von dem neuen „Jahrhundert der Umwelt", wie es *Ernst U. von Weizsäcker* erwartet. Weder ist die Ökonomie in absehbarer Zeit up to date, noch ist die für eine globale Ökologiepolitik erforderliche soziale Gerechtigkeit weltweit in Sicht.

Ich habe in der Vergangenheit in Beiträgen zur Stadterneuerung für eine Beachtung der Zusammenhänge von Ökonomie, Sozialem und Ökologie in ihrer historischen Entwicklung plädiert. Dies gilt auch für eine Ökologiepolitik auf globaler Ebene. Dieser Zusammenhang ist als „magisches Dreieck der Ökologie" zu bezeichnen. Im Inneren des Dreiecks steht als vierte Komponente, als Voraussetzung einer Entwicklung der triangulären Beziehung im Gleichgewicht, das Wort „Frieden".

Diese, für mich allgemeinen, gleichwohl unverzichtbaren Ausführungen zur Umweltpolitik führen uns nun näher an das Thema, die räumliche Planung heran. Sie ist offensichtlich ein Kampf gegen Windmühlen, in den wir Ritter von der traurigen Gestalt hineinreiten und dies mit einem blinden, durch nichts zu begründenden Vertrauen in den Erfolg unserer Tätigkeit. Können wir es unseren Kindern gegenüber vertreten, daß wir nicht doch das schier unmögliche versucht haben? Viele Menschen sehen die Verantwortung und versuchen, danach zu handeln. Dies gibt uns den gemeinsamen Mut.

Aber gibt es unter den geschilderten Rahmenbedingungen eine „ökologische Stadtplanung?" Wir sollten diese, ebenso wie beim Begriff „ökologische Stadterneuerung" sehr ungenaue Formulierung zunächst einer kritischen Würdigung unterziehen.

Räumliche Planung umfaßt immer die drei Handlungsfelder *„Soziale Gerechtigkeit", „Ökonomie"* und *„Ökologie".* Aber angesichts der globalen ökologischen Situation hat das ökologische Handlungsfeld inzwischen einen wesentlich größeren Stellenwert erhalten als früher. Auch zu Zeiten, als Umweltschutz und Ökologie noch nicht in aller Munde waren, hat sich räumliche Planung mit einer rationellen Allokation der Ressourcen befaßt. Es ging ihr nicht vorwiegend um den verschwenderischen Umgang mit natürlichen und physikalischen Ressourcen, sondern um eine zweckmäßige und sparsame Organisation des Raumbedarfs, um Raumordnung.

Die raumordnerischen Modelle der zentralen Orte oder der Entwicklungsschwerpunkte und Entwicklungsachsen oder der regionalen Grünzüge waren Versuche, der chaotischen Entwicklung der kapitalistischen Ökonomie einen gesellschaftlichen Ordnungsrahmen aufzuzwingen. Dies waren meines Erachtens durch und durch ökologische Ansätze, wenn man unter Ökologie den sparsamen Umgang mit Ressourcen versteht. Die integrierte Stadtentwicklungsplanung der siebziger Jahre hat solche Ansätze aufgegriffen, insbesondere in der Erarbeitung von Konzepten zur Entwicklung der räumlich-funktionalen Ordnung oder gesamtstädtischer Freiraumkonzepte.

Trotz dieses „ökologischen" Wesensbestandteils der Raumplanung sollte der Vorrang der Ökonomie nicht verkannt werden. Es bestanden noch sehr unklare Vorstellungen über die Umweltfolgen der mittels der Planung realisierten Standort- und Maßnahmenentscheidungen. Die Stadtplanung im engeren Sinne, das heißt im wesentlichen die Bauleitplanung, verstand sich durchaus als Vollzugsinstanz real-ökonomischer Interessen. Ihr Hauptzweck war die Schaffung des erforderlichen Baurechts und der von der Wirtschaft geforderten Infrastrukturen.

Die integrierte Stadtentwicklungsplanung hatte ihre Blüte in der zweiten Hälfte der siebziger Jahre und wirkte bis in die Mitte der achtziger Jahre hinein. Als eine Gegenbewegung zur traditionellen Stadtplanung integrierte sie alle raumwirksamen kommunalen Planungsbereiche in eine *gesamtstädtische Konzeption*. Umweltschutz und Umweltplanung erhielten erstmalig einen eigenen Stellenwert.

Im Gesamtkonzept der Stadtentwicklungsplanung Köln von 1978 – an dem ich innerhalb einer interdisziplinär zusammengesetzten Planungsgruppe mitgearbeitet habe – war eine eigenes Kapitel „*Umweltschutz, Umweltplanung*" enthalten. Programmatisch heißt es in der Zusammenfassung: „*Durch die Berücksichtigung ökologischer Grundsätze und die Anwendung der Umweltschutzgesetzgebung ist für die Kölner Bevölkerung eine Umwelt zu schaffen und zu sichern, die sie für ihre Gesundheit und ihr Wohlbefinden benötigt. Lärmbekämpfung, Luftreinhaltung, Wasser- und Landschaftsschutz müssen intensiviert werden, wobei die Versorgungsunternehmen zunehmend in ihren Bemühungen zu unterstützen sind, durch den weiteren Ausbau leitungsgebundener Energieversorgungssysteme sowie der Kraft-Wärme-Kopplung zur Verbesserung der Umweltbedingungen beizutragen. Die städtische Ver- und Entsorgung hat neben den Wirtschaftlichkeitsgesichtspunkten zunehmend die Aspekte verbesserten Umweltschutzes zu berücksichtigen. Das weitere Bebau-*

en insbesondere innerstädtischer Freiräume mit Erholungs- oder Stadtbelüf-
tungsfunktion ist unbedingt zu vermeiden. "Ökologische Gesichtspunkte waren
auch in den Kapiteln zum *„Verkehr"*, zu *„Freizeit, Freiraumplanung, Sport"*
sowie *„Ver- und Entsorgung"* von besonderer Bedeutung.

Diese Programmatik hat auch heute noch ihre Gültigkeit. Verborgen bleibt,
daß viele Überlegungen zur Energieeinsparung und zum Abfallrecycling am
Widerstand des Fachdezernats und der Stadtwerke scheiterten. Diese Gedanken, Ziele und Maßnahmen zur Energieeinsparung und zum Recycling bei der
Abfallbeseitigung waren seinerzeit noch nicht durchzusetzen. Erst viele Jahre
später wurden die Vorstellungen wieder aufgegriffen. Heute ist vieles davon
akzeptiertes Gedankengut und allgemeine Praxis. Die Stadtentwicklungsplanung und die damit verbundene Planungskultur verlor Mitte der achtziger Jahre
ihre kommunalpolitische Bedeutung. Ohne hier auf die Ursachen dafür eingehen zu können, spielten auch Planungsmüdigkeit der Kommunalpolitiker und
Planungshybris der Stadtentwicklungsplaner eine nicht unwesentliche Rolle.

Integrierte Gesamtplanung wurde wieder durch sektorale Fachplanungen
ersetzt. Aber die Wirkungen auf das kommunalpolitische Geschehen sind bis
heute zu verspüren. Insbesondere in der Stadterneuerung, der Verkehrs- und
Freiraumplanung sind die Grundgedanken der damaligen Hochzeit der Planung weiterentwickelt worden. Ziele und Grundsätze wurden in das Bauplan-
ungsrecht und das Umweltrecht aufgenommen. Sie bilden heute die rechtliche
Basis für eine ökologisch orientierte Raumplanung. Umweltschutz und
Umweltplanung entwickelten sich zu einer eigenständigen sektoralen Fachpla-
nung.

Während auf der kommunalen Ebene – zumindest beim Vollzug ökologisch orientierter Konzepte – eine Stagnation eintrat, wurde auf der Landes-
bene die ökologische Orientierung raumbedeutsamer Planungen und Maßnahmen mehr und mehr verankert. Über die Landesförderung kommunaler Maßnahmen wirkte dies auf Städte und Gemeinden zurück. Dies gilt nicht nur für
Nordrhein-Westfalen. Das Erstarken einer ökologischen Partei hat diesen
Prozeß sicherlich mit beschleunigt.

In der zweiten Hälfte der achtziger Jahre übernahm West-Berlin eine
Vorreiterrolle bei der Konzipierung einer ökologisch orientierten Stadtplanung. Der Problemdruck durch die Umweltbelastungen in der eingeschlossenen Stadt bewirkte ein starkes Bewußtsein über die Notwendigkeit einer
konsequenteren Umweltplanung. Die engen Beziehungen zwischen Wissenschaft an den Hochschulen und der Planung vor Ort förderten die Entwicklung
einer ökologischen Planungsmethodik. So entstand das Konzept des *„ökologi-*
schen Stadtumbaus". Dieses Konzept ist die Wiedergeburt der integrierten
Stadtplanung, nunmehr allerdings unter dem eindeutigen Primat der Ökologie.
Der *„ökologische Stadtumbau"* definiert alle relevanten Umweltbereiche der
gebauten Stadt als *„Ökobausteine"*, die in ihrem Zusammenwirken eine
wesentliche Verbesserung der Umweltbedingungen erreichen sollen. Die

Bausteine erfassen die Bereiche Energie, Wasser, Luft/Klima, Grün, Verkehr, Abfall, Bauökologie usw. und werden miteinander verknüpft durch den Baustein „Umweltberatung/Umweltkommunikation". Der pädagogische Effekt spielt eine große Rolle, um alle Beteiligten und Betroffenen langfristig in den Prozeß der ökologischen Aufwertung einbinden zu können. Es wurden Grundlagen erarbeitet, um die Effekte der Umweltverbesserung nachweisen zu können.

Die *Internationale Bauausstellung Berlin 1987* bot ein fruchtbares Experimentierfeld für die Anwendung dieser Planungsmethode. Allerdings beschränkten sich die Experimente zunächst auf das Ausprobieren einzelner Bausteine. Insbesondere bei der Stadterneuerung in Kreuzberg wurden vielfältige praktische Erfolge erzielt. Die bei der Wohnungsmodernisierung gewonnenen Erfahrungen ermöglichten, einen für ganz West-Berlin gültigen ökologischen Standard zu definieren, der in die Modernisierungsrichtlinien Eingang fand. Auch für den Wohnungsneubau mit öffentlicher Förderung konnten ökologische Anforderungen festgelegt werden.

Eine integrierte Anwendung relevanter Bausteine wurde jedoch nur in zwei Projekten in Kreuzberg versucht, beides Modellvorhaben des *„Experimentellen Wohnungs- und Städtebaus"* des Bundesbauministeriums. *Petra Gelfort* wird im weiteren Verlauf eine wissenschaftliche Bewertung der bisherigen Ergebnisse vornehmen.

Ich selbst habe zwei Jahre das Modellvorhaben *„Behutsame Stadterneuerung am Moritzplatz unter ökologischer Zielsetzung"* betreut. Die dabei gewonnenen Erfahrungen waren aus der Sicht des Praktikers schmerzlich, aber sehr lehrreich. Die politischen Rahmenbedingungen veränderten sich ständig, obwohl alle Regierungen sich verbal zu den Zielen des ökologischen Stadtumbaus und ihrer Umsetzung in diesem Projekt bekannten. Das Verwaltungshandeln war – insbesondere auf Senatsebene – immer widersprüchlich und letztendlich setzten sich die wirtschaftlichen Interessen gegen ökologische Forderungen durch. Die Ausarbeitung der ökologischen Bausteine durch die Protagonisten des ökologischen Stadtumbaus war letztlich unseriös und praktisch in vielen Fällen nicht umsetzbar. Die Betroffenen hatten ganz andere Sorgen als die Ökologie in ihrem Stadtquartier.

Im Ergebnis ist festzustellen, daß dieses Pilotprojekt nicht gelungen ist; die neue Situation nach Öffnung der Mauer hat sicherlich zusätzlich dazu beigetragen. Trotzdem hat sich gezeigt, daß ein erhebliches Grundwissen und konkrete Möglichkeiten einer ökologisch orientierten Stadtplanung existieren. Insoweit habe ich persönlich – und dies gilt auch für andere Mitwirkende an diesem Projekt – Erkenntnisse und Kenntnisse gewonnen, die an anderer Stelle nutzbar gemacht werden können. An der Verbreitung solcher Erkenntnisse in Fachkreisen mangelte es allerdings erheblich. Dies ist auch meine Hauptkritik am *„Experimentellen Wohnungs- und Städtebau"* des Bundesbauministeriums.

Heute sind wir einen ganzen Schritt weitergekommen. Nordrhein-Westfalen kann auf solchen Erfahrungen aufbauen und im Rahmen der *„Internationalen Bauausstellung Emscher-Park"* die ökologische Erneuerung einer ganzen Region in Angriff nehmen. Vielleicht gelingt es dabei, den scheinbaren Widerspruch zwischen Ökologie und Ökonomie aufzulösen. Im Ruhrgebiet, wo ich jetzt bei der Wiedernutzbarmachung montaner Industriebrachen mitwirken kann, bestehen jedoch andere Probleme.

Das Problem ist nicht der fehlende politische Wille für eine ökologische Erneuerung, zumindest nicht auf der Ebene der Landesregierung und der überkommunaler Institutionen. Ein wesentliches Problem ist der Verlust von Planungskultur und sozialer Verantwortung in der planenden Verwaltung der Kommunen. Die Sparpolitik des vergangenen Jahrzehnts hat tiefe Wunden in den Ämtern hinterlassen. Auf der Seite der Fachleute hat das Primat der Ökonomie zu einer „willfährigen Anpassung an wirtschaftliche Interessen" – wie es *Stephan Reiß-Schmidt* ausdrückte – zu einem Verlust an Glaubwürdigkeit und sozialer Verpflichtung von Planern geführt. Das entspricht meines Erachtens nicht – trotz des sich immer wieder manifestierenden Primats der privaten Kapitalverwertung – den objektiven Durchsetzungsmöglichkeiten einer ökologisch orientieren Stadtplanung. Besonders auf kommunaler Ebene ist ein Zurückweichen gegenüber wirtschaftlichen Forderungen im allgemeinen Kampf um Standortvorteile der Kommunen im Rahmen des Strukturwandels und der schleichenden Privatisierung von Planungsleistungen festzustellen. Dies drängt die Artikulation ökologischer Anforderungen im Planungsprozeß zurück, obwohl es einer langfristigen Standortverbesserung nichts nutzt. Die damit einhergehende Ressourcen-Verschwendung zugunsten kurzfristiger Erfolge eines zweifelsohne notwendigen Strukturwandels unter zum Teil erheblichem Einsatz staatlicher Finanzmittel wird von vielen Planern nicht herausgearbeitet und politisch abzuwehren versucht.

Ist es wirklich zwangsläufig, daß wir Planer wie Sancho Pansa auf unserem Esel hinter Don Quijote hertraben, wenn er gegen Windmühlen kämpft?

Das Dilemma scheint doppelt: Im Bereich naturwissenschaftlicher Grundlagen gibt es ein erhebliches *Wissensdefizit* und im Bereich angewandter Forschung ein ebensolches *Erfahrungsdefizit*. So wird ökologisch orientierte Wissenschaft dem dauernden „Relevanzkonflikt" ausgesetzt. Aber es gibt inzwischen gut funktionierende Kombinationsmöglichkeiten von grundlagenorientierter Forschung und projektbegleitender Erprobung und Beratung. Beispiele u.a. aus dem Bereich „Experimenteller Wohnungs- und Städtebau" machen perspektivreiche Ansätze deutlich.

Dipl.-Ing. Petra Gelfort vom Institut für Stadtforschung und Strukturpolitik GmbH, Berlin, hat auf eine ausführliche Erörterung des ursprünglich aufgegebenen Bildes *„Planungsbezogene Stadtökologie – Ein Wettlauf zwischen Hase und Igel mit wechselnden Rollen?"* verzichtet und ist zu der Erkenntnis gelangt, daß dieses Bild nicht paßt. Sie hat ihr Thema dem tatsächlichen Verlauf der Fachsitzung angepaßt und „*Stadtökologie und umweltgerechtes Bauen – Ergebnisse aus der praktischen Realisierung*" genannt.

Die vorgestellten Erkenntnisse resultieren aus der begleitenden Forschung des BMBau-Forschungsfeldes „Stadtökologie und umweltgerechtes Bauen" im Rahmen des „Experimentellen Wohnungs- und Städtebaus". Ziel des Forschungsfeldes war es, den Beitrag des Städtebaus zum Umweltschutz auf der Basis der Durchführung von konkreten Modellvorhaben zu überprüfen. Dabei stand die Zusammenführung erprobter ökologischer Maßnahmen aus verschiedenen Handlungsfeldern zu integrierten ökologischen Konzepten im Mittelpunkt des Forschungsinteresses.

Ökologische Ziele und Wirkungen

Nahezu alle Modellvorhaben verfolgen die Verknüpfung von Maßnahmen verschiedenster Handlungsfelder. Dabei wurden sowohl technisch erprobte, wie auch neu entwickelte Lösungsansätze miteinander gekoppelt. Die Erfahrungen in den Modellvorhaben belegen, daß beim zukünftigen ökologischen Planen und Bauen nach Möglichkeit solche integrierten Konzepte verfolgt werden sollten. Obgleich es angesichts unterschiedlicher Ausgangsbedingungen nicht „*das*" ökologische Konzept gibt, können Elemente einer ökologischen Grundausstattung benannt werden. Hierzu zählt eine Kombination aus Wärmebewahrung und rationeller Energieverwendung sowie schadstoffarmer und dezentraler Energieerzeugung, die konsequente Verwendung wassersparender Sanitärtechnik und die Verwendung von Regenwasser vor Ort, die getrennte Abfallerfassung und die grundstücksbezogene Kompostierung, die hochwertige Ausnutzung der Grünpotentiale sowie eine an Umweltkriterien orientierte Baustoffauswahl.

Im *Handlungsfeld Energie* können durch geeignete Maßnahmekombinationen 20 bis 50 % des Primarenergiebedarfes eingespart werden. Wesentliche Effekte lassen sich bereits durch konzeptionelle und gestalterische Maßnahmen (Gebäudeorientierung, Grundrißgestaltung, Wärmeschutz) erreichen. Im Mittelpunkt jedoch stehen die Heizsysteme. Brennwerttechnik und Fernwärmeanschluß stellen allgemein anerkannte Maßnahmen dar. Aber auch der Einsatz dezentraler Blockheizkraftwerke mit ihrer gekoppelten Erzeugung von Wärme und Energie bei gleichzeitig minimalen Verteilungsverlusten kann bereits als günstige Maßnahme eingeschätzt werden. Insgesamt zielten die Maßnahmen auch darauf, Energie dezentral und umweltverträglich zu erzeugen. Sonnenkollektoren zur Warmwasserbereitung sind immer dann sinnvoll einzusetzen, wenn ausreichende Flächenpotentiale in exponierter Lage vorhanden sind. Photovoltaikanlagen befinden sich noch im Entwicklungsstadium.

Im *Handlungsfeld Wasser* können erhebliche Trinkwassereinsparungen in einer Größenordnung von 30 % allein durch die Installation wassersparender Sanitärtechnik (6 l-WC-Kombination mit Spülstromunterbrecher, Durchfluß-mengenbegrenzer) erreicht werden. Eine sinnvolle Vervollkommnung ist mit dem wohnungsweisen Wasserzähler gegeben, der die verbrauchsabhängige Abrechnung ermöglicht. Die Kanalisation und mithin die Kläranlagen können durch eine weitreichende grundstücksbezogene Rückhaltung des Regenwassers entlastet werden. Dabei kann – je nach Maßgabe der örtlichen Verhältnisse – das Regenwasser für die Freiflächenbewässerung, die WC-Spülung oder auch zur Grundwasseranreicherung genutzt werden. Die Anlagen zur dezentralen Grauwasseraufbereitung, in den Modellvorhaben wurden sowohl wohnungs-, haus- und hausgruppenbezogene Anlagen realisiert – befinden sich noch im Versuchs- und Erprobungsstadium. Allerdings ist derzeit weder die Wiederverwendung für die WC-Spülung noch die Einleitung in den Vorfluter oder aber die Grundwasseranreicherung unbedenklich möglich.

Im *Handlungsfeld Abfall* kann das Haushaltsabfallaufkommen bei konsequenter Kompostierung – damit können schon allein 30 Gewichtsprozent zurückgehalten werden – und gleichzeitiger Wertstofftrennung und Sammlung von Glas, Papier, Pappe und Problemstoffen und Rückführung in die Verwertungskreisläufe auf 40 bis 50 % reduziert werden. Die in den Modellvorhaben gewonnenen Erkenntnis belegen zudem, daß dezentrale Kompostierung auch in hochverdichteten Stadtgebieten zu realisieren ist.

In Abhängigkeit von den einzelnen Baugebietstypen sind in bezug auf die Schaffung von *Grün- und Freiflächen* Potentiale in einer Größenordnung bis zu maximal 80 % der Grundstücksfläche ökologisch wirksam zu bepflanzen. In verdichteten Stadtgebieten bilden Fassaden und Dächer die wesentlichen Begrünungspotentiale. Die Schaffung solcher Flächen dient nicht nur dem Bodenschutz und der Grundwassserneubildung, sondern auch und vor allem der stadtklimatischen Verbesserung und der Steigerung der Wohnumfeldqualität. Erhaltungs- und Entwicklungspotentiale sind vorrangig in der Entsiegelung von Bodenflächen zu sehen.

Im *Handlungsfeld Baustoffe* zielten die Bestrebungen in der Hauptsache auf die Verwendung gesundheitlich unbedenklicher Baustoffe. In weitergehenden Konzepten wurde beabsichtigt, nur solche Materialien zu verwenden, die von der Produktion bis zur Wiederverwendung umweltverträglich sind. Nicht zuletzt aufgrund einer fehlenden bzw. eher zufälligen Auszeichnung der Baustoffe stellt sich derzeit die Identifizierung und Beschaffung solcher Baustoffe und Bauteile als sehr schwierig dar. Ein Beitrag ist in jedem Falle dann auszumachen, wenn solche Baustoffe und -teile bevorzugt werden, die in Herstellung und Transport als energiearm und in Produktion und Betrieb als schadstoffarm bezeichnet werden können. Das in einem der Modellverfahren erprobte Baustoff- und Bauteilerecycling konnte erfolgreich praktiziert werden.

Auch der Aspekt *Kosten und Wirtschaftlichkeit* sei lediglich kurz angesprochen: Indem sich die Modellvorhaben dem Experiment verpflichtet fühlten, traten sowohl höhere Baukosten als auch höhere Baunebenkosten durch besondere Planungs-, Gutachten- und Abstimmungserfordernisse auf. Betrachtet man diese Mehrkosten genauer, so ergibt sich eine für ein innovatives Betätigungsfeld typische dreigliedrige Struktur, indem sich einige als ökologisch sinnvoll zu bezeichnende Maßnahmen schon heute rechnen – genannt seien beispielsweise moderne Heiztechnik und wassersparende Sanitärtechnik –, andere gleichfalls ökologisch sinnvolle Maßnahmen sich erst in der Nähe der Rentabilität bewegen, weshalb auch nicht nach staatlichen Hilfen gesucht werden muß – auch die Änderung der Rahmenbedingungen, vor allem höhere Preise und Tarife können hier zur Durchsetzung verhelfen. Erwähnt seien Solarkollektionen, BHKW, Regenwassernutzung. Die Maßnahmen der dritten Gruppe schließlich, die sich nicht nur heute, sondern auch in absehbarer Zeit als vermutlich unwirtschaftlich darstellen, erfordern eine differenzierte Beurteilung. Die Photovoltaik beispielsweise ist wohl nur mit öffentlicher Unterstützung zur Serienreife zu entwickeln. Hohe Kosten und verhältnismäßig geringe Vorteile gegenüber der herkömmlichen Abwasseraufbereitung führen andererseits dazu, daß die Zukunftsperspektive der dezentralen Grauwasseraufbereitung überwiegend nur in nicht an die Kanalisation angeschlossenen Gebieten zu sehen ist.

Die Bewertung ökologischer und ökonomischer Maßnahmen wurde in der folgenden Tabelle gemeinsam dargestellt (s. S. 281).

Recht und seine Anwendung durch öffentliche Akteure

Entsprechend der Anlage und Zielrichtung der Modellvorhaben ergaben sich keine neuen Erkenntnisse in bezug auf Festsetzungsmöglichkeiten nach § 9 BauGB. Vielmehr war mit der Beurteilung der innovativen Bauteile, Baustoffe und ungewöhnlichen Anlagen das Bauordnungsrecht angesprochen. Bei der Bearbeitung der erstmaligen Genehmigungsanträge waren Unsicherheiten festzustellen. Die beteiligten Fachbehörden folgten dabei ihren eigenen Regelungslogiken und Handlungsroutinen und beurteilten dementsprechend ökologisch motivierte Innovationen eher skeptisch, teilweise auch ablehnend. Insgesamt zeigt sich allerdings auch bei der Analyse der Bauordnungsrechte, daß weniger tatsächliche Regelungsdefizite als vielmehr die nur zögerliche Ausschöpfung von Auslegungsmöglichkeiten ursächlich war. Relativ häufig wurde – gerade bei noch nicht erprobten Maßnahmen, wie der dezentralen Grauwasseraufbereitung – auf den Forschungstrieb bezug genommen und von der Möglichkeit Gebrauch gemacht, Genehmigungen befristet und jederzeit widerrufbar auszusprechen.

Ökologische und ökonomische Effekte

Maßnahmen	Ökologische Effekte		Ökonomische Effekte		
	harte	weiche	Investitionskosten	Betriebskosten	Wirtschaftlichkeit
Energie					
Wärmedämmung	++	0	–	+	+
Wintergarten (1)	+	++	–	+	-
Brennwertkessel	++	0	-	++	++
Wärmerückgewinnung					
– Luft	0	–	-	0	-
– Wasser	+	0	-	+	0
Solarkollektoren (2)	++	0	-	+	-/0
Photovoltaik	+	0	–	+	–
BHKW	++	0	–	+/++	0/+
Wasser					
Wassersparpaket	++	0	-	++	++
4-l-WC-Kombination	++	0	–	++	-/0
Clivus multrum-Anlage	++	0/+	–	++	-
Regenwassernutzung	++	0	-/–	+/++	-/0
Regenwasserversickerung	++	+/++	-	0	-
Grauwasseraufbereitung					
– Pflanzenkläranlage	++(3)	+	–	0/-	–
– Tropfkörper	++(3)	0	–	0/-	–
Abfall					
Kompostierung	++	+	-	+	+(4)
Wertstofftrennung	++	+	-/0	0/+	0/+
Grün					
Entsiegelung und Minimierung der Erschließungsfläche	+	++	-/0	0	-/0
Fassadenbegrünung	+	+	-	-/0	-
Dachbegrünung	+	+/++	–	-/0	-
Baustoffe					
Baustoff- und -teilrecycling	+	+	0	0	0

++ = stark positiv / + = positiv / 0 = neutral / - = negativ / – = stark negativ

(1) bei energetisch sinnvoller Konzeption und Nutzung
(2) zur Brauchwassererwärmung
(3) Bewertung beruht auf Voraussetzung, daß geplante Reinigungsleistung erreicht wird
(4) bei Schnellkomposter, „Wurmkiste", Komposthaufen

Quelle: IfS (eigene Zusammenstellung)

Einige der für das umweltgerechte Bauen typischen Maßnahmen (einzelne Baustoffe, Wärmedämmung, Dachaufbauten für Dachbegrünung oder die Installation von Solarkollektoren) wurden regelmäßig mit Auflagen und Bedingungen aus den Bereichen Denkmalschutz und Brandschutz belegt.

Eine besondere Problematik ist mit den Maßnahmen angesprochen, die neben den bauordnungspolitischen Belangen andere Rechtsbereiche ansprechen. Beim BHKW ist dies das Energiewirtschaftsgesetz, bei einzelnen Wassermaßnahmen örtliche Anschluß- und Benutzungssatzungen oder das jeweilige Landes-Wassergesetz. Die dabei auftretenden Verhandlungs- und Abstimmungsnotwendigkeiten haben in einigen Fällen dazu geführt, die vorgesehenen Maßnahmen nicht zu realisieren. Nach Auskunft der Projektträger haben sich die Energieversorgungsunternehmen als die schwierigsten Verhandlungspartner erwiesen.

Private Akteure – Handlungsbereitschaft und Handlungshemmnisse

Im Gegensatz zu den früheren solitären „Ökohäusern" sind die Modellvorhaben weder im Alleingang noch als frei stehende Einfamilienhäuser realisiert worden. Die Initiative ging dabei häufig gerade nicht von den Eigentümern, sondern eher von engagierten Fachplanern, Architekten oder auch kommunalen Verwaltungen aus. Private Wohnungsbaugesellschaften verhalten sich in dem Bereich noch sehr zurückhaltend. Dies mag nicht zuletzt daran liegen, daß die Risiken in bezug auf Technik, Betrieb und Wartung einzelner Anlagen noch nicht hinreichend kalkulierbar sind, und zudem die Wirtschaftlichkeit des Objektes noch gefährdet erscheint.

Die „Ökologisierung" der Modellvorhaben-Konzeption wurde sowohl mit der Vergabe von Einzelgutachten als auch mit in den Bauablauf integrierten Gutachten hergestellt. Obgleich es die Analyse der Modellvorhaben nicht erlaubt, die eine oder andere Variante zu bevorzugen, bleibt doch festzuhalten, daß in jedem Falle bei der Wiederentwicklung des Projektes die Beteiligung der Fachgutachter gesichert werden sollte. Dabei ist darauf hinzuweisen, daß die Planung und Konzeptionierung der anspruchsvollen Projekte die Zusammenarbeit unterschiedlicher Fachplaner erfordert. Fachplaner, die bereits Erfahrungen mit dem ökologischen Planen und Bauen gesammelt haben, sind allerdings immer noch rar. Die Auswahl möglichst erfahrener Fachplaner und deren Einbindung in den Bauablauf ist gerade deswegen besonders empfehlenswert, da Architekt und Bauherr beispielsweise bei der Bauüberwachung auf das Spezialwissen noch viel stärker angewiesen sind als bei routinierten Bauaufgaben.

Auch bei den Bauausführenden gibt es noch Engpässe, da sich eine noch nicht ausreichend große Anzahl von Betrieben in das neue Betätigungsfeld eingearbeitet haben. Zumal bei der eigentlichen Bauausführung eine besonders sorgfältige Arbeit erforderlich ist; genannt seien die Wärmedämmung bei Niedrig-Energiehäusern, Wärmetauscher, getrennte Rohrleitungssysteme.

Als die wichtigste Gruppe für die „Betriebsphase" der Gebäude sind die Bewohner anzusprechen. Sie sind möglichst frühzeitig zu beteiligen, Information und Wissensvermittlung sind unabdingbare Voraussetzungen. Bei den Mietern in den Modellvorhaben-Projekten war eine so nicht erwartet hohe Mitwirkungsbereitschaft anzutreffen. Zu hohe Erwartungen an die Nutzer, etwa durch nicht hinreichend praktikable und plausible Systeme, sind allerdings geeignet, die zunächst vielfach positive Haltung der Mieter zu schwächen.

Schließlich ist angesichts der Vielzahl der Akteure der Punkt Koordination und Management anzusprechen. Ohne eine vertrauenvolle Zusammenführung der verschiedenen Akteure, eine detaillierte Projektablaufplanung, eine eindeutige Arbeitsteilung samt einer nachvollziehbaren Regelung der Entscheidungskompetenz, gelingt es kaum, die komplex angelegten Vorhaben zu steuern.

Abschließend sei noch einmal an die Referentenaufgabe erinnert. Darin heißt es: „Das Dilemma ist doppelt: Im Bereich naturwissenschaftlicher Grundlagen gibt es ein erhebliches Wissensdefizit und im Bereich angewandter Forschung ein ebensolches Erfahrungsdefizit. So wird ökologisch orientierte Wissenschaft dem dauernden „Relevanzkonflikt" ausgesetzt. (...)"

Sicherlich, es fehlen noch Erfahrungen, aber es werden täglich neue gewonnen: es ist ein kontinuierlicher Prozeß, indem immer mehr Modelle und Maßnahmen vom Prototyp in die Serienreife wachsen. Auch bei den Wissensdefiziten zeigt sich, daß aus der laufenden Forschung und Beobachtung Erkenntnisse gewonnen werden können, die es erlauben, Wissenslücken zu schließen.

Aber dies ist meines Erachtens kein Dilemma, sondern ein ganz normaler Prozeß bei der Entwicklung eines innovativen Produktes oder einer ebensolchen Programmreihe zur Marktgängigkeit.

Allerdings ist meines Erachtens an ganz anderer Stelle ein Dilemma auszumachen: Es gibt Akteure, die selbst die einfachsten Maßnahmen, die für sich betrachtet sicherlich nicht *die* Ökomaßnahmen sind, aber dennoch zum sparsamen Umgang mit den Ressourcen beitragen, nur im Zusammenhang mit einer ganzheitlichen Betrachtungsweise gelten lassen und diese nicht isoliert betrachten wollen.

Meines Erachtens ist dies aber eine künstlich geschaffene Zwangslage, die gar nicht die Wahl zwischen beiden „Optionen" erfordert: Sicherlich wird beispielsweise im Zusammenhang mit wassersparenden WC-Anlagen der ökologisch bewußte Mieter häufiger die Spül-Stop-Taste betätigen als sein Nachbar, der sich noch wenig Gedanken um die Wasserproblematik gemacht hat. Jedoch spart auch dieser dadurch, daß ein Spülkasten mit nur 6 l-Inhalt verwendet wurde und nicht der mit dem herkömmlichen Inhalt von 9 l.

Plädieren möchte ich an dieser Stelle für eine Zweigleisigkeit: Parallel kann das Umweltbewußtsein geschärft werden und trotzdem schon Maßnahmen in großem Umfange eingesetzt werden, die einen sparsamen Umgang mit den Ressourcen nicht nur erlauben sondern in Teilen auch erzwingen.

Der Kreis schließt sich. Wir waren angetreten, den „Stand der Dinge" im Bereich der „Stadtplanung und Stadtökologie", wenn nicht aus-, so doch zumindest einigermaßen gründlich anzuleuchten und haben dabei den Bogen von der Golf-Krise bis hin zu den individuellen Möglichkeiten des sparsamen und verantwortungsbewußten Umgangs mit natürlichen Ressourcen geschlagen. Die Defizite in den politisch-administrativen Handlungsfeldern auf allen Ebenen sind dabei ebenso deutlich zu Tage getreten wie die im Bereich wissenschaftlicher Forschung. Der Stand der Dinge hat indes deutlich gemacht, daß politisches und soziales Engagement unter den Verantwortlichen nicht beliebig austauschbar ist, politisches Handeln angeblich nicht möglich sei, weil wissenschaftliche Grundlagen fehlen oder diese nicht aufgearbeitet werden können, weil es keine politischen Ziele gebe. *Ernst U. von Weizsäcker* hat in einer „Klarstellung über den ökologischen und historischen *Rahmen* der Erdpolitik" aufgezeigt, daß „die Anfänge der Erdpolitik in der klassischen Umweltpolitik besondere Beachtung (verdienen), weil sie die große Ermutigung enthalten, *daß* es möglich ist, ohne große Revolution eine bedeutende Veränderung der Wirtschaft in relativ kurzer Zeit herbeizuführen."

Die hier aufgezeigten Handlungsperspektiven geben – trotz aller noch feststellbaren Widersprüchlichkeiten und Rückschläge in der praktischen Umsetzung – Mut, schrittweise weiterzumachen, damit aus der Forderung „Think, globally – act locally" eine dauerhaft tragfähige reale Utopie wird!

Literatur

Ahuis, Helmut: Planen für das ökologische System Stadt. In: Der Städtetag 1/1991, S. 25 ff.

Baumheier, Ralph: Das ökologische Potential der Kommunalpolitik – Neuere Ansätze und Entwicklungen im Verhältnis von Kommunen und Umweltschutz. In: Archiv für Kommunalwissenschaften 1990, S. 242 ff.

Fellenberg, Günter: Lebensraum Stadt, Zürich/Stuttgart 1991.

Fiedler, Klaus P. (Hrsg.): Kommunales Umweltmanagement, Köln usw. 1991

Ganser, Karl / Hesse, Joachim Jens / Zöpel, Christoph (Hrsg.): Die Zukunft der Städte, Baden-Baden 1991.

Göb, Rüdiger: Abschied von der Stadtentwicklungsplanung? In: Raumforschung und Raumordnung 1989, S. 289 ff.

Hahn, Ekhart: Ökologischer Stadtumbau – Theorie und Konzept, Berlin (papers des Wissenschaftszentrums Berlin) 1991 (nicht im Buchhandel).

Krautzberger, Michael: Stadtökologie – ein neues städtebauliches Leitbild? In: Umwelt- und Planungsrecht 1990, S. 49 ff.

Lieth, Helmut: Entwicklung und Ziele der Systemökologie. In: Zeitschrift für angewandte Umweltforschung 1990, S. 373 ff.

Ministerium für Umwelt, Raumordnung und Landwirtschaft des Landes Nordrhein-Westfalen (Hrsg.): Ökologieprogramm im Emscher-Lippe-Raum 1991–1995, Düsseldorf (nicht im Buchhandel).

Müller, Paul: Stadtökologie versus Ökosystemforschung. In: Zeitschrift für angewandte Umweltforschung 1990, S. 293 ff.

Ritter, Ernst-Hasso: Das Recht als Steuerungsmedium im kooperativen Staat. In: Staatswissenschaften und Staatspraxis 1990, S. 50 ff.

Steinebach, Gerhard/Herz, Sabine: Ökologisches Gesamtkonzept in der Stadt- und Dorfplanung. In: Informationen zur Raumentwicklung, 10/11.1990, S. 553 ff.

Sukopp, Herbert (Hrsg.): Stadtökologie – Das Beispiel Berlin, Berlin 1990.

von Weizsäcker, Ernst Ulrich: Erdpolitik. Ökologische Realpolitik an der Schwelle zum Jahrhundert der Umwelt, 2. Auflage Darmstadt 1990

Weyel, Hermann-Hartmut: Stadtökologie – Möglichkeiten und Aktionsräume kommunaler Umweltpolitik. In: Verwaltungsarchiv 1989, S. 245.

Zeller, Peter (Hrsg.): Stadt der Zukunft, Zürich 1990.

IV.12 Fernerkundung als landschaftsökologische Methodik

H. Haefner, J. Estes, E. Parlow, K. Itten

Einleitung

Die Fernerkundung hat mit dem Start des ersten europäischen Erdbeobachtungssatelliten ERS-1 vom 16. Juli dieses Jahres einen gewaltigen Schritt vorwärts getan. Jetzt gilt es, die laufend anfallenden grossen Datenmengen mit adäquaten Methoden auszuwerten und für die Lösung aktueller Aufgaben und Probleme sinnvoll einzusetzen. Ein kontinuierliches, wiederholtes Beobachten und Erfassen der sich gegenwärtig an der Erdoberfläche abspielenden Prozesse und Veränderungen, sei es im regionalen, kontinentalen oder gar globalen Rahmen, ist unerlässlich, um ein besseres Verständnis der komplexen Vorgänge in unserer Umwelt zu gewinnen und sinnvolle Lösungen herzuleiten.

Gerade in der Landschaftsökologie vermag die Fernerkundung wesentliche Beiträge bei der flächenhaften qualitativen und quantitativen Analyse der laufenden Prozesse in ihrer raum-zeitlichen Dynamik, in ihren Vernetzungen und als Grundlage für Ursachenforschung und planerische Massnahmen zu leisten. Sie stellt somit eine besonders wichtige Arbeitsmethode dar, setzt aber voraus, dass wir sie auch richtig einsetzen und anwenden. Diese Thematik soll deshalb von drei unterschiedlichen Positionen aus beleuchtet und dargestellt werden, nämlich

- in Form einer grossen Übersicht über den aktuellsten Stand der Entwicklung (J. Estes),
- aus der Perspektive der Herleitung raumdeckender Klimadaten (E. Parlow), und
- aus der Sicht der spezifischen Bedürfnisse und Anforderungen in Drittweltländern (K. Itten).

Globale und regionale geoökologische Anwendungen der Fernerkundung

Während die meisten Forscher heute die Zusammenhänge zwischen Entwaldung der Tropen und globaler Klimaveränderung untersuchen, zeigen sich einige andere zunehmend besorgt über die sich laufend verstärkende Entwaldung als wesentlicher Faktor der weltweiten Reduktion der Biodiversität. Infolge Bevölkerungswachstum und der damit verknüpften Umweltveränderung hat global gesehen die Artenvielfalt ihren tiefsten Stand seit Ende Mesozoikum erreicht. Biodiversität trägt aber direkt zur Lebensqualität bei, da viele Organismen zur Deckung unserer Bedürfnisse genutzt werden können. Indirekt unterstützt Artenvielfalt viele Prozesse, die wesentlich für den Men-

schen zum Überleben und für den Fortschritt sind. Deshalb setzt sich eine
Anzahl von Forschern für eine Langzeit-Management-Strategie zum Schutz
der biologischen Vielfalt auf Oekosystem-Stufe ein. Ein Hauptelement in der
Entwicklung einer derartigen Strategie ist die Anwendung der Fernerkundung.
Sie kann eingesetzt werden zur Kartierung, Messung, Überwachung und
Verwaltung verschiedenartigster Umweltressourcen und wird in zahlreichen
Modell-Ansätzen verwendet. Weitere konkrete Anwendungen der Fernerkundung bestehen in der Evaluation und dem Monitoring von Habitat-Zuständen
und Veränderungen und zur Lokalisierung von Lücken im Oekologie-Sicher-
heitsnetz. Anhand von Beispielen aus Nordamerika und insbesondere Kalifornien wird das Vorgehen erläutert und dokumentiert. In diesem Sinne sollten
Fernerkundungsdaten vermehrt eingesetzt werden, um globale Informationssysteme über ökologische Ressourcen aufzubauen und kontinuierlich nachzu-
führen.

Literaturhinweise

ESTES, J.E., 1985: „The need for improved information systems", Canadian Journal of Remote
    Sensing, Vol. II, No. 1, p. 124 -131
ESTES, J.E., 1991: „Status and trends in remote sensing and GIS integration: key research
    needs", Paper ISPRS Commission II/VII International Workshop, Munich, Germany
STAR, J., ESTES, J.E., 1990: „Geographic information systems: an introduction", Prentice-
    Hall Englewood Cliffs, N.Y., 303 pp.

Der Einsatz der Fernerkundung in der Klimaökologie

In den meisten klimatologischen Projekten erfolgt die Datenerhebung über ein
Netz von z.T. temporär eingerichteten Messstationen. Dieser von Punktmes-
sungen ausgehende Ansatz wird jedoch problematisch, wenn Flächendatensät-
ze kleinräumig wechselnder klimatologischer Messgrössen erstellt werden
sollen. Fernerkundung und Modellrechnungen bieten hier Methoden für die
Interpolation zwischen den Werten der Messstandorte oder gar zur Bereitstellung von Flächendaten an.
    Eine Schlüsselfunktion für den Wärmehaushalt eines Standorts besitzt die
Strahlungsbilanz. Für einen Raum in Nordschweden wurden Satellitendaten,
Stationsmessungen und digitale Geländedaten über Modellrechnungen und
GIS-Techniken miteinander verknüpft, um die Strahlungsbilanz und ihre
Teilglieder zu bestimmen. Ebenso wurde versucht, den Einfluss der Vegetation, der Höhenlage oder der Sonneneinstrahlung auf die Strahlungstemperatur
zu bestimmen. Die Anwendung von Simulationstechniken erlaubt es, in einem
weiteren Schritt quantitative Aussagen über die Modifikation des Strahlungs-
haushaltes einer Landschaft durch veränderte Vegetationsbedeckung zu machen.

Die gleichen Verfahren finden auch bei planerischen Aufgaben in städtischen Räumen Anwendung. Im Raume Basel wurde eine Baukörperklassifikation mittels Landsat-TM-Daten durchgeführt und deren Einfluss auf das Strahlungstemperaturfeld bestimmt. Daraus lassen sich Aussagen über das Veränderungsmuster der Strahlungstemperaturen durch geplante Bauvorhaben gewinnen.

Im Rahmen einer Spitzbergen-Exkursion wurden im Sommer 1990 und 1991 umfangreiche Messungen zum Wärmehaushalt an einem 6 m hohen Mast durchgeführt. Mit dieser Ankerstation liess sich mit Hilfe von Satellitendaten und Modellen der Strahlungs- und Wärmehaushalt der Umgebung flächendeckend erfassen. Die Kenntnis der Wärmeflüsse ist eine wichtige Voraussetzung für die Erforschung weiterer Prozesse und Stoffflüsse.

Literaturhinweise

PARLOW, E., SCHERER, D., 1991: „Auswirkungen von Vegetationsänderungen auf den Strahlungshaushalt - Eine methodische Studie aus Schwedisch-Lappland", Regio Basiliensis 32/1, p. 33-42

PARLOW, E., SCHERER, D., 1991: „Studies of the radiation budget in polar areas using satellite data and GIS-techniques", IGARSS, Intern. Geoscience and Remote Sensing Symposium Helsinki, IEEE Catalog Number 91CH2971-0, Vol. 1, p. 29-32

PARLOW, E., 1991: „GIS-gestützte Szenarien in der Klimawirkungsforschung", Freiburger Geographische Hefte, H. 34, p. 14-17

WÜTHRICH, M., 1991: „Modelling the thermal structures of Basle (Switzerland) - A combined approach using satellite data and GIS-techniques", Proc. of 11th EARSeL-Symposium at Graz 1990, Paris, p. 298-304

Einsatzmöglichkeiten der Fernerkundung für landschaftsökologische Anwendungen in Drittweltländern

Es wird dargestellt, was in der Anwendung der Fernerkundung in Drittweltländern anders gegenüber den Ansprüchen und der Methodik in Industrieländern ist. Insbesondere wird die zentrale Frage zu beantworten versucht, ob die Diskrepanz durch die Problemstellung selbst, den Massstab, die Genauigkeit, die Zeit, das Geld oder den Aufwand zu begründen, ob es spezielle technologische Beurteilungen erfordert, die Fernerkundung für geoökologische Fragestellungen in Drittweltländern erfolgreich einzusetzen, oder ob allenfalls eine andere „Optik" von Nöten ist.

Selbstverständlich sehen die Datenlage generell und diejenige der benötigten Boden-Kontrollinformationen ganz anders aus als in unseren Breiten. Anhand zahlreicher Illustrationen werden diese Unterschiede plastisch vorgeführt. Der Einsatz von Geographischen Informationssystemen könnte hier im Umgang mit den schwer zu ermessenden Datenungenauigkeiten gewisse Erleichterungen bringen.

Für den direkten praktischen Einsatz der Fernerkundung und die Etablierung von bekannten Methoden kommen dem Technologietransfer, der Ausbildung und dem „Institution-Building" grosse Bedeutung zu. Damit kann wesentlich zur Erforschung der eigenen Möglichkeiten der Drittweltländer und zur Stärkung ihrer Eigenkapazität und Verantwortung beigetragen werden.

Jeder der in dieser Richtung Versuche unternommen hat, wird bestätigen können, dass dies ein langwieriger und mühsamer Prozess ist und nicht einfach ein Mittel der überhöhten technischen Applikation und Ausnützung. Entscheidend ist, dass mit den verfügbaren Mitteln und angepassten Methoden „on the job" gearbeitet und ausgebildet wird. Dieser Ansatz wird anhand konkreter Beispiele vorwiegend aus Sri Lanka und Pakistan vertieft und zu einer vernünftigen Verwendung der Fernerkundung für geoökologische Anwendungen in Drittweltländern aufgerufen.

Literaturhinweise

BICHSEL, M., HUMBEL, R., ITTEN, K.I., NANAYAKKARA, S.D.F.C., SCHMID, P., 1988: „Sri Lanka/Swiss Remote Sensing Project, Final Report", Sri Lanka Studies, Vol. 2, Geographisches Institut Universität Zürich

ITTEN, K.I., SCHMID, P., HUMBEL, R., 1990: „Remote Sensing Technology Transfer in Development Cooperation", Proc. IGARSS, Washington D.C., p. 2345-2349

KOMP, K.-U., 1991: „Fernerkundung - Instrument für die Entwicklungszusammenarbeit", GTZ, Eschborn, 63 pp.

RANEY, R.K., SPECTER, C.N., 1991: „Concept for a User Affordable, User Friendly Radar Satellite System for Tropical Forest Monitoring", Proc. IGARSS, Helsinki, p. 733-736

Schlussfolgerungen

Bei der landschaftsökologischen Erhebung von Flächendaten vermag die Fernerkundung einen entscheidenden Beitrag zu leisten. Unerlässlich ist dabei eine geeignete Organisationsform, z.B. ein GIS, zur Integration unterschiedlichster raumrelevanter Datensätze und zur Erfassung der Dynamik der Veränderungen. Darauf abgestützt lassen sich Modellbildungen vornehmen, Vorhersagen und Simulationen durchführen und konkrete Massnahmen für das Management und für Problemlösungen herleiten.

Aus dem Gesagten kann leicht abgeleitet werden, dass eine sorgfältige Vermittlung dieser Methoden der Fernerkundung und der GIS-Technologie an den geographischen Hochschulinstituten dringend ist und besser und umfassender in die Lehrpläne eingebaut werden sollte.

Literaturhinweise

ENDLICHER, W., GROSSMANN, H. (Hrsg.), 1986: „Fernerkundung und Raumanalyse - Klimatologische und landschaftsökologische Auswertung von Fernerkundungsdaten", Karlsruhe, 222 pp.

HAEFNER, H., 1987: „Der Einsatz der Fernerkundung bei landschaftsökologischen Untersuchungen - methodische Aspekte und praktische Beispiele", 12. Basler Geomethodisches Colloqium (BGC), Geomethodica 25-26, Basel

HAEFNER, H., KELLER, M., 1991: „Moderne Methoden zur Erfassung landschaftsökologischer Prozesse - dargestellt am Beispiel Davos", Beiträge zur Geographie Graubündens, Egg, p. 59-66

IV.13 Naturgefahren:
Prozesse, Kartographische Darstellung und Massnahmen
Hans Kienholz, Theodor Erismann, Gernot Fiebiger, Peter Mani

Die Autoren widmen diesen Beitrag dem Andenken von Dr. Manfred Jedlitschka, der wenige Tage vor der Fachsitzung verstorben ist. In seiner beruflichen Tätigkeit, zuletzt als Leiter der Wildbach- und Lawinenverbauung der Gebietsbauleitung Bregenz, hat sich Manfred Jedlitschka stets aktiv um die Verbindung von Wissenschaft und Praxis bemüht.

1. Einleitung

Die Bewegungen von Wasser-, Schnee-, Eis-, Erd- und Felsmassen im Bereich der Erdoberfläche können Menschen und Güter gefährden. Besonders in Gebirgsregionen führen Lawinen, Murgänge, Hochwasser, Überschwemmungen sowie Rutsch- und Sturzbewegungen von Erd- und Felsmassen oft innerhalb sehr kurzer Zeit zu Todesopfern, Verletzten, Zerstörung von Sachwerten und zu ökologischen Schäden. Zu beachten sind neben diesen schnellen und heftigen Vorgängen auch die eher langsam ablaufenden Prozesse wie tiefgründige Sackungs- und Kriechbewegungen. Sie stellen zwar meist keine direkte Bedrohung für den Menschen dar, verursachen jedoch oft erhebliche Schäden an Gebäuden und Infrastrukturanlagen.

Die aus geomorphologischen Prozessen entstehenden Gefahren können als ‚geomorphologische Gefahren in Gebirgsregionen‘ bezeichnet werden. Häufiger wird dafür der Begriff ‚Naturgefahren‘ verwendet, dies ungeachtet dessen, dass ‚Naturgefahren‘ auch durch den Menschen beeinflusst werden.

Befinden sich im Wirkungsgereich gefährlicher Prozesse Menschen oder Güter, besteht ein Risiko, dass diese zu Schaden kommen. Dies ist grundsätzlich so, seit der Mensch in Gebirgsräume vorgedrungen ist und sich dort niedergelassen hat. Die Nutzung ist in den Gebirgsräumen jedoch immer intensiver geworden. Man denke dabei nur an die verschiedenen wichtigen Verkehrsträger im Alpenraum oder an die intensive touristische Nutzung. Der Wert der Objekte, die potentiell von einem gefährlichen Prozess tangiert oder vernichtet werden können, hat deshalb stark zugenommen. Hinzu kommt, dass aus den sich abzeichnenden Umweltveränderungen (Treibhauseffekt, Veränderungen der Vitalität von Waldbeständen) zuätzliche Gefahren resultieren können.

Aus ethischen Überlegungen (Wert des Menschenlebens) und aus handfesten materiellen Motiven strebt der Mensch nach Sicherheit: Er will die Risiken beseitigen oder mindestens reduzieren und kontrollieren. Dazu ergreift er intuitiv oder systematisch geplant verschiedene Massnahmen:

1. Passive Massnahmen: Von gefährlichen Prozessen tangierte Gebiete werden gemieden.

D. Barsch/H Karrasch (Hrsg.): Geographie und Umwelt. Verh. d. Deutschen Geographentages Bd. 48 - Basel 1991. © 1993 Franz Steiner Verlag Stuttgart

2. Aktive Massnahmen: Durch Eingriffe in die Gefahrenprozesse wird versucht, diese zu unterbinden, abzuschwächen oder umzulenken.

Unverzichtbare Grundlage für passive wie für aktive Massnahmen ist eine gewissenhafte Gefahrenbeurteilung: Wo können welche Gefahrenprozesse, mit welchem Ausmass, mit welcher Wahrscheinlichkeit ablaufen? Die dazu erforderliche fachliche Tiefe und der Detaillierungsgrad der Untersuchungen hängt unter anderem von der jeweiligen Planungs- und Entscheidungsebene ab, für welche die Gefahrenbeurteilung vorgenommen wird (Tab. 1).

Tab. 1 Notwendige fachliche Tiefe der Gefahrenbeurteilung in Abhängigkeit von der Planungs- und Untersuchungsebene

Tiefe der Gefahrenbeurteilung	Planungs-/Untersuchungsebene			
	überregional	regional	lokal	punktuell
Niveau 1a)	*	*	*	*
Niveau 1b)		*	*	*
Niveau 2			*	*
Niveau 3				*
korrespondierender Karten- oder Planmassstab	1 : 100'000 - 1 : 1'000'000	1 : 25'000 - 1 : 100'000	1 : 1'000 - 1 : 10'000	1 : 100 - 1 : 500
Beispiel	Geotechnische Risikenkarte 1 : 300'000 der Schweiz (Buser 1971)	Gefahren-Hinweiskarte 1 : 25'000 Gündlischwand (Grunder 1984)	Gefahrenkarte 1 : 10'000 Grindelwald (Kienholz 1977)	z.B. Detailplan für einen bestimmten Rutschhang

2. Grundlagen zur Beurteilung von Naturgefahren
2.1 Disposition und Auslösung

Für die Beurteilung von Naturgefahren ist es hilfreich, jeweils klar zu unterscheiden zwischen der ‚Disposition zu‘ und dem ‚auslösenden Ereignis von‘ gefährlichen Prozessen:

— Die *Disposition* für gefährliche geomorphologische Prozesse in Gebirgsräumen ist die *Anlage* oder *Bereitschaft* von Wasser, Schnee, Eis, Erd- und Felsmassen, sich (in reiner Form oder vermischt) unter dem Einfluss der Schwerkraft so talwärts zu verlagern, dass dies zu Schäden führen kann. Dabei wird zweckmässigerweise unterschieden zwischen der Grunddisposition und der aktuellen Disposition:.

- Die *Grunddisposition* ist über längere Zeit mehr oder weniger konstant. Sie wird hauptsächlich durch die naturräumlichen Gegebenheiten bestimmt.
  So ist beispielsweise die Disposition für Rutschungen in einem Gebiet mit stark tonhaltigem Lockergestein grösser als in einem Gebiet mit kiesigem Lockergestein. .
- Die Disposition kann aber auch kurzfristige Schwankungen aufweisen, im obigen Beispiel vor allem aufgrund des variablen Wassergehaltes im Lockergestein. Ist dieser hoch, erhöht sich auch die Disposition zu Rutschungen. Solche Schwankungen werden unter dem Begriff ‚aktuelle Disposition' zusammengefasst.
- Bei gegebener aktueller Disposition führt ein auslösendes Ereignis zur Aktivierung eines geomorphologischen Prozesses. Bei Rutschungen kann das auslösende Ereignis beispielsweise ein Starkniederschlag oder eine intensive Schneeschmelze sein. Dabei ist die aktuelle Disposition dafür massgebend, wie gross bzw. intensiv ein Ereignis sein muss, damit der Prozess effektiv ausgelöst wird.

Bei der Gefahrenbeurteilung geht es primär um eine Beurteilung der Grunddisposition. Wenn jedoch auch die Wahrscheinlichkeit von Gefahrenereignissen beurteilt werden soll, müssen die möglichen Veränderungen der aktuellen Disposition und die Häufigkeit auslösender Ereignisse in die Untersuchungen mit einbezogen werden.

2.2 Ansätze der Gefahrenbeurteilung

Gefahren lassen sich vorausblickend oder im Rückblick aufgrund früher eingetretener Ereignisse erkennen.

1. Vorwärtsgerichtete Indikation aufgrund der Feststellung und der richtigen Interpretation von Merkmalen und Merkmalskombinationen, die erfahrungsgemäss auf die Möglichkeit von gefährlichen Prozessen (Disposition und Auslösungsmöglichkeit) hinweisen.
2. Rückwärtsgerichtete Indikation aufgrund
   - eingetretener Wirkung (Spuren im Gelände, Schäden an Objekten usw.) und
   - Reaktion des Menschen (z.B. früher erfolgte Verbauungsmassnahmen).
   Der rückwärtsgerichtete Ansatz geht von der Annahme aus, dass ein Gefahrenereignis, das schon einmal abgelaufen ist, sich in ähnlicher oder sogar gleicher Form wiederholen kann. Diese Annahme ist nicht immer zutreffend, beispielsweise dann nicht, wenn sich die Disposition zum betrachteten gefährlichen Prozess seit den früheren Ereignissen entscheidend verändert hat (durch Massnahmen oder natürlich).

Die folgenden Grundansätze der Gefahrenbeurteilung lassen sich diesen Indikationsrichtungen zuordnen.

‚Historischer' Grundansatz

Der ‚historische' Grundansatz beinhaltet die Suche und Interpretation von Daten über die Geschichte der interessierenden Gefahrenstelle und der damit im Zusammenhang stehenden Ereignisse (Suche nach rückwärtsgerichteten Indikatoren). Dabei werden verschiedenartige Quellen verwendet wie beispielsweise schriftliche und bildliche Quellen in Archiven, Versicherungsprotokolle, Aussagen von Orts- und Sachkundigen usw.

Grundansatz der geomorphologischen und allgemeinen Geländeanalyse

Mit der Geländeanalyse werden zwei Ziele verfolgt:
1. Erkennen und Interpretieren von ‚stummen Zeugen' von früher abgelaufenen gefährlichen Prozessen (rückwärtsgerichtete Indikation) und
2. Erkennen und Beurteilen von Situationen und Konstellationen, die Hinweise auf die Disposition, die Auslösungsmechanismen und den möglichen Verlauf von potentiellen künftigen Gefahrenprozessen geben (vorwärtsgerichtete Indikation).,

‚Stumme Zeugen' eines gefährlichen Prozesses sind alle identifizierbaren und möglichst eindeutig interpretierbaren Erscheinungen (Oberflächenformen, Ablagerungen, Vegetationsbild, Schäden, spezifische Landnutzung, Siedlungsbild usw.), die auf einen abgelaufenen oder noch ablaufenden gefährlichen Prozess hinweisen, beispielsweise:
– Ein relativ flacher, wenig strukturierter Schwemmkegel weist auf normalen Geschiebetransport hin. Im Gegensatz dazu sind Längsstrukturen und kuppige Ablagerungen ein Hinweis auf Murgangprozesse, oder
– nicht verankerte Brücken (z.B. nur aus Balken aufgebaut), können ein Hinweis auf Wildbach- oder Lawinenaktivität sein.

Die Ergebnisse aus der Interpretation ‚stummer Zeugen' sollten mit Resultaten anderer Methoden verglichen werden. Zusätzlich muss soweit möglich immer abgeklärt werden, ob die früheren Ereignisse unter vergleichbaren Verhältnissen abgelaufen sind oder ob die Umwelt- und Nutzungsbedingungen damals anders waren (z.B. Entwaldung, ausgedehntere Gletscher).

Eine Gefahrenbeurteilung darf aber nicht nur auf früher abgelaufenen Prozessen aufbauen, weil immer zu berücksichtigen ist, dass allenfalls neue Prozesse und Prozessabläufe möglich sind. Häufig sind es gerade abgelaufene Gefahrenereignisse, die eine neue Situation geschaffen haben und neue Gefahrenprozesse auslösen, oder manchmal auch ausschliessen. So kann beispielsweise die Tiefenerosion in einem Gerinne die Einhänge destabilisieren und damit eine erhöhte Geschiebelieferung auslösen.

Dieser vorwärtsgerichtete Ansatz ist nicht zuletzt auch dann wichtig, wenn es um die Abschätzung der Auswirkungen von Umwelt- und Systemveränderungen geht. In der Geländeanalyse geht es deshalb auch darum, Gebiete, Flächen oder Stellen zu ermitteln, von denen zukünftig eine Gefahr ausgehen kann oder die Gefahrenprozesse entscheidend beeinflussen können. Hierzu müssen unter Umständen geomorphologische, geologische, klimatologische, hydrologische sowie vegetationskundliche Merkmale interpretiert und zueinander in Beziehung gebracht werden.

Die Geländeanalyse umfasst einerseits die Arbeit im Gelände, andererseits aber auch Fernerkundungsmethoden (v.a. Luftbildinterpretation). Obwohl meistens sehr aufwendig, sind *Feldaufnahmen* für eine Gefahrenbeurteilung grundsätzlich notwendig; auch wenn weitgehend mit Fernerkundungsmethoden gearbeitet wird, ist eine Kalibrierung und Verifikation im Feld notwendig. Der Anteil der Feldarbeit ist jedoch von der Bearbeitungstiefe abhängig (Tab. 1): Wenn es darum geht, grössere Gebiete in einem Übersichtsmassstab zu bearbeiten, kann dies zu einem grossen Teil mittels Luftbildinterpretation geschehen (z.B. Gefahren-Hinweiskarte 1:25'000 von Gündlischwand, in Grunder 1984). Soll jedoch ein Gebiet sehr detailliert analysiert werden, muss zum grössten Teil im Gelände gearbeitet werden (z.B. Gefahrenkarte von Grindelwald 1:10'000, Kienholz 1977).

Grundansatz der Modelle und Modellrechnungen

Im Zusammenhang mit der Beurteilung von Naturgefahren sind Dispositionsmodelle und Prozessmodelle zu unterscheiden.

Dispositionsmodelle

Dispositionsmodelle (auch statische Modelle genannt) dienen der Suche nach möglichen Gefahrenquellen. Sie ermitteln, wie der Name sagt, die Disposition einer Fläche für einen bestimmten gefährlichen geomorphologischen Prozess. Dispositionsmodelle sind somit auf das Ziel der vorwärtsgerichteten Geländeanalyse ausgerichtet, bei der aufgrund von bestimmten Faktorkombinationen auf eine Veranlagung für einen Gefahrenprozess geschlossen wird. Die Ableitung von solchen Modellen kann auf zwei Wegen erfolgen:
- entweder aufgrund von Kenntnissen über die physikalischen Rahmenbedingungen, welche zur Auslösung eines Prozesses führen, also mit einem deterministischen Ansatz;
- oder aber mit einem empirischen Ansatz, indem aufgrund von Feldanalysen abgelaufener Prozesse Kriterien ermittelt werden, die physikalisch jedoch nicht, bzw. noch nicht in ihrem Zusammenhang begründet werden können (‚black box' oder ‚grey box').

Letzteres ist häufig der Fall, da bei der Auslösung von geomorphologischen Prozessen meistens äusserst komplexe, nur schwierig erfassbare Zusammenhänge eine Rolle spielen. Deshalb kommt der Analyse von abgelaufenen Prozessen eine sehr grosse Bedeutung zu. Durch die Analyse vieler Ereignisse lassen sich die Bedingungen, die zur Auslösung bestimmter Prozesse führen, immer besser eingrenzen und in einigen Fällen lassen sich unter Umständen auch die physikalischen Begründungen der Prozessauslösung erschliessen.

Dispositionsmodelle kommen heute vor allem in Geographischen Informationssystemen (GIS) zum Einsatz. In solchen Systemen können Raumdaten (z.B. Geologie, Hangneigung, Gewässernetz) digital verwaltet, miteinander kombiniert und in Form von Karten ausgegeben werden. Grundsätzlich das gleiche Vorgehen wurde aber auch schon früher angewandt, als Karten manuell überlagert und so relevante Faktorkombinationen ermittelt wurden.

Zur kartographischen Darstellung von Gefahrengebieten wurden Geographische Informationssysteme als erstes für die Erstellung grossräumiger Übersichten eingesetzt. Solche Übersichten basierten bisher vor allem auf dem ‚historischen‘ Ansatz, indem die Aufzeichnungen früherer Ereignisse in Katasterkarten zusammengestellt wurden (z.B. Oechslin 1981/88). Allerdings wurden vereinzelt auch früher schon Gefahrenpotentiale aufgrund der naturräumlichen Gegebenheiten abgeschätzt, was im Grunde genommen heisst, dass mit Dispositionsmodellen gearbeitet wurde. Dem Einsatz von Dispositionsmodellen in Kombination mit Katastern kommt heute immer grössere Bedeutung zu. Werden Katasterdaten nämlich auf ein GIS übernommen, können diese analysiert werden und anschliessend einfache Dispositionsmodelle entwickelt werden. Diese können dann ihrerseits zur Ausscheidung potentieller Ursprungsgebiete von gefährlichen Prozessen eingesetzt werden. Ein Beispiel für eine so entstandene grossräumige Übersicht ist die ‚Karte der Murganggefährdung im schweizerischen Alpenraum‘ im Massstab 1:300'000 (Haeberli et al., 1991:82,Abb.A8). Aufgrund der Analyse der Unwetterereignisse des Jahres 1987 konnte abgeleitet werden, dass die Art der Locker- und Festgesteine und die Hangneigung wichtige Parameter für die Ausscheidung von potentiellen Murganganrissgebieten darstellen. Mit Hilfe eines Geographischen Informationssystems wurde deshalb eine Hangneigungskarte und die in digitaler Form vorliegende Geotechnische Karte der Schweiz (Geo7 1990), überlagert und die potentiellen Anrissgebiete mit einem Dispositionsmodell ausgeschieden.

Auch bei der Erhebung der Grundlagen für Gefahren-Hinweiskarten werden Dispositionsmodelle in Geographischen Informationssystemen künftig vermehrt zum Einsatz kommen. Auf dieser ‚1. Ebene der Gefahrenbeurteilung‘ (vgl. Tab. 1) geht es primär darum, für die verschiedenen Gefahrenarten Gefahrenbereiche bzw. Gefahrenstriche zu erkennen und annähernd zu lokalisieren. Mit Hilfe von Dispositionsmodellen können beispielsweise potentielle Lawinenanrissgebiete in erster Näherung bestimmt werden (z.B. Grunder, Kienholz 1986). Modelle ersetzen jedoch auch auf dieser Beurteilungsebene die Luftbildauswertung und Erhebungen im Gelände selbst auf keinen Fall: Sie sind als eine wertvolle Ergänzung zu betrachten. Dieser Vorbehalt gilt erst recht auf der ‚2. Ebene der Gefahrenbeurteilung' (Tab. 1), wo die erforderliche Genauigkeit der Aussagen ohne detaillierte Erhebungen im Gelände und ohne den kombinierten Einsatz des ganzen erwähnten methodischen Spektrums nicht erreicht werden kann.

Prozessmodelle

Prozessmodelle (auch dynamische Modelle genannt) werden eingesetzt, um die Dynamik eines Gefahrenprozesses zu simulieren, d.h. um Geschwindigkeit, Energie, Auslaufstrecken und auch die möglichen Bahnen (Transitgebiete) von Prozessen zu ermitteln. Aus der Geländeanalyse oder aus historischen Quellen lassen sich diese Grössen meistens nicht oder nur ungenügend bestimmen. Deshalb müssen Berechnungen mit geeigneten physikalischen oder empirischen Modellen durchgeführt werden.

Einfache Prozessmodelle finden bereits auf der 1. Ebene der Gefahrenbeurteilung (Tab. 1) Anwendung (z.B. Grunder, Kienholz 1986). Oft entscheidende Bedeutung hat ihr Einsatz vor allem auf der ‚2. Beurteilungsebene', weil hier quantitative Aussagen zur geforderten parzellengenauen Abgrenzung von Gefahrenzonen benötigt werden.

Ein Beispiel ist die Karte der Sturzgefahr an der Rigi-Nordlehne im Massstab 1:10'000 (Mani, Kläy 1992). Ziel dieser Gefahrenbeurteilung ist die Erstellung von Grundlagen für die forstliche Massnahmenplanung zum Schutz einer Eisenbahnlinie. Die Karte der Sturzgefahr zeigt die Gebiete, welche von Sturzprozessen bestrichen werden. Unterschieden werden 4 Gefahrenstufen, welche aus der Intensität und der Häufigkeit von Sturzdurchgängen abgeleitet wurden. Dazu wurden in mehreren Testgebieten die wichtigen Gebietsparameter durch detaillierte Feldaufnahmen ermittelt. Für die Ausarbeitung der Karte wurde auf einem Geographischen Informationssystem ein Prozessmodell eingesetzt, welches es erlaubt, basierend auf einem digitalen Höhenmodell und weiteren Parametern die Transitgebiete zu ermitteln und die Reichweite von Sturzprozessen abzuschätzen (vgl. auch Mani, Kläy 1992). Die Gefahrenquellen (Ablösungsgebiete) wurden mit Hilfe eines Dispositionsmodelles ermittelt.

Die Modellierung geomorphologischer Prozesse stösst jedoch bald an Grenzen, da die Vorgänge im einzelnen sehr komplex sind. So müssen beispielsweise bei der Simulation eines Sturzprozesses verschiedene Bewegungsarten (Fallen, Springen, Rollen, Gleiten), thermische Effekte, Bodenelastizität usw. berücksichtigt werden. Es ist ausgeschlossen, solche Vorgänge im Detail zu berechnen. Man behilft sich deshalb mit vereinfachenden Modellvorstellungen, welche die wichtigsten physikalischen Eigenschaften eines Prozesses abbilden sollen. Wo auch dies nicht möglich ist, kommen empirische Modelle zur Anwendung. Solche Modelle orientieren sich zwar an physikali-

schen Gesetzmässigkeiten, basieren jedoch primär auf Feldbeobachtungen
oder Modellversuchen.

Prozessmodelle werden meistens auf Computern eingesetzt. Sie erfordern
auch heute häufig zeitaufwendige Berechnungen. Der Aufwand steigt vor
allem dann, wenn ein Prozess nicht nur zwei-, sondern dreidimensional
simuliert werden soll.

Die Kenntnis der physikalischen Grundgesetze und der erprobten Modelle
sowie deren Umsetzung ist fundamental wichtig für eine gewissenhafte Gefahrenbeurteilung. Im nächsten Kapitel soll deshalb für einen Teil der gefährlichen
Prozesse gezeigt werden, inwieweit das dynamische Verhalten mit bescheide-
nem Rechenaufwand aus wenigen physikalischen Gesetzen qualitativ und
quantitativ abgeschätzt werden kann; dabei wird auch die Schwierigkeit
korrekter Parameter-Bestimmung demonstriert.

2.3 Mechanismen niederfahrender Massen
– Aspekte der Physik gefährlicher Prozesse (von T.H. Erismann)

2.3.1 Basismechanismen

Betrachtet werden folgende Basismechanismen:
– *trockene Reibung* nach COULOMB;
– *laminare Reibung* einer NEWTONschen Flüssigkeit oder eines inkom-
  pressiblen Gases nach PRANDTL;
– *Reibung* eines *rollenden*, allenfalls *springenden* Festkörpers;
– *Reibung* mit *sprunghafter Abnahme des Widerstandes* infolge von Veränderungen im Material *beim Überschreiten einer kritischen Geschwindigkeit.*

Die wenig erforschten beiden letzten Mechanismen werden im Blick auf
die Klärung einiger Phänomene etwas näher beleuchtet.

Jede Reibungsform kann unter verschiedenen Bedingungen zum bestimmenden Mechanismus werden (Fig. 1). Dabei bleibt ihr Grundcharakter
unverändert. Ein Anspruch auf Vollständigkeit kann nicht erhoben werden, da
Mischformen (Beispiel: Vaiont; Italien, 1963: Flutkatastrophe, ausgelöst durch
Bergsturz) nur am Rande erwähnt werden können. Eines besonderen Kommen-
tars bedürfen in Fig. 1 die folgenden Mechanismen:
(4) Ein ‚Wälzlager‘ ist äusserst unwahrscheinlich. Es ist nur beim Vorliegen
    einer Einzellage walzenähnlicher Steine wirksam. Und die HERTZsche
    Pressung in den Kontaktstellen führt meist rasch zur Zerstörung solcher
    Walzkörper.
(5) Die einfach scheinende rollende/springende Reibung ist in Wahrheit
    äusserst komplex und erfordert vereinfachte, vorab ebene Modelle (Boz-
    zolo 1987). Man bedenke die Fülle der Parameter: Form der Oberflächen,

Mechanismen			Voraussetzungen		Beispiele	
Gruppen	No	Reibungsform	Materialien	Sonstiges		
Fliessen	1	Flüssig, laminar	Dickflüssig, Dichten ähnlich	Matrix dominierend	Lava, Mure	
	2	Flüssig, turbulent	Dünnflüssig, Dichten ähnlich	Matrix dominierend	Mure, Lawine	
	3	Gasförmig, turbulent	Feinkörnig, leicht		Lawine	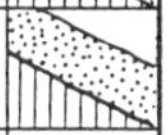
Rollen	4	Rollend	Hart	Schema: "Wälzlager"	?	
Springen	5	Rollend + springend	Zäh, elastisch	Drehung frei, "rund"	Steine, Felsbrocken	
	6	Gasförmig, Gleitflug	Leicht, undurchlässig	Dünn, schnell	?	
	7	Gleitend + springend	siehe "Gleiten"			
Gleiten	8	Trocken	Glatt	Steiler Hang	Kleiner Bergsturz	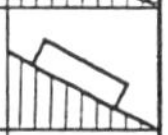
	9	Schmierung laminar	Kristallin (schmelzbar)	Mächtig, schnell	Eislawine Bergsturz	
	10	Schmierung turbulent	Karbonat (dissoziterbar)	Mächtig, schnell	Bergsturz	

Fig. 1 Mechanismen niederfahrender Massen

Richtung, Geschwindigkeit, Winkelgeschwindigkeit des Aufpralls; Dichte, Elastizität, Dämpfung, Härte, Sprödigkeit der Materialien; Zusammenstösse mit Hindernissen (anderen bewegten Steinen, Bäumen usw.). Zur Prüfung der Modelle bedarf es des heiklen Filmens an künstlich ausgelöstem Steinschlag (Nachzeichnung: Fig. 2). Nur die Bedeutung dieses im Gebirge häufigen und gefährlichen Prozesses rechtfertigt solchen Aufwand.

(6) Die gelegentlich erwähnte Möglichkeit des Gleitens auf einem Luftkissen nach Überfahren einer ‚Sprungschanze' hielt in einem bestimmten Fall der rechnerischen Überprüfung nicht stand (Erismann 1979:30-33). Die Luft entweicht seitlich so schnell, dass nur unter extremen Bedingungen (sehr ausgedehnte, dünne, undurchlässige Masse) ein nennenswerter ‚Gleitflug' denkbar ist.

(7) Bei rein COULOMBscher Reibung ist die nicht selten geäusserte Ansicht physikalisch unhaltbar, ein durch Unebenheiten zum Springen (nicht aber ins Rollen) gebrachter Stein habe beträchtlich weniger Reibung als ein stetig gleitender (Erismann 1979:26-28).

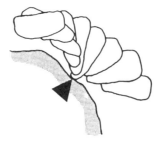

Fig. 2 Bewegungsbild eines springenden und rotierenden Steines (aus Bozzolo 1987)

(9/10) Bei grosser Mächtigkeit und schnellem Gleiten kann durch Reibungswärme Wasser aus Eis, viskose Schmelze aus Kristallin, Kohlensäure aus
Karbonat entstehen. Selbstschmierung der Gleitflächen durch Übergang
von trockener auf flüssige oder gasförmige Reibung wird damit plausibel.

2.3.2 Reibung, Geschwindigkeit und Reichweite

Das für einen Mechanismus typische Verhalten wird am besten bei Darstellung
des *Reibungswiderstandes F in Funktion der Geschwindigkeit v* sichtbar
(Fig. 3). Mit Ausnahme des Selbstschmierungs-Modells (Wahl einer gut zu

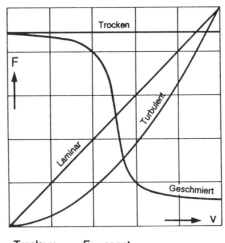

Trocken:	F = const.
Laminar:	$F \approx v$
Turbulent:	$F \approx v^2$

Fig. 3 Reibungswiderstand F in Funktion der Geschwindigkeit v

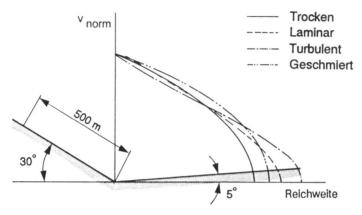

Fig. 4 Reichweiten von abgefahrenen Massen in einer Gegensteigung von 5% bei normierter Geschwindigkeit im Knickpunkt (vgl. Text)

handhabenden Beziehung mit phänomenologisch korrekter rascher Abnahme des Widerstandes im kritischen Geschwindigkeitsbereich) sind die Formeln physikalisch fundiert.

In einem *Simulationsspiel* wurde nun angenommen, je eine Masse fahre gemäss jeder Reibungsform 500 m weit auf einer 30° steilen Bahn nieder und werde verlustfrei in eine 5° steile Gegensteigung umgelenkt (Fig. 4). Zur besseren Vergleichbarkeit wurden die Parameter auf gleiche Geschwindigkeit der Modelle am Ende der Talfahrt normiert. Diese Normierung bedeutet gegenüber der Realität insofern eine Verzerrung, als im Falle flüssiger Reibung meist ein geringerer Widerstand (somit höhere Geschwindigkeit zu Beginn der Gegensteigung) als bei trockener Reibung zu erwarten ist. Wegen dieser Verzerrung kann das Ergebnis nicht als Basis für die Vorhersage über den Gefahrenbereich eines Ereignisses aus der Praxis dienen. Es kann aber die Bedingungen aufzeigen, die diesen oder jenen Mechanismus besonders gefährlich machen könnten.

Aus dem Vergleich der Diagramme von Fig. 4 ersieht man: Trotz der erwähnten Verzerrung, und obwohl am Fuss der Gegensteigung ein vergrösserter Widerstand erkennbar ist, ergibt laminare und namentlich *turbulente Reibung* eine fühlbar grössere Reichweite als trockene Reibung. *Selbstschmierung* (bei der die erwähnte Verzerrung geringer ist) lässt zu Beginn der Gegensteigung den reduzierten Widerstand erkennen, was mit den gemachten Annahmen zur Erhöhung der Reichweite ausreicht – trotz rapider Geschwindigkeits-Abnahme bei langsamer Fahrt.

Durch Variation der angenommenen Gegensteigung lassen sich diese auf den ersten Blick nicht eben sensationellen Resultate ergänzen. Dabei ergeben sich folgende Distanzen bis zum Stillstand:

Steilheit der Gegensteigung	0°	5°	20°	40°
Trockene Reibung	985 m	661 m	342 m	223 m
Laminare Reibung	unendlich	794 m	361 m	221 m
Turbulente Reibung	unendlich	906 m	374 m	225 m
Selbstschmierung	1182 m	737 m	353 m	219 m

Aus diesen Zahlen erkennt man: Bei *steiler Gegensteigung* überwiegt der Einfluss der Lageenergie, und die Form des Reibungswiderstandes verliert an Bedeutung. Mit *abnehmender Gegensteigung* werden die flüssigen Reibungsformen rasch ökonomischer, und bei horizontaler ‚Bremsstrecke‘ ist die Reichweite nur durch hier nicht erfasste Gegebenheiten (Erstarren von Lava, Hindernisse usw.) begrenzt.

Fernwirkungen bei Sekundärereignissen

Bei flüssiger Reibung sind grosse Fernwirkungen zu befürchten. Die *traurige Bilanz sekundärer Katastrophen* bestätigt es: Das Ereignis vom Huascaran führte nach dem Tode von 15000 Menschen in Yungai zur Bildung eines Stausees; dieser durchbrach nach einer Stunde die Ablagerungsmasse, das Hochwasser zerstörte alle Brücken bis zum Meer und tötete etwa 3000 Menschen.

Vaiont hätte kein einziges Menschenleben kosten müssen, hätten die eingesetzten Experten nicht fälschlicherweise ein sanftes Einfahren des Bergsturzes in den gefüllten Stausee anstelle der real aufgetretenen 25 m/s (90 km/h) angekündigt; das verdrängte Wasser löschte dann die Ortschaft Longarone mit fast 2000 Einwohnern aus. Und auch der Bergsturz von Val Pola (Italien, 1988) forderte selber weniger Opfer als der von ihm ausgelöste Wasserschwall.

Die Beweglichkeit solcher Sekundärereignisse hat ihren Grund im *Verhalten der beteiligten Materialien*. Selbst fein zerstückelt können Festkörper noch ein gewisses Minimum an Schubkräften aufnehmen. Flüssigkeiten (und Gase) benötigen dazu ein Geschwindigkeitsgefälle innerhalb ihrer Masse. Ohne anderweitige Effekte (Beispiel: Oberflächenspannung) zerflössen sie auf horizontaler Unterlage bis zum Erreichen molekularer Schichtdicke. Und die laminare Bewegung unterscheidet sich von der turbulenten dadurch, dass ihr Widerstand durch die zum Geschwindigkeitsgefälle proportionale Reibung zwischen Nachbarschichten entsteht, während bei Turbulenz die Wirbel den Energieaustausch zwischen den Schichten dynamisch (dem Geschwindigkeits-Quadrat proportional) bewirken.

Selbstschmierung

Auch Selbstschmierung (Punkte 9 und 10 in Fig. 1) trägt die Gefahr des unverhofften Auftretens flüssiger oder gasförmiger Reibung in sich. Ihr Prinzip ist in der Technik bekannt (Beispiele: selbstschmierende Gleitlager; Stahlkufen auf Eis). Dass erst bei genügender Geschwindigkeit die nötige Reibungswärme für die Schmierung ständig verfügbar ist, liegt nahe. Deshalb bewegt eine startbereite Bobmannschaft ihr Fahrzeug bis zur Freigabe der Bahn energisch hin und her, um die Kufen nicht zu kalt werden (und damit ,anfrieren') zu lassen.

Der Gedanke an einen ähnlichen Effekt bei der *Reibung von Fels auf Fels* tauchte auf, als an grossen Bergstürzen im Kristallin der Alpen (Köfels, Österreich) und des Himalaya (Langtang, Nepal) Bimsstein und glasiges Material an Stellen entdeckt wurde, die auf eine Entstehung durch Reibungswärme hindeuteten (vgl. dazu Erismann et al. 1977, Erismann 1979 und Heuberger et al. 1984). Damals gelang die experimentelle Simulation des Schmelzvorganges, wobei – zunächst als Überraschung – abnehmende Reibung bei zunehmender simulierter Mächtigkeit auftrat. Dieses Resultat rief rechnerischen Studien, die auf eine wirksame Schmierung oberhalb einer kritischen Kombination von Geschwindigkeit und Mächtigkeit hindeuteten. Analoge Betrachtungen wurden auch für die (bei ähnlichen energetischen Bedingungen wie das Schmelzen von Kristallin erfolgende) Dissoziation von Karbonat angestellt. Hier erwies sich ein Hubeffekt (analog den auf Luftkissen bewegten Rasenmähern und Fahrzeugen) als plausibel. So bot die (von E. Preuss stammende, von H. Heuberger morphologisch und von J. Weber+ petrographisch betreute) ,Friktionithypothese' erstmals eine *Deutung des ,Grösseneffektes'* an, eines bis dahin unerklärt gebliebenen Phänomens: Grosse Bergstürze haben geringere mittlere Reibungskoeffizienten als kleine. Man beachte in diesem Kontext den ,inversen Grösseneffekt' der Mechanismen 4 und 6 von Fig. 1, die bei mächtigen Massen offensichtlich ihre Wirksamkeit verlieren.

Phasen der Bewegung

Vorab bei Eislawinen und Bergstürzen fährt die Masse zuerst als einigermassen kohärente Scholle ab und zerfällt dann in immer kleinere Teile. Diese zweite Phase wird meist als *,Sturzstrom'* bezeichnet. Aufgrund topographischer Beobachtungen wird vermutet, die Reibung nehme dabei durch Annäherung an einen flüssigen Zustand (Fluidisierung) stark ab, was zu ungewöhnlich grosser Reichweite führen könne. Eine physikalisch plausible Deutung des Phänomens ist dem Autor dieses Kapitels allerdings nicht bekannt. Er vermutet daher, die festgestellte zusätzliche Beweglichkeit der Massen basiere zwar auf einer Annäherung an den flüssigen Zustand, aber nur in dem Sinne, dass die Fähigkeit zur Aufnahme von Schubspannungen im Trümmerhaufen kleiner ist als im kohärenten Block. Infolgedessen hat jener die Tendenz, an Mächtigkeit einzubüssen. Sein Schwerpunkt sinkt tiefer, potentielle Energie wird frei. Inwiefern sie in kinetische gewandelt und in welcher Richtung diese wirksam wird, hängt von den Umständen ab. Dass dabei die vordersten Elemente der Masse weit vorgeschoben werden können, ist aber durchaus verständlich.

Zur Erklärung extrem schneller Bewegungen einzelner Blöcke

Man kennt extrem schnelle Bewegungen einzelner Felsbrocken, deren Form
nicht immer eine Eignung zum Rollen verrät. Eisbacher (1979) fand in den
Mackenzie Mountains (Canada) solche Brocken über einem steilen Felshang
von etwa 500 m Höhe, was, wie weiter unten ausgeführt wird (Fig. 5), eine
Geschwindigkeit des Bergsturzes von rund 100 m/s (360 km/h) vermuten lässt.
Die Blöcke könnten aber auch vor dem Bergsturz niedergefahren und am Fuss
der Gegensteigung liegengeblieben sein. Das Auftreffen der Hauptmasse
katapultierte sie dann durch *teilelastischen Stoss*. Ohne Ableitung sei festgestellt, dass eine kleine Masse bei verlustfreiem Stoss (als ,Billardkugel') fast auf
die doppelte und noch bei 90% Energieverlust auf die 1.32-fache Geschwindigkeit einer auftreffenden viel grösseren Masse kommt. Für das erwähnte
Phänomen hätte bei 90% Stossverlust ein 75 m/s (270 km/h) ,langsamer'
Bergsturz ausgereicht.

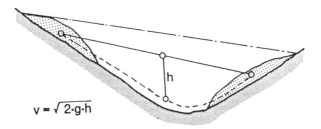

Fig. 5 Energielinie (untere Linie) und Fahrböschung (obere Linie) nach Heim (1932)

2.3.3 Bemerkungen zu zwei Katastrophenereignissen aus jüngster Zeit

Bergsturz Val Pola (Veltlin, Italien, 1988)

Über den Bergsturz von Val Pola gibt es schon mehrere Publikationen, die unter
anderem auch die Geschwindigkeit der Bewegung betreffen (Völk 1989, Costa
1991). Um dazu Stellung nehmen zu können, muss man sich zunächst die
einfachsten Mittel der Analyse ,post eventum' vergegenwärtigen. Geht man
von konstanter (und somit trockener) Reibung über den gesamten Weg aus, so
bedient man sich meist des sogenannten *Energielinienverfahrens* nach Heim
(1932): Verbindet man in Fig. 5 die beiden Lagen des Schwerpunktes der Masse
vor und nach dem Ereignis durch eine Gerade, so ist aus deren Höhe h über dem
vom Schwerpunkt der Masse beschriebenen Weg die jeweilige Geschwindigkeit bestimmbar (Beziehung in Fig. 5 mit g = Erdbeschleunigung). Das
Verfahren ist dort gut brauchbar, wo die beiden Schwerpunktlagen einigermassen eindeutig zu erkennen sind, also vorab bei jungen Ereignissen. Hat aber

inzwischen etwa ein Gletscher das Tal ausgeräumt, muss man oft zu Ersatzmitteln greifen. Eines ist die zur Energielinie ungefähr parallele Gerade (Fahrböschungsgerade nach Heim 1932) zwischen den oberen Rändern der Abrissnische und der Ablagerungen (sofern diese noch feststellbar sind). Unsicher bleibt dann die nicht immer problemlos zu schätzende Höhe dieser Geraden über der wiklichen Energielinie.

Beim Bergsturz von Val Pola (Fig. 6) wirkt erschwerend, dass die Masse am steilen Gegenhang zurückflutete, statt liegenzubleiben. Immerhin sind die

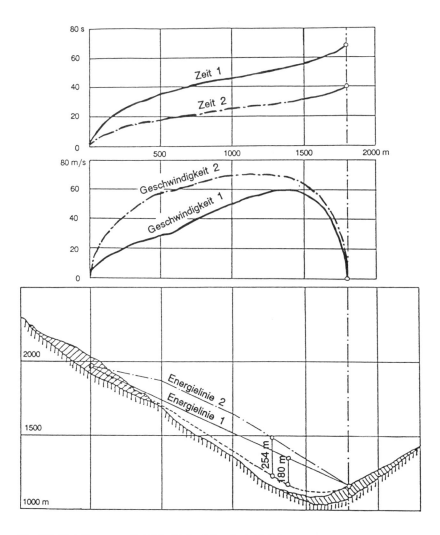

Fig. 6 Val Pola Bergsturz: Zeitliche Verlauf, Geschwindigkeiten und Energielinien (vgl. Text)

höchsten erreichten Punkte, etwa 300 m über der Talsohle, bekannt. In der Meinung, das Material müsse durch Aufzehren seiner kinetischen Energie so hoch gelangt sein, setzten die genannten Autoren diese Höhe in die Gleichung von Fig. 5 ein und erhielten eine Geschwindigkeit von etwa 75 m/s (270 km/h), die wegen der in der Gegensteigung überwundenen Reibung als Minimalwert deklariert wurde. Die oben erwähnte Verbindung der beiden oberen Ränder liefert denn auch bei einem Pauschal-Reibungskoeffizienten von 0.29 volle 450 m über der Talsohle, was 94 m/s (338 km/h) entspricht. Völk grenzt den Geschwindigkeitsbereich zwischen 71 und 135 m/s (256 und 486 km/h) ein.

Dem Verfasser dieses Kapitels erschienen so hohe Werte im Vergleich mit anderen Ereignissen exzessiv. Er nahm sich daher die Mühe, den Weg des Schwerpunktes der Masse möglichst gut zu rekonstruieren. Die wichtigsten Schätzwerte (etwa die Abnahme der Mächtigkeit während der Bewegung) wurden so angenommen, dass sich eher eine zu grosse als eine zu kleine Geschwindigkeit ergeben musste. Trotzdem zeigten sich auf Anhieb die Mängel der in der Literatur angebotenen Schätzungen: Es war dort nicht berücksichtigt, dass *für die Geschwindigkeit der Schwerpunkt der Gesamtmasse massgebend* ist; dieser erreichte die Talsohle nie, erstens wegen der noch vorhandenen Restmächtigkeit, zweitens weil bei der tiefsten Schwerpunktslage wesentliche Teile der Masse noch im Niedergleiten, andere schon im Aufstieg begriffen waren, also höher lagen als die Talsohle. Zudem erreichten die vordersten Elemente ihre höchste Lage *nicht allein durch Aufzehren der eigenen kinetischen Energie*, sondern wurden zu einem guten Teil von den nachfolgenden gestossen. Einige der letzgenannten hatten ja die Talsohle noch nicht erreicht, als die Front der Masse in ihrer höchsten Lage anlangte.

Die Rekonstruktion der Bahn des Schwerpunktes ergab die Energielinie 1 in Fig. 6 mit folgenden Daten:

Pauschal-Reibungskoeffizient   0.445
Maximalhöhe h über dem Schwerpunkt   180 m
Maximalgeschwindigkeit   59 m/s (214 km/h)

Damit waren übertriebene Vorstellungen über die erreichten Geschwindigkeiten zwar ad absurdum geführt. Für einen Punkt, der als Argument zugunsten solcher Vorstellungen dienen konnte, war aber noch keine Deutung gefunden. Der Bergsturz wurde nämlich von einem Seismographen registriert, so dass man seine Dauer kennt (wohl nicht sehr genau, da die Ansprechschwelle ungewiss ist). Diese *Dauer von 30 s* (oder etwas mehr) ist mit der Energielinie 1 (Fig. 6) nicht vereinbar, da diese einen Zeitbedarf von über 60 s verlangt, und zwar in erster Linie als Folge der geringen Beschleunigung im Anfangsteil der Talfahrt, ihrerseits bedingt durch die geringe Rampenneigung.

Ein Reibungskoeffizient von fast 0.45 ist für diese Anfangsphase im Vergleich mit ähnlichen Ereignissen auffallend hoch. Das zwingt zur Annahme *variabler Reibung*, also variabler Neigung der Energielinie (wie von Körner 1983 auf das Ereignis vom Huascarán angewendet). Versuchsweise wurde ein

Polygonzug 2 (Fig. 6) gewählt, dessen Neigung auf den ersten 500 Metern 20%, auf den nächsten 45% und im Schlussteil (800 m) 60% beträgt. Die grösste Höhe h bleibt dann mit 245 m, entsprechend 69 m/s (150 km/h), in plausiblen Grenzen, die höhere Beschleunigung ergibt aber eine Reduktion der Gesamtzeit auf knapp 40 s, was je nach Ansprechschwelle zur Zeitangabe des Seismographen passen könnte.

Dass damit eine *Reibungsminderung im Sturzstrom unwahrscheinlich* wird, ist im vorliegenden Fall durchaus einleuchtend: Die Enge des Tales ergab eine scharfe und damit energiezehrende Umlenkung, und ein Felssporn im Gegenhang, der den Trümmerstrom zweiteilte, verstärkte die Bremsung wohl zusätzlich.

So erweist sich Val Pola als ein Bergsturz, der zwar sehr schnell, aber keineswegs derart excessiv schnell war, dass zu seiner Deutung physikalisch nicht umfassend fundierte Phänomene herangezogen werden müssten. Es erübrigt sich deshalb die Annahme einer stark reduzierten Reibung im Sturzstrom, also ausgerechnet im Abschnitt der Fahrt, für den die Einhaltung des bekannten Zeitbedarfes die stärkste Bremswirkung verlangt. Die Frage einer eventuellen Selbstschmierung durch Aufschmelzen des kristallinen Materials in den vorangegangenen Phasen der Talfahrt bleibt allerdings bis zu einer Prüfung in situ ungeklärt.

Felsstürze von Randa (Mattertal, Schweiz, 1990)

Ruft Val Pola auf zur Umsicht bei der Anwendung physikalischer Gesetze auf komplexe Naturereignisse, so lassen die Felsstürze von Randa (Fig. 7) Grenzen der Standardverfahren zur quantitativen Erfassung des Geschehens erkennen.

Ohne den gegenwärtig laufenden Untersuchungen vorgreifen zu wollen und ohne die Tatsache zu berücksichtigen, dass das Gesamtereignis im wesentlichen *in zwei Etappen* abgelaufen ist, soll hier auf ein wichtiges Problem hingewiesen werden. Dieses liegt in der *extrem steilen Böschung*. Zieht man eine – naturgemäss nicht realistische, weil beide Teilstürze erfassende – Energielinie, so stellt man einen ungemein hohen Reibungskoeffizienten von fast 1.0 fest. Versucht man dann, den Weg des Massenschwerpunktes zu rekonstruieren, steht man vor der nächsten Hürde: Dank einer kurzen Filmaufnahme weiss man zwar etwas, aber nur sehr wenig über das Auseinanderbrechen der Masse zu grösseren Brocken, die dann, teils nach freiem Fall von bis zu etwa 250 m Höhe, weiter zerschmettert wurden. Geschwindigkeiten der Grössenordnung von 55 m/s (200 km/h) müssen dabei aufgetreten sein. Der Aufprall muss sehr viel Bruch- und Wärmeenergie ergeben haben. Und wieder ist von der angeblich geringen Reibung im nachfolgenden Sturzstrom nicht viel zu beobachten: Trotz steiler Unterlage (gut 65%) blieb ein Hochfahren an der Gegensteigung praktisch aus.

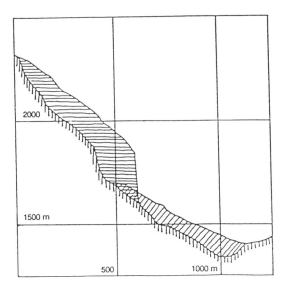

Fig. 7 Felsstürze in Randa: Lage der Massen vor und nach den Ereignissen

So kann sogar dieser extreme Fall, der die Erstellung einigermassen glaubwürdiger ‚Fahrpläne' ausschliesst, zu wesentlichen Erkenntnissen, vielleicht sogar zur Widerlegung einer verbreiteten Hypothese beitragen.

3. Schlussbemerkungen

Wie die vorliegenden Ausführungen zeigen, steht heute für die Gefahrenbeurteilung ein breites Methodenset zur Verfügung. Bei den rückwärtsgerichteten Methoden ist ein hoher Stand erreicht; hier stehen Methoden zur Verfügung, die weitgehend operationell eingesetzt werden können. Für die vorwärtsgerichtete Gefahrenbeurteilung sind jedoch noch weitere Forschungsarbeiten notwendig. Hier müssen die Kenntnisse über die Zusammenhänge im Prozessgeschehen noch stark ausgeweitet werden. Dies gilt vor allem auch beim Zusammenspiel verschiedener Gefahrenprozesse. Gerade die vorwärtsgerichteten Ansätze werden aber in Zukunft noch an Bedeutung gewinnen, da die erwarteten Umweltveränderungen auch Veränderungen im Prozessgeschehen zur Folge haben können.

Daraus lassen sich folgende Forderungen bezüglich zukünftiger Anstrengungen auf dem Gebiet der Gefahrenbeurteilung ableiten:
–   Das Prozessverständniss muss verbessert werden. Dazu ist in Zukunft der Analyse abgelaufener Prozesse grösseres Gewicht beizumessen.
–   Für eine Verbesserung der vorwärtsgerichteten Gefahrenanalyse ist noch

eine vermehrte Zusammenarbeit zwischen den verschiedenen Fachgebieten notwendig. Nur mit einer Zusammenarbeit von Hydrologie, Geologie, Geomorphologie, Geophysik, Vegetationskunde und weiteren Fachgebieten wird es möglich sein, Gefahrenprozesse in einer genügenden Tiefe zu verstehen.

–   Für die vorwärtsgerichtete Gefahrenbeurteilung werden vermehrt Modelle eingesetzt werden müssen. Für verschiedene Gefahrenprozesse müssen solche Modelle, die in der Praxis dann auch angewendet werden können, erst noch entwickelt werden.

–   Mit der zunehmenden Bedeutung von Modellen werden auch vermehrt Geographische Informationssysteme eingesetzt werden. Dies bedingt jedoch, dass geomorphologisch relevante Raumdaten (digitale Höhenmodelle, geologische Karten, Bodennutzungskarten usw.) für den Einsatz auf solchen Systemen aufbereitet werden.

Für die Zukunft stellen sich also dem Gebiet der Gefahrenbeurteilung noch bedeutende Herausforderungen. Denn in alpinen Räumen werden Naturgefahren eine immer wichtigere Rolle spielen, einerseits bedingt durch den erhöhten Nutzungsdruck, andererseits aber auch wegen der möglichen Umweltveränderungen. Dies erfordert flexible Schutzkonzepte, für die eine gewissenhafte Gefahrenbeurteilung die wichtigste Grundlage darstellt.

Die Umsetzung der Erkenntnisse und die Planung und Realisierung geeigneter Massnahmen ist primäre Aufgabe der im Verbauungswesen tätigen Praktiker und der Raumplaner. Und es ist in sehr vielen Fällen die Praxis, welche die entscheidenden Beobachtungen und Erfahrungswerte zur Weiterentwicklung der Methoden liefert.

Die Planung und die Umsetzung ökologischer und ökonomischer Konzepte zum Schutz des menschlichen Lebensraumes sind sehr komplexe Aufgaben, mit welchen sich heute die Praxis intensiv auseinandersetzt. Die Darstellung des konkreten Vorgehens von der Problemstellung über die Datenerhebung, die Datenanalyse, die Gefahrenbeurteilung, die Entwicklung des Massnahmenkonzeptes und schliesslich die Formulierung der Einzelmassnahmen lässt sich hier nicht auf engem Raum darstellen.

Literaturverzeichnis

Bozzolo, D., 1987: Ein mathematisches Modell zur Beschreibung der Dynamik von Steinschlag. Diss. ETHZ, Zürich

Buser, H., 1971: Geotechnische Risikenkarte der Schweiz 1:300'000. ORL-Inst. ETHZ, Zürich.

Cancelli, A., Mancuso, M., Notarpietro, A., 1990: A short dexcription of the 1987 Val Pola rockslide in Valtellina. ALPS 90, 6th ICFL, Guide to the workshop, Italian section. Univ. degli studi di Milano, Dip. di scienze della terra, Suppl. n.79a:15-22

Costa, J.E., 1991: Nature, mechanics, and mitigation of the Val Pola landslide, Valtellina, Italy, 1987-1988. Zeitschr. f. Geomorphologie

Dovzak, C., Frassoni, A., 1990: Using a Geographic Information System (GIS) for a Debris Flow Inventory and Hazard Planning: Val Brembana, Italy. IAH Memoires, Vol. XXII, Part 2:1521-1526, GEOLEP Lausanne

Eisbacher, G.H., 1979: Cliff collapse and rock avalanches (sturzstroms) in the Mackenzie Mountains, Northwestern Canada. Canad. Geotech. Journ., Vol.16:309-334

Erismann, T., Heuberger, H., Preuss, E., 1977: Der Bimsstein von Köfels (Tirol), ein Bergsturz-Friktionit. TMPM, Tschermaks Min. Petr. Mitt.. 24:67-119, Springer

Erismann, T.H., 1979: Mechanisms of Large Landslides. Rock Mechanics 12:15-46, Springer, Heidelberg

Erismann, T.H., 1992: Mechanismen niederfahrender Massen – Fragen der Modellierung. Wildbach und Lawinenverbau, 56. Jg., H. 119: 3-20.

Fiebiger, G., 1992: Das Prozessverständnis als Grundlage für die Landschaftssicherung. Wildbach und Lawinenverbau, 56. Jg., H. 119: 21-56.

Geo7, 1990: Vereinfachte Geotechnische Karte der Schweiz. Erfassung auf Arc/Info. Bericht im Rahmen der Ursachenanalyse Hochwasser 1987. Bundesamt für Wasserwirtschaft, Bern.

Govi, M., 1988: Mouvements de masse récents et anciens dans les Alpes italiennes. Landslides, proc. of the fifth internat. symp. on landslides:1509-1514, Balkeema, Rotterdam

Govi, M., 1989: The 1987 Landslide on Mount Zandila in the Valtellina, Northern Italy. Landslide News, Internat. Newsletter, Japan Landslide Society, No.3:1-3, Tokyo

Grunder, M., 1984: Ein Beitrag zur Beurteilung von Naturgefahren im Hinblick auf die Erstellung von mittelmassstäbigen Gefahrenhinweiskarten (mit Beispielen aus dem Berner Oberland und der Landschaft Davos). Geographica Bernensia G 23, Geogr. Inst. Univ. Bern.

Grunder, M., Kienholz, H., 1986: Gefahrenkartierung. In: Wildi, O., Ewald, K.: Der Naturraum und dessen Nutzung im alpinen Tourismusgebiet von Davos. Ergebnisse des MAB-Projektes Davos. Berichte Nr. 289:67-86, Eidg. Anst. für das forst. Versuchswesen, Birmensdorf

Haeberli, W., Rickenmann, D., Zimmermann, M., Rösli, U., 1991: Murgänge. In Ursachenanalyse der Hochwasser 1987. Ergebnisse der Untersuchungen. Mitteilung des Bundesamtes für Wasserwirtschaft Nr. 4, Mitteilung der Landeshydrologie und -geologie Nr. 14.

Heuberger, H., Masch, L., Preuss, E., Schröcker, A., 1984: Quaternary Landslides and Rock Fusion in Central Nepal and in the Tyrolean Alps. Mountain Research and Development, Vol.4,4:345-362,Boulder

Kienholz, H., 1977: Kombinierte geomorphologische Gefahrenkarte 1:10'000 von Grindelwald mit einem Beitrag von W. Schwarz. Geographica Bernensia G 4, Geogr. Inst. Univ. Bern.

Kienholz, H., Grunder M., 1985: Naturgefahren: Entwicklung eines Modells durch visuellen Kartenvergleich – Erfahrungen aus dem MAB-Testgebiet Davos. Festschrift G. Grosjean: 95-110, Jahrb. d. Geogr. Ges. Bern

Körner, H.J., 1983: Zur Mechanik der Bergsturzströme vom Huascar†n, Peru. Hochgebirgsforschung, H.6:71-110

Mani, P., Kläy, M., 1992: Naturgefahren an der Rigi-Nordlehne, die Beurteilung von Naturgefahren als Grundlage für die waldbauliche Massnahmenplanung. Schweiz. Zeitschrift für Forstwesen, im Druck

Öchslin, K., 1981/88: Lawinenatlas Uri 1:25000. Forstdienst Uri, Altdorf

Völk, H., 1989: Die Bergsturzkatastrophe im Veltlin 1987 – Ein Modellfall für Sturzstrom-Mobilität.

IV.14 Recycling als Raumproblem

Referenten: B. Huber, M. Runge, E. Willing
Zusammenstellung: Hans-Dieter Haas, Hans Hopfinger

Als vor zwei Jahren vom Baseler Ortsausschuß beschlossen wurde, diese Fachsitzung ins Tagungsprogramm zu übernehmen, war noch nicht abzusehen, daß zum Zeitpunkt des Geographentags die Thematik „Recycling" so sehr an Aktualität gewinnen würde. Was ist der Grund? Am 12. Juni 1991 wurde im Bundesgesetzblatt die sog. Verpackungsverordnung veröffentlicht, die eine allgemeine Rücknahme- und Verwertungspflicht für nahezu alle Verpackungsarten vorsieht.

Die Verordnung signalisiert eine einschneidende Entwicklung, wenn man sieht, daß bisher von den 31 Mio. Tonnen Hausmüll und hausmüllähnlichen Abfällen im alten Bundesgebiet ca. 40 Volumenprozente auf Verpackungsabfälle entfielen, d.h. 12 Mio. Tonnen/Jahr, bei einer jährlichen Steigerungsrate von 6 %. Dabei war der Zuwachs gerade dort besonders groß, wo die Recyclingfähigkeit noch am geringsten ausgebildet war, nämlich beim Kunststoff. 1990 produzierte die deutsche Kunststoffindustrie 9 Mio. Tonnen Plastik. Die Prognose für das Jahr 2000 liegt – ceteris paribus – bei 16 bis 20 Mio. Tonnen. Kunststoffe machen heute allein 30 Volumenprozente beim Verpackungsmüll aus.

Dieses Beispiel verdeutlicht, warum hier ein Handlungsbedarf besteht. Ist das „Duale System" der Wirtschaft die richtige Antwort?

Recycling ist ein Vorgang, mit dem sich verschiedene Fachdisziplinen befassen, allen voran die Ingenieurwissenschaften, aber natürlich auch Ökonomen und Geographen. Die Fachsitzung soll u.a. aufzeigen, daß neben der technischen auch die räumliche Betrachtungsebene sehr wichtig ist, daß sich der Entsorgungs- und Recyclingprozeß im Raum abspielen, daß es sehr auf das Verhalten der im Entsorgungsprozeß involvierten sozialen Gruppen und Entscheidungsträger ankommt und in welcher Weise sich Recycling abspielt oder gar erst möglich wird.

Gemäß der Vorgabe des Ortsausschusses gliedert sich diese Fachsitzung in ein längeres Grundsatzreferat und zwei kürzere Folgereferate. Entsprechend dem interdisziplinären Charakter des Arbeitsfeldes „Recycling" sind heute Vertreter unterschiedlicher Fachrichtungen vertreten. Das Grundsatzreferat hat Herr Prof. Willing, Wiss. Direktor und Fachgruppenleiter beim Umweltbundesamt in Berlin, übernommen. Zum Thema „Recycling contra Abfallvermeidung aus der Sicht der entsorgungspflichtigen Gebietskörperschaften" spricht Herr Dr. Runge vom Institut für Verkehrswirtschaft und öffentliche Wirtschaft der Universität München. Über „Recycling aus der Sicht der betrieblichen Altstoffverwertung am Beispiel der Papierindustrie" wird schließlich Frau Dipl. Geogr. Huber (geb. Weig) sprechen. Sie ist wiss. Mitarbeiterin am Institut für Wirtschaftsgeographie der Universität München.

Das zentrale Anliegen der Fachsitzung besteht darin,

- in einem Überblick die Entwicklung und den derzeitigen Stand der Abfall-wirtschaft in der Bundesrepublik darzustellen sowie mit Blick auf die zukünftige Entwicklung kritisch zu beleuchten,
- in zwei ausgewählten Teilbereichen (entsorgungspflichtige Gebietskör-perschaften; betriebliche Altstoffverwertung am Beispiel der Papierindu-strie) auf die dort bestehenden Schwierigkeiten näher einzugehen,
- zumindest ansatzweise Vorschläge zur Lösung der dargestellten Probleme aufzuzeigen und zur Diskussion zu stellen.

Aus der Fülle der Anregungen, die die Referate boten, und aus den Diskussionsbeiträgen soll hier mit der Frage nach dem Beitrag der Geographie lediglich ein Aspekt noch einmal herausgehoben und mit Anmerkungen zur zukünftigen Entwicklung versehen werden: Die Abfallwirtschaft wird sich in den nächsten Jahren durch den Erlaß eines umfangreichen Verordnungspaketes stark verändern. In vielen Bereichen wird deshalb auch der Bedarf an For-schungsarbeiten zu räumlichen Sachverhalten auf verschiedenen Maßstabs-ebenen erheblich anwachsen. Ein breites Spektrum von Themen – von klein- und großmaßstäblichen Standortfragen und Planungsproblemen bis hin zu de-taillierten wirtschafts- und sozialgeographischen Akzeptanzuntersuchungen – gilt es zu behandeln. Vor dem Hintergrund des Mottos, das für diese Tagung gewählt wurde, GEOGRAPHIE UND UMWELT, öffnet sich ein weites Feld für wissenschaftliche Betätigung mit hoher Gesellschaftsrelevanz.

Ziele und Aktivitäten der stofflichen Verwertung im Rahmen des Paragraphen 14 Abfallgesetz

Eckhard Willing

Die kommunale Abfallwirtschaft wird sich aufgrund verschiedener Maßnah-men nach § 14 Abfallgesetz (AbfG) und durch die TA Siedlungsabfall in naher Zukunft erheblich verändern.

In diesem Beitrag, der sich ausschließlich der VERMEIDUNG und der *stoff-lichen* VERWERTUNG widmet, sollen die Inhalte und Ziele sowie die Gründe für die Notwendigkeit der Maßnahmen nach § 14 AbfG zusammengefaßt werden.

In der bundesdeutschen Gesetzgebung sind die Begriffe Vermeidung und Verwertung relativ jung. Im Abfallbeseitigungsgesetz von 1972 spielen beide Termini noch keine Rolle. Und doch stellt der § 14 von 1972 bereits gesetzliche Maßnahmen in Aussicht, wenn durch bestimmte Erzeugnisse – v.a. Einwegver-packungen – Probleme für die Abfallwirtschaft entstehen.

Erst das im Rahmen der 4. Novellierung des Abfallbeseitigungsgesetzes entstandene ABFALLGESETZ von 1986 nennt in § 1a ausdrücklich die Notwendigkeit der ABFALLVERMEIDUNG und formuliert in § 3(2) AbfG ein VERWERTUNGSGEBOT.

Im Gegensatz zu unserer heutigen Überzeugung setzt das Gesetz die stoffliche Verwertung und die thermische Behandlung (mit Dampferzeugung und Verstromung) gleich, so daß jede Kommune, die über eine entsprechende Abfallverbrennungsanlage verfügt, mit vollem Recht die Erfüllung des Verwertungsgebotes für sich reklamieren kann.

Beide Gesetze führten jedoch nicht – wie erwartet – zu einer Verringerung der Müllmengen. Die abfallwirtschaftlichen und politischen Aktivitäten konzentrierten sich im wesentlichen auf die privaten Endverbraucher. Gewerbetreibende wurden deutlich weniger zur getrennten Erfassung von Wertstoffen und Restmüll angehalten. Als Resultat stiegen die hausmüllähnlichen Gewerbemüllmengen in den vergangenen Jahren um bis zu 10 Gewichtsprozent und mehr pro Jahr an. Die Zunahme der Gewerbeabfälle überstieg deutlich die Mengenverringerung im Bereich der häuslichen Abfälle, so daß die absoluten Mengen der kommunalen Abfälle trotz aller werbe- und wahlwirksam verkauften Verwertungsmaßnahmen ständig zunehmen. Die Bürger wiederum, die den größten Anteil der erreichten Altstoffverwertung ermöglichen, können und wollen nicht verstehen, daß trotz der Verwertung neue Deponien und Verbrennungsanlagen geplant und gebaut werden sollen. Aus diesem Gefühl heraus – konsequent und dennoch völlig irrational – begann die Öffentlichkeit vor mehreren Jahren alle notwendigen Neuplanungen von Abfallentsorgungsanlagen zu blockieren.

Die Wirtschaft ihrerseits bekräftigt immer wieder ihre Bereitschaft zur Abfallvermeidung und -verwertung, leistet aber keine wesentlichen Beiträge, sondern macht ständig deutlich, daß sie ohne Gesetze und Verordnungen keine Veränderungen in Richtung Vermeidung und Verwertung vornehmen würde.

In dieser Situation war es unumgänglich, daß umfassende Verordnungen nach § 14 AbfG erarbeitet wurden, mit dem Ziel, Abfälle tatsächlich zu vermeiden und zu verwerten. § 14 AbfG ermächtigt die Bundesregierung zu Verordnungen für *schadstoffhaltige* Produkte und zu Zielfestlegungen für *mengenrelevante* Erzeugnisse.

In diesem Zusammenhang sollen nur die Maßnahmen nach § 14 AbfG erwähnt werden, die direkt der stofflichen Verwertung von kommunalen Abfällen dienen. Einige dieser Maßnahmen sind bereits in Kraft, für einige gibt es bereits Entwürfe bzw. müssen solche erst erarbeitet werden. Darunter sind beispielsweise die „Rücknahmeverordnung für graphische Papiere", die „Schadstoff-Verpackungsverordnung", die „Elektronik-Schrott-Verordnung" sowie die „Baustellenabfall-Verordnung" zu nennen.

Im Rahmen dieses Beitrages kann nur auf die seit dem 21. Juni 1991 gültige VERORDNUNG ÜBER DIE VERMEIDUNG VON VERPACKUNGSAB-FÄLLEN (Verpackungsverordnung, VerpackV) eingegangen werden.

Die Verpackungsverordnung wird die kommunale Abfallwirtschaft qualitativ und quantitativ am stärksten beeinflussen.

Die VerpackV verpflichtet Händler, Packmittel- und Packstoffhersteller Transportverpackungen (ab 1.12.1991), Umverpackungen (ab 1.4.1992) und Verkaufsverpackungen (ab 1.1.1993) zurückzunehmen, wiederzuverwenden oder einer stofflichen Verwertung zuzuführen. Gleichzeitig müssen alle Getränkeverpackungen sowie Verpackungen für Waschmittel und Dispersionsfarben mit 0,50 DM bzw. 1,00 DM bepfandet werden.

Die Rücknahmeverpflichtung und die Pflichtbepfandung können von der zuständigen Behörde aufgehoben werden, wenn ein privatwirtschaftlich organisiertes und finanziertes Erfassungs- und Sortiersystem eingerichtet ist. Dieses System muß bestimmte im Anhang der Verordnung aufgeführte Erfassungs- und Sortierquoten einhalten. Zusätzlich darf der Mehrweganteil für die Mehrzahl der Getränke 72 % und für Milch 17 % nicht unterschreiten. Anderenfalls muß die Freistellung wieder aufgehoben werden, und der Handel wird wieder rücknahmepflichtig.

Die Verpackungsverordnung wird dafür sorgen, daß alle bisher von den Kommunen erfaßten Wertstoffe aus der kommunalen Abfallwirtschaft ausgegliedert und im Rahmen des sogenannten Dualen Systems erfaßt werden.

Zusammenfassend läßt sich sagen, daß die aktuellen Maßnahmen nach § 14 AbfG, insbesondere die Verpackungsverordnung sowie die Rücknahmeverordnung für graphische Papiere, die Mengen und die Zusammensetzung kommunaler Abfälle und damit die gesamte kommunale Abfallwirtschaft wesentlich verändern werden. Die Erfassung und die Aussortierung der entsprechenden Wertstoffe werden weitgehend aus der kommunalen Abfallwirtschaft ausgegliedert und in ein privatwirtschaftliches System überführt. Damit wird den Kommunen leider eines der ganz wenigen, positiv besetzten Felder der Abfallentsorgung entzogen. Diese wird aber voraussichtlich nicht – wie so oft behauptet – kommunales Personal freisetzen. Das Personal wird vielmehr zur Durchsetzung der in der TA Siedlungsabfall genannten Ziele und Aufgaben notwendig sein. Manche der aufgeführten Aufgaben bestanden ja schon in der Vergangenheit und hätten längst erfüllt werden müssen. Nun wird sich die kommunale Abfallwirtschaft dieser Aufgaben, insbesondere der Aufgaben der Vorbehandlung mit Hilfe thermischer oder alternativer Verfahren und der Verwertung oder der Ablagerung der Verbrennungsrückstände annehmen müssen.

Recycling contra Vermeidung aus Sicht der entsorgungspflichtigen Gebietskörperschaften

Martin Runge

Bund und Länder haben Landkreise sowie kreisfreie Städte zur Entsorgung von Abfällen verpflichtet, sie bei der Erfüllung dieser Aufgabe jedoch weitgehend im Stich gelassen.

Das Ergebnis staatlicher Abfallpolitik ist die Entstehung großer Abfallmengen, die dann bei erheblichen Umwelt- und Gesundheitsgefährdungen verbrannt bzw. deponiert werden müssen. Gleichzeitig mit dem steigenden Müllaufkommen gehen die zur Verfügung stehenden Entsorgungskapazitäten zurück. Die meisten Deponien werden innerhalb der nächsten Jahre verfüllt sein; neue Entsorgungskapazitäten wurden aufgrund langwieriger Planungs- und Genehmigungsverfahren sowie erheblichen Widerstandes seitens betroffener Bürger oder Standortgemeinden bislang nur in begrenztem Maße geschaffen. Zahlreichen Landkreisen und Regionen droht ein Entsorgungsnotstand.

Als Lösung des Müllproblems wird – seitens des Bundes, der Länder und Kommunen – die stoffliche Verwertung von Abfällen propagiert (vgl. Beitrag WILLING).

In der Praxis sind die Möglichkeiten des stofflichen Recycling jedoch aus vielerlei Gründen begrenzt. Dies beginnt bereits bei der separaten Erfassung der jeweiligen Stoffe, die verwertet werden sollen. Welchem Sammelsystem letztlich der Vorzug gegeben wird, hängt von zahlreichen, örtlich unterschiedlichen Gegebenheiten ab. Weitere Einschränkungen des Recycling sind Qualitätsminderungen und Schadstoffverschleppungen, die im Aufbereitungs- und Verarbeitungsprozeß zahlreicher Altstoffe entstehen. Daneben werden bei der Erfassung, beim Transport sowie bei der Aufbereitung Energie verbraucht und Schadstoffe bzw. Reststoffe ausgestoßen. Schließlich gibt es Grenzen marktlicher Art für die Altstoffverwertung. Die Preise für Sekundärrohstoffe sind abhängig von den Marktpreisen der durch diese Stoffe jeweils substituierbaren Primärrohstoffe. Aufgrund der niedrigen Preise für Primärrohstoffe werden derzeit vielerorts die Aufwendungen für Sammlung, Sortierung und Transport einer Reihe von Wertstoffen nicht mehr durch die Erlöse für diese Stoffe gedeckt, so daß die entsorgungspflichtigen Gebietskörperschaften zuzahlen müssen. Allerdings sollten diesen Zuzahlungen nicht nur die Minderung der direkten Kosten durch Müllverbrennung bzw. -deponierung, sondern auch die Kosten infolge der Umweltbelastungen durch das Recycling gegenübergestellt werden.

Im Juni 1991 trat die „Verordnung über die Vermeidung von Verpackungsabfällen" (VerpackV) in Kraft (vgl. Bundesgesetzblatt vom 20.6.1992; vgl. Beitrag WILLING). Als Hauptziele der VerpackV werden die Verhinderung von Engpässen bei der kommunalen Abfallentsorgung und die Verringerung des Aufkommens an Verpackungsabfällen genannt.

Als Alternative zur Rücknahme- und Bepfandungspflicht für Verkaufsverpackungen für den Handel besteht allerdings die Möglichkeit, daß die beteiligten Wirtschaftskreise (abpackende Industrie, Verpackungshersteller und Handel) gemeinsam mit privaten Entsorgungsunternehmen ein System zur unentgeltlichen Erfassung und Abholung ausgedienter Verpackungen bei den Privathaushalten einrichten (DUALE ABFALLWIRTSCHAFT). Die Übertragung der Verpackungsentsorgung sowie deren Finanzierung auf die beteiligten Wirtschaftskreise soll Impulse zur Verminderung des Materialeinsatzes und zur Steigerung der Verwertungseignung von Verpackungen geben. Grundlage der Dualen Abfallwirtschaft ist die Teilung der Hausmüllentsorgung in zwei Bereiche. Neben der privaten „Entsorgungsschiene" sind Landkreise bzw. kreisfreie Städte für die Entsorgung des Restmülls zuständig.

Zur Umsetzung dieses Konzeptes wurde die „Duales System Deutschland – Gesellschaft für Abfallvermeidung und Sekundärrohstoffgewinnung mbH" (DSD) mit Sitz in Bonn gegründet.

Bislang steht die DSD wohl zu Recht im Schußfeld der Kritik. Kritisieren läßt sich beispielsweise, daß „abfallintensive" Miniportions-Verpackungen (bis 0,05 Liter Volumen oder 3 Gramm Gewicht) von den Gebühren für die Vergabe des „Grünen Punktes", die der Finanzierung der ersten Stufe des privatwirtschaftlichen Zweiges der „Dualen Abfallwirtschaft" dienen, befreit werden. Da die Hersteller der jeweiligen Packstoffe die Verwertungskosten tragen sollen, dürfte es zu einer Forcierung des Recycling dort führen, wo dies einzelwirtschaftlich besonders vorteilhaft ist, nicht jedoch aus Umweltgesichtspunkten (z.B. beim Recycling von PVC). Ein weiterer Gesichtspunkt, der das Erreichen hoher Verwertungsquoten fraglich erscheinen läßt, ist die starke Diskrepanz zwischen den zu erfassenden Mengen an Verpackungsmaterialien einerseits und den Kapazitäten zur Sortierung und Aufbereitung dieser Materialien sowie den Absatzmöglichkeiten für Sekundärrohstoffe andererseits. Die Vorgaben der VerpackV für das Kunststoffrecycling sind beispielsweise kaum zu realisieren, müßte doch die Verwertungsquote bis zum Jahr 1995 um ca. 6000 % gesteigert werden.

Darüberhinaus besteht die Gefahr einer Beeinträchtigung bestehender Erfassungs- und Verwertungssysteme im Rahmen der kommunalen Entsorgung mit der Einführung der „gelben Verpackungstonne". Eine Integration der Systeme zur Erfassung von Altglas und von Altpapier in die private Entsorgungsschiene der Dualen Abfallwirtschaft scheint möglich. Schwieriger dürfte die Abstimmung mit der getrennten Sammlung von vegetabilen Abfällen, der größten Fraktion im Hausmüll, sein. Hier sind Beeinträchtigungen schon allein deshalb zu erwarten, weil mit der Verpackungstonne ein zusätzliches Gefäß haushaltsnah installiert wird. Bei den meisten Haushalten gibt es jedoch nur begrenzte Stellmöglichkeiten. Weicht man deshalb auf Sammlungen an zentral aufgestellten Depotcontainern aus, sind weit geringere Erfassungsquoten zu erwarten.

Weiterhin ist zu klären, auf welchem Wege die Privathaushalte zur separaten Erfassung von Verpackungsabfällen verpflichtet werden sollen. Diskutiert werden hier als Lösungen Regelungen zum Ausschluß der Verpackungsabfälle von der öffentlichen Müllentsorgung über kommunale Abfallsatzungen oder auch finanzielle Anreize über die Gebührenstaffelung bei der öffentlichen Entsorgung. Daneben leitet der Bundesverband der Deutschen Entsorgungswirtschaft (BDE) aus dem Text der VerpackV in Verbindung mit den Gemeinde-/Landkreisordnungen der Länder weitgehende Schutzrechte für die Privatwirtschaft gegenüber der öffentlichen Hand ab. Bei den Verkaufsverpackungen handelt es sich nicht länger um Abfälle, sondern um Wirtschaftsgüter. Der Umgang mit Rohstoffen zähle zur geschützten wirtschaftlichen Betätigung und nicht zur gemeindlichen Aufgabe. Hieraus folge, daß in Zukunft ausschließlich Privatunternehmen im Auftrag der DSD das Sammeln und Sortieren ausgedienter Verkaufsverpackungen übernehmen dürften. Anderer Rechtsauffassung sind insbesondere die Städte. Hier wird teilweise davon ausgegangen, daß die DSD gegen Entgelt kommunale Erfassungssysteme mitbenutzt.

Ob VerpackV und „Duale Abfallwirtschaft" eine erhebliche Steigerung der Verwertung von Abfällen herbeiführen werden, ist zweifelhaft. In jedem Fall dienen sie kaum der Abfallvermeidung. Mit dem Konzept der „Dualen Abfallwirtschaft" wird der Bund vom Einsatz einschneidender Instrumente in den Verpackungsmarkt abgehalten.

Zur Entlastung der entsorgungspflichtigen Gebietskörperschaften sowie der Umwelt müssen jetzt Maßnahmen zur Abfallvermeidung ergriffen werden. Eine in Zielrichtung der VerpackV gehende Lösung wäre, daß die Kommunen weiterhin für die Entsorgung aller Abfälle der privaten Haushalte zuständig sind, zur Finanzierung der Entsorgung ausgedienter Verpackungen jedoch deren Hersteller bzw. Händler herangezogen werden. Über die finanzielle Beteiligung an den Entsorgungskosten soll die Industrie zur Verbesserung ihrer Produkte in ökologischer Hinsicht und zur Reduzierung des Materialeinsatzes angehalten werden. Andere kurzfristig greifende Maßnahmen wären Verbote umwelt- bzw. gesundheitsbelastender Packstoffe sowie Abgaben auf Packstoffe. Letztere werden schon seit vielen Jahren als Instrumente zur Eingrenzung des Verpackungsaufkommens diskutiert; Bundesrat und Kommunen forderten beispielsweise schon vor der Verabschiedung des Abfallbeseitigungsgesetzes von 1972 die Einführung derartiger Abgaben. Bislang lehnt die Bundesregierung allerdings die Einführung von Verpackungsabgaben ab.

Recycling aus der Sicht der betrieblichen Altstoffverwertung
- Das Beispiel der deutschen Papierindustrie -

Barbara Huber

In den letzten Monaten machte die deutsche Papierindustrie Schlagzeilen. Der Grund liegt unter anderem in der zum Teil heftig geführten Diskussion um die „Verordnung über die Vermeidung von Verpackungsabfällen" (Verpackungsverordnung, VerpackV), die am 21. Juni 1991 in Kraft trat (vgl. Beitrag WILLING). Die Verordnung hat die Rahmenbedingungen für die Entsorgung und Verwertung von Verpackungen neu definiert. Ziel ist, Industrie und Handel in die Verantwortung für den gesamten Lebenszyklus ihrer Produkte einzubinden. Hersteller und Vertreiber müssen künftig gebrauchte Verpackungen wiederverwenden oder einer stofflichen Verwertung zuführen bzw. dafür Sorge tragen, daß überflüssige Verpackungen von vornherein vermieden werden.

Die VerpackV trifft auch die deutsche Papierindustrie bzw. den Teilmarkt PAPIER, KARTON UND PAPPE FÜR VERPACKUNGSZWECKE.

Der Einsatz von Sekundärfasern – in Form von Altpapier (AP) – zur Papierherstellung hat in Deutschland eine lange Tradition. Der vorliegende Beitrag soll über die Entwicklung und den Stand des AP-Recycling informieren. Die Gründe für den verstärkten AP-Einsatz und die damit verbundenen Strukturveränderungen auf den Märkten für Papierrohstoffe sollen im Vordergrund stehen.

Die wichtigste Rohstoffbasis der Papierindustrie[1] ist HOLZ. Daraus gewinnt man durch mechanische und/oder chemische Aufbereitung die (Primär-)Faserstoffe HOLZSTOFF und ZELLSTOFF. Zusätzlich werden ALTPAPIER sowie Füllstoffe, Papierhilfsmittel und andere Chemikalien zur Papierproduktion eingesetzt.

In der Bundesrepublik kann man neben dem AP-Recycling auch von einer Verwertung von ABFALLHÖLZERN sprechen. Der Standortnachteil zu hoher Holz- und Zellstoffkosten der deutschen Papierindustrie (v.a. im Vergleich zum nordamerikanischen und skandinavischen Raum), führte dazu, daß man vermehrt auf billige Holzangebote zurückgriff, die kaum in der holzverarbeitenden Industrie verwendbar sind. Die deutsche Primärfaserstoffproduktion basiert ausschließlich auf SCHWACHHÖLZERN und INDUSTRIERESTHÖLZERN. Die bei der notwendigen Walddurchforstung sowie bei Kalamitäten anfallenden Bruch-, Schwach- und Krüppelhölzer sowie das Abfallholz aus dem holzverarbeitenden Gewerbe (z.B. Sägewerken) werden damit einer

---

1   Unter dem Begriff PAPIER werden auch die Werkstoffe KARTON und PAPPE subsumiert. Der Beitrag behandelt ausschließlich denjenigen Teil der Papierwirtschaft, der die Rohstoffaufbereitung und die Papierproduktion umfaßt. Das mir zur Verfügung stehende Datenmaterial zur deutschen Papierindustrie bezieht sich lediglich auf das alte Bundesgebiet.

stofflichen Verwertung zugeführt. Die Rohstoffkosten konnten weiterhin durch eine kontinuierliche Verminderung des spezifischen Primärfaserstoffeinsatzes[2] erreicht werden, was auch mit einem Rückgang des spezifischen Holzeinsatzes verbunden war. Lag beispielsweise der Holzverbrauch im Jahre 1960 bei 1,9 Norm-Raummetern Holz pro hergestellter Tonne Papier, konnte dieser Wert in den letzten 30 Jahren mehr als halbiert werden.

Der Standortnachteil zu hoher Holzkosten führte, v.a. seit den 50er Jahren, zu einer verstärkten Nutzung der Sekundärfaser Altpapier.

Der heutige ROHSTOFFVERBRAUCH der deutschen Papierindustrie liegt bei rd. 13. Mio. Tonnen (1990). Mit knapp 5,8 Mio. Tonnen (44% des gesamten Rohstoffeinsatzes) stellt das ALTPAPIER den mengenmäßig wichtigsten Rohstoff dar. Es folgen die Primärfasern Zellstoff mit rd. 3,5 Mio. Tonnen (26%) und Holzstoff mit 1,6 Mio. Tonnen (12%). Läßt man die Papierhilfsmittel und Füllstoffe außer Acht, zeigt sich hinsichtlich des Faserstoffverbrauchs folgende Struktur bzw. Entwicklung. Der Anteil der AP-Faser liegt mit rd. 53% über dem der Primärfaser, die einen Anteil von 47% am Gesamtfasereinsatz aufweist. Dieses Verhältnis hat sich in den letzten 30 Jahren nahezu umgekehrt: 1960 wurde der Faserstoffverbrauch noch zu 55% aus den Primärfasern Holzstoff und Zellstoff gedeckt.

Es gibt zahlreiche Faktoren, die den Faserstoffeinsatz und damit den AP-Verbrauch bestimmen.

Zwei Komponenten – das Rohstoff-Mix und das Sorten-Mix –, die bei der Diskussion über das AP-Recycling oft nur am Rande behandelt werden oder gar unberücksichtigt bleiben, sollen herausgegriffen werden. Als ROHSTOFF-MIX bezeichnet man den Stand und die Entwicklung des Faserstoffeintrages bei der Herstellung einzelner Papiersorten. Unter SORTEN-MIX versteht man die sortenspezifische Zusammensetzung der Papierproduktion und deren unterschiedliches Produktionswachstum.

Durch Nachfrageverschiebungen bei einzelnen Papiersorten wird das Sorten-Mix verändert, was zu Verschiebungen beim Rohstoff-Mix führen kann. Durch die VerpackV und die zu erwartende Verordnung für Druckerzeugnisse, die einen bestimmten AP-Faseranteil bei Druck- und Pressepapieren fest vorschreiben will, kann es zu Veränderungen sowohl beim Rohstoff-Mix als auch beim Sorten-Mix kommen.

Das SORTEN-MIX beeinflußt den Stand des AP-Recycling bzw. die potentiellen AP-Verwertungsmöglichkeiten.

An der gesamten Papierproduktion in Höhe von 12. Mio. Tonnen haben die Graphischen Papiere mit rd. 50% (5,8 Mio. Tonnen) den größten Anteil. Papier, Karton und Pappe für Verpackungszwecke stellen mit 4,4 Mio. Tonnen die zweitwichtigste Papierhauptsorte dar, während die Hygiene-Papiere sowie

---

2   Zur Herstellung einer Tonne Papier benötigt man heute 920 kg Faserstoffe. 1960 wurden noch 980 kg Holzstoff, Zellstoff und Altpapier pro Tonne Neupapier eingesetzt.

Spezial-Papiere und -Pappen mit einen Anteil von jeweils 7% weit hinter den beiden anderen Hauptsorten rangieren.

Welche Bedeutung der Sekundärrohstoff bei der Papierproduktion bzw. der einzelner Papiersorten hat, verdeutlicht die PRODUKTSPEZIFISCHE ALTPAPIER-EINSATZQUOTE. Zwischen den einzelnen Papiersorten bestehen erhebliche Unterschiede bezüglich des AP-Eintrages.

Die Hauptsorte PAPIER, KARTON UND PAPPE FÜR VERPACKUNGS-ZWECKE weist mit 92% die höchste AP-Einsatzquote auf. Damit erfüllt bzw. überschreitet dieser Teilmarkt schon heute die in der VerpackV für das Jahr 1995 vorgeschriebenen Quoten. Im Vergleich dazu ist der AP-Einsatz bei den GRAPHISCHEN PAPIEREN mit 18% relativ unbedeutend. Die rd. 1 Mio. Tonnen Altpapier, die dieser Teilmarkt aufnimmt, werden zum Großteil zur Herstellung von Zeitungsdruckpapieren verwendet, wo die AP-Einsatzquote bereits bei 68% liegt. Auffallend niedrig ist nach wie vor der AP-Verwertungsgrad mit 6% bei den übrigen graphischen Papieren, wozu auch Zeitschriften-, Katalog- und Schreibpapiere zählen. Bei der Herstellung von HYGIENE-PAPIEREN konnte in den letzten fünf Jahren der AP-Verbrauch stark gesteigert werden. Die AP-Einsatzquote erhöhte sich von 30% auf heute 55%.

Während sich die produktspezifische AP-Einsatzquote im Bereich der Verpackungspapiere in den letzten fünf Jahren stabilisierte, wurde der Mehrverbrauch an Sekundärfasern vor allem durch die Teilmärkte Zeitungsdruck- und Hygiene-Papiere gedeckt.

Von den 5,8 Mio. Tonnen Altpapier, die insgesamt von der Papierindustrie recycelt werden, führt demnach allein der Teilmarkt Papier, Karton und Pappe für Verpackungszwecke 3,8 Mio. Tonnen Altpapier (67%) in den Produktionskreislauf zurück. Damit sind die Hersteller von Verpackungspapieren die wichtigsten AP-Verwerter.

Abschließend soll auf eine Besonderheit des deutschen Papier- und AP-Marktes hingewiesen werden. Kennzeichnend sind die hohen Disparitäten zwischen Papierproduktion (12 Mio. Tonnen) und Papierverbrauch (14,6 Mio. Tonnen) sowie zwischen AP-Aufkommen und AP-Verwertung.

Obwohl sich der AP-Einsatz in den letzten 30 Jahren auf 5,8 Mio. Tonnen (1990) vervierfachte, erhöhte sich das AP-Aufkommen im gleichen Zeitraum um das Fünffache auf 6,8 Mio. Tonnen [3]. Im Jahre 1977 überstieg das AP-Angebot erstmals die Nachfrage, wobei sich dieser Trend in den 80er Jahren verstärkte.

Die Disparitäten zwischen AP-Aufkommen und AP-Verbrauch spiegeln sich im Altpapier-Außenhandel wieder, der ebenfalls seit 1977 einen positiven Außensaldo aufweist. Trotz der verstärkten Bemühungen um das AP-Recycling mußten allein im Jahre 1990 1,4 Mio. Tonnen Altpapier exportiert werden, d.h. 22% des im Inland erfaßten Altpapiers gehen in den Export.

---

3   Das bedeutet, daß 44% (Altpapier-Rücklaufquote) des in der Bundesrepublik verbrauchten Papiers als Sekundärrohstoff wieder zurückkommt.

Obwohl die deutsche Papierindustrie ihren AP-Bedarf vornehmlich aus inländischem Aufkommen deckt, ist sie dennoch auf AP-Importe angewiesen. Im Jahr 1990 wurden knapp 14% (rd. 800.000 Tonnen) des eingesetzten Sekundärrohstoffes aus dem Ausland bezogen. Dabei handelt es sich vornehmlich um qualitativ hochwertige AP-Sorten, deren Bedarf nicht vollständig aus inländischen Quellen gedeckt werden kann.

Die Disparität zwischen AP-Angebot und AP-Nachfrage bzw. AP-Importen und AP-Exporten deckt jedoch nicht die ganze Breite der Altpapier-Sortenskala ab. Die Bundesrepublik ist bei den unteren AP-Sorten als Nettoexporteur und bei den besseren Sorten als Nettoimporteur zu bezeichnen.

Der positive Außensaldo ist aber ein Indiz dafür, daß mit steigendem Papierverbrauch und intensiver Sammeltätigkeit das Altpapier-Aufkommen nicht mehr vollständig von der deutschen Papierindustrie aufgenommen werden kann.

Der nationale und internationale Altpapier-Handel hat sicherlich die Aufgabe, die unvermeidbaren quantitativen, qualitativen und räumlichen Disparitäten zwischen AP-Nachfrage und AP-Angebot auszugleichen, damit möglichst große Mengen des Sekundärrohstoffes dem Recycling zugeführt werden. Diese Bemühungen müssen aber von Maßnahmen begleitet werden, die die Verwendung von aus Altpapier hergestellten Produkten – wie beispielsweise Verpackungen aus Papier, Karton und Pappe – fördern und deren Image erhöhen.

IV.15 Aktuelle Geomorphodynamik im Hochgebirge

Gerhard Abele, Dietrich Barsch, Karsten Garleff,
Wilfried Haeberli & Thomas Höfner

1. Einführung

(Dietrich Barsch)

Die drei Stichworte dieses Titels beschreiben einen großen Komplex geomorphologischen Wissensbedürfnisses. Obwohl die Frage: „was ist ein Hochgebirge?" mit Recht ein großes Interesse beanspruchen darf, soll sie nicht im Zentrum unserer Betrachtungen stehen, zumal sie bereits von Carl TROLL (1941, 1954, 1972, 1973, vgl. BARSCH & CAINE 1984) in umfassender Weise diskutiert worden ist. Im Rahmen des Gesamtthemas des Basler Geographentages, aber auch im Hinblick auf die aktuelle Umweltdiskussion kommt der Behandlung der beiden anderen Stichworte zur Zeit wohl größere Bedeutung zu. Dabei gilt das Hochgebirge für diese Diskussion als äußerst geeignet, da es auch heute noch einen der extremen, durch heikle Gleichgewichte gekennzeichneten Räume unseres Planeten darstellt.

Wir wollen daher die Aufmerksamkeit auf die Probleme der aktuellen Geomorphodynamik in diesem Raum richten. Was versteht man heute unter dem Begriffspaar? „Geomorphodynamik" kann definiert werden als das Zusammenspiel der geomorphologischen Prozesse in einem geoökologischen Kontext, d.h. die geomorphologischen Prozesse werden im Hinblick auf ihre Quantifizierung, ihr Ursachengefüge, ihre Rückkoppelung mit anderen Teilkomplexen unserer Umwelt etc. erfaßt. Eine aktuelle Betrachtungsweise ist direkt auf das gegenwärtige Prozeßgefüge ausgerichtet. Cum grano salis wird damit das Relief selbst als statischer Parameter untersucht, der zwar das Prozeßgefüge steuert und beeinflußt, aber im Betrachtungszeitraum keine grundsätzlichen Veränderungen erfährt.

Eine Diskussion der aktuellen Geomorphodynamik im Hochgebirge ist daher auf drei Problemkreise besonders ausgerichtet. Das ist zum einen der Aspekt der Naturgefahren, das ist zum anderen die Veränderung des Prozeßgefüges in der Folge sich ändernder Randbedingungen, und das ist nicht zuletzt die Erfassung und Bilanzierung der Naturhaushalte. Selbstverständlich können hier nicht alle Aspekte im einzelnen behandelt werden; es ist jedoch möglich quasi an Beispielen die Problematik stellvertretend zu diskutieren. Dabei bilden die Massenbewegungen (Kap.2) einen ersten Schwerpunkt. Sie werden diskutiert in ihren Intensitäten und Sequenzen, d.h. als potentiell gefährliche Vorgänge im Hochgebirge. Schleichend bauen sich Spannungen auf; ihnen entgegengesetzt sind Stützwirkungen, die Material am Platz halten bzw. größere Materialanhäufungen erlauben. Übertreffen die Spannungen die Stützwirkungen oder werden die Stützwirkungen plötzlich beseitigt, sind katastro-

phale Massenbewegungen die Folge, wobei häufig den letzten Anstoß äußere
Ereignisse geben. Die Bestimmung von Wahrscheinlichkeit und Größe dieser
Vorgänge ist eine wesentliche Voraussetzung für die Erfassung und Bewertung
ihres Risikopotentials.

Die gegenwärtig verfügbaren Klimaprognosemodelle gehen in der Regel
von einer zunehmenden Erwärmung der Atmosphäre aus. Dadurch werden die
heiklen dynamischen Gleichgewichte im Hochgebirge nachhaltig gestört (vgl.
Kap. 3). Neue Anpassungen werden zweifellos in den alpinen, subnivalen und
nivalen Höhenstufen notwendig. Da diese Anpassungen Auswirkungen auf die
Prozesse in den tieferen Höhenstufen (z.B. Schuttzufuhr) haben können, wird
eine intensive Diskussion notwendig. Ausschlaggebend dürfte zusätzlich sein,
daß neue Naturgefahren entstehen, deren Risikopotential zur Zeit noch recht
unvollkommen abschätzbar ist.

Größere Lücken bestehen auch heute noch in der Erfassung und in der
Bilanzierung des geomorphologischen Prozeßgefüges im Hochgebirge. Nicht
nur im Hinblick auf den Naturhaushalt, sondern vor allem auch als Grundlage
für die Diskussion zukünftiger Entwicklungen müssen die entsprechenden
Untersuchungen verstärkt durchgeführt werden. Als ein Beispiel für das
Studium der fluvialen Prozesse wird in Kapitel 4 das Glatzbachgebiet in
Osttirol vorgestellt.

2. Abtragungspotential durch Massenbewegungen
– Intensitäten und Sequenzen
(Gerhard Abele)

Als Faktoren, die Größe, Intensität und Sequenz von Massenbewegungen
bestimmen, werden meist nur die angegeben, die deren unmittelbaren Niedergang herbeigeführt, begünstigt oder ausgelöst haben. Dazu gehören als interne
Faktoren z.B. die Existenz von Ablösungs- und Abgleitflächen, das Vorhandensein von Lockermaterial (insbesondere von Feinmaterial) sowie als möglicher auslösender Bewegungsimpuls die Erdbeben. Unter den externen Faktoren werden die fluviale und glaziale Erosion und die sich daraus ergebende
Hangversteilung sowie die Mobilisierung durch Wasser angeführt. Damit ist
jedoch das Zustandekommen von Massenbewegungen unterschiedlicher Art,
Größe und Niedergangsfolge keinesfalls ganz erklärt. Die Bereitstellung von
Material für Massenbewegungen schreitet im allgemeinen langsam voran. So
stellen sich der Verlust oder die Auflockerung des Gesteinsverbands nur
allmählich ein, ebenso wie die Bereitstellung von Schutt. Es ist daher zu
begründen, weshalb das bereitgestellte Material nicht ebenso allmählich erosiv
beseitigt oder durch kleinere Massenbewegungen abgetragen wird, sondern
durch interne oder externe Stützung so lange gehalten wird, bis es als größere
Masse zutal fährt. Dieser Niedergang kann sich in vielen aufeinanderfolgenden

Schüben vollziehen. Bei größerer Stabilität der Stützen ist die Dichte der Aufeinanderfolge der einzelnen Schübe geringer, das Volumen der Massenbewegungen dagegen größer.

Unter den Stützwirkungen können bei allen Massenbewegungen interne und externe unterschieden werden. Bei den internen ist es in erster Linie das Vorkommen standfester Gesteinspartien, die weniger standfestes Material stützen. Je höher und standfester die Stützen und je umfangreicher und weniger standfest die gestützten Partien, desto größer ist das Potential einer drohenden großen Massenbewegung.

Zu den externen Stützfaktoren gehören bei den Muren Hangverflachungen im Liefergebiet, in deren Bereich sich durch Steinschlag, Solifluktion, Blockgletscher oder andere Vorgänge (z.B. durch fluviale oder glaziale Prozesse) Lockermaterial in größerem Umfang ansammeln kann. In den Hochlagen der Hochgebirge erhalten diese Schuttmassen oft eine zusätzliche Stütze durch den Permafrost. Sein Abschmelzen würde die Murtätigkeit in den alpinen Hochlagen verstärken (vgl. Kap.3).

Ein potentielles Materialliefergebiet für Massenbewegungen bilden die mächtigen Eisrandablagerungen, die eiszeitlich während der Vergletscherung der Haupttäler in nicht vergletscherten Nebentälern entstanden. Nach Abschmelzen des Eises, d.h. nach Verlust der Stützen, stand für die Murtätigkeit nicht nur viel Lockermaterial, sondern auch ein starkes Gefälle zur Verfügung. Die Ausbildung von Muren wird hier noch zusätzlich gefördert, wenn in den Eisrandablagerungen auch Tone (Ablagerungen in Eisstauseen) enthalten sind (z.B. Eisrandablagerungen im Bereich des Halblech bei Füssen; Bunza 1989).

Ein weiterer externer Stützfaktor bei den Muren ist die Vegetation. Dies zeigt sich vor allem in den Hochgebirgen der Trockengebiete, wo die in feuchten Phasen ausgebildete Pflanzendecke beim Übergang in die Trockenphasen ihre fixierende Wirkung verliert. Doch auch eine langfristig große Trockenheit übt eine Stützwirkung aus, die die Größe der Muren bei seltenen Starkniederschlägen fördert (s.u.).

Große Muren ohne vorausgehende Stützwirkung können bei Vulkanausbrüchen niedergehen. Werden große Aschenmengen auf steilen Hängen abgelagert, so entspricht der Rhythmus der Murtätigkeit der Aufeinanderfolge ergiebiger Regen. Dies war beispielsweise beim Ausbruch des Pinatubo auf den Philippinen im Jahre 1991 der Fall. Hier könnte allenfalls die „Zwischenlagerung" auf den Hängen als Stützwirkung aufgefaßt werden.

Bei den heißen Lahars fällt auch diese „Zwischenlagerung" weg, sodaß der Rhythmus dieser vulkanischen Muren der Abfolge der Vulkanausbrüche entspricht. So stehen die im Jahre 1985 vom Nevado del Ruiz (Kolumbien) niedergegangenen Lahars, die zur Katastrophe von Armero und Chinchiná führten, ursächlich und zeitlich in direktem Bezug zu einem Vulkanausbruch, bei dem sich heißes pyroklastisches Material mit Schnee und Gletschereis mischte (Mojica et al. 1985).

Ebenso können Größe und Zeitpunkt des Niedergangs bei den Bergstürzen und verwandten Massenbewegungen durch externe Stützwirkungen beeinflußt werden. So wird die Bildung großer Bergstürze und verwandter Massenbewegungen durch die Gletscher gefördert, denn die glaziale Übersteilung der Hänge erfolgt bei deren gleichzeitiger mechanischer Stützung. Das Material der Hänge kann daher nicht sofort in kleinen Schüben, entsprechend der langsam fortschreitenden Übersteilung niederbrechen, sondern erst als Gesamtmasse nach Abschmelzen des Eiswiderlagers. Orographisch rechts der Zunge des Aletschgletschers war dies beispielsweise bei einer Sackung der Fall, in die die Ufermoräne von 1850 einbezogen wurde.

Wie bei den Muren kann auch bei den Bergstürzen und Sackungen ein sehr trockenes Klima zu Stützwirkungen führen. So werden in der nordchilenischen Wüste die steilen Talflanken der Fremdlingsflüsse aus der Hochkordillere stellenweise von differentiellen Gleitungen mit nach unten flacher werdender Gleitfläche bestimmt (beispielsweise im Tal des Rio Loa bei Lasana und im Tal des Rio Grande nördlich von San Pedro de Atacama). Zwar sind für diese Bewegungen im Einzelfall auch lokale Ursachen maßgebend; die Häufung derartiger Massenbewegungen im ariden Gebiet ist jedoch darauf zurückzuführen, daß die Taleintiefung von relativ geringer Hangzerschneidung und Hangdenudation begleitet wird. Die Abböschung der durch Flußerosion übersteilten Hänge erfolgt daher von Zeit zu Zeit durch große Massenbewegungen als dem letzten Glied in der Rang- und Reihenfolge der Abtragungsvorgänge, sobald die Stützwirkungen überschritten werden.

Im humiden Klima werden Bergstürze häufig durch plötzliche und außerordentlich starke Wasserzufuhr ausgelöst, nachdem sich die Spannungen über lange Zeiträume aufgebaut haben. So ereignete sich südlich von Bormio der Val-Pola-Bergsturz erst, als im Jahre 1987 im Veltlin sehr ergiebige Niederschläge fielen. Richter (1987) sieht generell einen engen Zusammenhang zwischen dem Niedergang einer solch großen Massenbewegung und der sehr langen Wiederkehrdauer extremer Niederschlagsereignisse. Allerdings handelt es sich hierbei selbstverständlich nur um einen unter mehreren zusammenwirkenden Stützfaktoren.

Aus aktuellem Anlaß sollen abschließend die vielen Muren besprochen werden, die nach den starken Frontalniederschlägen am 18. Juni 1991 in der nordchilenischen Küstenkordillere niedergingen. Sie bieten ein ausgezeichnetes Beispiel dafür, wie sehr Stützwirkungen Ausmaß und Häufigkeit der Massenbewegungen bestimmen.

Für die Ausbildung großer Muren bietet die Westabdachung der nordchilenischen Küstenkordillere südlich des Rio Loa außerordentlich günstige geomorphologische Bedingungen. Der Abfall ist sehr steil und auf weite Strecken über 1000 m hoch. Große Teile der Hänge sind trotz ihrer Steilheit von einer Lockerschuttauflage bedeckt, die durch die für die Küstenwüste typische Salzsprengung gebildet wurde. Eine Verbackung des Hangschutts durch Salzkru-

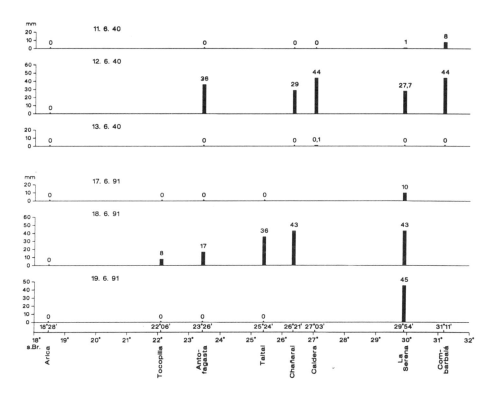

Abb. 1: Die ergiebigen Frontalniederschläge an der nordchilenischen Küste am 12.6.1940 und am 18.6.1991.

sten ist nicht in dem Maße erfolgt wie nördlich des Rio Loa (s.u.). Die auf Grund der Küstennebel aufkommende Lomavegetation ist nur örtlich und in der Regel nicht als geschlossene Vegetationsdecke ausgebildet. Zusätzliches Schuttmaterial findet sich auch in den kurzen und steilen Tälern, die die Westabdachung der Küstenkordillere zerschneiden. Vom Ausgang dieser Täler schieben sich auffallende Murkegel gegen das Meer, deren mächtige Murbänke entsprechend große Ereignisse belegen.

Wenn es trotz dieser günstigen geomorphologischen Voraussetzungen am Westabfall der Küstenkordillere äußerst selten zur Murtätigkeit kommt, so ist dies eine Folge der unergiebigen Niederschläge. Meist fallen nur kleintropfige und unbedeutende Nebelniederschläge und Nieselregen. In großen zeitlichen Abständen bringen jedoch Fronten der Zyklonen der südhemisphärischen außertropischen Westwindzone während des Südwinters ergiebige Regenfälle. Vor 1991 war dies zum letzten Mal am 12. Juni 1940 der Fall. Damals fielen in Antofagasta 36 mm Regen (s. Abb. 1), ohne daß es zu nennenswerten

Schäden kam. Große Zerstörungen hingegen richteten damals die avenidas
(Muren und stark schotterbelastete Abflüsse) im südlich Antofagasta gelegenen Taltal und dem nördlich davon gelegenen Tocopilla an. In Nordchile kam
es zwar auch außerhalb der Jahre 1940 und 1991 immer wieder zu Frontalniederschlägen, insbesondere im Anschluß an das El Niño-Jahr 1983, diese waren
jedoch nicht ergiebig genug, um zu stärkerer Murtätigkeit zu führen.

Angesichts der großen zeitlichen Abstände zwischen den ergiebigen
Regenfällen verwundert es nicht, daß sich der Mensch auf derartige Ereignisse
nicht einstellt. So wuchsen die Viertel der ärmeren Bevölkerung Antofagastas
in den letzten Jahrzehnten immer näher zum Ausgang der Quebradas der
Küstenkordillere hin. Als dann am 18. Juni 1991 ergiebige Frontalniederschläge fielen, wurde eine größere Zahl der aus leichtem Baumaterial erstellten
Gebäude von den avenidas zerstört. Da die Katastrophe bei Nacht erfolgte,
wurden die Bewohner im Schlaf überrascht, und es waren etwa hundert
Todesopfer zu beklagen (El Mercurio de Antofagasta vom 19., 20. und 21. Juni
1991). Wie stark die Murtätigkeit in der Küstenkordillere war, zeigt vor allem
das Tal, dem die Straße nach La Negra (südöstlich Antofagasta) folgt. Dort
lieferten viele kleine Seitentäler mächtige Muren, die auf der Straße mehr als
3 m mächtige Schuttkörper ablagerten (Bild 1). Durch die breiten avenidas im
Haupttal wurden die Trassen der Eisenbahn und der Straße auf weite Strecken
unterschnitten oder beseitigt (Bild 2).

Angesichts der sehr starken Murtätigkeit ist es überraschend, daß in
Antofagasta am 18. Juni 1991 nur 17 mm Regen gemessen wurden (Abb. 1).
Wahrscheinlich sind in der Küstenkordillere weit höhere Niederschläge gefal-
len (schon im Süden von Antofagasta waren es 42 mm, frdl. mdl. Mitt. von M.
Richter, Erlangen).

Die Murtätigkeit im Gefolge der Niederschläge des Jahres 1991 nahm von
Antofagasta gegen Norden ab. Bei Tocopilla war sie schon viel geringer und
nördlich der Rio-Loa-Mündung (240 km nördlich von Antofagasta) waren
keine Muren mehr festzustellen. Damit drangen die Frontalniederschläge im
Jahre 1991 etwa so weit nach Norden vor wie die von 1940 (Abb. 1).
Auffallenderweise bildet die Rio-Loa-Mündung auch die Grenze zum nördlich
anschließenden unzerschnittenen W-Abfall der Küstenkordillere, an dessen
Fuß dementsprechend auch keine Murkegel entwickelt sind. Daß in diesem
Bereich langfristig keine Starkniederschläge fallen, zeigt sich in der im Ver-
gleich zur Zone von Antofagasta noch geschlosseneren Schuttauflage auf den
Hängen und in der Ausbildung von weitflächigen Steinsalzkrusten.

Auf der weit weniger steilen Ostseite der Küstenkordillerenkette bei
Antofagasta kam es kaum zu Muren, sondern zur Ausbildung breiter Abfluß-
stränge auf den Fußflächen. Noch weiter im Osten, zur chilenischen Längssen-
ke hin, hatten die Regen von 1991 kaum geomorphologische Auswirkungen.
Damit ist zu erkennen, daß sich – außerhalb der Hochkordillere – die geomorphologische Aktivität in diesem Andenabschnitt auf den steilen Westabfall der

Bild 1: Bei den ergiebigen Niederschlägen am 18.6.1991 entstandener Murkegel südöstlich von Antofagasta.

Bild 2: Zu den Folgen der ergiebigen Niederschläge am 18.6.1991 gehören südöstlich von Antofagasta die Ausräumung von Hangrunsen, die Aufschüttung der Murkegel, ihre erosive Unterschneidung und die Zerstörung der Bahnlinie.

Küstenkordillere konzentriert, in dem neben der Stützwirkung des ariden
Klimas das Steilrelief einen wesentlichen, steuernden Parameter darstellt.

Die Ausbildung der vielen und großen Muren ist damit die Folge einer
klimatischen Stützwirkung. Wegen der sehr seltenen Starkregen kann sich auf
Hängen und in den Tälern trotz ihrer Steilheit eine ausgedehnte Lockerschuttauflage bilden und halten. Wenn die ergiebigen Regen im Abstand von
mehreren Jahrzehnten dann doch fallen, steht zur Murbildung eine große
Schuttmenge zur Verfügung.

Abschließend noch einige Gedanken zur Stellung der Massenbewegungen
im Rahmen der konkurrierenden geomorphologischen Vorgänge: Zur Erosion
kommt es auf der Erdoberfläche nur dort, wo ein fließfähiges Medium (Wasser
oder Eis) sowie der Wind abzutragen vermögen (Louis & Fischer 1979, S. 101).
Im Gegensatz dazu ist die Schwerkraft, unter deren direktem Einfluß die Massenbewegungen ablaufen, ubiquitär und persistent. Sieht man von Verschiebungen kleinsten Ausmaßes ab, so ereignen sich jedoch auch die Massenbewegungen nicht überall, denn erstens muß durch endogene und/oder exogene Vorgänge ein ausreichendes Relief erzeugt werden und zweitens muß Lockermaterial (oder durch Ablösungsflächen vom Anstehenden getrenntes Material)
vorhanden sein. Die Erosionsvorgänge schaffen jedoch nicht nur das Relief, in
dem sich die Massenbewegungen ereignen, sondern sie erfassen auch das Lok-
kermaterial der Hänge. Die Massenbewegungen stehen daher in der Konkurrenz der geomorphologischen Vorgänge hintan. Sie kommen nur dann zustande, wenn entweder die Schaffung eines Steilreliefs oder die Bildung oder Aufschüttung von Lockermaterial so rasch vor sich gehen, daß für erosive Vorgänge keine Zeit bleibt oder wenn das für die Abtragung bereitgestellte Material
durch eine Stützwirkung der erosiven Abtragung langfristig entzogen wird. Die
Untersuchung der Stützwirkungen, deren häufig unerwarteter und plötzlicher
Zusammenbruch Großereignisse auslöst, ist daher für die Behandlung von Naturgefahren im Hochgebirge von ausschlaggebender, grundsätzlicher Bedeutung.

3. Hochalpine Morphodynamik in einer wärmeren Atmosphäre
(Wilfried Haeberli)

Die markantesten Veränderungen im Hochgebirge hat in den vergangenen
Jahrzehnten der Mensch mit seinen Verkehrserschließungen, Kraftwerksbau-
ten und Skipistenplanierungen verursacht. Gleichzeitig hat der Temperaturanstieg seit der Mitte des letzten Jahrhunderts zu einem drastischen Eisrückgang
geführt. Ein Schneegrenzanstieg von knapp 100 Metern hat das alpine Glet-
schervolumen auf etwa die Hälfte schrumpfen lassen. Dabei war die mittlere
Geschwindigkeit der Eisschmelze um rund eine Größenordnung höher als im
Durchschnitt des späteiszeitlichen Eisabbaus (Haeberli 1991a). Für das kom-

mende Jahrhundert muß – falls die Klimaprognosemodelle korrekt sind – mit einer Beschleunigung dieses Trends gerechnet werden. Die Gletschermassen könnten sich auf wenige Prozent des heutigen Wertes reduzieren und die Permafrostgrenzen um mehrere 100m aufwärts wandern (VAW 1990). Innert kürzester Zeit könnte sich eine Situation mit fundamental veränderten Bedingungen und ohne holozäne Präzedenz einstellen.

Die Einflüsse des Temperaturanstiegs auf die wichtigsten geomorphodynamischen Prozesse der nivalen und periglazialen Stufen der Alpen sind schwierig abzuschätzen. Ausgehend vom beispielhaften Ansatz einer Bilanzierung durch Jäckli (1957) im bündnerischen Rheingebiet soll der veränderte Kenntnisstand von heute, die Entwicklung im 20. Jahrhundert und die Perspektive für das 21. Jahrhundert bei Annahme eines ungünstigen Treibhausszenarios (beschleunigte Erwärmung) kurz skizziert werden.

Massenumsätze werden im hochalpinen Raum durch Steinschlag, Lawinen, Gletscher, kriechenden Permafrost, Solifluktion und fluvialen Transport vorwiegend stetig, bei Bergstürzen, Hochwasserereignissen und Murgängen hingegen in kurzen Extremereignissen geleistet. Die Extremereignisse sind in der Zeitskala der Jahrtausende Teil eines dynamischen Gleichgewichtes und stellen seit jeher ein Grundrisiko für Siedlungen in Bergregionen dar. Es stellt sich die Frage, ob und inwiefern aktuelle Erwärmungstendenzen diese historische Situation verändern. Darüber hinaus haben die betrachteten Phänomene auch eine wichtige Signalfunktion, indem sie die Reaktion eines empfindlichen und komplexen Systems auf veränderte klimatische Voraussetzungen („climatic forcing") darstellen. Die bei der Prozess-Steuerung involvierten Effekte der Sensitivität, Anpassungszeit, Rückkoppelung und allfälliger Schwellenwerte sind – grob unterschieden – im Sinne von „black boxes" (entscheidende Faktoren nicht bekannt) oder „gray boxes" (entscheidende Faktoren können genannt und gewichtet werden) erfaßt. Die folgende Zusammenstellung kann jedoch nicht vollständig sein. Sie ist auf die wahrscheinlich wichtigsten Prozesse ausgerichtet. Äolische Phänomene (z.B. Eintrag von Saharastaub, Ausblasung von Feinmaterial aus Gletschervorfeldern und planierten Skipisten) oder chemische Verwitterung werden nicht erfaßt.

STEINSCHLAG, FELSSTURZ, SACKUNG, BERGSTURZ:

Steinschlag wird von Jäckli nicht quantitativ bestimmt, aber als wichtiger Faktor der vertikalen Verlagerung erkannt; größere Ereignisse fallen in seiner Gesamt-Bilanz nicht maßgebend ins Gewicht. Durch experimentelle Arbeiten (z.B. Pancza and Ozouf 1988) und Blockgletscheranalysen (Barsch 1977a) sind seither Wandrückverwitterungsraten von 1mm pro Jahr und mehr dokumentiert worden. Auch wurden die Sturzmechanismen rechnerisch erfaßt (Zinggeler et al. 1991). Großabbrüche (neuestens Val Pola 1987, Randa 1991) blieben im 20. Jahrhundert selten, ereigneten sich aber auch im Permafrost (z.B.

Tschierva 1988, vgl. ein ähnliches Ereignis an der Jungfrau bei Alean 1984).
Der Rückzug der Aletschgletscher-Zunge löste spektakuläre Sackungen aus
(Kasser et al. 1982). Gletscherrückgang und tiefgründige Permafrostschmelze
könnten daher steile Talflanken und Karwände im 21. Jahrhundert verstärkt destabilisieren. Insgesamt ist die Reaktion der Massenselbstbewegungen auf die
Erwärmungstendenz wahrscheinlich bei langen Anpassungszeiten sensibel.
Das Prozeßverständnis entspricht – zumindestens was die klimatische Auslösung der Sturzereignisse betrifft – noch weitgehend einer „black box". Lokal
sind auch schwerwiegende Katastrophen möglich.

SOLIFLUKTION, NIVATION:

Periglaziale Solifluktion (Frostkriechen/Gelifluktion) verlagert relativ bescheidene Massen über kurze Distanzen, wenn man bei der Zusammenstellung
von Jäckli den nicht-frostbedingten Teil des Bodenfließens in tieferen Lagen
(Wald) eliminiert. Durch (Grund-) Lawinen werden ebenfalls eher bescheidene
Gesteinsvolumina transportiert, dies jedoch über bedeutend größere vertikale
und horizontale Strecken. Andere Nivationsprozesse wurden damals nicht
erfaßt und fallen hier auch kaum ins Gewicht. Vor allem durch die langjährigen
Messungen von Gamper (1987a) sind die wichtigsten Faktoren für die periglaziale Solifluktion (Vegetation, Winterfrost/Einschneien, wahrscheinlich auch
Permafrost) seither erkannt. Beim Schutt-Transport durch Lawinen dürfte die
Häufigkeit von nassen Grundlawinen wichtig sein. Langfristige Vergleiche
sind für das 20. Jahrhundert nicht möglich. Bei reduzierter Frostaktivität und
generell ansteigender Vegetations- und Schneegrenze dürften in Zukunft eher
reduzierte Materialtransporte durch Solifluktion und Nivation zu erwarten
sein. Die Reaktion dürfte kurze Anpassungszeiten haben, aber schwer meßbar
sein. Das Prozeßverständnis liegt zwischen „black box" und „gray boy", der Risikoaspekt ist nur bei den Lawinen tangiert.

PERMAFROSTKRIECHEN (BLOCKGLETSCHER):

Bereits Jäckli hatte Blockgletscher als Ausdruck des Permafrostkriechens
erkannt und anhand der kartierten Großformen auf die bedeutende, vorwiegend
horizontale Massenverlagerung hingewiesen. Aufgrund stark verbesserter
Information (geophysikalische Sondierungen und Bewegungsmessungen)
schätzte Barsch (1977b), daß der Prozeß etwa 20% des gesamten Massenumsatzes innerhalb hochalpiner Regionen ausmacht. In jüngster Zeit wurden die
verschiedenen Studien über Aufbau, Eisgehalt, Temperatur, Fließverhalten
und Langfriständerung von Blockgletscherpermafrost durch Bohrungen und
Bohrlochmessungen ergänzt (z.B. Vonder Mühll und Haeberli 1990, vgl. dazu
Abb. 2). Die wichtigsten Mechanismen sind heute bekannt, im Detail (z.B.
Entstehung des Untergrundeises, Energiebilanz in der Auftauschicht, Mecha-

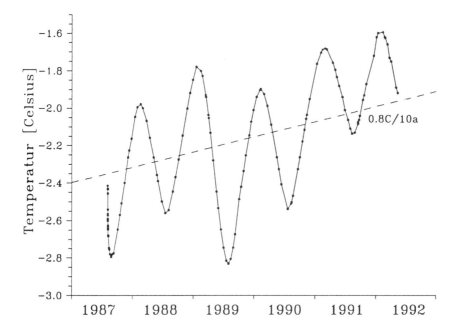

Abb. 2: Temperaturentwicklung in 10,5 m Tiefe des Bohrlochs Murtèl/Corvatsch. Die Unregelmäßigkeiten der jahreszeitlichen Schwankungen sind in dieser Tiefe durch die Gesetzmäßigkeiten der Wärmeleitung zu mathematisch erfaßbaren Sinusfunktionen gefiltert. Mittelfristige Tendenzen können deshalb besonders gut verfolgt werden. Die gestrichelte Linie gibt den mittleren Trend von +0.8°C pro Jahrzehnt wieder, der sich als Folge der späten 80-er Jahre eingestellt hat.

nik verschiedener Schutt/Eis-Gemische) sind allerdings noch schwierige Fragen zu lösen. Im Laufe des 20. Jahrhunderts dürften in Grenzlagen Permafrostvorkommen aufgetaut und Blockgletscherzungen inaktiviert worden sein. Im 21. Jahrhundert ist mit verstärkter Permafrostschmelze, massiver Setzung und einer generellen Abnahme des Massenumsatzes durch Blockgletscher zu rechnen. Insgesamt handelt es sich um eine sehr sensible Reaktion mit Anpassungszeiten im Jahrzehnt- bis Jahrhundertbereich, die bei einem Verständnis auf „gray box"-Niveau vor allem als Signal interessant sein dürfte.

GLETSCHERFLIESSEN:

Die Arbeit von Jäckli berücksichtigt die beträchtliche Transportleistung und vorwiegend horizontale Materialverlagerung durch Gletscher. Seither sind auch die Faktoren besser bekannt geworden, die die Erosion und Sedimentation durch Gletscher steuern (Haeberli 1991b). Neben der basalen Eistemperatur handelt es sich vor allem um die Sedimentbilanz des gesamten Gletschers, die

mit einem Indexwert aus der entscheidenden Parameterkombination gekennzeichnet werden kann, und um den Schuttgehalt in der basalen Eisschicht.
Insgesamt ist die Erosion nicht überwältigend (deutlich unter 1mm pro Jahr),
die Sedimentation kann hingegen lokal sehr massiv ausfallen. Der Niederschlag wirkt sich auf den erwähnten Index stärker aus als die Temperatur, so daß
säkulare Erwärmungstendenzen wohl kaum markante Veränderungen der
Sedimentation/Erosion durch Gletscher zur Folge haben. Die Reaktion erfolgt
mit kurzen Anpassungszeiten und ist auf dem Niveau der „gray-box" bekannt.
Weder beim Risikoaspekt noch bei der Signalwirkung sind von den glazialmor-
phologischen Prozessen selber (Erosion, Sedimentation, Schutt-Transport)
große Effekte zu erwarten. Ganz entscheidend ist hingegen beim Gletscher-
schwund die Verarmung der Landschaft, die Freigabe von erosionsanfälligen
Lockermaterialien und die Veränderung des Gefahrenpotentials durch Glet-
scherhochwasser (Seeausbrüche) und Eisstürze.

WILDBACH, MURGANG:

In der hochalpinen Region sind praktisch alle größeren Fließgewässer murfä-
hig oder haben Wildbach-Charakter. Jäckli unterscheidet in seiner Studie nicht
zwischen Murgängen und Wildbächen, erkennt in ihnen aber klar die entschei-
denden Prozesse des Materialaustrags aus den höchsten Regionen der Berge.
Ein intensiver Lernprozeß hat nach dem Katastrophensommer 1987 eingesetzt
(Naef et al. 1989). Besonders für Murgänge sind aufgrund der detaillierten
Analyse einer Großzahl von Ereignissen in den Schweizer Alpen empirische
Schätzformeln und Grenzwerte für Anrißbedingungen, Erosionsleistung, Spit-
zenabfluß und Auslaufdistanz (Abb.3) hergeleitet worden (Haeberli et al. 1991).
Die Möglichkeiten und Grenzen hydraulischer und mathematischer Modelle
diskutieren Davies (1988) und Rickenmann (1991). Das Prozeßverständnis
bleibt im Detail allerdings schwierig. Das 20. Jahrhundert brachte eine markan-
te Ausdehnung der Murgangaktivität auf Lockersedimente, die durch den
Gletscherrückgang und die Permafrostschmelze freigegeben worden sind
(Abb.4; Zimmermann und Haeberli, 1992). Der Schwerpunkt liegt zumindest
bei den 1987-er Ereignissen in der periglazialen Stufe, wobei sich auch große
Schadensfälle ereigneten. Im kommenden Jahrhundert muß bei fortgesetztem
Eisrückgang mit einer beschleunigten Verlagerung und einer eventuellen
Ausdehnung der Murgangsaktivität gerechnet werden. Zweifellos handelt es
sich dabei um eine relativ schnelle und sensible Reaktion. Aufgrund des
enormen Geschiebepotentials, das oberhalb der Waldgrenze bereitliegt, muß
eine lange Anpassungszeit angenommen werden. Der Kenntnisstand entspricht einer „gray box", die konkrete Aussagen über Gefahrensituationen auch
für zukünftige Eisrückgangs-Szenarien ermöglicht. Lokal sind katastrophale
Ereignisse möglich.

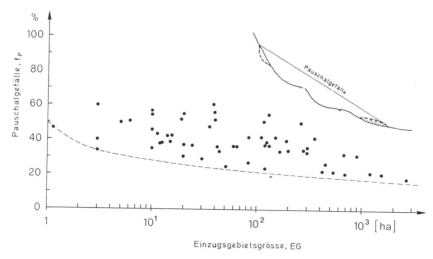

Abb. 3: Pauschalgefälle (Gefälle zwischen oberstem Anrißpunkt und unterster Ablagerungs-
stelle) in Abhängigkeit der Einzugsgebietsgröße am Murkegel für 82 Murgänge des Sommers
1987 in der Schweiz. Die eingezeichnete Grenzlinie ergibt die maximale Auslaufdistanz bei
gegebener Topographie und erlaubt eine empirische Abschätzung der Gefahrenzone bei
bekannter Anriß-Stelle (aus Haeberli et al. 1991).

Die hier skizzierten, summarischen Angaben können selbstverständlich
nicht mehr als erste Denkanstöße und Einstiegshilfen sein. Trotzdem sind
schon jetzt folgende Schlüsse über die hochalpine Morphodynamik in einer
wärmeren Atmosphäre möglich:

1. Besonders markante Veränderungen betreffen die Gletscher und den
   Permafrost (Eisrückgang) und damit die prägenden Elemente der periglazialen und glazialen Höhenstufe.
2. Vielmehr als die Veränderung der Prozesse selber beeinflußt die Verlagerung der Prozesse in neue Gebiete (z.B. Murgänge in Gletschervorfeldern,
   Hanginstabilität im schmelzenden Permafrost) die Geomorphodynamik.
3. Aufgrund der teilweise langen Anpassungszeiten werden ausgeprägte und
   langfristige Ungleichgewichte geschaffen.
4. Das vorhandene „gray box" – Wissen erlaubt es, die wichtigsten Veränderungen zu erkennen und grob abzuschätzen, es genügt hingegen nicht für
   genauere Voraussagen.
5. Das Potential an Naturgefahren wird sich besonders hinsichtlich Murgänge, Gletschergefahren, Lawinen und Hanginstabilitäten verändern und
   wahrscheinlich vergrößern.
6. Für die Behandlung entsprechender Probleme fällt die Grundlage der
   historischen Erfahrung und der Feldevidenz zunehmen weg, d.h. im
   Hinblick auf Prognosen muß das Prozeßverständnis verbessert und die
   Dokumentation der Veränderungen intensiviert werden.

Abb. 4: Murgangereignisse 1987 und Gletscherstände von 1850/heute in der Zentralschweiz
(Urseren/Goms/Bedretto/, nach Zimmermann und Haeberli (1992).
1 Gletscher 1850, 2 Gletscher 1851/1977, 3 Murganganriss – 4. Murgang-Trajektorien und Ablagerungsgebiete –

4. Fluviale Dynamik in der zentralalpinen Periglazialstufe
(Thomas Höfner & Karsten Garleff)

Der Periglazialraum gilt generell als Bereich intensiver Geomorphodynamik. In der alpinen Periglazialstufe wird die Geomorphodynamik durch hohe Hangneigungen zusätzlich verstärkt. Dementsprechend ist zu erwarten, daß in der zentralalpinen Periglazialstufe Verwitterungs-, Abtragungs- und Transportprozesse hohe Intensitäten aufweisen und damit der unmittelbaren Beobachtung und Messung günstige Ansatzmöglichkeiten bieten. Unser besonderes Interesse gilt dabei der Bilanzierung und Extrapolationsmöglichkeit der aktuellen periglazialen Prozesse sowie ihrer räumlichen und zeitlichen Abwandlung. Diese Frage schließt die Modellbildung zur Abschätzung morphodynamischer bzw. geoökologischer Effekte holozäner – auch zukünftiger – Klimaveränderungen ein.

Einen erfolgversprechenden Ansatz zur Untersuchung derartiger Fragen sehen wir in der Aufnahme der Prozesse und der Erfassung der Materialtransporte, insbesondere des aquatischen Materialabtrags, in einem überschaubaren, kleinen Einzugsgebiet. Ausgewählt wurde das Glatzbachgebiet südlich des Großglockner in den Hohen Tauern. Es umfaßt etwa 1,3 km² in Höhenlagen zwischen 2450 und 2900 m ü.M.

Geologisch ist es durch seine Lage über Gesteinen der Matreier Schuppenzone am Südrand des Tauernfensters gekennzeichnet: Engräumig wechselnde, meist relativ gering resistente Gesteine, wie Kalkglimmerschiefer, kalkige und kalkfreie Phyllite, aber auch höher resistente Dolomite und Quarzitschiefer werden nur kleinräumig von Moränen verhüllt, meist treten sie unmittelbar mit ihrem Verwitterungsmaterial an die Oberfläche. Stellenweise werden sie von geringmächtigen äolischen Decken überlagert.

Geomorphologisch zeichnet sich das Gebiet durch ein gestuftes, glazial überprägtes, vermutlich jungtertiär-altquartäres Altrelief mit relativ flachgeböschten Arealen bei 2450-2500 und 2600-2700 m ü.M. aus. Es wird von Kuppen und Kämmen aus resistenteren Gesteinen mit relativen Höhen bis zu 200 m überragt sowie von Tälchen zerschnitten, die nur selten mehr als 10 m eingetieft sind. Das Mikrorelief wird von Solifluktionsloben und -terrassen geprägt, die allerdings unterhalb etwa 2650 m ü.M. weitgehend vegetationsbedeckt und aktuell inaktiv sind.

Vegetationsgeographisch bzw. geoökologisch hat das Glatzbach-Einzugsgebiet Anteil an der mittleren und oberen alpinen Stufe mit Vorherrschaft von annähernd geschlossenen alpinen Matten sowie an der subnivalen Stufe mit vorwiegend vegetationsfreiem Schutt. Die Höhenlage der Grenze zwischen diesen Stufen schwankt bei Abhängigkeiten von Relief und Exposition zwischen etwa 2600 und 2750 m ü.M. Die Vegetation besteht in den tieferen Lagen bevorzugt aus Varianten des Krummseggenrasens. Fragmente dieses Curvuletums treten allerdings fleckenhaft bis in die höchsten Lagen auf. Daneben sind in geeigneten Positionen Schneebodengesellschaften, vor allem Saliceten, sowie mehr oder minder offene Schuttfluren verbreitet.

In Anlehnung an die geoökologische Differenzierung des Einzugsgebietes sind unsere Messungen räumlich differenziert: Innerhalb des Gesamteinzugsgebietes oberhalb der Hauptmeßstelle wurden ein Teileinzugsgebiet in der fast vollständig vegetationsbedeckten Rasenstufe in Höhenlagen zwischen 2450 und 2650 m ü.M. sowie ein Teileinzugsgebiet in der annähernd vegetationsfreien Fels- und Schuttstufe zwischen 2650 und 2900 m ü.M. ausgegliedert. Zur Erfassung der fluvialen Dynamik sind an allen drei Meßstellen V-Wehre und Pegelschreiber, automatische Probennehmer sowie Geschiebe-Rückhaltebecken installiert. Darüber hinaus wird versucht, die Herkunft des in den Gerinnen fluvial transportierten Materials mit Hilfe von Sedimentfallen am Hang und in Schuttrinnen sowie durch weitere Geländeaufnahmen, Messungen und Kartierungen zu bestimmen. In einem eigenen Programm untersuchen Bayreuther Kollegen auf speziellen Meßfeldern die solifluidale Schuttbewegung (Veit 1988).

Die Meßergebnisse zur fluvialen Dynamik des zentralalpinen periglazialen Einzugsgebietes zeigen sowohl für das Gesamgebiet, als auch für die Teilbereiche der alpinen und der subnivalen Stufe ein ausgeprägt nivales Abflußregime. Sommerliche Niederschlagsereignisse treten demgegenüber, sowohl hinsichtlich ihrer Abflußspitze als auch hinsichtlich ihrer Dauer und Häufigkeit zurück, so daß der sommerliche Abfluß nur 10 – 25% des gesamten Abflusses erreicht.

Eine Konzentration auf die Schneeschmelze zeigt sich auch bei der Bodenfracht und dem suspendierten Material mit etwa 95% der Jahresfracht. Der Transport an Gelöstem ist demgegenüber wegen der höheren Konzentration der geringen sommerlichen Abflüsse auch im Sommer relativ hoch, bleibt allerdings dennoch weit hinter den Transportraten während der Schneeschmelze zurück.

Nach unseren Messungen unterscheiden sich die beiden Teileinzugsgebiete bzw. Höhenstufen um mehr als eine Zehnerpotenz in ihren Denudationsraten, die eng mit der Dichte der Vegetation korrelieren. Die hohen Abtragungsraten in der subnivalen Stufe können vorwiegend auf folgende Faktorenkomplexe zurückgeführt werden, die z.T. in positiver Rückkopplung miteinander stehen:

– Vorherrschen weitgehend vegetationsloser und entsprechend erosionsfälliger Oberflächen
– Disposition zu flächenhaftem Abfluß während der Schneeschmelze aufgrund spät auftauender saisonaler und/oder perennierender Bodengefrornis
– Aufbereitung, Verlagerung und Labilisierung des Materials durch kryoklastische und solifluidale Prozesse.

Hinsichtlich der Transportvorgänge in der subnivalen Stufe zeigt die unmittelbare Beobachtung, daß der Spülung auf, innerhalb und unter der Schneedecke entscheidende Bedeutung zukommt. Demgegenüber wird vom abfließenden Schneeschmelzwasser im vegetationsbedeckten Bereich nur wenig Material aufgenommen.

Diese Beobachtungen belegen die Bedeutung der Vegetationsdecke für die Intensität der fluvialen bzw. aquatischen Abtragungs- und Transportvorgänge. Die Vegetationsdecke korreliert darüber hinaus auch mit der Intensität solifluidaler Prozesse (Messungen der Bayreuther Kollegen). Die großflächige Beobachtung und Aufnahme der Solifluktionsformen zeigt allerdings, daß sie nur in seltenen Fällen die Gerinne erreichen. Meist werden sie durch Spülvorgänge zerschnitten, d.h. der Materialtransport zu den Gerinnen erfolgt nur in geringem Maße unmittelbar durch Solifluktion, vorrangig vielmehr durch Spülprozesse. Die Bedeutung der solifluidalen bzw. allgemein der frostdynamischen Bewegung der Substrate liegt demnach vor allem in der Zerstörung der Vegetation, der Freilegung, Lockerung und Mobilisierung von Material, d.h. der Bereitstellung für den aquatischen Transport.

Für die Extrapolationsfähigkeit unserer kurzen Meßreihen ist die Abschätzung des langfristig mittleren Materialaustrags im gesamten sowie in den Teileinzugsgebieten wesentlich. Aufgrund unserer Beobachtung gehen wir davon aus, daß in den Gerinnen keine dauerhafte Aufschotterung, sondern eine moderate Tiefenerosion erfolgt. Setzt man die bisher gemessenen Feststoffausträge flächengewichtet miteinander in Beziehung, so zeigt sich, daß in einzelnen Jahren temporäre Zwischendeposition im Hauptgerinne, in anderen dagegen eine Remobilisierung des zwischengelagerten Sediments stattfindet. Der Schnittpunkt der Verbindungskurve unserer Meßwerte mit der Gleichgewichtslinie zwischen Antransport und Materialabfuhr muß dementsprechend den langjährig mittleren Austrag aus dem Gesamtgebiet ergeben. Dabei handelt es sich um einen Mindestwert, da zusätzlich eine geringe Erosion im Gerinne berücksichtigt werden muß. Mit Hilfe eines ähnlichen graphischen Verfahrens lassen sich auch für die Teileinzugsgebiete längerfristig mittlere Austragswerte angeben. Im einzelnen belaufen sich diese Schätzwerte auf 88 t/km²/a für das Gesamtgebiet, 8,2 t/km²/a für das Teileinzugsgebiet in der Mattenstufe und 251 t/km²/a für das Teileinzugsgebiet in der Frostschuttstufe. Diese Werte können z.T. durch überschlägige Berechnung des Ausräumungsvolumens der Tälchen in der alpinen Rasenstufe überprüft werden.

Dazu bedarf es allerdings der Rekonstruktion und zeitlichen Fixierung eines Ausgangszustandes. Grundlage für die Rekonstruktion und Datierung bilden die Untersuchungen von Veit (1988), die durch eigene Sondierungen und Kartierungen räumlich verdichtet sowie erweitert werden konnte. Es zeigt sich, daß in den tieferen Lagen des Einzugsgebietes ein verhältnismäßig tiefgründig entwickelter Boden mit deutlicher Profildifferenzierung (alpiner Podsol/ Pseudogley, alpine Rasenbraunerde) annähernd flächendeckend verbreitet ist.

In den höheren Lagen ist er bis auf geringe Reste erodiert. In mittleren Höhenlagen wurde er verbreitet von Solifluktionsloben überfahren bzw. fossilisiert. Diese Fossilisierung erfolgte in einer Phase gesteigerter Hangdynamik, die mit einer Depression der Untergrenze diskontinuierlichen Permafrostes in der Zeit um 3000 – 4000 v.h. zu verknüpfen ist. Der Boden war demnach um 4000 v.h. bereits vorhanden und belegt eine vorhergehende lange Phase der Hangstabilität und Bodenentwicklung.

Wesentlich für unsere Untersuchungen ist die enge räumliche Korrelation dieses Bodens mit dem Vorkommen des Curvuletums, so daß aus der im Infrarot-Luftbild deutlich erkennbaren Verbreitung dieser Vegetationseinheit die langfristig stabilen Bereiche ebenso wie die im jüngeren Holozän erodierten und/oder umgelagerten Partien kartiert werden konnten. Diese Kartierung kann als wesentliche Grundlage für die Beurteilung der morphodynamischen Aktivität in unserem Untersuchungsgebiet während des Holozäns dienen, da die Vegetationsbedeckung eine entscheidende Randbedingung der Geomorphodynamik in der alpinen Periglazialstufe bildet.

Besondere Beachtung verdient in diesem Zusammenhang die Ökologie des Curvuletums. Nach den Untersuchungen im Rahmen des österreichischen MaB-Programms (z.B. Körner u.a. 1989, Grabherr 1987, Cernusca & Seeber 1989) und eigenen Befunden kennzeichnet die Ausbildung dieser phytosoziologischen Einheit eine Phase langanhaltender günstiger Bedingungen. Andererseits zeigt die einmal etablierte Vegetationseinheit eine erstaunliche ökologische Amplitude gegenüber klimatischen Schwankungen. Ihre Zerstörung bzw. Verdrängung geht offenbar vorwiegend auf mechanische Schädigung, im wesentlichen durch frostdynamische Störung der Standorte zurück.

Die ehemals weite Verbreitung dieser Vegetationseinheit samt zugehörigen Böden spiegelt eine lange Phase ungestörter Entwicklung, d.h. der Hangstabilität wider. Diese Phase dauerte nach unseren und Veit's Datierungen von etwa 12 000 bis 4000 v.h. In der anschließenden Phase starker Temperatur- und damit Permafrost-Depression wurde der Krummseggenrasen durch kräftige frostdynamische Prozesse in den höheren Lagen weitgehend zerstört. Damit wird der Bereich der annähernd vegetationsfreien subnivalen Stufe und dementsprechend auch der Bereich effektiver Geomorphodynamik und Materialzufuhr zu den Gerinnen erheblich ausgeweitet.

Aus der Verbreitung des Curvuletums und des zugehörigen Bodens, einschließlich der aktuell von Erosion betroffenen Reliktstandorte in den höchsten Lagen können für die früh- bis mittelholozäne Phase hochreichender Stabilität, d.h. die Optimalphase, der Landschaftszustand unseres Einzugsgebietes und die entsprechenden Abtragungsraten rekonstruiert werden. Andererseits ist aus den Arealen, auf denen das Curvuletum während der Phase tiefreichenden Permafrostes verdrängt wurde, auf denen sich aktuell wieder Pioniergesellschaften etabliert haben, sowie aus der Reichweite aktuell inaktiver Solifluktionsformen die maximale Ausdehnung der vegetationsfreien

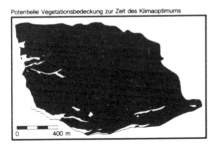

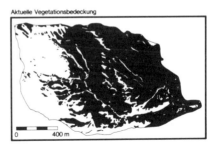

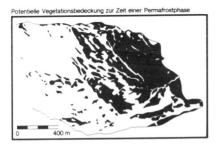

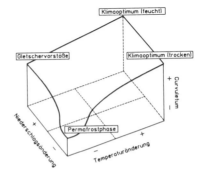

Abb. 5: Vegetationsbedeckung im Glatzbachtal (Ost-Tirol) bei unterschiedlichen Klimabedingungen

subnivalen Stufe, d.h. die holozäne Pessimalphase samt zugehörigen Abtragungsraten, zu rekonstruieren (Abb.5).

Die klimatischen Bedingungen dieser Phase sind aus zahlreichen Untersuchungen der Schwankungen der alpinen Schnee- und Waldgrenze (z.B. Patzelt 1977, Patzelt & Bortenschlager 1973) sowie aus Untersuchungen von Blockgletschern, Permafrost- und Solifluktionsphasen (z.B. Haeberli, 1982, Gamper 1987, Veit 1988, 1989, Buchenauer 1990) zu erschließen. Danach müssen die Phasen starker Hangdynamik und Vegetationszerstörung im wesentlichen auf Temperaturdepression zurückgeführt werden, da trotz der detaillierten Untersuchungen von Patzelt & Bortenschlager in der benachbarten Venedigergruppe aus der Zeit der starken Depression der Permafrost-Untergrenze kein entsprechender Gletschervorstoß bekannt geworden ist. Die Temperaturdepression muß demnach mit einer deutlichen Verstärkung der Kontinentalität, d.h. der Verringerung der Niederschläge und der Ausweitung der Jahresamplitude der Temperatur verbunden gewesen sein. Derartige klimatische Bedingungen sind offenbar während der geomorhpodynamischen Stabilitätsphase mit der Entwicklung des Curvuletums und des zugehörigen Bodens im älteren und mittleren Holozän, d.h. zwischen 12 000 und 4000 v.h. nicht aufgetreten.

Diese Befunde weisen auf den überragenden Einfluß der Temperaturschwankungen im vegetationskundlichen und geomorphodynamischen, d.h. im geoökologischen System der alpinen Periglazialstufe hin. Daneben spielen hygrische Veränderungen offenbar nur eine untergeordnete Rolle – im Gegensatz zu ihrer Bedeutung für die glaziale Dynamik.

Aus diesen Überlegungen kann ein Modell der Beziehungen zwischen Klimaveränderungen und Deckungsgrad der Vegetation bzw. des Curvuletums und damit auch der Intensität der Morphodynamik entworfen werden. Angelpunkte sind die o.g. Optimal- und Pessimalbedingungen bzw. -zustände. Die aktuellen Verhältnisse kennzeichnen in diesem Modell ein mittleres Niveau (Abb.5). Die Übergänge zwischen den verschiedenen Vegetations- und Landschaftszuständen sowie den entsprechenden morphodynamischen Verhältnissen sind nach Geländebefunden und den o.g. ökologischen Untersuchungen allerdings nicht im Sinne linearer Beziehungen zu erwarten. Sie bilden vielmehr aufgrund der unterschiedlichen Reaktionszeiten der Vegetationseinheiten (Curvuletum, Salicetum und Pioniergesellschaften) z.T. langfristige Hysterese-Schleifen. Dementsprechend ist diesem Modell ein Auflösungsvermögen in der Größenordnung von zumindest einigen Jahrzehnten zuzuschreiben (Höfner 1992).

Das Modell erlaubt auch Schlüsse auf die Verhältnisse bei einem eventuellen Temperaturanstieg, bei dem sich – mit der genannten Verzögerung – eine Stabilisierung der aktuell morphodynamisch aktiven Schutthänge der subnivаlen Stufe durch Vegetationsausbreitung einstellen muß.

5. Ausblick

Die zunehmende Nutzung der Hochgebirge, die vermutlich zunehmende säkulare und anthropogen verstärkte Erwärmung der Atmosphäre, aber auch die engen Beziehungen zwischen dem Hochgebirge und den umgebenden Tiefländern erhöhen das Risiko von Katastrophen durch Naturgefahren. Aus diesen Gründen ist eine weitaus bessere Kenntnis der aktuellen Geomorphodynamik im Hochgebirge, die über das Niveau von „gray" oder gar „black box"-Modellen hinausgehen, dringend notwendig. In den Jahrzehnten seit 1959 haben sich unsere Kenntnisse zwar gewaltig vermehrt, aber eine systematische, prognosefähige Behandlung fehlt immer noch. Wir müssen hier – angefangen beim Registrieren signifikanter Signale aus empfindlichen Systemen bis hin zu einer auf systematischer Kenntnis der Geosysteme mit Naturgefahrenrelevanz – erheblich mehr tun. Der vorliegende Beitrag kann nur die vorhandenen Probleme andeuten und erste Lösungsansätze mitteilen.

6. Literatur

Abele, G. (1984): Oberflächenformen in der chilenischen und peruanischen Wüste unter dem Einfluß von Salzgehalt und Niederschlag.- In: Zbl. Geol. Paläont. Teil I, p. 1497-1509.

Alean, J. (1984): Ice avalanches and a landslide on Grosser Aletschgletscher.- Zeitschr. f. Gletscherkunde und Glazialgeologie 20, p. 9-25.

Barsch, D. (1977a): Eine Abschätzung von Schuttproduktion und Schutt-Transport im Bereich aktiver Blockgletscher der Schweizer Alpen.- Zeitschr. f. Geomorphologie Suppl.Bd. 28: 231-245.

Barsch (1977b): Nature and importance of mass-wasting by rock glaciers in Alpine permafrost environments.- Earth Surface Processes 2, p. 231-245.

Barsch, D. & Caine, N. (1984): The nature of Mountain Geomorphology.- Mountain Research and Development 4: 287-298.

Buchenauer, H.W. (1990): Gletscher- und Blockgletschergeschichte der westlichen Schobergruppe (Osttirol).- Marburger Geogr. Schr. 117; Marburg/Lahn.

Bunza, G. (1989): Geologie und Geomorphologie instabiler Hangflanken und ihre Bedeutung für die Wildbachkunde, dargestellt am Beispiel des Halblech bei Füssen (Ostallgäu).- Habilitationsschrift an der Naturwiss. Fak. d. Univ. Innsbruck, Innsbruck, 403 pp.

Cernusca, A. & Seeber, M.C. (1989): Phytomasse, Bestandesstruktur und Mikroklima von Grasland-Ökosystemen zwischen 1612 und 2300 m in den Alpen.- Österr. MaB-Hochgebirgsprogramm, 13: 419-461; Innsbruck.

Davies, T.R.H. (1988): Debris flow surges – a laboratory investigation.- Mitteilungen der VAW/ETH Zürich 96, 122p.

Gamper, M. (1987a): Mikroklima und Solifluktion. Resultate von Messungen im Schweizerischen Nationalpark in den Jahren 1975-1985.- Göttinger Geographische Abhandlungen 84, p. 31-44.

Gamper, M. (1987b): Postglaziale Schwankungen der gemorphologischen Aktivität in den Alpen.- In: Furrer, G. u.a.: Zur Gletscher- und Vegetations- und Klimageschichte der Schweiz seit der Späteiszeit, Geographica Helvetia 2:77-80; Zürich.

Golubev, G. (1969): Avalanchas y corrientes de barro en Chile.- In: Informaciones Geográficas, Santiago, Chile, p. 31-74.

Grabherr, G. (1987): Tourismusinduzierte Störungen, Belastbarkeit und Regenerationsfähigkeit der Vegetation in der alpinen Stufe.- Österr. MaB-Hochgebirgsprogramm 10: 243-256; Innsbruck.

Haeberli, W. (1982): Klimarekonstruktionen mit Gletscher – Permafrost – Beziehungen.- Materialien zur Physiogeographie 4: 9-17; Basel.

Haeberli, W. (1991a): Alpengletscher im Treibhaus der Erde.- Regio Bassiliensis 32/2: p. 59-72.

Haeberli, W., Rickemann, D., Zimmermann, M. und Rösli, U. (1991): Murgänge. – In: Ursachenanalyse der Hochwasser 1987 – Ergebnisse der Untersuchungen.- Mitteilungen des Bundesamtes für Wasserwirtschaft Nr. 4 und Mitteilungen der Landeshydrologie und -geologie Nr. 14: 77-69.

Haeblerli, W. (1991b): Glazialmorphologische und paläoglaziologische Modelle.- In: Modelle in der Geomorphologie – Beispiele aus der Schweiz; Fachtagung der SGmG. Berichte und Forschungen, Geographisches Institut Freiburg/CH 3: 7-19.

Höfner, T. (1992): Fluvialer Sedimenttransfer in der periglazialen Höhenstufe der Zentralalpen, südliche Hohe Tauern, Osttirol. Bestandsaufnahme und Versuche einer Rekonstruktion der mittel- bis jungholozänen Dynamik.- Bamberger Geographische Schriften 13.

Jäckli, H. (1957): Gegenwartsgeologie des bündnerischen Rheingebietes. Beiträge zur Geologie der Schweiz. Geotechnische Serie 36.

Kasser, P., Aellen, M. und Siegenthaler, H. (1982): Die Gletscher der Schweizer Alpen 1973/74 und 1974/75 (95./96. Bericht).- Glaziologisches Jahrbuch der Gletscherkommission der SNG.

Körner, C., Wieser, G. & A. Cernusca (1989): Der Wasserhaushalt waldfreier Gebiete in den österreichischen Alpen zwischen 600 bis 2600 m Höhe.- Österr. MaB-Hochgebirgsprogramm 13: 119-153; Innsbruck.

Louis, H. u. Fischer, K. (1979): Allgemeine Geomorphologie.- Lehrbuch der Allgemeinen Geographie Bd. 1, 4. Aufl., Berlin, New York, 814 pp.

Mojica, J., Colmenares, F., Villarroel, C., Macia, C., u. Moreno, M. (1985): Caracteristicas del flujo de lodo ocurrido el 13 de noviembre de 1985 en el valle de Armero (Tolima, Colombia).- In: Geología Colombiana 14: 107-140.

Naef, F., Haeberli, W. and Jäggi, M. (1989): Morphological changes in the Swiss Alps resulting from the 1987 summer storms.- In: Hydrology of Disasters, Proceedings of the WMO Technical Conference, p. 36-42.

Vonder Mühll, D. and Haeberli, W. (1990): Thermal characteristics of the permafrost within an active rock glacier (Murtèl/Corvatsch, Grisons, Swiss Alps).- Journal of Glaciology 36/123, p. 151-158.

Pancza, A. and Ozouf, J.-Cl. (1988): Contemporary frost action on different oriented rock walls: an example from the Swiss Jura mountains.- V. International Conference on Permafrost, Proceedings Vol. 1: 830-833.

Paskoff, R. (1978/79): Sobre la Evolución Geomorfológica del Gran Acantilado costero del Norte Grande de Chile.- In: Norte Grande, Inst. Geogr. Univ. Católica, Chile, Nr. 6: 7-22.

Patzelt, G. & S. Bortenschlager (1973): Die postglazialen Gletscher- und Klimaschwankungen in der Venedigergruppe (Hohe Tauern, Ostalpen).- Zeitschr. f. Geomorphologie, N.F., Supplementband 16: 25-72; Berlin, Stuttgart.

Patzelt, G. (1977): Der zeitliche Ablauf und das Ausmaß postglazialer Klimaschwankungen in den Alpen.- In: Frenzel, B. (Hrsg.): Dendrochronologie und postglaziale Klimaschwankungen in Europa: 248-259; Wiesbaden.

Richter, M. (1987): Die Starkregen und Massenumlagerungen des Juli-Unwetters 1987 im Tessin und Veltlin.- In: Erdkunde 41: 261-274.

Rickemann, D. (1991): Modellierung von Murgängen.- In: Modelle in der Geomorphologie – Beispiele aus der Schweiz: Fachtagung der SGmG. Berichte und Forschungen, Geographisches Institut Freiburg/CH 3, p. 33-45.

Troll C., (1973): High mountain belts between the polar caps and the equator: their definition and lower limit.- Arctic and Alpine Research 5: A 19 – A 27.

Troll, C. (1941): Studien zur vergleichenden Geographie der Hochgebirge der Erde.- In: Bericht der 23. Hauptversammlung der Gesellschaft von Freunden und Förderern der Rheinischen Friedrich Wilhelms Universität Bonn p. 49-96.

Troll, C. (1954): Über das Wesen der Hochgebirgsnatur.- In: Jahrbuch des Deutschen Alpenvereins 80: 142-157.

Troll, C. (1972): Geoecology and the world-wide differentiation of high mountain ecosystems.- In: Geoecology of the High Mountain Regions of Eurasia, Wiesbaden, p. 1-16.

VAW (1990): Schnee, Eis und Wasser der Alpen in einer wärmeren Atmosphäre.- Internationale Fachtagung. Mitteilungen der VAW/ETH Zürich 108, 135pp.

Veith, H. (1988): Fluviale und solifluidale Morphodynamik des Spät- und Postglazials in einem zentralalpinen Flußeinzugsgebiet (südliche Hohe Tauern, Osttirol).- Bayreuther Geowiss. Arb. 13; Bayreuth.

Veith, H. (1989): Geoökologische Veränderungen in der periglazialen Höhenstufe der südlichen Hohen Tauern und ihre Auswirkungen auf die postglaziale fluviale Talbodenentwicklung.- Bayreuther Geowiss. Arb. 14: 59-66; Bayreuth.

Weischet, W. (1970): Chile, seine länderkundliche Individualität und Struktur.- Wiss. Länderkunden, Darmstadt, 618 pp.

Zimmermann, M. und Haeberli, W. (1992): Climatic change and debris flow activity in high-mountain areas – a case study in the Swiss-Alps.- Catena, Suppl. 22, p. 59-72..

Zinggeler, A., Krummenacher, B. und Kienholz, H. (1991): Steinschlagsimulation in Gebirgswäldern.- In: Modelle in der Geomorphologie – Beispiele aus der Schweiz: Fachtagung der SGmG. Berichte und Forschungen, Geographisches Institut Freiburg/CH 3, p. 61-70.

IV.16 Umweltkartographie und Schule

Ralph Armbruster, Armin Hüttermann, Ulf Zahn

Nicht erst mit der Grünen Bewegung und bevor in Lehrplänen und Rahmenrichtlinien durch die Kultusministerien festgeschrieben, wurden insbesondere in Schulatlanten Karten zu Umweltfragestellungen angeboten. Klassisches Beispiel „Luftbelastung an Rhein und Ruhr". Man wirbt mit dem blauen Himmel über der Ruhr und versucht, das auch durch die Schule gefestigte Image des belasteten Raumes wieder loszuwerden. Bewußt an den Anfang stellen wir das Problem des verantwortungsbewußten Umgangs mit Umweltdaten. Von Verharmlosung bis Verängstigung der Schüler reicht die Spanne der Wirkungen von Umweltbelastungsdarstellungen in einem Spannungsfeld zwischen politischer Verantwortung und privaten (elterlichen) Meinungen.

Umweltthemen nehmen zur Zeit bei Lehrplanentwicklungen breiten Raum ein, man versucht, die Geographie in der Schule quasi neu zu legitimieren. Damit erhöht sich auch die Themenvielfalt und der Bedarf an umweltkartographischen Darstellungen.

Von Luft- und Gewässerbelastung – den klassischen Themen – reicht die Spanne heute bis zur Bachrenaturierung und ökologisch kompletten Systemen. Fachdidaktisch noch nicht aufgearbeitet ist die Eignung von Umweltthemen für die verschiedenen Medien:

- Welche Übersichtskarten zu Umweltthemen sind im Unterricht sinnvoll und in welchem Medium? (Waldschadenskarte im Schulbuch oder im Atlas ist auch eine Frage der Verfügbarkeit in nur einem bestimmten Jahr oder während der gesamten Schulzeit – im Schulbuch, verschärft durch die Ausleihe, ist solch eine Karte nach einem Jahr „verloren".)
- Wie ist mit der Aktualität umzugehen?
  (Jährlich neue Daten, z. T. durch veränderte Erhebungsmethoden oder Langzeittrend durch nivellierende Durchschnittswerte).
- Welche Fallstudien gehören in das Schulbuch, welche in den Atlas?
  (Beispiel: Bachrenaturierung gehört ins Schulbuch, da Detailstudie mit Planungsaspekten, die möglichst im Nahraum unter Einbeziehung von Unterrichtsprojekt und Exkursion erarbeitet werden sollte. Vorteil von Verknüpfung mit Bild und Text.)
- Eine Erweiterung des geographischen Arbeitsfeldes zieht die Forderung nach mehr Karten nach sich. Die Atlanten z. B. werden immer umfangreicher. Aber was kann entfallen?
- Welche Stellung soll die Umweltkarte im Atlas haben und mit welchen Themen ist diese zu verknüpfen? (Beispiel: Desertifizierung verknüpft mit Klima, Vegetation, Landnutzung, Wirtschaftsweisen, Bevölkerungsentwicklung.)

D. Barsch/H Karrasch (Hrsg.): Geographie und Umwelt. Verh. d. Deutschen Geographentages Bd. 48 - Basel 1991. © 1993 Franz Steiner Verlag Stuttgart

Wichtige Grundvoraussetzung schulrelevanter Umweltkarten ist, daß diese das problemlösende Denken anregen und das Ursachen–Wirkungsgefüge stimmig und schulrelevant reduziert darlegen.

Umweltkarten aus fachkartographischer Sicht

„Zwar wird der Begriff ‚Umweltkartographie‘ inzwischen recht häufig benutzt, doch läßt seine schwammige begriffliche Definition noch sehr weite Auslegung zu, was dann auch laufend zu Mißverständnissen führt.

Die ‚Welt um uns herum – die Umwelt‘ wurde ja auch schon bisher von Karten erfaßt und trotzdem käme niemand auf den Gedanken, eine topographische Karte oder einen Stadtplan zur ‚Umweltkartographie‘ zu zählen. Gemeint ist sicher die Darstellung von Problemen – die wir Menschen mit unserer Umwelt haben – in Kartenform. Merkmale dieses neuen Arbeitsgebietes scheinen somit die Probleme zu sein, die wir Menschen mit unserer Umwelt in zunehmendem Maße haben, weil wir überlieferte Gewohnheiten mit einer in den letzten 50 Jahren entwickelten Selbstbedienungs-Wegwerf-Mentalität verknüpft haben. Präziser geht es um Veränderungen der Umwelt, die nicht mehr nur von Menschen selbst durchgeführt, also auch geplant werden, sondern um ‚unplanmäßige‘ Veränderungen der Umwelt als Reaktion auf zu starke Eingriffe in den ‚natürlichen Haushalt der Erde.‘

Zukünftig wird also der Begriff ‚Umweltkarte‘ als ‚Karte über die *Belastung* der Umwelt‘ benutzt, was somit auch die ‚Umweltkartographie‘ entsprechend begrifflich einengt.“ (B. Meissner in: Konzept für einen Leitfaden zur Umweltkartographie aus dem Arbeitskreis Umweltkartographie (der Deutschen Gesellschaft für Kartographie), Hrsg. B. Meissner, Berliner Geowissenschaftliche Abhandlungen, Reihe C, Band 11, Seite 7, Berlin 1989).*

Größter Produzent und Abnehmer von Umweltkarten ist heute die Öffentliche Hand für politische Entscheidungen und Planungsaufgaben. Die Fachkartographie orientiert ihre Problemlösungen an diesem Ziel (Abb. 1).

Die Aufgaben der Kartographie in der Umweltforschung liegen nicht nur in dem Bereitstellen von kartographischem Grundmaterial, in der Umsetzung der Untersuchungs- und Forschungsergebnisse einzelner Fachwissenschaften und der Planungsziele in anschauliche und leicht verständliche Karten, sondern auch in der Entwicklung neuer wissenschaftlicher Methoden für den Bereich der Datenerfassung, der Datenverarbeitung und der Visualisierung der Ergebnisse unter graphisch-kartographischen Gesichtspunkten. Somit dient die Umweltkartographie im Rahmen der Umweltforschung, des Umwelt- und Naturschutzes sowie der Ökologie dazu, den Informationsbedarf zu decken,

---

*   In der Diskussion wurde eine klare Begrifflichkeit durch die Benennung als „Umweltbelastungskarte“ oder „Umweltschadenskarte“ gefordert.

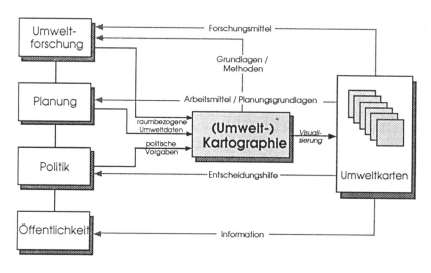

Abb. 1

durch eine aktuelle und verständliche Berichterstattung eine erfolgreiche Umweltpolitik zu gewährleisten sowie der Umweltforschung Instrumente für ihre Tätigkeit an die Hand zu geben.

Umweltkarten kommt dabei vor allem deshalb eine zentrale Bedeutung zu, weil sie am besten geeignet sind, räumliche Zusammenhänge, Beziehungen und Wirkungsgefüge umweltrelevanter Sachverhalte zu verdeutlichen und sichtbar zu machen.

Eine systematische Einteilung von Umweltkarten läßt sich aufgrund der Breite ihres Themenspektrums, der ihnen zugewiesenen Funktionen, der Vielzahl der Darstellungsformen und -techniken, des Auftretens sämtlicher Maßstabsbereiche sowie des unterschiedlichen Hersteller- und Benutzerkreises nur schwer vornehmen.

Die Methoden und Verfahren der Kartenerstellung und der Visualisierung raumbezogener Daten aus dem Umweltbereich werden heute im wesentlichen durch den Einfluß digitaler Techniken bestimmt. Im Vordergrund steht derzeit der Auf- und Ausbau von (Umwelt-)Informationssystemen. Die Karte im traditionellen Sinne verliert dabei als Datenspeicher, als Analyseinstrument und als Darstellungsmittel zunehmend an Bedeutung.

Die Probleme aus kartographischer Sicht erwachsen zum einen aus den gleichzeitigen Forderungen des Kartenbenutzers nach gut lesbaren und leicht verständlichen Karten, des Kartenautors möglichst viele Informationen zu integrieren und des Herstellers, der vor allem schnell und kostengünstig produzieren möchte. Hinzu kommen vereinzelt Beschränkungen in der Gestaltungsfreiheit durch juristische Bestimmungen oder politische Vorgaben.

Außerdem setzen das graphische System sowie die technischen und finanziellen Möglichkeiten enge Grenzen bei der Visualisierung räumlicher und zeitlicher Sachverhalte.

Ein weiteres Problem ist die zunehmende Verlagerung der Kartenerstellung in die Hände kartographisch ungeschulter Bearbeiter, begünstigt durch die freie Verfügbarkeit graphischer/kartographischer Software.

Die Aufgaben der (Umwelt-)Kartographie in der Zukunft müssen vor allem in der Rezeptionsforschung, in der Erweiterung der Ausbildungsinhalte, in der Entwicklung neuer Arbeits- und Darstellungsmethoden unter Einbeziehung der technischen Möglichkeiten sowie in dem Bemühen nach Standardisierung in der Darstellung bestimmter Themenbereiche liegen.

Die Schulkartographie nutzt in der Regel diese Basismaterialien zur Umsetzung in schulrelevante Darstellungen. In den Schulen sind aber auch Originalquellen im Einsatz, so z. B. die für die Öffentlichkeit herausgegebenen „Daten zur Umwelt" des Umweltbundesamtes Berlin in der jeweils neuesten Ausgabe. Zwei Beispiele daraus seien hier kurz angesprochen:

Emissionskataster für Stickstoffoxide (NO_x als NO_2) 1986
(Abb. 2)

Diese Karte eignet sich für den schulischen Einsatz in besonderer Weise. Sie führt in die Datenerfassung nach der Rastermethode ein, sie gibt die genauen Erhebungswerte an und liefert auch bereits eine statistische Flächenauswertung und sie ermöglicht, da die Emissionen angegeben werden, eine Verursacheranalyse (Autobahnnetz, Lage und Größe von Ballungsräumen, Begründung von Einzelstandorten hoher Belastung durch Kartenvergleiche etc.).

Waldschäden in der Bundesrepublik Deutschland 1987
(Abb. 3)

Dagegen ist diese Karte für den schulischen Einsatz völlig ungeeignet, da sie jeder geographisch sinnvollen Aussage entbehrt. Zwar werden im Informations- und Dokumentationssystem Umwelt (UMPLIS) Daten einheitlicher Ländererhebungen (seit 1984) auf 4x4 km Rasterbasis, mindestens jedoch 8x12 km (1987) gehalten, die Veröffentlichung erfolgt aber zusammenfassend als Durchschnitt je Bundesland (politische Grenzen) ohne Berücksichtigung von Landschaftsgrenzen. Zwar hat es 1983 bereits eine akzeptable Version in einer Gliederung nach 58 Landschaften gegeben, diese wurde, aus welchen (politischen?) Gründen auch immer, aufgegeben (1992 wieder aufgenommen).

Kriterien zur Analyse von Umweltkarten in gängigen Schulatlanten

An der PH Ludwigsburg ist im Fach Geographie ein Medieninformationssystem installiert worden. Mit acht umweltrelevanten Suchbegriffen (von Abwasser bis Waldsterben) gibt dieses System für die deutschen Gymnasialatlanten folgende Auswahl von Umweltkarten an:

Alexander Weltatlas (Ausgabe Baden-Württemberg 1984)   13 Karten
Diercke Weltatlas (1988)   36 Karten
Seydlitz Weltatlas (1984)   14 Karten

Der für den Unterricht Beispiele auswählende Lehrer benötigt einige Kriterien, um die Eignung von Karten für seine Fragestellung zu prüfen.

Neben Themen, Raum, Maßstäblichkeit und Altersgemäßheit sind dies insbesondere

– Karteninhalt (verarbeitete Daten)
– kartographiedidaktische Darstellung.

Grundsätzlich kann bei Umweltkarten von

– Verursachung (Emission, Verursacher) und/oder
– Auswirkung (Immission, belastete Systeme)

ausgegangen werden. Aus den komplexen Systemen, die hinter Verursachung und Auswirkung stehen, können in der Regel nur Einzelelemente kartographisch dargestellt werden. (Aus dem Komplex Waldsterben z. B. Schwefeldioxidimmission für Sauren Regen als ein Mitverursacher von Waldschäden.)

Zu prüfen ist also:

– was ist dargestellt
– was ist ausgeblendet und
– welche Beziehungen bestehen zwischen den Daten.

Beispiel für letzten Punkt: Schadstoffemission und Waldschäden (Verursachung und Wirkung) direkt kartographisch überlagert ergibt nur einen Sinn, wenn mit dem vorerwähnten Ziel des „problemlösenden Denkens" vom Schüler eine Regelhaftigkeit der Zusammenhänge hergestellt werden kann, wie etwa „vorherrschende Westwinde führen zu ..." etc. Dies setzt dann häufig das Hinzuziehen weiterer Karten voraus.

Die kartographiedidaktische Überprüfung erfolgt über die Diskussion der Basiskarte (Grundtopographie), die Datenerhebung und die Datenarten (qualitativ/quantitativ; absolut/relativ), die Darstellungsmittel (Signaturen, Diagramme etc. und die Gruppen- und Kombinationsfähigkeit) sowie die Darstellungsmethoden.

Anhand der Karte 54.1 Luftbelastung/Waldschäden aus dem Diercke Weltatlas, Braunschweig 1988 sei die kartographische und kartographiedidaktische Diskussion demonstriert.

Kartographische und kartographiedidaktische Diskussion

Basiskarte:
Enthält Außengrenzen, Ländergrenzen und Flüsse.
Diskussion:
Orientierung gut möglich; mehr Eintragungen würden zur Überlastung führen.
Sachliche Beziehungen zum Karteninhalt nicht gegeben (nicht notwendig).
Sind Ländergrenzen zur Orientierung notwendig? (spielen weder bei den Daten
   zu den Emissionen noch bei den Daten zu den belasteten Systemen eine
   Rolle)
Datenerhebung:
– Emissionen: Rasterflächen (Durchschnittswerte ohne Angabe der
                     Meßstationen)
– belastete Systeme: Waldschäden auf der Basis der Landschaftsgliederung
                     des Bundesumweltamtes, Durchschnittswerte
   Diskussion:
Auseinanderklaffen in der Differenziertheit der Datengrundlagen (Raster-
flächen 400 km^2, Waldflächen erheblich größer); Erhebungszeiträume klaffen
auseinander (1980/1980–84; 1986); wobei allerdings auch Ursache und Wir-
kung zeitlich auseinander liegen; fehlende Angaben über Meßstationen und
Dichte des Meßnetzes.
   Datenarten:
– Emissionen: quantitativ, absolut, flächenbezogen
– belastete Systeme: quantitativ, relativ, flächenbezogen
   Diskussion:
kein Darstellungsproblem, dem Sachproblem angemessen
Darstellungsmittel:
– Emissionen: Punkt- bzw. Linienrasterflächen, farblich differenziert
                     nach der zeitlichen Entwicklung
– belastete Systeme: Farbflächen
   Diskussion:
Emissionen und belastete Systeme müssen übereinander dargestellt wer-
den, sie decken sich räumlich. Dabei kommt es zu keinen Problemen bei der
Überlagerung von Punkt- bzw. Linienrasterflächen (der Emissionen) und Farb-
flächen (der Waldschäden), aber zu Problemen bei den Überlagerungen der
farblichen Differenzierungen der Rasterflächen mit den Farbflächen.
Darstellungsmethoden:
– Emissionen: analytisch (Verbreitung einzelner Elemente)
                     dynamisch (Veränderung 1980–84)
                     Diagrammprinzip (nur annähernd flächenentsprechend
                     und lagetreu, dafür aber genauer ablesbare/quantifi-
                     zierbare Informationen)

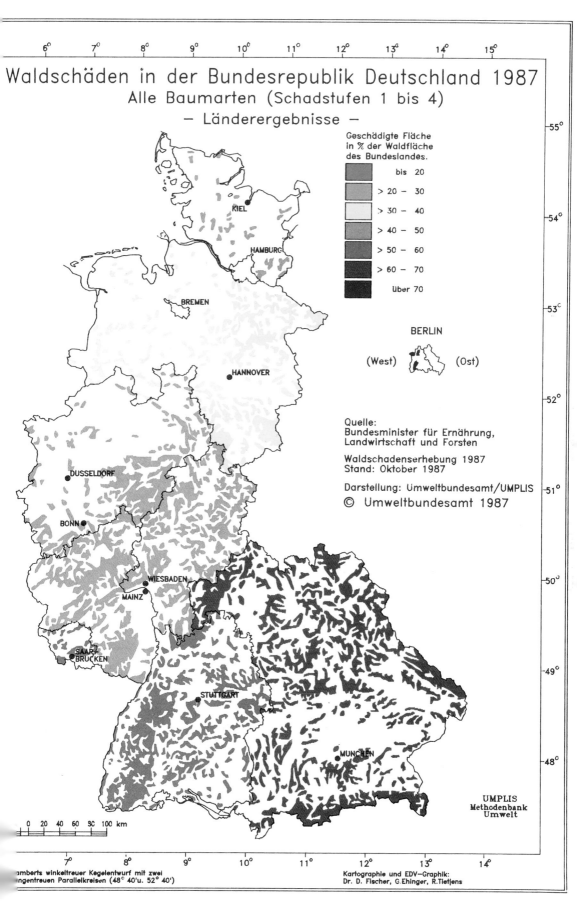

Waldschäden in der Bundesrepublik Deutschland 1987
Alle Baumarten (Schadstufen 1 bis 4)
– Länderergebnisse –

Geschädigte Fläche
in % der Waldfläche
des Bundeslandes.

bis 20
> 20 – 30
> 30 – 40
> 40 – 50
> 50 – 60
> 60 – 70
über 70

BERLIN

(West)　　(Ost)

Quelle:
Bundesminister für Ernährung,
Landwirtschaft und Forsten

Waldschadenserhebung 1987
Stand: Oktober 1987

Darstellung: Umweltbundesamt/UMPLIS
© Umweltbundesamt 1987

KIEL
HAMBURG
BREMEN
HANNOVER
DUSSELDORF
BONN
WIESBADEN
MAINZ
SAAR-
BRÜCKEN
STUTTGART
MÜNCHEN

UMPLIS
Methodenbank
Umwelt

0 20 40 60 80 100 km

 amberts winkeltreuer Kegelentwurf mit zwei
ngentreuen Parallelkreisen (48° 40'u. 52° 40')

Kartographie und EDV-Graphik:
Dr. D. Fischer, G.Ehinger, R.Tietjens

Emissionskataster für Stickstoffoxide (NO$_x$ als NO$_2$) 1986
Alle Emittentengruppen

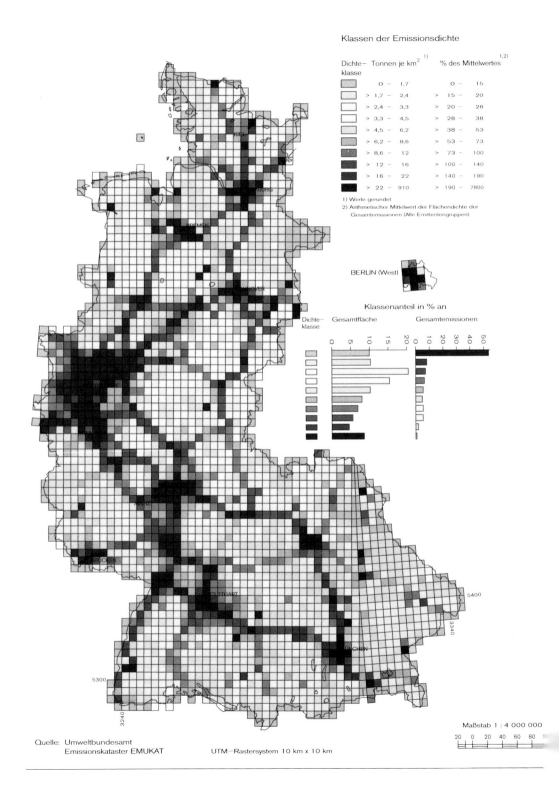

Klassen der Emissionsdichte

Dichte-klasse	Tonnen je km^2 [1]	% des Mittelwertes [1,2]
	0 – 1,7	0 – 15
	> 1,7 – 2,4	> 15 – 20
	> 2,4 – 3,3	> 20 – 28
	> 3,3 – 4,5	> 28 – 38
	> 4,5 – 6,2	> 38 – 53
	> 6,2 – 8,6	> 53 – 73
	> 8,6 – 12	> 73 – 100
	> 12 – 16	> 100 – 140
	> 16 – 22	> 140 – 190
	> 22 – 910	> 190 – 7800

1) Werte gerundet
2) Arithmetischer Mittelwert der Flächendichte der
   Gesamtemissionen (Alle Emittentengruppen)

BERLIN (West)

Klassenanteil in % an

Dichte-klasse · Gesamtfläche · Gesamtemissionen

KIEL

BURG

BREMEN

HANOVER

MAINZ

STUTTGART

MÜNCHEN

5400

5300

3340

3240

Maßstab 1 : 4 000 000

20 0 20 40 60 80

Quelle: Umweltbundesamt
Emissionskataster EMUKAT

UTM–Rastersystem 10 km x 10 km

– belastete Systeme: synthetisch (System Waldschäden nicht in seinen
Teilproblemen dargestellt)
Lageprinzip (Waldschäden exakt auf Waldflächen
eingetragen)

Diskussion:

Die analytische und dynamische Darstellung der Emissionen ist dem
Problem angemessen; das Diagrammprinzip erleichtert die Ablesbarkeit.

Die synthetische Darstellung des Problems „Waldschäden" ist angemes-
sen, da es sich um ein komplexes Problem handelt, das ganzheitlich erfaßt wird.
Das Lageprinzip ist unbedingt erforderlich aus Gründen der Orientierung
(Ablesbarkeit, um welches Waldgebiet es sich handelt).

Literatur

Diercke Handbuch (zum Diercke Weltatlas) (1989): Braunschweig

Hüttermann, A. (1975): Karteninterpretation in Stichworten. Teil 2: Geographische Interpretation thematischer Karten. Kiel

Jungmann, W. W., Zahn, U. (1988): Umweltkarten zur Luftbelastung, Geogr. Rundsch.,
Sonderheft 10/88, S. 38–42

Kremers, H. u. a. (1990): Arbeitskreis „Umweltdatenbanken" – Ziele und erste Ergebnisse.
Informatik Fachbereich, 256, 1–16 Berlin (Springer)

Meissner, B. (Hrsg.) (1989): Konzept für einen Leitfaden zur Umweltkartographie aus dem AK
Umweltkartographie. Berliner Geowiss. Abh., Reihe C, Band 11

Meissner, B. u. Braun, G. (Hrsg.) (1991): Umweltkartographie in der ehemaligen DDR.
Berliner Geowiss. Abh., Reihe C, Band 12

Umweltbundesamt (zweijährlich), Daten zur Umwelt, Berlin

IV.17 Auswertung und Anwendung geoökologischer Karten
K. Mannsfeld, R. Marks, Th. Mosimann, O. Sporbeck

1. Einführung*
von Robert Marks, Dortmund

Verfolgt man das Thema „Auswertung und Anwendung geoökologischer Karten" in der Literatur der letzten Jahrzehnte, so fällt auf, daß sich die Geographie zwar dem Fachgebiet Geoökologie und der geoökologischen (landschaftsökologischen) Karte umfassend angenommen hat, daß aber über eine Auswertung und Anwendung unter dem Gesichtspunkt der Planungspraxis – zumindest in Westdeutschland – bis vor einigen Jahren kaum Literatur zu finden war. Vielmehr verhielt es sich so, daß man den Komplex der ökologischen Planung und der ökologischen Landschaftsbewertung einschließlich der Entwicklung von Informationssystemen (Landschaftsdatenbänke) weitgehend dem Fachgebiet „Landespflege" überlassen hat. Die Geographen in der ehem. DDR hatten – möglicherweise unter dem Druck der Verhältnisse – die Notwendigkeit einer planungsrelevanten Aufbereitung ökologischer Daten bereits eher erkannt, wenngleich ihre Erkenntnisse kaum in die Tat umgesetzt worden sind.

Glücklicherweise hat sich nunmehr – wie auch die Ergebnisse dieser Fachsitzung zeigen – ein allgemeiner Wandel vollzogen, und es werden innerhalb der Geographie die Methoden der ökologischen Planung sowohl aus wissenschaftlicher Sicht als auch aus der Sicht des Planungspraktikers fachlich vorangetrieben.

Verfolgt man die Entwicklung der ökologischen Landschaftsbewertung, so lassen sich folgende „Marksteine" kurz herausstellen:
- Die wohl älteste systematische Bewertung ökologischer Sachverhalte stellt die seit dem Jahre 1934 durchgeführte „Reichsbodenschätzung" dar, die in einem umfangreichen Kartenwerk im Maßstab 1:5.000 ihren Niederschlag gefunden hat.
- In den fünfziger und sechziger Jahren wurden forst- und landwirtschaftliche Schätzverfahren entwickelt. Zu nennen sind hier z.B. die Pflanzenstandortkarte, die hessische Weinbaukartierung, die ökologische Standorteignungskarte Baden-Württemberg sowie die von der Forstwirtschaft entwickelte forstliche Standortskartierung.
- Große methodische Fortschritte brachten in den siebziger Jahren in der ehemaligen DDR die Arbeiten der NEEFschen Schule zum Naturraumpotential (vgl. Beitrag MANNSFELD).

* Der vorliegende Aufsatz stellt eine stark gekürzte Fassung der Originalbeiträge dar. Die vollständige Fassung (38 S.) kann gegen Zusendung einer Diskette (3 1/2 oder 5 1/4 Zoll) von Dr. Robert Marks, Umweltamt der Stadt Dortmund, Katharinenstr. 12, DW-4600 Dortmund 1, Tel. 0231/50-225539, bezogen werden.

– In Westdeutschland wurden im Zuge der Naturparkplanung und der
Einrichtung von Naturparken Verfahren zur Bestimmung des Erholungs-
wertes entwickelt, maßgeblich auf der Grundlage des Instrumentes der
Nutzwertanalyse.

Ökologische Bewertungen im eigentlichen Sinne, bei denen eine Vielfalt
von Geofaktoren berücksichtigt wurde und in die auch nach und nach der
Umweltschutzgedanke Eingang fand, wurden ab Mitte der siebziger Jahre
entwickelt. Standen hierbei anfangs noch die Eignungen von Nutzungsformen
für bestimmte Planungszwecke im Vordergrund, so wurde, ausgehend von
BAUERs ökologischer Wertanalyse (1973), die Leistung, Eignung, Empfindlichkeit und Belastbarkeit des Naturhaushaltes und seiner Einzelfaktoren beurteilt. Begriffe wie „Biotopwert", „biookologischer Wert", „RÖV-Zahl"
(=Relativer ökologischer Vollkommenheitsgrad), „KÖH-Wert" (=klimatisch-
ökologisch-hygienischer Wert), „biodynamisches Potential", „ökologische
Risikoanalyse" und „Leistungsfähigkeit des Naturhaushaltes" seien hier nur
erwähnt.

Nachdem das Instrumentarium der Umweltverträglichkeitsprüfung nunmehr gesetzlich geregelt ist, werden ökologische Bewertungen auf der Grundlage geoökologischer Kartierungen in großer Zahl durchgeführt, wobei es
allerdings, wie das „Handbuch der Umweltverträglichkeitsprüfung" (vgl.
STORM & BUNGE 1988) zeigt, erst bei den für Straßenbauvorhaben erstellten
UVPs zu einer gewissen methodischen Reife gekommen ist. Nach wie vor
besteht im Hinblick auf die Auswahl aussagekräftiger Beurteilungskriterien,
der Wertsynthese und dem Setzen von Grenz- und Schwellenwerten ein
erheblicher Forschungsbedarf. Neue Forschungsfelder haben sich zudem bei
der Digitalisierung von Karten und der Erfassung, Bewertung und der Synthe-
sebildung ökologischer Daten (Geographische Informationssysteme) aufge-
tan.

Umfassende Anleitungen zur Bewertung des Naturhaushaltes von Landschaftsräumen für Planungszwecke bieten MARKS u.a. (1989) sowie HAASE
u.a. (1991). Sie enthalten auch eine Zusammenfassung der relevanten Literatur
im deutschsprachigen Raum.

2. Von der Geoökologischen Kartierung zum geoökologischen Informa-
tionssystem – das geoökologische Informationssystem GOEKIS –
von Thomas Mosimann, Hannover

2.1 Einleitung

Heute und zukünftig in noch steigendem Maße verlangen die Planungs- und
Umweltschutzpraxis vielfältige und möglichst aktuelle Aussagen zu ökologischen Zuständen, Prozessen und Funktionszusammenhängen in der Land-

schaft. Die dabei für die Praxis geforderte einfache Durchschaubarkeit klar
nachvollziehbarer Einzelaussagen schließt eine zunehmende Komplexität der
dahintersteckenden Verfahren nicht aus. Die Anforderungen an Vielfalt und
Komplexität von Daten und Verfahren werden also weiter steigen. Der Weg
führt zwangsläufig von der selektiven Betrachtung der einzelnen Umwelt- bzw.
Geoökosystemkompartimente zu einer kompartimentsübergreifenden Zustands-
und Wirkungsanalyse. Der mit den geoökologischen Erfassungsstandards im
Handbuch „Geoökologische Kartierung" (LESER & KLINK 1988) verfolgte
Ansatz einer vereinheitlichten Erhebung und Verknüpfung der wichtigen für
eine Bestimmung von Funktionen des Landschaftshaushalts benötigten Größen aus den Kompartimenten Luft, Pflanzendecke, Wasser, Boden und Gestein
liegt deshalb richtig. Die geoökologische Karte ist dabei aber nicht das primäre
Ziel, sondern eher ein „Zwischen- oder Nebenprodukt", nämlich das visuali-
sierte Ergebnis der Inventarisierung und räumlichen Abgrenzung der Ökosystemtypen. Es geht um mehr, nämlich darum,

1)   die benötigten umfangreichen geoökologischen Grundlagendaten mög-
     lichst vereinheitlicht zu erheben, zu bezeichnen, zu skalieren, zu extrapo-
     lieren und zudem so weit wie möglich aktuell zu halten,
2)   ein wachsendes Paket von Verknüpfungsvorschriften, ökologischen Schätz-
     verfahren und Bewertungsalgorithmen bereitzuhalten und weiterzuent-
     wickeln, um geoökologische Kenngrößen und Funktionen zunehmend
     genauer und differenzierter flächendeckend abzuleiten, und
3)   die Modellierung komplexer Funktionen (z.B. Wasserumsätze, Stoffum-
     sätze, biotische Aktivität usw.) der einzelnen Ökotope (Ökosystemtypen)
     voranzutreiben.

Da immer flächendeckende Aussagen angestrebt werden, lassen sich diese
Ziele am besten mit Hilfe geoökologischer Informationssysteme als komplexem Werkzeug erreichen (siehe dazu auch SCHALLER & DANGERMOND
1991).

In Anlehnung an die AG Bodeninformationssystem (1989) skizziert Abb.
1 den allgemeinen Aufbau eines solchen geoökologischen Informationssystems. Nach heutigem Verständnis sind Informationssysteme grob in einen
Daten- und Methodenbereich zu gliedern. Zum Methodenbereich gehören das
„analoge" Wissen und die digitalen Verfahren. Einfach ausgedrückt, besteht
hier also eine direkte Verbindung zwischen einem (angepaßten) Handbuch
„Geoökologische Erfassungsstandards" und der digitalen Umsetzung der
geoökologischen Information.

2.2 Das Geoökologische Informationssystem GOEKIS

Ausgehend von der Erprobung des GÖK-Konzeptes wird am Geographischen
Institut der Universität Hannover mit Unterstützung des Niedersächsischen

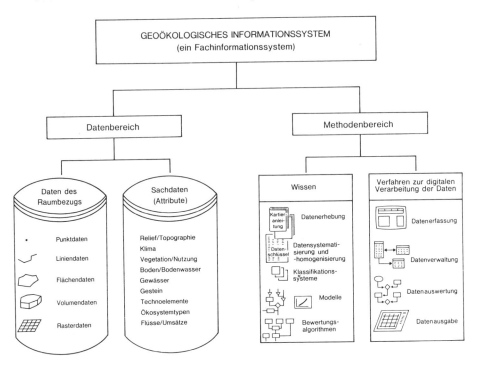

Abb. 1 Allgemeiner Aufbau eines geoökologischen Informationssystems (Kommentar) In
Anlehnung an AG Bodeninformationssystem (1989)

Landesamtes für Bodenforschung seit 1989 das Geoökologische Informationssystem GOEKIS (DUTTMANN & MOSIMANN 1990) aufgebaut. Grundlage
im Wissensbereich sind die teilweise modifizierten Vorschriften und Verfahren des Handbuches GÖK (LESER & KLINK 1988) und der Bewertungsanlei-
tung BA LVL (MARKS u.a. 1989), das prozeßorientierte Ökotopklassifika-
tionssystem (MOSIMANN 1990) und weitere Modelle. Die Datenspeiche-
rung, -verknüpfung und -ausgabe geschieht mit dem Geographischen Informationssystem GIROS-PK und weiteren für das niedersächsische Bodeninformationssystem entwickelten Softwarepaketen (Niedersächsisches Landesamt für
Bodenforschung). Testgebiet ist ein ungefähr 25 km² grosser Ausschnitt der TK
25 Neustadt am Rübenberge.
   Konzept und Grundstruktur von GOEKIS verdeutlicht Abb. 2.:

Datenbereich von GOEKIS
Die Datenbank (DASP) enthält gegenwärtig alle für die prozeßorientierte
Geoökosystemklassifikation und die meisten für die Bewertung der Funktionen des landschaftshaushaltlichen Leistungsvermögens benötigten Daten. Dies
entspricht mit wenigen Abweichungen dem Datensatz gemäß „Handbuch
geoökologische Kartierung" (LESER & KLINK 1988).

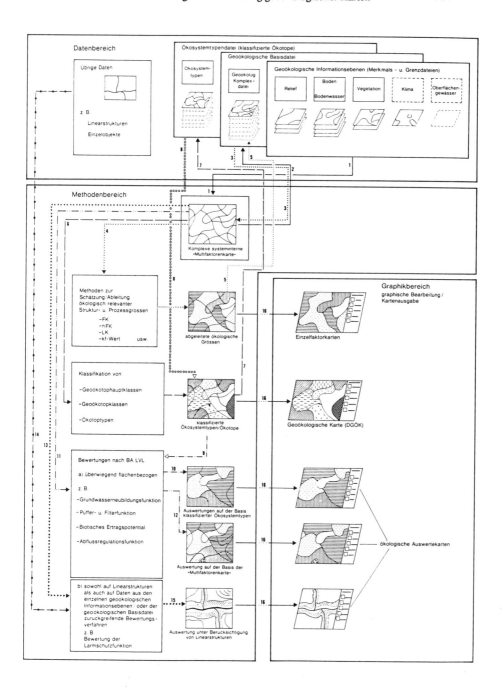

Abb. 2 Aufbau des geoökologischen Informationssystems GOEKIS

Der Datenbereich gliedert sich in die Informationsebenen Boden/ Bodenwasser, Vegetation, Klima, Wasser und zusätzliche Daten (nicht ökologische
Kennwerte) und Ökosystemtypen. Die einzelnen Informationsschichten enthalten Basisdaten und in einigen Fällen auch abgeleitete Daten. Für jede
Informationsschicht wurde eine Attributdatei und eine Geometriedatei erstellt.

Methodenbereich von GOEKIS
Der Methodenbereich von GOEKIS gliedert sich gemäß Abb. 2. Es existieren
drei Gruppen von Auswertemethoden:
1) Verfahren zur Ableitung von ökologischen Kenngrößen und Schätzung
   einzelner Prozesse (geoökologische Schätzmodelle), z.B. nutzbare Feldkapazität, pH-Wert, Sickerwassermengen usw.,
2) Algorithmen zur Klassifikation von Geoökosystemen (Bestimmung der
   Ökotoptypen),
3) Verfahren zur Bewertung der Funktionen des landschaftshaushaltlichen
   Leistungsvermögens, z.B. Abflußregulation, Grundwasserneubildung,
   Ökotopbildungsfunktion, Schwermetallbindungsvermögen usw.
In Entwicklung befinden sich zur Zeit komplexere statistische Modelle und
Modelle mit numerischen Bausteinen, z.B. zur Erfassung des Kaltlufthaushal-
tes, der Ventilation und der Bodentemperatur (alles Wissensbereich).

2.3 Anwendung von GOEKIS
2.3.1 Schätzung einzelner Geoökosystemparameter und Bewertung des land-
schaftshaushaltlichen Leistungsvermögens

GOEKIS gestattet zur Zeit die flächendeckende Schätzung der gemäß Handbuch GÖK abzuleitenden Bodenparameter (z.B. nutzbare Feldkapazität, Ka-
tionenaustauschkapazität, S-Wert, Ziel-pH-Wert von Ackerböden) und der
Sickerwassermengen. Weitere Modelle werden zur Zeit entwickelt bzw. pro-
grammiert und laufend implementiert.
    Die Funktionen und Potentiale des landschaftshaushaltlichen Leistungs-
vermögens (MARKS u.a. 1989) können errechnet und dargestellt werden.

2.3.2 Ökotopklassifikation
2.3.2.1 Prinzip der Klassifikation

Das allgemeine Prinzip und die hierarchische Ordnung der Klassifikation sind
auf Abb. 3 zusammengefaßt:
1) Auf oberster Ebene der Klassifikation stehen die Standortswasserform
   (Sickerwasser, Stauwasser, Grundwasser in verschiedenen Tiefen, Über-
   flutungswasser usw.) und die wasser- und stoffhaushaltliche Prozeßrich-
   tung (indifferent, vertikal, lateral mit Abfluß, lateral mit Durchfluß, lateral

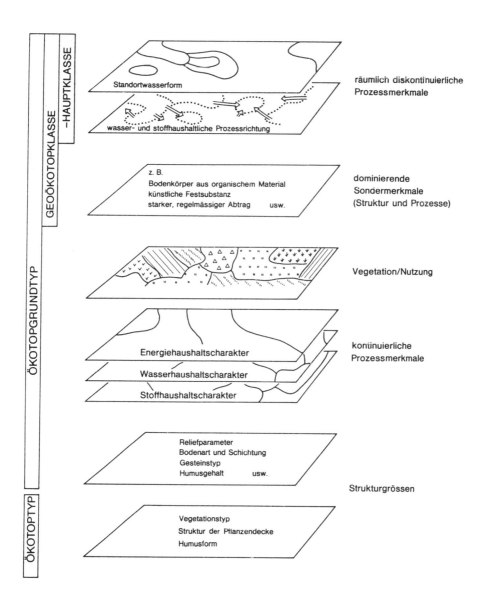

Abb. 3 Prinzip, hierarchischer Aufbau und Merkmalsebenen der prozeßorientierten Klassifikation von Geoökosystemen

mit Zufluß). Begründung: Wasser ist das wichtigste räumlich differenzie-
rende ökologische Prozeßmerkmal, das wichtigste Stofftransportmedium
und als Prozeßmerkmal am eindeutigsten faßbar.

2) Die Klassifikation unterscheidet räumlich kontinuierliche und diskontinuierliche Prozeßmerkmale. Kontinuierliche Prozeßmerkmale sind ener-
gie-, wasser- und stoffhaushaltliche Grundgrößen, die als Merkmal aller
Ökotope auftreten. Es handelt sich um Prozeßzustände oder Flüsse von
Energie und Stoffen. Beispiele: Teilflüsse der Standortwasserbilanz, Bodenfeuchteregime, Strahlungsenergiefluß, Wärmemilieu, bodenchemische
Zustandsgrößen. Räumlich diskontinuierliche Prozeßmerkmale sind Vorgänge und Zustände, die nur unter bestimmten strukturellen und prozessua-
len Standortvoraussetzungen auftreten und/oder ökologisch wirksam
werden.
Beispiel: Vorkommen von Grund- und Stauwasser, Erosions- und Akkumulationsprozesse, Kaltluft, Schneedecke, Tätigkeit bestimmter Organismen usw. Die kontinuierlichen Prozeßmerkmale überlagern in jedem Falle
die diskontinuierlichen. Umgekehrt ist dies nicht der Fall.

3) Merkmale, die energie-, wasser- und/oder stoffhaushaltliche Prozesse
besonders stark beeinflussen, besondere Lebensbedingungen schaffen
oder starke strukturelle Veränderungen bewirken (z.B. Feststoffabtrag und
-akkumulation), differenzieren die Hauptklassen zu Klassen. Die auf
dieser Ebene berücksichtigten Merkmale prägen die Prozeßsituation eines
Geoökosystems unabhängig von anderen Faktoren stark. Eine Integration
eines Teils dieser sog. Sondermerkmale in die Hauptklassenebene ist in
Diskussion.

4) Wegen der hohen Bedeutung der Vegetation/Nutzung für die Prozeßsituation, Umsätze und das Lebensmilieu schafft der Grundtyp der realen
Vegetation ein Primärmuster von Ökotopgrundtypen (räumlich: Ökotop-
gefügen).

5) Die hauptsächliche Abgrenzung der Ökosystemtypen geschieht durch die
Prozeßmerkmale Feldkapazität und Durchlässigkeit, Verhältnis von Nie-
derschlag und Sickerwasser, Bodenfeuchteregimetyp, Energiedargebot,
Humustemperatur, Kaltlufteinflußstufe, Pufferbereich und potentielle
Kartier- und Austauschkapazität.
Weitere Einzelheiten finden sich bei MOSIMANN (1990).

2.3.2.2 Datei der Ökosystemtypen

Als Ergebnis der überwiegend mit Hilfe der programmierten Algorithmen
durchgeführten Klassifikation entsteht eine Geometrie- und Attributdatei der
Ökosystemtypen bzw. Ökotope (siehe Abb. 2). In der Attributdatei steht der
Ökotopkatalog mit 31 klassifizierten Einzelmerkmalen. Den Ökosystemtypen
werden weitere Dateien komplexer ökologischer Größen (z.B. biotische Akti-

vität) zugeordnet. Die Ökosystemtypen sind auch Grundlage für eine weitergehende landschaftshaushaltliche Modellierung.

2.3.3 Die digitale geoökologische Karte

Die digitale geoökologische Karte visualisiert das Ökosystemtypengefüge und die landschaftshaushaltliche Situation. Sie stellt je nach maßstabsabhängiger Wahl entweder Geoökotopklassen oder Ökotoptypen mit Flächenfarben dar. Pfeilsignaturen kennzeichnen zusätzlich die Bereiche konzentrierter Transporte von Wasser, Luft und Festsubstanz. Nach Bedarf werden zusätzlich dargestellt: Vegetationstyp (Grundtyp realer Vegetation) und Substratcharakter (schwarze Signaturen), Wärmehaushalt (Farbintensität) und Sickerwasserkennwert (Schraffur).

3. Die Bewertung des Leistungsvermögens des Landschaftshaushaltes auf der Basis geoökologischer Kartierungen im Rahmen von Umweltverträglichkeitsprüfungen
von Otto Sporbeck, Bochum

Mit dem Inkrafttreten des Gesetzes über die Umweltverträglichkeitsprüfung (UVPG) im Februar 1990 kommt auf die Planungspraxis eine Vielzahl von Untersuchungen zur Ermittlung von Umweltauswirkungen geplanter Projekte und Vorhaben zu, die dem politischen Entscheidungsträger als eine Grundlage für das „Ob" und „Wie" eines Vorhabens dienen sollen.

Die Umweltverträglichkeitsprüfung (UVP) zielt auf die Erfassung vorhabenbedingter Veränderungen von landschaftlichen Ökosystemen und ihrer Kompartimente ab. Dieser hohe Anspruch ist aufgrund der Komplexität ökologischer Systeme mit ihrer Unzahl an Elementen und internen wie externen Elementbeziehungen sowie dem augenblicklichen Stand von Forschung und Wissenschaft nicht zu verwirklichen. Daraus folgt, daß für planerische und politische Entscheidungsprozesse die komplexen Systemstrukturen und -funktionen auf ein überschaubares Maß vereinfacht und die Analyse- und Bewertungsverfahren im Rahmen einer UVP nachvollziehbar angewandt werden müssen. Dabei sind innerhalb einer UVP zwei Hauptaufgaben zu lösen:

– die Sammlung und Analyse von Informationen,
– die Verarbeitung und Interpretation von Informationen und ihre modellhafte Abbildung.

Nach dem UVPG sind die Auswirkungen eines Vorhabens auf Menschen, Tiere und Pflanzen, Boden, Wasser, Luft, Klima und Landschaft, einschließlich der jeweiligen Wechselbeziehungen sowie auf Kultur- und sonstige Sachgüter zu ermitteln, zu beschreiben und zu bewerten.

In der Planungspraxis haben sich bei Umweltverträglichkeitsuntersuchungen folgende zentrale Arbeitsschritte herausgebildet:
— die Analyse des Zustandes der Umwelt,
— die Prognose des Zustandes ohne und mit Projekt,
— die Bewertung der prognostizierten Zustandsänderung und der durch das Projekt zu erwartenden Umweltfolgen,
— die Angabe von Projekt-Alternativen (einschl. der Nullvariante) mit Darlegung ihrer Umweltauswirkungen,
— die Angaben von möglichen Maßnahmen zur Vermeidung, Minderung und zum Ausgleich von Umweltbelastungen,
— der Vergleich der verbleibenden Umweltauswirkungen des Projekts mit jeder Alternative.

Im folgenden soll ein Anwendungsbeispiel aus dem Bereich der Straßenplanung dargestellt werden. Es handelt sich um zwei sog. Umweltverträglichkeitsstudien (UVS), die für den Neubau von Bundesstraßen erstellt worden sind.

In der Straßenplanung hat sich schon seit ca. 1980 eine verfahrensmäßige Regelung zur Berücksichtigung der Belange der Umwelt entwickelt, deren Vorgehensweise und Inhalte in den letzten Jahren durch Hinweise, Merkblätter und Verwaltungsanweisungen (HNL-StB 1987, MUVS 1990) formalisiert und auf das UVGP abgestimmt worden sind. Innerhalb der Umweltverträglichkeitsstudie auf der Planungsebene des Raumordnungs- bzw. Linienbestimmungsverfahrens werden die in Abb. 4 dargestellten Arbeitsschritte durchgeführt (s. folgende Seite).

Im folgenden sollen die Beurteilung der Naturschutzfunktion (nach BA LVL, vgl. MARKS u.a. 1989) – hier als Biotopschutzfunktion bezeichnet – und der Bodenfunktion sowie die Ermittlung relativ konfliktarmer Korridore vorgestellt werden.

Grundlage der Bewertung ist eine Erfassung und Kennzeichnung der Biotoptypen des Untersuchungsraumes. Entsprechende Biotoptypenschlüssel liegen für einige Bundesländer bereits vor (z.B. Nordrhein-Westfalen, Rheinland-Pfalz, Niedersachsen). Die Biotoptypen werden dann nach den Kriterien
— Natürlichkeit (N),
— Wiederherstellbarkeit (W),
— Gefährdungsgrad (G),
— Maturität (M),
— Struktur- und Artenvielfalt (SAV),
— Häufigkeit im Naturraum (H) und
— Vollkommenheit
anhand einer fünfteiligen Skala beurteilt und zu einem ökologischen Wert aggregiert. Als Arbeitshilfe kann sogar eine Vorbewertung der Biotoptypen aufgrund der genannten Kriterien für ganze Landesteile erfolgen, die jedoch auf der Basis von Naturräumen zu regionalisieren und zu modifizieren ist. Ein

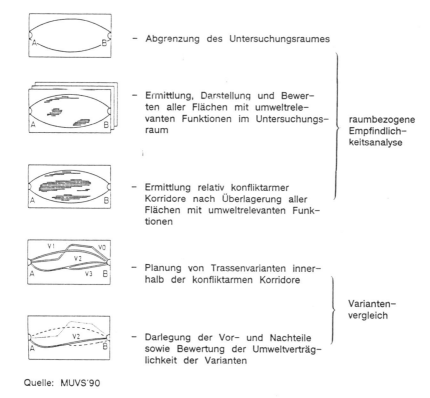

- Abgrenzung des Untersuchungsraumes

- Ermittlung, Darstellung und Bewerten aller Flächen mit umweltrelevanten Funktionen im Untersuchungsraum

raumbezogene
Empfindlich-
keitsanalyse

- Ermittlung relativ konfliktarmer
  Korridore nach Überlagerung aller
  Flächen mit umweltrelevanten Funk-
  tionen

- Planung von Trassenvarianten innerhalb der konfliktarmen Korridore

Varianten-
vergleich

- Darlegung der Vor- und Nachteile
  sowie Bewertung der Umweltverträglichkeit der Varianten

Quelle: MUVS'90

Abb. 4: Ablauf der Umweltverträglichkeitsstudie für einen Straßenneubau

Beispiel gibt die von Planungsbüro Froelich & Sporbeck durchgeführte Bio-
toptypenbewertung für das Gebiet des Landschaftsverbandes Rheinland (s.
Auszug Naturraum 4: Mesozoisches Eifel-Berg- und Hügelland, Abb. 6).

Bei der Beurteilung der Biotopschutzfunktion hat es sich herausgestellt,
daß eine ergänzende Untersuchung der Tierwelt notwendig ist.

Neben den Beeinträchtigungen der Pflanzen- und Tierwelt kann eine
Straßenbaumaßnahme erhebliche Auswirkungen auf den Geofaktor Boden und
seine Leistungsfähigkeit hervorrufen.

Als relevante Bodenfunktionen zur Beurteilung straßenbedingter Auswirkungen sind in diesem Fall erfaßt worden:

a) die Filter-, Puffer- und Transformatorfunktion, aus der unter Berücksichtigung des Grundwasserflurabstandes und der Grundwasserneubildungs-
rate die Grundwasserschutzfunktion ableitbar ist. Die Filterfunktion wird
differenziert nach den Filtereigenschaften für

 – mechanische Filterwirkung,
 – physikalisch-chemische Filterwirkung,

– Filterwirkung für Schwermetalle,

– Nitratrückhaltevermögen und

– Umsetzungsvermögen für organische Schadstoffe

aufgrund der Kriterien Wasserdurchlässigkeit, Anteil an selbstdränenden Poren, Länge der Filterstrecke, Sorptionskapazität, organischer Anteil, pH-Wert und nutzbare Feldkapazität erhoben und bewertet. Die Bewertungsergebnisse werden dann zu einem Ergebniswert für die Filterfunktion aggregiert (5-stufig: sehr gering – sehr hoch);

b) die Produktionsfunktion für die landwirtschaftliche Nutzungsfähigkeit anhand der Bodenzahl;

c) die Lebensraumfunktion. Diese Funktion erfaßt die noch vorhandene Leistungsfähigkeit von Böden als Standort für die Biozönose. Kriterien zur Beurteilung der Lebensraumfunktion sind Nährstoffgehalt, Ökologischer Feuchtegrad sowie Vorbelastung und aktuelle Nutzung. Wenig veränderte und wenig häufig vorkommende Bodentypen/Bodengesellschaften mit weitgehend natürlicher Bodendynamik und geringer Belastung werden als hoch schutzwürdig charakterisiert. Diese Böden sind dann, ähnlich wie schutzwürdige Biotope, bei der Trassenführung freizuhalten.

Zur Ermittlung konfliktarmer Korridore werden dann – ähnlich wie für die Biotopschutz- und die Bodenfunktion alle relevanten Funktionen, die potentiell durch das Straßenbauvorhaben beeinträchtigt werden können, erfaßt und bewertet und in einem abschließenden Schritt überlagert.

Die Überlagerung erfolgt analog der zu berücksichtigenden Umweltbereiche des UVPG. Abb. 5 zeigt schematisch diese Überlagerung.

Aus der Überlagerung der Flächenbewertung aller Funktionsbereiche ergeben sich Teilräume unterschiedlicher Konfliktdichte, die schon frühzeitig zu planungsrelevanten Folgerungen führen können und zwar:

a) Der Untersuchungsraum ist nur mäßig mit Flächen hoher Leistungsfähigkeit für andere Funktionen belegt.

Daraus folgt:

Es ergeben sich Korridore geringerer Konfliktdichte, die eine Trassierung mit geringen Umweltauswirkungen möglich erscheinen lassen.

b) Der Untersuchungsraum ist überwiegend mit Flächen hoher Leistungsfähigkeit für andere Funktionen belegt.

Daraus folgt:

– Eine neue Trasse ist nur realisierbar bei Inkaufnahme erheblicher Konflikte, aus denen sich erhebliche Vermeidungs-, Ausgleichs- bzw. Ersatzmaßnahmen ergeben.

– Die Konflikte sind so schwerwiegend, daß aus Sicht der Umweltbelange die Durchführung des Bauvorhabens nicht oder nur als Ausbauvariante möglich erscheint.

Wie die Beispiele von Umweltverträglichkeitsstudien aus dem Bereich der Straßenplanung zeigen, kann zur Bewertung der Leistungsfähigkeit land-

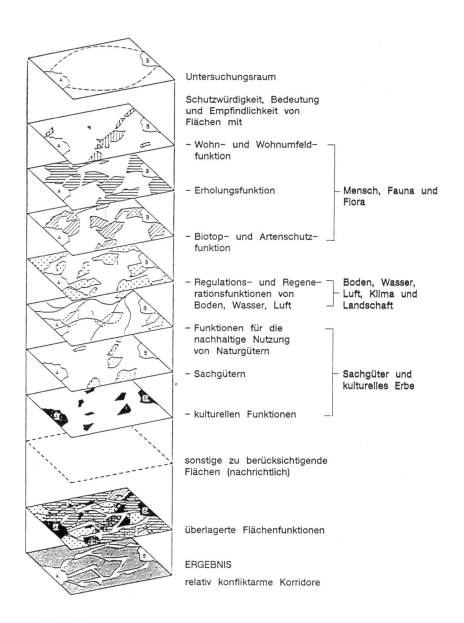

Untersuchungsraum

Schutzwürdigkeit, Bedeutung
und Empfindlichkeit von
Flächen mit

– Wohn– und Wohnumfeld–
  funktion

– Erholungsfunktion   Mensch, Fauna und
                               Flora

– Biotop– und Artenschutz–
  funktion

– Regulations– und Regene–   Boden, Wasser,
  rationsfunktionen von   Luft, Klima und
  Boden, Wasser, Luft   Landschaft

– Funktionen für die
  nachhaltige Nutzung
  von Naturgütern

– Sachgütern   Sachgüter und
                               kulturelles Erbe

– kulturellen Funktionen

sonstige zu berücksichtigende
Flächen (nachrichtlich)

überlagerte Flächenfunktionen

ERGEBNIS
relativ konfliktarme Korridore

Quelle: MUVS '90

Abb. 5: Ermittlung konfliktarmer Korridore

schaftlicher Funktionen die Anleitung zur Bewertung des Leistungsvermögens des Landschaftshaushaltes (MARKS u.a. 1989) als Arbeitshilfe herangezogen werden. Die dort genannten Bewertungskriterien sind als Beurteilungsgrundlage anzusehen, die je nach Vorhaben und Maßstab der Untersuchung modifiziert und ergänzt werden müssen. Fraglich ist jedoch, ob die Abgrenzung von geoökologischen Raumeinheiten, – die nach ihrer geographischen Struktur und ihrem ökologischen Wirkungsgefüge gleichartige Ausschnitte der Erdoberfläche darstellen sollen –, als räumliche Bezugseinheiten zur Beurteilung des Leistungsvermögens aller landschaftlichen Funktionen für die Planungspraxis sinnvoll ist. Für die Erfassung und Bewertung der Landschaft für Planungszwecke, – also aus vorhabenbezogener Sicht –, erscheint vielmehr die Ermittlung und Bewertung der Teilpotentiale und ihrer räumlichen Verbreitungsmuster wichtiger, da dadurch auch die Umsetzung für eine Eingriffsbeurteilung handhabbar wird.

Abb. 6: Biotoptypenliste für den Naturraum 4 (Auswahl)
(nicht ausgleichbare Biotoptypen haben die Kennung N)

		N	W	G	M	SAV	H
CC0	Kleinseggenriede (ausgenommen Kleinseggenwiesen)	5	5	5	4	3	5 N
CA5	Glockenheidemoore	5	5	5	4	3	5 N
CA6	Pfeifengrasstadien entwässerter Zwischenmoore	4	5	4	3	3	5 N
–	GEHÖLZREICHE ÜBERGANGSMOORE UND BRUCHWÄLDER	.	.	.	.	.	.
CA7	Moorgebüsche der Übergangsmoore	5	5	5	4	4	5 N
–	Arme Übergangsmoorwälder und Bruchwälder	.	.	.	.	.	.
AC4	Schwarzerlenbrücher	5	5	4	4	4	4 N
AM5	Erlen-Eschen-Sumpfwälder	5	5	4	4	4	4 N
BE0	Niedermoorgehölze (Ufergehölze stehender Gewässer u.a.)	5	4	4	4	3	3 N
–	FLUSS- UND BACHAUEN-LEBENSRÄUME MIT GEHÖLZEN	.	.	.	.	.	.
BE1	Auengebüsche (Korb-, Mandelweiden u.a.)	4	4	4	4	3	4 N
AE2	Weichholz-Auenwälder (Silberweiden u.a.)	5	5	5	4	5	5 N
AW	Hartholz-Auenwälder (Ulmen-Eschen-Eichen-Auenwälder)	5	5	5	4	5	5 N
BE3	Bachauen-Gehölze (Erlen, Eschen u.a.)	5	4	4	4	3	3 N
–	TERRESTRISCHE LEBENSRÄUME	.	.	.	.	.	.
		.	.	.	.	.	.
–	WÄLDER UND FORSTE, GEBÜSCHE, SONSTIGE GEHÖLZSTRUKTUREN, VORWÄLDER	.	.	.	.	.	.
–	UND WALDLICHTUNGSFLUREN (s.a. semiterrestrische Lebensräume,	.	.	.	.	.	.
–	Kulturpflanzenbestände und angelegte Erhohlungsflächen)	.	.	.	.	.	.
–	(Zur Charakterisierung der Gehölzarten ggf. LÖLF-Codes benutzen)	.	.	.	.	.	.
		.	.	.	.	.	.
–	Naturnahe Laubwälder (s.a. Feldgehölze, Vorwälder und semiterrestrische Lebensräume)	.	.	.	.	.	.

AA	Buchenwälder	. . . . . .

AA81	Silikatbuchenwälder bodensaurer Standorte,	
	Moderbuchenwälder	5 5 3 5 3 4 N
AA81	(Hainsimsenbuchenwälder)	. . . . . .
AA82	Silikatbuchenwälder mäßig bodensaurer bis mäßig basenreicher	
	Standorte	5 5 3 5 4 3 N
AA90	Mullbuchenwälder (Waldmeister-/Perlgras-Buchenwälder)	. . . . . .
AA91	Sonstige Mullbuchenwälder	5 5 3 5 4 3 N
AA5	Trockenhang-Kalkbuchenwälder	5 5 5 5 5 5 N
–	Laubmischwälder außerhalb der Flußauen und Moore(diese s.	
	semiterrestrische Lebensräume)	. . . . . .
AQ1	Eichen-Hainbuchenwälder	5 5 3 5 5 4 N
–	Bodensaure Eichen- und Eichenmischwälder	. . . . . .
AB1	Buchen-Eichenwälder der Tief- und Hügellagen	5 5 3 5 3 4 N
AB6	Wärmeliebende Eichen- und Eichenmischwälder	5 5 5 5 5 5 N

4. Konzeption für eine mittelmaßstäbige Naturraumkarte und ihre Anwendung in der Praxis

von Karl Mannsfeld, Dresden

4.1 Einleitung

Methoden und Verfahren, die zur nachhaltigen und zugleich schonenden Nutzung von Natur und Landschaft beitragen, gelten aus der Sicht von Wirtschaftszweigen wie von Raum- und Landschaftsplanung als herausragende Anforderungen an die geographische Landschaftsforschung. Dabei steht im Vordergrund, daß alle aus den teilweise gegenläufigen Nutzungsinteressen resultierenden Eingriffe in den Naturhaushalt so zu erfolgen haben, daß sich die natürlichen Lebensgrundlagen nicht nur erhalten, sondern möglichst weiterentwickeln lassen, um auch künftigen Generationen noch nutzbare Naturressourcen und lebenswerte Umweltbedingungen zu gewährleisten. Die theoretische Einsicht, in Forschung und Lehre so zu verfahren, bestand bei der Physischen Geographie in der früheren DDR schon seit Anfang der 60er Jahre, gleichwohl die systemabhängige Realität dafür sorgte, daß die gewonnene Einsicht nicht praktische Wissenschafts- und schon gar nicht Wirtschaftspolitik wurde. Unter zahlreichen Beispielen, welche diesen Ausgangspunkt belegen könnten, müssen vor allem Beiträge zur geotopologischen und geochorologischen Naturraumerkundung hervorgehoben werden (NEEF, SCHMIDT, LAUCKNER 1961, NEEF 1963, HAASE 1964 u.a.). Im Zeitraum zwischen 1955 und 1970 überwog dabei eindeutig die standörtliche (geotopologische) Betrachtungsebene. Mit dieser fruchtbaren Arbeitsphase sind vor allem grundsätzliche Erkenntnisse

– zum Verhältnis von Elementar- und Komplexanalyse,
– zur Herausarbeiten von Verkettungs- und Vernetzungsregeln für die geotopologischen Bausteine und

– zur Quantifizierung geoökologischer Kennzeichnung von Komponenten-
merkmalen

verbunden. Obwohl daraus bereits 1965 (NEEF u.a.) ein Konzept für eine
thematische Landesaufnahme vorgelegt wurde, führte die Nichtbeachtung
solcher konstruktiver Ansätze zu ständig zunehmenden schädigenden Einflüssen des Natursystems durch Eingriffe aus der wirtschaftlichen Tätigkeit,
besonders der Land- und Wasserwirtschaft und des Bergbaus. Dem völlig
anders dimensionierten Eingriffsgeschehen entsprechend verlagerte sich der
Beitrag der geoökologisch orientierten Landschaftsforschung später in die
mittelmaßstäbige Ebene, um den Landnutzungsprozessen adäquate Aussagen
anzubieten.

4.2 Mittelmaßstäbige Naturraumkarte – Konzeption und Kartierungsbeispiel

4.2.1 Hinweise zur Kartenkonzeption

Ein besonders herausragendes Beispiel für diese Entwicklung ist das 1980 in
Angriff genommene Forschungsthema „Naturraumtypenkarte der DDR im
mittleren Maßstab", an dem sich alle physisch-geographischen Abteilungen an
Universitäten, Hochschulen und Akademien sowie Fachbehörden der Land-
und Forstwirtschaft beteiligten. Unter den Zielstellungen des Projektes sollen
besonders nachfolgende Aspekte hervorgehoben werden
– eine mit weitgehend reproduzierbaren Merkmalen getragene Inventur von
  Naturräumen nach Ausstattung, Arealstruktur und Funktionsweise (Dynamik),
– eine Naturraumkartierung in den Maßstabsbereichen 1:50.000 bis 1:200.000,
  die vorrangig zur Erfüllung der Forderung dient, größere Gebiete abzubilden und dabei die differenzierten Kartierungsunterlagen wie auch Anwen-
  derwünsche berücksichtigt,
– eine ökologische wie auch soziale Bewertung des in den auszuscheidenden
  Raumeinheiten enthaltenen Naturraumpotentials, besonders in Bezug auf
  sich ständig verändernde Anforderungen aus Landnutzungsvorgängen,
– eine Naturraumkarte, die neben der Orientierung auf das komplexe Gesamtsystem auch zuverlässige Aussagen über Teilaspekte (Geokomponenten, Kompartimente) zuläßt und die Anschlußstellen zu den Spezial-
  kartierungen sichtbar macht. Für die konkrete Gestaltung der Naturraumkarte wurde von einer dreistufigen Datengewinnung ausgegangen, d.h. es
  war ein Kartenwerk in drei Teilen konzipiert.

1) Naturwissenschaftliche Basiskarte

Sie dient der Abbildung von Naturraumstrukturen und ihren Eigenschaften. Die Auswahl der Kriterien und Merkmale sollte die spätere Interpretationsabsicht für Nutzungsanforderungen berücksichtigen. Die Kartierungseinheiten sind dem Inhalt nach Naturraumtypen, d.h. korrelative Merkmalskorrelationen mehrerer Geokomponenten. Die Transparenz und Aufgliederbarkeit der Typen in einzelne Merkmale und ihre Parameter ist durch geeignete Dokumentations- und Darstellungsformen zu sichern.

2) Ergänzungskarten

Der in der Basiskarte verwirklichte Grundsatz einer naturräumlichen Komplexkarte kann für einzelne Wirtschaftszweige (Land- und Forstwirtschaft, Erholungswesen, Wasserwirtschaft, aber auch den Natur- und Landschaftsschutz) durch Ergänzungskarten erweitert werden. Mit Blick auf die wichtigsten Interpretationsanforderungen erweisen sich insbesondere hydrographisch-hydrologische, vegetationskundliche oder Reliefkarten als vielseitig verwendbare Ergänzungskarten. Absoluten Vorrang bei den Ergänzungskarten aber besitzt die Kartierung der Landnutzung. Wenn man daran denkt, daß das gegenwärtig real nutzbare Naturdargebot eine Kombination aus den naturbürtigen Grundlagen und den teilweise jahrhundertelangen Nutzungseinflüssen darstellt, wird diese Aussage verständlich.

3) Auswerte- und/oder Interpretationskarten

Sie stellen die notwendige Überleitung von Ergebnissen der Naturraumerkundung in Anwenderbereiche der Wirtschaft sowie der Raum- und Landschaftsplanung dar. Demzufolge enthalten sie u.a. Aussagen zum Leistungsvermögen der Landschaft und ihrer Belastbarkeit, geben für konkrete Gebiete Hinweise zur Mehrfachnutzbarkeit, zu Störungen aus konkurrierenden Nutzungsformen oder zur tatsächlichen Verfügbarkeit von naturräumlichen Leistungsmöglichkeiten usw.

Der mittelmaßstäbigen Naturraumtypenkarte angepaßt ist die Verwendung chorischer Naturraumeinheiten der unteren Ordnungsstufe als Kartierungseinheiten. Sowohl Nanochoren als auch Mikrochoren sind Raumgebilde, die nach Eigenschaften wie: Inventar an topischen Naturräumen, Muster ihrer räumlichen Anordnung und spezifischen Lagebeziehungen sowie Größenverhältnissen (Mensur) gekennzeichnet sind. Nicht zuletzt ist damit auch die Kombinierbarkeit der komplexen Naturraumtypenkarte mit Kartenwerken der Geologie, Hydrologie, Bodenkunde oder des Klimas gegeben, die auch vorrangig im mittleren Maßstab vorliegen. Gerade aber das erfordert auch den Hinweis auf den bestehenden Unterschied zu diesen komponenten-orientierten Kartierungen.

Eine langfristig nutzbare Interpretationsgrundlage erfordert unabhängig von veränderlichen und zweckbezogenen Anforderungskriterien gewonnene und dokumentierte naturwissenschaftliche Erkundungsergebnisse. Nur diese können vor allem über ihre invarianten Merkmale wiederholt Ausgangspunkt für Bewertungen zum Naturdargebot und seiner Nutzbarkeit sein, auch als Basis für ein landschaftliches Informationssystem. Mit der Erarbeitung einer Kartierungsrichtlinie (HAASE u.a. 1985) wurden die kurzgefaßten Grundzüge für eine chorische Naturraumerkundung in ein anwendungsreifes Verfahren zur Erfassung, Kartierung und Dokumentation chorischer Raumeinheiten überführt.

4.2.2. Kurzcharakteristik des Beispielsgebietes

Zu den verschiedenen Beispielsregionen, in denen das theoretisch-methodische Konzept praktisch erprobt wurde, gehört das Gebiet um Dresden. Für einen Raum von rund 3 000 km² im Südosten Sachsens wurde von der Arbeitsgruppe „Naturhaushalt und Gebietscharakter" der Sächsischen Akademie der Wissenschaften eine Naturraumkarte mit mikrochorischen Kartierungseinheiten erarbeitet (MANNSFELD, BERNHARDT & BIELER 1985, in: HAASE u.a. 1991, S. 179 ff.), wovon rund 1 000 km² durch nanochorische Raumeinheiten untersetzt sind. Das Musterblatt Dresden stellt einen repräsentativen Ausschnitt der naturräumlichen Situation im südöstlichen Teil der deutschen Mittelgebirgsschwelle dar, der sich durch eine besondere Vielfalt und zugleich Kontrastfülle erfaßbarer Naturraumeinheiten auszeichnet (Bergland, pleistozän bestimmtes Tiefland, äolische Decksedimente, Talgebiet der Elbe).

Für jede der 268 Kartierungseinheiten, die 88 Typen zuordbar sind, liegen ausführliche Dokumentationsblätter vor, einerseits mit den individuellen Zügen jeder Mikrochore und andererseits als Zusammenfassung im jeweiligen Typ. Beispielskarte und ihr umfangreicher Datenhintergrund stellen somit eine solide Grundlage für die praktische Anwendbarkeit dar. Beispiele aus dem Arbeitsprofil der Arbeitsgruppe der Sächsischen Akademie sollen das nachfolgend belegen.

4.3 Anwendungsbeispiele

4.3.1. Unwettergefährdete Gebiete

Die zur Lösung der Aufgabe entwickelte Interpretationsmethode arbeitete mit Einflußvariablen, die den Dokumentationsblättern entnehmbar waren (u.a. Substrataufbau und -schichtung, Hangneigung, klimatische Lagebesonderheiten wie Luv-/Leelagen, Gewitterzentren, Reliefgliederung und wichtigste

Arten der Landnutzung). Mit Hilfe eines speziellen Verknüpfungsschemas wurden 5 Hauptgruppen für Unwettergefährdung ausgewiesen, ihr potentielles Auftreten in den mikrochorischen Bezugseinheiten geprüft und das Ergebnis im Maßstab 1:200.000 dargestellt (vgl. MANNSFELD, BERNHARDT & BIELER 1987).

Die Interpretation bezog sich nicht nur auf das räumliche Muster differenzierter Gefährdungen, sondern schloß auch Aussagen über mögliche Folgeerscheinungen wie Schutt- oder Schlammströme, Überflutungen, Hangrutschungen oder Felsstürze ein.

4.3.2 Erholungseignung

Methodisch an die Nutzwertanalyse angelehnt werden verschiedene Erholungsarten nach ihrem prophylaktischen therapeutischen Wert ausgewählt und demzufolge bewegungs- und/oder ruhebetonte Erholungsarten im Sommer- und Winterhalbjahr unterschieden und mit dem jeweiligen Kriterienkatalog verglichen (vgl. HARTSCH 1985). Da die Mikrochorenkarte nur 25 % der notwendigen Informationen abdeckt, mußten noch Angaben zu Waldrandlängen, Baumartenkombinationen, Wegedichte sowie zur Gestaltqualität des Landschaftsbildes erhoben werden.

4.3.3 Beseitigung landwirtschaftlicher Abfälle

Das Datenmaterial der Naturraumkarte war diesbezüglich Ausgangspunkt einer auswertenden Untersuchung, welche sich vorrangig mit den naturräumlichen Bedingungen der zur Gülleverwertung bzw. Beseitigung bestimmten Ackerflächen befaßte. An Hand der in den Dokumentationsblättern für mikrochorische Raumeinheiten niedergelegten Daten wurden Parameter zur Beurteilung der unbedenklichen Gülleaufnahmefähigkeit abgeleitet und als Demonstrationsbeispiel für ein Testgebiet im Süden von Dresden mit sehr komplizierter Naturraumstruktur zusammengestellt, in welchem zugleich mehrere Anlagen mit Massentierhaltung existierten. Zugrundeliegende Bewertungsmerkmale waren u.a. Filterleistung des Bodens, Nährstoffaufnahmefähigkeit, Verdichtungsgrad, Porenraumstruktur, Zerschneidungsgrad, Hangneigungsverteilung, Gewässerdichte, Grundwasserflurabstand.

4.3.4 Naturraumpotentialkartierung

Die Beurteilung der naturräumlichen Leistungsfähigkeit ist bei den steigenden und differenziert ablaufenden Nutzungseinflüssen ein besonders vordringli-

ches Ziel zur Anwendung der Naturraumtypenkartierung. Hierfür hat das
Konzept der Naturraumpotentiale zentrale Bedeutung als Interpretationsmethode, um den für die Gesellschaft verfügbaren Spielraum zur Nutzbarkeit und
Belastbarkeit des Naturdargebotes sichtbar zu machen. Bekanntlich werden
wichtige, naturräumlich begründbare Eigenschaften in Bezug auf verschiedene wirtschaftszweigliche Nutzungswünsche als Potential bezeichnet. Als
wissenschaftliche Aufgabenstellung bedeutete dies, die potentiellen Leistungsmöglichkeiten im naturräumlichen Dargebot hinsichtlich eines konkreten
Nutzungsziels zu beschreiben und möglichst zu quantifizieren. Die enge
Verbindung zu diesen Wirtschaftszielen führte zu Bezeichnungen wie Ertragspotential, Wasserpotential, Entsorgungspotential, Rekrationspotential usw.
In einem 300 km² großen Ausschnitt des Musterblattes Dresden, identisch mit
einem Teil der nanochorisch untersetzten Naturraumkartierung, wurden mehrere Aspekte solcher Potentiale

- Grundwasserbildung   Wasserpotential
- Durchlässigkeits- und
  Filtereffekte des Bodens   Entsorgungspotential
  im Hinblick auf flüssige
  Abprodukte
- Standortfruchtbarkeit   Ertragspotential
- Baugrundeignung   Bebauungspotential

analysiert und auf der Basis einer speziell entwickelten Interpretationsmethode kartiert (vgl. MANNSFELD 1983). Absicht war, die thematischen
Karten in einer Form aufzubauen, die es verschiedenen Nutzern und Interessen-
ten erlaubt, die Strukturbedingungen und Prozeßeigenschaften in transparenter
Form zu erfassen. Das sollte die Basis für begründbare Stabilisierungsmaßnah-
men abgeben, um durch gezielte Eingriffe zur Zurückdrängung bzw. Aufwertung naturräumlicher Einflußfaktoren korrigierend zu wirken.

Von einer Rangfolge der Nutzungsmöglichkeiten auf geoökologischer
Grundlage läßt sich so der Übergang zu einer Funktionsgliederung der Landschaft ableiten und verdeutlicht den Beitrag der Naturraumkartierung und ihrer
gezielten Interpretation in planerische Zusammenhänge.

5. Literatur

ARBEITSGRUPPE „BODENINFORMATIONSSYSTEM" (1989): Vorschlag für die Ein-
    richtung eines länderübergreifenden Bodeninformationssystems. Hannover
DUTTMANN, R. & MOSIMANN, Th. (1990): DFG-PROJEKT GÖK 25 Neustadt a. Rbge.,
    Abschlußbericht Hannover, 164 S. (Manuskript vervielfältigt)
HAASE, G. (1964): Landschaftsökologische Detailuntersuchung und naturräumliche Gliede-
    rung. Peterm.Geogr.Mitt. 108, H.1/2, S.8-30
HAASE, G. (1978): Zur Ableitung und Kennzeichnung von Naturraumpotentialen. Peter-
    manns Geographische Mitteilungen 122. S. 113-125

HAASE, G. u.a. (1985): Richtlinie für die Bildung und Kennzeichnung der Kartierungseinheiten der Naturraumtypenkarte der DDR im mittleren Maßstab. Wiss. Mitteilungen des Institutes für Geographie und Geoökologie, Sonderheft 3, Leipzig

HAASE, G. u.a. (1991): Naturraumerkundung und Landnutzung -Geochorologische Verfahren zur Analyse, Kartierung und Bewertung von Naturräumen. Beiträge zur Geographie Bd. 34

HARTSCH, I. (1985): Analyse und Bewertung des naturräumlichen Rekreationspotentials. Sächs. Akad. d. Wiss., Forschungsbericht, Dresden 1985 (unveröff.), s. auch: I. HARTSCH und E. SANDNER in: HAASE, G. u.a. 1991, S. 179 ff.

HNL-StB (1987): Hinweise zur Berücksichtigung des Naturschutzes und der Landschaftspflege beim Bundesfernstraßenbau. Hrsg. vom Bundesminister für Verkehr

LESER, H. und KLINK, H.-J. (Hrsg.) (1988): Handbuch und Kartieranleitung Geoökologische Karte 1:25.000. = Forschungen zur deutschen Landeskunde Bd.228, Trier, 349 S.

MANNSFELD, Karl (1978): Zur Kennzeichnung von Gebietseinheiten nach ihren Potentialeigenschaften. Petermanns Geographische Mitteilungen 122. S. 17-27

MANNSFELD, K. (1983): Landschaftsanalyse und Ableitung von Naturraumpotentialen. Abh. d. Sächs. Akad. d. Wiss., math.-nat. Klasse, Bd. 53, H.3, Berlin

MANNSFELD, K., BERNHARDT, A. & BIELER, J. (1987): „Unwettergefährdete Gebiete" im Westteil des Bezirkes Dresden. Ein Anwendungsbeispiel mikrochorischer Naturraumerkundung. Hallesches Jahrbuch f. Geowissenschaften, Bd.12, S. 77-87

MARKS, R., MÜLLER, M.J., LESER, H. & KLINK, H.-J. (Hrsg.) (1989): Anleitung zur Bewertung des Leistungsvermögens des Landschaftshaushaltes (BALVL). Forschungen zur deutschen Landeskunde, Bd. 229, Trier, 222 S.

MOSIMANN, Th. (1990): Ökotope als elementare Prozeßeinheiten der Landschaft. Konzept zur prozeßorientierten Klassifikation von Geoökosystemen. Geosynthesis 1, Hannover, 56 S.

MUVS (1990): Merkblatt zur Umweltverträglichkeitsstudie in der Straßenplanung. Hrsg. von der Forschungsgesellschaft für das Straßen- und Verkehrswesen

NEEF, E. (1963): Topologische und chorologische Arbeitsweisen in der Landschaftsforschung. Peterm. Geogr. Mitt. 107, H.4 1963, S. 249-25

NEEF, E., SCHMIDT, G., LAUCKNER, M. (1961): Landschaftsökologische Untersuchungen an verschiedenen Physiotopen in Nordwest-Sachsen. Abh. d. Sächs. Akad. d. Wiss., math.-nat. Klasse, Bd. 47, H.1

NEEF, E., HAASE, G. & SCHMIDT, R. (1965): Ausarbeitung der Methodik für eine großmaßstäbige agrarökologische Erkundung. TU Dresden, Forschungsbericht d. Inst. f. Geographie Dresden

SCHALLER, J. & DANGERMOND, J. (1991): Geographische Informationssysteme als Hilfsmittel der ökologischen Forschung und Planung. In: Verhandlungen der Gesellschaft für Ökologie Bd. 20, Freising-Weihenstephan, S. 651-662

STORM, P.-C. & BUNGE, T. (Hrsg.) (1988 ff.): Handbuch der Umweltverträglichkeitsprüfung (HdUVP). Berlin

IV.18 Stadtgeographie

D. Bot, R. Bördlein, J. Friedrichs, U. Klaus-Stöhner, L. Lötscher,
K. Wolf*

In dieser Fachsitzung sollten Antworten auf folgende Fragen gesucht werden:
1. Welche Problemstellungen werden in den nächsten Jahren wichtig?
2. Beurteilen dieses Nachbarwissenschaften und Praktiker ebenso?
3. Welcher Forschungsansatz und welches methodologische Vorgehen müßte demnach forciert werden?

Antworten auf die erste Frage wurden in einem „Grundsatzreferat" (L. Lötscher) vorgestellt. In zwei Co-Referaten wurden diese Ausführungen aus der Sicht der Nachbarwissenschaft Soziologie (J. Friedrichs) und aus der Planungspraxis (U. Klaus-Stöhner) kommentiert und bezüglich der neuen Bundesländer ergänzt. Nach der ersten Diskussionrunde wurden Antworten auf die dritte Frage anhand von zwei Fallstudien (R. Bördlein, D. Bot) illustriert.

Aufgaben und Perspektiven geographischer Stadtforschung
Lienhard Lötscher (Bochum)

Aufgrund einer Umfrage bei Kollegen im englischen und französischen Sprachraum wurden zunächst sieben Thesen zur Fachentwicklung vorgestellt und kommentiert. Sie geben insbesondere die Perspektiven aus nordamerikanischer Sicht wieder.

These 1:   Die Problembereiche werden immer
a) umfassender und
b) dadurch komplexer

These 2:   Der Einzelforscher kann nur noch ein äußerst begrenztes Segment bearbeiten. Das führt zu
a) fortschreitender Diversifizierung der Forschung
b) Abspaltung immer detaillierterer Fragestellungen und zur „Disziplinauflösung".

These 3:   Die „Stadtgeographie" ist tot - es lebe die „Geographische Stadtforschung"!

These 4:   Verschiebung des Forschungsschwerpunktes von der Stadt im Raum (urban systems) zur Stadt als Raum (internal structure).

These 5:   Zur Erklärung sozialgeographischer Themen wird neben dem sozialen auch der wirtschaftliche und politische Kontext wichtig.

* Die Langfassung der Referate der Sitzung erscheint als Heft 60 der „Frankfurter Geographischen Hefte"

D. Barsch/H Karrasch (Hrsg.): Geographie und Umwelt. Verh. d. Deutschen Geographentages Bd. 48 - Basel 1991. © 1993 Franz Steiner Verlag Stuttgart

These 6:   Themen der angewandten Forschung werden an Bedeutung noch
           zunehmen, insbesondere im Hinblick auf eine Lebenswerte Stadt
           (livable city).
These 7:   Vergleichende Studien u. a. von Städten in verschiedenen Ländern
           (und verschiedenem politischen und ökonomischen Kontext)
           werden an Bedeutung erheblich zunehmen.

Um zu überprüfen, inwiefern die aufgrund der Aussagen nordamerikanischer Kollegen formulierten Thesen 1-7 auch für die BRD und ihre Nachbar-
länder zutreffen, wurde in einem nächsten Schritt ein Blick auf die zu erwartende europäische, bzw. deutsche Stadtentwicklung geworfen.

Die heutige Situation der Stadtentwicklung in der BRD und ihren Nachbarländern wurde durch folgende Thesen charakterisiert und kommentiert:

These 8:   Im Nachhinein ist man bekanntlich immer klüger, denn: Fehlent-
           wicklungen werden in der Regel erst erkannt:
           1. wenn sie in der Alltagswelt unseres Lebensraumes manifest
           werden
           und
           2. wenn sich eine zunehmend sensibilisierte Bevölkerung dazu zu
           äußern beginnt.
           Fazit: Die Wachstumspolitik der 60er und 70er Jahre ist gegenüber
           sozialen wie auch ökologischen Problemen und Erfordernissen der
           Städte eher blind gewesen.
These 9:   Ohne Problembewußtsein kein Umdenken – ohne Umdenken
           keine Änderungen.
These 10:   Bestandsorientierte Stadtentwicklung aus Langfristperspektive der
           80er für die 90er Jahre.

Ausgehend von den Ereignissen der Gegenwart wurde die Frage gestellt,
welche Prozeßfelder die Stadtentwicklung der 90er Jahre voraussichtlich
entscheidend beeinflussen werden. Diese Analyse ermöglichte es, Handlungsfelder abzustecken, in denen gerade auch das forschende Engagement der
GeographInnen dringend nötig erscheint.

Zahlreiche Gespräche mit Kollegen zeigten ebenso wie die neueste Literatur, daß übereinstimmend vier Prozeßfelder gesehen werden, welche die
Stadtentwicklung der 90er Jahre entscheidend beeinflussen werden. Es sind
dies Veränderungen in den
– politischen
– soziodemographischen und
– wirtschaftsstrukturellen Rahmenbedingungen sowie im
– Problembewußtsein der Bevölkerung.

Dazu wurden folgende Thesen formuliert:

These 11: Die Ausgestaltung des deutschen Einigungsprozesses wird ebenso wie die Einführung des EG-Binnenmarktes 1992/93 zur Standortkonkurrenz der Städte führen.

These 12: Die ökonomischen Disparitäten, verstärkt durch Nationalitätenkonflikte, werden Wanderungsbewegungen ungeahnten Ausmaßes auslösen. Diese führen zu Problemdruck auf dem Wohnungsmarkt und Ausländer- bzw. Zuwandererfeindlichkeit.

These 13: Die „Pluralisierung der Lebensstile", die „Mittelalterlichen" und die „Jungen Alten" verändern die Städte.

These 14: Unter den neuen politischen Rahmenbedingungen führt der wirtschaftsstrukturelle Wandel zum Standortwettbewerb der Städte um die Neuverteilung von Arbeitsplätzen und -kräften.

These 15: Zunehmendes Umdenken erzeugt den nötigen politischen Handlungsdruck zur ökologischen Revitalisierung der Städte.

These 16: Betroffene interessiert nur die Lösung eines Problems, nicht wer (bzw. welcher Wissenschaftsbereich) diese wie (mit welchen Methoden) gefunden hat.

These 17: Es genügt nicht, Probleme aufzuzeigen und in ihrer zeitlichen Entwicklung zu verfolgen (monitoring); sie müssen auch hinterfragt werden.

These 18: Wenn unser Interesse an den untersuchten Problemen darauf hinzielt, zu ihrer Lösung beizutragen, dann müssen wir uns für die Umsetzung unserer Forschungsergebnisse auch persönlich (und öffentlich) engagieren.

These 19: Ökologische Revitalisierung heißt langfristige städtebauliche Vorsorgepolitik.

Gemäß den aufgezeigten Perspektiven eröffnet die Wende zur „lebenswerten Stadt" für Geographen neue Handlungsfelder:
- Konzepte der kompakten Stadt
  (Funktionsmischung, Verdichtung, Verkehrsvermeidung)
- Wohnungspolitik und Wohnungsmarkt
  (Wohnraumerhaltung, Umbau von Neubausiedlungen, Privatisierung im Sozialen Wohnungsbau, Denkmalschutz)
- Sprengkraft der gesellschaftlichen Polarisierung
  (Neue Armut, Obdachlosigkeit, Ausländer)
- Kultur und Freiräume
  (Neue gesellschaftliche Anforderungen)
- Mobilität und Verkehr
  (Vermeidung, Umlagerung)
- Verbesserung der Umweltsituation
  (durchgreifende Maßnahmen statt kosmetische Korrekturen).

Aufgaben und Perspektiven geographischer Stadtforschung. Koreferat aus der Sicht der Nachbardisziplin Soziologie

Jürgen Friedrichs (Köln)

Einleitung

Herr Lötscher hat ein eindrucksvolles Spektrum von Aufgaben vorgestellt; seinen Thesen stimme ich vorbehaltlos zu. In meinem Koreferat werde ich nicht versuchen, die Liste zu ergänzen, sondern werde in vier Punkten einige seiner Thesen aufgreifen und vertiefen.

Wandel in Europa

Die Veränderungen in den ehemals sozialistischen Ländern und der europäische Einigungsprozeß stellen die Stadtforschung vor enorme Aufgaben. Insbesondere der Wandel der sozialistischen Länder schafft die historisch einmalige Chance, Entwicklungen zu modellieren und Theorien zu überprüfen. Dazu sind langfristige Datenreihen über einzelne Stadtregionen, Städte und vor allem städtische Teilgebiete erforderlich. Solchen Zeitreihenanalysen bieten in der Sozialwissenschaft beispielsweise der zweijährliche ALLBUS und das jährliche Sozio-ökonomische Panel, eine Befragung von rd. 4500 Haushalten in den alten Bundesländern, beide wurden 1990 auf die neuen Bundesländer ausgedehnt. Was uns hingegen fehlt, sind analoge räumliche Panels von Wohnblöcken und städtischen Teilgebieten.

Ebenso stellen sich zahlreiche Fragen, die auf der Makroebene zu behandeln sind, darunter:

– Werden die alten Industriestädte in der ehemaligen DDR, in Polen, der CSFR und in der Sowjetunion einen vergleichbaren Niedergang erleben, wie die in Westeuropa und den USA? Gibt es theoriegeleitete Maßnahmen zur Restrukturierung, um ähnliche Prozesse zu verhindern?

– Welche regionalen Disparitäten sind in diesen Ländern zu erwarten?

– Welche Effekte hat die Reprivatisierung von Gebäuden und Flächen auf die Standorte von Unternehmen und Haushalten? Welche Folgen hat die gegenwärtige Umstellung des Wohnungsmarktes hin zu einer marktwirtschaftlichen Orientierung – eine Umverteilung der Wohnbevölkerung über die Stadtregion mit den Folgen höherer Segregation?

– Und, um die bislang für den EG-Raum gestellte Prognose zu übertragen: Welche Großstädte in den ehemals sozialistischen Ländern werden zu europäischen Zentren, welche werden an Bedeutung verlieren? Als Beispiel sei die Konkurrenz zwischen Wien, Budapest und Prag angeführt.

– Das bereits angesprochene Problem der Wanderungströme in Europa stellt die geographische und soziologische Forschung vor ungeahnte Schwierigkeiten. Damit werden Prognosen über die Bevölkerungsstruktur und -entwicklung, die Arbeitsmärkte und die Finanzen der Städte, z.B. in Deutschland, außerordentlich unsicher. Wenn es uns nicht gelingt, theoriegeleitet zumindest Szenarien für solche möglichen Prozesse des Wandels zu entwickeln, werden unsere Forschungen sich in ex post-Erklärungen bescheiden.

– Insgesamt werden also die Entwicklung einzelner Städte, ja einzelner städtischer Teilgebiete, immer stärker durch die ökonomischen Entwicklungen in Europa beeinflußt. Die Konkurrenz der Städte wird zunehmen, sowohl um die Ansiedlung neuer Unternehmen als auch um nationale und europäische Fördermittel.

Komparative Forschung

Über lange Zeit haben Geographen und Soziologen recht erfolgreich mit Theorien und Modellen aus der nordamerikanischen Forschung gearbeitet. Die hierbei unterstellte Konvergenztheorie ist u. a. von Lichtenberger (1989) zu recht kritisiert worden (Unterschiede in der Bausubstanz, Ausmaß planerischer Eingriffe). Spätestens die vorgenannten Entwicklungen in Europa nötigen uns, über die Reichweite unserer Theorien nachzudenken. Dazu ist eine komparative Forschung, die sich auf Stadtentwicklungen in Europa konzentriert, erforderlich.

Gesellschaftliche Differenzierung und Individualisierung

Herr Lötscher hat auf zwei sozio-demographische Entwicklungen hingewiesen: die steigende Gruppe der „jungen Alten" – denen die steigende der über 65-jährigen hinzuzufügen wäre – und die neuen Haushalte. Das Ausmaß der sozialen Differenzierung ist jedoch erheblich größer.

Die soziologischen Forschungen zur sozialen Ungleichheit und Schichtung haben in den letzten Jahren zu einer Abkehr von den unzureichenden Gruppierungen der Bevölkerung in vier oder fünf soziale Schichten geführt. An die Stelle dessen sind Versuche getreten – mehr als Versuche sind es bislang nicht –, die beobachtete soziale Differenzierung durch das Konzept der Lebensstile und entsprechende Lebensstil-Gruppen zu beschreiben und zu messen. Die Arbeiten von Bourdieu (1988) und die empirischen Studien des Sinus-Instituts (Abteilung Wahlen, 1984), sowie die von Beck (1986) und jüngst Leinberger und Tucker (1991) sind hierzu wichtige Beiträge. Dem liegt der empirische Sachverhalt zugrunde, daß sich die Gesellschaft nicht nur ökonomisch differenziert oder gar polarisiert (Altersarmut, Arbeitslosigkeit, Sozialhilfeempfänger), sondern daß Angehörige gleicher Einkommens- und Bildungsgruppe unterschiedliche Lebensziele vertreten. Drei Folgerungen:

1. Die Individualisierung verringert die Erklärungskraft bisheriger Theorien, z. B. in der Wahlforschung, der Wohnstandortwahl (Segregation, Gentrification) oder des Konzepts der verhaltenshomogenen Gruppen in der Verkehrsgeographie und Aktionsraumforschung. Statt einer Synthese von sozio-demographischen Variablen sind allgemeine Verhaltenstheorien erforderlich.
2. Die Stadt wird unter diesen Bedingungen zu einem Warenhaus, in dem jede Gruppe ihre Güter zu finden sucht. Eine Identifikation mit der Stadt besteht nur insoweit, als sie diese Warenhaus-Aufgabe erfüllt, ansonsten ist die Identität auf das lokale Wohngebiet beschränkt. Die Pluralität der Gruppen mit unterschiedlichen Lebenszielen ist nur solange möglich, wie sie nicht um knappe Ressourcen konkurrieren müssen. Das jedoch wird in zunehmendem Maße der Fall sein, daher wird die Zahl der sozialen Konflikte in der Stadt, sei es um finanzielle Mittel, Standorte oder natürliche Ressourcen, zunehmen.
3. Davon berührt sind städtische Planungen und Maßnahmen. Die planende Kommune und ihre Behörden sind in einer Demokratie in immer stärkerem Maße auf die Mitwirkung der Bürger und damit auf deren subjektive Sicht eines Problems angewiesen. Aufgrund der heterogenen Lebensziele kommt eine gemeinsame Willensbildung nur mühsam zustande, die jeweilige Maßnahme wird sich entweder gar nicht oder nur mit erheblichen Modifikationen und Verzögerungen durchführen lassen.

Theorien und Komplexität der Forschung

Es ist offenkundig, daß auch aufgrund dieser Forschungsaufgaben die Forschungen komplexer werden. Das zwingt insbesondere dazu, Makro-Mikro-Analysen zu betreiben, also unterschiedliche Analyse- oder Aggregatebenen miteinander zu verknüpfen. Hierbei handelt es sich zum einen darum, die Effekte von Prozessen auf unterschiedlichen räumlichen Ebenen zu untersuchen, z. B. die Auswirkungen europäischer Gesetzgebung zur Umwelt- oder Verkehrspolitik auf die Regionen und Kommunen. Oder: Einer EG-Prognose zufolge werden im Jahr 2000 rd. 60 Prozent aller Arbeitsplätze in der Telekommunikations-Industrie liegen – mehr als gegenwärtig in der Automobilindustrie. Welche Auswirkungen wird dies auf welche Städte haben? Ferner: Welche Effekte könnte ein absehbarer Einbruch in der Beschäftigung in der Automobilindustrie haben?

Zum anderen geht es darum, Hypothesen auf der Makroebene mit solchen auf der Mikroebene zu verbinden, d. h. Kontexteffekte und Individualeffekte zu spezifizieren (vgl. Friedrichs, 1988). Wir kehren damit zurück zu Forderungen von Hägerstrand, individualistische Theorien zu formulieren, die das raumbezogene Verhalten von Individuen erklären können. Hier liegt eine sehr enge Verbindung von Geographie und Soziologie vor, wie sie bereits die Arbeit von Werlen (1988) zeigt. In der Soziologie gewinnen verhaltenstheoretische Ansätze auf der Basis des rational choice-Modells zunehmend an Bedeutung. Ferner geht es bei der Makro-Mikro-Analyse darum, Kontexteffekte zu untersuchen, z. B., wie sich Veränderungen der ökonomischen Basis der Stadt oder solche der ethnischen Struktur als constraints und Opportunitäten für das Verhalten der Stadtbewohner auswirken.

Was Geographen und Sozialwissenschaftler in dieser Situation tun können, ist, stärker zusammenzuarbeiten und bessere Theorien zu entwickeln.

Literatur

Abteilung Wahlen beim Vorstand der SPD, Infratest und Sinus, 1984: Planungsdaten für die Mehrheitsfähigkeit der SPD. Bonn: Vorstand der SPD.
Beck, U., 1986: Risikogesellschaft. Frankfurt/M.: Suhrkamp.
Bourdieu, P., 1988: Makro- und mikrosoziologische Theorien der Segregation. S. 56-77 in: J. Friedrichs (Hg.): Soziologische Stadtforschung. Opladen: Westdeutscher Verlag. (= Sonderheft 29 der Kölner Zeitschrift für Soziologie und Sozialpsychologie).
Leinberger, P. und Tucker, B., 1991: The New Individualists. New York: HarperCollins.
Lichtenberger, E., 1989: Stadtentwicklung in Europa und Nordamerika – kritische Anmerkungen zur Konvergenztheorie. S. 113-129 in: R. Heyer und M. Hommel (Hg.): Stadt und Kulturraum. Peter Schöller zum Gedenken. Paderborn: Schöningh.
Lötscher, L., 1987: Raumbeobachtung in der Stadt – Entscheidungsträger und Betroffene. S. 53-60 in: H. Elsasser und H. Trachsler (Hg.): Raumbeobachtung in der Schweiz. Zürich: Geographisches Institut.
Werlen, B., 1988: Gesellschaft, Handlung und Raum. 2. durchges. A. Wiesbaden: Steiner.

Die Stadt als Forschungsgegenstand der Geographie
– aus der Sicht der Planungspraxis
Ulrich Klaus-Stöhner (Wiesbaden)

Zu Ihrem Forschungsgegenstand „Stadt" ist mein Kurzreferat in drei Abschnitte gegliedert. Zunächst möchte ich eine Einschätzung der aktuellen Tendenzen der Stadtentwicklungsplanung vornehmen, dann kurz auf neue Aspekte eingehen, die in den Veränderungsprozessen in Osteuropa ihre Basis haben. Schließlich will ich aus Sicht der Planungspraxis einige der Thesen akzentuieren, die Herr Prof. Lötscher im Hauptreferat vorgetragen hat.

Bei der Einschätzung der Trends, die aktuell in der Stadtentwicklungsplanung befolgt werden, soll neben der Position, die von dem Planungsinstitut, für welches ich tätig bin[1], vertreten wird, auch das Ergebnis einer Expertenbefragung des Deutschen Instituts für Urbanistik[2] zitiert werden.

I. In der HLT sind wir im Aufgabenfeld Kommunalberatung bemüht, das nach wie vor kommunalpolitisch dominierende Interesse an einer rein wachstumsorientierten Stadtentwicklung in Richtung auf eine qualitätsorientierte Entwicklung umzusteuern, d. h. das Wachstum an qualitativen Maßstäben zu orientieren, mit dem Ziel, die Lebensqualität der Bevölkerung zu verbessern. Die Parameter basieren auf ökologischen Systemelementen, wie sie etwa in Frederik Vesters „biokybernetischen Grundregeln"[3] niedergelegt sind. Dem insbesondere kommunal- und wirtschaftspolitisch beliebten Hinweis auf den Wachstumsdruck durch die Verwirklichung des europäischen Binnenmarktes entspricht diese auf Vernetzung abzielende Entwicklungskonzeption, indem sie durch Förderung interkommunaler Kooperation Synergiewirkungen ermöglicht.

Obwohl diese Entwicklungsstrategie des qualitativen Wachstums am Wohl der Bevölkerung ansetzt, findet sie nur mühsam Eingang in die Kommunalpolitik.

In einer aktuellen Studie, herausgegeben vom Deutschen Institut für Urbanistik, Berlin, wird auf der Basis einer Erhebung bei sechs westdeutschen Großstädten und einer Expertenbefragung das Interesse an der Förderung der kommunalen Wirtschaftsstruktur herausgestellt, die als Hauptdeterminante städtischer Entwicklung angesehen wird. Somit werden als vorrangige Aufgaben die Verbesserung der kommunalen Standortvorteile und die Stärkung der kommunalen Wettbewerbsfähigkeit bezeichnet: Die marktgerechte Stadt als Leitbild? Die Stadt als Produkt, einer griffigen Marketingstrategie zugänglich?

II. Mit der Grenzöffnung, der Auflösung der DDR und dem atemberaubenden Prozeß der Umwälzungen in Mittel- und Osteuropa zeichnen sich Veränderungen ab, die nicht ohne nachhaltige Wirkung auf die Entwicklung unserer Städte sein werden. Die festen Grenzziehungen, der „Eiserne Vorhang", hatten, wie sich zunehmend erweist, bei uns eine Überschaubarkeit und Kalkulierbarkeit der Rahmenbedingungen bewirkt, unter denen der Ausbau der Bundesrepublik zur Wohlstandsinsel erfolgen konnte. Die Öffnung bringt nunmehr Verunsicherung, weil nicht nur die Investitions- und Kaufkraft aus anderen Ländern, sondern auch die Weltprobleme zu uns gelangen. Neben feststellbaren Auswirkungen bietet sich auch Raum zu spekulativen Betrachtungen.

---

1   Der Verfasser ist Leiter der Abteilung Planung/Entwicklung in der HLT Gesellschaft für Forschung Planung Entwicklung mbH Wiesbaden
2   Heinz, W., Stadtentwicklung und Strukturwandel: Einschätzung kommunaler und außerkommunaler Entscheidungsträger, Stuttgart: Dt. Gemeindeverlag 1990
3   Vester, F., Ausfahrt Zukunft, Stuttgart 1991, S. 43

Absehbare Problemstellungen sind

1. Die Städte in den neuen Bundesländern bedürfen einer tiefgreifenden Neuorientierung für ihre Entwicklung.

2. In den alten Bundesländern führt die Konversion militärisch genutzter Standorte in den Zentren zu unerwarteten Entwicklungsimpulsen und in den Garnisonsstädten im ländlich geprägten Raum eher zu Strukturproblemen.

3. Es zeichnen sich mit einer Neubewertung der Zentrenstruktur in Europa Verschiebungen in der regionalen Standortbewertung ab, z. B. durch das Wiedererstehen der Metropole Berlin, die Verlagerung der Bundesregierung, durch die – vermutete – Aufwertung der Küstenstädte. Es werden ehemalige Randlagen zu Zentrallagen.

4. Aufgrund vielfältiger neuer Aufgaben geraten die öffentlichen Haushalte von Bund, Ländern und Gemeinden unter den Druck hoher Verschuldung. Die Gebietskörperschaften werden zu einer einschneidenden Sparpolitik gezwungen sein, sich auf ihre Kernaufgaben zurückziehen und nach privaten Finanzierungsträgern suchen.

Erlauben Sie mir darüber hinaus folgende spekulativen Überlegungen zu skizzieren

1. Die globalen Probleme und Disparitäten (Überbevölkerung, Armut, Unterdrückung, Arbeitslosigkeit) können nicht durch Entwicklungshilfe abgefangen werden, sondern lösen Migrationen aus, die unsere Kommunen vor kaum lösbare Aufgaben stellen, zumal die Bevölkerung auf ein Heranrücken dieser Probleme nicht im geringsten vorbereitet ist. Der Flüchtlingsstrom der Albaner, der Italien überraschte, lieferte ein Vorzeichen.

2. Unser Lebensstandard, der auf einem nur mit wenigen Ländern wie zum Beispiel der Schweiz vergleichbaren Wohlstand basiert, wird durch zunehmende Belastung der öffentlichen Hände nicht aufrechtzuerhalten sein. Es kommt zu einer Reduzierung der Ausstattungsstandards der sozialen und technischen Infrastruktur. Ein harter Ressourcenwettbewerb zwischen Gruppeninteressen kann zu einer Gefährdung des sozialen Friedens führen.

3. An die Stadtentwicklungsplanung wird die Anforderung gestellt, sich nicht mehr als Organisationsform zur Wachstumsverteilung, sondern als Instrument zur Krisenabwehr und -bewältigung zu bewähren. Der Problemdruck wird Problemlösungsstrategien erlauben, die gegenwärtig unrealistisch sind,

   – aufgrund der Anspruchshaltung der Bevölkerung,

   – vor dem Hintergrund langwieriger und kostspieliger Entscheidungs- und Genehmigungsprozeduren,

   – mit unflexiblen Administrationen,

   – und mit einer an Partikularinteressen orientierten Kommunalpolitik.

Anmerkungen zum Hauptreferat Lötscher.

Ein umfangreiches Aufgabenfeld für die Geographie wurde in bezug auf den vielschichtigen Forschungsgegenstand „Stadt" heute von Herrn Lötscher umrissen. Nicht nur über die Stadt, sondern auch verstärkt in der Stadt zu forschen, hat mir als Anforderung außerordentlich gut gefallen.

Im Hinblick auf die Komplexität der Problemstellung ist die Hervorhebung der interdisziplinären Zusammenarbeit und die Betonung der anwendungsbezogenen Forschung besonders wichtig für eine wirksame Einflußnahme durch die wissenschaftliche Fundierung der Planungspraxis.

Mag es früher die Arroganz der Wissenschaft im Elfenbeinturm gegeben haben, so ist heute eher so etwas wie eine Arroganz der Praxis zu konstatieren, die dringend „hinterfragend und engagiert" wie Lötscher sagte, herausgefordert werden muß.

Auch wenn, wie in der von mir zitierten Expertenmeinung, die Wirtschaftsentwicklung als Schwerpunkt der Stadtentwicklung betrachtete wird, halte ich die Empfehlung einer stärkeren Hinwendung des Forschungsinteresses zu Fragen der Lebensqualität der Wohnbevölkerung für zukunftsweisend. Zeigt doch die Entwicklung in den neuen Bundesländern, daß der elementare Anknüpfungspunkt das qualifizierte „Humankapital" ist und nicht die Unternehmen sind.

Herr Lötscher hat zutreffend bei der Orientierung an aktuellen Trends auf die Gefahr, der Mode zu unterliegen, hingewiesen. Ich möchte zum Beispiel anzweifeln, ob es tragfähig ist, Städte wie ein Massenprodukt behandeln und vermarkten zu wollen.

Viel wichtiger erscheint mir, beizutragen, daß es sich um eine für die Bevölkerung lebenswerte und identitätsstiftende Stadt handelt, die ihre historischen Entwicklungslinien nicht verleugnet, sondern darauf für die Zukunftssicherung aufbaut.

Zusammenfassend sei nochmals der Wunsch der Praxis nach
- anwendungsorientierter Stadtforschung,
- inner- und interdisziplinärer Kooperation und nach
- Verbesserung des Transfers der wissenschaftlichen Ergebnisse
betont.

Der Einfluß hochrangiger Dienstleistungen auf die Stadt- und Regionalentwicklung im Rhein-Main-Gebiet.

Ruth Bördlein (Frankfurt am Main)

Die Veränderung der internationalen Arbeitsteilung und der Strukturwandel auf nationaler Ebene können als wesentliche ökonomische Rahmenbedingungen für regionale und städtische Entwicklungen betrachtet werden. Dabei stehen der Internationalisierungsprozeß und der wirtschaftliche Strukturwandel in den hochentwickelten Ländern in enger Wechselwirkung miteinander. Hier konzentrieren sich – idealtypisch überspitzt -

- zum einen Nutzungen, die technologie- und kapitalintensiv sind und damit weniger für die Verlagerung an periphere Standorte geeignet und
- zum anderen die Funktionen, die für die Kontrolle und Steuerung der international verflochtenen Wirtschaft zuständig sind.

Verschiedene Untersuchungen befassen sich mit den Standorten, die sich im Zusammenhang mit der Ausdifferenzierung der internationalen Arbeitsteilung als Kontroll- und Steuerungszentren, als sogenannte „World Cities" herausgebildet haben.
Diese Standorte zeichnen sich aus durch

- die zunehmende räumliche Konzentration spezifischer hochrangiger Dienstleistungen,
- ein hohes Maß internationaler Verflechtung ebenso wie
- eine starke innerregionale soziale und funktionale Differenzierung, die ein erhebliches Konfliktpotential enthält.

Bei den hochrangigen Dienstleistungsfunktionen handelt es sich um Einrichtungen des Finanzbereichs, um die Hauptsitze multinationaler Unternehmen, um eine Reihe weiterer unternehmensorientierter Dienstleistungen sowie um überregional orientierte Infrastruktureinrichtungen.
Vor dem Hintergrund dieser stichwortartig skizzierten Diskussion werden am konkreten Beispiel des Rhein-Main-Gebiets folgende Fragen behandelt:

- Lassen sich im Rhein-Main-Gebiet empirische Belege für eine Konzentration hochrangiger Dienste und Internationalisierungsprozesse finden?
- Unter welchen Rahmenbedingungen hat sich diese Entwicklung vollzogen? Welchen Veränderungen unterliegen diese Rahmenbedingungen? Welches sind die darauf basierenden Strategien und Handlungen wichtiger Akteure?
- Welche Konsequenzen ergeben sich daraus für die vorhandenen Standortmuster sowie die künftige Entwicklung der Region?

Die konkrete empirische Erfassung von Arbeitsplatz-, Wertschöpfungs- und Einkommenseffekten hochrangiger Dienste sowie die Ermittlung kleinräumiger Standortmuster und deren Veränderung sind v.a. aufgrund der Unzulänglichkeiten der amtlichen Statistik nur mit Hilfe indikatorischen Vorgehens und anhand nichtamtlichen Materials möglich.

Um darüber hinaus Aussagen über Rahmenbedingungen, Entscheidungen
und dahinterstehende Motive und Strategien der Handelnden machen zu
können, um die abgelaufenen Entwicklungen verstehen und künftige Handlungen abschätzen zu können, ist eine Ergänzung der quantifizierenden Analyse
durch qualitative Auswertungen erforderlich.

Die Untersuchung eines Teilbereichs der hochrangigen Dienstleistungen,
des Finanzsektors im Rhein-Main-Gebiet, zeigt folgendes:

Die Dynamik der Beschäftigung im Finanzbereich zwischen den beiden
Arbeitsstättenzählungen 1970 und 1987 liegt in der gesamten Region deutlich
höher als das Wachstum der Gesamtbeschäftigung, wobei das Wachstum der
Beschäftigung in den an Frankfurt angrenzenden Kreisen am höchsten ausfällt.
Zieht man qualitative Merkmale hinzu, so zeigt sich, daß das Wachstum in den
Randbereichen der Region im wesentlichen auf die Zunahme von Routinefunk-
tionen zurückzuführen ist (Ausbau von Vertriebsnetzen, Verlagerung von
nachgelagerten Funktionen aus der Kernstadt), während die höherwertigen
Funktionen und ausländische Unternehmen eine eindeutige Orientierung auf
die Kernstadt der Region aufweisen. Eine detaillierte Analyse der Standortent-
wicklung in der Kernstadt Frankfurt belegt eine im Zeitablauf zunehmende
räumliche Konzentration von Finanzinstituten in der westlichen Innenstadt.

Mit der zunehmenden weltwirtschaftlichen Integration werden sich die
Bedingungen, die die abgelaufene Entwicklung entscheidend gefördert haben,
stark verändern. Als wesentlicher Einschnitt können dabei die Effekte im
Zusammenhang mit der europäischen Integration angesehen werden. Als
Stichworte sind hier der Europäische Finanzraum (Ursprungslandprinzip, Nie-
derlassungsfreiheit) sowie die Europäische Währungsunion mit der geplanten
Europäischen Zentralbank zu nennen. Die Aussicht auf den weitgehenden Bedeutungsverlust nationaler Regelungen zugunsten europäischer Normen führt
zu einer verstärkten Konkurrenz zum einen der großen Kreditinstitute und zum
anderen der europäischen Finanzzentren. Diese verschärfte Konkurrenz zeigt
sich auf Seiten der Unternehmen an der Intensivierung der Internationalisie-
rungs- und Diversifikationsbemühungen, die Finanzzentren tragen ihren Wettbewerb über technische und organisatorische Neuerungen (z. B. Terminbörse,
Computerbörse) aus. In der Bundesrepublik Deutschland haben diese als
„Börsenstrukturreform" bezeichneten Maßnahmen mittlerweile zu einer weiteren Konzentration der wesentlichen Finanzmarktfunktion am Standort Frankfurt geführt.

Die möglichen räumlichen Effekte der stichwortartig genannten Entwicklungen auf die Situation im Rhein-Main-Gebiet lassen sich zusammenfassend
als ambivalent charakterisieren. Insgesamt überwiegen die Aspekte, die auf
eine weitere organisatorische Konzentration im Finanzsektor mit einer Stärkung der ohnehin bedeutenden Standorte hindeuten. Dem entspricht die nach
wie vor große Nachfrage nach citynahen Baugrundstücken und Büroflächen in
Frankfurt und den umliegenden Gemeinden. Daneben gibt es jedoch auch

Aspekte, die auf eine räumliche Dezentralisierung auch höherwertiger Tätigkeiten hinweisen.

Die wesentlichen Entscheidungen werden auf europäischer und nationaler Gesetzgebungsebene bzw. auf der Entscheidungsebene von Konzernen getroffen. Diese sind, – ob sie nun in Tokio, New York, Frankfurt oder Düsseldorf beheimatet sind – weltweit orientiert. Die Einflußmöglichkeiten der regionalen und kommunalen Politik sind als eher schwach zu bewerten.

Gerade die Betrachtung der Rahmenbedingungen zeigt, daß die Komplexität der Prozesse sehr hoch ist. Interdisziplinäre Forschungsarbeiten, die die verschiedenen inhaltlichen und räumlichen Ebenen in ihren komplexen Verknüpfungen betrachten, erscheinen daher unbedingt erforderlich.

Entscheidungsprozesse zur Redimensionierung suburbaner Baugebiete: Analyse eines Interessenkonfliktes
Denise Bot (Bern)

Ziel des 1980 eingeführten schweizerischen Raumplanungsgesetzes ist die Einschränkung der fortschreitenden Zersiedelung und die Steuerung der Siedlungsentwicklung[1]. Dem übermüssigen Ausscheiden von Baugebieten, als Folge des Wachstumsdenkens der 60er und 70er Jahre, soll damit entgegengewirkt werden. Die Gemeinden sind dadurch gesetzlich verpflichtet, ihre Baulandreserven so zu redimensionieren, daß sie dem Bedarf der kommenden 15 Jahre entsprechen. Das Bundesgesetz sieht hierfür eine Reihe verschiedener Maßnahmen vor, welche sich aus raumplanerischer Sicht bezüglich einer graduierten Baugebietserhaltung, aus juristischer Sicht in der unterschiedlichen Einschränkung der Eigentumsgarantie und aus soziopolitischer Sicht im unterschiedlichen Mitspracherecht der Bevölkerung unterscheiden. Die Wahl der Redimensionierungsmaßnahme liegt im Autonomiebereich der Gemeinde, wobei der Kanton die Übereinstimmung der kommunalen Zonenpläne mit den kantonalen Richtplänen prüft und damit eine wichtige Koordinationsaufgabe wahrnimmt.

In praxi erweist sich eine Redimensionierung als schwer durchsetzbar, da die ihr zugrunde liegende umweltbezogene Denkweise oft in Konkurrenz zum traditionellen Wachstumsdenken[2] steht und die Eigentumsgarantie, ein zentraler Grundwert unserer Gesellschaft, relativiert wird.

1980 wird am südwestlichen Rand des Agglomerationsraumes der Stadt Basel eine 13 ha große, zu einem traditionellen städtischen Naherholungsgebiet gehörende, landwirtschaftlich genutzte Fläche, per Volksentscheid mit einer

---

1 EJPD/BRP, Erläuterungen zum Bundesgesetz über die Raumplanung, Bern 1981
2 L. Loetscher, Lebensqualität kanadischer Städte, Basler Beiträge zur Geographie, Heft 35, Basel 1985

9jährigen Erschließungsetappierung belegt. Als 1983 der Erschließungskredit zur Überbauung dieses Areals zur Abstimmung vorgelegt wird, realisiert die Bevölkerung, daß mit der gewählten Redimensionierungsmaßnahme das angestrebte Ziel (Siedlungssteuerung), nicht erreicht werden kann, worauf die Überbauungsgegner per Initiative und Volksabstimmung die Rückzonung erwirken. Dieser Beschluß wird 1986 vom Kanton mit der Begründung „planerischer Willkür" aufgehoben. Die beim Bundesgericht eingereichte staatsrechtliche Beschwerde wegen Verletzung der Gemeindeautonomie, wird 1989 abgewiesen. Da zwischenzeitig die Etappierungsfrist abgelaufen ist, wird die Überbauung realisiert.

Die Analyse dieses Interessenkonfliktes zwischen siedlungssteuernden und privatwirtschaftlich renditeorientierten Interessen weist auf die Einfluß-nahme von „gatekeepern" und managern"[3] hin (Einschränkung der Gemeindeautonomie, Außerachtlassen von ausdrücklich im Richtplan beider Basel definierter Ziele). Dabei konnte die Beeinflussung sowohl raumplanerischer Sachentscheide, als auch der soziopolitischen Dynamik des Entscheidungsprozesses nachgewiesen werden.

Die Einflußnahme durch „manager" fand v. a. während der Evaluation der Redimensionierungsmaßnahme statt, indem der damit vom Kanton betraute Jurist auch Interessenvertreter der Bauherrschaft war. Die Einflußnahme durch „gatekeeper" erfolgte durch einzelne kommunale Regierungsmitglieder, die mit der Bauherrschaft eine Interessenkoalition bildeten, um einerseits privatwirtschaftliche Interessen und andererseits eine Entlastung der Gemeindefinanzen realisieren zu können. Durch gezielte Informationspolitik wurde in der Phase der Evaluation der Redimensionierungsmaßnahme die Meinungsbildung der Bevölkerung und in der Phase der Korrektur der Redimensionierung das Vorgehen der Direktbetroffenen beeinflußt.

Die Versuche, die Redimensionierungsart zu korrigieren, führten zur Verlagerung der Beurteilung in den rein juristischen Fachbereich. Damit ging die Relevanz der raumplanerischen und soziopolitischen Kriterien verloren. Die ursprünglich anvisierten Planungsziele, wie Steuerung der Siedlungsentwicklung und Erhaltung der Naherholungsgebiete, werden damit nicht erreicht.

---

3   D.T. Herbert u.D. M. Smith, Social Problems and the City, Oxford University Press, 1979

Zusammenfassung
Klaus Wolf, Frankfurt am Main

Die Beiträge dieser Sitzung zeichnen sich durch folgende gemeinsame Leitlinien aus: Sie plädieren für eine
- interdisziplinäre,
- angewandte und
- engagierte Stadtforschung.

Arbeitsfelder dabei sollten u.a. sein:
- der Wandel in Europa in seinen weltweiten Einbindungen und
- die zunehmende gesellschaftliche Differenzierung in ihren die Städte prägenden Folgen.

Orientieren sollte sich die Forschung an handlungsorientierten Theorien, die das institutionelle Systemhandeln und das alltagsweltliche Handeln des einzelnen Menschen in den jeweiligen Verschränkungen analysiert, für eine lebenswerte tragfähige, ökologische Stadtentwicklung bewertet und sich für eine an lebenswerten Städten orientierte Planung engagiert.

IV.19 Fluviale Geomorphodynamik in Mitteleuropa

von J. Hagedorn, R. Mäckel, K.-H. Schmidt und A. Schulte

1. Einführung

Die quartäre Talentwicklung ist ein klassischer Forschungsgegenstand der interdisziplinären Quartärforschung wie auch speziell der Geomorphologie. In jüngerer Zeit ist neben die Untersuchung der Formen und Sedimente an sich und ihre stratigraphische Einordnung verstärkt die Frage nach der fluvialen Morphodynamik, nach dem Prozeßgefüge, das die Formen und Sedimente erzeugte, und nach den wirksamen Faktoren getreten. Es gilt, die großen Umbrüche im paläohydrologischen Geschehen des Quartärs, die durch den Wechsel von Phasen der Erosion und solchen unterschiedlicher Sedimentation gekennzeichnet sind, auch paläoökologisch zu verstehen und zu bewerten, soweit möglich auch vor dem Hintergrund der aktuellen fluvialen Morphodynamik.

Die Deutsche Forschungsgemeinschaft hat 1987 dankenswerterweise ein interdisziplinäres Schwerpunktprogramm „Fluviale Geomorphodynamik im jüngeren Quartär" eingerichtet, an dem Geologen, Geomorphologen, Palynologen und Pedologen mit über 20 Teilprojekten beteiligt sind. Es strebt v. a. an, für die Zeit seit dem Eem-Interglazial einen auch regional so verdichteten und erweiterten Kenntnisstand zu erreichen, daß allgemeine Schlußfolgerungen über Art und Ursachen der Veränderungen der fluvialen Morphodynamik in Mitteleuropa und ihre räumliche Differenzierung und zugleich Korrelationen über Mitteleuropa hinaus möglich sind. Das Programm schließt mit der holozänen Morphodynamik die Untersuchung der aktuellen fluvialen Prozesse ein, deren Kenntnis eine Grundlage auch für das Verständnis der vorzeitlichen Prozesse bildet. Regional verteilen sich die Untersuchungsgebiete über den Raum vom norddeutschen Tiefland bis zu den Zentralalpen.

Das Schwerpunktprogramm wird 1992 abgeschlossen sein. Daher ist es hier noch nicht möglich, zusammenfassende Ergebnisse vorzulegen, sondern es können nur an Beispielen von Teilprojekten mit unterschiedlichen Fragestellungen Lösungswege und erste Erkenntnisse dargestellt werden. Das erste Beispiel steht für die zahlreichen Arbeiten zur spät- und postglazialen Talentwicklung und behandelt mit dem Oberrhein-Tiefland und den darin ausmündenden Schwarzwaldtälern ein Gebiet spezieller tektonischer, geomorphologischer, hydrologischer und auch siedlungsgeschichtlicher Situation in Relation zu anderen Talräumen Mitteleuropas. Die beiden anderen Beispiele vertreten die Untersuchung der aktuellen fluvialen Morphodynamik mit der Nutzung und Entwicklung spezieller Beobachtungs- und Meßverfahren. Dabei müssen z.B. bei der Untersuchung von Auentälern wie im Elsenz-Einzugsgebiet im Kraichgau z.T. ganz andere Wege beschritten werden als in einem randalpinen Wildbachsystem.

2. Spät- und postglaziale Fluß- und Talentwicklung im Oberrhein-Tiefland und im westlichen Schwarzwald
(R. Mäckel)

2.1 Das Spätglazial am Oberrhein zwischen Basel und Karlsruhe und an seinen rechten Nebenflüssen

Die Rheinebene wurde im Würm-Hochglazial von einer bis zu 25 km breiten Schotterfläche gebildet, auf der sowohl die Stromläufe des vielverzweigten Rheines als auch die Zuflüsse des Schwarzwaldes hin- und herpendelten. Die einzelnen Wasserläufe wurden durch flache Schotterbänke und -inseln voneinander getrennt, die bei erhöhter sommerlicher Schmelzwasserzufuhr häufig untergetaucht waren und ständig verlagert wurden. Tektonische Senkungen, vor allem in der inneren Grabenzone, konnten durch aufwachsende Schotterakkumulationen ausgeglichen werden.

Zu Beginn des Spätglazials wird aus allen Abschnitten des Oberrheins ein flußdynamischer Umbruch von einem aufschotternden, vielverzweigten Flußtyp („braided river") zu einem mäandrierenden Fluß mit gleichmäßigerer Wasserführung in wenigen Flußarmen belegt, in denen nunmehr infolge der verminderten Grobfracht und des konzentrierten Abflusses Erosion und Umlagerung der älteren Schotter vorherrschen (BUSCH & EWALD 1989:65, LIEHL 1988:40). Der Umbruch von der vertikalen Akkumulation zur Mäanderdynamik erfolgte vor etwa 20 000 Jahren (ILLIES & GREINER 1979). In der mittleren und nördlichen Oberrheinebene bildeten sich dabei zwei Hauptarme, der eine im Bereich der heutigen Rheinaue, der andere entlang der Kinzig-Murg-Rinne.

In den kälteren Abschnitten des Spätglazials überfluteten Hochwässer des Rheins die Niederterrasse, wobei großflächig kiesigsandige bzw. schluffige Hochflutsedimente abgelagert wurden. BUSCH & EWALD (1989:36) trennen eine ältere Sedimentationsphase zu Beginn des Spätglazials von einer jüngeren, die erst nach der Einschneidung des Rheins in den Niederterrassenkörper einsetzte.

Hinweise auf die Flußentwicklung des Rheines im Spätglazial liefern die Untersuchungen des östlich des Kaiserstuhls verlaufenden Flußarmes, des Ostrheins. Die letzten alpinen Schotter wurden in der Älteren Dryaszeit abgelagert, während die Schwarzwald-Kieslagen darüber bereits aus der ausgehenden Jüngeren Dryaszeit stammen (SCHREINER 1981:187). Demnach hörte der Ostrhein an der Grenze vom Spätglazial zum Holozän auf zu fließen. Die Ursachen dafür liegen erstens im klimaökologisch bedingten Umbruch der Flußdynamik, der zum Einschneiden des Rheines in den würmkaltzeitlichen Schotterkörper und zur Herausbildung des Hochgestades führte. Zweitens erhöhte sich – während die Wassermenge im Ostrhein abnahm – die Zufuhr von Sedimenten der Schwarzwaldflüsse, bis schließlich der Ostrheinabfluß durch die Schwemmfächer der Dreisam plombiert wurde (LEHMANN-CARPZOV u.a. 1978:84). Nicht auszuschließen ist zusätzlich eine im Spät- und Postglazial wirksame Tektonik (ILLIES 1982:10).

Die Schwarzwaldflüsse, die im mittleren und südlichen Oberrheintiefland dem Rhein zufließen, zeigen einen recht unterschiedlichen Terrassenaufbau:

Im Schwarzwald bilden die würmkaltzeitlichen Schotter Terrassen oberhalb der heutigen Talaue, im Oberrheintiefland liegen sie unterhalb der holozänen Schüttungen, wobei am Übergang beider Naturräume eine Terrassenkreuzung vorliegt. In der Freiburger Bucht sind die holozänen Sedimente der Dreisam und Elz, sowie ihrer Nebenflüsse häufig ohne deutliche Stufe in dem pleistozänen Schotterkörper eingebettet (Niederungstyp). Im Zartener Becken (Dreisam und Nebenflüsse) hebt sich dagegen die Niederterrasse in einer deutlichen Terrassenstufe vom holozänen Schotterkörper ab (LIEHL 1983:11). In den Schwarzwaldtälern der Elz und des Sulzbaches sind die würmzeitlichen Terrassen nur noch diskontinuierlich ausgebildet. Im Glottertal sind die Niederterrassenschotter oberhalb der holozänen Talaue mit periglazialen Schichten bedeckt. Am Austritt der Möhlin und des Sulzbaches aus dem Schwarzwald in die Vorbergzone fehlen die würmkaltzeitlichen Schotter (Vorbergtyp). Sie wurden im Holozän bis auf wenige Randlagen ausgeräumt (ZOLLINGER & MÄCKEL 1989:88). Am Ausgang des Elz- und Glottertals liegen die kiesreichen holozänen Auenablagerungen fast gleichhoch mit den Auenbereichen, die von den würmkaltzeitlichen Schottern aufgebaut sind (RÖHRIG 1991b). Einen ganz anderen Aufbau zeigt hingegen das zum Elz-Einzugsgebiet gehörende Bleichbachtal. Nach Bohrergebnissen von RÖHRIG (1991b) wurde unter 14 m Feinsedimenten der Schotterkörper noch nicht erreicht. Ein torfiger Horizont, etwa 5 m u. GOF, bildete sich nach ^{14}C-Datierungen und Pollenanalysen im Alleröd, die liegenden Sande wurden in der Älteren Dryaszeit abgelagert. Eine ähnliche Abfolge wurde im Murgtal südwestlich Klosterreichenbach erbohrt (MÜLLER 1978:54). Die basale Torfschicht über Sanden, etwa 160 bis 180 cm u. GOF, wurde auch hier durch Pollenanalysen ins Alleröd, die basalen Sande wurden in die Ältere Dryaszeit gestellt. Die vorhergehende Eintiefung setzte demnach zu Beginn des Spätglazials ein und führte zur Ausräumung der Würmschotter bis zum Anstehenden. Die verstärkte Einschneidung am Gebirgsrand und die Ausräumung des basalen pleistozänen Schotterkörpers erklären sich aus dem flußdynamischen Umbruch zu Beginn des Spätglazials bzw. des Holozäns. Das Vorkommen von würmkaltzeitlichen Schottern im Auenbereich von Schwarzwaldflüssen deutet jedoch auf eine ungleiche Geomorphodynamik entlang der Westabdachung des Schwarzwaldes hin. Sie ist wahrscheinlich auf stärkere tektonische Einflüsse entlang der Randverwerfung zurückzuführen.

2.2 Das Spätglazial in anderen mitteleuropäischen Flußgebieten

Der flußdynamische Umbruch an der Grenze vom Hochglazial zum Spätglazial
wurde an allen mitteleuropäischen Flüssen beobachtet. Am Mittelrhein stellt
SCHIRMER (1983:365) den klimatisch verursachten Umbruch vom „vertikal
akkumulierenden" zum „mäandrierenden, lateral aufschichtenden" Fluß zwischen Ende Hochwürm und die Böllingzeit. Zwei weitere, in die würmkaltzeitlichen Schotter eingeschachtelte Terrassen werden kalten Phasen des Spätglazials zugeordnet. Auch die Talentwicklung des Untermains wird durch zwei
Akkumulationsphasen im Spätglazial gekennzeichnet, eine ältere feuchtkalte
und eine jüngere trockenkalte, die durch eine klimatisch bedingte Erosionspha-
se getrennt werden (SEMMEL 1972:108). An der bayerischen Donau führte
der Umschwung vom vielverzweigten Fluß zum gewundenen (mäandrierenden) Verlauf im Spätglazial zu einer bedeutenden Tiefenerosion, die einen
Höhenunterschied von 23 m zwischen der Schotteroberkante der jüngeren
Niederterrasse (Würm) und der Basis der oberen Auenterrasse (Präboreal oder
Jüngere Dryaszeit) zur Folge hatte (BUCH 1987:100). Auch an der Isar und an
der Donau beiderseits der Isarmündung fand der flußmorphologische Umbruch
im Übergang vom Spätglazial zum Holozän statt (SCHELLMANN 1991:95
und FELDMANN 1991:114). Ähnlich wie am Main treten zwischen der Niederterrasse und den holozänen Schotterterrassen zwei spätglaziale Schotterkörper auf. BUCH (1987 u. 1988) vertritt die Ansicht, daß die Donau im Raum
Regensburg eine vom Klimarhythmus unabhängige Eigendynamik hinsichtlich Erosion und Akkumulation besitzt. SCHELLMANN (1991) und FELD-
MANN (1991) hingegen nehmen klimabedingte, überregionale Ursachen für
die Entstehung der Schotterterrassen an. Ihrer Meinung nach trat infolge
Temperaturerhöhung ein höherer Abfluß durch Schmelzwasser ein, der bei
nachlassender Flußlast zu einer kräftigen Ausräumung führte. Bei Temperatur-
abnahme und geringerem Abfluß, da nunmehr größere Wassermengen im
Gletschereis und im Dauerfrostboden gebunden waren, und bei erhöhter Last
erfolgte eine Akkumulation. Diese „parallele Flußdynamik" (aktive Phasen der
Erosion und Akkumulation im Wechsel mit Ruhephasen und Bodenbildung)
wird zusätzlich mit den Gletscherständen zeitlich und klimatisch korreliert.
    Für die Oberweser belegt THOMAS (1991:74) den Wechsel der Flußdy-
namik vom verzweigten zum mäandrierenden Flußsystem durch präboreale/
boreale Rinnenfüllungen. Die Mittelweser hat nach LIPPS (1988:80) bzw.
LIPPS & CASPERS (1990) schon unter spätglazialen Klimabedingungen
mäandriert, vermutlich während der ersten spätglazialen Erwärmung (Bölling
oder Alleröd).
    Der Umbruch zum mäandrierenden Fluß wurde auch im östlichen Mittel-
europa, z.B. an der Oder, Warthe und Weichsel beschrieben und durch [14]C-
Datierungen mit der ersten spätglazialen Erwärmung verknüpft (KOZARSKI
1991:199, STARKEL 1991:185). Während bei vielen Mittelgebirgsflüssen der

spät- und postglaziale Schotterkörper von pleistozänen Sockelschottern unterlagert wird, wie am Main (SCHIRMER 1983) und an der Lahn (MÄCKEL 1969), ruhen an der Donau und Isar die holozänen Schotterablagerungen direkt auf dem tertiären Gestein. Wie im Oberrheintiefland kommen in den Flußlandschaften Mitteleuropas spätglaziale Hochflutsedimente vor, die auf eine spätglaziale Auendynamik als Abschluß der Akkumulationsphase hinweisen (u.a. SCHIRMER 1983, LIPPS 1988).

2.3 Entwicklungsphasen im Altholozän

Die im Spätglazial beginnende Einschneidung der Schwarzwaldflüsse mit der teilweisen Ausräumung der pleistozänen Schotter am Gebirgsrand setzte sich im Präboreal fort. Ursachen sind vor allem die sommerlichen Schmelzwässer, die Temperaturzunahme und damit die geringere Bindung des Wassers im Boden sowie die sich zunehmend schließende Vegetationsdecke. Der daraus resultierende Umbruch in der Geomorphodynamik macht sich auch durch nachlassende Schüttungen von klastischen Sedimenten und die Zunahme von Stillwassersedimenten in den Karen des Schwarzwaldes bemerkbar (SCHAMMEL 1991:152).

Im Donaugebiet (Dungau) und im unteren Isartal beginnen die holozänen Terrassenfolgen mit einer Aufschüttung im Präboreal (u.a. BUCH 1987:104, SCHELLMANN 1991:94). Das Boreal und regional auch das ältere Atlantikum, scheinen in vielen Flußgebieten Zeiten relativer Ruhe gewesen zu sein (u.a. LIPPS & CASPERS 1990). Im Oberlauf der Schwarzwaldflüsse zeichnet sich am Übergang vom Boreal zum älteren Atlantikum eine Einschneidungsphase ab, die zu einer Tieferlegung der Talsohle um 5 bis 6 m führte (MÄCKEL & RÖHRIG 1991:299, MÄCKEL & ZOLLINGER 1989:245). Die Ursache für die verstärkte Einschneidung im Atlantikum sind die höheren Niederschläge, der höhere Abfluß und ein geschlossener Bodenbewuchs als Erosionsschutz. Außerdem kommt es zu einer Gefällszunahme durch rückschreitende Erosion der rheinischen Flüsse auch in den danubisch geprägten Oberläufen.

In der südlichen Oberrheinebene führte der Umbruch von der Akkumulation zur Erosion im älteren Atlantikum zur völligen Abschneidung des Ostrheins. Am mittleren Oberrhein ermöglichte die Eintiefung infolge größerer Wassermengen den Durchbruch von Kinzig und Murg zum Rhein (BUSCH & EWALD 1987:27, FEZER 1974). Während der nachfolgenden Akkumulationsphase wurden in der Freiburger Bucht die würmkaltzeitlichen Schwarzwaldgerölle von holzführenden Kieslagen überschüttet (SCHREINER 1981:187). Ähnliche Aktivitätsphasen mit Einschneidung zu Beginn und Aufschotterung während des Atlantikums konnten an anderen Mittelgebirgsflüssen festgestellt werden, unter anderem an der Lahn durch 3 m mächtige Schotterkörper (MÄCKEL 1969), am Main (SCHIRMER 1983), an der Donau

und Isar mit Aufschüttungen bis 7 m (FELDMANN 1991:117, SCHELL-
MANN 1991:98). Im Schotterkörper fanden sich gehäuft Baumstämme
(Rannen), z.B. an der Lahn (MÄCKEL 1969) oder am Main (BECKER 1983).

2.4 Zeitliche Korrelation flußdynamischer Prozesse im Spätglazial und Altholozän

Das Spätglazial und frühe Holozän bestehen aus geomorphodynamisch beleb-
ten Zeitabschnitten, in der Flußaktivitäten (Erosion und Akkumulation) und
Ruhephasen mit Bodenbildung abwechselten. Die Ursache dafür ist in einem
mehrfachen Klimawechsel zu suchen. Nach v. RUDLOFF (1980:125) traten in
Mitteleuropa zwischen 10 500 und 8 500 v. Chr. in mehrfachem Wechsel von
jeweils 200 bis 300jähriger Dauer Temperaturschwankungen bis 6° C gegenüber den damals herrschenden Mittelwerten auf. Dies mag ein Grund dafür
sein, daß zwar alle zitierten Autoren einen Umbruch oder mehrere morphodynamische Veränderungen im Flußsystem ausmachen, jedoch nicht immer
genau zeitlich festlegen konnten. Zur zeitlichen Einordnung der spät- und postglazialen Flußdynamik werden häufig neben der absoluten Datierung auch
Leithorizonte herangezogen. Für die Gliederung des Spätglazials und Altholo-
zäns spielen vor allem der Laacher-See-Tuff und die Auenschwarzerde (Tscher-
nitza) eine besondere Rolle.

In den Talsedimenten der Schwarzwaldflüsse, z.B. des mittleren Murgtals
oder der Elz-Nebenflüsse (RÖHRIG 1991b), die durch Pollenanalysen bzw.
^{14}C-Datierungen in das Alleröd gestellt werden, fehlen Hinweise auf den
Laacher-See-Tuff. Die starke Tiefenerosion und Ausräumung der würmkaltzeitlichen Ablagerung im ausgehenden Spätglazial/beginnenden Holozän mag
das Fehlen dieses leicht transportierbaren Leithorizontes erklären. Anders als
die eindeutig synchrone Zeitmarkierung durch den Laacher-See-Tuff bietet die
Auenschwarzerde nur eine ungefähre zeitliche Einordnung. Mit Hilfe von
archäologischen Funden, Pollenanalysen und ^{14}C-Datierungen stufte MÄK-
KEL (1969:151) im Lahntal den Beginn der Bodenbildung in das ausgehende
Präboreal ein. WALDMANN (1989:37) stellt ihn in der nördlichen Oberrheinebene in das Alleröd. In der Oberrheinebene nördlich Straßburg fanden
SCHIRMER & STRIEDTER (1985:12) eine begrabene Auenschwarzerde auf
einer im Atlantikum entstandenen Terrasse.

Für das Maintal und andere Mittelgebirgstäler stellt SCHIRMER (1983:361)
die Auenschwarzerde als wichtigen Bodentyp des Spätglazial und Altholozän
heraus, der sich vorwiegend in baumarmen Graslandauen bei hochstehendem
Wasserspiegel entwickeln konnte. Nach SCHELLMANN (1991:97) und FELD-
MANN (1991:115) kommen an der Donau und an der Isar die Feuchtschwarz-
erden sowohl auf den spätglazialen Terrassen vor als auch auf den beiden
ältesten Holozänterrassen (Präboreal/Boreal bzw. Atlantikum), wo sie als

fossile Böden unter jüngeren Hochflutsedimenten begraben wurden oder als verbraunte und entkalkte Oberflächenböden auftreten. BIBUS (1989:11) berichtet von einer degradierten, mit Hochflutlehm überdeckten Schwarzerde im Enztal (mittlerer Neckarraum). Die Schwarzerde ist in der heutigen Talaue auf randliche Bereiche beschränkt und endet abrupt zur jüngeren Talaue hin. Diese Tatsache deutet auf eine fluviale Aktivität mit verstärkter Ausräumung hin – in den meisten Flußgebieten zu Beginn des Atlantikums.

2.5 Einwirkung des Menschen auf die fluviale Geomorphodynamik

Im Subboreal machte sich neben der Klimaverschlechterung zunehmend die Einwirkung des Menschen auf das fluvialmorphologische Geschehen bemerkbar (MÄCKEL & RÖHRIG 1991:304). An der Westabdachung des Schwarzwaldes erfolgte eine erneute Einschneidung mit nachfolgender Schotterakkumulation bis zu 3 m Mächtigkeit (ZOLLINGER & MÄCKEL 1989:89). Im Schotterkörper des Rheins und seiner Nebenflüsse tritt im Subboreal eine signifikante Häufung von Rannen auf (BECKER 1983:51), die auf eine klimatisch und edaphisch bedingte hohe Zuwachsleistung des Auenwaldes, aber auch auf seine schnelle Zerstörung als Folge starker Erosionsprozesse zurückzuführen ist. Der flußdynamische Umbruch erfolgte ebenfalls an der Donau und Isar (BUCH 1987:104), verursacht durch das Zusammentreffen klimatischer und anthropogener Veränderungen im Subboreal. An der mittleren Weser betrug die Erosion an der Wende vom Atlantikum zum Subboreal etwa 3 m (LIPPS 1988:85).

Bereits am Übergang vom Subboreal zum Subatlantikum (von der Bronzezeit zur vorrömischen Eisenzeit) fand in den Tälern der Westabdachung (MÄCKEL & RÖHRIG 1991:304), in der Freiburger Bucht (LEHMANN-CARPZOV u.a. 1977:84) und am Oberrhein eine deutliche Auenlehmsedimentation statt. In dieselbe Zeit fallen die 1 bis 2 m mächtigen Auenablagerungen an der Oberweser (THOMAS 1991:74) und an der Mittelweser (LIPPS 1988:80).

Starke Auswirkung auf die Flußdynamik im süddeutschen Raum hatten die menschlichen Eingriffe während der Römerzeit (1. bis 3. Jh. n.Chr.). An Flüssen der Westabdachung des Schwarzwaldes wurden die Schotterpakete des Subboreals, die mit einer Bodenbildung in sand- und kiesreichen Sedimenten endeten, während der Römerzeit von einer neuen Schotterdecke überschüttet. Ursache für die Akkumulation war neben klimatischen Veränderungen die Zerstörung der Wälder, um Brenn- und Bauholz für den Erzbergbau und die Siedlungen zu gewinnen (ZIMMERMANN 1990:138).

An Main und Regnitz tritt in den römerzeitlichen Schotterpaketen eine auffallende Häufung der Rannen auf (BECKER 1983:57, SCHIRMER 1983:40). Eine bis zu 10 m mächtige Terrassenschüttung, der eine Erosion bis zur Miozän-Basis vorausging, erfolgte an der Donau und an der unteren Isar

(SCHELLMANN 1991:93, FELDMANN 1991:117). An der Lahn wurde die auffallende Schotterumlagerung über der altholozänen und würmzeitlichen Schotterbasis durch historische Funde aus der Römerzeit belegt (MÄCKEL 1969:170).

Am Schwarzwaldrand und im südlichen Oberrheintiefland steht die mittelalterliche Auensedimentation in Verbindung mit der alemannischen Landnahme (5./6. Jh.n.Chr.) bzw. der Ausbauzeit (7./8. Jh.n.Chr.). Diese Auensedimentation erreichte aber nicht den großen Umfang wie die des Hochmittelalters, die für alle Schwarzwaldtäler nachgewiesen wurde (MÄCKEL & RÖHRIG 1991:305, MÄCKEL & ZOLLINGER 1990:249).

Die Ablagerung eines älteren, (früh-)mittelalterlichen und eines jüngeren, hochmittelalterlichen bis neuzeitlichen Auenlehms wurden in fast allen Untersuchungsgebieten des Rheins, der Weser und der Donau nachgewiesen (u.a. tabellarische Zusammenstellung bei LIPPS 1988:81).

Die Ursachen der verstärkten Flußaktivität im Jungholozän (Subboreal und Subatlantikum) sehen SCHIRMER (1983:39), GERLACH (1990:185) SCHELLMANN (1991:103) und FELDMANN (1991:116) in Klimaschwankungen (u.a. nennenswerte Abkühlung), die z.B. mit Gletschervorstößen oder Daten der Klimageschichte korreliert werden können, während der Mensch zusätzlich durch intensive Landnutzung die Flußdynamik verstärkt. Dagegen scheinen für die bearbeiteten Gebiete des Schwarzwaldes eher die umwälzenden anthropogenen Einwirkungen (z.B. Bergbau seit der Römerzeit, mittelalterliche Waldzerstörung und Ackerbau) als Hauptverursacher der Abtragungs- und Aufschüttungsprozesse in Frage zu kommen.

3. Die Dynamik aktueller fluvialer Prozesse im Einzugsgebiet der Elsenz / Kraichgau
(A. Schulte)

3.1 Problemstellung

Die Untersuchung der aktuellen fluvialen Prozesse (speziell zum Feststofftransport) in dem mittleren Einzugsgebiet der Elsenz zielt in erster Linie auf die Beantwortung folgender Fragen (BARSCH et al. 1989b):
– nach den Sedimentquellen und möglichen Zwischendepositionen
– nach den Niederschlag-Abflußbeziehungen
– nach ufervollem und gerinnebettgestaltendem Abfluß
– nach der rezenten Entwicklung des Gerinnebettes und der Aue
– nach den Auswirkungen der anthropogenen Eingriffe.

Daraus ergibt sich, daß besonders die Extremwerte in Wasserstand und Abfluß als prozeßrelevante Größen untersucht werden müssen. Bei Hochwasser werden erheblichen Materialmengen transportiert; in dieser Situation

laufen in erster Linie die gerinne- und aueformenden Prozesse ab. Bei Niedrig-
wasser (besonders während Wasserklemme) nimmt der Anteil an Wasser aus
Kläranlagen am Gesamtabfluß stark zu. Einen Überblick über die bisherigen
Ergebnisse liefern BARSCH et al. (1989a, 1989b). Mit den angewandten
Methoden, deren Genauigkeit und Fehlergrenzen befassen sich ausführlich
BARSCH et al. (in Vorber.). Dort werden auch die verwendeten Geräte
beschrieben und deren Einsatzmöglichkeiten diskutiert. Hier sollen weitere
Teilergebnisse der Untersuchungen dargestellt werden, die sich speziell auf die
Fragen der Übertragbarkeit von Ergebnissen aus Kleinst-Einzugsgebieten auf
Flußgebiete mittlerer Größe konzentrieren:
– Herkunft des Materials bei Kleinst- und mittleren Gebieten?
– Ist eine Hochrechnung von Abtragungsraten auf größere Einzugsgebiete
  möglich?
– Welche „praktische" Bedeutung haben die bisher gewonnenen Ergebnis-
  se?

3.2 Charakterisierung des Einzugsgebietes

Die Elsenz entwässert ein mittelgroßes Einzugsgebiet (542 km²), bestehend aus
den Naturräumen „Kleiner Odenwald" (Buntsandsteingebiet südlich des
Neckars) und „Kraichgau" (Lößhügelland auf Muschelkalk und Keuper, vgl.
Abb. 1).
    Ihr Abfluß wird mit MNQ=1,45 m³/s, MQ=4,4 m³/s und HHQ=150 m³/s
charakterisiert (LANDESANSTALT FÜR UMWELTSCHUTZ 1981). Besonders der Niedrig- und Mittelwasserabfluß wird durch zahlreiche Wasser-
kraftwerke und andere anthropogene Veränderungen des Gerinnebettes bestimmt.
    Das Gebiet wird zumindest seit der Römerzeit intensiv agrarisch genutzt
(EICHLER 1974). Die Untersuchung der holozänen Auensedimente belegt die
Bodenerosion um die Zeitenwende (BARSCH et al 1989b). Nach den bisher
vorliegenden Altersdatierungen hat die Aufhöhung der Aue bis in die Gegenwart exponentiell zugenommen (BARSCH et al. 1989a). Seit dem Ende des 2.
Weltkrieges ist eine verstärkte Zunahme der Siedlungsflächen zu verzeichnen.

3.3 Ergebnisse der Hochwasser-Untersuchungen

Bei der Untersuchung der Transportraten bzw. Austragsraten bei einem Hochwasser ist die Größe des Untersuchungsgebietes von beachtlicher Bedeutung.
Bei Bodenerosionsmessungen auf Testparzellen oder auch in Kleinsteinzugs-
gebieten von wenigen Hektar Größe spielen die Zwischendepositionen eine untergeordnete Rolle, ebenso die Erosions- und Akkumulationsprozesse im
Gerinnebett. In größeren Gebieten aber haben sie unter Umständen einen

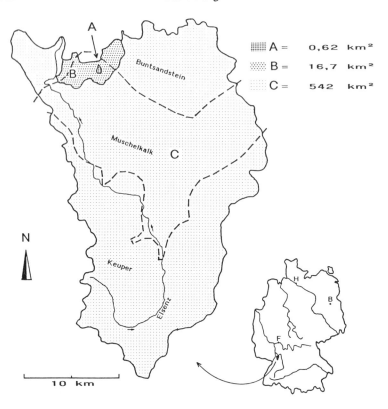

Abb. 1 Das Einzugsgebiet der Elsenz (C) mit den Teilgebieten Biddersbach (B) und Langenzell (A) und der geologischen Grobgliederung.

erheblichen Anteil an der Schwebstoffbilanz, wenn es zur starken Zunahme des Abflusses (z.B. Erosion im Gerinnebett) bzw. zum Überfluten und zur Sedimentation auf den Vorländern kommt.

Bei einem Hochwasser mit Vorlandabfluß vom 11.-20.3.88 verließen insgesamt ca. 42.000 t Schwebstoffe das Einzugsgebiet der Elsenz, 36.000 t wurden auf der Aue akkummuliert. Der Bodenverlust im Einzugsgebiet von insgesamt 78.000 t entspräche einem Abtrag (von landwirtschaftlichen Flächen) von ca. 210 t/km²! In einem Teileinzugsgebiet der Elsenz (Insenbach) hatte aber nach unseren Berechnungen das Material aus dem Gerinne selbst einen Anteil am Gesamtaustrag von ca. 40 %. Der Entwicklung und Veränderung des Gerinnebettes, insbesondere den Uferrutschungen, kommt bei diesen Untersuchungen eine besondere Bedeutung zu (siehe Modell zur Rutschdynamik in BARSCH et al. 1989b).

Die Erweiterung des Meßnetzes innerhalb des Einzugsgebietes der Elsenz im Rahmen anderer Untersuchungen erlaubt es, Gebiete unterschiedlicher

Gebiet	Austrag [t]	Austrag [t] extrapoliert			
	gemessen	aus Austrag A		aus Austrag B	
		Gesamt-fläche	LNF	Gesamt-fläche	LNF
A	11,5				
B	430	310	180		
C	16.000	10.000	9.600	14.000	22.500

Abb. 2 Gemessene und hochgerechnete Frachtraten im Elsenzgebiet beim Hochwasser vom 15./16.02.90.

Dimensionen bezüglich ihres Schwebstofftransportes miteinander zu vergleichen (vgl. Abb. 1). Das Gebiet „Langenzell"(A) mit einer Größe von 0,62 km² liegt innerhalb des „Biddersbachtals" (B; 16,7 km²). Dieser wiederum ist Bestandteil des Gesamtgebietes der „Elsenz" (C; 542 km²).

Durch Probennahme am Ausgang der drei Gebiete während des Hochwassers am 15./16.02.90 konnten die Frachtraten berechnet werden. Um die Übertragbarkeit der Ergebnisse zu überprüfen, wurden zusätzlich aus den Ergebnissen des jeweils kleineren Gebietes die Austragsraten des größeren extrapoliert (Abb. 2).

Die gemessenen Frachtraten wurden dem Gebietsanteil der landwirtschaftlichen Nutzflächen zugeschrieben, so daß die hochgerechneten Werte auch auf diese Flächen bezogen wurden.

Die Extrapolation ergibt Werte, die erheblich von den gemessenen abweichen, besonders wenn das Gebiet B herangezogen wird. Relief und Substrat des Gebietes A entsprechen weitgehend dem Charakter von C als flachwelliges Hügelland auf Muschelkalk mit teilweise mächtiger Lößbedeckung. Ein Großteil von B gehört dagegen zum Kleinen Odenwald, der durch ein steileres Relief gekennzeichnet ist. Im Kleinen Odenwald ist der Anteil an landwirtschaftlichen Nutzflächen geringer. Dieser Faktor kann also nicht die höheren Abtragsraten bewirkt haben. Dagegen könnte das steilere Relief in B der abtragsfördernde Gebietsparameter sein. Zu berücksichtigen ist aber eine mögliche hohe Erosion im Gerinnebett, die für den auf die Fläche bezogenen Gebietsaustrag falsche Resultate liefern muß. Die „Aufarbeitung von Zwischendepositionen", d.h. die Erosion von Sedimenten im Gerinnebett während eines Hochwassers, hat nach den bisherigen Befunden in den Gebieten B und C einen wesentlichen Anteil am Gesamtaustrag, ist im Gebiet A aber zu vernachlässigen.

3.4 Ergebnisse der Niedrigwasser-Untersuchungen

Im Gegensatz zum Hochwasser besteht der Mittel- und Niedrigwasserabfluß der Elsenz zu einem hohen Prozentsatz aus geklärtem Abwasser, das aus insgesamt 12 Kläranlagen stammt. Dieser Anteil kann über 50% erreichen, d.h. über die Hälfte des Elsenzwassers stammt in diesen „Spitzenzeiten" aus Kläranlagen! Im Durchschnitt geht der Anteil nur an drei Monaten im Frühjahr unter 25% zurück (Ergebnisse des Meßjahres März 88 – März 89). (vgl. BARSCH et al. 1989a).

3.5 Praxisrelevanz

Das Motto des 48. Deutschen Geographentages „Geographie und Umwelt: Erfassen – Nutzen – Wandeln" gibt Anlaß, die Praxisrelevanz dieser Untersuchungen zu verdeutlichen. Relevant sind hier die Ergebnisse bezüglich der Gerinnegeometrie und -morphologie, der steuernden Parameter und deren Veränderungen.

Eine Novellierung des „Landeswassergesetzes" sieht u.a. vor, Randstreifen entlang von Gerinnen aus der Nutzung herauszunehmen und zu renaturieren. Ein den örtlichen Gegebenheiten angepaßtes Verfahren setzt aber die genaue Kenntnis der Gerinnegeometrie und -stabilität und deren möglicher Veränderung voraus.

Zweitens haben die Untersuchungen der gelösten und festen Inhaltsstoffe wichtige Ergebnisse hinsichtlich der „Belastung" des Elsenzwassers sowohl bei Hoch- als auch bei Niedrigwasser erbracht. Dabei wurden Gewässerabschnitte ermittelt, die dringend einer Verbesserung der Abwasserklärung bedürfen.

Drittens geben die Ergebnisse aus den Untersuchungen zu Retentionsmaßnahmen Anlaß zum Umdenken, was die Rückhaltung oder Verminderung von Hochwasserwellen anbelangt (siehe hierzu BAADE et al. 1990). Eine „Mindestwasserverordnung" soll dafür sorgen, daß in Zukunft bei Niedrigwasserabfluß ein bestimmter Basisabfluß nicht unterschritten wird. Der schnelle Oberflächenabfluß mit großen Hochwasserspitzen ist daher zu reduzieren, um mehr Wasser im Gebiet zur Grundwasserneubildung zurückzuhalten.

4. Feststofftransport und Flußbettdynamik in Wildbachsystemen
(K-H. Schmidt)

4.1 Problemstellung und Untersuchungsgebiet

Kenntnisse über beeinflussende Bedingungen und quantitative Aspekte des Feststofftransports und der Flußbettdynamik sind besonders im Hochgebirge von erheblicher angewandt-geographischer Relevanz in Fragen der Wildbachverbauung, Sohlstabilisierung und Transportmengenprognose. Es ist Ziel der Untersuchungen im Lainbachgebiet in Oberbayern, ein zutreffendes Bild über Zusammensetzung und Umfang der transportierten Feststoffe zu gewinnen, die transportinitiierenden und bewegungsaufrechterhaltenden Prozesse zu analysieren, Rückkopplungen zwischen Transport und Sohlenveränderungen besser zu verstehen und aus den Informationen Vorhersagemodelle für den Feststofftransport abzuleiten.

Die Untersuchungen wurden durchgeführt im Einzugsgebiet des Lainbachs bei Benediktbeuern in Oberbayern etwa 70 km südlich von München. Die Meßstrecke liegt in einer Höhenlage zwischen 745 und 750 m NN mit einem durchschnittlichen Gefälle von 2 %. Bei der Meßstrecke handelt es sich um ein wildbachtypisches Step-Pool-(Stufen-Tiefen-)Längsprofil mit Abschnitten mit höherem Gefälle (bis 10 %) und Anreicherung von Blöcken (steps) und Abschnitten mit geringerem Gefälle (meist <2 %) und weniger grobem Sohlmaterial (pools) (ERGENZINGER & STÜVE 1989). Der mittlere Abfluß liegt bei 1,03 m³/s (FELIX et al. 1988). Während des Untersuchungszeitraumes (Sommer 1987 bis 1991) lagen die maximalen bei den Messungen erfaßten Abflüsse bei etwa 20 m³/s.

4.2 Der Schwebstofftransport

Zur Schätzung von Schwebstofftransportraten sind häufig Methoden angewendet worden, die auf der nicht generell berechtigten Annahme einer einfachen Beziehung zwischen Abflußmenge und Schwebkonzentration beruhen. Die nicht-systematischen Schwankungen des Konzentrationsgangs setzen der Methode, aus der Beziehung zwischen Abflußmenge und Schwebkonzentration auf Transportmengen zu schließen, der sogenannten rating-curve-Technik enge Grenzen. Die nicht abflußbedingte Dynamik des Schwebtransports ist dadurch begründet, daß dieser kein kapazitätslimitierter, sondern ein angebotslimitierter Prozeß ist. Ein großes praktisches Problem stellt die adäquate meßtechnische Erfassung dieses dynamischen Prozesses dar. Genaue Informationen über Schwebstoffmengen sind durch diskrete Probenahmen, insbesondere wenn sie in längeren Zeitintervallen erfolgen, nicht zu erwarten, da die Erfassung der kurzfristigen, im wesentlichen durch das dynamische Verhalten

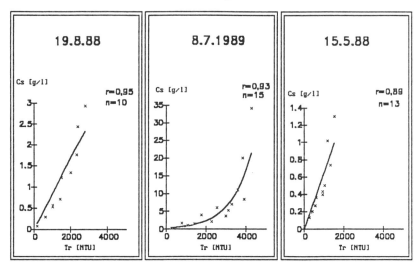

Abb. 3 Beziehungen zwischen Trübung und Schwebkonzentration für Einzelereignisse mit
unterschiedlichen Steigungen der Regressionen. Die Y-Achsen sind wegen der besseren Dar-
stellbarkeit unterschiedlich skaliert.

von Sedimentquellen bedingten Schwankungen nicht gewährleistet ist. Sehr
starke Fehleinschätzungen bei der Bestimmung des Schwebtransports können
die Folge sein (BLEY & SCHMIDT 1991).

Eine Möglichkeit der indirekten kontinuierlichen Beobachtung des Schweb-
konzentrationsgangs stellt die Trübungsmessung dar. Allerdings wird die
Trübung auch durch die Korngrößenzusammensetzung und den Anteil an
organischer Substanz beeinflußt. Das führt zu Streuungen in der Beziehung
Trübung/Schwebkonzentration, wenn undifferenziert die Meßergebnisse aller
Ereignisse in die Kalkulation einbezogen werden (SCHMIDT et al. 1989). Bei
der Betrachtung von Einzelereignissen allerdings ergeben sich in der Regel
hoch signifikante Beziehungen, wobei sich bestimmte Typen von Hochwassern andeuten, z.B. bei Hagelschlagereignissen Relationen mit starken Steigungen, die auf einen höheren Anteil Grobmaterial hinweisen (Beispielereignis 8.7.89), oder Relationen mit mittleren Steigungen bei länger andauernden
Landregen (Beispielereignis 19.8.88) (Abb. 3, unterschiedliche Skalierung der
y-Achsen beachten). Auch bei der gesonderten Analyse der Äste der Konzen-
trationsganglinien ergaben sich stärkere korrelative Zusammenhänge zwischen Trübung und Schwebstoffkonzentration (vgl. BLEY & SCHMIDT
1991). Die Trübungsmessung erwies sich auch unter extremen Bedingungen
als eine vorteilhafte Methode zur Bestimmung des Schwebstoffgehaltes und
zur Berechnung des Schwebtransports. In der wasserwirtschaftlichen Praxis
kann diese Methode benutzt werden, um bessere Informationen über Schwebstoffmengen bei Fragen der Verlandung von Reservoiren oder Wasserstraßen
sowie bei Fragen der Wasserqualitätsbeurteilung zu gewinnen, denn der
Schadstofftransport ist eng mit dem Schwebtransport gekoppelt.

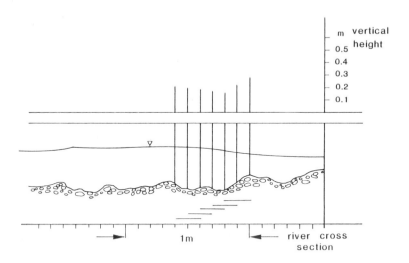

Abb. 4 Tausendfüßlermeßprinzip

4.3 Flußbettdynamik und Sohlrauhigkeit

Die Korn- und Formrauhigkeit der Flußsohle hat einen entscheidenden Einfluß auf den Fließwiderstand und damit auf die Fließgeschwindigkeit, die Turbulenz und das Geschiebetransportverhalten. Die gerinnemorphologisch und -sedimentologisch bedingten Fließwiderstände sind in einem Wildbach extrem variabel, räumlich wegen des Stufen-Tiefen-Längsprofils mit den parallel dazu auftretenden Veränderungen in der Korngrößenverteilung, zeitlich wegen der Veränderungen der Sohle im Verlauf von Transportereignissen. Zur Erfassung der räumlichen Variabilität wurden entlang der Meßstrecke zahlreiche Querprofile vermessen und granulometrisch analysiert, unterstützend wurde die Meßstrecke durch terrestrische Photogrammetrie aufgenommen und kartiert (ERGENZINGER & STÜVE 1989). Geländeuntersuchungen zur kurzfristigen Dynamik von Flußsohlen im Verlauf von Hochwasserwellen sind bisher mangels geeigneter Instrumentierung nicht durchgeführt worden. Sohlveränderungen lassen sich wegen der starken Trübung des Wassers nicht direkt beobachten. In der Regel mußte man sich damit begnügen, das Gerinnebett vor und nach dem Durchgang einer Welle aufzunehmen. Die Unzulänglichkeit der quantitativen Kennzeichnung wurde noch dadurch erhöht, daß die Kornrauhigkeit durch die Angabe einer einzigen Korngrößenkennzahl ausgedrückt wurde (D_{50} oder D_{84}). Zur detaillierten Aufnahme der kurzzeitigen Sohlmobilität wurde das Meßkonzept „Tausendfüßler" entwickelt (ERGENZINGER & STÜVE 1989). Dieser besteht aus einem an einer Brücke befestigten Balken, der im Abstand von 10 cm mit vertikalen Bohrlöchern versehen ist, durch die Sondierungsstangen geführt werden, um die Sohlenhöhe und Wasserspiegelhöhe zu messen (Abb. 4). Aus der engabständigen Messung der Sohlenhöhe wird ein Rauhigkeitsparameter abgeleitet, indem die gleitenden maximale Höhendifferenzen über jeweils drei Dezimeter ermittelt werden. Durch die Tausendfüßlermessungen wird es möglich, (1) die sich ändernde Querprofilgeometrie im Verlauf eines Ereignisses erstmalig unter Naturbedingungen genau zu erfassen und damit eine wesentlich erweiterte Information über veränderte Fließzustände und den am Materialumsatz beteiligten aktiven Sohlbereich zu erhalten, und (2) einen den variablen Sohlverhältnissen besser angepaßten Rauhigkeitsparameter zu berechnen.

4.4 Der Geschiebetransport

In Wildbachsystemen macht der Grobgeschiebetransport einen wesentlichen Teil des gesamten Feststofftransports aus. Geschiebetrieb setzt am Lainbach bei Abflüssen von mehr als 3 m^3/s ein. Zur Messung des Grobgeschiebetransportes werden häufig Geschiebesammler und Geschiebefallen verschiedenster Ausprägung benutzt. In stark Grobgeschiebe führenden Gerinnen ist der Einsatz von Geschiebesammlern wegen der auftretenden Korngrößen und der zu erwartenden Gewichte der Geschiebeproben nahezu unmöglich. Am Lainbach werden selbst während kurzer Ereignisse mehrere Tonnen Grobgeschiebe transportiert. Eine alternative und gut handhabbare Methode stellen Tracertechniken dar. Damit können Transportprozesse, die sich der direkten Beobachtung entziehen, sichtbar und meßbar gemacht werden und Transportvorgänge einzelner Geschiebeexemplare in ihrer raum-zeitlichen Variabilität beobachtet werden.

4.4.1 Magnettraceruntersuchungen

In vorbereitenden Eisentracerversuchen wurde der Einfluß des Gewichtes und der Größe der Geschiebe auf die Transportweite untersucht (SCHMIDT et al. 1989). Es wurde eine signifikante Korrelation zwischen der Transportdistanz und dem Gewicht der Tracer festgestellt. Die Beziehung zeigte jedoch eine sehr starke Streuung. In einer speziellen Versuchsanordnung wurde daraufhin der Einfluß der Gerinnebettform und der Geschiebemorphometrie auf die Transportweiten und Transportwahrscheinlichkeiten von Grobgeschieben zum ersten Mal unter Naturbedingungen gezielt analysiert (GINTZ & SCHMIDT 1991). In der Meßperiode 1989 wurden 480 mit Magneten markierte, in Gußformen hergestellte Betonkunstgeschiebe mit einheitlichem Gewicht (1000 g) auf vier unterschiedliche gerinnemorphologische Bereiche (Kolk, Rinne in

Abb. 5 Magnettracerformen. Auf dem Photo sind die 500 g-Tracer zu sehen. Die Anordnung von oben nach unten: Tafeln, Stengel, Ellipsoide und Kugeln in verschiedenen Färbungen je nach den Auslagepositionen.

einer Stufe, Schotterbank, Luvfahnen hinter großen Blöcken) verteilt. Die Stichproben von jeweils 120 Tracern in den einzelnen Auslagebereichen setzten sich aus jeweils 30 Exemplaren von vier unterschiedlichen morphometrischen Gruppen (SEKT: stengelig, ellipsoid, kugelig und tafelförmig) zusammen (vgl. Abb 5).

Die Morphometrie der Tracer hat einen entscheidenden Einfluß auf die Transportdistanzen. Die stengeligen Tracer wurden im Mittel am weitesten transportiert (76 m). Am trägsten verhielten sich die tafelförmigen Tracer mit einer mittleren Transportdistanz von nur 19 Metern. Bei der Beurteilung der Transportdistanz in Abhängigkeit von der Auslageposition ergibt sich, daß die Tracer aus dem Kolk im Mittel am weitesten (86 m) transportiert wurden, Stufe (55 m), und Luvfahnenpositionen (27 m) folgten. Die Tracer auf der Schotterbank wurden bei den mittleren Hochwassern dieser Meßsaison nicht transportiert.

Im Meßjahr 1991 wurden zusätzlich weitere Magnettracer-Gewichtsklassen von 100 g, 500 g und 2000 g in den bereits bewährten Formgruppen hergestellt, um kombiniert unter kontrolliert-experimentellen Bedingungen den Einfluß von Gewicht und Form auf den Geschiebetransport prüfen zu können. Die ersten Analysen lassen auch für diese Meßreihe absehen, daß der Geschiebetransport entgegen dem häufig diskutierten Konzept der gleichartigen Mobilität („equal mobility") durch das Geschiebegewicht, aber auch entscheidend durch die Geschiebeform, worüber bisher noch keine systematischen Erkenntnisse vorlagen, selektiv gesteuert wird. Insbesondere der durch die Untersuchungen belegte höhere Erosionswiderstand der plattigen Formen kann bei Maßnahmen zur Verstärkung der Sohlstabilität praktische Anwendung finden.

4.4.2 Untersuchungen mit der Radiotracer-Technik

Es ist die Hauptaufgabe der neuen Meßtechnik PETSY (PEbble Transmitter SYstem), die Bewegung einzelner Grobgeschiebe unter Naturbedingungen zu registrieren. Von besonderer Bedeutung sind der Zeitpunkt des Transportbeginns, die Transportgeschwindigkeit, die Einzellaufweiten und die Dauer der Ruhephasen und der Zeitpunkt des Transportendes. Das Meßsystem besteht aus batteriebestückten Sendern im Frequenzbereich von 150 Megahertz, die in einzelne Testgeschiebe implantiert sind, einem computergesteuerten Empfänger, einem stationären Antennensystem mit einer Antennenweiche und einem Datenaufzeichnungsgerät (BUSSKAMP & ERGENZINGER 1991). Das stationäre Antennensystem ist auf einer 120 m langen Meßstrecke installiert, hier können die Bewegungen der Radiogeschiebe mit hoher zeitlicher (10 Sekunden) und räumlicher (2 Meter) Auflösung beobachtet werden. Für die Detektierung von Testgeschieben, die über die Versuchsstrecke hinaus transportiert werden, wird eine Richtantenne und für die endgültige Lokalisation eine Suchantenne benutzt.

Der Zeitpunkt des Transportbeginns kann mit dem Meßsystem exakt bestimmt werden. Die Meßergebnisse zeigen, daß keine bestimmte kritische Größe für den Erosionszeitpunkt definiert werden kann, wie es in hydrodynamisch-deterministisch angelegten Modellen vorausgesetzt wird. Vielmehr ergibt sich eine weite Spanne von Werten, innerhalb derer die Korngrößenklasse der Testgeschiebe (60 – 130 mm) in Bewegung gesetzt wird. Erst bei einer Abflußmenge von 12 m^3 s^{-1} setzt für die Korngrößenklasse totaler Geschiebetrieb ein. Bei einzelnen Hochwassern können die Geschiebe weit über 1000 m transportiert werden. Der Transport verläuft dabei nicht kontinuierlich, sondern in einer diskreten Abfolge von Einzellaufwegen und Ruhephasen (SCHMIDT & ERGENZINGER 1990, BUSSKAMP & ERGENZINGER 1991). Es konnte erstmals unter Naturbedingungen nachgewiesen werden, daß diese Parameter und damit der Geschiebetrieb stochastischen Gesetzen unterliegen. Die Verteilung der Einzellaufwege kann nach den bisherigen Messungen durch eine Exponentialfunktion angenähert beschrieben werden, ebenso die Verteilung der Dauer der Ruhephasen. In der Zukunft müssen stochastische Elemente bei der Formulierung von Geschiebetransportmodellen stärkere Berücksichtigung finden.

5. Ausblick

Die vorstehenden Beispiele zeigen mit dem Forschungsstand Probleme und Ansätze künftiger Forschungen auf und lassen Möglichkeiten der praktischen Anwendung der Forschungsergebnisse erkennen. Die Untersuchungen zur jungquartären Talentwicklung werden nach Abschluß des Schwerpunktprogramms eine bessere Korrelation zwischen den verschiedenen Flußgebieten Mitteleuropas ermöglichen. Dabei wird – u.a. auch durch die Einbeziehung kleiner Täler – bei vielen Übereinstimmungen auch die räumliche Differenzierung deutlich werden, die sich bereits im vorstehenden Beispiel der Schwarzwaldtäler abzeichnete. Diese Differenzierung muß im einzelnen ursächlich begründet werden. Erst dann werden sich aus der Talgeschichte als Teilbereich des „Global Change" auch Prognosen ableiten lassen.

Das gilt modifiziert auch für die Untersuchungen zur aktuellen fluvialen Morphodynamik, deren Erkenntnisse nicht nur für das Verständnis der Talentwicklung nutzbar gemacht werden müssen. Das angesprochene Problem der räumlichen Übertragbarkeit von Meßergebnissen stellt wegen der begrenzten Möglichkeit zur Einrichtung von Meßstellen auch ein allgemeines Problem im weiteren Bereich hydrologischer Forschungen dar, dem durch die Einrichtung eines DFG-Schwerpunktprogramms zur Regionalisierung in der Hydrologie Rechnung getragen wurde. Die Praxisrelevanz ist hier, nicht nur in den oben angeführten Detailaspekten, unmittelbar einzusehen.

Die für die Untersuchung des Gerölltransportes in Wildbächen neu entwickelten Meßsysteme legen schon jetzt die Basis für weiterführende Modellansätze. Für die hydrologische und wasserbauliche Praxis ergeben sich verschiedene Anwendungsmöglichkeiten, z.B. die Ermittlung von Transportweiten und -mengen oder die Erfassung der Fließwiderstände und ihrer räumlichen und zeitlichen Variabilität. Daß die Verbesserung und Erweiterung der Meßtechniken hier hilfreich sein werden, dürfte außer Frage stehen.

6. Zitierte Literatur

BARSCH, D., MÄUSBACHER, R., SCHUKRAFT, G. & SCHULTE, A. (1989a): Die Belastung der Elsenz bei Hoch- und Niedrigwasser. – Kraichgau. Folge 11: 33-48, Eppingen.

BARSCH, D., MÄUSBACHER, R., SCHUKRAFT, G. & SCHULTE, A. (1989b): Beiträge zur aktuellen fluvialen Dynamik in einem Einzugsgebiet mittlerer Größe am Beispiel der Elsenz im Kraichgau. – Göttinger Geographische Abhandlungen 86: 3-31.

BARSCH, D., MÄUSBACHER, R., SCHUKRAFT, G. & SCHULTE, A. (in Vorber.): Erfahrungen und Probleme bei den Messungen in dem mittleren Einzugsgebiet der Elsenz im Kraichgau.

BECKER, B. (1983): Postglaziale Auwaldentwicklung im mittleren und oberen Maintal anhand dendrochronologischer Untersuchungen subfossiler Baumstammablagerungen.- Geol. Jb. A 71 : 45-59; Hannover.

BIBUS, E. (1989): Zur Ausbildung, Gliederung und Altersstellungen von Enzterrassen in
    Großbaustellen bei Vaihingen a.d. Enz.- Jh. Geol. LA Baden-Württemberg 31: 7-22;
    Freiburg i. Br.
BLEY, D. & SCHMIDT, K.-H. (1991): Die Bestimmung von repräsentativen Schwebstoff
    Konzentrationsgängen – Erfahrungen aus dem Lainbachgebiet/Oberbayern. – Freiburger
    Geogr. Hefte 33.
BUCH, M.W. (1987): Spätpleistozäne und holozäne fluviale Geomorphodynamik im Donau-
    tal östlich von Regensburg – ein Sonderfall unter den mitteleuropäischen Flußsystemen?
    – Z. Geomorph. N.F. Suppl.-Bd. 66 : 95-111.
BUCH, M.W. (1988): Zur Frage einer kausalen Verknüpfung fluvialer Prozesse und Klima-
    schwankungen im Spätpleistozän und Holozän. – Versuch einer geomorphodynamischen
    Deutung von Befunden von Main und Donau.- Z. Geomorph. N.F. Suppl.-Bd. 70 : 131-
    162.
BUSCH, K.J. & EWALD, R. (1989): Umbrüche der Flußdynamik im mittleren Oberrheingra-
    ben. Quartärgeologie und Bodenkunde der Niederterrasse südlich Karlsruhe.- Unveröff.
    Dipl. Arbeit Geol. Inst. Univ. Freiburg.
BUSSKAMP, R. & ERGENZINGER, P. (1991): Neue Analysen zum Transport von Grobge-
    schiebe: Messung Langrangescher Parameter mit der Radiotracertechnik (PETSY). –
    Deutsche Gewässerkundliche Mitteilungen 35:57-63, Koblenz.
EICHLER, H. (1974): Bodenerosion im Kraichgauer Löß. – Kraichgau; Folge 4. 174-189,
    Eppingen.
ERGENZINGER, P. & STÜVE, P. (1989): Räumliche und zeitliche Variation der Fließwider-
    stände in einem Wildbach. – Göttinger Geogr. Abb 86: 61-79.
FELDMANN, L. (1991): Neue Untersuchungen zur „Fluvioglazialen Serie" – auf der Münch-
    ner Schotterebene. – Freiburger Geogr. H. 33 : 107-119.
FELIX, R., PRIESMEIER, K., WAGNER, O., VOGT, H. & WILHELM, F. (1988): Abschluß-
    bericht des Teilprojektes A2, Sonderforschungsbereich 81 (TUM). – Münchener Geogr.
    Abhandlungen B 6.
FEZER, F. (1974): Randfluß und Neckarschwemmfächer. Heidelberger Geogr. Arb. 40 : 167-
    183.
GERLACH, R. (1990): Flußdynamik des Mains unter dem Einfluß des Menschen seit dem
    Spätmittelalter.- Forsch. z. dt. Landeskunde 234; Trier.
GINTZ, D. & SCHMIDT, K.-H. (1991): Grobgeschiebetransport in einem Gebirgsbach als
    Funktion von Gerinnebettform und Geschiebemorphometrie. – Z. Geomorph. Suppl. Bd.
    89: 63-72.
ILLIES, J.H. (1982): Lebendige Tektonik am Oberrhein.- In: Natur und Landschaft am
    Oberrhein (Hrsg. N. Hailer) : 9-20.
ILLIES, J.H. & GREINER, G. (1979): Holocene Movements and State of Stress in the
    Rhinegraben Rift System.- Tectonophysics 52 : 349-359.
KOZARSKI, S. (1991): Warta – A Case Study of a Lowland River.- In: Temperate Paleohy-
    drology (Eds. L. Starkel, K.J. Gregory & J.B. Thornes) 189-215, Chichester.
LANDESANSTALT FÜR UMWELTSCHUTZ (1981): Handbuch Hydrologie Baden-Würt-
    temberg. – Karlsruhe.
LEHMANN-CARPZOV, R., PATERNOSTER, K. & STUBENDORFF, U. (1978): Quartär-
    geologische Deckschichten-Kartierung im Wasenweiler Ried zwischen Kaiserstuhl und
    Tuniberg (Südbaden).- Jh. Geol. Landesamt Baden-Württemberg 20 : 77-100, Freiburg
    i.Br..
LIEHL, E. (1983): Zur Landschaftsgeschichte des Zartener Beckens.- In: Kelten und Aleman-
    nen im Dreisamtal. Beiträge zur Geschichte des Zartener Beckens (Hrsg. H. Schmid).
    Veröff. Alemann. Inst. Freiburg 49 : 1-13; Bühl/Baden.

LIEHL, E. (1988): Oberflächenformen und Landschaftsgeschichte.- In: Breisgau-Hoch-schwarzwald (Hrsg. E. Liehl & W.-D. Sick) 36-52, 2. Aufl., Freiburg i.Br.

LIPPS, S. (1988): Fluviatile Dynamik im Mittelwesertal während des Spätglazials und Holozäns.- Eiszeitalter u. Gegenwart 38 : 78-86.

LIPPS, S. & G. CASPERS (1990): Spätglazial und Holozän auf der Stolzenauer Terrasse im Mittelwesertal.- Eiszeitalter u. Gegenwart 40 : 111-119.

MÄCKEL, R. (1969): Untersuchungen zur jungquartären Flußgeschichte der Lahn in der Gießener Talweitung.- Eiszeitalter u. Gegenwart 20 : 138-174.

MÄCKEL, R. & A. RÖHRIG (1991): Flußaktivität und Talentwicklung des Mittleren und Südlichen Schwarzwaldes und Oberrheintieflandes.- Ber. z. dt. Landeskunde 65 : 287-311, Trier.

MÄCKEL, R:. & G. ZOLLINGER (1989): Fluvial action and valley development in the Central and Southern Black Forest during Late Ouaternary.- Catena Suppl. 15 : 243-252.

MÜLLER:, A. (1978): Flußgeschichte der oberen Murg, Talabschnitt Baiersbronn-Huzen-bach.- Wiss. Arb. 1. Staatsexamen; Freiburg i. Br.

RÖHRIG, A. (1991a): Die zeitliche Einordnung der Schwemmfächer im mittleren Elztal bei Waldkirch/Mittlerer Schwarzwald.- Freiburger Geogr. H. 33 : 1-8.

RÖHRIG, A. (1991b): Untersuchungen zur Fluß- und Talentwicklung im Einzugsgebiet der Elz (Mittlerer Schwarzwald) – Ein Beitrag zur junggquartären fluvialen Geomorphody-namik Südwestdeutschlands.- Diss. Geowiss. Fak. Univ. Freiburg i. Br.

RUDLOFF, H. v. (1980): Die Klima-Entwicklung in den letzten Jahrhunderten im mitteleuro-päischen Raume (mit einem Rückblick auf die postglaziale Periode).- Das Klima (Hrs. H. Oeschger u.a.) : 125-213, Berlin, Heidelberg, New York.

SCHAMMEL, C. (1991): Sedimentologische und biostratigraphische Untersuchungen an Sedimentkernen aus dem Profundal des Schurmsees (Nordschwarzwald).- Diss. Geowiss. Fak. Univ. Freiburg i. Br.

SCHELLMANN, G. (1991): Jungquartäre fluviale Geomorphodynamik im unteren Isar- und angrenzenden Donautal.- Freiburger Geogr. H. 33 : 91-105.

SCHIRMER, W. (1983a): Holozäne Talentwicklung – Methoden und Ergebnisse. – Geol. Jb. A 71, 370 S.; Hannover.

SCHIRMER, W. (1983b): Die Talentwicklung an Main und Regnitz seit dem Hochwürm.- Geol. Jb. A 71 : 11-43; Hannover.

SCHIRMER, W. & STRIEDTER, K. (1985): Alter und Bau der Rheinebene nördlich von Straßburg.- In: Exkursionsführer II: Unterelsaß (Rheinebene nördlich Straßburg), Loth-ringische Vogesen (Hrsg. H. Heuberger) : 3-14, Hannover.

SCHMIDT, K.-H., BLEY, D., BUSSKAMP, R. & GINTZ, D. (1989): Die Verwendung von Trübungsmessung, Eisentracern und Radiogeschieben bei der Erfassung des Feststoff-transports im Lainbach, Oberbayern. – Göttinger Geogr. Abh. 86: 123-135.

SCHMIDT, K.-H. & ERGENZINGER, P. (1990): Magnettracer und Radiotracer.- Die Lei-stungen neuer Meßsysteme in der fluvialen Dynamik:. – Die Geowissenschaften 8: 96-102, Weinheim.

SCHREINER, A. (1981): Quartär und Tektonik der Vorbergzone und der Oberrheinebene.- In: Erläut. Geol. Karte Freiburg i. Br. 174-198; Stuttgart.

SEMMEL, A. (1972): Untersuchungen zur jungpleistozänen Talentwicklung in deutschen Mittelgebirgen. – Z. Geomorph. N. F. Suppl. Bd. 14 : 105-112.

STARKEL, L. (1991): The Vistula River Valley: A Case Study for Central Europe.- In: Temperate Paleohydrology (Eds. L. Starkel, K.J. Gregory & J.B. Thornes) : 171-188; Chichester.

THOMAS, J. (1991): Talaue und Schwemmfächer als Indikatoren der holozänen fluvialen Geomorphodynamik an der oberen Weser.- Freiburger Geogr. H. 33 : 67-77.

WALDMANN, F. (1989): Beziehungen zwischen Stratigraphie und Bodenbildungen aus spätglazialen und holozänen fluviatilen Sedimenten in der nördlichen Oberrheinebene. – Diss. Geowiss. Fak. Univ. Freiburg i. Br.

ZIMMERMANN, U. (1990): Die Ausgrabungen in alten Berbaurevieren des südlichen Schwarzwaldes.- In: Erze, Schlacken und Metalle. Früher Bergbau im Südschwarzwald (Hrsg. H. Steuer & U. Zimmermann), Freiburger Universitätsblätter 109: 115-146.

ZOLLINGER, G. & MÄCKEL, R. (1989): Quartäre Geomorphodynamik im Einzugsgebiet des Sulzbaches und der Möhlin, Südbaden. – Ber. Naturf. Ges. Freiburg i. Br. 77/78 : 81.

IV.21 Umweltverträglichkeitsprüfungen
– Erfahrungen und Entwicklungen

L. Finke, S. Häring, P. Knauer, B. Rauschelbach, G. Thélin

Einführung
Burghard Rauschelbach
(Dornier GmbH, Abt. Regionalplanung und Ökologie, Friedrichshafen)

Mit den Begriffen Umweltverträglichkeitsprüfung (UVP) und Umweltverträglichkeitsuntersuchung (UVU) muß man auch heute noch vorsichtig umgehen. Allgemeiner Konsens besteht in der Zielsetzung einer Umweltverträglichkeitsprüfung, wonach Maßnahmen und Produkte im Hinblick auf ihre Folgen für die Umwelt zu erfassen und zu bewerten sind. Im UVP-Gesetz sind dazu die Schutzgüter Menschen, Tiere und Pflanzen, Boden, Wasser, Luft, Klima und Landschaft sowie Kultur- und sonstige Sachgüter genannt. Allgemein anerkannt ist auch, daß es sich bei der UVP um ein geregeltes Verfahren handelt, in dem die UVU den eigentlichen Bearbeitungs- und Untersuchungsteil darstellt. Trotzdem gibt es eine Vielzahl von UVPen – was nicht nur mit den unterschiedlichen Objekten einer UVP zu tun hat, sondern auch auf die Erwartungen, Planungsmaximen und wissenschaftlich-methodischen Ansätze zurückzuführen ist.

An der Geschichte der UVP läßt sich die Geschichte der Umweltpolitik der vergangenen 20 Jahre nachzeichnen: Dem innovativen Start zu Beginn der siebziger Jahre, der damals immerhin schon zu einer UVP-Gesetzesvorlage führte, folgten Jahre der umweltpolitischen Ignoranz, in denen sich nur wenige mit den inhaltlichen und methodischen Problemen einer Prüfung der ökologischen Folgen, geschweige denn mit der Umsetzung des integrativen Instruments UVP in die Rechtsstruktur und die Verwaltungsroutine auseinandersetzten. Daß es dazu erst einer EG-Richtlinie (1985) bedurfte, ist kennzeichnend für den damaligen politischen Stellenwert der ökologischen Planung. Heute hat die UVP eine gewisse Popularität erlangt, wird gar als „Königsweg der Umweltpolitik" (so Bundesumweltminister Töpfer) tituliert und avancierte zum Hoffnungsträger für eine offensive Umweltplanung. Ihre Zielsetzung und ihre Aufgabenstellung haben Eingang in Planungsdenken, in manche Wirtschaftsweise und manche Produktentwicklung gefunden. Schließlich findet man sie nun als UVP-Gesetz, in der kommunalen UVP, bei betrieblichen Organisationsabläufen und als Prüfteil bei der Herstellung bestimmter Produkte. In diesem Sinne ist „die UVP" Institution geworden, die über die Maßgabe des UVP-Gesetzes hinaus geht/ gehen kann.

Der Plural „Umweltverträglichkeitsprüfungen" ist also absichtlich gewählt, läßt er doch offen, daß unter seinem Begriff mehr verstanden – und auch durchgesetzt – werden kann, als das, was sich offensichtlich nach dem Entwurf zur Verwaltungsvorschrift zum UVP-Gesetz (UVPVwV) etablieren wird. Hier

D. Barsch/H Karrasch (Hrsg.): Geographie und Umwelt. Verh. d. Deutschen Geographentages Bd. 48 - Basel 1991. © 1993 Franz Steiner Verlag Stuttgart

begründen die kritischen Analysen und Betrachtungen von VERSTEEGEN (1992), KNAUER und FINKE, warum sich manch Vorkämpfer des „UVP-Gedankens" in einer Ernüchterungsphase sieht.

Trotzdem wäre es falsch, UVP-Erfolge zu leugnen. Es gibt genügend Beispiele, die zeigen, daß mittels EG-Richtlinie, UVP-Gesetz oder kommunaler UVP auch bei Entscheidungsträgern eine ökologisch orientierte Betrachtung einsetzte, die es früher nicht gab. Manch umweltgerechteres Planungsergebnis ist erreicht worden, Schlimmeres hat verhindert werden können. In der Schweiz ist die UVP – wie THÉLIN aufzeigt – sogar zu einem der wichtigsten integrierenden Planungsinstrumente geworden.

Die UVP ist Bestandteil einer ökologisch orientierten Raumplanung, sie kann sie aber nicht ersetzen. Allerdings ist auch unter UVP-Experten umstritten, welche Rolle die UVP in der raumbezogenen Planung spielen kann oder sollte. Auch wenn dies nicht Hauptthema der Fachsitzung war, so lassen sich gewisse Gegensätze erkennen, wenn HÄRING fordert, daß etwa im Rahmen einer standortbezogenen UVU der Bedarf einer geplanten Anlage zu hinterfragen wäre, und wenn KNAUER Umweltqualitätsziele als Grundlage für „Planungs-UVPen" begründet. Demgegenüber warnt FINKE vor zu globalen Forderungen und vor einem weitgefaßten Verständnis der Aufgabenstellung einer UVP.

Fragt man nach dem derzeitigen Stand der Dinge in Sachen „Prüfung der Umweltverträglichkeit" so zeigt sich ein seltsam ambivalentes Bild, nach dem die UVP methodisch/inhaltlich und ideologisch/politisch teils überfordert, teils unterfordert ist. So geben sich aufgebohrte Fachpläne das Signum UVP und es entstehen neue Konstrukte wie etwa „ökologische Folgenbewertung" oder „Technikfolgenabschätzung", die kennzeichnend für Bedarfslagen sind, die offensichtlich nicht durch UVPen abgedeckt werden. Es ist zu befürchten, daß die Unzulänglichkeiten einer UVPVwV zu einem umweltpolitischen Bedeutungsverlust der UVP führen. Diese Aussage gilt für den Diskussionsstand Ende 1991; eventuell sind diese Befürchtungen inzwischen gegenstandslos geworden. Zu den gesprochenen Vorträgen der Fachsitzung gehörte auch derjenige von VERSTEEGEN zum Thema: Entwurf der UVP-Verwaltungsvorschrift – Eine kritische Würdigung. Aus Aktualitätsgründen wurde er bereits als VERSTEEGEN (1992) veröffentlicht und ist hier nicht aufgenommen.

Die folgenden Beiträge sollen ein wenig hinter die Kulissen schauen lassen, wobei die Kenntnis über Systematik, Inhalte und gesetzliche Bedingung der UVP vorausgesetzt werden. Es besteht nicht der Anspruch, Grundlagen setzen oder einen Gesamtquerschnitt durch die verschiedenen Themenfelder und Problembereiche der UVP geben zu wollen. Vielmehr interessieren hier die Fragen:

Wo steht die UVP heute im Planungswesen, welchen umweltpolitischen Stellenwert hat sie? Wie kann man UVPen bewältigen, was erfordert die Praxis der raumbezogenen Planung ? Worin liegen ihre aktuellen und zukünftigen Probleme, worin liegt die Herausforderung für Wissenschaft und Praxis ?

Fazit:

Es gibt wertvolle, mehr oder weniger erschlossene oder ignorierte Erfahrungen. Die Entwicklung von UVPen ist in vollem Gange. Es besteht weiterhin Forschungs-, Entwicklungs- und Diskussionsbedarf auf unterschiedlichen fachlichen Ebenen und Planungsbereichen.

Umweltverträglichkeitsuntersuchungen –
Bearbeitungsphasen und Probleme der praktischen Durchführung
Sabine Häring
(Technischer Überwachungsverein Südwest e. V., Stuttgart):

1. Bearbeitungsphasen

Im Rahmen einer UVU für ein bestimmtes Vorhaben lassen sich mehrere Arbeitsabschnitte bzw. Bearbeitungsphasen unterscheiden.

Scoping-Prozeß

Der erste Schritt im Rahmen einer UVU ist die Festlegung des Untersuchungsrahmens, das sogenannte Scoping-Verfahren. Das Scoping dient der Abstimmung des Untersuchungsrahmens mit der Genehmigungsbehörde gemäß § 5 UVPG „Unterrichtung über den voraussichtlichen Untersuchungsrahmen". Nach der Konzipierung eines Untersuchungsprogrammes durch den UVU-Gutachter werden das Untersuchungsprogramm und eine Projektbeschreibung der Genehmigungsbehörde übermittelt. Das vorgelegte Untersuchungsprogramm wird in einer Besprechung zwischen Genehmigungsbehörde und Projektträger erörtert. An diesem Termin können Dritte – Gutachter, andere Behörden, Standortgemeinden, Naturschutzverbände, etc. – beteiligt werden.
   Das Ergebnis des Scoping bildet ein detailliertes, mit der Genehmigungsbehörde und Öffentlichkeit abgestimmtes Arbeitskonzept, welches es in der UVU abzuarbeiten gilt.

Verursacherkomplex

Der Begriff „Verursacherkomplex" beinhaltet die Analyse des Vorhabens als Verursacher von Umweltwirkungen. Dahinter verbirgt sich die Beschreibung z. B. einer geplanten Anlage, die Überprüfung der technischen Planung sowie die qualitative und soweit möglich quantitative Ableitung von Emissionen/ Einflüssen, die möglicherweise Verursacher von Umweltwirkungen sind.

Weiterhin ist der Bedarf der geplanten Anlage (z. B. bei einer Müllverbren-
nungsanlage im Rahmen einer Überprüfung des Abfallwirtschaftskonzeptes)
zu hinterfragen.

Beschreibung und Beurteilung der Umwelt sowie der zu erwartenden erhebli-
chen Auswirkungen des Vorhabens

Der umfangreichste und neben der medienübergreifenden Gesamtbeurteilung
bedeutendste Arbeitsschritt der UVU ist die Beschreibung und Beurteilung der
Ist-Situation bzw. ökologischen Ausgangslage sowie der zu erwartenden
Umweltsituation. Dieser Arbeitsschritt beinhaltet eine Beschreibung des Stand-
ortes sowie eine Beurteilung im Hinblick auf Empfindlichkeit, Schutzwürdig-
keit und Vorbelastung der einzelnen Umweltbereiche (Luft/Klima, Geologie/
Grundwasser, Boden, Oberflächengewässer, Tiere und Pflanzen, Mensch,
Landschaftsbild, Kultur- und sonstige Sachgüter). Weiterhin erfolgt eine
Prognose der zu erwartenden Umweltsituation mittels Verknüpfung der Vor-
belastung mit dem Verursacherkomplex.
   Innerhalb der einzelnen Themenbereiche wird zwischen der Beschreibung
und Beurteilung der Ausgangslage (Ist-Situation) sowie der Beschreibung und
Beurteilung im Planungsfalle für Normalbetrieb und Störfälle bzw. Betriebs-
störungen unterschieden. Weiterhin sind die Auswirkungen während der
Bauphase und Auswirkungen einer eventuellen Stillegung mit Abriß der
Anlage zu beurteilen.

Medienübergreifende Gesamtbewertung und Abschätzung von Wechselwir-
kungen

Nachdem für alle Umweltbereiche und Sachverhalte die zu erwartenden
Beeinträchtigungen ermittelt und beurteilt wurden, gilt es nun, diese Fülle an
Einzelinformationen zu einer – soweit möglich medienübergreifenden – Gesamtbeurteilung zusammenzuführen. Hierbei sind insbesondere Wechselwirkungen und Belastungspfade von einem Umweltmedium in ein anderes zu
berücksichtigen.
   Für die Gesamtbeurteilung stehen als gängigste Bewertungsverfahren die
Nutzwertanalyse, die Ökologische Risikoanalyse und die Verbal-argumentative Wertsynthese zur Verfügung. Vom TÜV Südwest wird im Rahmen von Umweltverträglichkeitsuntersuchungen die verbal-argumentative Bewertung
bevorzugt. Diese Methode verzichtet – im Gegensatz zur Nutzwertanalyse und
ökologischen Risikoanalyse – auf eine Quantifizierung der ermittelten Werturteile zugunsten einer argumentativen Begründung und Zusammenführung der
einzelnen Teilbewertungen.
   Im Rahmen der Gesamtbeurteilung erfolgt für die verschiedenen Umweltbereiche eine Einstufung von Schutzwürdigkeit/Empfindlichkeit, Vorbela-

stung, Zusatzbelastung und Gesamtbelastung anhand einer 5-stufigen Bewertungsskala. Auf eine Aggregation der Werturteile der einzelnen Umweltbereiche wird verzichtet, da ansonsten geringe und hohe Auswirkungen im Zuge der Aggregation auf ein mittleres Niveau nivelliert würden.

2. Probleme bei der praktischen Durchführung der UVU

Die meisten Probleme, die bei der praktischen Durchführung einer UVU auftauchen, sind nicht anlagen- sondern UVU-spezifischer Natur.

„UVU als Mittel zum Zwecke der Datenerhebung. "

Es besteht die Tendenz, den Untersuchungsrahmen – insbesondere in Bezug auf Primärdatenerhebungen – über die projektspezifische Fragestellung hinaus sehr weit zu stecken. Die UVU liefert somit von Gemeinden und Behörden schon lange gewünschte Daten auf Kosten des Projektträgers.

„Es fehlen allgemeingültige Bewertungsskalen. "

Allgemeingültige, auf verschiedene Projekttypen und Standorte übertragbare Bewertungsskalen fehlen oftmals. Der UVU-Gutachter ist gezwungen, für seine Bewertungszwecke eine eigene Wertskala abzuleiten. Die Verwendung solcher Wertskalen ist grundsätzlich angreifbarer als die Verwendung von Wertskalen, die sich aus Gesetzen oder Verordnungen ergeben.

„Die Grenzen des Wissens sind erreicht. "

Oftmals ist der UVU-Gutachter bei der Beurteilung möglicher Beeinträchtigungen überfordert. Es fehlen nicht nur Bewertungsskalen, sondern die Wissenschaft kann noch nicht die offenen Fragen des UVU-Gutachters und damit Fragestellungen der UVP ausreichend beantworten.

„Einige Umweltbereiche bleiben auf der Strecke. "

Es bedarf großer Anstrengungen, die Erfordernis zeitintensiver Erhebungen darzulegen. So sind bei der UVU von Anlagen im Außenbereich in der Regel ausführliche 1-jährige Erhebungen zu Flora und Fauna erforderlich. Weiterhin sollte auf detaillierte Klimaerhebungen, auch hier bietet sich ein Mindestzeitraum von einem Jahr an, nicht verzichtet werden.

„Für die UVU bleibt keine Zeit."

Obgleich sich die Vorplanungen und politischen Diskussionen über die Errichtung bestimmter Anlagen wie etwa von Müllverbrennungsanlagen üblicherweise über Jahre erstrecken, wird die UVU unter Zeitdruck durchgeführt.

Die Bedeutung der UVP in Planungspraxis und Umweltpolitik in der Schweiz
Gilbert Thélin (Bundesamt für Umwelt, Wald und Landschaft, Bern):

1. Die Rolle der Raumplanung

Seit der Einführung der UVP ist sie wohl das wichtigste integrierende Planungsinstrument in der Schweiz. Dies erklärt sich dadurch, dass es in der Schweiz kein eigenständiges Planfeststellungsverfahren gibt. Die zur Verfügung stehenden Planungsinstrumente, nämlich der kantonale Richtplan und die kommunale Nutzungsplanung, können im Rahmen von Vollzugsaufgaben weder vorsorglich noch bei der konkreten Projektbeurteilung ihrer Rolle voll und ganz gerecht werden. Der kantonale Richtplan hat im Prinzip die Aufgabe, Sachplanungen von Kanton und Bund zu koordinieren und behördenverbindlich übergeordnete Planungsaspekte zu behandeln. In vielen Fällen ist es dabei nicht gelungen, zu einem ganz bestimmten Zeitpunkt die Sachplanungen, welche einen Planungshorizont von ca. fünfzehn Jahren umfassen sollten, aller zuständigen Behörden auf den Tisch zu bekommen. Die Richtpläne blieben damit unvollständig. Als Nachteil hat sich auch erwiesen, dass die Planungsverfahren zeitlich in der Regel völlig anders laufen als UVP-pflichtige Grossvorhaben.

Als Bauleitplanung hat sich die Nutzungsplanung auf Gemeindeebene gut eingespielt. Hingegen fehlt in vielen Fällen die planerische Behandlung des gesamten Gemeindegebietes, wie dies vom Bundesgesetz über die Raumplanung im Prinzip vorgesehen ist, zur Umsetzung der Qualitätsziele der Raumplanung im unüberbauten Gebiet. Diese Planungslücken betreffen insbesondere den Bereich Natur- und Landschaft sowie die Nutzung der natürlichen Ressourcen. Sie werden in der Regel erst im Rahmen der UVP geschlossen.

2. Gesetzliche Grundlagen der UVP

Vergleicht man die beiden bestimmenden gesetzlichen Grundlagen, das Gesetz über die Umweltverträglichkeitsprüfung (UVPG) in Deutschland und die Verordnung über die Umweltverträglichkeitsprüfung (UVPV) in der Schweiz, stellt man im ersten Moment grosse Übereinstimmung fest. Umfang, Sprache und Regelungen sind sehr ähnlich. Trotzdem gibt es Unterschiede, welche ich herausgreifen möchte, weil sie sehr wichtig für das Verständnis der Bedeutung der UVP in der Schweiz sind. Und sie sind auch wichtig, um folgende Arbeitsthese zu begründen:

Die UVP in der Schweiz ist erfolgreicher als jene in Deutschland.

Um dies zu begründen muss ich vorerst in die Geschichte des Bundesgesetzes über den Natur- und Heimatschutz vom 1. Juli 1966 (NHG) zurückblenden. Dieses Gesetz hat Verfahrenselemente eingeführt, welche sich bewährt haben und auch heute für die Durchsetzungskraft der UVP sehr wichtig sind. Ausgangslage dafür bildet der Verfassungsartikel 24 über den Natur- und Heimatschutz aus dem Jahre 1964, der den Natur und Heimatschutz zu einer Staatsaufgabe macht, die durch die Kantone wahrgenommen werden muss. Gleichzeitig verlangt die Verfassung vom Bund, dass er in Ausübung seiner eigenen Aufgaben, die Belange des Natur-, Landschafts- und Heimatschutzes wahrnehmen muss.

Zu diesen Aufgaben gehören:
- die Planung, Errichtung und Veränderung von Werken und Anlagen, wie z.B. Bauten und Anlagen der Bundesverwaltung, Nationalstrassen, Bauten und Anlagen der PTT-Betriebe und der Schweizerischen Bundesbahnen;
- die Erteilung von Konzessionen und Bewilligungen, wie zum Bau und Betrieb von Verkehrsanlagen und Transportanstalten, von Werken und Anlagen zur Beförderung von Energie, Flüssigkeiten oder Gasen oder zur Uebermittlung von Nachrichten sowie Bewilligungen zur Vornahme von Rodungen sowie
- die Gewährung von Beiträgen an Planungen, Werke und Anlagen, wie Meliorationen, Sanierungen landwirtschaftlicher Bauten, Gewässerkorrektionen, Anlagen des Gewässerschutzes und Verkehrsanlagen.

Gemäss NHG erfüllt der Bund diese Pflicht, indem er
- bundeseigene Anlagen landschaftsgerecht gestaltet und unterhaltet oder, falls sie im Widerspruch zu den Zielen des NHG stehen, auf deren Erstellung verzichtet;
- Konzessionen oder Bewilligungen nur unter Auflagen erteilt oder sie aber verweigert;
- Beträge nur bedingt gewährt oder ablehnt.

Beratung erhalten die zuständigen Stellen, die diese Forderungen erfüllen müssen von der Fachstelle, d.h. dem Bundesamt für Umwelt, Wald und Landschaft (BUWAL). Damit, und dies ist ein Unterschied zum Vorgehen in Deutschland, übernimmt der Bund seit 25 Jahren eine Vorreiterrolle. Er muss zeigen, wie er Natur- und Landschaftsschutz vollzieht.

Die mit dem NHG eingeführten Prinzipien: kein eigenständiges Verfahren, Aufgabenteilung zwischen zuständiger Stelle und Fachstelle (organisatorische

Trennung), Beschwerderecht für ideelle Verbände sowie bundeseigene Verpflichtung, wurden in die UVP übernommen. Diese Prinzipien sind m. E. für eine erfolgreiche Umsetzung der UVP besonders wichtig.

3. Ziele und Verfahren

Die Behandlung der umweltrelevanten Aspekte eines Vorhabens und seine Bewertung hat im Rahmen der ordentlichen Bewilligungs-, Genehmigungs- oder Konzessionierungsverfahren integral zu erfolgen. Ziel der UVP ist es, festzustellen, ob ein Projekt den bundesrechtlichen Vorschriften über den Schutz der Umwelt entspricht. Dazu gehören das Umweltschutzgesetz und die Vorschriften, die den Natur- und Heimatschutz, den Landschaftsschutz, den Gewässerschutz, die Walderhaltung, die Jagd und die Fischerei betreffen.

Die UVPV unterscheidet im wesentlichen vier Beteiligte: Gesuchsteller, zuständige Stelle, Umweltschutzfachstelle und Öffentlichkeit. Die Rollen werden klar zugewiesen. Als Fachstelle des Bundes ist das BUWAL zuständig für alle obgenannten Umweltbereiche. Deutschland kennt diese organisatorische Trennung zwischen zuständiger Stelle und Fachstelle nicht. Diese Aufgabenteilung ist auch darum wichtig, weil der Entscheid über ein Vorhaben mit der Stellungnahme der Fachstelle öffentlich zugänglich ist. Dies erlaubt ideellen Verbänden, denen gemäss Art. 12 NHG sowie Art. 55 USG das Recht zur Anfechtung des Entscheides bei der nächst höheren Behörde eingeräumt wird (Beschwerderecht), zu kontrollieren, wie der Antrag der Fachstelle lautete und wie er von der zuständigen Behörde übernommen resp. nicht übernommen wurde. Eine Beschwerde ist dann nicht möglich, wenn der Entscheid vom Parlament (z.B. Grundsatzentscheid für eine neue Eisenbahnstrecke) resp. vom Bundesrat (z.B. Generelles Nationalstrassenprojekt) gefällt worden ist, denn damit liegt die Entscheidkompetenz bereits bei der höchsten politischen Behörde.

Wie in Deutschland werden die UVP-relevanten Vorhaben vom Bund im Anhang zur UVPV festgelegt. Die UVP für Anlagen, welche nicht in die Bundeskompetenz fallen, werden nach den gleichen Regeln (nach „Handbuch über die Umweltverträglichkeitsprüfung, hrsgg. vom Bundesamt für Umwelt, Wald und Landschaft (1990)) je nach Zuständigkeiten von den Kantonen oder Gemeinden durchgeführt.

Eine formelle Koordination mit den Raumordnungsverfahren gibt es nicht. Vermehrt dringt aber die Erkenntnis durch, dass die erste Stufe einer UVP im Prinzip im Rahmen der kantonalen Richtplanung durchzuführen wäre.

4. Aspekte des Natur- und Landschaftsschutzes bei der UVP

Aus den bei der UVP zu untersuchenden Sachbereichen soll hier beispielhaft der Natur- und Landschaftsschutz herausgegriffen werden. Wichtigste Instrumente auf Bundesebene zur Prüfung und Bewertung der Belange des Natur-, Landschafts- und Heimatschutzes sind die Bundesinventare und die Vorschriften über den Biotopschutz.

Folgende Inventare sind genehmigt oder im Entstehen begriffen:
- Bundesinventar der Auengebiete von nationaler Bedeutung
- Bundesinventar der Hoch- und Uebergangsmoore von nationaler Bedeutung
- Bundesinventar der Landschaften und Naturdenkmäler von nationaler Bedeutung (BLN)
- Inventar der Amphibienlaichgebiete von nationaler Bedeutung
- Inventar der Flachmoore von nationaler Bedeutung
- Inventar der Moorlandschaften von nationaler Bedeutung und von besonderer Schönheit
- Inventar der schützenswerten Ortsbilder der Schweiz (ISOS)
- Inventar der Trockenstandorte von nationaler Bedeutung
- Inventar historischer Verkehrswege der Schweiz (IVS)
- Inventar über die Wasser- und Zugvogelreservate von internationaler und nationaler Bedeutung.

Je nach Typ und Stand der Erhebungen von Inventaren sind die zuständigen Behörden an die Anträge der Fachstelle (z.B. bei Hochmooren) gebunden (Bindungspflicht) oder sie haben einen gewissen Ermessensspielraum (z.B. beim BLN).

Gemäss Art 18 NHG sind Biotope wie: Uferbereiche, Riedgebiete, seltene Waldgesellschaften, Hecken, Feldgehölze, Trockenrasen und weitere Standorte, die eine ausgleichende Funktion im Naturhaushalt erfüllen, auch wenn sie nicht inventarisiert sind, im Prinzip geschützt. Lässt sich eine Beeinträchtigung solcher Biotope durch technische Eingriffe unter Abwägung aller Interessen nicht vermeiden, so hat der Verursacher für besondere Massnahmen zu deren bestmöglichem Schutz, für Wiederherstellung oder Ersatz zu sorgen.

Ueber die bei der Erhebung zu berücksichtigenden Elemente und die Bewertung hat das BUWAL in seiner Vorreiterrolle eine Anleitung für Verfasser von UVP-Berichten im Sachbereich Natur-, Landschafts- und Heimatschutz herausgegeben. Sie ist inhaltlich vergleichbar mit dem „Leitfaden zur Durchführung von Raumordnungsverfahren mit integrierter Prüfung der Umweltverträglichkeit" des niedersächsischen Innenministeriums, Raumordnung und Landesplanung, März 1991. Dieser Vergleich zeigt auch deutlich, dass bei uns, wie eingangs behauptet, die UVP, weil es in der Schweiz das Raumordnungsverfahren nicht gibt, zum wichtigsten Planungsinstrument geworden ist.

Dies ist auch der Grund, warum in der Voruntersuchung sowohl die Systemab-
grenzung (scoping) wie auch die Variantenprüfung stattfindet.

4. Fazit

Mit der UVP wurde kein neues Verfahren geschaffen. Die Erfahrung der ersten
drei Jahre zeigt aber, dass die Projekte umfassender geplant und die Auswirkungen auf die Umwelt in der Regel recht gut dargestellt und bewertet werden.
Die Prinzipien der schweizerischen Lösung lassen es auch zu, dass bei Entscheiden die Umweltbelange in hohem Masse berücksichtigt werden. In
einzelnen Fällen wurde sogar zugunsten der Umwelt auf ein Werk verzichtet
und viele Projekte überarbeitet.

Umweltqualitätsziele in Umweltinformationssystemen und UVPen
Peter Knauer (Umweltbundesamt Berlin):

1. Ansätze für Umweltqualitätsziele

Bei der Diskussion um Umweltqualitätsziele sind hier folgende Aspekte
erwähnenswert:

1. Es herrscht weitgehend Konsens, daß „ein System von Umweltqualitäts-
    zielen ... die entscheidendste Voraussetzung überhaupt für mehr ökologi-
    schen Umweltschutz (L. Finke in diesem Band) und für die UVP ist.
2. Die bundesweiten Immissionswerte der TA Luft usw. erscheinen für die
    Zwecke von UVPen nicht ausreichend differenziert, weil sie die regional-
    ökologische Situation und die jeweils spezifische Vorbelastung sowie die
    Belastungen in den anderen Medien nicht berücksichtigen. Die Umwelt-
    standards müssen stärker raum- und wirkungsspezifisch differenziert
    werden.
3. In einigen Umweltbereichen sind so gut wie keine Umweltstandards
    vorhanden, die für Vollzugszwecke oder UVPen Anwendung finden
    können (z. B. im Bodenschutz; vgl. Bachmann 1988).
4. Die Entstehung, der Aussagewert und die gesellschftliche Funktion von
    Standards und Grenzwerten werden zunehmend problematisiert (Zeschmar-
    Lahl/Lahl 1987). Der Bundesumweltminister und das Umweltbundesamt
    bereiten eine breite Diskussion zur Frage eines formalisierten Verfahrens
    für die Festlegung von Umweltstandards vor.

Angesichts der teilweise enormen Widerstände der betroffenen Bürger bei Projekt-UVPen und ihres Engagements bei Planungs-UVPen darf angenommen werden, daß es in den meisten Fällen nicht gelingen wird, die UVP nur als pflichtgemäßen Entscheidungsbaustein unter anderen „abzuhaken", sondern daß die Bürger verlangen, daß ihre gesamte Umwelt, daß also das regionalökologische System in toto untersucht wird und daß dabei auch neue Umweltqualitätsziele, die z. B. die regionale Vorbelastung und die ökologische Regionstypik berücksichtigen, zur Anwendung kommen.

Es ist deshalb nur folgerichtig, daß die Diskussion um die Ausgestaltung einer Planungs- und Programm-UVP neu auflebt (Vgl. UVP-Report 3/91; Schwerpunktheft).

Nachfolgend soll auf dem Hintergrund vieler Förderprojekte des Umweltbundesamtes (Ökologische Demonstrationsvorhaben) dargelegt werden, inwieweit Umweltqualitätsziele bei Planungs-UVPen erarbeitet wurden.

Bezug genommen wird in erster Linie auf die folgenden Vorhaben (vergl. Knauer 1992).

– Umweltatlas Berlin/Ökologisches Planungsinstrument
– Ökosystemforschung Berchtesgaden (MAB 6)
– Ökologische Potential- und Belastungsanalyse Stadt
– Wilhelmshaven und Landkreis Wesermarsch
– Umweltinformationssystem Stadt Düsseldorf
– Ökologische Darstellung des Unterelberaumes
– Ökosystemforschung Wattenmeer
– Umweltbeobachtung Schleswig-Holstein.

2. Umweltinformationssysteme und Planungs-UVPen

Bei allen genannten Vorhaben wurden bei der Durchführung der Planungs-UVPen Umweltinformationssysteme (UIS) erarbeitet. Mit Hilfe dieser UISe sollte in den Untersuchungsregionen die Möglichkeit geschaffen werden, „Immissionen und Emissionen in groß- und kleinräumigen Zusammenhängen abzubilden, das Ausmaß der Belastungen in allen Sektoren der Umwelt zu erfassen, Problembereiche zu diagnostizieren sowie quantitative Indikatoren für die Begründung und Bewertung umweltpolitischer Maßnahmen zur Verfügung zu stellen" (Kummerer 1990, S. 29). Mit Hilfe der UISe sollte darauf hingewirkt werden, „daß Raumfunktionen und -nutzungen an den natürlichen Potentialen der Bezugsräume auszurichten sind (Vorbelastung, Empfindlichkeit, Belastungsfähigkeit, Schutzwürdigkeit etc.). Diese ökologisch unumgängliche Ausrichtung am Leistungspotential des Naturhaushalts erfordert ... den Aufbau eines umfassenden Flächen- und Ressourcenbilanzierungsverfahrens" (Kummerer 1990, S. 30/1).

Damit können UISe wie folgt definiert werden: Sie sind methodische
Verfahrensweisen, die mit Hilfe verschiedener Arbeitsschritte (s. u.) medienü-
bergreifend alle Umweltbereiche einer Untersuchungsregion erfassen; sie
leisten die methodisierte Zusammenführung der einzelnen Umweltteilsekto-
ren. Mit ihrer Hilfe kann auf der Basis einer ökologischen Konzeption ein
Modell oder „Bild" des Raumes erzeugt werden, das für vorsorgende Umwelt-
schutzmaßnahmen eine bessere Ausgangsbasis erzeugt als sektorale Ansätze
(Knauer 1992).

UISe sind für folgende Zwecke und gesetzliche Instrumentarien einsetz-
bar:
–   Umweltpolitische Instrumentarien wie
–   Umweltverträglichkeitsprüfungen, Eingriffsregelung u. a.
–   Erstellung von Umweltplänen wie Landschaftspläne, Abfallbeseitigungs-
    pläne, Luftreinhaltepläne u. a.
–   Raumplanerische Instrumentarien wie Raumordnungsverfahren,
–   Landesentwicklungspläne, Regionalpläne, Bauleitplanung u.a
–   Umweltpolitische Konzepte (ohne fachgesetzliche Basis) wie Kommuna-
    le UVP, Umweltprogramme, Umweltqualitätszielkonzepte, regionale
    Umweltberichte und -bilanzen u. a.

3. Methodische Arbeitsschritte bei Planungs-UVPen

Die bei Planungs-UVPen eingesetzten UISe beinhalten folgende methodische
Arbeitsschritte:
a) Entwicklung einer ökosystemaren Konzeption, auf deren Basis mit Hilfe
b) indikatorisierter Umweltbeobachtung
c) eine Beschreibung des Untersuchungsraumes durchgeführt wird.
d) Bei der ökologischen Wirkungsprognose werden zwei prognostische
    Zustandsbilder erzeugt: Zum einen die Fortschreibung des unter c) genann-
    ten Bildes des Untersuchungsraumes (Status-quo-Prognose), zum anderen
    die Fortschreibung dieses Bildes auf dem Hintergrund eines z. B. mit Hilfe
    der Szenario-Methode, angenommenen Veränderungspotentials (Planungs-
    prognose).
e) Beim Arbeitsschritt der Bewertung werden beide Prognosebilder mit Hilfe
    von Umweltqualitätszielen bewertet.

Auf der Basis dieser Bewertungen kann folgendes erarbeitet werden:
–   Alternative Entwicklungen
–   Korrekturen an zu erwartenden Konflikten und Fehlentwicklungen
–   Überwachungs- und Kontrollstrategien
–   Konzepte und Instrumentarien wie oben genannt.

4. Die Funktion des Bildes des Untersuchungsraumes bei der Planungs-UVP

Das durch Umweltqualitätsziele bewertete Bild der Untersuchungsregion ist das Modell des Raumes, das in der Öffentlichkeit zur Kenntnis genommen und diskutiert wird. Es ist in der Regel ja das erste Mal, daß ein derartiges Bild erzeugt wird. Anders als bei der Projekt-UVP „verschwindet" dieses Bild nach Abschluß des Gutachtens nicht wieder „in der Versenkung", sondern bietet die Basis für eine langfristige Umweltbeobachtung und ökologische Kontrolle des Raumes.

Das Bild des Untersuchungsraumes hat eine große Bedeutung für die Umweltinformation der betroffenen Bürger. Es bildet die Chance zur Entwicklung eines ökologischen Bewußtseins für den jeweiligen Raum.

Die Verfolgung der regionalen Umweltsituation erfordert von jedem Bürger ein hohes Maß von Aufwand und auch technisches Vorverständnis. Die Probleme in diesem Bereich werden durch die starke Sektoralisierung der Umweltpolitik verstärkt. Planungs-UVPen bieten die Chance der Vermittlung eines plastischen Geamtbildes. Man darf annehmen, daß die hohe Attraktivität der UVP in der Öffentlichkeit, ihre starke Befürwortung bei Umweltverbänden und das starke Engagement der kommunalen Umweltverwaltungen beim Aufbau von UISen vor allem auf die Möglichkeit zurückzuführen sind, ein gesamthaftes Bild der Umweltsituation zu erzeugen.

5. Zusammenfassung

Projekt-UVP und Planungs-UVP haben methodisch sehr große Ähnlichkeit. Die o. g. Arbeitsschritte sind im wesentlichen auch die der Projekt-UVP. Auch bei der Durchführung einer Projekt-UVP wird im Prinzip ein ökologisches Bild des Untersuchungsraumes erzeugt. Aber die in der Regel zu kurze Dauer von Projekt-UVP-Gutachten bietet zu wenig Möglichkeiten der Erarbeitung von medienübergreifenden Umweltqualitätszielen und ihrer Abstimmung im Untersuchungsraum. Diese Möglichkeiten sind auch aus juristisch-formalen Gründen nicht gegeben. Eine Planungs-UVP auf der Basis eines UISs verbessert hier die Situation deutlich. Sie ist auf Dauerbeobachtung der Umweltsituation angelegt und auf die langfristig orientierte Vermittlung des ökologischen Bildes und der Verbesserung der Umweltinformation in einer Region. Sie hat der Projekt-UVP auch voraus, daß sie stärker vorsorgend ausgerichtet ist. Sie ist kein reaktives Instrument auf dem Hintergrund der Planung eines Projektträgers, sondern strebt die Erarbeitung von akzeptierten Umweltqualitätszielen unabhängig von spezifischen Projekten an.

Umweltverträglichkeitsprüfung – Bilanz und Zukunft
Lothar Finke (Universität Dortmund, Fachbereich Raumplanung):

1. Einleitung

Bilanz zu ziehen und einen Ausblick in die Zukunft zu geben muß immer subjektiv geprägt sein. Ich werde daher im folgenden meine persönliche Sicht vortragen, die allerdings ganz grob mit meinen Mitarbeitern der UVP-Forschungsstelle an meinem Fachgebiet abgesprochen ist. Diese UVP-Forschungsstelle wurde früher als sogenannte UVP-Sammelstelle betrieben – vieles von dieser ist im Jahre 1988 nach Hamm übersiedelt und findet sich dort in der Geschäftsstelle des UVP-Fördervereins wieder.

Zum Bereich Bilanz gehörte eigentlich zunächst ein ausgewogener historischer Rückblick – ich verweise hier auf die entsprechende Literatur (z. B. Spindler 1983).

2. Kritische Bilanz des bisher Erreichten

Eine kritische Bilanz findet sich – aus recht unterschiedlicher Sicht und dadurch mit entsprechend unterschiedlichen Ergebnissen – z. B. in der ZAU (Zeitschrift für Angewandte Umweltforschung, (H. 4/1990), vor allem aber in der Zeitschrift UVP-Report, die vom UVP-Förderverein in Hamm herausgegeben wird. Die Bilanz kann sich auf verschiedene Aspekte wie z. B. der UVP-Lobby, der Rechtslage, der UVP-Anwendungsbereiche und der Bewertungsproblematik beziehen.

Im folgenden gehe ich näher auf die Bewertung als Kernproblem der UVP ein.

Die vom BMU (1991) als Referentenentwurf vorgelegte UVPVwV hat den Zweck, sicherzustellen, daß zur wirksamen Umweltvorsorge die Umweltverträglichkeitsprüfung nach einheitlichen Kriterien und Verfahren sowie Grundsätzen durchgeführt wird. Aus Platzgründen kann ich hier zur Bewertungsproblematik lediglich sehr grob in Thesenform folgendes anmerken:
– Zum Inhalt der zusammenfassenden Darstellung gemäß § 11 UVPG sagt die VwV folgendes:
„Die zusammenfassende Darstellung enthält die für die Bewertung erforderlichen Sachverhaltsangaben über die voraussichtlichen Umweltauswirkungen des Vorhabens. Hierzu gehören u. a. Aussagen über Art und Umfang sowie Häufigkeit oder Eintrittswahrscheinlichkeit bestimmter Umweltauswirkungen. Dagegen sind Aussagen darüber, ob Umweltauswirkungen „schädlich", „nachteilig" oder „gemeinwohlbeeinträchtigend" sind, d. h. ob umweltbezogene gesetzliche Zulässigkeitsvoraussetzungen erfüllt oder nicht erfüllt sind, Teil der Bewertung, die erst in dem folgenden Verfahrensschritt nach § 12 UVPG vorgenommen werden dürfen".

– Die voraussichtlichen Veränderungen der Umwelt durch Vorhabensalternativen sind nur dann Bestandteil der zusammenfassenden Darstellung, wenn das jeweilige Fachrecht die Prüfung von Alternativen vorschreibt (s. VwV Ziffer 0.7.5, S. 16). Diese Vorschrift dürfte für alljene, die immer wieder die Überprüfung der sogenannten Null-Variante fordern, ein schwerer Schlag sein. Daß ich persönlich diese Forderung für unsinnig halte, sei der Vollständigkeit halber erwähnt – das Ergebnis einer derartigen Bewertung steht von vornherein fest, denn bezüglich hinzukommender Umweltbelastungen muß die Null-Variante per Definitionem immer als die relativ und in diesem Fall auch absolut beste herauskommen.
– Damit konzentriert sich alles auf die Bewertung der Umweltauswirkungen – hierzu soll die VwV Aussagen treffen – verwiesen sei insbesondere auf die Ziffer 0.8 auf den Seiten 17 – 23.

Allein zu diesen sieben Seiten könnte eine eigene Veranstaltung abgehalten werden – ich kann hier lediglich in hochaggregierter Form meine Meinung äußern.
– Wer geglaubt hat, mit der UVP träte die Umweltpolitik und -planung in eine entscheidende neue Phase ein, der muß spätestens jetzt ernüchtert feststellen, daß es mit dem „Königsweg der Umweltpolitik (TÖPFER 1989) wohl nichts werden wird. Da das gesamte UVPG als reine Verfahrensvorschrift zu verstehen ist, können und dürfen sich die Bewertungskriterien nur an den geltenden Gesetzen orientieren – und „letztere sind nur Gesetze im formalen Sinne" (UVPVwV Ziff. 0.8.2.3), wobei dazu auch die umweltbezogenen Zulässigkeitsvoraussetzungen von Landesgesetzen gehören. Hier stellt sich die Frage, unter welchen Voraussetzungen Umweltqualitätsziele (UQZ) und Umweltstandards – solange nicht gesetzlich normiert – überhaupt herangezogen werden dürfen.
– Zu Planfeststellungsverfahren stellte die VwV folgendes klar:
„Soweit im Rahmen von Planfeststellungsverfahren die Prüfung von Vorhabenalternativen erforderlich ist, bedeutet ein bestmöglicher Schutz aller Umweltgüter, daß die Alternativen daraufhin bewertet werden, welche Alternative das geringste Konflikt- und Risikopotential für die Umwelt mit sich bringt".
Damit macht die VwV zumindest am Beispiel der Planfeststellungsverfahren deutlich, daß hier ein Verständnis von Bewertung zugrunde gelegt worden ist, welches der Frühzeit der UVP-Diskussion zuzurechnen ist. Daß es bei einer Anzahl von Alternativen immer eine gibt, welche die relativ umweltverträglichste ist, dies weiß man wirklich seit langem. Die Hoffnung der UVP-Fachleute an diese VwV bestand darin, daß hier Bewertungsgrundsätze formuliert worden wären, die es erlaubt hätten, diese relativ beste Alternative daraufhin beurteilen zu können, ob sie auch als absolut umweltverträglich anzusehen ist. Was passiert denn, wenn in

einem Planfeststellungsverfahren nur eine einzige Lösungsmöglichkeit zur Debatte steht?

- Die Ziffer 0.8.2.3 der VwV enthält den sogenannten Optimierungsgrundsatz, welcher besagt, „daß ein Umweltgut nicht auf Kosten eines anderen Umweltgutes geschützt werden darf, sondern daß ein verhältnismäßiger Ausgleich zwischen den betroffenen Umweltgütern hergestellt werden muß" (VwV S. 85). Durch diesen Optimierungsgrundsatz soll erreicht werden, daß alle im § 2 Abs. 1 Satz 2 UVPG genannten Güter (Nr. 0.4.2 der VwV) insgesamt bestmöglich geschützt werden sollen. Insoweit klingt dieser Optimierungsgrunsatz zunächst sehr positiv, er könnte jedoch für die Zukunft zu planungsrechtlichen Konflikten führen. Ein Beispiel für einen denkbaren Konflikt könnte sich dadurch ergeben, daß in der Absicht, die Kaltluftproduktion und den Kaltluftabfluß zu optimieren, an bestimmten Stellen Nutzungsänderungen vorgenommen werden sollen. In diesem Fall läge die Situation vor, daß ein Umweltgut/ein Naturraumpotential entwickelt werden soll, was im sogenannten Fall nur möglich ist, wenn gleichzeitig andere Umweltgüter verändert werden.

- Aus den §§ 1 und 2, Abs. 1 Satz 2 und 4 UVPG ergibt sich die Pflicht zu einer medienübergreifenden Bewertung der Umweltauswirkungen eines Vorhabens. Eine derartige medienübergreifende Bewertung erfordert nach Ziff. 0.1.2.2 der VwV ausdrücklich nicht nur ein Aneinanderreihen medialer Bewertungen einzelner Umweltauswirkungen. Da keine geeigneten Theoriemodelle bezüglich der Bealstbarkeit der betroffenen Ökosysteme zugrundegelegt werden können, andererseits aus dem Fehlen derartiger Theoriemodelle nicht das Recht rein subjektiver, nicht nachprüfbarer Bewertungen abgeleitet werden kann, versucht die VwV hier insofern einen Ausweg, als unter der medienübergreifenden Bewertungvon Umweltauswirkungen stets eine Gewichtung der Belange verstanden wird, die mit verbal beschreibenden, qualitativen Argumenten zu begründen ist. In der Tat ist unbestreitbar, daß es keine Verrechnungseinheiten gibt, die etwa erlaubten, verschmutztes Wasser gegen saubere Luft oder zerstörte Naturlandschaften gegen geräuscharme Fahrzeuge aufzurechnen. Gemessen an dem bereits vor Erscheinen der EG-Richtlinie erreichten Diskussionsstand über die UVP muß fest gestellt werden, daß die Realität hier viele Theoretiker und Phantasten eingeholt hat – die berühmt-berüchtigten ökosystemaren Wirkungszusammenhänge lassen sich eben in der Praxis nicht erfassen und schon gar nicht bewerten. Damit bleibt hier nichts anderes übrig, als ganz nüchtern festzustellen, daß den großen und leeren Versprechungen der Ökologen und Umweltschützer bezüglich einer ökosystemar ausgerichteten Umweltanalyse und Umweltplanung von Juristen die Luft abgelassen worden ist.

- Die Ziffer 0.8.2.6.2 der VwV regelt die sogenannte Einleitung des Bewertungsverfahrens, wobei die federführende Behörde die anderen beteiligten

Zulassungsbehörden zu Stellungnahmen auf ihrer jeweiligen fachlichen Sicht aufzufordern und im Falle von Meinungsverschiedenheiten über die Gesamtbewertung einen Einigungsvorschlag zu erarbeiten hat.'

Diese Regelung ist für mich ein weiterer Beleg dafür, daß die betroffenen Zulassungsbehörden unter Bewertung die Prüfung der Zulässigkeit verstehen – wie daraus jemals eine medienübergreifende, ökosystembezogene Gesamtbewertung werden soll, bleibt zumindest mir unklar.

– Der Hauptvorwurf an die UVPVwV besteht darin, daß ganz offenkundig die Bewertung mit der Zulässigkeitsüberprüfung gleichgesetzt wird. Damit kommt es letztlich gar nicht zu einer Antwort auf die Frage, ob denn das Vorhaben nun eigentlich umweltverträglich ist oder nicht. Laut Aussagen des Herrn Dr. Feldmann im Rahmen einer Diskussion in der Umweltakademie Borken im Jahre 1990 ist eine derartig klare und eindeutige Antwort in Form eines Ja oder Nein zur Frage der Umweltverträglichkeit in der Tat auch gar nicht vorgesehen.

Damit entfällt meines Erachtens leider ein ganz entscheidender Baustein für eine positive Zukunftentwicklung der Umweltpolitik. Wir sind doch immer davon ausgegangen, daß bei einem Gesamturteil „nicht umweltverträglich", im Falle einer Genehmigung für jedermann klar und deutlich erkennbar wird, daß trotz negativen UVP-Ergebnisses anderen Belangen der Vorrang eingeräumt worden ist. Genau an diesem Punkt könnte dann z. B. die Verbandsklage ansetzen oder aber es könnten auch interessierte Bürger die Entscheidungsträger um Begründung bitten.

Fazit:

Ich behaupte, die Bewertung gemäß Ziff. 0.8.2 der UVPVwV befindet sich in einer nur noch Juristen einleuchtenden engen Gemengelage mit Zulässigkeitsvoraussetzungen gemäß fachgesetzlichen Regelungen.

Durch die UVPVwV sind – und dies wäre rechtlich auch gar nicht anders zulässig – keinerlei neue Bewertungskriterien eingeführt worden. Daraus ergibt sich die Frage, was denn nun eigentlich neu ist. Da doch diese Fachgesetze – s. Ziff. 1-16 der VwV – schon sehr lange gelten, stellt sich die Frage, wie es überhaupt zu den uns heute bekannten Umweltschäden kommen konnte. Ist da etwa in der Vergangenheit geltendes Recht nicht richtig angewendet worden? Wenn dem so wäre, worin begründet sich dann der Optimismus auf Besserung?

3. Gedanken über die Zukunft der UVP

Je länger die Diskussion um die UVP anhält, umso pessimistischer werde ich. Die UVP wird meines Erachtens sehr viel weniger leisten als viele immer noch hoffen und glauben. Eine generelle Besserung könnte aus meiner Sicht durch folgende Änderungen erreicht werden:

3.1 Eigenständiges UVP-Verfahren

Ich bin der Meinung, daß die UVP langfristig zu einem eigenständigen Verfahren entwickelt werden muß. Der derzeitige Zustand, daß die UVP gemäß § 2 UVPG ein unselbständiger Teil verwaltungsbehördlicher Verfahren ist, muß als insgesamt unbefriedigend, weit hinter den Erwartungen zurückbleibend und als verantwortlich für viele der im vorgenannten aufgezählten Mängel bezeichnet werden.

3.2 Bewertungsgrundlagen schaffen

Unabdingbare Voraussetzung einer UVP als eigenständiges Verfahren ist eine umfassende Bewertungsgrundlage. Meine Meinung geht dahin, die Landschaftsplanung als eines der bereits vorhandenen rechtlichen Instrumente auszubauen, hin zu einer Umweltleitplanung mit sachlich und räumlich ausreichend differenzierten Umweltqualitätszielen. Daß derartiges möglich ist und wie hier methodisch vorgegangen werden sollte, habe ich mehrfach veröffentlicht (FINKE 1989, 1990).

Die rechtlichen und verfahrensmäßigen Voraussetzungen hierfür haben KLOEPFER, REHBINDER, SCHMIDT-ASSMANN unter Mitwirkung von KUNIG (1991) in einer umfangreichen Studie für das UBA erarbeitet.

In dieser Studie (s. auch KLOEPFER et.al. 1991) findet sich auch eine sogenannte Umweltleitplanung im Sinne einer medienübergreifenden, umweltspezifischen Leitplanung, in welcher die bestehenden Fachplanungen des Umweltschutzes soweit wie möglich zusammengeführt werden. Diese Umweltleitplanung soll den Schwerpunkt des Umweltplanungsrechts bilden.

Käme es zu einem derartigen ökologischen Planungssystem, dann wäre die Zeit reif für eine eigenständige UVP. Aber auch für die jetzige Lösung könnte eine derartige ökologische Leitplanung die Bewertungskriterien liefern.

3.3 Fazit

Bevor es – hoffentlich – zu einer derartigen Umweltleitplanung kommt, sollte versucht werden, das bestehende Chaos nicht noch zu vergrößern – dies gilt vor allem für den Bereich der Terminologie. Ich beobachte mit großer Sorge, daß es für ein und dieselbe Sache sehr unterschiedliche Begriffe gibt – ich denke dabei an folgende Begriffe:

- Umweltverträglichkeitsprüfung (UVP)
- Umweltverträglichkeitsuntersuchung (UVU)
- Umweltverträglichkeitsstudie (UVS)
- Ökologische Folgenabschätzung
- Technische Folgenabschätzung
- UVP-Untersuchung
- UVP-Gutachten.

Dieser letztgenannte Begriff erscheint mir ganz und gar unverständlich – er findet sich zum Beispiel in einer Veröffentlichung einer AG UVP und Wirtschaft des UVP-Fördervereins, welcher einen Leitfaden für Unternehmer herausgebracht hat (1990). Dieser insgesamt sehr gut gelungene Leitfaden beinhaltet meines Erachtens einen kapitalen Ausrutscher, indem dort auf Seite 24 im Zusammenhang mit Auswahlkriterien für Gutachter behauptet wird, zur Aufgabenstellung eines derartigen UVP-Gutachtens gehörte neben der Beurteilung der Auswirkungen eines Vorhabens auf das ökologische Umfeld auch die Beurteilung der Auswirkungen auf das sicherheitstechnische, räumliche, ökonomische, soziale und rechtliche Umfeld.

Vor einem derart meines Erachtens weitgefaßten Verständnis der Aufgabenstellung einer UVP kann nicht eindringlich genug gewarnt werden. Wer auch nur ansatzweise bereit ist, innerhalb der UVP zum Beispiel ökonomische Auswirkungen mit zu beachten, der wird wohl kaum in der Lage sein, die mit einer geplanten Betriebsansiedlung gekoppelten bzw. beabsichtigten ökonomischen Positiveffekte gegen Negativwirkungen im ökologischen Umfeld aufzurechnen. Hier maßt sich der UVP-Gutachter etwas an – nämlich die Abwägung konkurrierender Ziele – die in diesem Falle Aufgabe des zuständigen Gemeindeparlaments ist.

Warnen möchte ich auch vor zu großem Optimismus und vor zu globalen Forderungen – hierzu zähle ich zum Beispiel die immer wieder erneut erhobene Forderung nach einer Programm- und einer Plan-UVP. Ich behaupte, daß bis heute völlig ungeklärt ist, was darunter eigentlich genau verstanden werden soll, ob zum Beispiel nur Fachpläne oder auch räumliche Gesamtpläne gemeint sind und wie derartiges überhaupt funktionieren soll. Aus der Sicht der Raumplanung bleibt zunächst einmal festzustellen, daß die Erarbeitung von Programmen und Plänen etwas Konstruktiv-kreatives darstellt – ich behaupte, daß eine UVP immer und in jedem Falle reaktiv sein muß – warum? Etwas

vorher Benanntes, Definiertes soll auf seine Umweltverträglichkeit hin beurteilt werden.

Wenn die UVP – wie von manchen gefordert – Bestandteil des Erarbei-
tungsverfahrens eines Regionalplanes sein soll, wo ist dann der Unterschied zu
der vielfach – u. a. auch von mir(s. FINKE 1989 und 1990) geforderten
Ökologisierung der Regionalplanung?

Abschließend bleibt festzustellen, daß das mit Abstand schwächste Glied
in der Kette konkurrierender Belange – die Umwelt – bei halbwegs realistischer
Betrachtung schlechten Zeiten entgegen zu gehen scheint, nicht zuletzt deshalb, weil ihre Lobbyisten immer noch untereinander viel zu uneins sind. Es
kommt meines Erachtens ganz dringend darauf an, räumlich und sachlich
ausreichend differenzierte Umweltqualitätsziele festzustellen. Diese fallen
wahrlich nicht vom Himmel, diese müssen politisch gefordert und rechtlich
normiert werden. An diesem Prozeß sollten wir alle, die wir uns für Umweltbelange einsetzen, intensiv mitwirken. Ein derartiges System von Umweltqualitätszielen ist für mich die entscheidendste Voraussetzung überhaupt für mehr
ökologischen Umweltschutz.

Gemeinsames Literaturverzeichnis

BACHMANN,G. (1988): Entgiftung des Bodens?, in: Zeitschrift für Umweltpolitik 2, S.19ff
BOHNE, E. (1990): Optimale Umsetzung der UVP-EG-Richtlinie in deutsches Recht? in:
    Zeitschr. f. Angew. Umweltforschung, H. 4
BOHNE, E. (1991): Umweltrechtliche Rechts- und Verwaltungsvorschriften auf dem Prüf-
    stand – Erfahrungen aus einem Planspiel mit Ausführungsvorschriften zum UVP-Gesetz
    und zum Bundesimmissionsschutzgesetz, in: Jb. zum Umwelt- und Technikrecht
BMU (1991): Allgemeine Verwaltungsvorschrift zur Ausführung des Gesetzes über eine
    UVP, Referentenentwurt durch MR Dr. Bohne und RD Dr. Feldmann, Bonn, 19. Juni 1991
BUNDESAMT FÜR UMWELT, WALD UND LANDSCHAFT (1990), HRSG.: Handbuch
    über die Umweltverträglichkeitsprüfung, Bern
BUNDESAMT FÜR UMWELT, WALD UND LANDSCHAFT mit dem BUNDESAMT
    FÜR RAUMPLANUNG (1991), HRSG.: UVP und Raumplanung, Bern
BUNDESAMT FÜR UMWELT, WALD UND LANDSCHAFT (1991) HRSG.: Natur- und
    Landschaftsschutz sowie Heimatschutz bei der Erstellung von UVP-Berichten, Mitteilun-
    gen zur UVP, Nr.4, Bern
BUNGE, T. (1990): Internationale und Europäische regeln über die UVP – Die Abeiten der
    OECD, der EG, des UNEP und der ECE. In: Zeitschr. f. Angew. Umweltforschung, H.4
COENEN,R. u. J. JÖRISSEN (1989): Die UVP in der EG, in: Beitr. zur Umweltgestaltung
FINKE, L. (1989): Ökologisierung der Regionalplanung – aber wie? in: Informationen zur
    Raumentwicklung, H.2/3
FINKE, L. (1990): Vorranggebiete für Naturraumpotentiale, in: Forschungs- und Sitzungsbe-
    richte der Akademie für Raumforschung und Landesplanung, Bd. 186
FINKE, L. u. V. KLEINSCHMIDT (1990): Das Gesetz über die Umweltverträglichkeitsprü-
    fung – eine geglückte Umsetzung der EG-Richtlinie?, in: Zeitschr. f. Angew. Umweltfor-
    schung, H. 4

HOPPE, W. u. M. BECKMANN (1990): Planfeststellung und Plangenehmigung im Abfall-recht – Vorschläge zur Erleichterung des abfallrechtlichen Zulassungsverfahrens, Rechts-gutachten im Auftrag des UBA , Forschungsbericht 103 03 313, UBA-FB 90 90 096, in: UBA-Texte 27/90

KLOEPFER, M. et al. (1991): Zur Kodifikation des Allgemeinen Teils eines Umweltgesetz-buches (UGB-AT), in: Deutsches Verwaltungsblatt vom 1. April 1991, S. 339-346

KLOEPFER, M., REHBINDER, SCHMIDT-ASSMANN unter Mitwirkung von KUNIG (1990): Umweltgesetzbuch – Allgemeiner Teil, UBA – Berichte 7

KNAUER,P. (1992): Umweltbeobachtungs- und Umweltinformationssysteme – Verfahren für die ökologisch orientierte Planung und für die Ökosystemforschung, E.Schmidt-Verlag, Berlin

KÜHLING,W. (1986): Planungsrichtwerte für die Luftqualität, Entwicklung von Mindeststan-dards zur Vorsorge vor schädlichen Immissionen als Konkretisierung der Belange empfindlicher Raumnutzungen, Dortmund; hrsg. vom Institut für Landes-und Stadtent-wicklungsforschung NRW, Bd. 4.045

KUMMERER,K. (1990): Ökologisch orientierte Raumplanung und räumliches Informations-system, in: Akademie für Raumforschung und Landesplanung (hrsg.), Aktuelle Aspekte der Regionalplanung, Hannover, S 8ff.

RAUSCHELBACH,B. (1991): Die Umweltverträglichkeitsprüfung als raumbezogene Pla-nungsaufgabe. Fragestellung, Inhalt und Methodik, in: Geographische Rundschau 43, Heft 11

RAUSCHELBACH,B.; GRÜGER,C.; GRÜGER,J.; HANKE,H.; SCHEMEL,H.-J. (1990): Bestandsaufnahme vorliegender Ansätze zur Bewertung und Aggregation von Informa-tionen im Rahmen von Umweltverträglichkeitsprüfungen. Dornier System GmbH, Frie-drichshafen, im Auftrag des BMFT / GSF,München / FKZ 07 UVP 01, September 1988, BPT-Bericht 1

RÖSCHEISEN, H. (1990): Unzureichende Umsetzung: Zu den Schwächen des UVP-Gesetz-es, in: Zeitschrift für Angew. Umweltforschung, H.4

SCHMID,W.A. (1991): Die UVP nach schweizerischem Recht. UVP-Report H.4

SPINDLER,E.A. (1983): Die Umweltverträglichkeitsprüfung in der Raumplanung, in: Dort-munder Beiträge zur Raumplanung, Bd.28

TÖPFER, K. (1989): UVP – Königsweg der Umweltpolitik, in: K.-H.Hübler/K.Otto-Zimmer-mann (hrsg.), UVP-Umweltverträglichkeitsprüfung, Gesetzgebung, Sachstand, Positio-nen, Lösungsansätze, Taunusstein 1989, S.33ff.

UVP-FÖRDERVEREIN (Hrsg.): UVP-Report. Informationen zur UVP. Zeitschr. des UVP-Fördervereins, Hamm/Westf.

UVP-FÖRDERVEREIN/ AG „UVP und Wirtschaft (Hrsg.)(1990): Leitfaden für Unterneh-mer, Hamm

UVP-REPORT Heft 3/1991 (Schwerpunktheft „Planungs- und Programm-UVP")

VERSTEEGEN, D. (1992): Entwurf der UVP-Verwaltungsvorschrift – Eine kritische Würdi-gung, in: STANDORT – Zeitschrift für Angewandte Geographie, H. 2

ZESCHMAR-LAHL B., LAHL U.(1987): Wie wissenschaftlich ist die Toxikologie? – Zur Problematik der Grenzwertfindung, in: Zeitschrift für Umweltpolitik 1, S. 60ff.

IV.22 Landschaftsökologie und Schule

G. Freise, G. Gerold, K. Windolph

Einleitung

Seit etwa 10-15 Jahren empfehlen Wissenschafts- Unterrichtsministerien nachdrücklich, landschaftsökologische Themen und Umweltprobleme im Unterricht aufzugreifen und zu bearbeiten.

Deren Interdisziplinarität und Komplexität erschwert jedoch die Zuordnung zu einem der traditionellen Unterrichtsfächer.

Das Verhältnis von Landschaftsökologie als Gegenstand universitärer Forschung und Praxis einerseits und als Gegenstand von Unterricht auf allen Ebenen der Bildungsinstitutionen andererseits muß daher im Hinblick auf curriculare Konsequenzen überdacht und bestimmt werden.

Dieser Aufgabe dienen die drei Referate der Fachsitzung „Landschaftsökologie und Schule":

- Im ersten Referat geht es um die wissenschaftlich anspruchsvolle Bearbeitung lanschaftsökologischer Themen vor allem in der gymnasialen Oberstufe. Am Beispiel konkreter Forschungsprojekte werden Probleme, Möglichkeiten und Grenzen des Unterrichts dargestellt und erörtert.

- Im zweiten Referat werden am Beispiel durchgeführter Geländepraktika in der Oberstufe die methodischen und die institutionellen Möglichkeiten beschrieben, projekthaftes, selbstbestimmtes Lernen erfahren zu lassen und Schüleraktivitäten und Interessen in den Mittelpunkt des Unterrichts zu stellen.

- Ausgehend von der Definition der „Landschaftsökologie als Wissenschaft von der Mensch-Umwelt-Beziehung... (die) als Fachbereich zwischen den wissenschaftlichen Disziplinen angeordnet" ist (Leser), wird im dritten Referat vorgeschlagen, dementsprechend „Landschaftsökologie in der Schule" als einen zwischen den traditionellen Schulfächern angesiedelten „Lernbereich Natur-Kultur-Gesellschaft" zu verstehen.

Die sich daraus für den Unterricht ergebenden inhaltlichen, didaktischen und methodischen Konsequenzen werden insbesondere im Hinblick auf die Interdisziplinarität und Komplexität aller landschaftsökologischen Fragestellungen dargestellt und erörtert.

D. Barsch/H Karrasch (Hrsg.): Geographie und Umwelt. Verh. d. Deutschen Geographentages Bd. 48 - Basel 1991. © 1993 Franz Steiner Verlag Stuttgart

**Landschaftsökologische Forschung – Grundlage ökosystemarer
Umwelterfassung und Bewertung in der Schule?**
G. Gerold, Göttingen

1. Geoökologische Umweltbewertung – Einführung

In jüngerer Zeit wurde das Belastungs- und Regenerationspotential von quasi
natürlichen wie künstlichen Ökosystemen (z.b. urbane Ökosysteme) zu einem
breiten und wichtigen Forschungsfeld verschiedenster Fachdisziplinen. Als
deutliche Warnzeichen einer zu hohen Umwelt- und Ressourcenbeanspru-
chung könnten beliebig viele Beispiele aus dem Bereich Waldschäden, Bodenversauerung, Gewässer- und Seeneutrophierung, Trinkwassergefährdung,
Artenrückgang, Altlasten etc. aufgeführt werden. Häufig stehen bei der
Umweltforschung zunächst Fragen der direkten Schadstoffwirkung und der
Entwicklung geeigneter Techniken zur Sanierung von Schadensfällen im
Vordergrund. Nach FRÄNZLE (1986) wird trotz ständig steigender Ausgaben
für den Umweltschutz die Sicherung eines regenerationsfähigen Naturhaushaltes von Jahr zu Jahr schwieriger. Die Gründe sind vielfältig, jedoch mit in dem
komplexen Wirkungsgefüge, das den Landschaftshaushalt kennzeichnet,
begründet (Raumbezug – landschaftliche Differenzierung).
    Die Analyse der Auswirkungen menschlicher Gruppen auf den Raum
gehört schon immer zu einem der allgemeinen Ziele des Geographieunterrichts. Was ist jedoch unter Ökosystemarer Umwelterfassung zu verstehen,
welche Bedeutung besitzt sie?
    Anhand der Literatur (FRÄNZLE 1986, 1990; LESER 1984) wird deut-
lich, daß damit Ziele und Aufgaben der aufwendigen und komplexen Ökosystemforschung angesprochen sind. Zwei der Hauptaufgaben betreffen die
Erfassung der Struktur und Dynamik von Ökosystemen und die Kenntnis der
Be- und Entlastbarkeit von Ökosystemen (s. FRÄNZLE 1990). Diese Ziele
decken sich mit den Aufgaben der landschaftsökologischen Forschung, wobei
dort der Landschaftshaushalt in seiner räumlichen Differenzierung im Mittelpunkt steht.
    Zu den Lernzielen im Schulfach Geographie in der Oberstufe gehört:
    „Erkennen und Beurteilen von Auswirkungen anthropogener Eingriffe in
den Landschaftshaushalt, Einsicht in die landschaftsökologischen Rahmenbedingungen und die Belastbarkeit natürlicher Systeme". HENDINGER schrieb
bereits 1977: „Über den Schlüsselbegriff des landschaftlichen Ökosystems ist
es möglich, die Probleme der Erhaltung unserer Umwelt im Unterricht anzugehen..".
    Die Wirklichkeit in der Schule sieht jedoch häufig anders aus. Die Ursa-
chen sind neben administrativ-organisatorischen Hemmnissen vor allem in
zwei Problemfeldern zu sehen: In der Entwicklung der landschaftsökologischen Forschung selbst und in der Ausrichtung und Vorgabe durch die
Rahmenrichtlinien in der Schule!

Es fängt für den Nichtfachmann bereits mit der Begriffsvielfalt in der Ökologie/Landschaftsökologie an, geht dann weiter zur Frage der Erfassung und Darstellung der Struktur von Ökosystemen und zur Frage, wie die Belastbarkeit von Ökosystemen zu erfassen ist.

2. Grundlagen ökosystemarer Umwelterfassung

Seit der Definition der Landschaftsökologie nach TROLL (1966) stellt die Landschaftsökologie gerade die Verknüpfung bio- und geowissenschaftlicher Strukturen und Funktionen im Raum dar. Mit der räumlichen Abgrenzung von Ökosystemen über das Ökotop als kleinste räumliche Einheit mit relativ homogenem Wirkungsgefüge ist eine Forschungsrichtung charakterisiert, die versucht, großmaßstäbig in der topologischen Dimension Landschaftseinheiten nach ihrem Ökotopgefüge oder abiotisch nach ihrem Physiotopgefüge zu erfassen. Entsprechend sind die meisten Forschungsarbeiten in der topologischen Dimension angelegt. Damit ist für den Umsatz in die Schule eine Diskrepanz gegenüber der vorherrschenden Betrachtung von Regionen, Landschaftszonen bis hin zu weltweiten Umweltproblemen gegeben.

Unter Ökosystemstruktur wird vom Begriff System her die Menge der biotischen und abiotischen Systemelemente und der zwischen diesen wirkenden Relationen verstanden. Damit geht es weit über eine Beschreibung der räumlichen Anordnung von Merkmalen hinaus. Die Struktur wird vor allem durch Prozesse geprägt, die zwischen den Elementen oder Teilsystemen ablaufen. Da alle individuellen Merkmale in ihrem funktionalen Zusammenhang in der Landschaft nicht meßbar und faßbar sind, ist eine Abstraktion zur Modellebene hin notwendig, um eine funktionelle Systemanalyse und eine geeignete Auswahl der meßbaren und kartierbaren Größen durchführen zu können (s. KLUG u. LANG 1983).

Dieser Bereich der Erfassung ökosystemarer Zusammenhänge durch Strukturmodelle, Funktionsmodelle oder Regelkreise ist sehr unterschiedlich dargestellt und befindet sich im Bereich Systemanalyse und Modellierung noch in Entwicklung, so daß für die Schule das Problem der Verfügbarkeit solcher Darstellungen wie auch der Einfachheit, ohne daß es falsch wird, gegeben ist. Die unterschiedliche Abstraktionsebene und Genauigkeit veranschaulicht ein Vergleich von: „Standortregelkreis" im Sinne der komplexen Standortanalyse (MOSIMANN 1984), Systemmodell „Bodenwasserhaushalt und Schadstoffflüsse" (KUHNT 1984), und dem für die Schule dargestellten Schaubild „Komponenten der Landschaftsstruktur" in WEIN.

Allgemein ist die Struktur eines Ökosystems gekennzeichnet durch die Funktionsträger:

Organismen – Primär- und Sekundärproduzenten

Boden – Reaktionsraum, Speicher, Filter; Bodenlösung mit Nähr- und Schadstoffen

Gestein, Oberfläche der Festsubstanz – mobilisierbare Ionen/Nährstoffe

Umweltbereiche mit Atmosphäre, Hydrosphäre – Funktion des Austausches von Gasen, Partikeln, Wasser, gelöste Stoffe, Energie

In welchem Umfang diese Komponenten naturwissenschaftlich in der Schule behandelt werden können, weiß jeder Lehrer aus der praktischen Schularbeit.

Die Frage der *Belastbarkeit von Ökosystemen* beinhaltet neben der Erfassung der Struktur die Frage nach der Stabilität und ihren Grenzen. Diese wiederum ist eng verknüpft mit der Fähigkeit eines Ökosystems zur Selbstregulation, d.h. daß ein offenes System ein Fließgleichgewicht aufweist, das über die negativen Rückkopplungsmechanismen im System Störungen ohne permanente Änderung der Struktur abpuffern kann. Dieses Fließgleichgewicht kann für eine gewisse Zeitdauer als stationärer Zustand definiert werden, bei dem im Ökosystem ein gleichbleibender Energie- und Stofffluß gegeben ist. Die Erfassung dieser systemspezifischen Pufferkapazität ist eine der Hauptaufgaben der Ökosystemforschung (s. MÜLLER 1991).

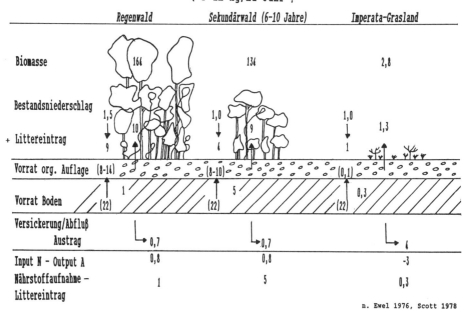

Abb.1 Nährstoffkreislauf im Tropischen Regenwald

Abb.2 Nitrata uswaschung aus verschiedenen Ökotopen bei Rehburg

Station	8	7	6	5	4	3	2	1
Nutzungsart	Wald	Wald	Wald	Grünland	Grünland	Acker	Acker	Wald
Vegetation	Buchenwald	Ahorn-Eschenwald	Kiefern-Eichenwald	Fuchsschwanz-Glatthaferwiese	Fuchsschwanz-Glatthaferwiese	Getreide, Mais	Getreide, Mais	Kiefernwald
Relief	Oberhang	Unterhang	Unterhang	Niederung	Niederung	Unterhang	Mittelhang	Kuppe
Grundwasserstand (m unter Flur)	1,5-3,5	0,2-1,8	1,8-3,5	2,0-2,8	0,7-1,5	2,5-3,8	ca. 45	ca. 45
Bodenart	Lehm (Lts)	Lehm (Lts)	Sand (S)	Sand (S)	Sand (S)	Sand (S)	Sand (S)	Sand (S,g)
Durchlässigkeitsbeiwert (kf; cm/s)	10^{-7}	10^{-7}	10^{-4}	10^{-4}	10^{-4}	10^{-4}	10^{-4}	10^{-3}
C/N-Verhältnis im Oberboden	10	14	17	10	10	13	13	20
Sickerwassermenge (in % des Bestandes-niederschlages)	20	33	21	45	43	48	43	32
Sickerwassermenge (in mm für 10 dm Profiltiefe)	106	50	57	.	150	246	239	168
Stickstoffeintrag: Düngung u. Immissionen (kg N/ha u. a)	20	20	20	50	200	280	280	20
Nitratgehalt im Sickerwasser (mg/l)	2,0	1,5	2,1	1,4	9,0	85,0	85,0	2,1
Nitratgehalt im Grundwasser (mg/l)	7,3	0,7	5,6	18,3	21,0	39,4	.	.

Daraus ergibt sich ein grundsätzlicher forschungsmethodischer Ansatz, der auf die Messung und Analyse der Energie- und Stoffübergänge an den Schnittstellen, den Kompartimentgrenzen abzielt. Die standörtliche wie vor allem landschaftshaushaltliche Wasser- und Stoffbilanzierung ist daher ein weit verbreiteter Ansatz zur Charakterisierung des ökosystemaren Zustandes. Daraus folgt, daß langfristig angelegte mehrjährige Meßprogramme in repräsentativen und noch vorhandenen naturnahen Ökosystemen durchgeführt werden müssen. In der Schulpraxis sind natürlich nur exemplarische Feldarbeiten möglich (punktuelle Messungen, Beobachtungen, Kartierungen). – Ein Beispiel für diesen Untersuchungsansatz zeigt Abb. 1 mit dem Mangelelement Phosphor für den immergrünen tropischen Regenwald (s. GEROLD 1991).

3. Landschaftsökologische Forschung – Beispiele

Anhand zweier landschaftsökologischer Forschungsprojekte, deren Ergebnisse im Vortrag und im Rahmen von Lehrerfortbildungsveranstaltungen behandelt wurden, können anthropogen ausgelöste Veränderungen im Landschaftshaushalt exemplarisch für einen Nahraum wie für eine Landschaftszone erarbeitet werden. – Für ein fluvio-glazial geprägtes Relief wurde in der topischen Dimension (Physiotop, Ökotop) der vertikale Wasser- und Stoffumsatz in Abhängigkeit von Klima/Vegetation, Substrat/Boden und landwirtschaftlicher Nutzung untersucht. Als ein Ergebnis anthropogen ausgelöster Veränderungen und Belastungen der Umwelt kann der Nitrateintrag in das Grundwasser betrachtet werden (s. Abb. 2). Sickerungsaktive Bodenformen (40% der Jahresniederschläge) mit landwirtschaftlicher Nutzung (Getreide) stellen die am stärksten gefährdeten Bereiche dar.

Mit dem zweiten Beispiel wurden geoökologische Auswirkungen der Vegetationsdegradation im Mediterranraum behandelt. Von einem einfachen Wirkungsgefüge ausgehend, können die Folgen für den Wasserumsatz beschrieben und interpretiert werden (s. Abb. 3 u. Tab. 1). Konsequenzen für den Feststoffumsatz (Bodenerosion, Badlandbildung) und den Wasserhaushalt (Zunahme des Oberflächenabflusses, Stauseesedimentation) sind indirekt ableitbar (s. RIEMANN 1987).

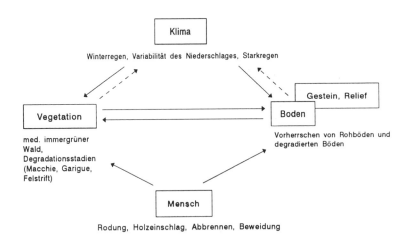

Abb.3 Wirkungsgefüge des Landschaftshaushaltes (Mediterrangebiet)

Standortunterschiede im System Wasser - Pflanze - Boden bei zunehmender Vegetationsdegradation
(Zentralmittelmeerraum)

Vegetationseinheit	mediterr. Wald	Macchie	Garigue, Felstrift	Garigue, Felstrift	Aufforstung Eucalyptus,	Kiefern
Vorherrschende Bodentypen	tiefgründige med. Braunerden	degradierte Braunerde, Rendzina	Kalkstein, Rendzina, flachgründig (30 cm)	Ranker, Regosol	Rendzina	Regosol
Niederschlag/Tag (mm)	30	30	30	30	30	30
Interception	6-9	3-6	0-1	0-1	2-4	3-5
Verdunstung a)Herbsttag	3-5	3-5	2-3	2-3	3-5	3-4
b)Wintertag	1-2	1-2	1	1	1-2	1-2
Oberflächenspeicherung	-	-	-	-	-	-
mögliche Infiltrationsrate (mm/h)	50	15	5-10	1-5	5-10	1-5
Oberflächenabfluß	0	4-11	17-24	21-28	11-20	15-23
Wurzelraumkapazität (mm)	250	150	40	45	60	45
Bodenwasserspeicherung	16-23	9-15	5-10	1-5	5-10	1-5
Versickerung (Winter) (fast aufgefüllte Wurzelraumkapazität) und Grundwasserspeicherung	16-20	9-12	5-7	1-3	5-7	1-3

morphodynamische Folgen:

Bodenerosionsgefährdung	gering	mittel, zeitweise hoch	kurzfristig hoch	sehr hoch	mittel	hoch
Überschwemmungsgefährdung	gering, hohes Ausgleichspotential	gering, etwas höher	gering, Verkarstung in Poljen	sehr hoch	je nach Deckungsgrad mittel - gering	mittel

Tab. 1 Standortunterschiede im System Wasser-Pflanze-Boden bei zunehmender Vegetationsdegradation (Zentralmittelmeerraum)

4. Probleme für die Schule

Landschaftsökologische Forschung beschäftigt sich nach den meisten Definitionen mit dem komplexen Wirkungsgefüge eines Landschaftsausschnittes, mit dem Landschaftshaushalt oder landschaftlichen Ökosystemen (s. LESER 1991). Dies bedeutet jedoch bereits in der Forschung, daß in diesem hochkomplexen Aufgabenfeld nur eine breit angelegte, aufwendige und langfristige interdisziplinäre Arbeit, wie sie mit den repräsentativen Ökosystemforschungsgebieten in Deutschland begonnen wurde, zum Erfolg führen kann. Für die Anwendung in der Schule, wo Landschaftsökologie als Thema in der Oberstufe Eingang gefunden hat, lassen sich zur Zeit zwei Problemfelder angeben:

A) Das erste Problemfeld umfaßt die landschaftsökologische Forschung selbst: Zwar resultieren weltweit Umweltprobleme aus anthropogenen Eingriffen in den Landschaftshaushalt. Ein Lernziel lautet daher „Erkennen und Beurteilen von Auswirkungen anthropogener Eingriffe in den Landschaftshaushalt". Geoökologische Forschungen unterscheiden sich jedoch hinsichtlich Maßstab, Spezialisierung der Fragestellung und Vernachlässigung des Raumbezuges erheblich.

Wie integrativ ein ökologischer Ansatz ist, stellt sich aus der Sichtweise von Grundlagenforschern oder Praktikern völlig anders dar. Der Grundlagenforscher ist u.U. am Detailproblem interessiert (Schadstoffakkumulation im Organismus oder Boden), die Umwelt oder benachbarte Teilkompartimente können völlig vernachlässigt werden. Der Praktiker in der Planung und in der

Schule ist an gröberen Sachverhalten interessiert, die so grob sein können, daß
Funktionszusammenhänge in der Umwelt auf Hintergrundwissen schrumpft.
Wichtig ist ein umfassender ökologischer Ansatz, der die einzelnen fächerspe-
zifischen Arbeitsweisen integriert und aggregiert.

B) In der Schule werden häufig globale Stoffumsatzmodelle wie Kohlenstoff-
kreislauf oder Wasserkreislauf zur Erfassung globaler Umweltprobleme herangezogen. Stellt sich in der topologischen Dimension das Problem der Erfassung
und Verallgemeinerung von Ökosystemfunktionen auf der Basis häufig umfangreicher detaillierter Datenmengen, so fehlt es bei den globalen Stoffkreis-
läufen einmal an den wissenschaftlich fundierten Verknüpfungsstellen mit
Kenntnis ihrer Reglerfunktion im Ökosystem und an einer ausreichenden
räumlich differenzierten Datenmenge.
    Gerade in der Schule ist jedoch aufgrund der tradierten Ausrichtung auf die
Erfassung von Strukturen und Prozessen in größeren Erdräumen (Landschaftszone, Erdteile, Staaten) bei landschaftsökologischen Themen daher meist nur
das „black box" Modell mit der Behandlung der anthropogenen Eingriffe und
der ökologischen Folgen anwendbar (anthropogene Eingriffe, Systemreaktion,
ökologische Folgen).
    Die eigentlichen ökosystemaren Schlüsselgrößen sind nicht bekannt und
können aufgrund der Vernetzung einer Vielzahl von Ökosystemen in der
Großregion meist auch nicht von der Forschung exakt zur Verfügung gestellt
werden. Damit sind jedoch sehr schnell folgende Gefahren gegeben:
    Da der sachliche Zusammenhang zwischen Eingriffen und ökologischen
Folgen nicht naturwissenschaftlich klar faßbar ist oder vermittelt werden kann,
beschränkt man sich auf Fragen der zeitlichen Entwicklung und gesellschaftlichen Ursachen der Umweltzerstörung und kommt schnell auf eine breitgefächerte ökologische Diskussion möglicher Gegenmaßnahmen. So lautet ein
Vorschlag zur Kursabfolge in der Oberstufe in Niedersachsen: „13.2 Umwelt
– ihre Realität, Zerstörung und Erhaltung (weltweit)".
    Ansätze der Behandlung ausgewählter Ökosysteme gibt es durchaus und
verdienten eine breitere Berücksichtigung in den Rahmenrichtlinien wie:
– Ökosystem Harz – Bodenversauerung und Waldsterben
– Stadt als Ökosystem
– Regenwaldökosystem – Nährstoffkreislauf, Nutzungsprobleme.
    Sollten nicht aus der landschaftsökologischen Forschung heraus kleine
Ausschnitte der Erdoberfläche mit typischen Relief-/Substratabfolgen und
anthropogenen Nutzungseingriffen zur besseren fundierten Behandlung von
Umweltproblemen „vor der Haustür"; wie z.B. die Nitratbelastung des Grund-
wassers, oder Bodenbelastung durch Schwermetalle, behandelt werden (Be-
troffenheitsprinzip, Umweltschutzprinzip s. LESER 1991)?
    Grundsätzlich treten derzeitig folgende inhaltliche Probleme der Anwend-
barkeit in der Schule auf, die auch ihre Ursachen mit an geringen Weiterbil-

dungsmöglichkeiten wie auch universitärer Fachausbildung im Lehramtsstudiengang Geographie hat:

Interdisziplinarität: Vielzahl naturwissenschaftlicher Kenntnisse notwendig – jedoch sektoral, fächerspezifischer Unterricht
Komplexität: „Ökosystemmodelle" sind zu abstrakt oder können quantitativ nicht ausgefüllt werden – Belastbarkeitsaussagen spekulativ
Raumstruktur: Übertragungsproblem standörtlicher Prozeßdaten in die Fläche, Vernetzung der Ökosysteme vielfach ungeklärt; räumliche Differenzierung und Wasser-/Stoffumsätze am Standort werden getrennt behandelt

Landschaftsökologische Sachverhalte aus der Forschung bedürfen verstärkt der schuldidaktischen und schulisch-praktischen Aufarbeitung. Die von HÄRLE (1980) genannten geoökologischen Defizite in der Schule existieren nicht seitens der Fülle landschaftsökologischer Themen und Umweltprobleme, aber deutlich im Verhältnis von Fachwissenschaft und schulstufenspezifischer Aufarbeitung.

Landschaftsökologische Geländearbeit als Grundlage der Konzeption eines praxisnahen Umweltunterrichtes
K. Windolph, Hannover

1. Ansätze für den Umweltunterricht der Zukunft

Der *künftige Umweltunterricht* wird konzeptionell auf den grundlegenden Erkenntnissen der Landschaftsökologie und einem „Fachbereich Umwelt" aufgebaut werden. Das bedeutet, daß einerseits
– der ökosystemare Ansatz und die ökotopische Raumbetrachtung der Landschaftsökologie zu berücksichtigen sind,
– interdisziplinär vorzugehen ist, sich also aus dem zu engen Rahmen der Geographie zu lösen ist und Nachbarfächer einzubeziehen sind,
– der naturwissenschaftliche Aspekt mit dem des praktischen Umweltschutzes auf gesellschaftspolitischem Hintergrund zu verbinden ist, also der NATUR-TECHNIK-GESELLSCHAFTSZUSAMMENHANG zu vermitteln ist.
Zum anderen wird ein „Fachbereich Umwelt" die gegenwärtige Fächerstruktur der Schulen ergänzen.
Der „Fachbereich Umwelt" wird nicht als ein neues Fach verstanden, sondern als ein organisatorisch-perspektivisches Instrument, das
– fächerübergreifend die methodischen Rahmenbedingungen für den Umweltunterricht herstellt,

— Kooperationsstrukturen zwischen den Naturwissenschaften, der Geographie und den Gesellschaftswissenschaften entwickelt,
— die Landschaftsökologie als integrative Mitte des Umweltunterrichtes konzipiert,
— Lehrerteams und schulstufenspezifische „Teammodelle Umwelt" organisiert,
— den auf außerschulische Institutionen bezogenen Projektunterricht fördert und insbesondere auch
— auf die Verwirklichung eines breiten Spektrums praktischer Geländearbeit hinwirkt.

Der praktischen Feldarbeit in den mehr oder weniger umweltbelasteten Räumen von Stadt und Land kommt im Umweltunterricht der Zukunft eine Schlüsselposition zu.

2. Landschaftsökologische Geländearbeit (Geländepraktika): Ein Schwerpunkt des Umweltunterrichtes

Essentieller Bestandteil des künftigen Umweltunterrichtes wird die Vermittlung landschaftsökologischer Grundlagen im Gelände sein, schwerpunktmäßig in einer schulnahen Landschaft.

Der „Aufbau" einiger schulnaher Modellgebiete zusammen mit Umweltgruppen, Hochschulinstituten, der Lehrerfortbildung u.a. kann eine nützliche Informationsbasis schaffen, auf die auch weniger erfahrene Kollegen zurückgreifen können. Die Umgebung der Landschulheime bietet sich für Modellgebiete an.

Instrumentelle Voraussetzung für die Geländearbeit ist lediglich eine einfache ökologische Grundausstattung. Eine schuleigene ökologische Meßstation kann bei der Vorbereitung der Geländearbeit sehr gut eingesetzt werden.

Ein einwöchiges landschaftsökologisches Geländepraktikum in einer schulnahen Landschaft (aber auch im Ausland) wird als Idealform der Arbeit angestrebt.

Das Geländepraktikum stellt die Projektphase des Umweltunterrichtes dar, es integriert die landschaftsökologische Grundausbildung, schafft eine Begegnung mit der Praxis und ist der Abschluß und Höhepunkt der Unterrichtsarbeit.

Der prinzipielle Aufbau der Geländearbeit kann auf die traditionelle wissenschaftliche Partialkomplexbetrachtung von Relief, Meso- und Mikroklima, Boden, Bios und Wasser zurückgreifen, dabei einfache Kenntnisse zur ökosystemaren Struktur vermitteln und insbesondere auch die naturräumliche Ordnung auf der Basis topischer Einheiten verständlich machen (Abb. 4-6). Damit wird ein Instrumentarium angeboten, das schulisch außerordentliche Erkenntnismöglichkeiten bietet. Gleichzeitig eröffnet es in seiner wissenschaftlichen Unzulänglichkeit und umweltpraktischen Begrenztheit ein weites Feld für problemorientierte Diskussionen.

Abb.4: Einige Aspekte der Praktikumsuntersuchungen der Tellkampfschule Hannover (Erdkunde- und Biologieleistungskurs) im Lange Bramke Tal/Harz 1985

Problembereich des Geländepraktikums: Bodenversauerung und Waldschäden im Mittelgebirge

Wissenschaftliche und fachliche Kooperation: Zur Zeit des Geländepraktikums wurden im Untersuchungsgebiet Ökosystemforschungen vom Geographischen Institut Braunschweig und vom Forschungszentrum Waldökosysteme/Waldsterben der Universität Göttingen durchgeführt. Die aktuelle forstliche Standortkartierung ermöglichte die Benutzung der Bodengruben.

Zielsetzung und Dauer des Geländepraktikums: Einfache ökologische Catenen, Kausalitäten Gestein-Relief-Bodenversauerung-Gewässerbelastung-Mikroklima-Waldschäden; Ökotopstruktur.

Arbeitszeit: 8 Tage

---

1) RELIEFUNTERSUCHUNG (ist oft entbehrlich)

Merkmale	Methode	Ökologische Aussage
Wölbung	Kartierung und Messung	Korrelationsvariablen für
Neigung	mit Meßlatte, Neigungswinkel-	Erosion und Akkumulation,
Exposition	messer, Kompaß	Korrelationsvariablen für
Rezente Morphodynamik		Wasserhaushaltsprozesse,
Reliefelemente/-formen	Synthese zu Morphotopen	Mikro- und mesoklima-
	Erste, grobe Einschätzung der	tische Situation
	ökologischen Standortabfolge	Schäden
	Festlegung der relevanten Stand-	Ökosystemare Bedeutung des
	orte für die weitere Differen-	Reliefs
	tialanalyse	

---

2) MIKRO- UND MESOKLIMAUNTERSUCHUNG (auch ohne Geräteeinsatz Aussagen möglich)

Merkmale	Methode	Ökologische Aussage
Minimum-Maximum-temperatur	Differentialanalyse	Bodenfaunistische Aktivität,
Bodentemperatur	Ableitung von klimatischen Gege-	Borkenkäferbefall, Intensität
Niederschlag	benheiten aus der Charakteristik	und Artenspektrum der Flora,
Lichtstärke/Strahlung	des Reliefs	Grad der Waldbeschädigung,
Relative Feuchte	Genormte Aufstellung der	Schäden durch Frost und
Windstärke/Windrichtung	Meßgeräte. Zeitliche Augen-	Kaltluft.
Frostgefährdung	blicksmessungen an den Stand-	
Kaltluftbahnen	orten.	
Warme Hangzonen		

Abb. 4.1 und 4.2

3) BODENUNTERSUCHUNG (zentrale Bedeutung)

Merkmale	Methode	Ökologische Aussage
Horizonte	Kartierung mittels spezieller	Bodenprozesse im Land-
Humusform	Ansprachemethoden: Finger-	schaftshaushalt (Podso-
Bodenart	probe, pH-Bestimmung, An-	lierung, Pseudovergeyung,
Substrattyp	spracherahmen für die anderen	Entkalkung, Versauerung etc.),
Humusgehalt	Bodenmerkmale.	pH-Absenkung und veränder-
Gefüge	Benutzung von Tabellen, Formeln,	ter Stoffkreislauf.
Lagerungsdichte	Graphiken etc.	Nährstoffsituation und
Durchwurzelung	Pürckhauer Bohrung, Aufschluß,	Waldwachstum.
Karbonatgehalt	detaillierte Bodenansprache in	Nährstoffaustrag im Ge-
pH-Wert	der Bodenprofilgrube.	wässernetz.
Bodentyp	Kennzeichnung der Bodenformen	
	und Pedotope.	

4) BIOSUNTERSUCHUNG (wichtig: Bestimmung der Pflanzenarten = Zeigerwerte nach Ellenberg)

Merkmale	Methode	Ökologische Aussage
Vegetation:	Erfassung nach BRAUN	Beurteilung abiotischer
Arten	BLANQUET	Elemente
Zeigerwert	Auswertung nach ELLENBERG	Berechnung der Biomasse in
Fauna:	Quantitative und qualitative	
Arten	Erfassung der Fauna	Berechnung der Diversität
Abundanz		

5) WASSERUNTERSUCHUNG (ist oft entbehrlich)

Merkmale	Methode	Ökologische Aussage
Oberflächenabfluß	Beobachtung	Stofftransport
Staunässe	Ableitung aus	Zusammenhänge Boden-
Grundwasserstand	anderen Ökosystem-	Relief-Wasser. Spezifische
Bodenwassergehalt	komponenten.	Wuchsbedingungen

6) ANSPRACHE DER STANDORTÖKOSYSTEME, ABGRENZUNG DER ÖKOTOPE,
   PROGNOSTIK FÜR DIE LANDSCHAFTSENTWICKLUNG
   (Nur kleine Ausschnitte des Ökosystemmodells füllbar. Bescheidene Bewertungsansätze)

– Bedeutung der Merkmale der Ökosystemkomponenten
– konkretes Ökosystemmodell
– Erfassung der naturräumlichen Ordnung
– Beurteilung von Landschaftsplanungen zur Behebung von Umweltschäden

Abb. 4.3 bis 4.6

Bewertungsversuche von Umweltproblemen auf der Basis schulischer Geländearbeit zeigen, daß bei der hohen Komplexität der Landschaften und schwachen Datenbasis nur bescheidene Bewertungsansätze möglich sind. Darüber hinaus wird deutlich, daß die Erfassung der Ausstattungsmerkmale der Ökosysteme nur kleine Ausschnitte des Ökosystemmodells füllt. Insbesondere die Prozeßabläufe bleiben unklar. Auf der Erkenntnis der Ungesichertheit der Bewertung von Umweltproblemen in der untersuchten Landschaft werden Landschaftsbewertungen und Landschaftsplanungen der Praxis betrachtet und kritisch hinterfragt. Dabei kann die Problematik von ökologischen Expertisen kritisch beleuchtet werden.

Schulgerechte Geländepraktika sind ein effizientes methodisches Instrumentarium, das bei Vermeidung von Oberflächlichkeit zu hoher fachlicher Intensität führt, ohne vordiplomhafte Hochschularbeit zu kopieren.

Diese Arbeitsform stellt Schüleraktivität in den Mittelpunkt, geht von Schülerinteressen aus und bevorzugt selbstbestimmtes, projekthaftes Lernen.

Methodisches ist oft Inhaltlichem gleichrangig. Eine Fülle von Tätigkeiten muß von der Arbeitsgruppe selbständig bewältigt werden (Abb.4.1–4.5). Dazu gehören der Meßgeräteeinsatz, die Handhabung der Kartierunterlagen, die arbeitsteilige Organisation der Kartierungen, die Sicherung der Ergebnisse, das Zeichnen von Karten und Grafiken und die Gruppenauswertung der Geländearbeit einschließlich der Vorlage eines Arbeitsberichtes.

Gruppenarbeit in einer ökologisch interessanten und ästhetisch reizvollen Landschaft macht Spaß und ermöglicht auch den nicht so sehr motivierten Schülern wesentliche Erkenntnisgewinne, die zu ökologischem Denken und Handeln befähigen.

LANGE BRAMKE TAL / HARZ - SAUKAPPE

Name: **GRUPPE 1** — Datum: **19.05.85** — Lfd. Nr.: **2**

FLORA: VACCINIUM MYRTILLUS (HEIDELBEERE), SAURE GRÄSER

RELIEF

	Ebene	Plateau	Tal	Talung	Talboden	Talaue	Talschluss	Talmündung	Neigung in °	0 - 2	2 - 5	5 - 10	10 - 20	20 - 30	30 - 45	> 45
									in %	0 - 3	3 - 9	9 - 17	17 - 36	36 - 58	58 - 100	> 100
	Hang	Terrasse	Rücken	Kuppe	Mulde	Pfanne	Delle	Quellmulde	Bezeichnung	eben	schw. geneigt	mäßig geneigt	stark geneigt	steil	schroff	sehr schroff
				XXX									**XXXX**			

EXPOSITION

N	NNO	NO	ONO	O	OSO	SO	SSO	S	SSW	SW	WSW	W	WNW	NW	NNW
							XX								

AUFLAGEHUMUS

Horizont	Mächtigkeit cm	Material z. B. Fi - Streu Graswurzelfilz	Gefüge (krümelig / kohärent / schichtig / dicht / kant. brechbar / fehlt)	Durchwurzelung (sehr stark / stark / mittel / schwach / sehr schwach / Wurzelfilz)
L	3		x	x
Of	3		x	x
Oh				

HUMUSFORM

Typischer Rohhumus	Humusartiger Moder	Typischer Moder
Mullartiger Moder	F-Mull	L-Mull
	XXXXXXXXX	

MINERALBODEN - ANSPRACHE

Ausgangsgestein (Art des Gesteins / Entstehg. / Schichtg.) [1]	Bodenart (S/uS/lS, rS/U/sU, tU/sL/uL, tL/sT/lT=uT, T) [2]	Skelett-Raum % (<1 x1, 1-10 x2, 30-50 x4, 50-75 x5) [3]	Farbe MUNSELL oder Beschreibg. [4]	Horizont (A, B, C, G, S, R,M,T,P,Y, II, III…) [5]	Tiefe cm [6]	Abgrenzung (gerade / wellig / zungenförmig / intergangszone / Über-) [7]	Humus % [8]	Gefüge (koh, ns, sau, shu, kru, sub, pol, pri, pla, fra) [9]	Lagerungsdichte (sehr locker, locker, mäßig, locker, dicht, sehr dicht) [10]	Durchwurzelung Feinwurzeln dm² (1-2 sehr schwach, 2-5 schwach, 5-10 mittel, 10-20 stark, 20-50 s. stark, 50 Wurzelfilz) [11]	Carbonat-Ca CO₃ [12]	pH [13]	Sonstiges (Konkretionen, Rostfleckigkeit, Bleichung, Staunässe, Grundwasser) [14]
	sU	x1	schwarz	Ah			h	bröckel	2	Wurzelf.	Kf	<4	
	tU	x1	grau	Ae			h"	bröckel	3	stark	Kf	<4	
	tU	x2	ocker-braun	Bv1					sub	4	schwach	Kf	<4	
	tU	x2	gelb-braun	Bv2	50				pol	4	schwach	Kf	<4	
	uL	x3-x4	oliv-braun	Bv3					pol	5	sehr schwach	Kf	<4	
				C	100									Ausgangsgestein

GESAMTBEURTEILUNG

Substrattyp	SHLUFF ÜBER SANDSTEIN
Humusform	F - MULL
Bodentyp	PODSOLIGE BRAUNERDE

Grundigkeit in cm Durchwurzelbarkeit	< 15 sehr flachgrd.	15 - 30 flachgründig	30 - 60 mittelgründig	60 - 100 tiefgründig	> 100 s. tiefgründig
				XXXX	

Bodenbildungsprozeß	Humusbildg.	Entkalkung	Gefügebildg.	Verbraunung	Tonverlager.	Podsolierung	Pseudovergl.	Vergleyung	Vertorfung
	XXXX	XXXX	XXXX	XXXX	//// gering	XXXX	//// gering		

Bodenform	SCHLUFF-BRAUNERDE

	sehr schwach	schwach	mäßig	gut	reichlich	die Beurteilung richtet sich …
N-Versorgung						nach Humusvorrat und C/N-Verhältnis (Humusform)
P-Versorgung						nach Ausgangsgestein, Reliefposition, Erosion bzw. Sedimentation
K-Versorgung						nach Tonmineral (Illit?) und Tongehalt
Ca-Versorgung	XXXX					nach pH

Sonstiges z. B. Bodenbearbeitung / Melioration / Streunutzung Waldweide?	zunehmende Podsolierung

Abb. 5: Beispiel einer Bodenaufnahme im Geländepraktikum der Tellkampfschule Hannover 1985 / Lange Bramke Tal/Harz

Erfassungsbogen zur Vegetationsansprache

Profil-Nr.:　　Aufnahme-Nr.: 2　　Verweis auf Karten-Nr.:

Datum: 26.6.85　Fundort: Lange Bramke/Wassermeßst.Höhe über NN: 580　m

Exposition:　　　Hangneigung:　°　Größe der erfaßten Fläche: 60　m^2

Bodenart: ·　　　　　Bodentyp:　Anmoor

sonstige Angaben: Forstweg am Rande der Probefläche

Schichtungsdiagramm:

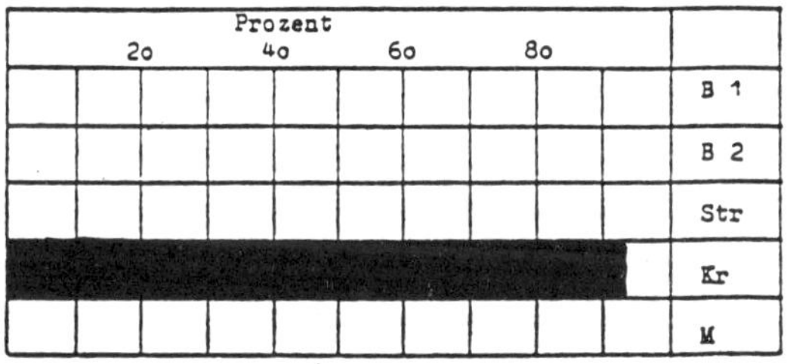

	Prozent				
	2o	4o	6o	8o	
					B 1
					B 2
					Str
████████████████████					Kr
					M

Dominanz - Artenliste　　　　　Zeigerwerte (nach Ellenberg)

Schicht	Art	Deckung (r bis 5)	ökologisches Verhalten							Lebensform			soziol.Verhalten				
			L	T	K	F	R	N	so	Leb	B	Anat	Gr	K	O	V	U
K	Flatterbinse	3	8	5	3	7	3	4		H	S	sk	5 4 1				
K	Huflattich	3	8	x	3	6	8	6		G	S	m	3				
K	Scharfer Hahnenfuß	2	7	x	3	x	x	x		H	S	m	5.4.				
K	Sumpfkratzdistel	2	7	5	3	8	4	3		H	S	m,he	5.4.1.				
K	Wiesen-Fuchsschwanz	1	6	x	5	6	6	7		H	S	m,he	5.4.				
K	Sumpfschachtelhalm	1	7	x	5	7	x	3		G	S	sk,he	5.4.1.				
K	Sumpf-Vergißmeinnicht	1	6	x	3	9	2	5		H	W	he	1.7.3.1.				
K	Zottiges Weidenrös.	1	7	5	5	8	8	8		H	S	m	5.4.1.2.				
Mittelung:		Summe :	56	15	30	51	31	36		x	x	x	xx				
		Mittel :	7	5	3,8	7,3	5,2	5,1		x	x	x	xx				
		·Tendenz:															

Zusammenfassende Standortbeurteilung:

Der Standort ist durch Halblichtpflanzen charakterisiert, deren Schwerpunkt
in submontanen Lagen Mitteleuropas auf gut durchfeuchteten, mäßig sauren
Böden mit mäßiger Stickstoffzufuhr liegt.

Abb. 6: Vegetationsansprache nach Ellenberg im Geländepraktikum der Tellkampfschule
1985 / Lange Bramke Tal/Harz

Probleme der Übernahme wissenschaftlicher Erkenntnisse der Landschaftsökologie in die Konzeption eines Lernbereichs „Natur-Kultur-Gesellschaft"

G. Freise, Universität Hamburg

Seitdem etwa ab Mitte der 60er Jahre die Aktivitäten vieler Bürgerinitiativen, öffentliche Hearings, Diskussionen und Publikationen ein allgemeines Interesse an Umweltproblemen weckten, wurden insbesondere von Erziehungswissenschaftlern und Naturwissenschaftsdidaktikern die Frage gestellt, ob sich das traditionelle Fächersystem nicht als offenbar unfähig erwiesen hat, „die Problemlagen unserer gesellschaftlichen Wirklichkeit abzubilden und zu bearbeiten." Diskutiert wurde, ob nicht ein – emanzipatorischen Zielsetzung verpflichteter fachübergreifender naturwissenschaftlicher Unterricht thematisch an den Problemen der Umwelt im weitesten Sinn des Wortes orientiert werden müßte.

In den 70er Jahren wurden infolgedessen viele Unterrichtsvorhaben entworfen und beschrieben. Ich selbst führte 1971 ein Unterrichtsprojekt „Veränderung der Umwelt durch den Menschen – Beispiel Baggersee bei Hemsbach" durch und entwarf zusammen mit Bodo Nehring und Gerhard Ströhlein für den Schulfunk das Modell einer „integrierten Unterrichtseinheit" zum Thema „Rohstoff Öl", in der es um die Verflechtung von Politik, Wirtschaft, Technik und Naturwissenschaften ging.

1. Im Zusammenhang mit der gestiegenen Bedeutung der Ökologie in der Wissenschaft wie in der Umweltdiskussion entwickelte ich in den 80er Jahren eine thematisch orientierte Unterrichtskonzeption: zuerst die Konzeption des „Lernbereichs Natur", die ich dann erweiterte zum „Lernbereich Natur-Kultur-Gesellschaft".

Unterricht im Rahmen der Lernbereichskonzeption zu veranstalten heißt, komplexe und interdisziplinäre Sachverhalte, Fragestellungen und Probleme zum Thema zu machen: zu ihrer Aufklärung muß Wissen aus ganz verschiedenen Bereichen herangezogen und müssen ganz unterschiedliche Arbeitsweisen zur Anwendung kommen.

Aus dem schulischen Fächerkanon sind vor allem Naturwissenschaften, Geographie, Geschichte und Politik, Sozial- und Wirtschaftskunde beteiligt. Darüberhinaus aber müssen Wissen und Arbeitsweisen auch aus solchen Wissenschafts- und Praxisbereichen einbezogen werden, die im Fächerkanon der Schule nicht vorkommen, obwohl deren Wichtigkeit vor allem für die auf Umwelt und Lebenswirklichkeit bezogenen Bereiche schulischen Lernens seit langem unbestritten ist (so z.B. aus den Bereichen von Ökonomie, Statistik, Meteorologie, Pädagogik, Rechtskunde, Medizin, Psychologie....).

In der Unterrichtspraxis muß beachtet werden, daß bei der Bearbeitung komplexer Thematiken einzelwissenschaftliche Fakten und Grundlagen nur instrumentale Funktion haben. D.h. sie sind nicht um ihrer selbst wichtig, sondern wegen ihrer Bedeutung für den Gesamtzusammenhang, der erhellt, verstanden, erklärt und interpretiert werden soll.

2. Ich verstehe den Lernbereich als einen „Integrationsbereich" zur Bearbeitung von Thematiken, in denen es um Natur, Umwelt und Ökologie geht. Wichtig ist hier die Bedeutung des Wortes „Natur": Im Rahmen des Lernbereichs verstehe ich „Natur" als „didaktischen Begriff" um auszudrücken, daß die Rede von Vermittlungszusammenhängen und -Prozessen ist, in denen es um „Natur" in den jeweiligen kulturellen, gesellschaftlichen, politischen und wissenschaftlichen Kontexten geht, um die gesellschaftliche und kulturelle Bedingtheit, Offenheit und Wandelbarkeit von Naturauffassungen und -Verhältnissen, und auch um die Gestaltbarkeit von „Natur" nach dem Willen und den Vorstellungen der Menschen.

3. Bei der inhaltlichen Gestaltung des Lernbereichs geht es darum, das große Feld der Beziehung zwischen Natur-Technik-Gesellschaft thematisch zu strukturieren. Die Frage, nach welchen Kriterien konkrete inhaltliche Entscheidungen so getroffen werden können, daß Themen sowohl allgemeine und wissenschaftliche Bedeutung, wie aber auch mit der Umwelt der Schüler zu tun haben, kann in der Kurzfassung des Referats nicht ausführlich erörtert werden. Ich beschränke mich auf Anmerkungen zum Kriterium „Regionalität" und zum Begriff des Exemplarischen:
Der regionale Aspekt ist nicht nur wegen der Bedeutung des Begriffs „Regionalität in landschaftsökologischer und politischer Hinsicht wichtig, sondern auch, weil vieles in der nahen Region gelernte auch für ferne Regionen zutrifft. Er erlaubt außerdem, die Lebenswirklichkeit der Schüler ebenso wie ihr Alter zu berücksichtigen.
Der Begriff des Exemplarischen verlangt, Themen daraufhin zu überprüfen, ob sie geeignet sind, zu weiterreichenden, über die Grenzen der eigentlichen Thematik hinausweisenden, verallgemeinerbaren Einsichten, Deutungen und Kenntnissen zu führen. Exemplarisch sind Themen, die das Verhältnis zwischen Menschen, naturwissenschaftlichem Fortschritt und Umwelt betreffen und den Begriff des (insbesondere naturwissenschaftlichen) Fortschritte klären und problematisieren. (Diesbezügliche Themen können hier nur durch Stichworte gekennzeichnet werden: „Natur nach Maß"; „Reversibilität-Irreversibilität"; „Fernwirkung", „Anreicherung"; „Natur als Labor").

4. Bei der Lernbereichs-Konzeption handelt es sich um einen methodischen Ansatz: Seine Intention ist nicht, z.B. ein verkleinertes, möglichst lückenloses Abbild der Ökologie als Wissenschaft zu vermitteln, oder ökologische Forschungsprojekte in allen Facetten nachvollziehen zu lassen. Die Absicht ist vielmehr, in den Bereichen der Sek I und Sek II *die Art und Weise des Herangehens und Bearbeitens komplexer, interdisziplinärer Fragestellungen und Probleme zu vermitteln.*

(Der Unterschied zwischen Sek I und Sek II liegt nicht in dieser Art und Weise des Arbeitens, sondern in der Wahl der Probleme hinsichtlich ihrer Komplexität, ihres theoretischen und praktischen bzw. experimentellen Anspruchs).

Da die Bearbeitung ökologischer Naturen und Umwelten betreffender Sachverhalte das Erkennen, Verstehen, Interpretieren und Beurteilen interdisziplinärer und komplexer Zusammenhänge zum Ziel hat, muß am Anfang aller Lernprozesse die „Analyse" der jeweiligen Sachverhalte stehen. Auf ihrer Grundlage können Lern- und Unterrichtsprozesse geplant und kann entschieden werden, welches Wissen aus welchen Wissens- und Wissenschaftsbereichen angeeignet werden muß, welche praktischen und experimentellen Arbeiten erlernt und durchgeführt, welche Orte und Einrichtungen aufgesucht, welche Personen befragt werden müssen, damit das den Sachverhalten adäquate Wissen und die notwendigen Fähigkeiten angeeignet werden können.

Bedacht werden muß, daß gerade bei der Bearbeitung ökologischer Sachverhalte und Umweltprobleme im allgemeinen am Ende manche Fragen unbeantwortet und Probleme ungelöst bleiben bzw. kontrovers beurteilt werden. Das heißt, alle derartigen unterrichtlichen Prozesse sind notwendigerweise an ihrem Ende offen und manche Arbeitsergebnisse müssen u.U. ungesichert bleiben.

Eine Bemerkung zum Schluß über das Verhältnis von Grundlagen und Systematik in einem thematisch z.B. an landschaftsökologischen und Umwelt-Problemen orientierten Unterricht: Zwar müssen bei seiner Planung grundlegende geographische, geologische, physikalische, chemische, biologische, ökonomische usw. Begriffe und Fakten im Hinblick auf die zu bearbeitende Thematik zusammengestellt werden. Aber es wird nicht möglich sein, einen ein für allemal gültigen Wissensbestand für die kognitive Ebene des Lernens und eine gültige Abfolge für die Vermittlung und Abneigung – d.h. einen Kanon – festzulegen und diesen losgelöst vom thematischen Zusammenhang vorab zu vermitteln.

Grundlegend ist meines Erachtens einerseits die didaktisch begründete Art und Weise des Vorgehens, d.h. die dabei angeeignete Methode, einen interdisziplinären Sachverhalt zu erschließen.

Grundlegend sind andererseits die den jeweiligen Sachverhalt konstituierenden Fakten, praktischen Kenntnisse und Gesetzmäßigkeiten, die zusammen das „notwendige Wissen" ausmachen.

Am Schluß des Referates erörterte ich einerseits die für die Realisierung der Lernbereichskonzeption notwendigen Veränderungen in den institutionellen Rahmenbedingungen: die erforderliche Überwindung nicht nur der Fächergrenzen, sondern auch der Grenzen der Schule selbst (landschaftsökologische und Umwelt-Probleme lassen sich nicht in die Klassen- und Fachräume transportieren). Andererseits deutete ich Veränderungsmöglichkeiten auch schon unter den derzeit bestehenden institutionellen Bedingungen an.

Diskussionsbeiträge, Kritik, Perspektiven:

Obwohl die Bedeutung eines effizienten Umweltunterrichtes allgemein hoch eingeschätzt wird, fehlen bei der Statik des Schulbetriebes weitgehend die organisatorischen, finanziellen und inhaltlichen Voraussetzungen.

Die Ergebnisse der geographischen Wissenschaft sind für den Unterricht oft zu wenig interdisziplinär, zu elementhaft, zu wenig auf den politischen Handlungskomplex bezogen und nicht hinreichend räumlich orientiert.

Die Forderungen der Erziehungswissenschaften nach einem Lernbereich Natur-Kultur-Gesellschaft, nach interdisziplinärer Fächerüberschreitung und nach Umweltsensibilisierung an Beispielen wird allgemein als Zielvorstellung für den Unterricht begrüßt.

Die umweltunterrichtspraktischen Vorschläge werden aus der Alltagserfahrung der Kollegen sehr unterschiedlich aufgenommen. Kleine Schritte werden für eher realistisch angesehen, größere Entwürfe (Geländepraktika) skeptisch gesehen. Allerdings wurden von einigen Kollegen der ehemaligen DDR die Konzeptionsansätze für einen modernen Umweltunterricht als große Hoffnung empfunden, ihre bewährte Unterrichtspraxis fortzuentwickeln.

Als Resümee der Diskussion lassen sich folgende Forderungen erheben:

(1) Gründung von privaten Dienstleistungsbetrieben zur fachinhaltlichen Beratung der Schulen bei der Durchführung und Organisation von landschaftsökologischer Geländearbeit und Umweltunterricht.

(2) Freistellung von Lehrern zur Entwicklung der Infrastruktur für einen grundsätzlichen neuen Umweltunterricht.

(3) Umweltgeländepraktika als Regellernform.

(4) Möglichkeiten für Lehrer zeitlich begrenzt in der Lehrerausbildung in den Hochschulen mitzuarbeiten.

(5) Umweltmodellversuche insbesondere auch in der Lehrerfortbildung mit europäischer Dimension.

(6) Engere Kooperation der Schulen mit Umwelteinrichtungen.

Literatur

Ellenberg, H. (1979): Zeigerwerte der Gefäßpflanzen Mitteleuropas Scipta Geobotanica IX, 2. Aufl., Göttingen

Fränzle, O. (Hrsg.) (1986): Geoökologische Umweltbewertung.- Kieler Geogr. Schr., Bd.64, 130 S.

Fränzle, O. (1990): Ökosystemforschung im Bereich der Bornhöveder Seenkette.- 47. Dt. Geographentag Saarbrücken, Tag.ber. u. wiss. Abh. S.222-224.

Gerold, G. (1991): Human Impact on Forest Ecosystems and Soil Deterioration in Tropical Bolivia.- Proc. of the Int. Symposium „Tropical Ecosystems", Saarbrücken S.107-120.

Härle, J. (1980): Das geoökologische Defizit der Schulgeographie. Seine Ursachen und Möglichkeiten, es zu beheben.- In: Geogr. Rundschau, 32, S.481-487.

Hendinger, H. (1977): Landschaftsökologie.- Westermann-Colleg H.8, 108 S.

Klug, H. u. Lang, R. (1983): Einführung in die Geosystemlehre.- Darmstadt, 187 S.

Kuhnt, G. (1984): Die systemare Erfassung der Umweltchemikaliendynamik -Böden, Methoden und Probleme.- Geomethodica S.105-139.

Leser, H. (1984): Zum Ökologie-, Ökosystem- und Ökotopbegriff.- Natur und Landschaft, 59, S.351-357.

Leser, H. (1991): Landschaftsökologie.- UTB 521, Stuttgart 647 S.

Mosimann, Th. (1984): Landschaftsökologische Komplexanalyse.- Wiesbaden, 116 S.

Müller, F. (1991): Ökosystemforschung im Bereich der Bornhöveder Seenkette.- Verh. Ges. Ökol., 19, S.585-596.

Riemann, J. (Hrsg., 1987): Region Ostsizilien. Arbeitsgrundlage und Quellenmaterial für den Erdkundeunterricht der Oberstufe.- Jb. d. Geogr. Ges. zu Hannover, Lehrerband und Schülerband.

Troll, C. (1966): Landschaftsökologie als geographisch-synoptische Naturbetrachtung.- Erdkdl. Wissen, H.11, S.1-13.

Wein, N. (o.J.): Geoökologie und Umweltprobleme.- Frankfurt 127 S.

Windolph, K. u.a. (1986): Feldmethoden der Landschaftsökologie. Unterrichtshilfen im Fach Erdkunde im Sekundarbereich II. NLI- Berichte 27 Umwelterziehung Herausgeber: Niedersächsisches Landesinstitut für Lehrerfortbildung, Lehrerweiterbildung und Unterrichtsforschung. Keßlerstr. 52. 3200 HILDESHEIM. Zu beziehen: Berenberg'sche Druckerei GmbH, Abt. Dekla-Verlag, Postfach 1220, 3007 Gehrden 1.

IV.23 Lokalklima und Raumplanung

W. Kuttler, R. Lazar, E. Parlow, H. P. Schmid, H. Wanner

Einleitung
Heinz Wanner, Geographisches Institut der Universität Bern

Das Lokalklima muss in der Raumplanung vermehrt berücksichtigt werden! Diese Forderung war in den 70er Jahren oft zu hören. Seither haben sich Geographinnen und Geographen mannigfaltig mit diesem Problem auseinandergesetzt. Für zahlreiche Nutzungsarten wurden Klimahinweis- und Klimaeignungskarten in verschiedenenen Massstäben erstellt.

Diese Sitzung diente dem Zwischenhalt, bei dem Fragen gestellt werden sollten: Wurde in die richtige Richtung gegangen? Sind die vorliegenden Produkte brauchbar? Wo bestehen fachliche und methodische Lücken?

Das Programm wurde zweigeteilt in drei Referate und in ein Podiumsgespräch. Das Hauptreferat Kuttler befasste sich mit begrifflichen und methodischen Grundlagen sowie Fallbespielen. Das Korreferat Schmid zeigte die Schwierigkeiten bei der Erfassung und Behandlung von turbulenten Austauschprozessen in der Grenzschicht über komplexer Topographie. Das Korreferat Lazar vermittelte lufthygienische Grundlagen und planungsrelevante Beispiele aus dem Raum Graz. Das abschliessende Podium diente in erster Linie der Gegenüberstellung von „Produzenten" und „Konsumenten" des Arbeitsbereiches Lokalklima und Raumplanung.

Mikro- und mesoskalige Klimaanalysen als Planungsgrundlagen
Wilhelm Kuttler,
Institut für Ökologie, Abteilung Landschaftsökologie, Universität Essen

Der Belang „Klima" besitzt in der Planungspraxis seit einigen Jahren einen seiner Bedeutung entsprechenden, wichtiger werdenden Stellenwert. Gesetzliche Verankerungen – wie sie z.B. im „UVP – Gesetz" vom 12. Februar 1990 festgelegt sind – bestimmen den Umfang der vorzunehmenden Ermittlung, Beschreibung und Bewertung der klimatischen Auswirkungen eines Vorhabens auf die Umwelt, und zwar unabhängig davon, ob dadurch die Landes- und Regionalplanung, die Stadtentwicklungs- und Flächennutzungsplanung, die städtebauliche Rahmen- und Bebauungsplanung oder gar die Projekt- bzw. Einzelplanung berührt ist. Aussagekräftige mikro- und mesoklimatische Analysen sind dabei die Voraussetzung und Grundlage für abwägende Entscheidungsprozesse.

Ausgehend von einer Bestandesaufnahme der wichtigsten klimatischen Einflussgrössen, die durch den Menschen im urban-industriellen Raum verän-

D. Barsch/H Karrasch (Hrsg.): Geographie und Umwelt. Verh. d. Deutschen Geographentages Bd. 48 - Basel 1991. © 1993 Franz Steiner Verlag Stuttgart

dert werden, wurden die lufthygienischen und bioklimatischen Probleme städtischer Verdichtungsräume unter Einbezug konkreter Planungsfälle analysiert. Dabei wurde versucht, anhand durchgeführter und aus der Literatur vorliegender Untersuchungen die Frage zu beantworten, welchen Einfluss Freiflächen – wie z.B. Industriebrachen, Parkanlagen, aber auch stehende und fliessende Gewässer – auf die stadtklimatisch wichtigen Parameter haben.

Darüber hinaus wurden autochthone antitriptische Windsysteme von Städten in Tal- und Flachlandlage daraufhin analysiert, welcher klimatische und lufthygienische Wert der dem Stadtkern zugeführten Umlandluft während austauscharmer Wetterlagen beizumessen ist. Die Erläuterung verschiedener stadtklimatischer Analysemethoden erfolgte exemplarisch an Untersuchungen im Windkanalmodell und mit Hilfe der im Gelände durchgeführten dreidimensionalen messtechnischen Erfassung der städtischen Atmosphäre.

Abschliessend wurde die Darstellung von Messergebnissen in synthetischen Klimafunktionskarten und in daraus abgeleiteten Planungshinweiskarten einer kritischen Diskussion unterworfen.

Turbulente Austauschprozesse über komplexen Oberflächen
Hans Peter Schmid, Geographisches Institut der ETH Zürich

In der modernen Grenzschichtmeteorologie werden hauptsächlich Strömungs- und Diffusionsprobleme behandelt, die auf eine räumlich variable Erdoberfläche Bezug nehmen (z.B. Topographie, Landwirtschaft, Siedlungen, Küsten etc.) Dazu werden im allgemeinen Angaben über turbulente Energie- und Massenflüsse an der Grenze zwischen der festen Oberfläche und der Atmosphäre benötigt. Eine grosse Schwierigkeit besteht nun aber darin, dass die theoretischen Grundlagen für turbulente Prozesse über komplexem Gebiet fast ganz fehlen, oder nur Inhomogenitäten einfachster Art und einer bestimmten Grössenordnung behandeln können. In den letzten Jahren hat sich diese Diskrepanz zwischen praktischer Problemstellung und den theoretischen Mitteln zu deren Behandlung zu einem eigentlichen Schlüsselproblem entwickelt.

Offensichtlich wird diese Schwierigkeit insbesondere im Bereich der beschränkten räumlichen Auflösung von numerischen Modellen, dem Problem der sogenannten „Sub-Grid Variabilität": Da die kleinräumige Variabilität der Oberfläche vom numerischen Gitter nicht aufgelöst wird (die Auflösung von mesoskaligen Modellen bewegt sich typischerweise im Bereich 1-10 km), müssen die dreidimensionalen Austauschprozesse, die sich in dieser Grössenordnung abspielen, als eindimensionale Grössen oder Profile und als Flächenmittel parametrisiert werden. Die komplexen mikroadvektiven Wechselwirkungen zwischen einzelnen Quellen und Senken innerhalb der Gitterfläche können für eine solche Parametrisierung nicht im Detail berücksichtigt werden und dabei entstehen Fehler, die sich auf die grösseren Skalenlängen übertragen können.

Diese sind umso grösser, je grösser die Oberflächenunterschiede im betreffenden Gebiet sind. Sie sind aber auch von der räumlichen Struktur der Oberfläche (=Textur) abhängig.

Dies wurde demonstriert an einem numerischen Modell, das mehrere verschiedene Rauhigkeitsflächen explizit auflöst. Die horizontale Integration der turbulenten Scherspannung wird mit einer herkömmlichen Parametrisierung der gleichen Grösse verglichen. Es zeigt sich, dass die Parametrisierung den modellierten Wert um bis zu 40 % unterschätzt, je nach Textur der Oberfläche.

Um den Einfluss von variablen turbulenten Austauschprozessen über komplexen Oberflächen auf die Entwicklung der Grenzschichtsstruktur zu illustrieren, wurden die einzelnen gemessenen Komponenten der Oberflächen-Energiebilanz über einer Vorstadt auf ihre räumliche Variabilität geprüft. Dabei zeigt es sich, dass grosse Variabilität auf kleinster Distanz besonders bei den turbulenten Flüssen auch in herkömmlich als „homogen" bezeichneten Gebieten vorkommen kann. Im Falle von turbulenter Diffusion erscheint die effektive Homogenität einer Oberfläche (bzw. ihre Komplexität) höhenabhängig und zeitlich variabel. Dies wird damit erklärt, dass je nach Höhe einer Messung und abhängig von den herrschenden Turbulenzverhältnissen, verschiedene Anteile der gesamten Oberfläche für die Messung wichtig sind (variable source area). Der Begriff der Homogenität muss deshalb statistisch verstanden werden. Er bezieht sich auf einen bestimmten Referenzort und einen „Beobachtungsprozess" (z.B. turbulente Diffusion), durch den die räumliche Auflösung definiert wird.

Mit dem vorgestellten Konzept können die Auswirkungen einer komplexen Oberfläche auf die Struktur der Atmosphäre objektiv untersucht werden. Die Entwicklung einer horizontal gemittelten Parametrisierung von turbulenten Flüssen über komplexen Oberflächen, in die aber auch ein Mass der Oberflächentextur Eingang findet, ist ein Forschungsziel, das zur Lösung des Problems der Sub-Grid Scale Variabilität beitragen soll.

Stadtklimaanalyse und planerische Konsequenzen am Beispiel von Graz
Reinhold Lazar, Geographisches Institut der Universität Graz

Um entsprechende Planungsgrundlagen zur Änderung des Flächenwidmungsplanes zu erhalten, wurde vom Magistrat Graz eine Stadtklimaanalyse in Auftrag gegeben. Diese stützt sich im wesentlichen auf Thermalscannerbefliegungen im Oktober 1986 (Nacht-, Morgen- und Mittagflug), womit erstmals flächendeckende Temperaturverteilungsmuster in Zusammenhang mit zugehörigen Lokalwinden wichtige Informationen zum Stadtklima lieferten. Einen wichtigen Bestandteil stellten die zusätzlichen Temperaturmessungen auf der

Basis eines Sonderstationsnetzes und die bei Strahlungswetterlagen gewonnenen Daten aus Messfahrten dar. Aufschlussreich waren ferner die an ca. 30
Tagen erfolgten Fesselballonsondenaufstiege, die einen guten Eindruck über
den Tagesgang der Ausbreitungsbedingungen und somit der Schadstoffausbreitung bei Inversionswetterlagen vermittelten.

Die Ergebnisse des umfangreichen Messgrammes zeigten, dass das Stadtklima von Graz ausser durch baukörperstrukturbedingte Temperaturdifferen-
zen in starkem Masse von geländeklimatischen Einflüssen geprägt wird. Die
Randgebirgsfusslage zum südöstlichen Alpenvorland in einem Talbecken
bedingt allgemeine kontinental getönte Klimazüge mit ausgesprochener Wind-
armut und lokaler Inversionsbereitschaft im Winterhalbjahr. Die abgeschirm-
te Lage begünstigt ferner die Ausbildung von Lokalwindsystemen, wobei es in
Graz zu einer Verzahnung zwischen dem Murtalwindsystem und den Lokalwinden der zugehörigen Seitentäler kommt. Im Süden der Stadt haben Flurwin-
de eine grosse Bedeutung für die Schadstoffausbreitung. Die insgesamt relativ
komplexen und ungünstigen Ausbreitungsbedingungen führten im Winter
1988/89 zu wiederholten Grenzwertüberschreitungen bei NO_2.

Die Ergebnisse der Stadtklimaanalyse fliessen nun sowohl in ein Projekt
zur Smogvorhersage (Grundlage für die Modellierung der Schadstoffausbreitung), als auch in die Stadtplanung ein. Speziell für die Überarbeitung des
Flächenwidmungsplanes wurde eine Karte der planerischen Hinweise – abgeleitet aus der Stadtklimatopkarte – entworfen, die neben Vorranggebieten für
Wohnen und Industrie auch Bauverluste für die Seitentäler mit Frischluftzu-
bringerfunktion beinhaltet. Nachdem den Hausbrandemissionen in Graz noch
eine entscheidende Rolle bei den lufthygienischen Bedingungen zukommt,
wurde noch eine Karte über die Zulässigkeit bestimmter Brennstoffe beigefügt.
Insgesamt darf demnach mit einem deutlichen Rückgang der Festbrennstoffe
in der Raumheizung und einer starken Zunahme des Fernwärme – bzw.
Ferngasanteils gerechnet werden.

Podiumsdiskussion zur Fachsitzung Klima und Planung
Eberhard Parlow, Geographisches Institut,
Abteilung Meteorologie/Klimaökologie, Universität Basel

Nach den wissenschaftlichen Vorträgen von Kuttler, Schmid und Lazar fand
eine Podiumsdiskussion statt zum Thema „Was erwartet die Planung von der
Klimaforschung, welchen Beitrag kann die Klimageographie hier liefern"?
Neben den Referenten wurden dazu drei Vertreter der Planung eingeladen.
Es waren dies:
- Dr. P. Stock, Kommunalverband Ruhrgebiet (KVR) in Essen;
- W. Homburger, Regionalverband Südlicher Oberrhein (RVSO) in Frei-
  burg;

– W. Meckel, PROGNOS AG Basel.

Es waren hierdurch Vertreter aus öffentlichen Planungsbehörden unterschiedlicher Grössenordnung und Zuständigkeit sowie aus dem privatwirtschaftlichen Planungs- und Gutachterbereich vertreten. Nach einer kurzen Vorstellung gaben die drei Vertreter der Planung ein kurzes Statement zum Thema aus ihrer Sicht ab.

Es wurde deutlich, dass das bisherige Instrumentarium und die angewandten Techniken nicht voll befriedigend sind und dass hier die Geographie aufgerufen ist, sich weiterhin bei der Umsetzung der bisherigen Erkenntnisse und der Entwicklung neuer Methoden zu engagieren. Herr Stock erwähnte besonders die Einbeziehung von Modellen, Geographischen Informationssystemen und Fernerkundungsverfahren, die in der Zukunft unabdingbar werden für die Planung sowie für Umweltverträglichkeitsuntersuchungen. Hierbei ist auch auf das bestehende Defizit in der Ausbildung der Studenten an den Geographischen Instituten hingewiesen worden.

Im zweiten Teil der Podiumsdiskussion wurde das Plenum aufgerufen, Fragen an die Referenten bzw. Planungsvertreter zu stellen, woraus sich eine umfangreiche und interessante Diskussion ergab, die zeigte, welche Bedeutung das Thema an den Hochschulen und in der Praxis spielt.

IV.24 Regionalwirtschaftliche und wirtschaftsgeographische Aspekte des Natur- und Landsschaftsschutzes

Walter Danz, Hans Elsasser, René L. Frey, Jörg Maier, Jürg Rohner

Gliederung:

1. Problemstellung
2. Der Beitrag der Regionalökonomie zum Natur- und Landschaftsschutz
    a. Wert der natürlichen Umwelt
    b. Eigentumsrechte und Ausgleichszahlungen
3. Natur- und Landschaftsschutz – ein Gegensatz zur Regionalentwicklung?
    a. Zielsetzungen für Natur- und Landschaftsschutz
    b. Natur- und Landschaftsschutz und Regionalentwicklung
4. Zusammenfassung, oder: Anforderungen an die Regionalentwicklung

1. Problemstellung

Der Geographentag ist dem Generalthema „Geographie und Umwelt" gewidmet. Wenn im Zusammenhang mit Geographie von Umweltforschung gesprochen wird, denkt man in erster Linie an die Physische Geographie. Zweifellos sind diese Beziehungen besonders eng, wenngleich nicht übersehen werden darf, daß auch die Wirtschaftsgeographie von der Umweltproblematik angesprochen ist, etwa wenn es darum geht, Ursachen von Umweltveränderungen zu ergründen als auch bei der Abklärung von Auswirkungen solcher Veränderungen auf Wirtschaft, Politik und Verwaltung sowie die soziokulturelle Sphäre, generell auf die Gesellschaft. Deshalb sollen in dieser Fachsitzung die Beziehungen zwischen Umweltfragestellungen und der Regionalökonomie bzw. der Wirtschaftsgeographie deutlich gemacht werden.

In der Schweiz existiert das geflügelte Wort „Regionalpolitik bringt Franken, Natur- und Landschaftsschutz bringt Schranken". Stimmt dies? Ist der Natur- und Landschaftsschutz ein Verhinderer, ein Störfaktor regionaler Entwicklung? Einerseits sehen wir, daß die wirtschaftliche Entwicklung entwicklungsbedürftiger Regionen zunehmend in Konflikt gerät mit ökologischen Erfordernissen. Landschafts- und Naturschutz betrifft aber nicht nur Entwicklungsregionen. In hochentwickelten Regionen stellen wir oft abnehmende Umwelt- und Lebensqualitäten fest sowie ein Abwälzen von Umweltbelastungen auf andere Regionen. Andererseits wird immer deutlicher erkannt, daß der für die regionale Entwicklung wichtige Ursachen- oder Schlüsselbereich der regionalen Potentiale und Ressourcen nicht allein wirtschaftliche, infrastrukturelle und soziokulturelle Aspekte beinhaltet, sondern auch ökologische umfaßt. Unter dem Blickwinkel der Ökologie geht es dabei sowohl um die regionale Inwertsetzung natürlicher Ressourcen als auch um die den mensch-

D. Barsch/H Karrasch (Hrsg.): Geographie und Umwelt. Verh. d. Deutschen Geographentages Bd. 48 - Basel 1991. © 1993 Franz Steiner Verlag Stuttgart

lichen Handlungsspielraum beeinflussenden regionalen ökologischen Kapazitäten. Um diese beiden Positionen zu verdeutlichen, werden sehr oft Beispiele aus dem Bereich des Tourismus herangezogen. Eine intakte Landschaft bildet eine der wesentlichen Komponenten des ursprünglichen Angebots, des touristischen Potentials. Jede touristische Nutzung dieses Potentials, auch wenn sie sich als sog. sanfte Form des Tourismus bezeichnet, führt aber zu ökologischen Konflikten.

Welche regionalwirtschaftliche Bedeutung Natur- und Landschaftsschutzgebiete besitzen können, zeigt eine Untersuchung über die wirtschaftliche Bedeutung des schweizerischen Nationalparks für die Unterengadiner Gemeinde Zernez. Knapp drei Viertel aller Logiernächte entfallen in dieser Gemeinde auf den Nationalpark-Tourismus. Von den rd. 500 Arbeitsplätzen in jener Gemeinde sind rd. 60 % vom Nationalpark-Tourismus abhängig. Damit wird deutlich, daß es oft nicht um die Alternative Natur- und Landschaftsschutz oder Regionalentwicklung geht, Landschafts- und Naturschutz kann durchaus auch wirtschaftlich attraktiv sein. Eine wirtschaftliche Entwicklung kann andererseits auch im Interesse des ökologischen Schutzgedankens stehen.

2. Der Beitrag der Regionalökonomie zum Natur- und Landschaftsschutz

2.1. Wert der natürlichen Umwelt

Zunächst soll der Versuch gemacht werden, die anstehenden Fragen aus regionalökonomischer Sicht zu analysieren. Die Regionalökonomie ist derjenige Teil der Wirtschaftswissenschaft, der sich mit der räumlichen Struktur der Wirtschaft beschäftigt – im Sinne der Erfassung, der Erklärung und der Beeinflussung der räumlichen Wirtschaftsstruktur. Diese Auseinandersetzung erfolgt spezifisch mit Hilfe des Analyseinstrumentariums der Wirtschaftswissenschaft. Es ist also primär die Methode, welche die Regionalökonomie von der (Wirtschafts-)Geographie unterscheidet, und nicht der Gegenstand.

Die natürliche Umwelt im allgemeinen, naturnahe Landschaften im besonderen sind knapp. Sie könne, grob gesagt, auf zwei unterschiedliche Arten genutzt werden: als privater Produktionsfaktor und als kollektives Konsumgut. Dahinter stehen zwei Anspruchsgruppen:
- die Nutzungsinteressierten (Elektrizitätswerke, Bauherren, Bergbahnen, Landwirte usw.) und
- die Schutzinteressierten (Umweltschützer, Naturfreunde, Wanderer usw.)

Der Nutzen der Natur als privater Produktionsfaktor zeigt sich in der Möglichkeit, damit Güter produzieren zu können, der Nutzen des kollektiven Konsumgutes im Erlebnis-, Options-, Existenz- und Vermächtniswert:

Der Erlebniswert entspricht dem Nutzen, den einzelne Personen aus dem Besuch eines attraktiven Gebietes oder aus der Freude an schönen Pflanzen oder Tieren in der freien Natur empfinden.

Von Existenzwert spricht man dann, wenn die pure Existenz eines Umweltgutes einen Nutzen stiftet, unabhängig davon, ob dieses auch in Anspruch genommen wird. Viele Leute treten z. B. für den Schutz gefährdeter Tier- und Pflanzenarten ein, obwohl sie diese nie zu Gesicht bekommen.

Der Optionswert ergibt sich aus dem Nutzen, wenn ein Umweltgut in seiner ursprünglichen Art erhalten bleibt und später einmal besucht oder angeschaut werden könnte. Der Schweizerische Nationalpark z. B. wird von Leuten unterstützt, die ihn noch nie besucht haben, in nächster Zeit auch nicht zu besuchen beabsichtigen, die (oder deren Nachkommen) ihn jedoch vielleicht irgendwann einmal besuchen möchten.

Der Vermächtniswert widerspiegelt den Nutzen vieler Leute, ihren Kindern und Enkeln eine möglichst intakte Umwelt zu hinterlassen.

Das Grundproblem des Natur- und Landschaftsschutzes besteht aus ökonomischer Sicht darin, daß für die wirtschaftliche Nutzung der natürlichen Umwelt durch Kraftwerk-, Seilbahngesellschaften usw. eine Zahlungsbereitschaft nach Umweltgütern geäußert wird. Mit dem Input Natur werden ja Waren und Dienstleistungen hergestellt, die verkauft werden: Elektrizität, touristische Leistungen usw. Für die Schützer demgegenüber haben naturnahe Landschaften und intakte Umweltgüter den Charakter von nicht verkäuflichen Kollektivgütern. Die Bewahrung von Natur und Landschaft kommt allen zugute. Der Nutzen daraus kann nicht auf diejenigen beschränkt werden, welche bereit sind, dafür einen Preis zu entrichten. Das Interesse an diesen Gütern wird nicht oder nur sehr unvollständig durch eine Zahlungsbereitschaft geäußert.

Dies war solange nicht gravierend, als Umweltgüter keine knappen Güter darstellten. Heute sind jedoch die meisten Umweltgüter knapp; es herrscht Nutzungskonkurrenz. Die Lösung des Problems muß darin bestehen, durch geeignete institutionelle Vorkehrungen sicherzustellen, daß knappe Umweltgüter entsprechend ihrem tatsächlichen gesellschaftlichen Wert genutzt, d. h., nicht übernutzt werden.

Abb. 1 zeigt das geschilderte Problem. Auf der X-Achse ist die Menge des begrenzten Umweltgutes (z. B. Landschaft) abgetragen (Strecke AB), auf der Y-Achse der Grenznutzen beim Einsatz des Umweltgutes: von links als privates Produktionsgut, von rechts gespiegelt als kollektives Konsumgut. Früher, als es noch keine Nutzungskonkurrenz gab, wurde die Menge Aq_p für Produktionszwecke eingesetzt. Die Interessen der Schutzinteressierten waren nicht tangiert; ihnen stand die Menge Bq_k zur Verfügung. Heute schneiden sich diese beiden Kurven. Es besteht ein Nutzungskonflikt, entsprechend der Strecke $q_p q_k$. Ohne staatliche Vorkehrungen kann sich jedoch der Natur- und Landschaftsschutz nicht durchsetzen. Es wird weiterhin die Menge Aq_p für wirtschaftliche Zwecke eingesetzt, obwohl Aq* gesellschaftlich optimal wäre. Beim Punkt q* ist der Wert, den die Nutzungsinteressierten aus der Inanspruchnahme von Natur und Landschaft ziehen, genau gleich groß wie jener der Schutzinteressierten.

Dieses Problem ist seit einiger Zeit erkannt. Schon vor Jahrzehnten wurden Gesetze zum Schutz von Natur und Landschaft geschaffen. Der Staat greift heute auf vielfältige Weise ein, um von q_p zu q* – oder doch zumindest näher zu q* – zu gelangen. Aus wirtschaftswissenschaftlicher Sicht haften den bisherigen Maßnahmen - sie beruhen vorwiegend auf sog. direkten Eingriffen – jedoch die folgenden Mängel an:

– Schwache Anreize: Es ist unsicher, ob q* erreicht wird. Ein Nutzer hat keine Möglichkeit, weniger als das Geforderte, und keinen Anreiz, mehr als das absolut Notwendige zu tun.

– Unerwünschte Umverteilungswirkungen: Schutz ist nie „gratis", irgendjemand trägt die Kosten. Unter Umständen sind die Kostenträger Personen oder Gruppen, denen die Belastung nicht zuzumuten ist. Dies zeigt sich z. B. bei der Diskussion um die Wasserkraftnutzung: Der Entscheid über Nutzung oder Nichtnutzung hat im Berggebiet einschneidende finanzielle Folgen für die Standortgemeinden.

Aus ökonomischer Sicht geht es darum, Lösungen zu finden, welche einerseits das Knappheitsproblem, das sich im Zusammenhang mit den Gütern Natur und Landschaft stellt, möglichst gut zu lösen, ohne daß unerwünschte Verteilungseffekte auftreten.

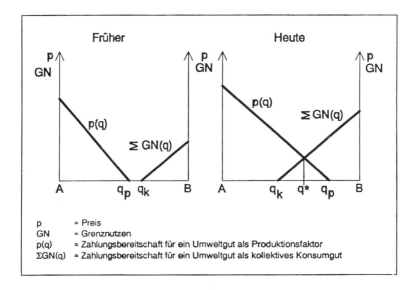

Abb. 1: Der Konflikt zwischen Nutzung und Schutz von Umweltgütern wie Landschaften
Entwurf: R. L. Frey, Basel 1991

2.2. Eigentumsrechte und Ausgleichszahlungen

Die theoretische Grundlage für die Erarbeitung von wirtschaftlich effizienten und verteilungsmäßig gerechten Lösungen bildet das sog. Coase-Theorem. Es beruht auf der Idee, daß Eigentums-, Nutzungs- und Verfügungsrechte an Umweltgütern grundsätzlich auf zwei Arten zugeteilt werden können: entweder an die Nutzer oder an die Schützer. Diese Zuteilung von Eigentumsrechten erfolgt in einem politisch-demokratischen Prozeß und durch die institutionelle Verankerung von Rechtsansprüchen (vgl. Abb. 2).

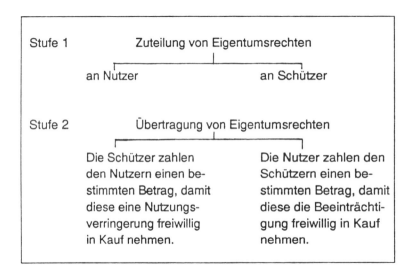

Abb. 2: Zuteilung und Übertragung von Eigentumsrechten.
Entwurf: R. L. Frey, Basel 1991

Mit der Zuteilung von Eigentumsrechten braucht es jedoch nicht sein Bewenden zu haben. In einer zweiten – bisher weitgehend übersehen – Stufe können die Rechte im Rahmen privater Verhandlungen gegen Entgelt an Dritte übertragen werden. Wenn die Eigentumsrechte bei den Nutzern liegen, ist denkbar, daß ihnen die Schutzinteressierten eine Abgeltung bezahlen, damit sie auf die wirtschaftliche Nutzung verzichten oder diese einschränken. Bei der Rechtszuteilung an die Schützer ist denkbar, daß die Nutzer diese dafür entschädigen, daß sie auf ihre Rechte voll oder teilweise verzichten, d. h., eine Nutzung in bestimmtem Umfang zulassen.
Durch die Übertragung von Nutzungsrechten kommt ein marktwirtschaftliches Element herein, das unter einer Reihe von Voraussetzungen zu einer optimalen Nutzung von Naturgütern führt. Unabhängig von der ursprünglichen

Rechtszuteilung können diejenigen das knappe und daher wertvolle Gut Natur und Landschaft nutzen, die daraus den höchsten Nutzen ziehen.

Betrachten wir ein – konstruiertes und, um die Grundidee schärfer herauszuarbeiten, überspitztes Beispiel: An einem Gebiet in einem schönen Bergtal, nennen wir es Schöntal, bestehen zwei Interessen: Die Naturschützer, vereinigt in der „Pro Schöntal", wollen es in einem möglichst naturnahen Zustand bewahren. Touristische Kreise, namentlich die Schöntal-Bahnen AG, wollen es durch den Bau von Ski- und Sesselliften sowie Skipisten intensiv erschließen und damit der Bevölkerung von Schöntal Erwerbsmöglichkeiten schaffen. Erfolgt die Rechtszuteilung an die Schützer, d. h. wird Schöntal zu einem Naturschutzgebiet, bleiben die Touristen weitgehend aus, und die Schöntaler erleiden entsprechende wirtschaftliche Einbußen. Werden demgegenüber die Eigentumsrechte der Schöntal-Bahnen AG zugeteilt, dann brauchen die Schöntaler nicht mangels Arbeitsplätzen in die Zentren abzuwandern. Dafür kommt es zu einer teilweisen Zerstörung von ökologisch wertvollen Räumen: Pflanzen und Tiere sterben aus, und als schön empfundene Landschaften werden verschandelt.

Beide Anliegen – sowohl die Schaffung von Beschäftigungsmöglichkeiten für die einheimische Bevölkerung als auch der Natur- und Landschaftsschutz – sind an sich legitim. Leider besteht zwischen diesen beiden Anliegen ein Zielkonflikt. Dies zeigt sich im übrigen sehr schön bei der derzeitigen Diskussion über die Alpenkonvention: Die Schützer unterstützen sie, die Nutzer lehnen sie ab.

Aus ökonomischer Sicht ist nicht notwendigerweise optimal, daß das Schöntal entweder nur geschützt oder nur wirtschaftlich genutzt wird. Optimal ist in der Regel ein Kompromiß, nehmen wir an auch im Schöntal. Dies bedeutet, daß im ersteren Fall die Rechtszuteilung nicht vollständig an die Pro Schöntal erfolgt, daß aber auch im Falle der Rechtszuteilung an die Schöntal-Bahnen AG die wirtschaftliche Nutzung nicht „schrankenlos" erfolgt.

Die heutige Lösung besteht darin, daß dieser Kompromiß politisch-administrativ erfolgt. Die Schaffung von Schutzgesetzen und deren Anwendung, d. h. die konkrete Festlegung von Schutzgebieten bzw. die Erteilung von Baubewilligungen, erfolgt unter Druck der verschiedenen Interessen. Diejenigen Interessen, die sich gut organisieren lassen – es sind in der Regel die (wirtschaftlichen) „Produzenten"-Interessen – können sich gegenüber den schlecht organisierten durchsetzen. Zu den letzteren gehören die (nicht wirtschaftlichen) Schutzinteressen. In unserem Beispiel: Die Schöntal-Bahnen AG können sich politisch Geltung verschaffen, vor allem auch deshalb, weil sie die Unterstützung der Mehrheit der einheimischen Bevölkerung haben, während sich die Mitglieder der Pro Schöntal zum großen Teil aus den großen Zentren rekrutieren. Die Schöntaler sehen nicht ein, warum sie, die sie ohnehin wirtschaftlich benachteiligt sind, Nutzungsverzichte auf sich nehmen sollen, von denen vor allem die reichen Städter profitieren.

Es braucht offensichtlich irgendeinen Ausgleich. Der Landschafts- und Naturschutz muß sich, für diejenigen, welche die entsprechenden Leistungen erbringen und Nachteile haben, finanziell lohnen. Dies kann als Übertragung von Eigentumsrechten gegen Entschädigung interpretiert werden.

Aus den bisherigen Überlegungen geht hervor, daß es je nach der Zuteilung der Eigentumsrechte zwei grundlegende Abgeltungsmöglichkeiten gibt:

- Schützer entschädigen Nutzer: Das Recht zur Nutzung einer Landschaft liegt bei den Nutzungsinteressierten. Wenn die Schutzinteressierten zusätzliche Schutzmaßnahmen oder Nutzungsverzicht wünschen, müssen sie die Nutzungsberechtigten dafür entschädigen. Dies kann als Abgeltungsprinzip bezeichnet werden: Natur- und landschaftsschützerisches Verhalten wird finanziell „belohnt".

- Nutzer entschädigen Schützer: Das Recht zur Nutzung der Landschaft liegt bei den Schutzinteressierten. Wenn die Nutzungsinteressierten eine intensivere Nutzung wollen, dann haben sie die Schützer für den Entgang der wertvollen Landschaft zu entschädigen. Dies entspricht dem Verursacherprinzip: Natur- und landschaftsschädigendes Verhalten wird finanziell „bestraft".

Beim Ausgleichs- und Verursacherprinzip sind je zwei Arten von Ausgleichszahlungen denkbar (vgl. Abb. 3):

- Direkte staatliche Abgeltungszahlungen: Abgeltungszahlungen sind finanzielle Mittel, die der Staat für die Bewahrung bestimmter Umweltgüter bereitstellt. Diese Zahlungen werden direkt an Private und Gemeinwesen als Besitzer des ursprünglichen Rechts ausgerichtet. Sie beruhen auf einer privatrechtlichen Vereinbarung oder einer behördlichen Verfügung. Als Gegenleistung stellen die Vertragspartner ein Objekt unter Schutz oder verzichten auf gewisse intensive Nutzungsformen. Die finanziellen Mittel werden über einen periodisch festzulegenden Natur- und Landschaftsschutzkredit aus dem allgemeinen Staatshaushalt bereitgestellt.
  Direkte staatliche Abgrenzungszahlungen können vor allem dort zur Anwendung kommen, wo es um große Projekte geht. Im Vordergrund stehen dabei Landschaften – im Falle der Schweiz zum Beispiel die „Landschaften von nationaler Bedeutung".

- Unterstützung privater Schutzorganisationen: Eine zweite auf dem Abgeltungsprinzip beruhende Ausgleichszahlung besteht in der finanziellen Unterstützung privater Natur- und Landschaftsschutzorganisationen. Der Staat zahlt aus dem allgemeinen Finanzhaushalt globale Beiträge an anerkannte Schutzorganisationen. Diese Subventionierung erlaubt den privaten Organisationen, sich vermehrt für Schutzaufgaben einzusetzen und z. B. mit privaten Nutzungsberechtigten individuelle Naturschutzvereinbarungen abzuschließen.

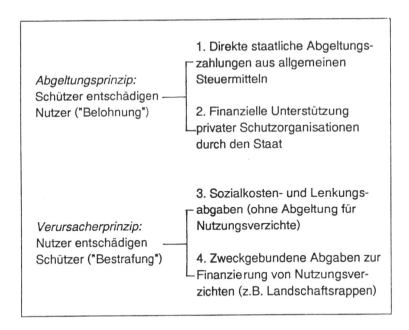

Abb. 3: Ausgleichsmodelle im Natur- und Landschaftsschutz
Entwurf: R. L. Frey, Basel 1991

Die finanzielle Unterstützung von Schutzorganisationen gibt es bereits. Sie erstreckt sich vor allem auf Pflege- und Schutzfunktionen für kleinere Projekte des Natur- und Landschaftsschutzes. Zu denken ist etwa an Verträge zum Schutze von Magerwiesen, Mooren und anderen kleinräumigen Biotopen. Der Schutz solcher Objekte verlangt Ortskenntnis und ist deshalb prädestiniert für Verträge zwischen Privaten, z. B. einer Naturschutzorganisation auf der einen, und einem extensiv wirtschaftenden Bauern auf der anderen Seite.

– Sozialkosten- und Lenkungsabgaben: Auf dem Verursacherprinzip beruhen Ausgleichszahlungen in Form von Sozialkosten- und Lenkungsabgaben. Es handelt sich dabei um finanzielle Mittel, welche Nutzungsinteressierte dem Staat – indirekt der Allgemeinheit – dafür bezahlen, daß sie die Umwelt nutzen dürfen und diese für andere Leute in ihrem Wert vermindern. Die Nutzer produzieren einen externen Effekt (soziale Kosten), indem sie Umweltgüter beeinträchtigen, eventuell sogar zerstören. Für diese externen Effekte haben sie finanziell aufzukommen, indem sie Abgaben an den Staat entrichten. Umwelt kann nicht mehr zum Nulltarif genutzt werden.

Sozialkosten- und Lenkungsabgaben sind vor allem anwendbar auf homogene Güter wie etwa Energie oder gewisse Rohstoffe, welche die Umweltgüter belasten. Sie vermindern generell den Druck auf Natur und Landschaft. Werden die belasteten Güter teurer, so wird weniger davon nachgefragt, d. h., es wird automatisch ein Beitrag zum Natur- und Landschaftsschutz geleistet. Die in der Revision des schweizerischen Umweltschutzgesetzes vorgesehenen Abgaben auf verschiedene Produkte (u. a. Düngemittel und Pestizide) entsprechen derartigen Lenkungsabgaben, ebenso die vom Bundesrat vorgeschlagene CO_2-Abgabe.

– Zweckgebundene Abgaben: Zweckgebundene Abgaben werden, wie der Name sagt, für einen ganz bestimmten Aufgabenbereich verwendet. Die finanziellen Erträge einer Abgabe fließen nicht wie die unter 3 dargestellten Sozialkosten- und Lenkungsabgaben in die allgemeine Staatskasse, sondern in einen speziellen Fonds. Die Fondsmittel dürften nur für den festgelegten Zweck verwendet werden.

Zweckgebundene Abgaben sind doppelt selektiv: Auf der Einnahmeseite belasten sie lediglich ein bestimmtes Produkt (z. B. die mit der Abgabe belastete Elektrizität oder touristische Leistungen) und eine bestimmte Gruppe (z. B. die Stromverbraucher bzw. die Touristen). Auf der Ausgabeseite werden nur beschränkte staatliche Aufgaben zugelassen. Ein Beispiel für diesen Typ von Ausgleichszahlungen ist der in den letzten Jahren diskutierte Landschaftsrappen als Zuschlag auf Hydroelektrizität, der für Zahlungen zugunsten von Gemeinwesen, die auf Wasserkraftprojekte verzichten, hätte verwendet werden sollen.

Zweckgebundene Abgaben lassen sich auf allen Gebieten des Umwelt-, Natur- und Landschaftsschutzes anwenden. Ihre Einführung kann auf gewissen Gebieten sinnvoll sein. Die Zweckbindung von Abgaben weist jedoch einen gewichtigen Nachteil auf: Sie verhindert, daß die knappen dem Staat zur Verfügung stehenden finanziellen Mittel jeweils dort eingesetzt werden, wo sie den höchsten Nutzen stiften. Statt den sachlichen und zeitlichen Prioritäten hängen staatliche Maßnahmen dann davon ab, wie reichlich eine Einnahmequelle gerade sprudelt. Aus diesem Grund sollten Finanzierung und Ausgleichszahlungen sachlich nicht gekoppelt und die notwendigen finanziellen Mittel über den allgemeinen Staatshaushalt bereitgestellt werden.

Welche der vorgestellten Ausgleichszahlungen sollten gewählt werden? Eher skeptisch zu beurteilen sind zweckgebundene Abgaben wie der Landschaftsrappen. Sie verbinden zwar die Abgeltung für Schutzvorkehrungen mit der Erhebung von speziellen Abgaben. Sie sind auf den ersten Blick bestechend, haben jedoch, wie gerade gezeigt, finanzpolitisch gravierende Nachteile. Der Tatsache, daß die eidgenössischen Räte die Idee des Landschaftsrappens fallengelassen haben, ist daher nicht nachzutrauern.

Die beste Wirkung wird erreicht, wenn direkte staatliche Abgeltungen und die Förderung von Schutzorganisationen als Ausgleichszahlungen – ohne formelle Zweckbindung – mit der Erhebung von Sozialkosten- und Lenkungsabgaben als Finanzierungsinstrument kombiniert werden. Abgel-

tungszahlungen erlauben den gezielten Schutz der als wertvoll anerkann-
ten Natur- und Landschaftsschutzgebiete, die Sozialkosten- und Len-
kungsausgaben sichern die notwendigen finanziellen Mittel und fördern
generell das umweltfreundliche Verhalten.

3. Natur- und Landschaftsschutz
– ein Gegensatz zur Regionalentwicklung?

3.1. Zielsetzungen für Natur- und Landschaftsschutz

Nach den bisherigen Ausführungen über mögliche positive Auswirkungen
regional-ökonomisch motivierter Maßnahmen auf den Natur- und Landschaftsschutz soll nun auch mit diesem Teil des Beitrages eine gewisse Skepsis
angedeutet werden, können doch Regionalentwicklung und Natur- bzw. Landschaftsschutz auch Gegensätze sein, wenn auch nicht notwendigerweise.
Grundlegend ist dabei zu beachten, daß es keinen großflächigen und langfristigen Natur- und Landschaftsschutz ohne Einbezug sozioökonomischer Rahmenbedingungen geben kann.

Ziel aller Naturschutzbestrebungen (in einem engeren Sinne verstanden)
ist es, den Tier- und Pflanzenarten und den ihnen entsprechenden Lebensräumen ein Überleben zu sichern. Es geht also nicht um irgendwelche (z. B.
besonders schönen und seltenen) Arten, sondern im Prinzip um alle Arten. Wir
wissen heute, daß dieses Ziel auf einzelnen, isolierten Flächen auch nicht
annähernd erreicht werden kann. Beim Naturschutz kann der Erfolg relativ gut
quantitativ gemessen werden. Eine Art besteht in überlebensfähigen Populationen, oder sie ist in ihrem Bestand gefährdet, oder sie ist ausgestorben. Beim
Landschaftsschutz hingegen wird die Sache etwas schwieriger. Hier stehen
eher quantitative Fragen im Vordergrund. Es kann zwar auch um die Erhaltung
natürlicher Elemente gehen (z. B. um den Schutz einer besonderen Glaziallanda-
schaft), in den weitaus meisten Fällen aber geht es um die Erhaltung oder
möglichst sanfte Umformung von vom Menschen gestaltete Kulturlandschaf-
ten. Es geht um Landschaften, die vom Bewohner und vom Besucher in ihrer
regionaltypischen Ausprägung wahrgenommen werden und für ihn einen Teil
seiner seelisch-geistigen Verwurzelung, seiner Heimat, ausmachen. Nach P.
Messerli (1989, S. 308) hat sie sich „als gültige Formel" für „ökologische
Stabilität, nachhaltige Produktivität, natürliche Vielfalt und landschaftliche
Schönheit und Eigenart in einer labilen natürlichen Umwelt" erwiesen.

Auch beim Landschaftsschutz muß der Anspruch auf Einbezug von 100 %
der Fläche erhoben werden. Es ist undenkbar, Landschaft im Sinne von erlebter
Heimat aus nationaler Sicht nur gerade im Emmental, am Silsersee und an ein
paar anderen ähnlichen Orten zu erhalten, alles übrige aber preiszugeben.
Derselbe Grundsatz gilt für die regional-lokale Ebene: Auch hier ist es mit der

Erhaltung einzelner, besonders wertvoller Flächen allein nicht getan. Unterstützt wird diese These von den Ergebnissen des MAB-Programmes, die klar aufzeigen, daß ein wirksamer Natur- und Landschaftsschutz bei den Entscheiden über die Art und Weise der Nutzung der ganzen Fläche einsetzen muß (Messerli 1989, S. 314).

Bei dieser notwendigerweise breiten Sicht der Dinge soll deutlich werden, daß die behandelte Frage des finanziellen Ausgleichs bei Sonderleistungen oder Sonderverzichten im Interesse des Natur- und Landschaftsschutzes nicht der Beitrag der Regionalökonomie, sondern ein Beitrag unter vielen ist.

3.2. Natur- und Landschaftsschutz und Regionalentwicklung

Aus dem bisher Gesagten wird klar, wie eng der Zusammenhang zwischen Regionalentwicklung und Natur- und Landschaftsschutz ist. Denn auch die Regionalentwicklung will den ganzen Raum einer bestimmten Region ganzheitlich erfassen. Eine einfache Abgrenzung der Interessengebiete etwa nach dem Motto „Hier Entwicklung, dort Schutz", ist also nicht möglich. Im Gegenteil: auf jeden qm muß eine Lösung gefunden werden, die beiden Blickrichtungen dient, oder aber es muß nach übergeordneten Zielsetzungen entschieden werden, welches Interesse höher einzustufen ist. Dies wird relativ häufig nötig sein, da die Vorranggebiete des Natur- und Landschaftsschutzes zu einem großen Teil mit den ländlich-peripheren Regionen zusammenfallen, die im Zentrum der regionalpolitischen Förderungsmaßnahmen stehen (Wachter 1991, S. 38). Für eine solche Interessenabwägung braucht es einerseits die nötigen Grundlagen für einen sachlich begründeten Entscheid. Andererseits braucht es aber auch Entscheidungsstrukturen, die so aufgebaut sind, daß nicht ein Interesse von vornherein bevorzugt behandelt wird. Als Beispiel wäre etwa die häufig zu beobachtende starke Stellung von Vertretern des Baugewerbes in lokalen Behörden oder das Fehlen von kommunalen Natur- und Landschaftsschutz-Kommissionen zu nennen.

Regionalpolitik ist bisher etwa in der Schweiz fast ausschließlich mit wirtschaftlicher Förderung der Berggebiete gleichzusetzen, wobei die Verbesserung der Infrastruktur im Vordergrund stand. Eine Verknüpfung mit den Zielen des Natur- und Landschaftsschutzes fand nicht statt, obwohl Verfassung und Gesetz dies seit langem vom Bund in Erfüllung aller seiner Aufgaben verlangen. Nicht selten wurde die Forderung nach Berücksichtigung der Anliegen des Natur- und Landschaftsschutzes sogar eher als unerwünschte Bremse für die erhoffte wirtschaftliche Entwicklung empfunden.

Die Entwicklungskonzepte der ersten Phase machen zu einem großen Teil den Eindruck von unkritisch aufgestellten Wunschlisten, deren Realisierung nicht auf ihre Auswirkungen auf Natur- und Landschaft überprüft wurde. Insbesondere ist es nirgends gelungen, tragfähige Modelle für ein Nebeneinan-

der von touristischer Entwicklung und Landschaftsschutz mit einem innerre-
gionalen Ausgleich von Erträgen und Lasten zu schaffen. Diese Kritik wurde
im Hinblick auf eine zweite Generation von Entwicklungskonzepten auch von
offizieller Seite weitgehend bestätigt. So halten die neuen „Richtlinien für die
Berggebietsförderung" von 1989 u. a. fest, die erste Generation sei von einer
sektoralen Betrachtungsweise, von einer einseitigen Ausrichtung auf wirtschaftliche Aspekte, von Wunschlisten ohne Rücksicht auf ihre Realisierbar-
keit und von vorrangiger Ausrichtung auf die Infrastruktur gekennzeichnet
gewesen (Eidg. Volkswirtschaftsdepartement 1989, I/5).
    Richtigerweise wird für die Überarbeitung der Entwicklungskonzepte als
erstes eine Gesamtschau verlangt, „in der auch ökologische und sozio-kulturel-
le Gegebenheiten ausreichend Berücksichtigung finden" (Eidg. Volkswirtschaftsdepartement 1989, I/7). Leider lassen es aber die Richtlinien bei dieser
generellen Aussage bewenden und geben keinerlei Hinweise und Hilfestellungen, wie die Verknüpfung mit den ökologischen Gegebenheiten nun im einzelnen zu bewerkstelligen sei. Es besteht deshalb Grund zur Befürchtung, die
entsprechenden Kapitel in den überarbeiteten Konzepten könnten zur Alibi-
übung werden, und das sektorale Denken werde auch weiterhin nicht oder
jedenfalls nicht in genügendem Maße überwunden. Das könnte dazu führen,
daß sie aus der Sicht des Natur- und Landschaftsschutzes bestehenden Mängel
der bisherigen Regionalpolitik auch auf die überarbeiteten Konzepte übertragen werden.

4. Anforderungen an die Regionalentwicklung

Welche Anforderungen sind nun an die Regionalentwicklung zu stellen, damit
sie nicht in Gegensatz tritt zum Natur- und Landschaftsschutz?
    Zunächst muß die geforderte Gesamtschau auch wirklich Tatsache wer-
den. Regionalpolitik kann sich nicht mehr länger nur mit der wirtschaftlichen
Förderung von Randregionen beschäftigen. Sie muß die umfassende, langfristige Sicherung einer Region als Lebensraum zum Ziel haben. Nimmt man das
ernst, so sind die vorher zitierten „ökologischen und sozio-kulturellen Gegebenheiten" mehr als nur Randbedingungen, die zu berücksichtigen sind, so wie
man etwa Sicherheitsvorschriften bei elektrischen Anlagen zu beachten hat.
Die Erhaltung von Natur und Landschaft wird dann zu einem gleichberechtigten Ziel der Regionalpolitik. Dies geschieht nicht nur (aber auch!) aus ideali-
stischen, ja sogar ethnischen Überlegungen heraus, sondern auch im ureigenen
langfristigen Interesse der Regionalwirtschaft heraus. P. Messerli (1989, S.
316) hat das in seiner Zusammenfassung der Forschungsergebnisse des MAB-
Programms so formuliert: „Im Berggebiet waren ökonomische und ökologische Nachhaltigkeit stets untrennbar gekoppelt, und solange die vielfältigen
Nutzungs- und Sicherheitsansprüche aufrechterhalten werden, gibt es kein

Abweichen von dieser Norm. Denn die wirtschaftliche Entwicklung kann ja nur nachhaltig sein, solange der ökologische Flächenschutz garantiert ist".

Es ist ein Märchen, wenn immer wieder behauptet wird, aus der Sicht des Natur- und Landschaftsschutzes wolle man aus dem Berggebiet einen „Nationalpark" machen. Auch Natur- und Landschaftsschutz brauchen (von Ausnahmen abgesehen) einen genutzten und besiedelten Raum. Wenn diese Nutzung aber nicht nach dem aus der Forstwirtschaft bekannten Prinzip der Nachhaltigkeit erfolgt, dann hat sie langfristig keine Perspektive.

Eine im beschriebenen Sinne konzipierte Regionalentwicklung und eine entsprechende Regionalpolitik sind nicht nur kein Gegensatz, sondern ein aktiver Beitrag zum Natur- und Landschaftsschutz. Allerdings fehlen uns z. T. noch die nötigen Instrumentarien in der Praxis (z. B. für den regionalen Finanzausgleich oder zur gerechten Abgeltung von Leistungen für den Natur- und Landschaftsschutz), z. T. werden bestehende Möglichkeiten noch zu wenig ausgeschöpft. Zusätzlich aber fehlt es mancherorts auch noch am nötigen politischen Willen. Die Gemeinwesen aller Stufen sind aber nicht nur verpflichtet, zu ihrer wirtschaftlichen Grundlage Sorge zu tragen, sondern auch zu ihrer Natur und ihrer Landschaft als gleichberechtigten Werten. Beides führt dazu, daß bis heute häufig Maßnahmen zur Regionalentwicklung in deutlichem Gegensatz zu den Anforderungen eines modernen Natur- und Landschaftsschutzes stehen können.

Ausgewählte Literatur:

1. Blöchiger, H., Der Preis des Bewahrens. Eine Ökonomie des Natur- und Landschaftsschutzes. Diss. Universität Basel 1991
2. Coase, R. H., The Problem of Social Cost, Journal of Law and Economics, 1960, H. 3
3. Eidg. Volkswirtschaftsdepartement, Richtlinien für die Berggebietsförderung, Bern 1989
4. Flückinger, H., Gesamtwirtschaftliches Entwicklungskonzept für das Bergbaugebiet, Bern 1970
5. Frey, R. L., Blöchlinger, H., Schützen oder Nutzen. Ausgleichszahlungen im Natur- und Landschaftsschutz, Chur/Zürich 1991
6. Hampicke, U., Naturschutz als ökonomisches Problem, Zeitschrift für Umweltrecht und Umweltpolitik, 1987
7. Huber, S., Regionalpolitik im Berggebiet: in: Umbruch im Berggebiet (Hrsg. E. A. Brugger u. a.), Bern/Stuttgart 1984, S. 971–986
8   Krutilla, J. V., Fischer, C., The Economics of Natural Environments, Baltimore 1986
9. Messerli, P., Mensch und Natur im alpinen Lebensraum, Risiken Chancen, Perspektiven, Bern/Stuttgart 1989
10. Rohner, J., Naturschutz in der Schweiz, ein Beispiel angewandter Geographie, in: Regio Basiliensis, Bd. 32, Basel 1991
11. Wachter, D., Regionalpolitik und Umweltschutz – zum Konzept einer „internationalisierungsorientierten Regionalpolitik", in: DISP 104, 1991, S. 38–44

V. SONDERSITZUNG

40 Jahre geographisches Arbeiten zwischen Ostsee und Erzgebirge
Zusammenstellung: G. Haase und H. Richter, Leipzig

Einführung
von Hartmut Leser,
Geographisches Institut der Universität Basel und
Vorsitzender des Ortsausschusses des 48. Geographentages in Basel

Die heutige, letzte große und zusammenhängende Fachsitzung des 48. Deutschen Geographentages Basel 1991 verfügt über mehrere Perspektiven:
* Formal setzt sie den Schlußstrich unter das Vortrags- und Diskussionsprogramm des Geographentages in Basel. Wir sind froh, daß uns die Universität Gastrecht gewährt und wir danken unserem Rektor, Herrn Professor Dr. C. R. PFALTZ, herzlichst für die Ehre, die er uns durch seine Begrüßungsworte erwiesen hat.
* Diese Ganztagsveranstaltung besitzt ihre fachpolitische Bedeutung darin, daß sie die „Wiedervereinigung" der deutschen Geographen darstellt, die zum letzten Mal 1961 gemeinsam an einem deutschen Geographentag teilnehmen konnten. Dazu werden die beiden Verbandsvorsitzenden, Professor BARSCH/Heidelberg und Professor BARSCH/Potsdam, am Ende der heutigen Veranstaltung etwas sagen.
* Die Veranstaltung soll auch daran erinnern, daß die fachlichen Kontakte – auch in sehr schweren Zeiten – zwischen den Geographen der beiden Deutschländer nie abrissen. Sie konnten z. T. nur auf persönlicher Basis fortgeführt und kultiviert werden. Dabei spielte das neutrale Ausland als Treffpunkt eine große Rolle. Auch in Basel haben wir anläßlich internationaler Symposien oder bei Veranstaltungen des Geographischen Instituts dieser Universität immer wieder ostdeutsche Geographen einladen können.

Noch einige Worte zu diesen besonderen Beziehungen West-Ost während der letzten vierzig Jahre, in denen sich eine „DDR-Geographie" entwickelte: Den westdeutschen Geographen gelang es in dieser Zeit, einen hohen Grad an Internationalität zu erlangen, zu wahren und auszubauen. Die DDR-Geographen hatten demgegenüber beträchtliche Einschränkungen ihres persönlichen und wissenschaftlichen Wirkungskreises in Kauf zu nehmen. Daraus resultierte eine vermeintliche oder tatsächliche Abkapselung vom allgemeinen wissenschaftlichen Geschäft.

Gemeinsame Sprache und Kultur waren es neben persönlichen Beziehungen, die gleichwohl die totale Isolation verhinderten. Den DDR-Geographen

D. Barsch/H Karrasch (Hrsg.): Geographie und Umwelt. Verh. d. Deutschen Geographentages Bd. 48 - Basel 1991. © 1993 Franz Steiner Verlag Stuttgart

gelang es, in manchen Bereichen einen hohen wissenschaftlichen Standard zu erreichen und zu halten. In manchen Fachgebieten der Physiogeographie konnten sie sogar eine führende Rolle einnehmen. Dazu gehörten für viele Jahre die Quartärgeomorphologie, die Geomorphologische Kartographie sowie Teilbereiche der Landschaftsökologie.

Zahlreiche landschaftsökologische Ansätze und Methodiken wurden in der DDR entwickelt und vom Ausland übernommen und nur deswegen dort in der Forschungspraxis realisiert, weil man dazu die räumlichen, technischen und finanziellen Möglichkeiten hatte. Zahllose Anregungen methodischer und methodologischer Art konnten im Westen aufgenommen und weiterentwickelt werden. Wir dürfen nicht vergessen: Die Grundlagen der modernen Landschaftsökologie wurden in Leipzig und Dresden gelegt! Das übersehen die wissenschaftlichen Werke – auch Standardlehrbücher des englischen Sprachraumes – bis heute. Eine ganze Literatur wurde, nicht zuletzt durch die westliche Sprachignoranz, ausgegrenzt.

Gewisse Entwicklungen der Geographie der anderen Oststaaten wären in den vergangenen 40 Jahren nicht möglich gewesen, wenn nicht die DDR-Geographie eine sprachliche und fachliche Brücke zum Westen gewesen wäre. An diese Brückenfunktion, die vor allem auch von menschlichen Beziehungen getragen wurde, muß in einer Zeit der Wiedervereinigungseuphorie, aber auch der Hexenjagd auf vermeintliche oder tatsächliche Informanten, erinnert werden.

Denken wir daran, daß sich dabei menschliche und moralische Tragödien abspielen, über deren Dimensionen – im scheinbar sicheren Glashaus sitzend – wir in einer stillen Stunde nachdenken sollten, bevor wir schnelle Urteile fällen.

Wer in einem Alter des bewußten Erlebens und Handelns das durchaus zweifelhafte Glück hatte, so wie ich selbst, noch rechtzeitig diesen Verhältnissen den Rücken kehren zu können, kann vielleicht erahnen, was diesem oder jenem von uns erspart geblieben ist, da er sich nicht gewissen Dingen stellen mußte, denen man sich nur in großer Not stellen würde.

Die Begegnung heute soll der Information über Geleistetes, aber auch der Diskussion dessen dienen – ganz im Sinne des wissenschaftlichen Gesprächs. Ich wünsche Ihnen, ich wünsche uns die innere Ruhe und die Würde, dieses Gespräch menschlich und weise führen zu können.

***

Die Einleitung dieser Fachsitzung durch Herrn Hartmut LESER braucht nicht ergänzt zu werden. Es folgen die Zusammenfassungen, die die Referenten zur Verfügung stellten und nochmals reduziert wurden. Wer sich für Ansätze, Inhalte, Ergebnisse und Umstände der Geographie ehemals in der DDR interessiert, sei auf die Literatur-Hinweise am Ende aufmerksam gemacht. Für eine Wertung ist es jetzt zu früh, wie ein vorliegender Versuch (LINKE, 1991)

erkennen läßt. Die wiederum politisch motivierten Eingriffe und dementspre-
chenden Veränderungen in der Struktur der Geographie an Universitäten,
Forschungsinstituten und zahlreichen Einrichtungen der Wirtschaft und Verwaltung in den neuen Bundesländern sind auch zwei Jahre nach der Wiedervereinigung noch in vollem Gange.

Geoökologische Ergebnisse der Arbeiten zur Geofernerkundung im Interkosmos-Programm 1985–1990
Heiner Barsch, Potsdam

1984 wurde ein Projekt begonnen, in dem geoökologische Sachverhalte
einen zentralen Platz einnahmen. Unter dem Thema *„Untersuchung der
Struktur und Dynamik von Geosystemen"* sollten Fernerkundungsmethoden
zur Analyse natürlich-technischer Vernetzungen in Landschaften unterschiedlicher Naturausstattung und unterschiedlicher Synanthropie entwickelt werden. Zu prüfen war, auf welche Weise synchrone Daten über die areale
Verteilung von landschaftlichen Zustandsmerkmalen gewonnen werden konnten. Als Sensoren standen Luftbildmeßkammern und Multispektralkameras
aus der UdSSR (KFA, KTE) sowie der ehemaligen DDR (MKF-6, MSK-4) zur
Verfügung. Abbildende Scanner waren nicht einsatzfähig, dafür aber Radio-
meter für die Bereiche des sichtbaren Lichtes, des nahen kurzwelligen und
thermischen Infrarotes sowie für zwei Mikrowellenbänder (3 und 30 cm). Die
sowjetische Raumstation MIR, Satelliten der Kosmos-Serie, Bildflugzeuge
(AN-30, AN-3) und Hubschrauber (KAMAS, MI6) stellten die Geräteträger
dar; hinzu kam in mobiler Bodenmeßkomplex, der im Zentralinstitut für Physik
der Erde Potsdam entwickelt worden war.

Nach einem vorbereitenden Feldexperiment in Aserbaidshan fanden ab
1985 fünf langfristig vorbereitete Feldexperimente im Süden des europäischen
Rußland, in der ehemaligen DDR, in Polen, in Kuba und in der Mongolei statt.
Sie galten sowohl Stadt- als auch Freilandgebieten. Auf städtischen Nutzflächen wurde das Temperaturverhalten von Wohngebieten unterschiedlicher
Dichte durch Mitarbeiter des Instituts für Geographie und Geoökologie Leipzig
in Zusammenarbeit mit polnischen Kollegen untersucht. Die beachtliche kli-
mameliorative Wirkung der Grünflächen bei halboffener Bebauung konnte
dabei nachgewiesen und dem begrenzten Einfluß kleinräumiger Grünplätze gegenübergestellt werden.

Besonderes Augenmerk galt der Bioproduktivität landwirtschaftlicher
Nutzflächen. An ihrer Untersuchung waren, zusammen mit sowjetischen,
polnischen, kubanischen und mongolischen Kollegen, vor allem Potsdamer
Geographen in Verbindung mit Potsdamer Physikern, z. T. auch mit Landwirten und Bodenkundlern aus Eberswalde, beteiligt. Dabei bewährte sich der
mehrtägige Aufbau der Feldexperimente. Terrestrische Vergleichsuntersu-

chungen wurden ergänzt durch spektrometrische, Niedrigbefliegungen mit Radiometern, Hochbefliegungen mit Multispektralkameras und multispektralen Satellitenaufnahmen. Die Satellitenebene war allerdings der Schwachpunkt der Experimente: denn oftmals ließ das Wetter keine synchronen Aufnahmen zum Zeitpunkt der Feldarbeiten zu. Am Boden und im Luftbild zeigte sich eine außerordentlich große areale Differenzierung der Vitalität der Ackerkulturen und des Grünlandes; sie machte die technologischen Reserven des Anbaues (termingerechte sowie gleichmäßige Aussaat, den Phänophasen und dem Bodenfeuchteregime angepaßte Beregnung) ebenso deutlich wie die Tatsache, daß die klassische Bodenkarte nicht unbedingt die im Wurzelraum tatsächlich vorhandenen Unterschiede der Bodenfruchtbarkeit ausweist.

Methodisch ergab sich aus den Relationen spektraler Objektsignaturen in verschiedenen Wellenbereichen zueinander ein Produktivitätskriterium und ein Wasserkriterium, das der Bearbeitung der spektralen Meßwerte bzw. der digitalisierten Luftbilder und der Interpretation der Ergebnisse zugrunde gelegt werden konnte. Das Verhältnis zwischen Absorptionsbanden und Remissionspeaks im sichtbaren Licht sowie im nahen und kurzwelligen Infrarot fand auch in Ratiowerten sowie Indizes zur Vitalitätskennzeichnung seine Berücksichtigung. Auf dieser Basis konnte – außerhalb der Interkosmos-Experimente – die areale Differenzierung von Waldschäden im Erzgebirge ermittelt werden.

Am letzten Fernerkundungs-Experiment in der Mongolei waren Geographen aus Potsdam, Leipzig und Halle beteiligt. Zentrales Thema der Bearbeitung und Interpretation der Fernerkundungsdaten war hier das Upscaling-Problem. Es zeigt sich, daß sowohl auf den beregneten Ackerflächen als auch im Weideland der Talaue die Verteilung spektraler Meßwerte bis zu einer Pixelgröße von 80 m etwa gleich bleibt, daß sich aber von da an Verschiebungen ergeben, bedingt durch die Integration sehr unterschiedlicher Landschaftsausschnitte in einem Bildfleck. Das zwingt zur Vorsicht bei der geoökologischen Interpretation von meteorologischen Satellitendaten. Die Interkosmos-Erfahrungen, vor allem die in diesem Rahmen gewachsenen internationalen und interdisziplinären wissenschaftlichen Verbindungen, sollten dabei nicht unberücksichtigt bleiben.

Landschaftsplanung in der ehemaligen DDR
Bernd Reuter, Halle

Eine umfassende und verbindliche, flächendeckende Landschaftsplanung auf einer gesetzlich fixierten Grundlage existierte ehemals in der DDR nicht Nach der Auflösung der staatlichen Büros für Gebiets-, Stadt- und Dorfplanung in den Bezirken verstanden die Staatliche Plankommission und die ihr zugeordneten Büros für Territorialplanung die Planung im wesentlichen als auf die

Wirtschaftszweige orientierte Planung. Landschaftsbezogene oder ökologische Aspekte spielten eine untergeordnete Rolle.

Verantwortungsbewußte Geographen, Biologen und Landschaftsarchitekten des Landes wiesen ebenso nachdrücklich wie erfolglos auf diesen schwerwiegenden Mangel im Planungswesen der DDR und die damit verbundenen Folgen für die weitere Landesentwicklung hin.

Allerdings gab es in einzelnen landnutzenden Wirtschaftszweigen, z. B. der Land- und Forstwirtschaft, Ansätze zu einer den modernen Erfordernissen entsprechenden Landschaftsplanung.

Sie basierten auf dem „Gesetz über die Entwicklung der sozialistischen Landeskultur in der DDR-Landeskulturgesetz" von 1970, an dessen Entwurf vonseiten der Geographie E. NEEF bedeutenden Anteil hatte.

Die theoretische Konzeption beruhte auf dem Prinzip der ökologisch abgestimmten Mehrfachnutzung, aus welcher die Schwerpunkte einer Landschaftsplanung in der DDR abgeleitet wurden:
- Erhaltung und Verbesserung der natürlichen Ressourcen und des Genpotentials;
- rationeller Einsatz der Ressource „Fläche" nach ökologischen Aspekten;
- Verbesserung der natürlichen Erholungsbedingungen;
- landschaftspflegerische Anpassungs- und Ausgleichsmaßnahmen in umweltbelasteten Gebieten;
- Schutz vor Natur- und Übernutzungsrisiken;
- komplexer Landschaftsschutz und Erhaltung bestimmter Landschaftsbilder.

Damit sollte sich die Landschaftsplanung in die Territorialplanung einordnen. Als Umsetzungsinstrument der Landschaftsplanung wurden die Landschaftspflege und -gestaltung angesehen. Letztlich konzentrierten sich die Bemühungen der Landschaftsplaner auf die folgend genannten Bereiche:
- Freiflächen in Siedlungen;
- überwiegend landwirtschaftlich genutzte Gebiete (Dorffluren);
- Erholungsgebiete, vor allem wald- und wasserreiche Landschaften (größtenteils Landschaftsschutzgebiete);
- Bergbaufolgelandschaften.

Ziel war es, ökonomische, ökologische und ästhetische Gestaltungsforderungen harmonisch miteinander zu verbinden. Für die vier Bereichsfaktoren gab es unter den Bedingungen der DDR Möglichkeiten einer Landschaftsplanung durch die Ausarbeitung von Nutzungs-, Schutz- und Gestaltungskonzeptionen:
- Für Landschaftsschutzgebiete und Geschützte Parkanlagen konnten Landschaftsschutzpflegepläne bzw. Pflegerichtlinien aufgestellt werden.
- Der Erholung dienende Landschaften und solche, die in der Umgebung von Kurorten liegen, konnten zu Erholungs- bzw. Naherholungsgebieten erklärt und durch Entwicklungskonzeptionen gestaltet werden. Derartige

Schutzformen und ihre Beplanung spielten vor allem auch in Siedlungs-
rand- und Ballungsgebieten eine Rolle.
– Für die landwirtschaftlich genutzten Räume wurden Flurgestaltungskon-
zeptionen entwickelt, die neben der rationellen Gestaltung der Bewirt-
schaftungseinheiten und der Infrastruktur auch Vorschläge für den Flurge-
hölzanbau und die Biotopgestaltung umfaßte.
Am deutlichsten treten die Bestrebungen der Landschaftsplaner in den
Landschaftsschutzgebieten hervor, die 19,2 % der Fläche der ehemaligen DDR
bedeckten.

Kartographische Leistungen der ostdeutschen Geographie
Hans Kugler, Halle und Ernst Benedict, Leipzig

Von Erik ARNBERGER als interdisziplinäre Formalwissenschaft gekennzeichnet und mit Edgar LEHMANN als Bereich des Zusammenwirkens
von Wissenschaft und Technik, Kunst und Gewerbe zu verstehen ist die
Kartographie durch die Geographie als wesentliche Form und Methode ihrer
raumbezogenen Aussagen, Ergebnisdarstellungen und Informationsspeiche-
rung nutzbringend gefördert worden.
Als Mittel der Objektmodellierung und Form der Modellnutzung für
Objekt- und Problemdemonstration, für Forschung und Erkenntnisgewinnung,
Planung und Behandlung raumgebundener Entwicklungen, Strukturen, Sachverhalte wurden substanzvolle und methodisch anregende thematische Karten
großer bis kleiner Maßstäbe in Verbindung mit Forschungs- und Praxisaufga-
ben und im Rahmen von Atlasprojekten geschaffen und erfolgreich verwendet.
Abgeleitet von den Anforderungen der beruflichen Praxis an Berufsgeographen, Schulgeographen und Hochschulgeographen und mit der genannten
Sicht der Kartographie wurden Ziele, Inhalte und Methoden der integrierten
kartographischen Hochschulausbildung von Geographen in vielfachem Mei-
nungsaustausch der interessierten Einrichtungen entwickelt und über Jahre
hinweg in einem Arbeitskreis der Geographischen Gesellschaft beraten.
Eine große Anzahl nach Inhalt und Darstellungsmethodik bemerkenswer-
ter Karten wurden im Rahmen von Projekten der anwendungsorientierten
Grundlagenforschung und unmittelbaren Leistungen für Praxisorgane geschaffen. Aus Geheimhaltungszwängen oder limitierten finanziellen wie her-
stellungstechnischen Kapazitäten konnten sie leider nur zum geringen Teil
publiziert werden. In der Regel förderte dabei die Beziehung zwischen fachwis-
senschaftlicher Fragestellung und objekt- und zweckbezogen optimaler kartographischer Modellierung sowohl den fachwissenschaftlichen Ansatz als auch
die kartographische Lösung.

Überwiegend im Zusammenhang mit diesen sachorientierten kartographischen Aufgaben, im Rahmen spezieller Projekte und als Grundlagen für optimale kartographische Abbildung besonders im Atlas DDR und in dem Atlas der fünf neuen Bundesländer waren Forschungen auf die Entwicklung kartographischer Lösungsprinzipien, auf die kartographische Verwendung transformierter Fernerkundungsdaten, auf die computerunterstützte kartenorientierte Datenverarbeitung und Kartenausgabe sowie auf die Verbindung von digitalen Geoinformationssystemen und Kartenerzeugung gerichtet.

Der Leistungs- und Entwicklungsstand der thematischen Kartographie generell und die kreativen Beiträge kartographisch engagierter Geographen spiegeln sich konzentriert in den zahlreichen Atlaswerken wider, die in den vergangenen 40 Jahren herausgegeben werden konnten.

Untrennbar mit dem Wirken von Edgar LEHMANN verbunden und herauszuheben sind hier der Atlas Deutsche Demokratische Republik und der leider im Stadium herstellungsreifer Zusammenstellungsoriginale unterbrochene Atlas der fünf neuen Bundesländer mit ihren breiten Themenpaletten und vielfältigen, vielfach durchaus neuartigen darstellerischen Lösungen. Im letztgenannten Werk wurde der Schritt vollzogen zur thematischen Ordnung nach Beziehungs- und Problemkomplexen, zur problemspezifischen Maßstabsvariation, zur vollen Nutzung kleiner Maßstäbe durch geeignete Generalisierung und zur gezielten alternativen Verwendung von Karte, Graphik und Text für die Modellierung von Raumstrukturen und Entwicklungen.

Wie die Kartographie insgesamt hatte die geographische Kartographie in den Jahren der DDR mit limitierenden Rahmenbedingungen zu leben, die in ihrer diffizilen Vielfalt für den Außenstehenden weitgehend unbekannt und vor allem im Nachhinein nur schwer nachvollziehbar sind.

Begrenzte finanzielle und technische Möglichkeiten schränkten vor allem die Realisierung inhaltsreicher Mehrfarbkarten ein. Unübersehbar war der Rückstand bei der Automatisierung der Kartenherstellung. Hochgradige Einschränkungen durch Datengeheimhaltung setzten der Wiedergabe topographischer Bezugsgrundlagen (unverzerrte Kartennetze, Isohypsen u.a.) und thematischer Sachverhalte (Umweltdaten, geologische Daten, quantitative Wirtschfats- und Bevölkerungsinformationen u.a.) enge Grenzen und forderten den zur Einhaltung entsprechender belastender Sicherheitsvorschriften verpflichteten Verantwortlichen ein hohes Maß an Verantwortungsrisiko bei „grenzunterlaufenden" indirekten oder direkten Aussagen und interner Selbstkontrolle ab.

Wenn dennoch auch im internationalen Vergleich geachtete und die Wissenschaftsentwicklung fördernde Leistungen in bemerkenswertem Umfang erzielt wurden, dann ist diese Tatsache den engen Arbeitsbeziehungen zwischen Fachwissenschaft und Kartographie ebenso zu danken wie dem engagierten Einsatz tragender Einrichtungen und Personen, welche mit den einzuhaltenden Spielregeln um die Realisierung humanistischer Wissenschaftsziele bemüht waren.

***

Die folgende Kurzfassung der Herren B. NITZ und J. MARCINEK beschreibt einen charakteristischen Ausschnitt aus der umfangreichen geomorphologischen Forschung hierzulande. Sie war wie die meisten anderen Ansätze vor allem den Problemen im Lande gewidmet. So wurden nach umfangreichen Arbeiten zur Makroformengenese (J. F. GELLERT) die Glazial- und Periglaziärforschung sowie das Studium aktueller geomorphologischer Prozesse (Küste, Fluß- und Bodenerosion, Bergbau-Schütthänge etc.) gefördert, häufig in enger Zusammenarbeit mit der Quartärgeologie, Bodenkunde, den Landwirtschafts- und Forstwissenschaften, vor allem mit dem Ziel, das Relief als wesentliches Kompartiment von Naturraum und Landschaft zu erfassen. Besonders dienlich war dabei die Renaissance der Morphographie auf neuer Ebene (H. KUGLER).

Geomorphologische Forschungen im Jungmoränengebiet des Berlin-Brandenburgischen Raumes
B. Nitz und J. Marcinek, Berlin

Als die geomorphologische Forschung an der Berliner Humboldt-Universität nach dem Ende des 2. Weltkrieges unter schwierigsten Bedingungen wieder in Gang kam, konnte sie auf die Leistungen zahlreicher ihrer Forscher aus vorausgegangen Jahrzehnten zurückgreifen (F. v. RICHTHOFEN, A. PENCK, C. TROLL, H. LOUIS und J. BÜDEL).
Nach 1945 sind im Berlin-Brandenburgischen Jungmoränengebiet durch Geomorphologen der Humboldt-Universität zu Berlin drei Fragestellungen vorrangig bearbeitet worden: die Herausbildung des glazialen Formenschatzes als geomorphologisches Grundgerüst in Berlin-Brandenburg unter Betonung der Urstromtalfrage, die periglaziäre Überformung des Glazialreliefs und schließlich Beiträge zur Landschaftsgeschichte Berlin-Brandenburgs in den letzten 15.000–20.000 Jahren. Über die auf diesen Themenfeldern erzielten wichtigsten Forschungsergebnisse soll nachfolgend kurz berichtet werden.

1. Fortschritte in der Glazialgeomorphologie

Neben H. LEMBKE haben in den fünfziger Jahren H. LIEDTKE am Beispiel des Thorn-Eberswalder und J. MARCINEK am Beispiel des Glogau-Baruther Urstromtals wesentliche Beiträge zur Klärung der Urstromtalfrage geleistet. Der durch ihre Arbeiten erzielte Fortschritt bestand in einer Korrektur der KEILHACKschen Urstromtaltheorie, der zufolge einer Haupteisrandlage ein durchgehendes Urstromtal zuzuordnen ist, in dem die Schmelzwässer nur dieser Randlage etwa eisrandparallel abgeführt wurden. Die Untersuchungen zeigten, daß die Urstromtäler auch nach dem Rückschmelzen des Inlandeises von der jeweiligen Haupteisrandlage noch in Funktion bleiben und dem Schmelzwasser jüngerer Staffeln als Entwässerungsbahnen dienten. Durch verschiedene Niveaus in den Urstromtälern, unterschnittene ältere Sander, Endmoränendurchbrüche und die Aufschüttung jüngerer, von den Rück-schmelzstaffeln ausgehender Sander ist die revidierte Sicht auf die Funktion der Urstromtäler im norddeutschen Jungmoränengebiet gut gesichert.

G. MARKUSE leistete Mitte der 60er Jahre am Beispiel des Ückergebietes um Prenzlau einen Beitrag zur Vielschichtigkeit des Abflußgeschehens auch im Gebiet nördlich der großen Urstromtäler.

2. Fortschritte in der Periglazial-Geomorphologie des Jungmoränengebietes

In den fünfziger Jahren kam H. LEMBKE zu grundlegend neuen Sichten. Entgegen der Auffassung, daß nichtglaziale kaltzeitliche Formungsprozesse im Jungmoränenland nur eine untergeordnete Rolle gespielt haben, konnte er durch Untersuchungen an Trockentälern am westlichen Oderbruchrand und auf der Barnim-Hochfläche nordöstlich von Berlin zweifelsfrei nachweisen, daß deren Genese noch in das Weichsel-Spätglazial fiel, somit unter periglazialen Bedingungen ablief. H. LIEDTKE erbrachte zur gleichen Zeit den Beweis, daß sich nach dem Rückschmelzen des jüngsten Inlandeises in dessen Verbrei-tungsgebiet der Dauerfrostboden für einige tausend Jahre neu herausbildete und damit eine große Vielfalt von Periglazialerscheinungen hervorbracht werden konnte, wenn auch oft nur in initialer Entwicklungsstufe. Zu weiteren Fragen der periglazialen Überformung des Glazialreliefs arbeiteten H. LIEDT-KE (Fluvioperiglazial, Dünen), H. WINIARSKI (Intensität der Zertalung im Jung- und Altmoränengebiet) und B. NITZ (Windkanter). An der Erforschung der periglaziären Decken (Geschiebedecksand) waren unter Federführung von H. LEMBKE in den 60er Jahren G. MARKUSE, B. NITZ und H. SCHULZ beteiligt. Sie erbrachten als generelles Ergebnis, daß die Periglazialerscheinun-gen des Alt- und des Jungmoränengebietes sich lediglich graduell, nicht aber grundsätzlich voneinander unterscheiden.

3. Untersuchungen zur jüngsten Landschaftsgeschichte im Berlin-Brandenburgischen Raum

1974 konnte nach einer verordneten Zwangspause die geomorphologische Grundlagenforschung im Rahmen der physisch-geographischen Struktur- und Prozeßforschung wieder aufgenommen werden. Sie schloß u. a. an systematisierende Arbeiten von J. MARCINEK an, die ihn in Fortführung der Studien von H. LEMBKE, H. LIEDTKE und von eigenen Untersuchungen 1969 zur Ausgliederung von Phasen der Gewässernetzentwicklung im norddeutschen Jungmoränengebiet geführt hatten. Sie wurden später (1972) auf die Seenentwicklung und schließlich (1987) auf die spätglazial-holozäne Reliefentwicklung ausgedehnt, bei der folgende Phasen unterschieden werden konnten: glaziäre Phase, periglaziäre Phase der Überformung des Glazialreliefs, Regenerationsphase des periglaziär überformten Glazialreliefs, Phase der natürlich holozänen und schließlich der anthropogen beeinflußten holozänen Reliefentwicklung.

1974 begannen unter Federführung von S. M. CHROBOK und B. NITZ ausgedehnte Geländearbeiten zur Beckenentwicklung im Jungmoränenland Brandenburgs. Die Becken erwiesen sich nicht nur wegen ihrer großen Anzahl, sondern vor allem wegen ihrer Sedimentfüllung, in der die geomorphologische Entwicklung in der Regel detaillierter dokumentiert ist als in den Abtragungsgebieten, als sehr gut geeignet für die Rekonstruktion der Landschaftsentwicklung in den letzten 15.000 Jahren. Neben einer Vielzahl von Feinheiten und regionalen Besonderheiten, vor allem bezüglich der karbonatischen Sedimentation, konnten auch hier Leitlinien der Beckenentwicklung und verschiedenartige Beckentypen ausgegliedert und mit einer Fülle von Befunden untermauert werden. Auch in den kommenden Jahren sollen diese Arbeiten, z. T. gefördert aus Mitteln der Deutschen Forschungsgemeinschaft, fortgesetzt werden.

Ansatz und Ergebnisse der Ballungsgebietsforschung im sächsisch-thüringischen Raum
Dieter Scholz, Halle

Mitte der 60er Jahre wurden in der damaligen DDR die ersten Ergebnisse von Untersuchungen zur Problematik der industriellen Ballungsgebiete der DDR publiziert. In Anlehnung an Arbeiten von ISENBURG und BOUSTEDT in der Bundesrepublik wurde versucht, wesentliche Strukturmerkmale und Entwicklungstendenzen dieses Gebietstyps zu erfassen und Ableitungen für raumordnungspolitische Empfehlungen unter den damaligen gesellschaftlichen Rahmenbedingungen zu formulieren. In beabsichtigter Antithese zur damals in der DDR herrschenden Auffassung, daß industrielle Agglomerationen ein spezielles Merkmal der „Standortverteilung der Produktivkräfte im Kapitalismus" seien und daher generell deren Deglomeration zu verfolgen sei, wurde herausgearbeitet, daß Ballungsgebiete eine objektive Form der industriellen Standortstruktur sind und über beachtliche Vorzüge verfügten (Möglichkeit der vielseitigen und engräumigen industriellen Kooperation, vielseitiges Arbeitsplatzangebot, umfassende und hochrangige Ausstattung mit Einrichtungen der Infrastruktur – kurzum mit einem Maximum an „Fühlungsvorteilen" ausgestattet).

Zugleich wurden erste empirische Ergebnisse über die volkswirtschaftliche Potenz dieses Gebietstyps in der damaligen DDR bekanntgemacht (auf etwa 12 % der Landesfläche ca. 40 % der Bevölkerung, 50 % des industriellen Potentials und 60 % der Einrichtungen der technischen Infrastruktur).

Die Ballungsgebietsforschung entwickelte sich zu einer tragenden Forschungslinie, deren Ergebnisse auf einer größeren Zahl nationaler und internationaler Tagungen und Symposien vorgestellt wurden (1968 in Leipzig, 1972 in Halle, 1976 in Moskau, 1981 und 1989 in Halle). Die ursprünglich stark industriegeographische Orientierung dieser Arbeiten wurde in den Folgejahren auch auf bevölkerungs-, siedlungs- und stadtgeographische sowie landeskulturelle und geoökologische Fragen ausgedehnt, so daß in zunehmendem Maße auch namhafte Vertreter der physisch-geographischen Disziplinen zu Problemen der industriellen Ballungsgebiete aus ihrer Sicht Stellung nahmen. Außerdem war die wissenschaftliche Analyse – schon aus Gründen der Beschaffung des erforderlichen Analysematerials – immer eng mit den Dienststellen der territorialen Planung und deren Fachleute verbunden, so daß im Laufe der Jahre ein relativ breites Wissen um die Struktur- und Entwicklungsprobleme dieses Gebietstyps zustande kam.

Gleichzeitig wirkten sich aber die damit verbundenen Vorschriften über die Geheimhaltung von Daten und Arbeitsergebnissen immer nachteiliger aus, so daß gegen Ende der „sozialistischen" Entwicklung in der DDR kaum noch neue Analyseergebnisse publiziert werden konnten und sich damit auch die Forschung relativ zwangsläufig immer stärker methodischen Aspekten (Fernerkundung, computergestützte Datenspeicher, geographische Informationssysteme u. ä.) zuwandte.

Als bleibende Erkenntnis kann wohl angesehen werden, daß die räumliche Konzentration wirtschaftlicher und sozialer Erscheinungen das Ergebnis objektiv wirkender gesellschaftlicher Prozesse ist und als solche verstanden werden muß. Weder eine aktive Deglomerationspolitik noch unbeeinflußtes bzw. uneingeschränktes Wachstum wird der Problematik dieses Gebietstyps gerecht. Vielmehr muß es Anliegen der Raumordnung und der dieser zugrunde liegenden Raumforschung sein, auf der Grundlage ständiger Beobachtung der die Raumstrukturen beeinflussenden Kräfte und Prozesse raumordnungspolitische Instrumente zu entwickeln, die es gestatten, bei voller Nutzung der diesem Gebietstyp eigenen Vorzüge seine Nachteile möglichst umfassend und vor allem rechtzeitig zu erkennen und zu beseitigen.

∗∗∗

Die länderkundliche Forschung ist in besonderem Umfange von den Bedingungen des real existierenden Sozialismus behindert worden. Hatte der Aufbau von Auslandsbeziehungen vor der weltweiten politischen Anerkennung der DDR noch in den Maßen Chancen, die durch das permanente Mißtrauen sowie finanzielle Barrieren begrenzt waren, so reduzierte sich das staatliche Interesse an individuellen Auslandsbeziehungen weitgehend auf solche, die sofortigen ökonomischen Nutzen versprachen oder wegen der internationalen Repräsentanz unumgänglich waren. Zu diesem Zeitpunkt hatte die Geographie auch den Wettbewerb mit den Regionalwissenschaften um einen Anteil an der Auslandsforschung bereits weitgehend verloren. Da selbst die Arbeit in der Sowjetunion von beiden Staaten her strikt kontigentiert wurde, resignierte der größte Teil der Hochschulmitarbeiter.

Ein Beispiel hartnäckiger Bemühung um Profil in einem attraktiven länderkundlichen Forschungsbereich wird im Beitrag von Herrn Gerloff geboten.

„Norden" – ein länderkundlicher Vergleich Sibiriens und Kanadas
Jens Uwe Gerloff, Greifswald

Der „Norden" umfaßt große Teile Rußlands, Kanadas, Skandinaviens und Finnlands sowie Alaska, Grönland und Island, d. h. eine Landfläche von rund 22 Mill. km² mit 10 bis 11 Mill. Einwohnern.

Innerhalb der Nordgebiete der Erde bildet der Norden Rußlands, der große Teile Sibiriens und des Fernen Ostens einschließt, den Raum, in den die wirtschaftliche Erschließung bisher am nachhaltigsten vorgestoßen ist. Mit 11 Mill. km² und 9,5 Mill. Einwohnern (immerhin 6,5 % der Bevölkerung Rußlands) nimmt er heute für die Wirtschaft des Landes unverzichtbare Positionen ein: 1/3 der Nutzholzgewinnung, 3/4 der Erdöl- und sogar fast 4/5 der Erdgasförderung Rußlands entstammen dem Norden, darunter zum großen Teil aus dessen sibirischer Region.

Der Kanadische Norden wird meist mit Yukon Territory und Northwest Territories gleichgesetzt (knapp 3,9 Mill. km² mit rund 70.000 Einwohnern). Darüber hinaus weisen auch große Gebiete der südlich angrenzenden Provinzen Merkmale des Nordens auf, so daß der gesamte Norden Kanadas mit wenigstens 70 % der Landesfläche anzugeben ist, die von rund 400.000 Menschen, d. h. etwa 1,4 % der Landesbevölkerung, bewohnt werden. In der Wirtschaft des Landes spielt der Kanadische Norden gegenwärtig nur bei einigen wenigen Erzen bzw. Metallen eine nennenswerte Rolle.

Folgende Sachverhalte haben in den letzten Jahrzehnten die Aufmerksamkeit nicht nur von Geographen zunehmend auf den „Norden" gelenkt und zu vergleichenden Betrachtungen herausgefordert:
– der Reichtum der beschriebenen Gebiete an natürlichen Ressourcen und deren aktuelle oder potentielle Bedeutung. Ihre Erschließung verlangt bestimmte Strategien und Organisationsformen und kann zur Verschiebung innerstaatlicher räumlicher Grundproportionen sowie zur Veränderung von Siedlungssystemen im lokalen, regionalen und gesamtstaatlichen Rahmen führen.

– die besondere Stellung des „Nordens" in den natürlichen Stoff- und Energiekreisläufen der Erde sowie die hohe ökologische Empfindlichkeit der kalten Regionen, deren geringes Vermögen zur Abpufferung technogener Einflüsse und die damit verbundenen Gefahren irreversibler negativer Folgen.

– eine vielfach prognostizierte globale Klimaveränderung mit Auswirkungen auf die Höhe des Meeresspiegels, wovon die Nordgebiete Rußlands wie Kanadas mit ihren weiträumig nur wenige Meter über dem heutigen Meeresspiegelniveau liegenden Landflächen besonders betroffen sein könnte.

– die von den natürlichen Extrembedingungen und großen Entfernungen ausgehende Herausforderung, auf den verschiedensten Gebieten zu suchen, die möglicherweise unter gänzlich anderen Bedingungen weitergenutzt werden können.

– schließlich die im „Norden" ansässigen, zahlenmäßig kleinen ethnischen Gruppen, die im Spannungsfeld von Abgeschiedenheit und weltweiter Kommunikation dem Problem der Verbindung von traditionellen und neuen Lebensformen gegenüberstehen.

Bei einem Vergleich der Erschließung des Sibirisch-Fernöstlichen und des Kanadischen Nordens sollte berücksichtigt werden, daß in diesen Gebieten in den zurückliegenden Jahrzehnten unseres Jahrhunderts sehr verschiedenartige gesellschaftliche Systeme wirksam geworden sind, was sich in unterschiedlichen Zielstrukturen und Herangehensweisen an die Erschließung und Entwicklung des Nordens widerspiegelt. Für die UdSSR galt bis in die jüngste Vergangenheit:

– Sicherung höchstmöglicher Unabhängigkeit von den Außenmärkten bei der Rohstoff- und Energieversorgung der eigenen Wirtschaft;

– Erzielung von Valuta durch den Export von Rohstoffen und Energieträgern, insbesondere Erdöl, Erdgas, erleichtert und gefördert durch zeitweilig hohe Weltmarktpreise in den 70er und 80er Jahren;

– Monopolstellung der branchenleitenden Organe (zentrale Ministerien) bei der Durchsetzung regionalpolitisch wichtiger Entscheidungen (z. B. Forcierung der Erdöl-Erdgas-Erkundung und -förderung in Westsibirien) bei gleichzeitiger Vernachlässigung eines koordinierten Ausbaus von technischer und sozialer Infrastruktur, erleichtert durch ein de-facto-Überangebot von Arbeitskräften;

– die volkswirtschaftlich motivierte Orientierung auf die rasche Erschließung und Entwicklung des „Sowjetischen Nordens" muß auch in Verbindung mit der über lange Zeit gegebenen Weltlage, gekennzeichnet durch die Konfrontation der Supermächte, gesehen werden.

Für den Kanadischen Norden gilt bisher ein vergleichsweise geringerer Umfang wirtschaftlicher Aktivitäten. Im Mittelpunkt stand und steht die Gewinnung von ausgewählten Erzen; Erdöl- und Erdgaserkundung werden zwar schon seit mehreren Jahrzehnten betrieben, aber ohne zu makroökonomisch verwerteten Ergebnissen geführt zu haben. Staatliche Förderprogramme, z. B. zum Ausbau der Verkehrsinfrastruktur, haben dabei dem privaten Kapital den Zugang zum Norden erleichtert.

Abgesehen von in Kanada insgesamt geringeren Aktivitäten kann auf folgende Unterschiede verwiesen werden:

– Die im Norden Kanadas tätigen Unternehmen sind in ihrem Entscheidungsspielraum viel stärker in die Weltmarktsituation eingebunden als entsprechende Unternehmen in der Sowjetunion. (Dies gilt zumindest für den zurückliegenden Zeitraum zentralstaatlicher Planung in der UdSSR.)

– Der Druck öffentlicher Kontrolle über mögliche Umweltschäden im Kanadischen Norden, die durch großmaßstäbige Erschließungsaktivitäten ausgelöst werden könnten, ist seit langem außerordentlich stark (vgl. die Diskussion um die Mackenzie Valley Pipeline oder die Lancaster Sound Region.

– Für die Entwicklung und Erschließung des Kanadischen Nordens fehlt ein den sowjetischen Verhältnissen vergleichbarer innerstaatlicher demographischer Druck, und zwar nicht nur wegen der viel geringeren Einwohnerzahl, sondern auch wegen der starken Orientierung von Wirtschaft und Lebensweise auf den südlichen Nachbarn USA.

Die Sibirien und Kanada in vielfacher Hinsicht gemeinsamen Bedingungen können die Annäherung von Strategien und räumlichen Organisationsformen ihrer Erschließung fördern. In beiden Fällen wurde z. B. der Verkehrsinfrastruktur ein besonderer Platz eingeräumt, wenngleich mit raumkonkret unterschiedlichen Auswirkungen.

Heute ergibt sich für den Norden Rußlands mit dem energischen Bemühen, zur Marktwirtschaft überzugehen, eine neue Situation. Bei steigenden Kosten nur für die Erhaltung des erreichten Produktionsniveaus sowie höheren Aufwendungen zur Entwicklung der sozialen und technischen Infrastruktur wird dieser Raum mehr denn je von der Wirtschaftsentwicklung in den anderen Landesteilen abhängig. Dabei liegt das eigentliche Problem darin, daß diese in der Vergangenheit nicht etwa – einem Mutterland vergleichbar – auf Kosten des Nordens prosperierten, sondern selbst in eine tiefe Krise verstrickt wurden, die sich letztlich als Krise des gesamten Systems offenbart hat.

Das Lohn- und Einkommengefälle zugunsten des sibirisch-fernöstlichen Nordens, das in der Vergangenheit maßgeblich den Zuzug, aber auch die Fluktuation steuerte, ist heute aufgehoben. Möglichkeiten zur Verbesserung der Lebenslage sind, wenn überhaupt, dann in anderen Landesteilen zu finden und werden zunehmend auch dort gesucht. Spektakuläre Programme zur weiteren Erschließung des sibirisch-fernöstlichen Nordens sind in absehbarer Zeit nicht zu erwarten. Seine Funktion als Energie- und Rohstoffquelle wird der Norden künftig nur dann erfüllen können, wenn es gelingt, den Arbeitsaufwand vor Ort radikal zu verringern. Dies setzt eine neue Investitions- und Strukturpolitik voraus. Für Investitionen richten sich die Hoffnungen auf den Zustrom ausländischen Kapitals. In struktureller Hinsicht dürfte mit einer sektoralen Einengung, weniger mit fortschreitender Diversifizierung der nördlichen Wirtschaft zu rechnen sein. Erste Anzeichen bieten die seit einigen Jahren rückläufigen Einwohnerzahlen einzelner Gebiete und Städte des Nordens. Unter den sich verändernden wirtschaftlichen und politischen Bedingungen verdienen vergleichende Untersuchungen zur künftigen Entwicklung des Sibirisch-fernöstlichen und Kanadischen Nordens erhöhtes Interesse.

Literaturhinweise

Am gründlichsten wurde die geographische Literatur der DDR über die DDR zusammenge-stellt in:

SPERLING, W.: Landeskunde DDR. Bibl. zur Regionalen Geographie und Landeskunde, Bd. 1 W. SPERLING und L. ZÖGNER (Hrsg.) K. G. SAUR München – New York – London – Paris 1978
Dazu erschien ein Ergänzungsband 1978 – 1983 (1984)

Beispiele (gesamt)-deutscher Publikationen vor der Mauer 1961:
MEYNEN, E., J. SCHMITHÜSEN, J. F. GELLERT, E. NEEF, H. MÜLLER-MINY und J. H. SCHULTZE (Hrsg.): Handbuch der naturräumlichen Gliederung Deutschlands. 2 Bde. Bad Godesberg 1953 – 1962, 1339 S. unter Mitwirkung von 87 west- und ostdeutscher
GELLERT, J. F.: Grundzüge der Physischen Geographie Deutschlands. Deutscher Verlag der Wissenschaften Berlin 1958, 492 S.

Beispiele in der DDR editierter geographischer Journale:
Petermanns Geographische Mitteilungen, 135. Bd. Haack Gotha 1991
Geographische Berichte, 1. – 36. Jg., Haack Gotha 1955 – 1991
Wissenschaftliche Abhandlungen der Geographischen Gesellschaft DDR. Bd. 1–20, Haack Gotha 1959–1989
Wissenschaftliche Veröffentlichungen des Deutschen Instituts für Länderkunde. Bis Bd. 27/ 28, Bibliographisches Institut Leipzig, 1970
ab 1978: Beiträge zur Geographie (des Instituts für Geographie und Geoökologie der AdW der DDR), Bd. 29 – 34, Akademie-Verlag Berlin

Beispiele regionaler Darstellungen:
RICHTER, H., G. HAASE, I. LIEBEROTH und R. RUSKE (Hrsg.): Periglazial-Löß-Paläolithikum im Jungpleistozän der DDR. Haack Gotha 1970, 422 S.
MARCINEK, J. und B. NITZ: Das Tiefland der DDR – Leitlinien seiner Oberflächengestaltung. Haack Gotha/Leipzig 1973, 288 S.
SCHERF, K., D. SCHOLZ (Hrsg.): DDR – Ökonomische und soziale Geographie. Haack Gotha 1990, 500 S.

Beispiele ostdeutscher Publikationen nach der Wiedervereinigung Deutschlands:
BARSCH, H.: Physische Geographie zwischen Ostsee und Erzgebirge 1949–1989. Geographisches Taschenbuch 1991/92, Franz Steiner Verlag 1991, S. 88–101
LINKE, M.: Geographische Lehre und Forschung an der Martin-Luther-Universität Halle-Wittenberg seit 1946. Geographische Zeitschrift 79, Franz Steiner Verlag 1991, S. 44–57

SCHMIDT, H.: Die metropolitane Region Leipzig – Erbe der sozialistischen Planwirtschaft und Zukunftschancen. ISR-Forsch.-Berichte H. 4. Inst. f. Stadt- u. Regionalforsch. d. Öst. Akademie d. Wissenschaften. Wien 1991.

Beispiele thematischer Atlanten

Klima – Atlas für das Gebiet der Deutschen Demokratischen Republik / hrsg. vom Meterologischen u. Hydrologischen Dienst d. Dt. Demokrat. Republik. – Berlin: Akademie-Verlag, 1953. – [ca. 60 Bl., (z. T. farb.)]; 57 cm

[Atlas der Nordbezirke der DDR]. – Schwerin: Topograph. Dienst, [ca. 1955]. – 33 Kat. (z. T. farb.); 32 x 42 cm & Beil. (4 Text-Beil.)

Atlas des Saale- und mittleren Elbegebietes / hrsg. von Otto Schlüter u. Oskar August. – 2., völlig neubearb. Aufl. d. Werkes Mitteldeutscher Heimatlas. – Leipzig: Verlag Enzyklopädie, 1958–1961; 42 cm, Teil 1–3.

Weltatlas: Die Staaten der Erde und ihre Wirtschaft / Gemeinschaftsarb. d. Abt. Atlanten im Verl. Enzyklopädie Leipzig u. d. Kartographen d. VEB Hermann Haack, Werk Leipzig, unter Leitung von Edgar Lehmann. 4., verb. Aufl. – Leipzig: Verl. Enzyklopädie, 1960. – 105 Kt., 56 S.

Planungsatlas Bezirk Leipzig. – Leipzig: Büro für Territorialplanung bei der Bezirksplankommission, 1968. Unvollständig. 1. Lfg.: 19 Kt.

Generalbebauungsplan Bezirk Leipzig / Büro für Städtebau d. Rates d. Bezirkes Leipzig. – Leipzig, 1969. – 17 S.: 10 Kt. – Pl. u. Pl.; 30 cm & 57 x 75 cm

Planungsatlas: Landwirtschaft u. Nahrungsgüterwirtschaft: Deutsche Demokratische Republik / hrsg. durch d. Rat fü landwirtschaftl. Produktion u. Nahrungsgüterwirtschaft d. Dt. Demokratischen Republik. – Potsdam: Kombinat Geodäsie u. Kartographie, Kartograph. Dienst – 40 x 60 cm

Textbd. – 1971. – 118 S.: zahlr. Tab. u. graph. Darst. & Kt. – Beil. (32 Bl., farb.) & Fol. (44 Bl.)

Karten zur Volks-, Berufs-, Wohnraum- und Gebäudezählung vom 1.1.1971 Deutsche Demokratische Republik / Hrsg.: Staatl. Zentralverwaltung ... Arbeitsgruppe unter Leitung von W. Roubitschek. – Potsdam: Kartograph. Dienst, 1974. – 55 Kt. – Bl., gef. 40 x 55 cm und 11 Bl. – VD

Atlas Deutsche Demokratische Republik / hrsg. von der Akademie d. Wiss. der DDR. – Gotha; Leipzig: Haack, 1976. – 53 Doppel Bl. (mehrfarb.); 47 x 48 cm

Atlas zur Interpretation aerokosmischer Multispektralaufnahmen: Methodik und Ergebnisse / Akademie d. Wiss. d. UdSSR, Inst. für Kosmosforschung; Moskauer Staatl. Univ., Geogr. Inst. ... Hrsg. R. S. Sagdejew ... Berlin: Akademie-Verlag; Moskau: Nauka, 1982. – 83 Kt. – Bl.; 63 x 44 cm

Engl. Ausg. u. d.T.: Atlas of interpretation of multispectral aerospace photographs. – Russ. Ausg. u. d.T.: Desifrirovanie mnogozonal'nych aerokosmiceskich snimkov.

Haack-Atlas Weltverkehr: Weltatlas d. Transport- u. Nachrichtenwesens / Hrsg.: Hochsch. für Verkehrswesen „Friedrich List" Dresden. – 1. Aufl. – Gotha: Hermann Haack, 1985. – 128 Kt. – S.; 36 cm

Haack Atlas Sozialistische Staaten / Mittel- u. Südosteuropas. – 1. Aufl. – Gotha: Haack, 1986. – 190 S.: Kt. (mehrfarb.); 24 cm

Atlas zur Interpretation von kosmischen Scanneraufnahmen: Multispektralsystem „Fragment"; Methodik u. Ergebnisse / Akademie d. Wiss. d. UdSSR, Inst. für Kosmosforschung, Mosk. Staatl. Univ., Geograph. Fak. Akademie d. Wiss. d. DDR, Zentralinst. für Physik d. Erde, Inst. für Geographie u. Geoökologie. [Hrsg.: R. S. Sagdeev ...] Berlin: Akademie-Verlag; Moskau: Nauka, 1989. – 124 Bl. (mehrfarb.) u. Kt.; 36 x 49 cm Ausg. in dt. Sprache.

Haack Atlas Weltmeere. – 1. Aufl. – Gotha: Haack, 1989. – VIII, 136 S.: überwiegend Kt. u. Abb. (farb.); 35 cm

38 Jahre Geographische Gesellschaft in der ehemaligen DDR
Heiner Barsch, Potsdam

1953 gegründet, 1991 aufgelöst, damit ist der zeitliche Rahmen für die Tätigkeit einer deutschen Geographischen Gesellschaft abgesteckt, die im Zuge der Teilung unseres Vaterlandes entstanden ist und für deren Existenz nach der Vereinigung Deutschlands keine Notwendigkeit mehr besteht. Demzufolge ist auf der letzten Mitgliederversammlung der Geographischen Gesellschaft im Oktober 1990 der Beschluß zur Auflösung gefaßt worden. Mit dem 48. Deutschen Geographentag in Basel ist er wirksam geworden.

Die Freude darüber, daß wir Geographen aus der ehemaligen DDR in die Gemeinschaft aller deutschsprachigen Fachkollegen zurückkehren können, ist mit Nachdenken verbunden. Nachdenken über die Zukunft, Nachdenken über die Vergangenheit. Das ist zunächst Sache jedes Einzelnen, und es wird auch aus unterschiedlichen Positionen heraus geschehen, unabhängig davon, daß es eine ganze Reihe von Mitgliedern der Geographischen Gesellschaft gibt, die die historische Wende in der ehemaligen DDR aktiv mitgetragen haben.

Dazu zählen auch Kollegen, die in den Vorständen der Gesellschaft tätig waren. Sachfragen unseres Faches haben die Arbeit der Geographischen Gesellschaft weitgehend bestimmt. In den Tagungsbänden und in den Fachzeitschriften kann man das nachlesen. Viele unserer Mitglieder – seien es die Lehrer oder die in wissenschaftlichen Instituten und Planungsorganen Tätigen – haben sich zuerst und vor allem als Geographen gefühlt und dementsprechend gelehrt und geforscht. Sie folgten damit dem Beispiel Ernst Neefs, der als erster den Vorsitz der Geographischen Gesellschaft in der ehemaligen DDR übernommen hatte.

Eine kritische Wertung der Ergebnisse und Erfahrungen der Geographie in der ehemaligen DDR kann deshalb einige beachtenswerte Aussagen aufgreifen, die auf den Kongressen und Fachtagungen der Geographischen Gesellschaft gemacht worden sind. Man denke an den 1988 formulierten Standpunkt der Berufsgeographen zur Komplexen Gebietsentwicklung. Hier wurden Probleme regionaler Disparitäten angesprochen, die sich aus einer zentralistisch angelegten, einseitig ökonomisch ausgerichteten Territorialplanung ergaben und heute ihrer Lösung harren. Es handelt sich um offene Fragen, die sowohl die reale Gebietsentwicklung betreffen als auch wissenschaftlich-methodische Bereiche. Ansätze für ihre Beantwortung sind erkennbar. Einer politischen und ökonomischen Geographie, deren Denkweise die Rolle der Produktionsverhältnisse überbetonte und den Begriff der Produktivkräfte weitgehend auf Arbeitskräfte und Arbeitsmittel reduzierte, stehen wirtschafts- und sozialgeographische Arbeiten gegenüber, die unter Nichtbeachtung politökonomischer Postulate und ausgehend von der Realität an alte Traditionslinien in der Gebietsforschung anknüpfen. Derartige Analysen von Siedlungsräumen, von Agrar- oder Erholungsgebieten konnten allerdings bisher wenig Resonanz in der Planungspraxis finden, weil seit der Auflösung der Büros für Gebiets-, Stadt- und Dorfplanung 1952 die eigentlichen Auftraggeber und Nutzer solcher Untersuchungen fehlten.

Auch die Übernahme landschaftsökologischer Ergebnisse wurde dadurch behindert. Sie konnte nur innerhalb einzelner Wirtschaftszweige erfolgen, beispielsweise im Rahmen der Mittelmaßstäbigen Landwirtschaftlichen Standortkartierung. Die komplex angelegte Naturraumtypenkartierung fand dagegen keinen Abnehmer. Viele der physisch-geographischen Grundlagenarbeiten, die auf den Tagungen der Geographischen Gesellschaft vorgestellt worden waren, harren ihrer Nutzung bei der Bewältigung der ökologischen Probleme in den neuen Bundesländern, beispielsweise bei der Altlastsanierung in den industriellen Ballungsräumen, in den Braunkohlegebieten und auf ehemaligen Militärstandorten. Naturnahe Landschaften, die es an vielen Stellen im Osten Deutschlands gibt, müssen erhalten bleiben und vor der Zersiedlung bewahrt werden.

Der relativ kleine Kreis der Geographen in der ehemaligen DDR war untereinander gut bekannt. Als Wissenschaftler wußte man, an welchen Untersuchungen andere Institute arbeiteten und wie dort gelehrt wurde. Die Forschungen zur Quartärmorphologie oder zur thematischen Kartographie kannten beispielsweise auch die Kollegen in der Geofernerkundung. Viele Geographielehrer trafen sich regelmäßig auf Tagungen der Geographischen Gesellschaft. Das gemeinsame Wirken der Vertreter des Fachverbandes der Schulgeographen trug erheblich dazu bei, daß das beachtliche Stundenvolumen der Geographie in der Schule bei der Auseinandersetzung mit anderen Fächern und Vorstellungen bewahrt werden konnte.

Freilich, Außenbeziehungen gab es weit weniger. Möglich waren sie vor allem mit Fachvertretern aus den Ländern des RGW. Viele dieser Verbindungen haben uns wertvolle Anregungen gebracht. Wir wünschen, daß wir sie erhalten können, ergänzt durch die persönlichen und institutionellen Beziehungen, die sich nach der Wende entwickelt haben und die sich in Zukunft sicherlich vervielfachen werden. Einige Freundschaften haben die Zeit der Teilung Deutschlands überdauert, einige Bekanntschaften entstanden während dieser Zeit auf internationalen Konferenzen. Drittländer spielten dabei eine wichtige Rolle, auch die Schweiz. Dafür möchten wir uns bei unseren Gastgebern herzlich bedanken.

Vor allem aber wollen wir unsere Geschichte, unsere Kenntnisse und unsere Erfahrungen in die Bewältigung der Zukunft der neuen Bundesländer einbringen. Ein tiefgreifender Strukturwandel zeichnet sich hier ab. Viele Aufgaben der Gebietsentwicklung und der Neugestaltung der geographischen Bildung stehen vor uns. In einem Beitrag zu ihrer Lösung suchen wir unsere Chance. Wir hoffen dabei auf die Zusammenarbeit mit Geographen aus dem gesamten deutschen Sprachraum. Wir freuen uns darauf.

Schlußrede

des 1. Vorsitzenden des Zentralverbandes der Deutschen Geographen
zum Tag der Neuen Deutschen Länder,
Dietrich Barsch, Heidelberg

Wie mein Namensvetter als letzter Präsident der Geographischen Gesellschaft der ehemaligen DDR, Heiner Barsch, gerade ausgeführt hat, besteht diese Gesellschaft nicht mehr. Ich begrüße alle Kolleginnen und Kollegen mit großer Freude im Zentralverband der Deutschen Geographen. Genauer gesagt bitte ich, alle Kolleginnen und Kollegen in die entsprechenden Teilverbände des Zentralverbandes einzutreten. Sie sind bei uns herzlich willkommen.

Vieles, an das Sie sich in der ehemaligen DDR gewöhnt hatten, ist nun in unserem gemeinsamen Staat anders geregelt. Ich habe volles Verständnis dafür, daß manch einer mit gewisser Wehmut an eine intensive Zusammenarbeit zurückdenkt, in der die Schwierigkeiten, die Ihnen allen im politischen Raum und in der Gestaltungsfreiheit des Einzelnen entgegengestanden sind, in initiativer Weise gemeinsam gemeistert wurden. Ich habe auch Verständnis für alle Übergangsschwierigkeiten, die z.T. durch die Angst vor den Veränderungen in der Zukunft geprägt sind, aber ich glaube, daß eine positive Betrachtung richtiger ist: Wir alle stehen vor dem großartigen Aufbruch in eine gemeinsame Zukunft; wir alle haben diesen Aufbruch gewollt. Ich bin überzeugt, daß er für uns alle so glücklich wird, wie wir uns das vorstellen, wenn wir die vor uns liegenden Aufgaben gemeinsam anpacken.

Ich habe eben dazu aufgerufen, in die Teilverbände des Zentralverbandes der Deutschen Geographen einzutreten. Unser Zentralverband selbst ist nur eine juristische Persönlichkeit. Er besteht aus Säulen, die durch die Teile des geographischen Lebens – wie Hochschule, Schule, Praxis und die Geographischen Gesellschaften – gekennzeichnet sind. Das soll nicht heißen, daß diese Formen auf alle Ewigkeit so festgeschrieben sind. Vielleicht ist es wirklich günstiger, zu einer Geographischen Gesellschaft Deutschlands oder einer Deutschen Geographischen Gesellschaft zu kommen, in der alle Geographen vertreten sind. Ich halte es für eine wichtige Aufgabe, daß wir uns gemeinsam darüber klar werden, wie wir das Haus der Geographie in Deutschland bauen wollen. Das wird sicher nicht eine Aufgabe des nächsten Jahres sein, aber wir müssen schon jetzt daran gehen, uns über die Baupläne dieses Hauses Gedanken zu machen. Wir werden wie schon einmal in Ladenburg zusammenkommen, um diese Dinge zu besprechen. Dabei sollte nicht eine langweilige Diskussion über Satzungen im Mittelpunkt stehen, sondern wir sollten versuchen, uns konzeptionell über unsere Organisation zu einigen. Ich möchte deshalb jetzt schon alle auffordern, sich an den Überlegungen, die wir anzustellen haben, intensiv zu beteiligen.

Meine sehr verehrten Damen und Herren, Wissenschaft sucht nach Erkenntnis im Rahmen der allgemeinen und fachlichen Paradigmen, die in der jeweiligen wissenschaftlichen Gemeinschaft gültig sind, d.h. die im Rahmen des zur Diskussion stehenden Faches allgemein anerkannt sind. Die wissenschaftliche Gemeinschaft eines Faches ist international. Das schließt jedoch nicht aus, daß sie in regionale Sprachkreise zerfällt. In unserem Fall handelt es sich um die Gruppe der deutschsprachigen, wissenschaftlich arbeitenden Geographen. Es war und ist für Außenstehende aus westlichen Demokratien schwer verständlich, daß zwischen uns, d.h. den Geographen der ehemaligen DDR und den Geographen der alten Bundesrepublik Deutschland ein Austausch bisher nur eingeschränkt möglich war. Wir stehen – wie schon gesagt – an einem Neuanfang. Ich bin deshalb sehr froh, daß im Rahmen eines allgemeinen Kennenlernens die Geographen aus den neuen Ländern der Bundesrepublik Deutschland hier die Möglichkeit gehabt haben, ihre Arbeit aus den letzten 40 Jahren vorzustellen. Damit ist die wissenschaftliche Diskussion zwischen uns zwar nicht eröffnet, aber doch auf einen besonderen Höhepunkt gebracht worden. Wir können alle voneinander lernen. Es ist deshalb wichtig, daß wir in Zukunft nach diesem Höhepunkt zur Normalität eines steten täglichen Austausches unserer wissenschaftlichen Erkenntnisse übergehen und uns gegenseitig an den Normen der internationalen Fachdiskussion messen.

Es ist für mich immer wieder bedrückend gewesen zu erfahren, unter welchen Bedingungen die Kolleginnen und Kollegen in der ehemaligen DDR gelebt haben und wissenschaftlich arbeiten mußten. Sie haben gelitten unter den Folgen eines verfehlten Systems, das die individuelle Spontaneität und Kreativität voll unterdrückt hat und das auf allen Ebenen einer offenen Diskussion ausgewichen ist. Wie so häufig – und das ist ja nicht nur auf die ehemalige DDR oder das ehemals kommunistisch beherrschte Osteuropa beschränkt – hat das gesamte Land, hat die gesamte Bevölkerung unter den Fehlern einer Regierung zu leiden, die – bedingt durch ihre ideologische Blindheit – die Rahmenbedingungen für eine gesunde wirtschaftliche Entwicklung, für eine freiheitliche Selbstverwirklichung weder geschaffen noch erhalten hat. Wir im Westen haben das Glück gehabt, daß uns diese Verhältnisse erspart geblieben sind. Wir werden nun gemeinsam an die großen Aufgaben herangehen, die sich der Geographie stellen:

– Das ist zum einen der Wiederaufbau der Geographischen Institute, die unter der DDR-Diktatur geschlossen worden sind;
– das ist der Wiederaufbau bzw. die Stärkung einer Anthropogeographie, die frei von ideologischen und parteipolitischen Vorgaben sein muß,
– und das ist die Wiedergestaltung einer naturnahen Umwelt, zu der vor allem die Landschaftsökologie, d.h. die gesamte Physiogeographie viel beizutragen hat.

Ich wünsche uns allen Glück und Erfolg bei dieser Aufgabe. Ich hoffe, daß das Zusammenwachsen zu einer Geographie, die Rückkehr zur Normalität an den Universitäten der neuen Länder möglichst bald geschehen möge. Ich rufe Ihnen allen zu: Glück auf in eine gemeinsame Zukunft!